Walter Kaiser / Wolfgang König (Hrsg.)
Geschichte des Ingenieurs

Walter Kaiser / Wolfgang König (Hrsg.)

Geschichte des Ingenieurs

Ein Beruf in sechs Jahrtausenden

HANSER

Die Herausgeber:
Prof. Dr. Walter Kaiser, Lehrstuhl für Geschichte der Technik, RWTH Aachen
Prof. Dr. Wolfgang König, Institut für Philosophie, Wissenschaftstheorie, Wissenschafts-
und Technikgeschichte, TU Berlin

Bibliografische Information Der Deutschen Bibliothek:
Die Deutsche Bibliothek verzeichnet diese Publikation in der Deutschen
Nationalbibliografie; detaillierte bibliografische Daten sind im Internet über
<http://dnb.ddb.de> abrufbar.

ISBN-10: 3-446-40484-8
ISBN-13: 978-3-446-40484-7

© 2006 Carl Hanser Verlag München Wien
www.hanser.de
Herstellung: Oswald Immel
Umschlaggestaltung: Götz Schmidt
Satz: Rehmbrand Medientechnik, München
Druck: Appl, Wemding
Bindung: Lachenmaier, Reutlingen
Printed in Germany

Vorwort

6.000 Jahre sind gegenüber 150 Jahren des Wirkens des Vereins Deutscher Ingenieure (VDI) ein unvergleichlich langer Zeitraum. Doch gerade durch diese Zeitperspektive wird der Stellenwert der Ingenieurarbeit und der Technik für die historische Entwicklung der Menschheit deutlich. Aus diesem Grund legen prominente Vertreter der Technikgeschichte zum 150-jährigen Jubiläum des VDI eine Dokumentation zur 6.000-jährigen Geschichte des Ingenieurs vor, die erstmalig eine umfassende Berufsgeschichte bietet. Da wir 1981 zu unserem 125-jährigen Jubiläum eine ausführliche Geschichte des VDI vorgelegt haben, erschien es uns nicht ausreichend, die Geschichte des VDI im Jahre 2006 einfach um 25 Jahre fortzuschreiben. Ganz im Sinne unserer durch den einstigen VDI-Direktor Conrad Matschoß begründeten Verpflichtung, das Ansehen des Ingenieurs durch die Pflege der Technikgeschichte zu fördern, betrachtet der VDI das von Walter Kaiser und Wolfgang König herausgegebene Werk als den wichtigsten Beitrag zu unserem Jubiläum.

Wenn man bedenkt, dass von allen Ingenieurinnen und Ingenieuren, die in diesen 6.000 Jahren gelebt haben, die überwiegende Anzahl innerhalb der letzten 150 Jahre gewirkt haben und noch wirken, dann wird klar, welche Bedeutung unser Berufsstand hat. Letztlich beruht doch die Hoffnung auf Sicherung des Lebens in Wohlstand in den industriell entwickelten Ländern und die Hoffnung auf ein zukünftiges besseres Leben in den Entwicklungsländern auf der Kreativität, der Leistungsbereitschaft und Leistungsfähigkeit der Ingenieure.

Dabei sind diese nicht alleine. Auf den Schultern der Naturwissenschaften stehend, können sie weit in die Zukunft sehen und mit Kreativität und Fleiß die Lebensgrundlagen sichern und verbessern, Schulter an Schulter mit Kaufleuten und Managern die Produkte bauen und weltweit verkaufen. Daher müssen Ingenieure weltoffen und liberal im Denken, tatkräftig und durchsetzungsfähig, aber auch verständnisvoll für alle Fragen des menschlichen Lebens sein.

Das alles gelingt uns nur, wenn wir uns als integralen Bestandteil der Kultur unserer menschlichen Gesellschaft ansehen. Daher ist die Kenntnis der Geschichte des Ingenieurs ganz besonders für uns selbst wichtig, um in der modernen Gesellschaft den Platz einzunehmen, den wir benötigen, um die an uns gestellten Erwartungen erfüllen zu können.

Das Buch wendet sich aber auch an Leser, die mit Technik nicht unmittelbar vertraut sind. Das moderne Leben kann nur derjenige verstehen, der das Wirken der Ingenieure kennt. Die Wertschätzung des Berufsstandes der Ingenieure wird steigen, wenn man von deren Geschichte weiß.

Neben den historischen Ausführungen sind die Darstellung der Ingenieurinnen und Ingenieure in Deutschland und hier besonders die Situation im geteilten Deutschland von Bedeutung. Die entsprechenden Ausführungen dienen sehr dem Verständnis bei der Bewältigung der Probleme der Wiedervereinigung.

Wir wünschen uns, dass die Geschichte der Ingenieure eine breite Leserschaft erreicht und bei unseren Mitgliedern und Freunden eine freundliche Aufnahme findet.

Präsident des Vereins Deutscher Ingenieure

Prof. Dr.-Ing. Dr.-Ing. E. h. Dr. h. c. Eike Lehmann

Inhalt

Eine Technik der unbegrenzten Möglichkeiten: Die Techniker des Hellenismus

Technik und Techniker im Imperium Romanum

Die Spätantike

Unsichere Karrieren: Ingenieure in Mittelalter und Früher Neuzeit 500 – 1750

Marcus Popplow

Ingeniator, Magister Machinae, Ingeniosus Artifex: Technische Experten im Mittelalter

Ingenieure zu Beginn der Frühen Neuzeit: Chancen des Aufstiegs im Umfeld der Landesherren

Vom Staatsdiener zum Industrieangestellten: Die Ingenieure in Frankreich und Deutschland 1750–1945

Wolfgang König

Ingenieure in der Bundesrepublik Deutschland

Walter Kaiser

Geschichte des Ingenieurs: Ein Beruf in sechs Jahrtausenden

Einleitung

Ingenieur ist – entgegen landläufigen Ansichten – ein traditionsreicher Beruf. Wir präsentieren mit diesem Buch 6.000 Jahre Ingenieurarbeit und damit zum ersten Mal überhaupt eine ausführliche Berufsgeschichte. Die Ingenieure unter den Lesern entführen wir in die Vergangenheit und zeigen ihnen, wie ihre professionellen Vorfahren dachten, handelten und Probleme lösten. Damit bereiten wir den Erfahrungsschatz auf, den die Geschichte bereithält. Der Leser wird Traditionen entdecken, die auch heute noch nachwirken, technische und gesellschaftliche Problemkonstellationen, die gegenwärtigen ähneln, und Handlungsmuster, die ihn an sein eigenes Tun erinnern.

Technik ist ein Ergebnis gesellschaftlichen Wollens und Schaffens – mit zahlreichen Beteiligten. Wissenschaftler erforschen die materiellen und kulturellen Grundlagen der Welt und erweitern damit die Möglichkeiten technischer Arbeit. Manager entscheiden über Investitionen und die Ausrichtung von Unternehmen. Ingenieure konstruieren technische Systeme und bereiten deren Produktion vor. Arbeiter materialisieren technische Konzepte. Kaufleute suchen sie am Markt zu platzieren. Konsumenten entscheiden mit ihrem Kaufverhalten über Erfolg und Misserfolg technischer Produkte. Politiker setzen der technischen Entwicklung Rahmenbedingungen. Die Aufzählung ließe sich verlängern. Die Ingenieure sind an diesem Prozess in zahlreichen Funktionen beteiligt – manchmal auch als Wissenschaftler, Manager, Kaufleute und Politiker. Sie sind zwar nicht allein verantwortlich für die Technik, besitzen aber einen zentralen und unverzichtbaren Einfluss.

Ein historisches Werk über den Ingenieur hat vor allem das Phänomen des Wandels in den Blick zu nehmen. Der Ingenieurberuf hat in den vergangenen Jahrhunderten und Jahrtausenden gravierende Veränderungen erfahren. Seit wann macht es überhaupt Sinn, von „Ingenieuren" zu sprechen? Die Wortgeschichte bietet für die Beantwortung dieser Frage wenig Hilfe. Der Begriff „Ingenieur" taucht erstmals im Hohen Mittelalter auf. Aber davor und danach – bis ins 20. Jahrhundert hinein – wurden zahlreiche andere Bezeichnungen verwendet, die Gleiches oder Ähnliches bedeuteten. Ebenso diffus war lange Zeit die Abgrenzung der Berufsgruppe. Heute versteht man in Deutschland unter „Ingenieur" jemanden, der ein Studium an einer Technischen Universität oder an einer Fachhochschule abgeschlossen hat; der Ingenieur wird also in erster Linie über die Ausbildung definiert. Diese eindeutige Abgrenzung gibt es aber in der Bundesrepublik erst seit den Ingenieurgesetzen der 1970er Jahre. Vorher – und in manchen Ländern heute noch – konnte man sich Ingenieurwissen ausschließlich in der beruflichen Praxis aneignen. Dieser Weg zum Ingenieur über Lernen und Bewährung in der Praxis war der über viele Jahrhunderte gebräuchliche.

Eine historisch befriedigende Definition des Ingenieurs kann also nur schwer über die Ausbildung, sondern muss über den Beruf erfolgen. Wir verstehen in diesem Buch unter „Ingenieure" diejenigen, welche in den jeweiligen historischen Zeiten in verantwortlichen Positionen anspruchsvolle technisch-organisatorische Aufgaben lösten. Eine solche Definition weist mindestens auf die frühen städtischen Hochkulturen zurück, die sich in den Jahrtausenden vor der Zeitenwende in verschiedenen Regionen der Welt herausbildeten, so in Mesopotamien, im Alten Ägypten, am Indus, am Gelben Fluss. Dabei errichteten die Ingenieure vor allem große Bauten: Stadtmauern, Sakral- und Repräsentationsbauten, Palastanlagen und Systeme der Wasserwirtschaft.

Unser Buch stellt 6.000 Jahre Ingenieurarbeit im Überblick dar. Ein solches Vorhaben zwingt zu Schwerpunktsetzungen. Bei uns ergeben sich die Schwerpunkte durch den Blick zurück aus den heutigen Zentren der Technologieentwicklung. Wir betrachten besonders die Kulturen und Regionen, die viel zur Herausbildung der heutigen Technik beigetragen haben. Ein weiterer Schwerpunkt ist dem Anlass dieses Werkes und seiner wichtigsten Zielgruppe geschuldet: Für die Zeit nach dem Zweiten Weltkrieg widmen wir dem deutschen Ingenieur viel Raum. Die männliche Form „Ingenieur" spiegelt die Realität des Berufs wider. Über Jahrtausende war Ingenieur ausschließlich oder vorwiegend ein Männerberuf. Eine Relativierung dieser männlichen Dominanz gelang zeitweise in der DDR; die Ergebnisse aktueller Anstrengungen bleiben abzuwarten.

Die frühen Hochkulturen sind in diesem Buch vertreten durch den Alten Orient, genauer durch Mesopotamien, die Levante und den Iran. Die griechische und die römische Antike verarbeiteten Einflüsse aus dem östlichen Mittelmeerraum und legten gleichzeitig den Grundstein für die europäische Kultur. Im Mittelalter und in der Frühen Neuzeit erweitern wir den Blick auf die Gebiete nördlich der Alpen und Westeuropas, in denen sich moderne Nationalstaaten herausbildeten. Ein kleiner Exkurs in asiatische und amerikanische Kulturen dient nicht zuletzt dazu, die europäischen Spezifika zu markieren. Ab dem 18. Jahrhundert werden die industriellen Gesellschaften Großbritanniens, der USA, Frankreichs und Deutschlands vergleichend betrachtet. Für die Zeit nach dem Zweiten Weltkrieg konzentrieren wir uns zunächst auf die beiden deutschen Staaten. Abschließend vermitteln wir einen Eindruck von der Vielfalt des Ingenieurberufs in Zeiten der Globalisierung – am Beispiel der persönlichen Erfahrungen eines weit gereisten Ingenieurs.

Eine historische Gesamtdarstellung muss auf Hunderte von Spezialstudien zurückgreifen, ohne dass hier die existierenden Forschungskontroversen und offenen Forschungsfragen ausgebreitet werden. Auch verzichten wir darauf, die Literaturbasis vollständig anzugeben und schon gar nicht die gesamte, für die einzelnen Zeiträume sehr unterschiedliche Quellengrundlage. Die wenigen angeführten Titel sind nur eine kleine Auswahl und sollen zur vertiefenden Lektüre ermuntern. Das hier unternommene Wagnis einer Gesamtdarstellung drängte sich schon deswegen auf, weil die mit ähnlichem Anspruch auftretende Literatur veraltet oder unbefriedigend ist. So liegt die letzte deutschsprachige Skizze zur Geschichte des Ingenieurberufs fast ein halbes Jahrhundert zurück. Englischsprachige Werke sind jüngeren Datums, können aber wenig zufrieden stellen.

Wir wollen die Geschichte des Ingenieurs im Kontext von Technik, Kultur und Gesellschaft lebendig werden lassen. Dabei betrachten die Autoren die Geschichte notwendigerweise aus unterschiedlichen Perspektiven, jedoch immer mit Blick auf die Gesamtfragestellung. So haben wir für die Entwicklung des Berufs in einem engeren Sinne eine Reihe von Leitfragen verfolgt, die sich aber nicht für jede Zeit und für jede Kultur in gleicher Ausführlichkeit beantworten lassen. Da geht es zunächst um die Konstitution und die Grenzen der Ingenieurberufsgruppe. Wie wurde man Ingenieur? Wie eignete man sich das erforderliche Wissen und Können an? Wie grenzten sich die Ingenieure von Handwerkern, von Wissenschaftlern oder von Kaufleuten ab? Dann geht es um die Berufsfelder und die Tätigkeitsprofile der Ingenieure. Über lange Zeit war der Ingenieur vorwiegend Bau- und Kriegsingenieur. Mit der industriellen Entwicklung fächerten sich die Berufsfelder stark auf. Zudem wich die anfangs mehr ganzheitliche Tätigkeit einer Spezialisierung. Die Nachfrage nach Ingenieuren unterlag großen Schwankungen. Die Geschichte des Arbeitsmarktes dokumentiert sowohl das Abwerben dringend benötigter Fachkräfte als auch Massenarbeitslosigkeit. Und schließlich geht es in unserem Buch um die Stellung des Ingenieurs in der Gesellschaft. Welche Wertschätzung wurde dem Ingenieurberuf entgegengebracht? Wie empfanden die Ingenieure selbst ihre soziale Positionierung? Wie stellten sich die Ingenieure zu Politik und Zeitgeschehen? Entwickelten sie ein spezifisches politisches Bewusstsein, das sich von dem anderer Gruppierungen abhob?

Wir bieten mit dieser Gesamtinterpretation der Geschichte des Ingenieurs den Historikern gewissermaßen eine Überblicksskizze für weitere notwendige Erkundungen. Den Ingenieuren präsentieren wir die Tradition ihrer Berufsgruppe und das Angebot, aus der Betrachtung der Vergangenheit Orientierungswissen zu gewinnen. Sichtbar wird zum Beispiel, dass sich in einem langen historischen Prozess, insbesondere aber seit dem 19. Jahrhundert, beachtliche Konstanten des Ingenieurberufs herausbildeten, etwa die immer wieder neu zu lösende Spannung zwischen Theorie und Praxis und die notwendige Sensibilität für wirtschaftliche, rechtliche und ethische Aspekte des Berufs. Vor allem soll unsere Darstellung das Bewusstsein schärfen, dass der Ingenieurberuf einem ständigen, auch heute stattfindenden Wandel unterliegt.

Der Verein Deutscher Ingenieure hat dieses Werk gefördert, ohne auf seinen Inhalt Einfluss zu nehmen. Wir sagen ihm dafür herzlichen Dank. Wir sehen darin eine Neugier, die sich auf die eigene Tradition richtet – gemäß dem Motto „Zukunft braucht Herkunft".

Herausgeber und Verfasser

Technische Experten in frühen Hochkulturen: Der Alte Orient

Ariel M. Bagg – Eva Cancik-Kirschbaum

Raum, Zeit, Quellen

Von der Vorgeschichte zu den frühen Hochkulturen des Alten Orients

Bereits in vorgeschichtlicher Zeit verfügten die Gemeinschaften über Personen, die technisch und organisatorisch anspruchsvolle Aufgaben lösten. Davon zeugen nicht etwa nur architektonische Großprojekte, wie zum Beispiel die steinzeitlichen Anlagen von Göbekli-Tepe in Anatolien. Auch die Organisation der Jagd auf Großwild, die durchdachte Anlage von Wohnquartieren oder die Erfindung und zielgerichtete Verbesserung von Gerätschaften aller Art bedürfen eines gleichermaßen organisierenden wie technisch-innovativen Zugriffs. Ein kulturhistorisch entscheidender Schritt gegenüber älteren Phasen der menschlichen Entwicklung besteht dabei in der systematischen Hervorbringung von Dingen, die in der Natur *so* nicht vorhanden sind. Die Spezialisierung einzelner Individuen auf bestimmte Tätigkeitsfelder oder Kenntnisse wird nicht nur möglich, sondern zunehmend notwendig. In den Gemeinschaften bilden sich geschlechts- und gruppenspezifisch differenzierte Tätigkeitsfelder heraus. Dem Übergang von einfacher Aufgabenteilung zu institutionalisierter Arbeitsteilung kommt dabei besondere Bedeutung zu. Dieser Prozess

Bild links: Ausschnitt des Gemäldes „Rekonstruktion der Flussseite von Kalchu" (siehe Seite 13)

erfährt im Laufe der gesellschaftlichen und kulturellen Entwicklung eine regional wie chronologisch unterschiedlich ausgeprägte Dynamik.

Zu den ältesten bekannten Hochkulturen zählen diejenigen des Alten Vorderen Orients, der räumlich etwa den Staatsgebieten der Türkei, Iraks, Irans, Syriens, Libanons, Israels, Jordaniens und des Jemen entspricht. Ein wichtiger Abschnitt der Menschheitsgeschichte, die Entstehung und Entwicklung von Gesellschaften bis hin zu frühen Formen des Staates, lässt sich hier in wohl einzigartiger Dichte über einen Zeitraum von rund 10.000 Jahren verfolgen. Im 10. und 9. Jahrtausend v. Chr. entstehen im Bereich des *Fruchtbaren Halbmondes* die ersten dauerhaften Siedlungen, im 6. Jahrtausend organisiert sich die Siedlungsstruktur zunehmend über zentrale Orte. Im 4. Jahrtausend beschleunigt sich im Bereich des *Zweistromlandes* die gesellschaftliche Entwicklung. Offenbar bietet diese Region, die sich von den Abhängen des Taurus-Gebirges bis zum Persischen Golf erstreckt und von den beiden Strömen Euphrat und Tigris durchflossen wird, während dieser Zeit eine besonders günstige geoklimatische Situation. Es entstehen so genannte Hochkulturen, gekennzeichnet durch Großstädte, monumentale Architektur, gesteuerte Rationalisierungsprozesse, bürokratische Wirtschaftsverwaltung und die Verwendung der Schrift. Seit dem 3. Jahrtausend verbinden sich konkrete Namen mit diesen Kulturen. Im 3. Jahrtausend kennen wir die Stadtstaaten Sumers und das Reich von Akkad, im 2. und 1. Jahrtausend die großen Territorialreiche der Assyrer und Babylonier. In engem Kontakt mit diesen altorientalischen Zentralkulturen

Geomorphologische Karte des Vorderen Orients mit den modernen Staatsgrenzen sowie Angabe der Region des Fruchtbaren Halbmondes

stehen die in Anatolien ansässigen Hethiter, in jüngerer Zeit die Urartäer, im Osten das Reich von Elam, später Zentrum des persischen Reiches, im Westen die Staaten Nordsyriens, der Levanteküste sowie Israel.

Die Quellen

Unsere Kenntnis der Geschichte des Alten Orients und seiner Kulturen zwischen dem 10. und 4. vorchristlichen Jahrtausend beruht zuvörderst auf den Funden und Befunden von Ausgrabungen. Architektur, Siedlungsstrukturen, Gegenstände und Darstellungen ermöglichen Rückschlüsse auf die Kulturen, die ausgehend von den Gebieten des *Fruchtbaren Halbmondes* und Zentralanatoliens den vorderasiatischen Raum besiedelten. Mit der Entwicklung der Schrift im ausgehenden 4. Jahrtausend v. Chr. tritt eine völlig neue Art von Information hinzu. Als Kommunikations- und Speichermedium im Rahmen früher staatlicher Wirtschaftsverwaltung geschaffen, kommt die Keilschrift in

rascher Folge in sämtlichen Bereichen der Kultur zur Anwendung. Ihr Gebrauch verbreitet sich im Laufe eines knappen Jahrtausends im gesamten Vorderen Orient, zahlreiche Völker bedienen sich dieser Schrift. Der wichtigste Schriftträger ist die Tontafel, daneben gibt es Inschriften auf Stein und Metall, auf Leder und Holz. Hunderttausende von Texten vermitteln Einblicke in Alltagsleben, Wirtschaft, Religion, Literatur, Politik, Medizin, Militärwesen, Ausbildung und Wissenschaft – und damit natürlich auch in technisches Wissen und technische Praxis der Sumerer, Akkader, Hethiter, Babylonier und Assyrer.

Ingenieure: Ein heuristisches Problem der altorientalischen Überlieferung

Charakteristisch für die altorientalischen Hochkulturen ist ein hoher Grad an gesellschaftlicher Hierarchisierung, staatlicher Zentralisierung und bürokratischer Admi-

Diachrone Karte des Alten Orients mit im Text genannten Orten

Altsumerische Zeit	ca. 2450–2350
Akkad-Zeit	2334–2154
Gutäer Dynastie	ca. 2190–2100
Gudea-Zeit	ca. 2122–2105 (?)
Ur III-Zeit	2112–2004
Altbabylonische Zeit	
I. Dynastie von Isin	2017–1794
Dynastie von Larsa	2025–1763
I. Dynastie von Babylon	1894–1595
Altassyrische Zeit	ca. 2000–1425
Mittelbabylonische Zeit	1570–1157
Mittelassyrische Zeit	1424–935
Neuassyrische Zeit	935–612
Neubabylonische Zeit	1027–627
Spätbabylonische Zeit (Chaldäer)	626–539
Perserzeit (Achämeniden)	539–330

Chronologische Tabelle mit Überblick zu den wichtigsten Phasen der altmesopotamischen Geschichte (alle Angaben v. Chr.)

7

nistration. Die verschiedenen Bereiche der Kultur, also zum Beispiel Wirtschaft, Verwaltung, Religion, Militär, Politik, Recht und eben auch der Bereich der Technik, bringen Experten hervor. Es werden nicht nur spezifische Terminologien und Formulare entwickelt, sondern auch spezifische, auf den jeweiligen Anwendungsrahmen ihrer Gegenstände ausgerichtete, methodische und organisatorische Prinzipien. Und bereits in diesen frühen Formen großräumiger Staatsbildung werden wichtige gesellschaftliche Bedingungen für die Ausbildung und weitere Entwicklung der Wissens- und Technologiepotentiale kenntlich:

a) ihre jeweilige Relevanz für wirtschaftliche, militärische, politische, religiöse und soziale Zwecke;
b) die Bedürfnisse der Gesellschaft, bestimmter gesellschaftlicher Gruppen, ja nicht selten einzelner Individuen;
c) die Interessen der Spezialisten, die dieses Wissen sowie die Strukturen seiner Verwaltung und Weitergabe kontrollieren.

Das spezifische Überlieferungsspektrum der altorientalischen Kulturen wirft mit Blick auf eine historische Beschreibung von Rolle, Funktion und Selbstverständnis der Spezialisten und technischen Experten, die Ingenieurarbeit leisten, drei grundlegende Probleme auf, die angesichts der eindrucksvollen materiellen Dokumentation ingenieurtechnischen Wirkens geradezu paradox wirken.

Die erste Schwierigkeit betrifft das Verhältnis von Sprache und Wirklichkeit. In keiner der überlieferten altorientalischen Sprachen findet sich ein Wort, das im engeren Sinn als Äquivalent zu dem modernen Bedeutungsspektrum von „Ingenieur" oder „Techniker" aufgefasst werden kann. Die altorientalischen Gesellschaften kennen auch keine Abgrenzung der „Ingenieure", weder im Sinne eines gruppenbezogenen Selbstverständnisses noch in einer gesamtgesellschaftlichen Perspektive. Aus dem Fehlen eines solchen klassifizierenden Oberbegriffes darf jedoch keinesfalls auf ein generelles Nicht-Vorhandensein von technischem Expertentum in Sumer, Akkad, Babylon

oder Assur geschlossen werden. So gibt es in diesen Sprachen auch keinen Terminus für „Religion", und doch ist Religion in kultischer Praxis und theologischer Spekulation bestens bezeugt. Jene Spezialisten, die für technische, konstruktive und organisatorische Problemstellungen Lösungen fanden, werden in altorientalischen Texten entweder unter konkreten Berufsbezeichnungen – wie zum Beispiel Baumeister oder Kanalinspektor – geführt oder aber mit dem allgemeinen Begriff des „Wissenden" erfasst. Diese technischen Experten stehen damit auch in den frühen Hochkulturen an der Schnittstelle zwischen Theorie und Praxis. Der Wirkungsbereich dieser frühen „Ingenieure" ist vornehmlich Gebieten wie Bauwesen, Bergbau, Infrastruktur, Maß- und Vermessungswesen, Militärtechnik, Schiffbau, Transportwesen und Wasserbau zuzuordnen. Für Konstruktion, Produktion, Planung, Management und Entwicklung in diesen Bereichen stellten die einzelnen spezialisierten Berufsgruppen funktionale Entsprechungen zu jenen Tätigkeitsprofilen, die heute allgemein mit den Begriffen „Ingenieur" und „Techniker" umschrieben werden. Wenn im Folgenden die Bezeichnung „Ingenieur" gebraucht wird, so fungiert sie als heuristischer Begriff, als Umschreibung für Personen, die systematisch in verantwortlicher Position mit der Lösung komplexer Problemstellungen betraut waren.

Die zweite Schwierigkeit besteht in dem – verglichen mit jüngeren und jüngsten Epochen der Kulturgeschichte – kargen Informationsgehalt der schriftlichen Überlieferung. Denn trotz der kaum überschaubaren Menge an überliefertem Schrifttum sind nur selten Namen oder gar biographische Angaben zu den technischen Experten bekannt, die hinter den alltäglichen wie besonderen ingenieurtechnischen Leistungen des Alten Orients stehen. Im Vergleich zu jüngeren historischen Perioden mit einer hoch entwickelten Schriftkultur ist das eine auffällige Situation. Doch ist das Fehlen von Individual-Überlieferung, sei sie nun privater, sei sie institutioneller Natur, auch in anderen Bereichen der altorientalischen Überlieferung anzutreffen. Über die Gründe lassen sich nur Vermutungen anstellen. Da ist zum einen die in den Schriftquellen absolut dominierende Person des Herrschers, der als oberste Machtinstanz, Finanzier und Repräsentant des Landes sämtliche Leistungen nominell in Anspruch nimmt. Zum Zweiten stellen wir eine allgemeine Tendenz fest, das Individuum, sei es nun ein Ingenieur, der Verfasser eines Textes, ein Bildhauer oder ein Maler, nicht zu personalisieren. Und zum Dritten haben – anders als beispielsweise in der Klassischen Antike – Reflexionen über die Gesellschaft und ihre Institutionen zumeist keine eigene, zumindest keine schriftliche Form gefunden.

Eine dritte Schwierigkeit bei der Bewertung der archäologischen wie der schriftlichen Überlieferung liegt in ihrer ungleichen Verteilung über die dreieinhalb Jahrtausende altorientalischer Geschichte begründet. Die Überlieferung ist regional wie chronologisch unterschiedlich dicht, zugleich ist der geographische Raum „Alter Orient" weder ethnisch noch kulturell einheitlich.

Die Geschichte der altorientalischen Ingenieure kann auf der Basis der wenigen erhaltenen materiellen wie schriftlichen Zeugnisse also nur als Skizze entstehen – und so in auffälligem Unterschied zu späteren Epochen: Sie entsteht als Geschichte der realisierten oder abgebrochenen Projekte, nicht als Geschichte einzelner herausragender Individuen.

Die gesellschaftliche Stellung der technischen Experten

Herkunft und Ausbildung

Über die soziale Herkunft von technischen Experten ist wenig bekannt. Allgemein erfolgte die Rekrutierung von Eliten über die beiden großen Institutionen der altorientalischen Staaten, das heißt über den Herrscher-Hof, den Palast oder über die großen Heiligtümer. Die Auswahlkriterien freilich sind weitestgehend unbekannt. Es ist anzunehmen, dass der soziale Status der Familie, bestimmte Traditionen, aber auch Netzwerke, also bestehende Kontakte zu Personen innerhalb der Institutionen, eine wichtige Rolle spielten. Es ist auch bekannt, dass Unfreie zu höchsten Staatsämtern aufsteigen konnten. Soweit man sieht, waren Frauen in diesen Bereichen nicht tätig, obwohl sie im Rahmen bestimmter, meist geschlechtsspezifischer Tätigkeiten wie zum Beispiel der Textilmanufaktur hohe Positionen einnehmen konnten.

Mit Blick auf die Arbeitsfelder der meisten Ingenieure dürfte die Ausbildung sowohl praktische Elemente („training on the job") als auch theoretische Teile umfasst haben. Während über den Praxisteil kaum Nachrichten vorliegen, enthält die schulische Ausbildung aller Experten, nicht nur der Technikspezialisten, als zentrales Gebiet die Ausbildung zum Schriftkundigen. Anders als in modernen Gesellschaften waren genauere Kenntnisse der Schrift in den altorientalischen Gesellschaften sehr begrenzt. Die Keilschrift ist ein komplexes Schriftsystem; sie zu erlernen bedurfte mehrerer Jahre intensiven Studiums. Schon daraus wird ersichtlich, dass die Ausbildung zum Experten in den damaligen Gesellschaften ein Privileg war. Sie erfolgte im 3. und frühen 2. Jahrtausend im Rahmen von „Schulen", die an Palast oder Tempel angegliedert waren. Daneben wurden die Fähigkeiten in Lesen, Schreiben und Rechnen auch durch Schreiberfamilien weitergegeben. Über einige Teile der Schulcurricula sind wir recht gut unterrichtet. Auf das Erlernen der Keilschrift sowie der damit verbundenen Sprachen folgte eine Ausbildung in Mathematik und Messtechnik. Die Zeugnisse für diese Fachgebiete zeigen eine inhaltliche Ausrichtung, die als typisch für die altorientalischen Kulturen gelten kann. Berechnet wurden die Neigung von Wasserkanälen, der Erdaushub von Ausschachtarbeiten, Gewicht und Belastbarkeit von Ziegelmauerwerk, die Neigung von Rampen. Diese und ähnliche Themen bereiteten durch die Verbindung von tech-

Ur-Namma als Korbträger, Statuette 21. Jahrhundert v. Chr.

Assurbanipal als Korbträger, Stele 7. Jahrhundert v. Chr.

nischem Wissen und Erfahrungswissen auf Tätigkeitsfelder vor, die heute überwiegend durch Ingenieure und technische Experten abgedeckt werden.

Doch dürfte es sich keineswegs um ein allgemein zugängliches Berufsfeld gehandelt haben. Eine entsprechende Ausbildung war eigentlich nur im Rahmen der bereits angesprochenen institutionellen Kontexte zu leisten. Die Elite der Spezialisten genoss aufgrund ihres Fachwissens nicht nur innerhalb der jeweiligen Berufsgruppen, sondern auch am königlichen Hof und auch in der Gesellschaft ein hohes soziales Prestige. Dies belegen wertvolle Geschenke in Form von Bechern und Dolchen aus Edelmetall oder auch kostbare Textilien. Gelegentlich findet sich in der internationalen Korrespondenz das Ersuchen eines befreundeten Königs um Entsendung von Experten für bestimmte Aufgaben.

Für die Verwirklichung von Bauten wie auch deren Instandhaltung und Instandsetzung zeichnete nominell der König verantwortlich, aber die praktische Umsetzung oblag den Beamten und Funktionären der staatlichen Verwaltung. Die Ingenieure des Alten Orients waren Staatsdiener; sie waren eingegliedert in die Hierarchie des monarchischen Beamtenapparates.

Typisch ist ein fließender Übergang zwischen dem militärischen und dem zivilen Bereich. Männer, die während eines Feldzuges eine hohe Kommandoposition innehatten, finden sich in Friedenszeiten als Leiter königlicher Großbaustellen.

Innerhalb der literarischen Tradition spiegelt sich die gesellschaftliche Bedeutung der Ingenieure, Erfinder und Techniker vor allem in den mythologischen Erzählungen. Dort verkörpert beispielsweise der Gott Enki/Ea den Typus des genial-pragmatischen Erfinders und kundigen Allweisen. Er spielt nicht nur eine zentrale Rolle bei der Erschaffung des Menschen, der nach mesopotamischer Vorstellung den Göttern die mühsame Kultur-

arbeit abnehmen sollte. Er ist auch der Erfinder der Arche, die trotz der großen Sintflut und gegen den Plan der übrigen Götter das Überleben der Menschheit gewährleistet. Zum anderen findet sich vor allem in der sumerischsprachigen Tradition eine ganze Reihe von Erzählungen, die von der Erfindung wichtiger Kulturtechniken, wie zum Beispiel der Erfindung der Schrift oder von Gerätschaften wie dem Hakenpflug handeln. Gelegentlich werden diese Erfindungen so genannten Kulturheroen zugeschrieben, immer jedoch gehen sie letztlich auf göttlichen Rat und Plan zurück. Die Abgrenzung gegenüber dem reproduzierenden Handwerk wird in dem innovativen Charakter der gefundenen Lösungen deutlich.

Der König als „Ingenieur par excellence"

Von den Anfängen bis in die Spätzeit verstanden sich alle altorientalischen Könige als von den Göttern eingesetzte – und damit grundsätzlich und umfassend legitimierte – Verwalter und Versorger des Landes. Somit wird die Sorge für das „Wohlergehen", also die sachliche wie ethisch-moralische Instandhaltung des Landes, zur zentralen Aufgabe des Herrschers. Neben der Sachherrschaft über die Bewohner, der Erweiterung der Grenzen und der Aufrechterhaltung von Recht und Ordnung manifestiert sich diese Sorge für Land, Leute und – natürlich – die Götter in teilweise gewaltigen Bauprojekten. Der König ist Auftraggeber, Finanzier und Manager aller Großprojekte. Die von ihm in Auftrag gegebenen Bauten und Anlagen waren über ihren Alltagsnutzen hinaus monumentale Prestigeobjekte und dienten auch und vor allem herrscherlicher Repräsentation und Selbstdarstellung. Unter den monumentalen Texten, die altorientalische Herrscher vor allem zu Repräsentations- und Propagandazwecken verfassen ließen, kommt daher den Bauberichten große Bedeutung zu. In diesen Texten, die häufig in vielen Exemplaren ausgefertigt wurden, erinnerten die Könige des Alten Orients die von ihnen initiierten Baupro-

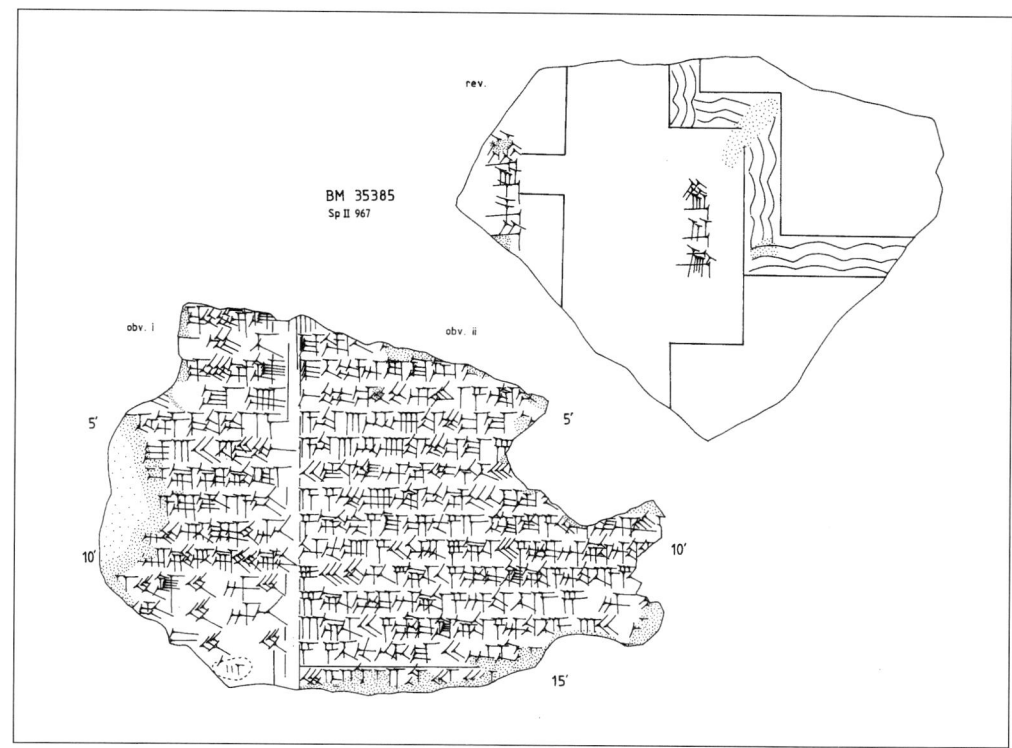

*Fragmentarische Grundriss-
zeichnung der Stadtmauer
von Babylon mit Angaben zu
dem angrenzenden Stadt-
viertel, dem nächstgelegenen
Tor und der Darstellung eines
Euphratkanals*

jekte. Diese Texte können einfachste lako-
nische Vermerke des Typs „Den Tempel mit
Namen XX hat NN, der König, errichtet",
aber auch umfangreiche Detailschilde-
rungen des gesamten Bauvorhabens, von
der Planung bis zur Vollendung, enthalten.
Die ältesten dieser Inschriften stammen
von der Mitte des 3. Jahrtausend. Sie be-
gleiten bis zum Ende der altorientalischen
Reiche die bildliche Darstellung des Kö-

nigs als Bauherrn mit einem Tragkorb oder
Ziegeln auf dem Kopf.

Zu den königlichen Bauprojekten zählten nicht nur Palastanlagen oder Tempel
für die verschiedenen Gottheiten, sondern
vor allem auch Infrastrukturmaßnahmen,
wie der Bau von Straßen oder die Errichtung von Befestigungsanlagen. Nur wenig
ist über die Details der technischen Realisierung bekannt. Doch die obenstehen-

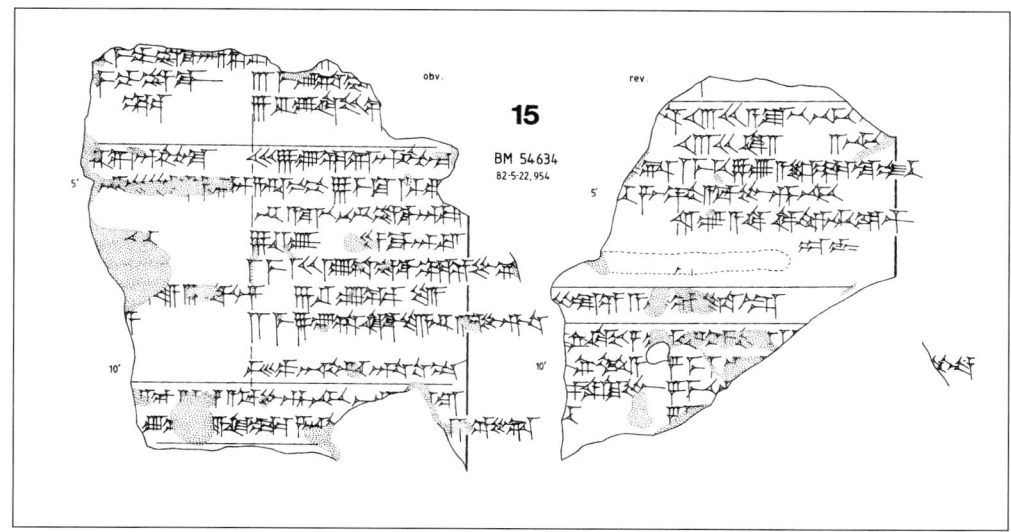

*Metrologischer Text, erste
Hälfte des 6. Jahrhunderts,
mit Angaben zu den
Abmessungen der Mauer-
anlagen der Stadt Babylon*

11

Altorientalische Ingenieure im Einsatz

Die Stadt als Herausforderung

Zu den eindrucksvollsten, weil in Planung und Ausführungen extrem komplexen Leistungen altorientalischer Ingenieurtechnik zählt die Neuanlage von Städten. Vom 3. bis ins 1. Jahrtausend finden sich wiederholt Beispiele für solche Unternehmungen. Über die Realisierung der monumentalen frühgeschichtlichen Städte des 4. Jahrtausends – wie zum Beispiel das im südlichen Mesopotamien gelegene Uruk – kann allenfalls spekuliert werden. Die acht Kilometer lange Mauer von Uruk wurde der Legende nach von dem ersten König der Stadt, Gilgamesch, errichtet. Sehr viel besser ist man über die Neugründung von Residenzstädten durch die assyrischen Könige des späten 2. und 1. Jahrtausends unterrichtet. Von der Auswahl und Aneignung des Baugeländes über die Vermessung, die Anlage der grundlegenden Strukturen wie Umfassungsmauern, Tore, Wegenetze, die Binnengliederung der Stadt in Quartiere bis hin zur Wasserversorgung waren eine Vielzahl von Detailproblemen zu lösen. Ein typisches Beispiel hierfür ist die Stadt Kalchu, die einen wichtigen Zufluss des Tigris kontrollierte. Das Stadtgebiet umfasste eine Fläche von etwa 360 Hektar, allein die künstlich angelegte Oberstadt maß 20 Hektar. Im 9. Jahrhundert wurde das Stadtgebiet, das bereits Spuren älterer Besiedlung trug, von dem assyrischen König Assurnasirpal II. (883–859) neu vermessen und mit einer rechteckigen Mauer von 7,5 Kilometern Länge umgeben. Neben Palästen und Verwaltungsgebäuden gab es verschiedene Heiligtümer. Doch nur wenig später wurde diese mit großem Pomp gebaute und eingeweihte Stadt zugunsten einer neuen Hauptstadt aufgegeben: Dur-Scharrukin, benannt nach ihrem Gründer, Sargon II. (akkadisch Scharrukin). Detaillierter noch als im Falle Kalchus sind hier vor allem die immensen organisatorischen Aufgaben dokumentiert, die notwendig waren, um diese Stadtanlage in einem

Babylon, Stadtmauer im frühen 6. Jahrhundert, Rekonstruktionsversuch

de beschriftete Grundrisszeichnung eines Ausschnittes der Stadtmauer von Babylon, die unter den chaldäischen Herrschern des 7./6. Jahrhunderts v. Chr. mehrfach erneuert werden musste, gibt einen Eindruck von der Detailgenauigkeit, mit der entsprechende Unternehmungen vorbereitet wurden.

So wurden zum Beispiel der Zustand der Mauern, ihrer Substruktionen, die Innen- wie Außenschalen ausführlich vermessen und beschrieben. Anhand der den Zeichnungen beigegebenen Maße war es dann möglich, die benötigten Materialien, die Zahl der Arbeitskräfte, deren Verpflegung sowie die benötigte Zeit für die Restaurierungsarbeiten zu kalkulieren.

Während der Grundriss der Stadtmauer offenbar aus dem Bereich der technisch-planerischen Praxis stammt, zeigt ein Bildnis den sumerischen Fürsten Gudea von Lagasch (zirka 2120 v. Chr.) mit einer Tafel auf den Knien: Sie enthält den Grundriss eines Sakralbaues samt beigegebenem Maßstab. Der Topos des Königs als Bauherr verschiebt sich zugunsten einer technikbetonten Darstellung: der König als *Ingenieur par excellence*. Dieser Topos ist, wenngleich nicht durchgängig, so doch bis in die Spätzeit bezeugt, wenn etwa der assyrische König Asarhaddon (s. dazu unten) sich seiner besonderen ingenieurtechnischen Fähigkeiten rühmt.

Sitzbild des Gudea aus schwarzem Diorit, mit Grundriss-Tafel (Detail siehe nächste Abb.)

Zeitraum von nur etwa zehn Jahren fertig zu stellen. Tausende von – größtenteils im Rahmen von Kriegszügen deportierten – Arbeitskräften mussten angewiesen und versorgt werden. Die der regelmäßigen Stadtanlage zugrunde liegenden ästhetischen und organisatorischen Ideale symbolisierten zusammen mit der Namengebung für alle wichtigen architektonischen Bereiche das Weltbild ihres Erbauers. Aus der Korrespondenz des assyrischen Königs mit den für den Bau Verantwortlichen geht hervor, dass die Baustelle in Abschnitten organisiert war, für die jeweils Oberaufseher – Ingenieure – zuständig waren. Viele besondere Teilleistungen, wie zum Beispiel der Transport kolossaler Statuen, wurden in Wort und Bild festgehalten.

Wasserbau

„Wer wird ihn graben? Wer wird ihn graben? Den Kanal des heiligen Jauchzens, wer wird ihn graben? Den Kanal, dessen Bett gereinigt ist, wer wird ihn graben? Ur-Namma, der Wohlhabende wird ihn graben!" Mit diesen Worten beginnt eine Hymne in sumerischer Sprache an Ur-Namma, den König von Ur. Er begründete im 21. Jahrhundert v. Chr. in der Stadt Ur im südlichen Mesopotamien eine mächtige Dynastie. In diesen südlichen Landesteilen war Landwirtschaft nur mit Hilfe von künstlicher Bewässerung mög-

Detailaufsicht zur vorigen Abb.

Rekonstruktion der Flussseite von Kalchu nach einem Entwurf von James Fergusson, erschienen als Plate 1 in A. H. Layard, A Second Series of the Monuments of Nineveh, London, 1853

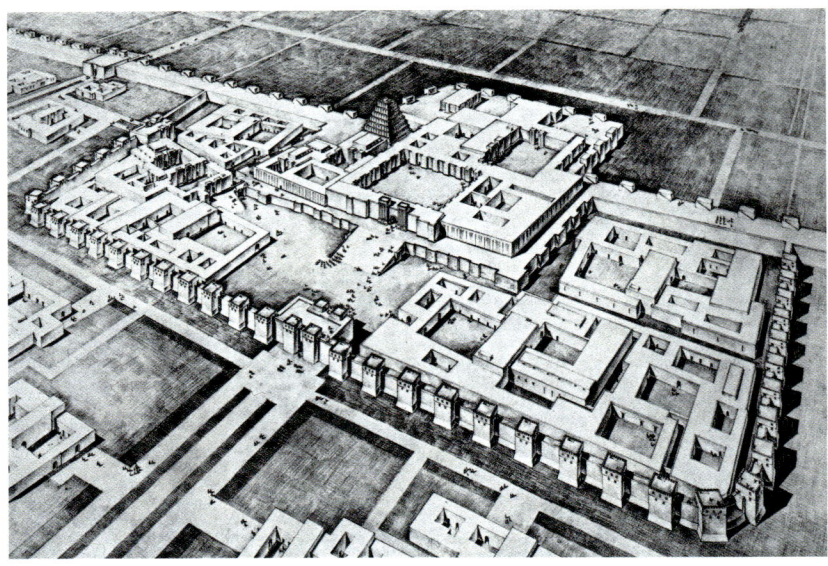

Dur-Scharrukin, Zitadelle mit Sargons Palast, Nabû-Tempel und Residenzen, Rekonstruktion

Relief mit bewässerter Parkanlage und Aquädukt (Ninive, Nordpalast, Raum H)

lich. Aus diesem Grunde kam dem gesamten Gebiet des Wasserbaus – der Be- und Entwässerung, der Wasserversorgung und dem Wasserschutz – große Bedeutung zu. Die Errichtung eines komplexen Kanalsystems beginnt bereits in vorgeschichtlicher Zeit – im Zusammenhang mit der Gründung der großen Städte. Hier nimmt im 6./5. vorchristlichen Jahrtausend eine wasserbautechnische Tradition ihren Anfang, die über Jahrtausende hinweg

bis heute Bestand hat. Seit der zweiten Hälfte des 3. Jahrtausends sind diese Unternehmungen auch in Texten dokumentiert, wie der oben zitierte Ausschnitt zeigt. Die Durchführung der Wasserbauten und ihre Instandhaltung erforderten eine exakte Planung, deren Organisation zentral, das heißt durch den Staat erfolgte. Es sind daher weniger Königshymnen als vielmehr Wirtschafts- und Verwaltungsurkunden, die uns detailliertere Informationen übermitteln. In den Archiven der sumerischen Stadtstaaten von Umma und Lagasch (Ende des 3. Jahrtausends) belegen zahlreiche Urkunden die einzelnen Schritte in der Organisation von Instandsetzungsarbeiten: Kanäle, Deiche, Reservoire und Auslasse werden inspiziert und beschädigte Stellen oder Verstopfungen festgestellt. Auf dieser Grundlage ermittelte man Art und Umfang der notwendigen Reparaturen sowie deren Dauer und die benötigte Anzahl der Arbeiter. Hinter der Bürokratie standen Spezialisten, die für Planung und die Durchführung der Arbeiten verantwortlich waren. Auch der Herrscher selbst erteilte entsprechende Anweisungen und erfüllte damit nicht nur bei außergewöhnlichen Großprojekten, sondern auch im alltäglichen Geschäft seine Aufgabe als Herrscher-Ingenieur. Eines von vielen Beispielen findet sich in einem Brief des Königs Hammurapi (18. Jahrhundert v. Chr.) an den zuständigen Beamten: „Wenn Wasser für Larsa und Ur vorhanden ist, brauchst du in den Kanalmündungen, die ich dir genannt habe, keine Maßnahmen treffen! Wenn es kein Wasser für Larsa und Ur gibt, musst du in den Kanalmündungen, die ich dir genannt habe, Maßnahmen treffen, damit Wasser für Larsa und Ur (fließt)!" Wasserbauten sind im Alten Orient in allen Perioden und geographischen Räumen bezeugt. Zu den bedeutendsten Ingenieurprojekten zählen gewiss jene wassertechnischen Anlagen, die seit dem 13. Jahrhundert v. Chr. im Zusammenhang mit der Gründung von neuen Residenzstädten (Kar-Tukulti-Ninurta, Dur-Scharrukin) oder mit dem Ausbau existierender Städte (Arbail, Assur, Kalchu, Ninive) im nördlichen Zweistromland am Tigris entstanden sind. Anders

als in der flachen Alluvialebene war es im Kernland Assyriens aufgrund der topographischen Gegebenheiten und der häufigen Schwankungen des Wasserstandes schwierig, Wasser unmittelbar aus dem Tigris zu entnehmen. Daher leitete man entweder die kleineren Tigriszuflüsse ab oder erschloss weiter entfernt liegende Quellen im Gebirge. Bewässert wurden hauptsächlich Ackerfluren und Gärten, aber auch prächtige königliche Parkanlagen, die das Erscheinungsbild der assyrischen Hauptstädte des 1. Jahrtausends prägten.

Um seine neu gestaltete Hauptstadt und ihre Umgebung mit Wasser zu versorgen, nahm der assyrische König Sanherib (704–681 v. Chr.) zwischen 702 und 688 das anspruchsvollste Wasserbauprojekt seiner Zeit in Angriff. Vier Wasserzuflusssysteme, insgesamt über 150 Kilometer lang, bestehend jeweils aus eigens angelegten Kanälen, regulierbaren Wasserläufen, Tunneln, Aquädukten und Wehren führten aus verschiedenen Richtungen auf die Stadt zu. Inschriften und Darstellungen auf monumentalen Steinplatten in seinem Palast zeugen von Sanheribs Interesse für die damit verbundenen technischen Leistungen und Innovationen. Insbesondere in den Bereichen Transportwesen, Bewegung von schwersten Lasten, Wasserhebevorrichtungen – so war der Schöpfbaum, arabisch *schaduf*, in Mesopotamien bereits seit dem 3. Jahrtausend im Einsatz (siehe S. 23, obere Abb., unten links) – und Wasserbau mussten gänzlich neue Lösungen gefunden werden. Vergleichbare Fortschritte sind auf dem Gebiet der Metallurgie zu verzeichnen. Obgleich die technischen Lösungen vermutlich nicht auf Sanherib selbst zurückgehen, sondern von den in seinen Diensten stehenden Technikern und Ingenieuren gefunden wurden, hätten solche Projekte ohne das persönliche Engagement des Königs keinesfalls realisiert werden können. So begab sich der König selbst in Begleitung seines technischen Stabes auf die Suche nach Wasservorkommen, die für seine Bauvorhaben genutzt werden konnten. Die gefundenen Lösungen erweisen sich als geschickte Kombination von natürlichen Gegebenheiten und technisch anspruchsvollen Bauten. So wurde um 694 Quellwasser aus den etwa 20 Kilometer entfernten Bergregionen in Reservoiren gesammelt, durch Kanäle in ein natürliches Wadi geleitet, das wiederum in den Fluss Hosr mündete, der die Stadt Ninive durchquerte.

Die letzte Phase dieses gewaltigen Projekts begann im Jahre 688. Etwa 50 Kilometer nordöstlich von Ninive wurde ein Fluss an einer Schlucht nördlich des Dorfes Hinis abgesperrt, um einen von dort aus abgeleiteten Kanal zu speisen. Der König ließ diese Anlage, ein Meisterwerk des assyrischen Wasserbaus, aufwendig mit Bildwerken und Inschriften schmücken, die noch heute Zeugnis von seinen Taten ablegen. Der Kanalkopf bestand aus einem Damm, einem Einlaufbauwerk, einer etwa 300 Meter langen Kanalstrecke mit Steinmauer und einem Tunnel. Von dort wurde das Wasser durch einen in den Felsen gehauenen Einschnitt in einen 35 Kilometer

Sanheribs „Chicago-Prisma" mit Taten- und Baubericht

Aquädukt von Djerwan, Rekonstruktion

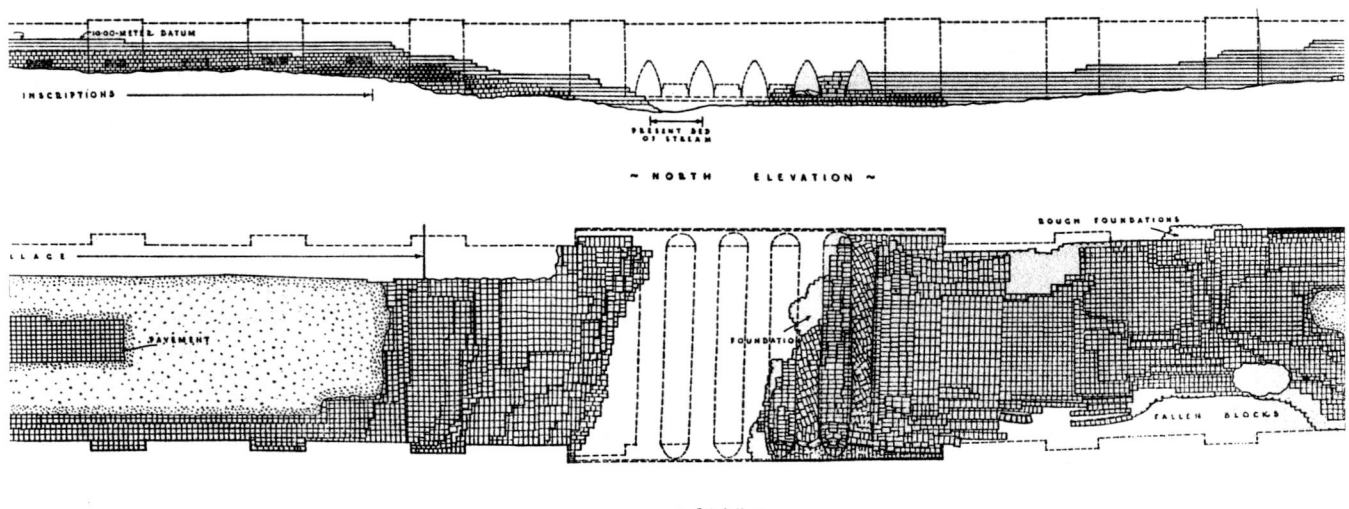

*Sanheribs Aquädukt von
Djerwan, Planum mit Seitenansicht*

langen Kanal geleitet. Auf halber Strecke, bei Djerwan, errichtete man aus mehr als zwei Millionen Kalksteinblöcken ein Aquädukt, um ein Wadi zu überqueren. Es war 280 Meter lang und 22 Meter breit; fünf Spitzbögen überspannten das Tal; die sieben Meter tiefe Kanalsohle wurde sorgfältig gepflastert. Wiederum ließ sich der Auftraggeber und oberste Bauherr in Inschriften auf den Steinblöcken verewigen: „Sanherib, der König der Gesamtheit, der König von Assyrien: Auf einer langen Strecke ließ ich vom Fluss Hazur einen Kanal in die Umgebung von Ninive graben. Über tief eingeschnittene Schluchten baute ich einen Aquädukt aus Kalksteinblöcken. Das

(eben) erwähnte Wasser leitete ich über ihn."

Auch wenn die Ingenieure und Techniker, die diese Werke letztendlich planten und umsetzten, in den Schriftquellen anonym bleiben, fand ihre Leistung doch immerhin Anerkennung durch den obersten Bauherren, den König. So schreibt zum Beispiel Sanherib: „Die Leute, welche diesen Kanal gegraben haben, bekleidete ich mit Leinenkleidern und bunt verzierten Gewändern. […], Goldringe und Brust(schmuck) aus Gold legte ich ihnen an."

Sanherib ließ nicht nur die ältesten bekannten Aquädukte, sondern auch in der Innenstadt von Ninive eine Brücke aus Backsteinen und weißem Kalkstein bauen. Herodot und Diodor schreiben der legendären Königin Nitokris eine Steinbrücke zu, die den Euphrat überspannte und die beiden diesseits und jenseits des Flusses liegenden Stadtteile von Babylon verband. Bei Ausgrabungen fand man tatsächlich die Überreste einer Euphratbrücke: Sieben stromlinienförmige, zwei Meter lange und neun Meter breite Pfeiler aus Backstein in einem Abstand von neun Metern wurden freigelegt; die gesamte Brückenanlage erstreckt sich über 123 Meter. Die Pfeiler waren wahrscheinlich mit Quadern verblendet und trugen einen Oberbau aus Holz. Nach Herodot wurden die Holzbalken und die Plattformen nachts entfernt,

*Megiddo, Zugangsschacht
zum Tunnel*

16

damit keine Übeltäter die Brücke passieren konnten. Bauherr war jedoch vermutlich nicht Nitokris, sondern der babylonische König Nebukadnezar II.

Trink- und Brauchwasserversorgung war nicht nur für die großen Stadtanlagen an Euphrat und Tigris nur mit großem Aufwand sicherzustellen. Auch die in Israel im 1. Jahrtausend errichteten Festungsanlagen gelten zu Recht als Meilensteine in der Geschichte der Trinkwasserversorgung. Die Basis der Wasserversorgung bildeten hier meist Grundwasservorkommen und Quellen, die am Fuß der besiedelten Bergkuppen entsprangen. Zur Sicherung der Wasserversorgung in Kriegszeiten wurden zum Beispiel in Städten wie Megiddo, Hazor, Gezer, Gibeon und Jerusalem unterirdische Reservoire und Zuleitungssysteme gebaut. Sie bestanden aus vier Komponenten: Im Bereich der Quelle errichtete man eine Sammelstelle für das Wasser (Wasserkammer), das man durch einen Tunnel zu einem vertikalen Schacht führte, der wiederum von der Stadt aus zugänglich war. Die wohl berühmteste Anlage dieses Typs ist der so genannte Siloah-Tunnel in Jerusalem, den König Hiskia von Juda, ein Zeitgenosse des assyrischen Königs Sanherib, bauen ließ. Der Tunnel (Länge: 533 Meter, Breite: 0,58 bis 0,68 Meter, Höhe: 1,5 bis 5 Meter) leitete Wasser von der Gihon-Quelle im Kidron-Tal zu dem so genannten Siloah-Teich im Tyropoeon-Tal, das damals bereits innerhalb des von der Stadtmauer umgebenen Gebietes lag. Die Realisierung des Wassertunnels gilt zu Recht als Meisterwerk der Ingenieurkunst: Zwei aufeinander zuarbeitende Baukolonnen schlugen den Tunnel in den Fels, wobei sie vermutlich mit Hilfe von akustischen Signalen von der Oberfläche aus angeleitet wurden. Sechs Meter vor dem Tunnelausgang wurde eine Inschrift angebracht, die über die letzte Phase des gelungenen Tunneldurchbruchs berichtet.

Nicht weniger spektakulär sind die Leistungen levantinischer Bauingenieure auf dem Gebiet des Zisternenbaus. Die Wüstenfestungen am Jordantal, die eine besonders wichtige Rolle in der Periode zwischen dem Makkabäer-Aufstand (167 v. Chr.) und der römischen Eroberung (63

Megiddo, Tunnel (Innenansicht)

v. Chr.) spielten, wurden aus strategischen Gründen auf Berggipfeln oder schwer zugänglichen Ausläufern von Bergketten errichtet. Ihre Funktionsfähigkeit und das Schicksal der Besatzung hingen von der Zuverlässigkeit der Wasserversorgung ab. Diese musste weitgehend über Zisternenanlagen sichergestellt werden. So schreibt zum Beispiel Josephus Flavius in seinem Bericht über Herodes' Arbeiten in der Festung Machärus: „Außerdem legte er an den geeigneten Stellen so viele Zisternen zur Speicherung des Wassers an, dass jederzeit reichlicher Vorrat gegeben war." Josephus selbst versteckte sich nach der Eroberung von Jotapata durch die Römer zwei Tage lang in einer solchen Zisterne. Auch hier wurden sehr unterschiedliche Lösungswege gefunden: In einigen Fällen wurde ein Teil des Regenwassers in Sammelrinnen aufgefangen und in die Zisternen geführt (Alexandreion, Kypros). In anderen Fällen konnte das Hochwasser eines Wadis zur Füllung von Zisternen abgeleitet werden (Dok, Hyrkania, Machärus). Die Wasserversorgung der Festung Masada, ein Meisterwerk des damaligen Wasserbaus, erfolgte über 17 große und acht mittlere und kleine Zisternen. Sie hatten ein Fassungsvermögen von insgesamt 48.000 Kubikmetern. Diese Zisternen wurden durch Niederschläge und durch das Hochwasser zweier Wadis gespeist. Überdies transportierte man Wasser mit Packtieren in die Festung. Das hierfür notwendige Wege-

Jerusalem, Hiskias-Tunnel (Innenansicht)

netz wurde zusammen mit den Zisternen errichtet.

Bei militärischen Auseinandersetzungen kam wassertechnischen Anlagen auch eine strategische Bedeutung zu, und zwar sowohl bei der Verteidigung als auch beim Angriff. Vor einer entscheidenden Schlacht zwischen Assyrern und Babyloniern bei der Stadt Dur-Jakin ließ der babylonische König Marduk-apla-iddina (zweite Hälfte des 8. Jahrhunderts v. Chr.) unter großem Zeitdruck einen 100 Meter breiten und neun Meter tiefen Graben 60 Meter vor der Stadtmauer anlegen und mit Wasser füllen, das vom Euphrat abgeleitet wurde. Die Hoffnung, auf diese Weise die Hauptstadt zu retten, erfüllte sich jedoch nicht. Der assyrische König berichtet, das Blut der gegnerischen Krieger hätte das Wasser rot gefärbt. Einige Jahre danach, als der Assyrerkönig Sanherib seinerseits Babylon eroberte, ließ er das Stadtgebiet mit Hilfe von Kanälen fluten.

Der vielleicht spektakulärste Wasserbau in militärischem Kontext ist der so genannte Athos-Kanal, der im Rahmen der Perserkriege 480 im Auftrag des persischen Königs Xerxes gebaut wurde. Die persische Flotte war mehr als ein Jahrzehnt zuvor vor der Halbinsel Chalkidike in einem Sturm gesunken. Ein Jahrzehnt später ließ der König in dreijähriger Arbeit einen Kanal graben, um auf diese Weise einen sicheren Weg für seine Schiffe zu schaffen. Es ist dies einer der seltenen Fälle, in dem wir die Namen der verantwortlichen Ingenieure, Bubares und Artachaies, kennen. Doch vermutlich ist dies kein Zufall, denn es ist Herodot, ein griechischer Autor, dem wir einen detaillierten Bericht zu diesem monumentalen Werk verdanken. Das Unternehmen hatte mit vielen Schwierigkeiten zu kämpfen und erforderte den Einsatz des gesamten ingenieurtechnischen Wissens des Reiches. So bereitete die Anschüttung des Aushubmaterials am Kanalrand Probleme. Während in vielen Abschnitten die Seitenwände aufgrund falscher Aufschüttung ständig einstürzten, kannten offenbar Phöniker den korrekten Anschüttwinkel. Die Existenz dieses Kanals war in der Forschung umstritten – bis es vor einigen Jahren gelang, den verschütteten Kanal zu lo-

kalisieren. Es handelt sich wahrhaftig um eine Meisterleistung: Auf einer Länge von zwei Kilometern weist allein die Kanalsohle eine Breite von 16 Metern auf.

Doch die große Zahl von wassertechnischen Anlagen – und darunter vor allem so alltägliche wie etwa Kanalisationssysteme – erfüllten ihre Funktion im Verborgenen und haben selten Eingang in die Geschichtsschreibung gefunden. Immerhin finden sich gelegentlich Hinweise hierauf. So warnt der assyrische König Assurnasirpal II. (883–859 v. Chr.) zukünftige Herrscher vor Nachlässigkeit bei der Instandhaltung seines neuen Palastes in Kalchu: „Er soll seine Abflussrohre nicht herausreißen! Er soll die Auslässe seiner Regenwasserabflüsse nicht blockieren!" Systematisch geplante Installationen größeren Umfanges zur Entsorgung von Brauch- und Regenwasser sind bereits in Städten des 4. Jahrtausend, zum Beispiel Tepe Gawra, Uruk und Habuba Kabira, nachzuweisen. Typische Elemente sind: Steinkanäle (geschlossene und offene horizontale Leitungen aus Kalkstein, Basalt oder Sandstein), Ziegelkanäle (geschlossene horizontale Leitungen aus gebrannten Lehmziegeln), Tonrohre und Tonrinnen (horizontale und vertikale Leitungen aus zylindrischen oder aus in der Längsachse halbierten Tonrohren) und Sickerschächte (vertikale Installationen aus aufeinander gestapelten Ringtrommeln aus Ton, die in einer Schachtgrube aufgestellt wurden). Mit Hilfe solcher Installationen entwässerte man nicht nur die Höfe und Dächer von Tempeln und Palästen, sondern entsorgte auch das Haushaltsabwasser in Privathäusern, wie Funde aus den Wohnvierteln von Assur und Babylon zeigen. In den Straßen wurden Hauptsammler angelegt, um das Wasser der anliegenden Gebäude aufzunehmen. Als Beispiel sei der begehbare Kanal aus Backsteinen genannt, der den Kultbezirk der Stadt Assur in den Tigris entwässerte. Der abgebildete Abschnitt besaß ein Tonnengewölbe aus Ziegeln und war zwölf Meter lang, 1,80 Meter breit und zwei Meter hoch. Gestempelte Ziegel verbinden dieses Werk mit dem assyrischen König Adadnirari I., der zu Beginn des 13. Jahrhunderts v. Chr. regierte.

Assur, Hauptsammler (Abschnitt VI)

Monumental- und Repräsentationsbauten

Die Planung und Errichtung von Hochbauten zählt zu den prominentesten Gebieten ingenieurtechnischer Expertise im Alten Orient. Über Paläste, Tempelanlagen und Stadtmauern sind wir durch die Bauberichte der altorientalischen Herrscher und durch umfangreiche archäologische Untersuchungen gut informiert. Die Lösung der technischen und organisatorischen Probleme, die diese Bauwerke aufwarfen, setzte nicht nur eine gut organisierte Verwaltung voraus, sondern erforderte auch die Mitwirkung verschiedener Spezialisten, die wir heutzutage als Bauingenieure bezeichnen würden. Die im Folgenden vorgestellten Bauwerke mögen ihre Leistung illustrieren.

Die ausführlichsten Textzeugnisse sind Beschreibungen von Palästen und Tempeln im 1. Jahrtausend v. Chr. Wir erfahren nicht nur, wo die Bauten errichtet wurden, sondern auch Details zu Ausstattung und den verwendeten Materialien. Sofern die Bauvorgänge Gegenstand der Beschreibung sind, beziehen sich die Angaben interessanterweise meist auf die Unterkonstruktion. Maßangaben hingegen sind selten. Obwohl in Funktion und Raumgestaltung Unterschiede zwischen Tempeln und Palästen bestehen, ergeben sich aus bautechnischer Sicht ähnliche Probleme.

Paläste waren Herrscher- und zugleich Amtssitz. Sie verfügten nicht nur über Wohn- und Repräsentationsräume, sondern auch über Wirtschafts- und Verwaltungsbereiche sowie Magazine. Seit jeher übertrafen diese Anlagen in ihren Dimensionen und in der Qualität der Ausführung gewöhnliche Bauten um ein Vielfaches. Die ästhetische Wirkung von Monumentalität und Pracht wurde von den Herrschern des Alten Orients bewusst eingesetzt. Der Palast des Königs Zimri-Lim (18. Jahrhundert v. Chr.) in Mari am Mittleren Euphrat erstreckte sich über eine Fläche von 120 mal 200 Metern und galt bereits zu seiner Zeit als Sehenswürdigkeit. Der Palast Sargons II. (721–705 v. Chr.) in Dur-Schar-

rukin erhob sich auf einer zwölf Meter hohen Terrasse und maß 290 mal 290 Meter.

Von Sanheribs (704–681 v. Chr.) Südwestpalast in Ninive, dem „Palast ohnegleichen" wurde mit 40.000 Quadratmetern gerade einmal die Hälfte der Gesamtfläche freigelegt. Allein der Thronsaal maß 13 mal 56 Meter. Auch wenn er mit seinen 1.250 Quadratmetern im Vergleich zu den mesopotamischen Palästen eher bescheiden wirkt, steht doch auch der in 13-jähriger Bauzeit errichtete Palast Salomos (10. Jahrhundert v. Chr.) in dieser Tradition.

Paläste und Tempel wurden nicht selten am Ort älterer Vorgängerbauten errichtet. Bei der Rekonstruktion des Marduk-Tempels in Babylon orientierte man sich auf Befehl des assyrischen Königs Asarhaddon (680–669 v. Chr.) an dem vorgefundenen Grundriss: „In einem günstigen Monat, an einem geeigneten Tag habe ich auf seine alten Fundamente, ohne auch nur eine Elle zu vernachlässigen oder eine halbe Elle hinzuzufügen, ganz nach seinem alten Bauplan, das neue gelegt."

Ob Neu-, Nachfolge- oder Erweiterungsbau, in jedem Falle stellten die Bauprojekte vor allem an die Logistik hohe Anforderungen, denn der Bedarf an Materialien und vor allem Arbeitskräften war extrem hoch. In statischer Hinsicht erwiesen sich weniger die gewöhnlich überdimensionierten Unterkonstruktionen und das Mauerwerk als Problem, sondern vor allem die zu überbrückenden Spannweiten der monumentalen Räume – denn es standen nur Holz-

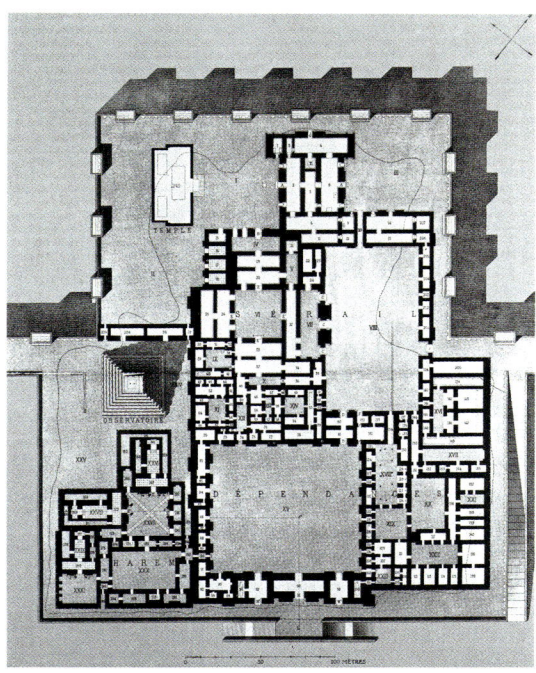

Dur-Scharrukin, Sargons II. Palast (Grundriss)

Die Stadtmauer von Ninive und Sanheribs Palast (Ninive, Nordpalast, Raum H, Platte 7, oberer Teil)

*Der Turm zu Babel,
Rekonstruktion*

balken zur Verfügung. „5.000 mächtige Zedernbalken ließ ich zu seiner Bedachung ausspannen", rühmt der babylonische König Nabonid (556–539 v. Chr.) den von ihm errichteten Tempel des Sonnengottes Schamasch in Sippar.

Angesichts solcher Größenordnungen und der verfügbaren Hilfsmittel wird deutlich: Die Realisierung solcher Bauprojekte, für die Tausende von Arbeitern und Tonnen an Material notwendig waren, ist ohne Spezialisten, die Entwurf, die Planung, Koordination und Leitung der Bauarbeiten – teilweise über Jahre hinweg – übernahmen, nicht denkbar, aber nur selten wird dieses Verdienst so explizit benannt wie in diesem Falle: „In einem günstigen Monat, an einem geeigneten Tag baute ich über diese Terrasse – meiner Geschicklichkeit folgend – einen Palast aus Kalkstein und Zedernholz nach syrischer Bauart und einen hoch aufragenden Palast in assyrischer Bauweise, der den älteren bei weitem übertraf, groß und kunstvoll gebaut war, (baute ich) als meine königliche Residenz mittels der technischen Fertigkeit kundiger Oberbaumeister." Und selbst hier treten die eigentlich Verantwortlichen hinter der Person des Königs Sanherib, der in der Ich-Form berichtet, zurück.

Eine Besonderheit mesopotamischer Baukunst bilden die „Zikkurat" genannten Stufentürme. Eine Zikkurat bestand aus mehreren, treppenartig übereinander gesetzten Plattformen; die oberste Ebene trug einen Kult-Schrein, den „Hochtempel". Das Kernmassiv bestand aus luftgetrockneten Lehmziegeln, als Außenschale waren gegen Witterungseinflüsse gebrannte Ziegel vorgesetzt. Die Zikkurat von Ur maß 62,50 auf 43 Meter an der Basis; ihre erste Plattform hatte eine Höhe von elf Metern, die zweite ist nur noch teilweise erhalten. Der Aufgang zu den höheren Terrassen erfolgte durch eine monumentale dreiläufige

Freitreppenanlage: Zwei Seitentreppen verliefen parallel und eine dritte mittlere Treppe senkrecht zu einer Seite des Bauwerks. Backsteinschächte, die mit Bitumen abgedichtet waren, dienten der Entwässerung der oberen Terrassen. Zwischen den Lehmziegellagen des Kernmassivs wurden in regelmäßigen Abständen Schichten von Schilfbündeln gelegt, um horizontales Gleiten zu vermeiden; Verankerungen aus geflochtenem Schilf sorgten für die Stabilisierung des Kerns. Neue Untersuchungen an der Zikkurat von Borsippa, einer zirka zwölf Kilometer südlich von Babylon gelegenen, imposanten Ruine, haben Aufklärung über die Art der Errichtung gegeben: Sie wurde Ziegellage für Ziegellage durch zwei parallel jeweils bis zur Mitte des Bauwerks arbeitende Kolonnen aufgebaut. Die Höhe der Zikkuratts dürfte je nach Anzahl der Plattformen zwischen 40 Meter und 100 Meter betragen haben. Trotz archäologischer Untersuchungen an den erhaltenen Überresten von Stufentürmen und verschiedener Hinweise in den Schriftquellen bleiben die Rekonstruktionen jedoch in vielen Teilen hypothetisch.

Diese Stufentürme waren Bestandteil von Tempelanlagen, die im Alten Orient gewöhnlich aus mehreren Gebäudekomplexen bestanden. Die spezifische Form des Stufenturms scheint unter dem bereits erwähnten sumerischen Herrscher Ur-Namma (Ende des 3. Jahrtausends v. Chr.), dem Gründer der 3. Dynastie von Ur, ihren Anfang zu nehmen und bleibt bis zum Untergang der altorientalischen Hochkulturen eine wichtige Leitform sakralen Bauens. Anlässlich der Erneuerung des Stufenturmes (Zikkurat) im Tempelbezirk des Mondgottes von Ur schreibt der letzte babylonische König, Nabonid (556–539 v. Chr.): „Aus den Inschriften Ur-Nammas und Schulgis, seines Sohnes, habe ich ersehen, dass Ur-Namma diese Zikkurat gebaut, jedoch nicht vollendet hat – Schulgi, sein Sohn, hat das Bauwerk vollendet. Nun war diese Zikkurat alt geworden, und über dem alten Fundament, das Ur-Namma und Schulgi, sein Sohn, gebaut haben, reparierte ich den Schaden dieser Zikkurat wie früher mit Asphalt und Ziegel." Nabonid nimmt hier also auf Bauarbeiten Bezug, die mehr als 1.500 Jahre zuvor stattgefunden haben. Obwohl die mesopotamischen Stufentürme Ähnlichkeiten mit den ägyptischen Stufenpyramiden aufweisen, hatten sie, wie bereits angedeutet, eine gänzlich andere Funktion, nämlich die künstliche Erhöhung des Kultbaus.

Die Durchführung solcher Projekte setzte nicht nur die Lösung konkreter bautechnischer Probleme voraus, sondern erforderte auch eine gute Organisation und Arbeitsplanung. So wurde beispielsweise mit Lehmziegeln in einem Standardformat gearbeitet (zum Beispiel rechteckige gebrannte Ziegel 25 mal 16 mal 7 Zentimeter, quadratische Lehmziegel 29,5 mal 29,5 mal 7,5 Zentimeter). Allein für die erste Terrasse der Zikkurat von Ur benötigte man etwa 7,6 Millionen Ziegel (6,9 Millionen ungebrannte Lehmsteine und 0,7 Millionen gebrannte Ziegel). Schätzungen für die Zikkurat von Babylon gehen von 36 Millionen Ziegeln aus. Da auch das tägliche Arbeitspensum eines Bauarbeiters und seine Verpflegung nach festen Vorgaben berechnet wurden, konnten die „Projekt-Manager" nicht nur Baukosten und Ressourcenbedarf, sondern auch die Bauzeit ziemlich exakt kalkulieren. Einschließlich Herstellung und Transport der Ziegel hätte man mit 1.000 Arbeitskräften etwa fünf Monate für den Bau dieser Terrasse benötigt.

Als „Turm von Babel" hat die Zikkurat des Marduk-Heiligtums in Babylon mit Namen „Haus des Fundaments von Himmel und Erde" über die Überlieferung der klassischen Antike und die hebräische Bibel Eingang in die europäische Kulturgeschichte gefunden (s. o. S. 20). Wann genau mit ihrem Bau begonnen wurde, ist unklar; vollendet wurde sie unter Nebukadnezar II. (604–562 v. Chr.), über einer Grundfläche von 90 mal 90 Metern erhob sich der Stufenturm zu einer Höhe von 90 Metern. Von diesem Bauwerk sind leider kaum mehr als der Grundriss und die untersten Ziegellagen erhalten. Geschuldet ist dies nicht nur der gründlichen Arbeit von Ziegelräubern über viele Jahrhunderte hinweg, sondern besonders Alexander dem Großen, der die Zikkurat vollständig abrei-

ßen ließ – eine vom Arbeitsaufwand her nicht geringe Leistung – mit der Absicht, sie neu und größer zu bauen. Dies war ihm jedoch wegen seines frühen Todes nicht vergönnt.

Ein Keilschrifttext aus der ersten Hälfte des 1. Jahrtausends, der uns in einer Abschrift aus dem 3. Jahrhundert v. Chr. vorliegt, enthält unter anderem die Abmessungen der Zikkurat. Dieser Text, bekannt als „Esagil-Tafel", stellt die Grundlage für alle neueren Rekonstruktionen des Turms zu Babel dar. Der genaue Verwendungszweck des Textes im Altertum ist nicht recht klar, aber er zeigt, dass die Abmessungen solcher Bauten bestimmten Regeln unterworfen waren und dass ihnen ein sorgfältiger, vermutlich auch schriftlich dokumentierter Entwurf zugrunde lag. Auch haben sich einige Zeichnungen von Stufentürmen auf Tontafeln erhalten; so zeigt zum Beispiel eine Aufsicht den Bau als eine Serie ineinander geschachtelter Quadrate. Eine andere Zeichnung zeigt eine Zikkurat in Seitenansicht, wobei bei den ersten zwei Terrassen eine Sicht von oben mit einer Darstellung der Aufgänge integriert zu sein scheint. Zusätzlich sind die Abmessungen in der Zeichnung gegeben – ein Beleg dafür, dass das Hilfsmittel der zeichnerischen Darstellung in der Entwurfsphase eine wichtige Rolle spielte. Hierauf spielt möglicherweise nicht nur Asarhaddons Hinweis auf „tüchtige Oberbaumeister, die Baupläne festlegen" an; das belegt auch die Bemerkung des Königs, dass er den Grundriss nach schriftlichen Unterlagen ausführte.

Anders als die billig herzustellenden Ziegel und Lehmsteine war Holz in Mesopotamien ein seltenes Material. Es war jedoch als konstruktives Element für Großbauten, beispielsweise aber auch für Tore, unverzichtbar. Das Herbeischaffen des kostbaren Baustoffs bedeutete zusätzlichen Aufwand. Zum Beispiel stammten die besonders stabilen und langen Zedernbalken aus dem Libanon. Ressourcen dieser Art besorgte man jedoch nicht

Transport von Holzlasten (Dur-Scharrukin, Palast Sargons II., Fassaden, Platte 1)

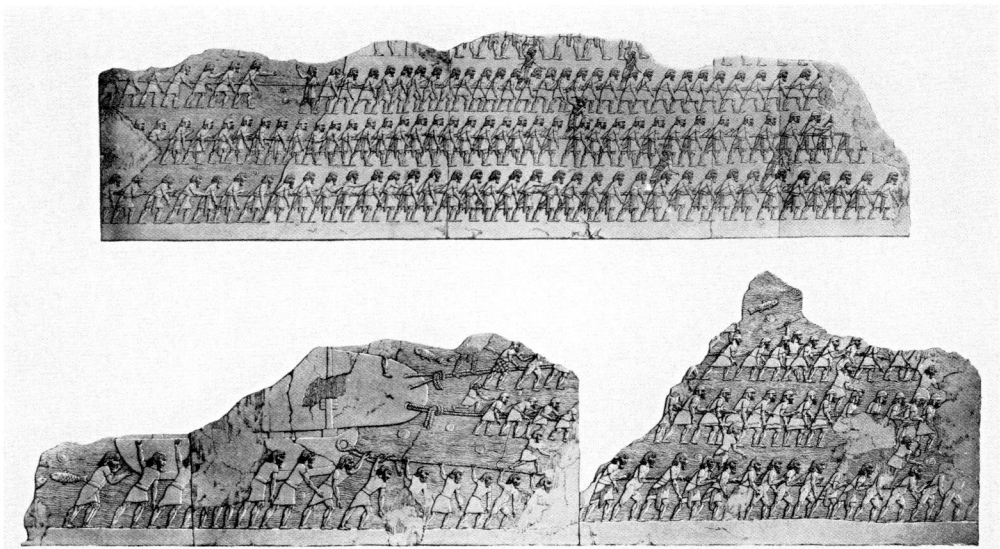

etwa im Rahmen von Fernhandelsbeziehungen, sondern im Rahmen von Feldzügen in die entsprechenden Gebiete.

Für den Transport dieser Langhölzer nutzte man, wo immer möglich, den Wasserweg. So ließ der sumerische Stadtfürst Gudea von Lagasch „aus dem Amanus (in der nördlichen Levante), dem Zederngebirge, 60 Ellen (ca. 30 Meter) lange Zedernstämme, 50 Ellen (ca. 25 Meter) lange Zedernstämme und 25 Ellen (ca. 12,5 Meter) lange Buchsbaumstämme zu Flößen zusammenbinden und aus dem besagten Bergland herunterbringen." Die Baumstämme wurden zunächst über Land zu einem schiffbaren Fluss transportiert, dort auf Schiffe verfrachtet oder als Flöße zum Zielort gebracht. In der Korrespondenz des assyrischen Königs Sargon II. (721–705 v. Chr.) werden gelegentlich Lieferschwierigkeiten im Zusammenhang mit dem Wassertransport von Holz angesprochen. Ein Relief aus dem Palast Sargons in Dur-Scharrukin zeigt einen Teil der Stämme auf dem Schiff gestapelt, während andere mit Seilen ins Schlepptau genommen werden. Dass eine solche Szene als Palastrelief ausgeführt wurde, illustriert die Bedeutung, die diese technische Leistung für die Zeitgenossen hatte. Der Wassertransport von weiteren schweren Bauteilen wie Steinplatten, Türschwellen und Treppenstufen aus Stein ist gleichfalls schriftlich und ikonographisch bezeugt.

Die wohl größte Herausforderung beim Transport schwerer Lasten stellten indessen die Stierkolosse dar, riesige Standbilder von geflügelten Mischwesen mit männlichem Gesicht und Stierkörper, die als Torwächter die Eingänge in den assyrischen Palästen schützten. Diese monumentalen Schutzgenien, die bis sechs Meter hoch und 40 bis 50 Tonnen schwer sein können, wurden aus einem massiven Steinblock angefertigt. Da die Steinbrüche nicht nur einige Kilometer stromaufwärts von Ninive, sondern auch auf dem anderen Ufer gelegen waren, mussten die Steinblöcke, die teilweise schon im Steinbruch zugehauen wurden, über den Tigris an ihren Bestimmungsort befördert werden. Sargons Nachfolger Sanherib berichtet über die Schwierigkeiten dieses Transportes: „Stierkolosse aus weißem Kalkstein hauten sie als Türhüter in Tastiate aus, das am (der Stadt) gegenüberliegenden Ufer des Tigris liegt. Für den Bau von Schiffen fällten sie mächtige Bäume in allen Wäldern des Landes. Im Monat Ajaru (April/Mai), zur Zeit des Frühlingshochwassers, brachten sie die Stierkolosse auf großen Schiffen mühselig zu diesem Ufer. Bei der Überfahrt zum Kai sanken (aber) die Flöße. Sie (nämlich Sanheribs Vorgänger) strengten ihre Mannschaften an und belasteten schwer ihr Gemüt. Mit viel Kraft und Mühe luden sie die Stierkolosse aus und errichteten sie an ihren Türen."

Transport eines Stierkolosses unter der Beobachtung des Königs (Ninive, Südwestpalast, Hof VI)

Eine Darstellung aus Sanheribs Palast in Ninive zeigt vermutlich den Wassertransport eines solchen Objekts (s. o. S. 22). Später eröffnete man daher einen neuen Steinbruch, der zumindest auf derselben Seite des Flusses gelegen war wie der Bestimmungsort. Nun konnte der Transport der Stierkolosse über Land erfolgen, was nicht weniger mühsam, aber weniger problematisch war. Die nördlichen und öst-

lichen Wände des Hofes VI von Sanheribs Südwestpalast in Ninive ziert eine ganze Gruppe von Darstellungen zum Transport solcher Stierkolosse. Der Zyklus beginnt mit dem Steinbruch, in dem Bildhauer mit der Zurichtung des Steinblocks beschäftigt sind. Das fertiggestellte Monument wird dann auf einem Schlitten transportiert. Der König beobachtet die Operation von einem höher gelegenen Platz aus. Auf

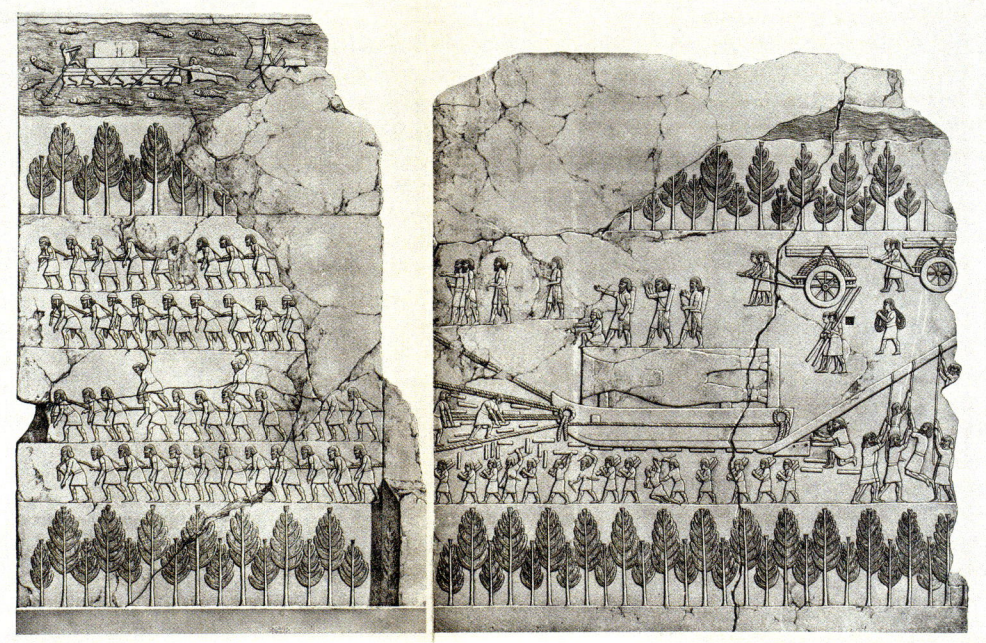

Transport eines Stierkolosses (Ninive, Südwestpalast, Hof VI, Platten 54 u. 56)

23

Transport eines Stierkolosses (aus Bronze?) (Ninive, Südwestpalast, Hof VI, Platte 46)

der Skulptur stehend, beaufsichtigen vier Männer das Manöver; einer von ihnen bedient sich eines Megaphons. Der Schlitten wird von vier Mannschaften gezogen. Ihr Einsatz wird durch mehrere Vorarbeiter koordiniert, während andere die Arbeiter mit Peitschen antreiben. Eine fünfte Gruppe von Arbeitern unterstützt den Zug durch einen Hebel, untergelegte Bretter sollen das Gleiten des Schlittens erleichtern. Auf diesen und anderen Darstellungen wird ein ganzes Instrumentarium von Hilfsmitteln verwendet. Auch Umlenkrollen wurden benutzt – ob der Flaschenzug schon bekannt war, ist nicht mit Sicherheit zu sagen. In einem Fall wird das Standbild zusätzlich durch eine Art Gerüst stabilisiert. Es könnte sich hier um einen der Stierkolosse aus Bronze handeln, die Sanherib in seinen Texten erwähnt. Die bildliche Darstellung solcher technischen Herausforderungen auf den repräsentativen Reliefs des Königspalastes zeugt nicht nur von Sanheribs Interesse für die Materie, sondern auch von der Anerkennung, die er der Leistung seiner Ingenieure entgegenbrachte.

Schiff- und Hafenbau

Ein weiteres wichtiges Betätigungsfeld für Ingenieure war der Bau von Wasserfahrzeugen und Hafenanlagen. Der Was-

sertransport spielte eine wichtige Rolle im gesamten altorientalischen Raum. Die ältesten bildlichen Darstellungen von Schiffen sowie tönerne Schiffsmodelle stammen in Mesopotamien aus dem 4. Jahrtausend. Für den Alltagsgebrauch an Flüssen, in den Marschen und an den Küsten des Schatt-el-Arab verwendete man aufgeblasene Tierhäute, rundliche, mit Leder überzogene Schilfflöße sowie verschiedene kleinere Boote. Flussschifffahrt, Küsten- und Seefahrt betrieb man mit großen, auch hochseegängigen Schiffen. Und schließlich kamen gelegentlich auch Kriegsschiffe zum Einsatz. Einige dieser altorientalischen Wasserfahrzeugtypen wurden über Jahrhunderte weiter verwendet und sind im Orient noch heute im Einsatz. Zu Beginn des 20. Jahrhunderts setzten die ersten Ausgräber die Schlauchflöße, heute Keleks genannt, ein, um die großen Funde von den Grabungsplätzen zu den Seehäfen zu transportieren. Von dort gelangten sie in die europäischen Museen. Natürlich ist für die Konstruktion dieser und vieler anderer Wasserfahrzeuge kein Ingenieur nötig, zumal die Kenntnisse über Materialien und Arbeitstechniken vornehmlich mündlich tradiert werden. Ethnologische Beobachtungen zeigen, dass auch verhältnismäßig anspruchsvolle Schiffe, die für die Seefahrt bestimmt waren, durch organisierte Gemeinschaftsarbeit unter der Leitung der kundigen Ältesten gebaut werden können. Doch die Entwicklungen und Erfolge im Bereich der Seefahrt, der Kriegsmarine und des Hafenbaus sind das Ergebnis systematischen Planens und Entwickelns.

Typisch für die Quellensituation der frühen Hochkulturen ist die Überlieferung technischen Wissens und Wirkens in literarischen Werken. So enthält die Sintfluterzählung im akkadischen Gilgamesch-Epos einen Bericht über den Bau der „Arche", ein gewaltiges Schiff, das auf göttliches Geheiß gebaut wird:

„Am fünften Tag legte ich seinen Rumpf an (nämlich den des Schiffes): 3.600 Quadratmeter war seine Grundfläche, sechs Meter hoch jede seiner Wände, sechs Meter gleichmäßig lang jeder Rand seiner (sechs) Decks. Ich entwarf seine (innere) Gestalt und zeichnete sie.

Ich versah das Schiff mit sechs Decks und teilte es siebenfach auf; sein Inneres teilte ich neunfach auf. Dichtungsstifte schlug ich in seinen Bauch ein. Ich suchte Ruderstangen aus und legte das Takelwerk an."

Trotz der literarischen Überhöhung werden zwei Tätigkeitsfelder benannt, die typischerweise in den Aufgabenbereich eines Ingenieurs fallen: der planerische Entwurf und die Konstruktionszeichnung. Leider sind Bauzeichnungen von Schiffen nicht erhalten. Doch die Listenwerke, Wirtschaftsurkunden und Briefe zeugen von einer differenzierten nautischen Fachsprache mit speziellen Begriffen für Schiffstypen, Bauteile und Ausrüstung. Texte aus der sumerischen Stadt Umma in Südmesopotamien verzeichnen in einer Art „Typeninventar" für Frachtschiffe die wichtigsten Bauteile in Abhängigkeit von der Kapazität. Hier könnte es sich um Anweisungen für den Schiffbau auf einer Werft handeln.

Seefahrt stellt andere Anforderungen als der Schiffstransport auf Flüssen und im Marschland des südlichen Zweistromlands. Dies gilt sowohl für die Konstruktion der Schiffskörper als auch für die Navigationstechnik, nicht zu vergessen die hafenbaulichen Anlagen. Überseehandel ist im Alten Orient seit der Mitte des 3. Jahrtausends v. Chr., also etwa 1.500 Jahre vor den Phöniziern, dokumentiert. Texte erwähnen Schiffe, die aus Magan (Oman), Melucha (Indus-Tal) und Dilmun (Bahrein), das heißt aus den Anrainerregionen des Persischen Golfes unter anderem Holz nach Mesopotamien schafften. In Oman wurden Bitumenreste mit Spuren von Schilfbündeln und Seilen gefunden, die für die Kalfaterung von Schiffen verwendet wurden. Einige werden um 2500 v. Chr. datiert.

In der zweiten Hälfte des 2. Jahrtausends v. Chr. (15. bis 13. Jahrhundert) war die Stadt Ugarit, heute Ras-Schamra, mit ihrem Seehafen Minet el-Beida, ein wichtiges Handelszentrum in der Levante, das über das Meer Handelsbeziehungen zu den kanaanäischen Küstenstädten (zum Beispiel Byblos), nach Ägypten, Zypern, Kreta und Anatolien unterhielt. Bau und Wartung dieser Handelsflotte basierte auf einer äußerst effizienten Organisation des Schiffbaus. Die Schiffbauer waren – wie andere Fachleute auch – nach Art von Zünften und Gilden organisiert. In dieser Tradition stehen die phönizischen Hafenstädte, die zwischen dem 12. und 6. Jahrhundert v. Chr. den Überseehandel beherrschten. Ihre Überlegenheit basierte auf der gut ausgebauten Handels- und Kriegsflotte, mit der die Phönizier rund um das Mittelmeer neue Territorien erschlossen. Als die so genannten Seevölker Ende des 13. Jahrhunderts v. Chr. die politische Landschaft im östlichen Mittelmeerraum völlig veränderten, erwuchs aus dem Kontakt mit den levantinischen Traditionen eine ganze Reihe von technologischen Innovationen im Schiff- und Hafenbau. Unter anderem traten an die Stelle der Mehrzweckschiffe spezialisierte Typen, wie zum Beispiel Kriegsschiffe. Unter den technischen Neuerungen sind die nach unten gebogene obere Rahe, der Mastkorb und das laufende Gut zu erwähnen. Die Fortschritte im Schiffbau im 1. Jahrtausend gehen auf die phönizischen Ingenieure und Seefahrer zurück. Sie schufen mehrere Typen von Handels- und Kriegsschiffen und begründeten so ihren Ruhm als Schiffbauer. In einer poetischen Passage der hebräischen Bibel verwendet der Prophet Ezechiel mit gutem Grund die Schiffsmetapher für die phönizische Hafenstadt Tyros: „Die Bewohner von Sidon und Arwad dienten dir (nämlich Tyros) als

Phönizisches Schiff (Ninive, Südwestpalast, Raum VIII)

Ruderknechte; die Kundigsten von Tyros waren deine Steuerleute. Die Ältesten von Byblos und seine Weisen besserten deine Lecks aus." Sidon, Arwad und Byblos waren neben Tyros die wichtigsten phönizischen Städte. Ihre Schiffbauer galten als Experten ihres Metiers.

Die üblichen Frachtschiffe der Phönizier waren große, geräumige Schiffe mit rundlichem Bug und Heck, so genannte Rundschiffe. Die Griechen nannten sie Gaulos. Auf den Reliefs der neuassyrischen Könige sind solche Schiffe aus der Flotte des Königs von Tyros abgebildet: Über einem bauchigen Rumpf erhebt sich ein Oberdeck, auf dessen Dollbord zur Verteidigung Schilde aufgerichtet wurden. Diese, wie auch die weniger tiefgängigen Schiffe, wurden durch Ruder angetrieben und dienten hauptsächlich dem Transport von Lasten auf Flüssen.

Im Unterschied zu den Seehandelsschiffen, die den Schiffsraum für ihre Fracht benötigten und durch ein großes Segel angetrieben wurden, nutzten die Kriegsschiffe Ruderer und waren auf diese Weise bei Kampfhandlungen relativ gut zu manövrieren. Die phönizischen Kriegsgaleeren, die so genannten Langschiffe, hatten einen spitzen Rammbug und ein hohes Heck und verfügten zusätzlich über einen Mast mit einem kleinen Segel. Zunächst hatten die Kriegsschiffe auf jeder Seite eine Reihe von Ruderriemen (in der Regel zwei mal 24 Rudermänner plus zwei Vormänner). Gegen Ende des 8. Jahrhunderts v. Chr. gelang es den phönizischen Schiffbauern, die Antriebskraft der Kriegsgaleeren entscheidend zu verbessern. In den neuen Schiffen, den Zweiruderern, saßen die Ruderer auf jeder Seite versetzt auf zwei Ebenen. Im 7. Jahrhundert wurden dann die Dreiruderer zum Standardkriegsschiff im Mittelmeerraum: 154 Ruderer saßen in versetzter Reihe auf drei Ebenen zu beiden Seiten des Schiffes. Die Dreiruderer erreichten eine Geschwindigkeit von fünf bis sechs Knoten, das entspricht neun bis elf Stundenkilometern. Später entwickelten Karthager und Griechen die phönizischen Kriegsschiffe weiter: Das Standardkriegsschiff der hellenistischen Zeit war der Fünfruderer.

Die Führungsposition der phönizischen Schiffbauexperten führte dazu, dass andere Länder sich der phönizischen Schiffe und Seeleute bedienten. Im 10. Jahrhundert v. Chr. stellte König Hiram von Tyros seine Flotte König Salomo zur Verfügung, um diesem seine berühmte Reise vom Hafen Ezion Geber nach Ophir zu ermöglichen. Eine Inschrift des assyrischen Königs Sanherib berichtet über seinen sechsten Feldzug (694 v. Chr.) gegen den Chaldäer Marduk-apla-iddina, der sich im Küstengebiet des Persischen Golfes versteckt hielt. Da die assyrische Armee als Landheer nicht über eigene Schiffe verfügte, ließ der König in Ninive von deportierten phönizischen Handwerkern eine kleine Flotte bauen und sie von phönizischen Seeleuten den Tigris flussabwärts schaffen. Auf der Höhe der Stadt Opis mussten die Schiffe über Land bis zu einem Kanal transportiert werden, über den sie den Euphrat erreichen konnten. Sanherib beschreibt das Unterfangen folgendermaßen: „Ich gab den Befehl, nach Nagitu zu ziehen. Leute aus Syrien (ge-

Die Hafenstadt Byblos. Luftaufnahme

26

meint sind Phönizier), meine Kriegsgefangenen, siedelte ich in Ninive an. Kunstvoll bauten sie mächtige Schiffe nach der Bauart ihres Landes. Schiffer aus Tyros, Sidon und Zypern, von mir verschleppte Gefangene, beauftragte ich, mit diesen Schiffen den Tigris (hinunterzufahren). Sie ließen die Schiffe flussabwärts bis zur Stadt Opis fahren. In Opis zogen sie die Schiffe zu Lande, und von dort aus schleppten sie sie auf Rollen zum Arachtu-Kanal."

Die großen phönizischen Städte waren Küsten- oder Inselstädte und verfügten je nach Situation über sehr unterschiedliche Häfen: An Flussmündungen (Byblos, Dor), an Buchten (Akko) und Off-Shore-Häfen auf Inseln (Arwad, Sidon, Tyros). Die Verwendung von behauenen viereckigen Bruchsteinblöcken in Hafen- und Befestigungsanlagen ist bereits im 13. Jahrhundert in Minet el-Beida, dem Hafen von Ugarit, sowie im zyprischen Kition bezeugt. In Dor, das im 10. Jahrhundert unter Salomo ein wichtiger Hafen war, wurde diese Bautechnik durch zuziehende phönizische Siedler eingeführt. Der alte Hafen, wahrscheinlich durch Sedimentation im 13. Jahrhundert unbrauchbar geworden, wurde aufgegeben und ein neuer im südlichen Teil der Bucht mit Quadersteinen gebaut. Unter den archäologisch untersuchten Strukturen ist eine 50 Meter lange und zehn bis zwölf Meter breite gepflasterte Anlegestelle zu nennen.

Im Zweistromland handelte es sich dagegen immer um Fluss- und Kanalhäfen. So wissen wir zum Beispiel, dass der sumerische Herrscher Enmetena (um 2400 v. Chr.) eine Kaimauer für Fährschiffe in Girsu bauen ließ oder dass es in Akkad, der bislang noch nicht entdeckten Hauptstadt Sargons (um 2330 v. Chr.), einen Hafen für Seeschiffe gab. Archäologische Untersuchungen zu solchen Anlagen wurden bislang nicht durchgeführt.

Militär und Belagerungstechnik

Die altorientalischen Städte waren seit dem 4. Jahrtausend v. Chr. mit Mauern und Gräben befestigt. Die Anlage dieser Befestigungswerke wurde offenbar von Anfang an in die Stadtplanung einbezogen. Die Eroberung solchermaßen befestigter Städte führte zur Entwicklung spezifischer Belagerungstechniken, auf die man wiederum mit neuen Verteidigungswerken reagierte. Die Armeen verfügten daher über eine technische Elite, deren Arbeit am Beispiel des assyrischen Heeres vorgestellt werden soll. Ihre Einsatzgebiete beschränkten sich nicht nur auf die eigentliche Belagerungstechnik, sondern umfassten die gesamte militärische Logistik.

Mit dem 9. Jahrhundert v. Chr. setzte in Assyrien eine beispiellose territoriale

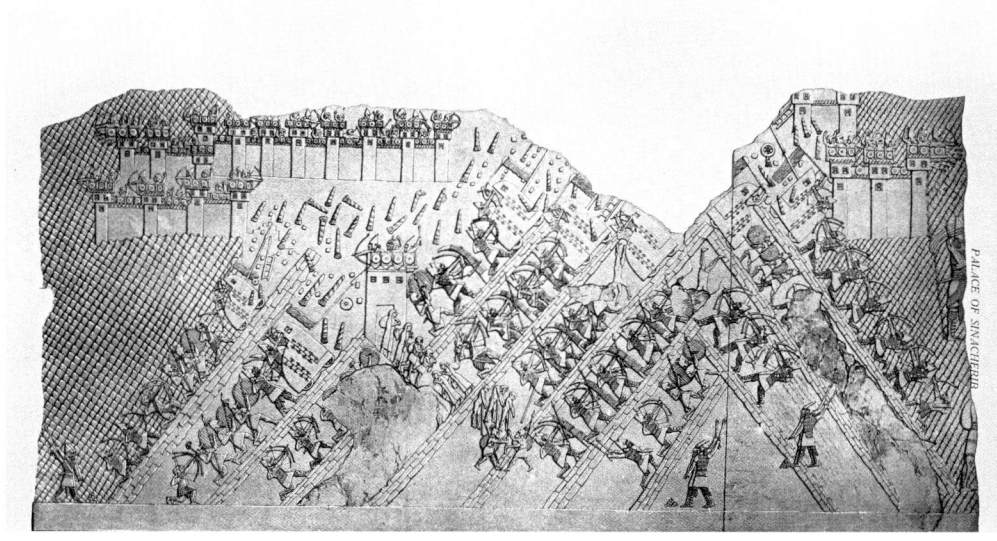

Die Belagerung von Lachisch durch Sanherib (Ninive, Südwestpalast, Raum XXXVI)

27

Assyrischer fahrbarer Sturmturm (Kalhu/Nimrud, Nordwestpalast, Thronsaal)

Expansion ein, die im 7. Jahrhundert ihren Höhepunkt erreichen sollte. Diese wurde zu einem guten Teil durch eine überaus effiziente Kriegsmaschinerie ermöglicht, die den Gegnern vor allem in technischer und organisatorischer Hinsicht überlegen war. Feldschlachten wurden zunehmend seltener, Belagerungen hingegen zum Regelfall. Der Einsatz von Belagerungsgerät besaß in Mesopotamien eine lange Tradition. Die hierfür nötigen Kenntnisse wurden, wie zum Beispiel eine mathematische Aufgabe über die Berechnung des Volumens einer Belagerungsrampe zeigt, auch als theoretisches Wissen vermittelt.

Da die Überwindung einer Stadtmauer durch Sturmleitern mit hohem Blutvergießen und Verlusten seitens des Angreifers verbunden war, versuchte man zugleich, die Befestigungen zu zerstören. Dazu mussten die Fundamente an geeigneten Stellen unterminiert werden. Diese gefährliche Minierarbeit erforderte Fachleute, die unter Beschuss arbeiten mussten und denen die eigenen Bogenschützen Deckung gewährten. Auch setzte man Mauerbrecher ein, die auf fahrbaren Sturmtürmen über gewaltige Rampenanlagen an die Mauern herangebracht wurden.

Belagerungsszenen werden in den Kriegsberichten der assyrischen Könige ausführlich beschrieben und immer wieder auf den Reliefs der Herrscherpaläste dargestellt. Im Zusammenhang mit der Eroberung von judäischen Städten durch König Sanherib im Jahr 701 v. Chr. ist folgende Schilderung überliefert: „Was Hiskia von Juda angeht, der sich meinem Joch nicht unterworfen hatte, ich belagerte und eroberte 46 seiner ummauerten, befestigten Städte sowie die kleinen Städte in ihrer Umgebung, die zahlreich sind, durch das Anlegen von Belagerungsdämmen und den Einsatz von Sturmböcken, ferner durch Infanterieangriff, Untertunnelung, Breschen und Sturmleitern." Die eindrucksvollste bildliche Darstellung einer Stadtbelagerung zeigt die Eroberung der judäischen Stadt Lachisch.

Die gewaltigen assyrischen Belagerungsrampen boten den Angreifern eine strategisch günstigere, erhöhte Position. Über den schrägen Anstieg konnten die Sturmtürme hinaufgeschoben und die Mauerbrecher wirkungsvoll eingesetzt werden. Die Errichtung solcher Rampen beschreibt König Asarhaddon (680–669 v. Chr.) im Zusammenhang mit der Belagerung der Stadt Uppumu im oberen Tigrisgebiet: „Gegen seine Residenz Uppumu, die wie eine Wolke auf einem gewaltigen Berg liegt, ließ ich mittels Erdaufschüttung und Steinen unter großen Mühen und Beschwerden einen Belagerungswall stampfen."

Die assyrischen Rampenbauer mussten beträchtliche Massen von Erde und Steinen in einer verhältnismäßig kurzen Zeit bewegen, aufschütten und feststampfen. Dies erforderte die Koordinierung von Hunderten, sogar Tausenden von Arbeitern. Sanheribs Belagerungsrampe in Lachisch ist nicht nur auf den Reliefs abgebildet, sondern wurde auch ausgegraben: Zirka 25.000 Tonnen Materialien waren nötig, um einen 70 bis 75 Meter breiten, 50 bis 60 Meter langen Wall zu bauen. Die Höhe betrug an der Krone der Rampe 22 bis 25 Meter. Die Deckschicht über den unteren Steinschichten bestand nicht nur aus gestampfter Erde, sondern war zusätzlich mit Mörtel beziehungsweise mit Lehmziegeln stabilisiert worden.

Die Reliefdarstellungen zeigen, dass Astwerk als Füllmaterial diente, während Holzbalken und Bretter zur Stabilisierung der Erdmassen und der Oberfläche verwendet wurden. Das entsprechende Rohmaterial gewann man durch das Abholzen der Wälder in der unmittelbaren Umgebung. Asarhaddon berichtet weiter, dass die Verteidiger von Uppume seine Rampe während der Nacht mit Naphtha bespritzten und anzündeten. Allerdings wechselte der Wind die Richtung und trieb das Feuer gegen die Stadtmauern, die niederbrannten.

Die assyrischen Militärtechniker entwickelten ab dem 9. Jahrhundert v. Chr. unterschiedliche Versionen fahrbarer Sturmtürme, die mit einem Rammbock versehen waren, durch dessen Pendelbewegung man die Mauer zu brechen versuchte. Die Sturmböcke aus der Zeit Assurnasirpals II. (883–859 v. Chr.), die auf den Reliefs seines Palasts in Kalchu abgebildet sind, hatten einen Unterbau auf sechs Rädern und einen oder zwei Türme. Das Gerüst war aus Holz und außen mit Schilfmatten, später mit Leder, bedeckt. Auf den Türmen standen Bogenschützen, eine Löschmannschaft ging gegen Brände vor.

Unter Tiglatpileser III. (745–727 v. Chr.) wurden die Mauerbrecher kleiner und leichter, hatten nur noch vier Räder und eine Lederabdeckung. Es gab Modelle mit einem oder mit zwei Rammböcken. Darstellungen aus der Zeit Salmanassars III. (858–824 v. Chr.) zeigen ein Modell, das später nicht mehr in Erscheinung tritt. Es handelt sich um eine Art Kampfwagen auf vier oder sechs Rädern, dessen Front als Sporn, gelegentlich sogar als Tierkopf geformt war. Wahrscheinlich wurden einige Teile dieser Belagerungsgeräte (zum Beispiel die Metallteile) als Traglast auf den Feldzug mitgenommen. Die Holzgestelle wurden jedoch jeweils vor Ort angefertigt.

Entscheidend für den Erfolg eines Feldzugs waren die befestigten Feldlager, deren Errichtung, Organisation und Transport in der Hand entsprechend qualifizierter Männer lagen. Allerdings ist – wie so oft – weder über diese Spezialisten noch über die Methoden Genaueres bekannt. Aus den bildlichen Darstellungen – interessanterweise stets aus der Vogelperspektive gezeigt – gewinnen wir zumindest eine Vorstellung über die räumliche Organisation der Feldlager. Für das 9. Jahrhundert v. Chr. sind runde und rechteckige Grundrisse belegt, im 8. Jahrhundert haben die Lager standardmäßig eine ovale Form. Die Darstellungen aus der Zeit Sanheribs zeigen innerhalb des Lagers eine Hauptstraße, geschlossene Zelte für den König und die hohen Offiziere sowie kleinere Zelte; es sind Szenen aus dem täglichen Lagerleben sowie das Zeltinventar zu sehen.

Auch die Beseitigung oder Überwindung von naturräumlichen Hindernissen, wie etwa die Überquerung von Flüssen, musste bereits bei der Planung des Feldzuges berücksichtigt werden. Schwimmschläuche und Flöße konnten vor Ort nur dann angefertigt werden, wenn genügend Tierhäute mitgeführt wurden. Wie eine Darstellung auf den Bronzebeschlägen der Tempeltore von Balawat zeigt, wurden während der Feldzüge Salmanassars III. sogar Pontonbrücken eingesetzt.

Nach einem erfolgreichen Feldzug galt es schließlich, die eroberten Gebiete militärisch zu sichern, unter anderem durch den Bau von Festungen. Aus dem Brief eines Gouverneurs an den assyrischen König Tiglatpileser III.

Assyrische Pontonbrücke (Detail aus Salmanassars III. Bronzetorbeschlägen von Balawat)

(745–727 v. Chr.) erfahren wir die hauptsächlichen Merkmale einer solchen militärischen Sicherungsanlage: eine Befestigungsmauer, mindestens ein mit Bitumen abgedichteter Hof samt Kanalisation, eine verschließbare Toranlage sowie zwei Wohnbereiche – eine Art Gästeflügel und ein Bereich für die stationierten Soldaten. Zur Wasserversorgung wurde ein Reservoir außerhalb der Mauer angelegt, das in diesem Falle durch einen vom Tigris abgeleiteten Kanal gespeist wurde. Offenbar folgte der Bau solcher Festungsanlagen – wie später zum Beispiel bei den Römern – einem fest vorgegebenen Schema, das auf den oben genannten Grundelementen basierte. Im Detail musste es von Fall zu Fall den jeweils vorgefundenen Bedingungen angepasst werden.

Die assyrische Armee verdankte ihren Erfolg zu einem nicht geringen Maße den Leistungen ihres technischen Personals und der Pioniertruppen. Die assyrischen Belagerungstechniken und -geräte, die ihrerseits auf ältere mesopotamische Traditionen zurückgingen, wurden in der klassischen Antike übernommen und weiterentwickelt. Einige Techniken wurden sogar bis zum Einsatz des Pulvers im Mittelalter beibehalten.

Zusammenfassung und Ausblick

Technisch und organisatorisch komplexe Projekte sind im Alten Orient seit dem 4. Jahrtausend v. Chr. sowohl durch archäologische Befunde als auch in Texten und Bildern reichlich bezeugt. Ihre Durchführung in den Bereichen Stadtplanung, Wasserbau, Bautechnik, Schiff- und Hafenbau sowie Militär- und Kriegstechnik setzte eine technische Intelligenz voraus, deren Aufgaben heute in den Händen von Ingenieuren liegen. In den verschiedenen altorientalischen Sprachen gab es den Oberbegriff „Ingenieur" nicht. Stattdessen sind die Arbeitsgebiete der Ingenieure, der technischen Experten und Spezialisten, in einer ganzen Reihe spezifischer Berufsfelder enthalten. Ein sehr differenziertes technisches Vokabular, vor allem aber die gefundenen Lösungen vermitteln den Stand ihres Könnens. Doch bedarf es der schriftlichen Originalquellen (in sumerischer, akkadischer, hethitischer oder hebräischer Sprache), der Interpretation von Darstellungen, der Untersuchung von Architektur, Objekten, Materialien und archäologischen Befunden, um die Fähigkeiten und Kenntnisse der technischen Experten jener frühen Hochkulturen zu erschließen. Die Verbindung von Text und archäologischem Befund in einer technikhistorischen Perspektive bildet den einzigen fundierten Weg, die Geschichte dieser frühen Ingenieure zu rekonstruieren. Sie schufen wichtige Grundlagen für die technischen Experten der klassischen Antike.

Literatur

Bagg, Ariel M.: Assyrische Wasserbauten. Mainz 2000 (Baghdader Forschungen 24)

Bagg, Ariel M.: 2000 Jahre Wasserbau im Alten Mesopotamien: Ein Überblick. In: Ohlig, Christoph (Hrsg.): Wasserhistorische Forschungen. Schwerpunkt Antike. Siegburg 2003, S. 107–117 (Schriften der Deutschen Wasserhistorischen Gesellschaft Band 2)

Besenval, Roland: Technologie de la vôute dans l'Orient ancien. Paris 1984

De Graeve, Christine: The Ships of the Ancient Near East (c. 2000–500 BC). Löwen 1981 (Orientalia Lovaniensia Analecta 7)

Edzard, Dietz O.: Geschichte Mesopotamiens: von den Sumerern bis zu Alexander dem Großen. München 2004

Eph'al, Israel: Ways and means to conquer a city, based on Assyrian queries to the sungod. In: Parpola, Simo / Whiting, Robert, M. (Hrsg.): Assyria 1995. Helsinki 1997, S. 49–53

Fales, Frederick M.: Il taglio e il transporto di legname nelle lettere a Sargon II. In: Carruba, Onofrio et al. (Hrsg.): Studi orientalistici in ricordo di Franco Pintore, Pavia 1983, S. 49–92

Fales, Frederick M.: River transport in Neo-Assyrian Letters, Šulmu IV (1993), S. 79–92

Heinrich, Ernst: Die Paläste im Alten Mesopotamien. Berlin, 1984

Hemker, Christiane: Altorientalische Kanalisation. Münster 1993

Jacobsen, Thorkild / Lloyd, Seton: Sennacherib's Aqueduct at Jerwan. Chicago 1935 (Oriental Institute Publications 24)

Miglus, Peter: Stichwort „Palast B: Archäologisch". In: Reallexikon der Assyriologie Band 10, 3./4. Lieferung. Berlin, New York 2004, S. 233–273

Moorey, Peter R. S.: Ancient Mesopotamian Materials and Industries. Oxford 1994

Nicholson, Peter T. / Shaw, Ian (Hrsg.): Ancient Egyptian Materials and Technology. Cambridge 2000

Nissen, Hans-J.: Geschichte Alt-Vorderasiens. München 1999

Nissen, Hans-J.: Die Bedeutung der Erforschung der Geschichte des Alten Orients. In: Das Altertum 47 2002, S. 189–206

Parpola, Simo: The Construction of Dur-Sharrukin in the Assyrian Royal Correspondence. In: A. Caubet (Hrsg.): Khorsabad, le palais de Sargon II, roi d'Assyrie. Paris 1995, S. 47–77

Raban, Avner: The constructive maritime role of the Sea Peoples in the Levant. In: Heltzer, Michael / Lipiski, Eduard (Hrsg.): Society and Economy in the Eastern Mediterranean (c. 1500–1000 BC). Löwen 1988 (Orientalia Lovaniensia Analecta 23), S. 261–294

Raban, Avner: Near Eastern Harbours: Thirteenth-Seventh Centuries BCE. In: Gitin, Seymour et al. (Hrsg.): Mediterranean Peoples in Transition (Festschrift Trude Dothan). Jerusalem 1998, S. 428–438

Ritter, Jim: Les pratiques de la raison en Mésopotamie. In: J.-F. Mattei (Hrsg.): La Naissance de la Raison en Grèce. Paris 1990, S. 99–110

Robson, Eleanor: Mesopotamian Mathematics: 2100–1600 BC. Oxford 1999

Salonen, Armas: Die Wasserfahrzeuge in Babylonien. Helsinki 1939 (Studia Orientalia VIII/4)

Salonen, Erki: Die Waffen der alten Mesopotamier. Helsinki 1965

Sauvage, Martin: La brique et sa mise en oeuvre en Mésopotamie des origins à l'époque achéménide. Paris 1998

Sauvage, Martin: La construction des ziggurats sous la troisième dynastie d'Ur. Iraq 60 (1998), S. 45–63

Schmid, Hansjörg: Der Tempelturm Etemenanki in Babylon. Mainz 1995 (Baghdader Forschungen 17)

Ussishkin, David: The Conquest of Lachish by Sennacherib. Tel Aviv 1982

Veenhof, Klaas: Geschichte des Alten Orients bis zur Zeit Alexanders des Großen. Göttingen 2001

Wartke, Ralf-B. (Hrsg.): Handwerk und Technologie im Alten Orient. Mainz 1994

Westenholz, Joan G. (Hrsg.): Capital Cities: Urban Planning and Spiritual Dimensions. Proceedings of the Symposium held on May 27–29, 1996, Jerusalem, Israel. Jerusalem 1998

Wilhelm, Gernot (Hrsg.): Die orientalische Stadt: Kontinuität, Wandel, Bruch. Colloquien der Deutschen Orient-Gesellschaft 1, Saarbrücken 1997

Wilhelm, Gernot (Hrsg.): Zwischen Tigris und Nil. 100 Jahre Ausgrabungen der Deutschen Orient-Gesellschaft in Vorderasien und Ägypten. Mainz 1998

Yadin, Ygal: The Art and Warfare in Biblical Lands. London 1963

Die Techniker der Antike

Helmuth Schneider

Die Quellenlage zur Geschichte der antiken Technik lässt es nicht zu, die Tätigkeit der griechischen und römischen Techniker so umfassend und präzise zu beschreiben wie die Arbeit der modernen Ingenieure. Es fehlen allgemeine Informationen zu den antiken Technikern, ihrer sozialen Herkunft, ihrer Ausbildung, ihrer Tätigkeit, ihren Aufgaben und ihrem Selbstverständnis; wir wissen nicht, wie viele Techniker es in der Antike überhaupt gegeben hat und in welchen technischen Bereichen sie vorzugsweise gearbeitet haben; für Schätzungen gibt es nicht einmal vage Anhaltspunkte.

Ein weiteres Problem stellt ohne Zweifel die antike Terminologie dar, die sich grundlegend von der modernen Begrifflichkeit unterscheidet. Obgleich das Wort Ingenieur vom lateinischen „ingenium" abgeleitet ist, existiert das Wort nicht in den alten Sprachen. Es gab in der Antike zwei Berufsbezeichnungen, die am ehesten dem modernen Begriff „Ingenieur" entsprechen, der die Techniker bezeichnet, die „in verantwortlicher Position anspruchsvolle technisch-organisatorische Aufgaben lösen", Maschinen konstruieren oder komplexe Anlagen errichten. Für die Antike sind hier zunächst die Architekten (gr. *architekton*; lat. *architectus*) zu nennen, die eben nicht nur die Bauten entwarfen, sondern die auch für die Bewältigung aller auf den Baustellen entstehenden technischen Probleme zuständig waren und darüber hinaus auch verschiedene mechanische Geräte, die sich von einfachen

Bild links: Verwendung einer Archimedischen Schraube für die Bewässerung von Feldern in Ägypten. Wandbild im Haus des Cornelius Tages in Pompeii (Casa del' Efebo, I 7, S. 10–12)

Werkzeugen unterschieden, herstellten und beschrieben. Daneben erscheinen auch solche Berufsbezeichnungen, die von den Begriffen „mechané" oder „mechaniké" abgeleitet sind. Mit „mechané" wurden solche Geräte bezeichnet, die auf den mechanischen Prinzipien beruhten, die „mechaniké techne" (Mechanik) galt als die Disziplin, die sich mit den mechanischen Prinzipien und Instrumenten beschäftigte.

Mit diesen Feststellungen soll aber nicht die Möglichkeit bestritten werden, Aussagen über die Techniker und die technischen Eliten der Antike zu treffen. Es gibt mehrere Möglichkeiten, sich diesem Thema zu nähern: Für einzelne Bereiche der antiken Technik – dies gilt etwa für die Wasserversorgung – können die Aufgabengebiete und Leistungen antiker Techniker aufgrund von Texten und archäologischen Zeugnissen genauer beschrieben werden. Darüber hinaus sind einzelne Techniker als Persönlichkeit durchaus fassbar, so etwa Archimedes, der bereits in der Antike wegen seiner Leistungen auf den Gebieten der Mathematik und wegen seiner technischen Erfindungen berühmt war. In der griechischen und römischen Geschichtsschreibung werden zudem einzelne Techniker und ihre Leistungen erwähnt, in einigen Fällen finden sich auch wichtige Informationen zum Leben und zu den Erfindungen von Technikern. Ferner sind eine Reihe von Fachschriften, die Techniker verfasst haben, überliefert. In antiken Texten werden außerdem weitere derartige Schriften erwähnt, die aber nicht erhalten sind; doch solche Hinweise sind wertvoll, weil sie Aufschluss über das literarische Wirken von Technikern gewähren. Die Interpretation der technischen Fachschriften macht es zudem möglich, das Vorgehen antiker Techniker bei der Lösung technischer Probleme und vor allem den Zusammenhang zwischen Technik und Mathematik einerseits und zwischen Theorie und Anwendung andererseits zu erfassen.

Unter diesen Voraussetzungen soll im Folgenden versucht werden, die Techniker der Antike, deren Tätigkeit in vieler Hinsicht der moderner Ingenieure entspricht, hier als eine Berufsgruppe darzustellen, indem vor allem exemplarisch auf einzelne Aufgabenfelder, auf einzelne Techniker und ihre Leistungen sowie auf die überlieferten technologischen Texte eingegangen wird. Dabei sollen zunächst auch die intellektuellen Voraussetzungen für das Auftreten von Technikern in der antiken Welt dargestellt werden. Die antike Technik war stets in die kulturellen, politischen, sozialen und wirtschaftlichen Kontexte eingebettet und kann angemessen nur von diesen Voraussetzungen her verstanden werden. Aus diesem Grund sind die folgenden Ausführungen chronologisch gegliedert und thematisieren die Tätigkeit der Techniker im archaischen und klassischen Griechenland (6. bis 4. Jahrhundert v. Chr.), dann im Hellenismus (4. bis 1. Jahrhundert v. Chr.) und schließlich in römischer Zeit (1. Jahrhundert v. Chr. bis 6. Jahrhundert n. Chr.).

Die Technik im griechischen Denken

Technik und Mythos: Die Wahrnehmung technischen Handelns in Dichtung und Philosophie

Die Herausbildung technischer Eliten im archaischen und klassischen Griechenland wurde sicherlich auch dadurch begünstigt, dass bereits in den Epen Homers, die eine herausragende Bedeutung für die Ausprägung der griechischen Mentalität besaßen, handwerkliche Arbeit und technisches Handeln in enger Verbindung mit den Taten adliger Helden und den Fähigkeiten adliger Frauen erscheinen und damit fast ausschließlich positiv bewertet werden. In der Dichtung werden technisches Geschick und technisches Handeln dann für notwendig gehalten, wenn bestimmte Zwecke mit den Mitteln bloßer menschlicher Kraft nicht erreicht werden können. In beiden Epen werden exemplarisch Geschichten erzählt, die einprägsam die Überlegenheit einzelner Helden auf ihre technischen Fähigkeiten

Die Griechen im Trojanischen Pferd, Reliefamphora, kyladisch, um 670 v. Chr.

34

zurückführen oder zeigen, wie schwierige Situationen durch technisches Geschick bewältigt werden – und auf diese Weise die Funktion der Technik verdeutlichen.

In der „Ilias" wird berichtet, dass die Griechen, die den Trojanern in der offenen Schlacht unterlegen sind, nachdem Achilleus sich aus dem Kampf zurückgezogen hat, auf den Rat Nestors hin eine Mauer um ihr Lager vor Troja errichten; ein Bauwerk, eine Mauer, soll die Griechen schützen und vor den feindlichen Angriffen retten. Die Griechen konnten die Stadt schließlich nur durch eine List, durch den Bau des hölzernen Pferdes, einnehmen. Die „Ilias" schildert zwar nicht mehr die Zerstörung Trojas, aber in der „Odyssee" wird im Rückblick an zwei Stellen auf diese List angespielt. Dabei ist bemerkenswert, dass der Held, der mit Hilfe der Göttin Athene dieses monumentale Pferd geschaffen hat, ausdrücklich genannt wird; es war Epeios, dessen Werkzeuge nach dem Zeugnis des Aristoteles noch in klassischer Zeit in einem Tempel der Athene bei Metapontum in Unteritalien gezeigt wurden.

Odysseus selbst wird als ein Held dargestellt, der mit großem handwerklichem Geschick ein Boot zimmert, mit dem er dann die Insel der Nymphe Kalypso verlassen kann. In der Szene der Begegnung des Odysseus mit seiner Frau Penelope wird eingehend erzählt, wie Odysseus das Schlafgemach in seinem Palast gebaut hat; und diese Erzählung dient dann auch der Wiedererkennung des Mannes, der nach 20 Jahren in seine Heimat zurückgekehrt war.

Die Abhängigkeit des adligen Kriegers von den technischen Fertigkeiten des Handwerkers wird in der „Ilias" eindrucksvoll am Beispiel des Achilleus demonstriert: Als Achilleus seine Rüstung und seine Waffen, die er Patroklos gegeben hatte, durch dessen Tod verlor, konnte er nicht mehr in den Kampf zurückkehren, um seinen Freund zu rächen. Er war darauf angewiesen, neue Waffen zu erhalten, die schließlich seine Mutter Thetis vom Schmiedegott Hephaistos erbat – eine Szene, die auch auf einem attischen Vasenbild dargestellt wird. In den Versen,

in denen erzählt wird, wie Thetis Hephaistos aufsucht, werden die Schmiede und die Arbeit des Gottes detailreich beschrieben, wobei auch auf jene Dreifüße mit Rädern hingewiesen wird, die sich von selbst bewegten; an dieser Stelle verwendet Homer das Adjektiv *„autómatos"*, der früheste literarische Beleg des Wortes „automatisch". Erst als Achilleus im Besitz der von Hephaistos verfertigten Waffen ist, kann er wiederum in die Kämpfe eingreifen und Hektor töten.

Thetis bei Hephaistos, Schale des Erzgießereimalers, Berlin, um 480 v. Chr.

Zwei Szenen der „Odyssee" verdeutlichen paradigmatisch die Funktion technischen Handelns: Odysseus, der mit seinen Gefährten in der Höhle des Kyklopen eingeschlossen ist, kann sich und seine Männer nur retten, indem er aus der großen Keule des Kyklopen eine spitze Waffe anzufertigen vermag, die er gebraucht, um den Riesen zu blenden; es ist symptomatisch, dass der Vorgang der Blendung mit der Tätigkeit von Handwerkern verglichen wird:

„Wie wenn ein Mann, den Bohrer
lenkend, ein Schiffsholz
Bohrt; die Unteren ziehen an beiden
Enden des Riemens,
Wirbeln ihn hin und her, und er fliegt
in dringender Eile;
Also stießen auch wir in das Auge den
glühenden Knüttel,
Drehten, und heißes Blut umquoll die
dringende Spitze.
…
Wie wenn ein kluger Schmied die
Holzaxt oder das Schlichtbeil
Aus der Ess' in den kühlenden Trog,
der sprudelnd emporbraust,
Wirft und härtet; denn das erneuert
die Kräfte des Eisens;
Also zischte das Aug' um die feurige
Spitze des Ölbrands."
(Od. 9, S. 384–394)

Blendung des Polyphem durch Odysseus, um 670 v. Chr.

Es ist das technische Geschick, das dem Griechen in einer aussichtslosen Situation Überlegenheit über den körperlich stärkeren Wilden verleiht. Eine ähnliche Sicht findet sich in dem Lied, das der Sänger Demodokos am Hof der Phäaken vorträgt: Als Hephaistos, der Schmied unter den Göttern, von Aphrodite, seiner göttlichen Gemahlin, mit dem Gott des Krieges Ares betrogen wird, schmiedet er feine Ketten, die er unsichtbar an der Decke des gemeinsamen Schlafgemachs anbringt. So werden Ares und Aphrodite, als sie das Lager besteigen, plötzlich von den künstlichen Fesseln des Hephaistos in dem Bett gefangen. Die daraufhin von Hephaistos herbeigerufenen Götter kommentieren den Vorgang mit folgenden Worten:

> „Schlechtes gedeiht doch nicht;
> der Langsame fängt ja den Schnellen!
> Also fing Hephaistos, der Langsame,
> jetzt sich den Ares,
> Welcher am hurtigsten ist von den
> Göttern des hohen Olympos,
> Er, der Lahme, durch technisches
> Geschick …" (Od. 8, S. 329–332)

In diesen Erzählungen sind die Merkmale technischen Handelns bereits klar erfasst: Der Mensch gebraucht mit technischem Geschick technische Hilfsmittel, um sich zu schützen oder um Ziele, die auf andere Weise nicht zu verwirklichen wären, zu erreichen.

Technisches Handeln der Menschen wird in der frühen griechischen Literatur dadurch legitimiert, dass immer wieder auf eine göttliche Herkunft technischen Wissens und technischer Fertigkeiten hingewiesen wird. Gerade Athene und Hephaistos erscheinen als die Götter, die die Menschen einzelne *„technai"* gelehrt haben. In einem der Hymnen Homers fasst der Dichter diese Anschauungen prägnant zusammen:

> „Muse mit heller Stimme! Hephaistos,
> den ruhmvollen Denker,
> preise im Lied! Mit Athene, der
> eulenäugigen Göttin,
> lehrte er herrliche Werke die
> Menschen auf Erden, die früher
> hausten wie Tiere in Höhlen der
> Berge. Doch jetzt in der Lehre
> jenes ruhmvollen Künstlers
> Hephaistos lernten sie schaffen,
> bringen sie leicht ihre Zeit dahin bis
> zum Ende des Jahres,
> leben in Ruhe und Frieden in ihren
> eigenen Häusern."

In diesen Versen spiegelt sich bereits die Erkenntnis, dass durch die Vermittlung technischer Fertigkeiten die Lebenssituation der Menschen sich grundlegend verbessert hat; während früher die Menschen wie die Tiere in Höhlen lebten, können sie nun Häuser errichten und in Frieden leben. Diese Sicht wird im Prometheus-Mythos noch prononcierter formuliert. In der Tragödie des Aischylos zählt Prometheus in einem großen Monolog all seine Wohltaten für die Menschen auf – und auch hier wird das Leben der Menschen vor dem göttlichen Eingreifen mit dem Zustand der Tiere verglichen. Erst durch Prometheus erhielten die Menschen Kulturtechniken wie Astronomie, Zahl und Schrift sowie die Fähigkeit, Tiere zu zähmen, das Meer zu befahren und die Metalle zu bearbeiten. Die Aufzählung gipfelt schließlich in der folgenden dezidierten Feststellung:

> „… es kommt
> Jedwede *techne* den Sterblichen von
> Prometheus her."

Platon begründet dann in seiner späteren Version des Prometheus-Mythos die Erfahrung, dass technisches Handeln für den Menschen lebensnotwendig ist. Wie die Gegenüberstellung von Tieren und Menschen zeigt, ist der Mensch im Gegensatz zu den Tieren, die ein Fell haben, Hufe oder Klauen besitzen und denen eine geeignete Nahrung zugewiesen ist, „nackt, unbeschuht, unbedeckt und unbewaffnet". Aufgrund dieser mangelhaften natürlichen Ausstattung des Menschen ist sein Überleben gefährdet, und in dieser Notlage bringt Prometheus den Menschen nicht nur das Feuer, sondern auch die technische Intelligenz (*éntechnos sophía*) und sichert ihre Existenz.

Sophokles setzt in einem Chorlied der „Antigone" einen anderen Akzent: Hier ist der Mensch nicht mehr gefährdet, sondern er bemächtigt sich mit Hilfe seiner technischen Fähigkeiten der Welt. In allen Elementen der Erde besitzt der Mensch eine vollkommene Überlegenheit über alle anderen Lebewesen: Er fängt die Vögel in der Luft und mit Netzen die Fische des Meeres, er überwindet mit List und Hilfsmitteln die Tiere des Gebirges und legt dem Stier das Joch auf.

In der frühen griechischen Dichtung und in der Philosophie der klassischen Zeit wird auf diese Weise eine Sicht formuliert, die das technische Handeln grundlegend legitimiert, denn die Götter haben die Menschen technische Fähigkeiten gelehrt und damit erst die menschliche Zivilisation ermöglicht oder sogar die Existenz des Menschen gesichert. Derartige Vorstellungen haben die Mentalität der Griechen nachhaltig geprägt. Der Techniker, der besondere Leistungen vollbrachte, konnte unter diesen Voraussetzungen die Anerkennung durch die Gesellschaft erwarten. Es bestand ein intellektuelles Klima, das technische Leistungen begünstigte.

Platon und Aristoteles: Die präzise Unterscheidung zwischen Handwerkern und Technikern

Der moderne Ingenieur unterscheidet sich deutlich vom Handwerker, und selbst im ländlichen Bereich ist der Bauer, der durchaus agrartechnische Verfahren anwendet oder etwa bei der Ernte Landwirtschaftsmaschinen einsetzt, nicht mit einem Agraringenieur gleichzusetzen. In der Gegenwart wird der Ingenieur als ein Techniker definiert, der über eine bestimmte Ausbildung verfügt und der einerseits „anspruchsvolle technisch-organisatorische Aufgaben" zu bewältigen hat, andererseits aber nicht allein die ge-

gebene Technik anwendet, sondern auch neue Maschinen konstruiert oder neue Verfahren entwickelt. In der Antike haben Platon und Aristoteles in ähnlicher Weise zwischen Handwerkern und Technikern unterschieden, wobei sie allerdings unterschiedliche Kriterien angeführt haben.

Platon hat in verschiedenen Dialogen immer wieder das Problem von technischem Handeln und Wissen erörtert und dabei die Merkmale technischen Handelns zu erfassen versucht. Im „Gorgias" wird von demjenigen, der eine technische Disziplin (*techne*) ausübt, erwartet, dass er über ein qualifiziertes Wissen verfügt, das sich auf die Natur dessen, was in Anwendung gebracht wird, erstreckt, so dass die Ursachen davon angegeben werden können. Entschieden lehnt Platon es ab, ein nicht auf Wissen beruhendes Handeln als technische Disziplin zu bezeichnen. Ein anderes Argument hat Platon im Dialog „Philebos" vorgetragen: Wenn im Handwerk auf die Rechenkunst (Arithmetik), die Messkunst und die Wiegekunst verzichtet wird, kann nur noch nach Gutdünken oder aufgrund von Erfahrung gehandelt werden. Dagegen wird in einem Handwerkszweig, der sich der Maße und Werkzeuge bedient wie etwa der Hausbau, eine größere Genauigkeit (*akribeia*) erreicht. In Bezug auf solche Handwerks-

Instrumente eines Bautechnikers: Maßstab, Setzwaage, Zirkel, Winkel und Lot, Grabstein des L. Alfius Statius, Aquileia, 1. Jahrhundert n. Chr.

zweige verwendet Platon das Adjektiv technisch im Komparativ; dasselbe gilt auch für den Schiffbau, bei dem Lineal, Zirkelschnur und Lot als Werkzeuge gebraucht werden. Platon kann dann abschließend vorschlagen, die verschiedenen Handwerkszweige entsprechend ihrer Exaktheit einzuteilen. Damit ist aber die Beziehung zur Mathematik, die Verwendung von Zahlen und von geometrischen Instrumenten zu einem wichtigen Merkmal technischer Disziplinen im eigentlichen Sinn geworden. Noch in römischer Zeit galten geometrische Instrumente wie Maßstab, Zirkel, Winkel und Lot als charakteristisch für die Tätigkeit eines Bautechnikers und wurden zur Kennzeichnung des Berufs eines Verstorbenen auf Grabsteinen als Relief abgebildet.

Nach Platon hat auch Aristoteles in verschiedenen Schriften den Versuch unternommen, die Merkmale technischen Handelns theoretisch zu erfassen. In diesem Zusammenhang ist vor allem auf eine Passage der „Metaphysik" hinzuweisen; hier geht es um die Frage nach dem Wissen und nach der Abgrenzung von Erfahrungswissen und theoretischem Wissen. Bei der Diskussion dieses Problems vertritt Aristoteles die Position, dass wirkliches Wissen eine Kenntnis der Ursachen einschließt und damit über reines Erfahrungswissen hinausgeht. Architekten und Handwerker sind hierfür ein Beispiel:

Apollon-Tempel in Korinth, um 540 v. Chr.

„Aus demselben Grund meinen wir auch, dass die leitenden Techniker (*architéktones*) höhere Achtung verdienen und mehr wissen und weiser sind als die Handwerker (*cheirotechnai*), und zwar deswegen, weil sie die Ursachen dessen, was getan wird, wissen, während die Handwerker – wie einige unbeseelte Dinge – etwas hervorbringen, ohne selbst zu wissen, was sie hervorbringen, so wie das Feuer brennt. ... Auf diese Weise sind die leitenden Techniker nicht weiser im Hinblick auf das praktische Tun, sondern weil sie das theoretische Wissen haben und die Ursachen kennen."

Vor dem Hintergrund dieser Überlegungen ist es keineswegs anachronistisch, wenn für die Antike eine klare Unterscheidung zwischen Technikern und Handwerkern getroffen wird und technische Eliten, die ähnliche Aufgaben wie die Ingenieure der Neuzeit wahrgenommen haben, hier in Abgrenzung vom Handwerk thematisiert werden.

Die Techniker im archaischen und klassischen Griechenland

Technische Kompetenz und Monumentalarchitektur: Die griechischen Architekten

In der Zeit um 600 v. Chr. kam es in Griechenland zu einem auffallenden politischen, sozialen, kulturellen und wirtschaftlichen Wandel, der in der Entwicklung der Monumentalplastik und der Architektur seinen sichtbaren Ausdruck fand. Die großen Statuen, für die der Marmor von den Kykladeninseln herbeigeschafft werden musste, bezeugen das Selbstbewusstsein aristokratischer Familien, die durch die Aufstellung solcher Skulpturen ihr Prestige und ihren Reichtum demonstrierten. Die monumentalen, aus Stein errichteten Tempel mit dem Säulenkranz

besaßen eine ähnliche Funktion für die griechischen Städte; sie waren ein Zeugnis für die Leistungsfähigkeit der Bürgerschaft einer Stadt, sie dokumentierten für alle Fremden den Rang der Stadt und sie verstärkten auf diese Weise die Neigung der Bürger, sich mit ihrer eigenen Stadt zu identifizieren. In den Jahrzehnten nach 600 v. Chr. wurden zahlreiche solcher Tempel errichtet, wobei griechische Städte wie Syrakus und Selinunt auf Sizilien, Paestum in Unteritalien und Ephesos in Kleinasien mit denen im griechischen Mutterland wetteiferten.

In dieser Zeit bestand die Tendenz, immer größere Tempel zu bauen, die zugleich höhere technische und logistische Anforderungen an die Architekten stellten. So hatte der um 540 errichtete Apollon-Tempel in Korinth an den Frontseiten sechs und an den Langseiten 15 Säulen, die bei einer Höhe von etwa sechs Metern aus einem einzigen Block bestanden. Teilweise wurde das Baumaterial über lange Distanzen zur Baustelle gebracht. Wie Herodot berichtet, ließen die Alkmeoniden, als sie mit dem Bau des Apollon-Tempels in Delphi beauftragt wurden, für die Frontseite Marmor von der Insel Paros herbeischaffen. Bedenkt man, dass Marmor je Kubikmeter etwa 2,5 Tonnen wiegt, kann man ermessen, welche Transportleistung hier vollbracht worden ist.

Im Zusammenhang mit der Errichtung solcher Tempel sind auch die ersten griechischen Architekten als Persönlichkeiten wirklich fassbar, und es ist sicherlich kein Zufall, dass gerade die Bewältigung technischer Probleme ihr Selbstbewusstsein erheblich steigerte und noch in der späteren technologischen Literatur der Antike Beachtung fand. Ein herausragendes Beispiel hierfür sind die aus Kreta stammenden Architekten Chersiphron und Metagenes, die beim Bau des Artemis-Tempels in Ephesos mit erheblichen technischen Schwierigkeiten konfrontiert waren. Wie Vitruvius schreibt, bestand ein Problem darin, die schweren Säulenschäfte und Steinblöcke für den Architrav über weichen Boden zur Baustelle zu bringen. Wagen waren hierfür nicht geeignet, da die Räder eingesunken wären. Chersiphron ließ deswegen um

die liegenden Säulenschäfte ein Holzgerüst anbringen, das mit der Säule durch Eisenzapfen so verbunden war, dass die Säule noch frei rollen und gleichzeitig von Ochsen gezogen werden konnte. Metagenes hat diese Methode auf die Quadersteine übertragen – er ließ an den Enden der Blöcke breite Räder anbringen, so dass der Block sich wie eine Achse mit den Rädern drehte und leicht zur Baustelle gebracht werden konnte.

Hera-Tempel in Paestum (Poseidonia), um 530 v. Chr.

Als schwierig erwies sich zudem, die Blöcke für den Architrav präzise auf die hohen Säulen zu platzieren. Hier arbeitete Chersiphron mit Körben voll Sand, auf die diese Blöcke zunächst gesetzt wurden; durch langsames Entleeren der unteren Körbe konnten die Blöcke dann in die richtige Position gebracht werden. Wie sehr sich der Architekt mit seiner Aufgabe identifizierte, zeigt eine bei Plinius überlieferte Anekdote: Als es nicht gelang, den großen Quader über dem Eingang an die geplante Stelle zu setzen, wollte Chersiphron sich das Leben nehmen; im Traum

Transport von Steinblöcken beim Bau des Artemis-Tempels in Ephesos, moderne zeichnerische Rekonstruktion

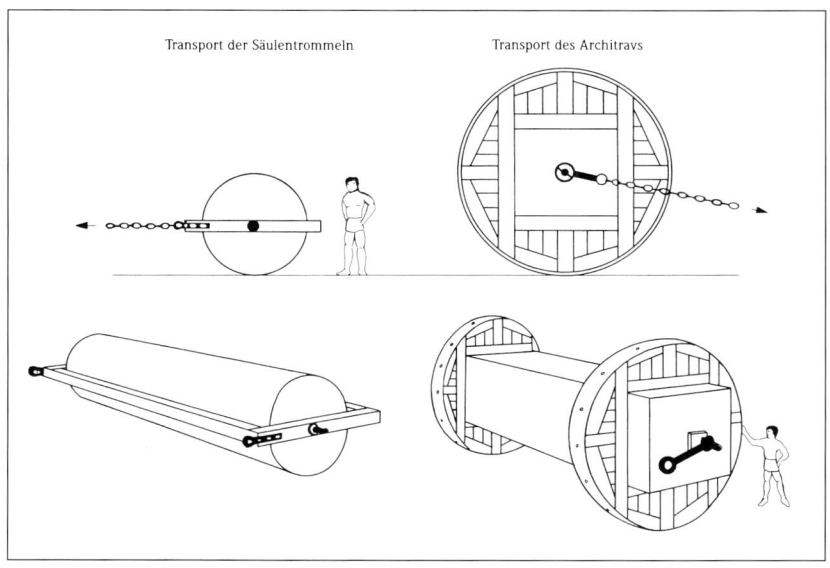

Transport der Säulentrommeln   Transport des Architravs

erschien ihm jedoch die Göttin, ermutigte ihn und verkündete, sie habe den Stein in die richtige Lage gebracht. Vitruvius und Plinius haben gerade die technischen Leistungen von Chersiphron gewürdigt, und so war es folgerichtig, dass Plinius ihn in seiner Aufzählung bedeutender Techniker gleich nach Archimedes nennt.

Ein weiteres Faktum verdient hier Beachtung: Vitruvius führt in seiner umfangreichen Liste älterer Literatur zur Architektur auch eine Schrift von Chersiphron und Metagenes über den Artemis-Tempel in Ephesos auf; es ist wahrscheinlich, dass die Berichte bei Vitruvius und Plinius auf diese Schrift zurückgehen. Damit hätten die beiden Architekten die technische Seite ihrer Tätigkeit ausführlich beschrieben; und dies war nur sinnvoll, wenn sie bei ihren Lesern ein Interesse an diesem Gegenstand voraussetzen konnten. Chersiphron und Metagenes waren kein Einzelfall; auch Theodoros, Architekt und Bronzegießer, verfasste im 6. Jahrhundert v. Chr. eine Schrift über den Hera-Tempel auf Samos, und in späterer Zeit folgten viele Architekten diesem Vorbild. Theodoros, der für den Tyrannen Polykrates von Samos arbeitete und das Verfahren des Bronzehohlgusses erfunden und zuerst praktiziert haben soll, vereinigte zum ersten Mal die Tätigkeiten des Künstlers, des innovativen Handwerkers, des Architekten und Autors in einer Person; seine Arbeiten wurden von Platon exemplarisch erwähnt und noch von Plinius bewundert.

Eupalinos-Tunnel, Samos, 6. Jahrhundert v. Chr.

Die Sicherung der Wasserversorgung: Der Tunnel des Eupalinos

In der griechischen Öffentlichkeit wurden nicht allein Tempel oder Skulpturen aufgrund ihrer ästhetischen Wirkung beachtet, die Aufmerksamkeit richtete sich ebenso auf Bauten und Anlagen der Infrastruktur. Beispielhaft hierfür ist das Kapitel, mit dem Herodot seine Ausführungen über Samos abschließt:

„Ich habe mich mit den Samiern etwas länger beschäftigt, weil sie drei der gewaltigsten Bauwerke aller Griechen aufgeführt haben: Sie durchbohrten einen Berg von 150 Klafter (ca. 277 Meter) Höhe von unten her und gruben einen Tunnel von beiden Öffnungen aus. Seine Länge beträgt sieben Stadien (ca. 1.294 Meter), die Höhe und Breite je acht Fuß. Durch seine ganze Länge ist ein anderer Kanal geführt, 20 Ellen (ca. 9,24 Meter) tief, drei Fuß breit, durch den das Wasser aus einer starken Quelle in Röhren zur Stadt geleitet wird. Architekt dieses Tunnels war Eupalinos aus Megara, Sohn des Naustrophos. Das ist das eine der drei Bauwerke. Das zweite ist ein Damm im Meer um den Hafen herum, etwa 20 Klafter (ca. 37 Meter) tief; der Damm ist mehr als zwei Stadien (ca. 369 Meter) lang. Drittens haben sie einen Tempel errichtet, den größten aller uns bekannten Tempel. Der erste Erbauer war Rhoikos, der Sohn des Philes, ein Einheimischer. Aus diesem Grunde habe ich mich bei den Samiern etwas länger aufgehalten."

Der Tunnel, der für die Wasserversorgung der Stadt von Bedeutung war, die Hafenmole und der Tempel werden demnach als Begründung dafür angeführt, dass die Geschichte von Samos so ausführlich dargestellt worden ist. Dabei ist bemerkenswert, dass die Abmessungen des Tunnels und der Mole von dem Historiker exakt mitgeteilt werden, um so eine Vorstellung von den Dimensionen dieser Bauwerke zu vermitteln. Gleichzeitig gilt der Tunnel, der unter der Erde liegend kaum sichtbar ist, als ein so bedeutendes Bauwerk, dass es dem Historiker als angemessen erschien, dessen Architekten ebenso wie den des Tempels namentlich zu nennen.

Der Tunnel des Eupalinos existiert noch heute; er wurde aufgrund der Angaben Herodots gegen Ende des 19. Jahrhunderts entdeckt und nach 1970 von Archäologen umfassend untersucht. Der Bau der Wasserleitung hatte das Ziel, eine starke Quelle nördlich der Stadt Samos für die Wasserversorgung der Bevölkerung zu nutzen; der 237 Meter hohe Bergrücken zwischen der Quelle und der Stadt musste dazu entweder umgangen oder aber untertunnelt werden. Vielleicht aus Sicherheitsgründen – eine Wasserleitung, die in Küstennähe in die Stadt geführt worden wäre, hätte im Fall eines feindlichen Angriffs leicht unterbrochen werden können – bevorzugte man die Trasse durch den Berg; die südliche Tunnelöffnung lag damit innerhalb der Stadtmauern. Der 1.036 Meter lange Tunnel wurde von beiden Seiten des Berges gleichzeitig begonnen, um auf diese Weise das Werk schneller vollenden zu können; bei einem Vortrieb von zirka 0,15 Metern pro Tag war dies durchaus ein gewichtiges Argument. Der Bau des Tunnels im Gegenort, also von beiden Seiten gleichzeitig, setzt eine exakte Vermessung des Berges und eine präzise Trassierung der Tunnelstrecke voraus; außerdem musste das Niveau der Tunnelöffnungen genau bestimmt werden. Alle Untersuchungen deuten darauf hin, dass die Trasse zunächst auf dem Bergrücken mit Hilfe der Fluchtstangenmethode festgelegt wurde; ausgehend von einer Tunnelöffnung wurde mit dieser Methode schrittweise eine Gerade verlängert, bis der Endpunkt erreicht war. Das Niveau der beiden Tunnelöffnungen konnte mit einem ähnlichen Verfahren festgelegt werden. Da das Gelände nicht für die Methode des Austafelns geeignet ist, wurden wahrscheinlich mehrere Messungen vom Gegenhang durchgeführt.

Damit waren aber keineswegs alle Schwierigkeiten beim Tunnelbau bewältigt. Erst während der Arbeiten stellte sich heraus, dass der Nordstollen nach 240 Metern nicht geradlinig fortgeführt werden konnte, da hier eine Zone mit lockerem Gestein erreicht war, so dass die Gefahr eines Bergsturzes bestand. Um in dieser Situation einen genauen Überblick über die Trassenführung zu behalten, hat Eupalinos für die Umgehung dieser Zo-

ne eine Trasse gewählt, die den beiden Seiten eines gleichschenkligen Dreiecks entsprach. Mit Hilfe der Geometrie konnte Eupalinos die ursprünglich geplante Trasse wieder erreichen.

Um sicherzustellen, dass beide Stollen aufeinander trafen, knickte der südliche Stollen nach Osten ab, damit die beiden Stollen sich kreuzen konnten; ferner erhöhte man die Decke des Nordstollens, um zu vermeiden, dass die Stollen sich verfehlten, weil sie nicht exakt dasselbe Niveau hatten. Gerade die während des Baus vorgenommenen Korrekturen sind ein Beleg für die technische und mathematische Kompetenz des Eupalinos. Die Größe der bewältigten Aufgabe kann mit einigen Zahlen illustriert werden: Nach Hermann J. Kienast mussten für den Tunnel rund 5.000 Kubikmeter Gestein abgetragen werden; insgesamt vergingen bis zur Vollendung des Tunnels etwa acht Jahre, wobei unter schwierigsten Bedingungen nur mit Hammer und Meißel gearbeitet wurde. In seiner umfassenden archäologischen Publikation über den Eupalinos-Tunnel würdigt Hermann J. Kienast das Bauwerk zu Recht mit folgenden Worten: „Der Tunnelplan zeugt von hohem Wagemut" und „darüber hinaus von erstaunlichem Wissen über geometrische Gesetzmäßigkeiten und ebenso von praktischem Problembewusstsein, und er zeugt vor allem von Grundlagen, die nur auf theoretischem Wege ermittelt worden sein konnten."

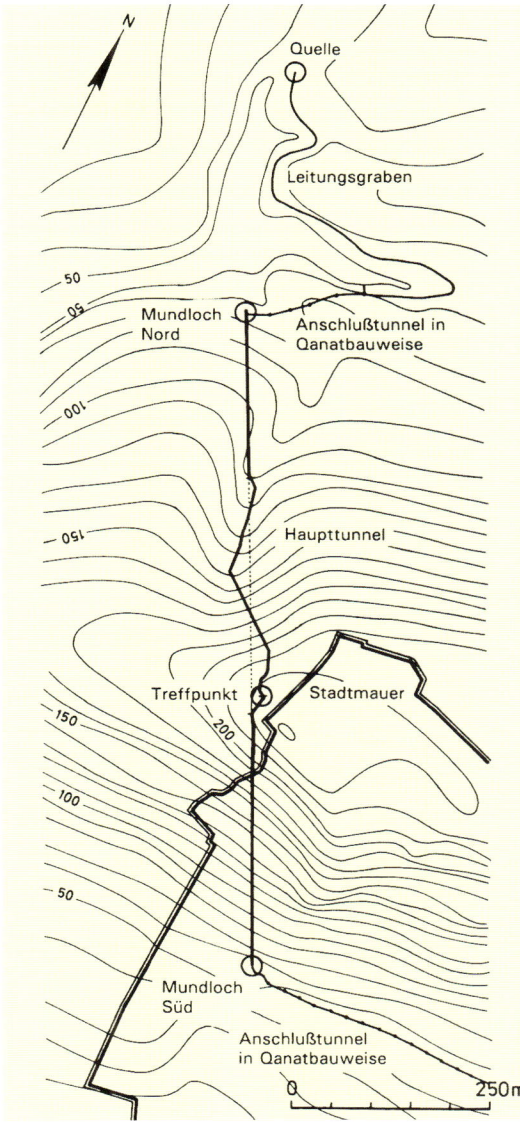

Trasse des Eupalinos-Tunnels

41

Der Anspruch des Architekten auf Ruhm: Mandrokles von Samos

Die Voraussetzungen für die Planung des Eupalinos-Tunnels sind nicht allein in den Kenntnissen und Fähigkeiten, sondern auch im Selbstbewusstsein des griechischen Technikers zu suchen – in einer Mentalität, die dazu tendierte, Probleme durch technisches Handeln zu lösen. Ein weiterer Aspekt dieser Mentalität, der Stolz des Technikers auf seine Leistung, wird durch Herodots Bericht über den Architekten Mandrokles beleuchtet. Es ist ohne Zweifel signifikant, dass dieser Architekt ebenfalls aus Samos stammte, also die Bauten auf der Insel kannte. Mandrokles hatte vom persischen Großkönig Dareios, der einen Krieg gegen die Skythen führen wollte und dazu die Meerengen überschreiten musste, den Auftrag erhalten, bei Kalchedon eine Schiffsbrücke über den Bosporus zu bauen. Da Dareios mit der Brücke überaus zufrieden war, beschenkte er Mandrokles reich; dieser wendete einen Teil dieser Schätze auf, um ein Bild malen zu lassen, auf dem die Brücke, Dareios auf einem Thron und das persische Heer, das gerade auf der Brücke den Bosporus überschreitet, dargestellt waren. Dieses Bild übergab Mandrokles als Weihgabe dem Hera-Tempel seiner Heimatstadt, wobei er folgende Inschrift hinzufügen ließ:

> „Mandrokles, der den fischreichen
> Bosporus mit einer Brücke
> band, zum Gedächtnis des Baus
> weihte er Hera dies Bild.
> Für sich selber gewann er den Kranz,
> für die Samier Nachruhm,
> Weil ihm der Bau nach dem Sinn
> König Dareios' gelang."

Der Architekt beansprucht in diesen Versen wie ein siegreicher Feldherr oder ein erfolgreicher Athlet für sich einen Kranz, für seine Heimatstadt aber Ruhm. Für die Bewertung der technischen Leistung war es in diesem Fall völlig gleichgültig, dass Mandrokles die Brücke nicht für eine griechische Stadt oder einen griechischen Herrscher, sondern für einen Feldzug des persischen Königs errichtet hatte. Dem Willen des Technikers, durch die Aufstellung einer Weihgabe in einem Tempel sich selbst ein Denkmal zu setzen, entspricht die Bereitschaft des Historikers, in seinem Geschichtswerk über dieses Denkmal zu berichten und die Inschrift sogar wörtlich zu zitieren.

Die Anfänge der griechischen Mechanik auf der Theaterbühne

Neben der Errichtung von Bauwerken und von Anlagen zur Wasserversorgung entstand während des 5. Jahrhunderts v. Chr. ein weiteres Tätigkeitsfeld für Techniker: Die Aufführung von Tragödien und Komödien in Athen erforderte zunehmend komplizierter werdende Apparaturen, um das Geschehen den Intentionen der Dichter entsprechend auf der Bühne darzustellen. Zum Beispiel sollte gezeigt werden, wie ein Gott in das Geschehen eingreift oder wie eine einzelne Person auf einem geflügelten Tier durch den Raum fliegt.

Eine Parodie solcher Szenen der Tragödie findet sich im „Frieden" von Aristophanes; die Komödie beginnt damit, dass Trygaios, ein einfacher attischer Bauer, auf einem Mistkäfer zu den Göttern im Himmel fliegt, um die Göttin des Friedens wieder auf die Erde zurückzubringen. Dieser Flug wurde mit Hilfe eines Krans realisiert, der als „mechané" bezeichnet wird. Die plötzliche Wendung in der Handlung einer Tragödie durch Auftreten eines Gottes mit Hilfe einer solchen „mechané" führte zur sprichwörtlichen Wendung „deus ex machina". Platon kann im „Kratylos" davon sprechen, dass die Tragödiendichter, wenn sie nicht in der Lage sind, die Handlung konsequent fortzusetzen, Zuflucht zu den „mechanai" nehmen und Götter auftreten lassen, ein Kunstgriff, den Aristoteles in der „Poetik" kritisiert hat. Alle Äußerungen über die „mechané" im Bereich des Theaters deuten darauf hin, dass solche aufwendigen Hebegeräte zur üblichen Bühnenausstattung gehörten; der Begriff „mechané" bezieht sich in diesem Zusammenhang auf Geräte, mit denen etwas bewegt wird und die überraschende Wirkungen hervorrufen können. In Texten dieser Zeit begegnet man dann auch dem Wort „*mechanopoiós*", so in der Komödie, in der Trygaios den „*mechanopoiós*" bittet, bei seinem Flug gut auf ihn aufzupassen. Mit diesem Wort wird folglich derjenige bezeichnet, der solche Geräte konstruiert oder bedient. Die Herausbildung einer neuen Berufsgruppe zeichnete sich damit ab.

Die Erklärung des Hebels: Die Mechanik als technische Fachliteratur

Die Geschichte der antiken Technik ist eng mit der Entstehung und Entwicklung der griechischen Mechanik verbunden. Neben der manuellen Geschicklichkeit und der Erfahrung von Handwerkern sind zahlreiche technische Neuerungen wesentlich auch dem theoretischen technischen Wissen zu verdanken, das die Mechanik vermittelte. Die Analyse der einfachen mechanischen Instrumente führte zu einem besseren Verständnis der vorhandenen Werkzeuge und Geräte und darüber hinaus zu Detailverbesserungen, die durchaus die Effizienz dieser Werkzeuge und Geräte zu steigern vermochten; außerdem wurden neue Instrumente und Geräte entwickelt, von denen einige auch in der Produktion eingesetzt und wirtschaftlich genutzt wurden.

Die Funktionsweise mechanischer Instrumente wurde – soweit wir dies beurteilen können – zum ersten Mal in der zweiten Hälfte des 5. Jahrhunderts v. Chr. in der medizinischen Literatur, in Schriften zur Chirurgie, ausführlich beschrieben. Die Ärzte verwendeten derartige Hilfsmittel, um gebrochene Gliedmaßen zu schienen, um verkrümmte Wirbelsäulen zu strecken oder Gelenke einzurenken. In der Darstellung der Behandlungsmethoden bei einem Knochenbruch empfiehlt der Autor der Schrift „Über die Knochenbrüche" (*Corpus Hippocraticum, de fracturis*) die Verwendung von Hebeln aus Eisen. Seine Empfehlung begründet er mit der allgemeinen Feststellung, dass von allen Instrumenten, die von Menschen entwickelt worden sind, drei sich als besonders stark erwiesen hätten, nämlich die Winde, der Hebel und der Keil; ohne diese Hilfsmittel könnten die Menschen solche Handlungen, die eine besondere Kraft erforderten, nicht vornehmen. An anderer Stelle wird als Argument für die Verwendung einer Winde bei der Streckung die gute Regulierbarkeit der eingesetzten Kraft angeführt. Ärzte, die in größeren Städten praktizierten, verwendeten die „Hippokratische Bank", die den optimalen Einsatz verschiedener mechanischer Instrumente ermöglichen sollte. Es handelte sich um eine breite Holzplanke, die mit Winden an beiden Enden, Vertiefungen an den Stellen, an denen möglicherweise der Hebel angesetzt werden sollte, und Vorrichtungen, um den Körper während der Behandlung zu fixieren, versehen war.

Der nächste wichtige Schritt in der Entwicklung der Mechanik wurde um 400 v. Chr. in Unteritalien im intellektuellen Umfeld der Pythagoreer vollzogen: Archytas von Tarent, ein erfolgreicher Politiker und bedeutender Mathematiker sowie Musiktheoretiker, führte die Verwendung von mechanischen Verfahren und Geräten zur Lösung geometrischer Probleme in die mathematische Theorie ein und stellte darüber hinaus als Erster in einer Schrift die Mechanik unter Anwendung mathematischer Gesetzmäßigkeiten systematisch dar. Seit dem Werk des Archytas bestand eine bleibende Verbindung zwischen Mechanik und Mathematik. Die Geometrie erhielt in der theoretischen Darstellung der Mechanik die Funktion, die Wirkung der mechanischen Instrumente zu erklären.

Während die Mechanik und die mathematische Theorie des Archytas nur aufgrund kurzer Erwähnungen bei antiken Autoren – vor allem bei Plutarch und Diogenes Laërtios – fassbar sind, besteht die Möglichkeit, die theoretische Mechanik des späten 4. Jahrhunderts v. Chr. am Beispiel einer aristotelischen Schrift, der „Mechaniká", genauer zu untersuchen. In der älteren wissenschaftlichen Literatur ist diese Schrift Aristoteles abgesprochen worden; doch sind die für diese These vorgebrachten Argumente letztlich wenig überzeugend. Aber selbst dann, wenn man nicht Aristoteles, sondern einen seiner Schüler für den Verfasser hält, bleibt dieser Text, der auf die spätere Mechanik einen erheblichen Einfluss ausübte, ein herausragendes Dokument der antiken Wissenschafts- und Technikgeschichte.

Die Einleitung der Schrift greift die Positionen der älteren griechischen Literatur auf: Es wird betont, dass der Mensch der „techne" bedarf, da die Natur in vieler Hinsicht den Interessen des Menschen entgegengesetzt ist; jener Teil der „techne" wiederum, der dem Menschen in dieser Schwierigkeit als Hilfsmittel dient, wird als „mechané" bezeichnet, diese Sicht der Funktion der „techne" wiederum mit einem Zitat von Antiphon illustriert: „Mit Hilfe der ‚techne' beherrschen wir das, dem wir von Natur aus unterlegen sind." Dies gilt nach Meinung des Aristoteles insbesondere für die Fälle, bei denen ein Geringeres ein Größeres beherrscht, etwa wenn eine kleine Kraft ein großes Gewicht hebt. Damit ist der Gegenstand der Mechanik genannt, die Mechanik wiederum wird als Disziplin bestimmt, die Beziehungen sowohl zur Physik als auch zur Mathematik aufweist.

Das zentrale Thema der aristotelischen Mechanik ist der Hebel, denn er stellt ein Instrument dar, das es ermöglicht, mit einer kleinen Kraft ein großes Gewicht zu bewegen: Ein Gewicht, das ein Mensch ohne Hebel nicht bewegen kann, wird mit Hilfe eines Hebels leicht bewegt. Die aristotelische Schrift ist wesentlich der Erklärung dieses bemerkenswerten Tatbestandes gewidmet. Es gelingt Aristoteles, die Wirkung des Hebels zu erklären, indem er zunächst auf die Eigenheiten der Kreisbewegung und dann auf die Eigenschaften der Balkenwaage eingeht. Die Wirkung des Hebels wird auf das am Beispiel der Balkenwaage erläuterte Gleichgewicht zurückgeführt, das Gleichgewicht wiederum auf die Kreisbewegung. Die auf den Hebel einwirkende Kraft und die Last verhalten sich wie Gewichte im Fall der Balkenwaage, und die Hebelarme können als Radien eines Kreises aufgefasst werden. Damit ist dann die Möglichkeit gegeben, das Verhältnis zwischen dem bewegenden und dem bewegten Gewicht in Relation zu der Länge der beiden Hebelarme zu setzen. Das Hebelprinzip wird auf diese Weise präzise formuliert: Das Verhältnis zwischen dem bewegenden Gewicht und dem bewegten Gewicht ist umgekehrt proportional zu ihrer Entfernung vom Drehpunkt des Hebels. Daraus folgt, dass ein gegebenes Gewicht umso leichter bewegt werden kann, je größer die Entfernung des bewegenden Gewichts vom Drehpunkt ist.

In den folgenden Kapiteln versucht Aristoteles, eine Vielzahl von Fragen, die zu verschiedenen technischen Instrumenten gestellt werden, mit Hilfe des Hebelgesetzes zu beantworten. So analysiert er etwa die Wirkung der Ruder, mit denen ein Schiff vorangetrieben wird, oder des Steuerruders, untersucht die Laufgewichtswaage, die Zange des Zahnarztes und den Nussknacker, thematisiert das Tragen von Balken und von Lasten mit einer Stange und beschreibt den Effekt eines Hebebalkens für das Wasserschöpfen. Die Winde, eine Achse mit Handspeichen, den Keil und die Kombination von Rollen begreift er allerdings nicht als besondere mechanische Instrumente, sondern erklärt er ebenfalls mit dem Hebelgesetz.

Für eine Bewertung der Schrift ist es nicht von Belang, dass einzelne Thesen des Aristoteles sachlich falsch sind – ihr Rang beruht auf der theoretischen und methodischen Grundlegung der Mechanik als einer technologischen Disziplin. Die Mechanik bot in der Folgezeit den Rahmen für die Tätigkeit von Technikern und schuf die Voraussetzungen für weitere technische Entwicklungen. Gerade der Vergleich mit der Mechanik Herons aus der frühen Prinzipatzeit macht die Fortschritte sichtbar, die nach Aristoteles im Bereich der Mechanik erzielt wurden, und demonstriert, welche Potentiale theoretischer Entwicklung die aristotelische Mechanik besaß.

Balkenwaage, schwarzfiguriges Vasenbild, New York, um 550 v. Chr.

Der Architekt im Krieg: Die Rolle der Techniker im Militärwesen

Das Militärwesen der Antike war schon früh von Handwerk und Technik abhängig, denn die Herstellung von Waffen und Rüstungen, der Bau von Schiffen, die Errichtung von Verteidigungsanlagen und der Transport von Lebensmitteln für die Truppen waren unabdingbare Voraussetzungen jeglicher Kriegführung. Die Rolle des Handwerks beschränkte sich jedoch im Wesentlichen darauf, für das Truppenaufgebot Ausrüstungsgegenstände zu liefern. In der archaischen und in der frühen klassischen Zeit gehörten die Techniker selbst weder dem Heer an, noch konnten sie Einfluss auf die Kriegsplanung nehmen. Die Entwicklung neuer Waffen oder Rüstungen vollzog sich langsam und im Rahmen des Handwerks, so dass der Techniker im Bereich des Militärwesens keine herausragende Rolle spielte.

Eine Veränderung dieser Situation deutete sich nach der Mitte des 5. Jahrhunderts v. Chr. nur sehr zögernd an. Seit dieser Zeit suchten die Griechen lang dauernde Belagerungen von befestigten Städten, die in der Regel erst kapitulierten, wenn die Vorräte aufgebraucht waren, zu vermeiden und unter Einsatz von Belagerungsgeräten die Mauern einer Stadt zu überwinden oder zu zerstören. Diese für die Griechen neue Form der Belagerungstechnik ist zum ersten Mal für den Krieg Athens gegen die Insel Samos in den Jahren 441–439 v. Chr. belegt. Nach Plutarch hat Perikles, der in diesem Krieg athenischer Feldherr war, Belagerungsgeräte (*mechanai*) eingesetzt, die als neue Erfindung bewundert wurden. Als Konstrukteur dieser Geräte wird Artemon Periphoretos genannt, der als Mechaniker (*mechanikós*) bezeichnet wird. Die Stadt Samos musste nach neun Monaten kapitulieren; Perikles selbst soll stolz darauf gewesen sein, für den Sieg über eine mächtige griechische Stadt nur neun Monate benötigt zu haben, während Agamemnon für die Eroberung Trojas immerhin zehn Jahre gebraucht hatte.

Die Entwicklung der griechischen Militärtechnik ist in den folgenden Jahrzehnten nicht in Griechenland selbst, sondern auf Sizilien entscheidend vorangetrieben worden. Auslöser hierfür waren die Kriege zwischen Karthago, das den Westen der Insel beherrschte, und Syrakus. Nach einer langen Phase friedlicher Beziehungen zwischen Karthagern und Griechen kam es 409 v. Chr. – ausgelöst durch den Konflikt zwischen Segesta und Selinus – zur militärischen Intervention der Karthager auf der Insel. Während des Krieges setzten die Karthager im Kampf gegen die griechischen Städte erfolgreich Belagerungstürme ein, die höher waren als die Mauern der belagerten Stadt. Die Stadt Selinus wurde nach nur neuntägiger Belagerung erobert, die Mauern von Himera brachen unter den Stößen von Belagerungsgeräten ein, so dass die Karthager in die Stadt eindringen konnten. Bei der Belagerung von Akragas 406 v. Chr. schließlich brachten die Karthager zwei riesige Türme an die Stadtmauern heran – in diesem Fall erwiesen sich die Belagerungsgeräte jedoch als verwundbar: Den Griechen gelang es, bei einem Ausfall die Türme in Brand zu setzen und zu zerstören. Dennoch vermochte sich Akragas nicht zu behaupten, auch diese Stadt wurde von den Karthagern eingenommen.

Die Erfahrungen mit der karthagischen Kriegführung hatten zur Folge, dass Dionysios, der Tyrann von Syrakus, ein umfassendes Rüstungsprogramm in die Wege leitete, als er 399 v. Chr. nach einem sechs Jahre dauernden Frieden einen Krieg gegen die Karthager vorbereitete. Ein neuer Feldzug hatte jedoch nur dann Aussicht auf Erfolg, wenn die Griechen den Karthagern militärtechnisch ebenbürtig waren. Darum holte Dionysios mit dem Versprechen hoher Löhne eine große Zahl Handwerker aus Städten in Italien, Griechenland und sogar dem karthagischen Gebiet nach Syrakus, damit sie dort Waffen in großer Zahl produzierten. Die Stadt verwandelte sich in eine einzige große Werkstatt. In dieser Situation wurden auch neue Waffen konstruiert, darunter Belagerungsgeräte und vor allem das Katapult, von dem ausdrücklich behauptet wird, dass es in Syrakus erfunden worden sei.

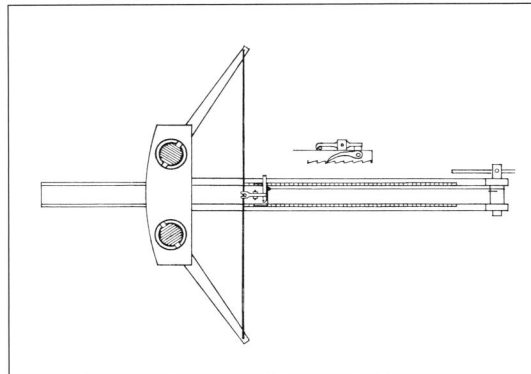

Torsionskatapult mit einer Winde. Rekonstruktionszeichnung

Zu Beginn des Krieges wurden diese neuen Belagerungsgeräte sofort bei dem Angriff auf die karthagische Stadt Motye im Westen von Sizilien eingesetzt. Bei dieser Gelegenheit zeigte sich, dass die griechische Kriegführung sich vollständig gewandelt hatte. Als Dionysios das Gelände vor der Stadt erkundete, wurde er von seinen Architekten begleitet, die aufgrund ihrer technischen Kompetenz an der Entscheidung, wie bei der Belagerung vorzugehen sei, beteiligt wurden. Krieg und Belagerung sowie der Bau von Belagerungsgeräten gehörten seit diesem Zeitpunkt zu den Aufgabenfeldern von Architekten. In dem Bericht über die Kämpfe um Motye werden zwei Typen von Belagerungsgeräten erwähnt, nämlich der Rammbock, mit dem schließlich ein Abschnitt der Befestigungsmauern zerstört wurde, und fahrbare, mit Rädern und Fallbrücken versehene Türme, die sechs Stockwerke hoch waren. Die Katapulte erwiesen sich in einer Schlacht gegen den Karthager Himilkon, der die Stadt zu entsetzen versuchte, als außerordentlich wirkungsvoll, wobei sicherlich auch der Überraschungseffekt, der durch den Einsatz einer neuen Waffe erzielt wurde, eine Rolle spielte.

Das Katapult, eine Waffe, die in ihren Anfängen der mittelalterlichen Armbrust ähnelte, kann unter technischem Aspekt zunächst als Fortentwicklung des Bogens aufgefasst werden. Der Wert des Bogens als Waffe bestand vor allem darin, dass es möglich war, mit einem Pfeil einen Gegner über eine größere Distanz hinweg zu treffen. Da die Spannung eines Bogens nicht beliebig erhöht werden kann, waren Reichweite und Durchschlagskraft der Geschosse allerdings begrenzt. Das Katapult erlaubte es hingegen, eine größere Spannung als mit dem Bogen zu erzeugen. Gleichzeitig wurde die Zielgenauigkeit dadurch verbessert, dass der Pfeil in einer Schussrinne lag. Dem Katapult wurde im

4. Jahrhundert v. Chr. große Aufmerksamkeit zuteil; so soll der spartanische König Archidamos, der sich ein aus Sizilien herbeigeschafftes Katapult vorführen ließ, angesichts der Durchschlagskraft dieser Waffe ausgerufen haben, nun sei es zu Ende mit der Tapferkeit. Eine Folge der Entwicklung der Belagerungsgeräte und der Erfindung des Katapults war die Tendenz, Städte durch stärkere Befestigungsanlagen zu sichern. Aristoteles gibt in der „Politik" ausdrücklich die Empfehlung, gerade angesichts der Innovationen in der Belagerungstechnik (*Poliorketik*) dafür zu sorgen, dass eine Stadt möglichst feste Mauern erhält.

Das Katapult wurde schnell weiterentwickelt; vor allem wurde der Bogen durch zwei Holzstäbe ersetzt, die in zwei senkrecht stehende Sehnenbündel eingefügt waren; durch Drehung der Sehnenbündel wurde die Spannung erzeugt. Dieses Torsionskatapult fand im Hellenismus weite Verbreitung und wurde später in den römischen Legionen verwendet. Neben dem Pfeilkatapult erschien bereits im 4. Jahrhundert v. Chr. ein Katapult, mit dem schwere Steine geschleudert werden konnten. Dieses vor allem bei Belagerungen eingesetzte Kriegsgerät machte es möglich, aus sicherer Entfernung die Mauern einer Stadt zu beschädigen und über die Mauern hinweg das Gebiet der Stadt selbst zu treffen.

Eine Technik der unbegrenzten Möglichkeiten: Die Techniker des Hellenismus

Krieg und Militärtechnik im Zeitalter Alexanders und seiner Nachfolger

Der Hellenismus als Epoche der griechischen Geschichte begann mit dem Feldzug Alexanders des Großen gegen das Persische Reich. Der Sieg des Makedonenkönigs veränderte die antike Welt vollständig: Es entstanden die bedeutenden makedonischen Monarchien in Ägypten und im Osten, den Griechen standen nun geradezu unermessliche Ressourcen zur Verfügung – und damit boten sich auch neue Möglichkeiten technischer Entwicklung. Nicht zu übersehen ist dabei die Tatsache, dass der Siegeszug Alexanders auch militärtechnische Voraussetzungen besaß.

Im makedonischen Heer war seit Philipp, dem Vater Alexanders des Großen, eine Reihe von Technikern tätig. Philipp nutzte konsequent alle Möglichkeiten der neuen Militärtechnik, und gerade die militärtechnische Überlegenheit bildete eine wichtige Voraussetzung für seine Erfolge, die Makedonien im östlichen Mittelmeerraum zu einer Großmacht werden ließen. Wie der Bericht über die Belagerung von Perinthos 340 v. Chr. zeigt, verfügte Philipp hier über große Belagerungstürme, über Rammböcke und Torsionskatapulte. Obgleich die Belagerung erfolglos abgebrochen werden musste, war sie ein Wendepunkt in der Geschichte der Kriegführung in Griechenland: Zum ersten Mal kamen die neuen Belagerungsgeräte und Katapulte massiv zum Einsatz.

Unter den Technikern Philipps wird Polyidos, ein Thessalier, erwähnt, der wahrscheinlich als Erfinder des Torsionskatapultes anzusehen ist. Sein Schüler Diades muss ein Techniker mit beachtlichen intellektuellen Fähigkeiten gewesen sein, denn er konstruierte nicht nur neue Belagerungsgeräte, sondern verfasste auch mehrere Schriften zur Poliorketik, der Belagerungstechnik; ihr Inhalt wird von Vitruvius kurz referiert. Ein Merkmal der makedonisch-griechischen Militärtechnik ist darin zu sehen, dass es den Technikern unter Alexander – neben Diades wird noch Charias genannt – auf hohe Mobilität und große Schnelligkeit bei der Vorbereitung und Durchführung einer Belagerung ankam. So entwickelte Diades die „beweglichen Türme" (turres ambulatoriae), die, in ihre einzelnen Bestandteile zerlegt, vom Heer mitgeführt werden konnten. Auf diese Weise ging bei einer Belagerung keine Zeit mit dem langwierigen Bau der Bela-

gerungsgeräte verloren, und während der Belagerung war es leicht möglich, den Standort der Türme zu verändern. Die von Diades beschriebenen Türme waren 60 beziehungsweise 120 Ellen (etwa 26 und 52 Meter) hoch. Unter den Technikern Alexanders wird außerdem Poseidonios genannt, der einen monumentalen Belagerungsturm konstruierte. Diesen Turm hat Biton, der Autor eines militärtechnischen Traktates der hellenistischen Zeit,

Römisches Pfeilkatapult auf einem von Pferden gezogenen Wagen, Trajanssäule

ausführlich beschrieben. In den verschiedenen Stockwerken dieses Turms, der „Helepolis", Stadteroberer, genannt wurde, stellte man Katapulte auf, mit denen man Pfeile abschießen oder Steine schleudern konnte.

Für den Alexander-Feldzug war die Fähigkeit, gut befestigte Städte zu erobern, von entscheidender Bedeutung. Es kam darauf an, vor dem Zug in den Osten die persischen Stellungen an der Küste einzunehmen und den Persern damit jegliche Möglichkeit von Flottenoperationen im Mittelmeer zu nehmen. Als besonders spektakulär galt die Eroberung der Stadt Tyros, die auf einer Insel lag und von hohen Mauern umgeben war. Alexander ließ einen großen Damm zwischen Festland und Insel aufschütten und Belagerungstürme in Stellung bringen. Bei der Belagerung von Tyros ist zum ersten Mal der Einsatz von Katapulten belegt, die schwere Steine gegen die Mauern schleuderten. Die Stadt wurde schließlich von der Seeseite her angegriffen; die Schiffe erhielten Katapulte, die Steine gegen die Mauer schleuderten und diese an einigen Stellen zum Einsturz brachten. Durch die so entstandenen Mauerlücken konnten die Makedonen schließlich in die Stadt eindringen. Diades soll an der Eroberung von Tyros erheblichen Anteil besessen haben; der militärische Erfolg beruhte wesentlich

Demetrios Poliorketes,
Statuette, Herculaneum

auf der Zusammenarbeit zwischen dem Feldherrn und dem Techniker.

Die Belagerung der Stadt Rhodos durch Demetrios Poliorketes im Jahr 305/4 v. Chr. erlangte ebenfalls Berühmtheit; Demetrios Poliorketes war einer jener Feldherren, die nach dem Tod Alexanders um die Macht kämpften. Da Rhodos in diesen Auseinandersetzungen nicht bereit war, das enge Bündnis mit Ptolemaios, der in dieser Zeit bereits Ägypten beherrschte, aufzugeben, wurde die Stadt von Demetrios angegriffen und belagert. Wie aus Plutarchs Darstellung hervorgeht, war Demetrios von den technischen Möglichkeiten seiner Zeit vollkommen fasziniert und widmete sich mit Hingabe der Konstruktion von Kriegsschiffen und Belagerungsgeräten. „Seine Werke", schreibt Plutarch, „zeigten außer der Solidität und technischen Vollendung eine gewisse Höhe und Kühnheit des Gedankens, so dass sie nicht nur des Geistes und der Machtvollkommenheit, sondern sogar der Hand eines Königs würdig erschienen. Durch ihre Größe setzten sie sogar die Freunde in Schrecken, durch ihre Schönheit erregten sie selbst das Gefallen der Feinde."

Die Belagerung von Rhodos entwickelte sich faktisch zu einem Wettstreit zwischen zwei Architekten: Auf der Seite des Demetrios leitete der Athener Epimachos den Bau des großen Belagerungsturmes, der neun Stockwerke maß und wie die Helepolis des Poseidonios mit einer größeren Zahl von Katapulten ausgerüstet war. Die Außenseiten waren mit Eisenplatten abgedeckt, um zu verhindern, dass etwa Brandpfeile einen Schaden verursachten. Mehrere hundert Soldaten waren nötig, um den Turm, der auf acht großen Rädern ruhte, langsam vorwärts zu bewegen. Seine Funktion war es, bis nahe an die Stadtmauer gebracht, den angreifenden Soldaten und den Rammböcken, die die Mauer zum Einsturz bringen sollten, Deckung zu geben und aus höherer Position die Verteidigung der Mauern unmöglich zu machen. Das Vorrücken des Turms wurde eindrucksvoll von Plutarch geschildert: „Dass er bei der Bewegung nicht schwankte, noch sich auf die Seite neigte, sondern aufrecht auf seiner Basis und unerschütterlich im Gleichgewicht mit lautem Knarren und Krachen herankam, erregte zugleich Bestürzung in den Herzen der Zuschauer und erfreute ihre Augen."

Auf der Seite von Rhodos hatte es zunächst eine Konkurrenz der Techniker gegeben; dort war Diognetos von der Stadt besoldeter Architekt und damit für die Verteidigung zuständig. Als jedoch Kallias, ein Architekt aus Arados, nach Rhodos kam und das Modell eines Krans vorführte, der einen sich nähernden Turm greifen und über die Mauer in die Stadt hinüberheben sollte, erhielt er das Amt des Diognetos. Kallias sah sich während der Belagerung von Rhodos aber außerstande, Abwehrmaßnahmen gegen die sich langsam der Stadt nähernde Helepolis des Epimachos zu treffen. Die Bevölkerung der Stadt wandte sich dann wiederum an Diognetos; dieser begegnete dem Turm mit einem einfachen Hilfsmittel. Er ließ, wie Vitruvius schreibt, „an der Stelle, an der die Annäherung des Belagerungsturms zu erwarten war, ein Loch in die Mauer brechen und ordnete an, dass alle insgesamt, öffentliche Amtsträger wie Privatleute, Wasser, Fäkalien und Schlamm, so viel jeder hätte, durch dieses Loch über vorgeschobene Rinnen vor die Mauer schütten sollten". Am nächsten Tag blieb der Turm im Morast, der sich gebildet hatte, stecken und konnte weder vorwärts noch rückwärts bewegt werden; Kampfkraft und Größe der Helepolis erwiesen sich in diesem Fall nicht als Vorteil. Demetrios Poliorketes sah sich genötigt, die Belagerung abzubrechen.

Seit der Erfindung und dem militärischen Einsatz von Katapulten und Belagerungsgeräten gewannen die Techniker wachsenden Einfluss auf die Entwicklung von Waffen; dies gilt gerade für das Torsionskatapult, dessen Konstruktion erhebliche Probleme aufwarf. Es hatte sich herausgestellt, dass einige Katapulte eine hohe Durchschlagskraft und große Reichweite besaßen, während andere sich als untauglich erwiesen; eine Ursache hierfür konnte zunächst nicht gefunden werden. In dieser Situation unternahmen die Ptolemäer, die griechischen Könige

Ägyptens, wahrscheinlich während der Vorbereitungen des Krieges gegen den Seleukidenherrscher Antiochos I., also um 275 v. Chr., alle Anstrengungen, um diese Schwierigkeiten zu überwinden. Durch eine großzügige finanzielle Unterstützung ermöglichten sie es den Mechanikern in Alexandria, lange Versuchsreihen mit Katapulten unterschiedlicher Größe durchzuführen und hinreichend Erfahrungen mit dieser Waffe zu sammeln. Gleichzeitig entwickelten die Techniker ein Konzept, um die Probleme bei der Konstruktion der Katapulte zu lösen: Es musste darum gehen, ein Modul zu finden, mit dessen Hilfe die jeweilige Größe der verschiedenen Geräteteile, insbesondere auch die Länge der Hebelarme, exakt festgelegt werden konnte; Ziel war es, Katapulte zu konstruieren, die eine optimale Durchschlagskraft und Reichweite für Steine eines bestimmten Gewichts erreichten. Als Modul diente der Durchmesser der Öffnung, in dem das Sehnenbündel befestigt war; die Relation zwischen diesem Durchmesser und dem Gewicht des Steines wurde in einer mathematischen Formel ($D = 1,1 \sqrt[3]{W}$, wobei D der Durchmesser in Daktylen, W das Gewicht des Steins in Drachmen ist) erfasst und in einer Tabelle für die verschiedenen Gewichte übersichtlich dargestellt. Damit war die Voraussetzung gegeben, um bei der Konstruktion eines Katapults den Durchmesser der Öffnung für das Sehnenbündel als Maßeinheit bei der Abmessung aller Teile zugrunde zu legen.

Die Entwicklung der Militärtechnik führte auch dazu, dass insbesondere die Waffentechnik und das Befestigungswesen zum Gegenstand der mechanischen Fachliteratur wurden und innerhalb der Mechanik neue Spezialdisziplinen entstanden. Ktesibios, der in der ersten Hälfte des 3. Jahrhunderts v. Chr. in Alexandria tätig war, stellte in seinem enzyklopädischen Werk zur Mechanik (*Hypomnemata*) die Katapulte ausführlich dar. Philon von Byzanz folgte im letzten Drittel desselben Jahrhunderts diesem Vorbild und untersuchte diese Waffen im vierten Buch seiner Darstellung der Mechanik (*mechaniké syntaxis*). Seitdem wurde dieses Gebiet der Mechanik als *„Belopoiike"* (von

„belos", Geschoss) bezeichnet. Ebenfalls im 3. Jahrhundert v. Chr. verfasste Biton eine Schrift, in der er Beschreibungen verschiedener Katapulte und Belagerungsgeräte gab. Charakteristisch für die erhaltenen Texte (Philon und Biton) ist die Tatsache, dass diese Autoren in vielen Fällen auf Geräte eingehen, die von anderen Technikern konstruiert worden waren. Es existierten in der griechischen Welt viele Informationen über den Stand der Militärtechnik. Wie Äußerungen bei Philon zeigen, suchten die Techniker, auch über die Grenzen von Städten und Königreichen hinweg, in einen intensiven Austausch ihrer Erfahrungen bei der Konstruktion von Belagerungsgeräten und Katapulten zu treten.

Neue Wege der Stadtplanung: Deinokrates

In der Zeit Alexanders des Großen kam es in der griechischen Gesellschaft und unter den griechischen Technikern zu einem bedeutsamen Wandel der Mentalität; im zivilen Bereich scheinen die technischen Planungen dieser Zeit keine Grenzen mehr zu akzeptieren, es wurde nicht mehr daran gezweifelt, dass die Menschen über die technischen Mittel verfügten, um alle ihre Vorstellungen zu realisieren. Diese Mentalität findet ihren vollendeten Ausdruck in einer Anekdote, die bei Vitruvius überliefert ist: Der Architekt Deinokrates, der durch sein exzentrisches Auftreten Aufsehen erregte, stellte Alexander ein grandioses Projekt mit folgenden Worten vor:
    „Ich bringe dir Pläne und Entwürfe, die deiner, erlauchter Herrscher, würdig sind.

Die von Deinokrates geplante Umgestaltung des Berges Athos in der Phantasie des 17. Jahrhunderts, Zeichnung von Pietro da Cortona, London

Ich habe nämlich dem Berg Athos die Form einer männlichen Statue gegeben, in deren linker Hand ich die Mauern einer sehr umfangreichen Stadt dargestellt habe, in deren Rechten ich eine Schale angebracht habe, die das Wasser aller Flüsse, die an diesem Berge fließen, auffangen soll, damit es sich von dort ins Meer ergießt."

Alexander war von dem Projekt beeindruckt, fragte aber, ob genügend Ackerland vorhanden sei, um die Stadt mit Getreide zu ernähren. Alexander versagte Deinokrates nicht die Anerkennung für den Entwurf, sondern kritisierte nur die Wahl des Ortes, der nicht geeignet war, eine größere Stadt mit Nahrungsmitteln zu versorgen. Für die Denkweise Alexanders ist es jedoch bezeichnend, dass er Deinokrates nicht etwa als bloßen Phantasten entließ, sondern ihn in seine Umgebung aufnahm und später mit der Planung der Stadt Alexandria beauftragte.

Die urbanistische Entwicklung Alexandrias entsprach der Vorstellungswelt der hellenistischen Zeit. Die Stadt lag auf einer Landenge zwischen dem Mittelmeer und dem Mareotissee, die Insel Pharos war der Stadt vorgelagert. Die natürliche Lage wurde durch den Bau eines Dammes, der die Insel Pharos mit dem Festland verband, vollständig verändert; es entstanden so westlich und östlich des Dammes zwei große Hafenbecken, Pharos wurde zu einem Stadtteil Alexandrias. Anders als im Ägäisraum, wo sich die Seeleu-te an hohen Bergen orientieren konnten, war die Küste bei Alexandria so flach, dass es schwierig war, die Stadt anzusteuern. Aus diesem Grund wurde auf Pharos ein hoher Leuchtturm errichtet, so dass Seefahrer die Stadt selbst bei Nacht von Ferne erkennen konnten.

Die Planung der Stadt Alexandria war in der Welt des Hellenismus keineswegs ein singulärer Vorgang. In dieser Epoche wurden zahlreiche Städte gegründet, wobei man technische Schwierigkeiten gering achtete und das Gelände vollständig umgestaltete. Der Ausbau von Pergamon, das auf einem schmalen Bergrücken mit steilen Hängen lag, zur Residenz der Attaliden ist hierfür ein charakteristisches Beispiel; als König Eumenes II. in der ersten Hälfte des 2. Jahrhunderts v. Chr. die Stadt in großem Stil erweitern ließ, wurden die notwendigen Flächen für die repräsentativen Bauten wie das Gymnasium und das Theater durch die Anlage weitflächiger Terrassen geschaffen, die durch gewaltige Stützmauern gesichert wurden; die natürliche Landschaft erhielt auf diese Weise völlig neue Konturen. Ein gravierendes Problem für Pergamon war der Mangel an Trinkwasser. Die hellenistischen Techniker waren jedoch in der Lage, die Wasserversorgung selbst dieser hochgelegenen Residenz zu sichern. Zu diesem Zweck wurde ein Wasservorkommen in einem etwa 40 Kilometer entfernt gelegenen Gebirge nördlich von Pergamon erschlossen und eine Leitung gebaut, die drei Kilometer vor Pergamon in einer Wasserkammer endete. An diesem Punkt lag die Leitung höher als der Burgberg von Pergamon; so war es möglich, durch die Ebene bis nach Pergamon eine drei Kilometer lange Druckrohrleitung zu bauen, die dann das Wasser auf den Burgberg leitete. Die archäologisch sehr gut erforschte Leitung kann ebenso wie die Leitung und der Tunnel des Eupalinos auf Samos als Meisterleistung der europäischen Ingenieurtechnik angesehen werden.

Der Koloss von Rhodos und die Sieben Weltwunder

Hellenistische Städte neigten dazu, durch unvergleichliche technische Leistungen den von ihnen beanspruchten politischen Rang und ihre wirtschaftlichen, kulturellen und technischen Kapazitäten demonstrativ zur Schau zu stellen, wobei technisches Können und prestigesteigernde Monumentalität eine enge Verbindung eingingen. So beschlossen die Rhodier, nachdem Demetrios Poliorketes die Belagerung der Stadt Rhodos abgebrochen hatte, im Hafen weithin sichtbar eine monumentale Statue des Helios zu errichten. Sie wurde aus dem Erlös des Verkaufs der Kriegsbeute finanziert und sollte für alle Zeiten an den Sieg über Demetrios erinnern.

Den Auftrag, diese Statue zu errichten, erhielt der Bronzegießer und Bildhauer Chares aus Lindos, der eine über 30 Meter hohe Statue schuf. Während man die monumentalen Statuen der klassischen Zeit, etwa die Athena-Statue im Parthenon in Athen, nicht im Bronzegussverfahren hergestellt hatte, sondern aus einzelnen Gold- und Elfenbeinplatten, die man an einem Gerüst aus Holz befestigte, unternahm Chares den Versuch, auch für die riesenhafte Helios-Statue das Bronzegussverfahren anzuwenden und das Monument direkt am Ort seiner Aufstellung zu gießen.

Ohne Zweifel stellte der Guss einer derart großen Statue eine technische Herausforderung ersten Ranges dar und verlangte die Anwendung neuer Verfahren. Welches Wagnis Chares einging, demonstriert der Vergleich mit monumentalen Statuen der Neuzeit: Sowohl das etwa neun Meter hohe Bildnis des Herkules in Wilhelmshöhe bei Kassel als auch die Quadriga auf dem Brandenburger Tor in Berlin wurden nicht gegossen, sondern aus getriebenen Bronzeblechen zusammengefügt. Da es unmöglich war, für eine Skulptur von den Ausmaßen der Helios-Statue eine Form zu schaffen oder aber die Skulptur aus einzeln gegossenen Teilen zusammenzusetzen, wählte Chares ein anderes Verfahren: Zuerst errichtete er die Füße bis zu den Knöcheln, anschließend wurde direkt auf dem schon fertigen Teil der nächste Abschnitt der Statue in eine neue Form gegossen. Dabei sicherte man die Statue durch ringsum aufgehäuften Erdaushub, so dass der fertige Teil der Statue unsichtbar im Erdreich stand. Zudem wurde die Statue durch ein Innengerüst aus Eisen und schweren Steinen stabilisiert. Einen Eindruck, wie der Koloss wohl ausgesehen haben mag, vermittelt vielleicht eine kleine Bronzestatuette des Helios, die in Gallien gefunden wurde.

Doch waren die tektonischen Gegebenheiten des Mittelmeerraumes solchen Unternehmungen wie der Errichtung des Kolosses nicht günstig; im Jahre 226 v. Chr. ließ ein schweres Erdbeben in der östlichen Ägäis die Statue an den Knien abbrechen und zusammenstürzen. Die Rhodier verzichteten darauf, sie wiederherzustellen, und ließen die zerbrochenen Teile am Ort liegen. Diese Reste waren immer noch eindrucksvoll und wurden in der Antike bewundert, wie aus der Beschreibung bei Plinius hervorgeht:

„Vor allem aber bewunderungswürdig war der Colossus des Sonnengottes zu Rhodus, den Chares aus Lindos … gefertigt hatte. Dieses Bildwerk war 70 Ellen hoch. Es wurde 66 Jahre später durch ein Erdbeben umgestürzt, erregt aber auch liegend Staunen. Nur wenige können seinen Daumen umfassen, seine Finger sind größer als die meisten Standbilder. Weite Höhlungen klaffen in den zerbrochenen Gliedern; innen sieht man große Steinmassen, durch deren Gewicht der Künstler der Statue beim Aufstellen festen Stand gegeben hatte."

Helios, Statuette, Paris

Die Bauwerke und monumentalen Skulpturen der hellenistischen Zeit erregten in der Öffentlichkeit großes Aufsehen, sie wurden von Dichtern gerühmt, und schließlich wurden Kataloge von den bewundernswerten Werken zusammengestellt, wobei auch die älteren Monumente des Alten Orients Berücksichtigung fanden. So existierte bereits im Hellenismus die Liste der Sieben Weltwunder, wie das Epigramm des Antipatros von Sidon zeigt: „Babylons ragende Stadt, ich sah sie mit Mauern, auf denen

Wagen fahren, ich hab' Zeus am Alpheios gesehen,
sah des Helios Riesenkoloss und die hängenden Gärten,
auch den gewaltigen Bau der Pyramiden am Nil
und des Mausolos mächtiges Mal;
doch als ich dann endlich Artemis' Tempel erblickt, der in die Wolken sich hebt,
blasste das andre dahin. Ich sagte: ‚Hat Helios' Auge
außer dem hohen Olymp je etwas Gleiches gesehn?'"

Königliche Repräsentation und Automatentechnik

Im Raum monarchischer Repräsentation entwickelte sich zudem die Automatentechnik, die in der Technikhistorie oft als Spielerei unterschätzt worden ist, die aber in Wirklichkeit das große Experimentierfeld der hellenistischen Technik war. Wie in der Waffentechnik waren auch auf diesem Gebiet die Mechaniker in Alexandria führend. Wie die bedeutenden Philologen waren die Mechaniker am Museion tätig, einer großen Bibliothek, in der das Wissen der antiken Welt gesammelt wurde. Dort konnten sie sich der Forschung widmen, hatten für die Ptolemäer jedoch auch Auftragsarbeiten zu erledigen. Dazu gehörten die Automaten, die in den Festzügen mitgeführt oder bei Symposien den Gästen präsentiert wurden. So berichtet Kallixeinos von Rhodos, dass in einem großen Festzug des Ptolemaios II. Philadelphos in Alexandria eine Figur der sitzenden Nysa,

der Amme des Dionysos, auf einem Wagen gezeigt wurde. Das mit Gewändern versehene Bildnis „konnte auf mechanische Weise aufstehen, ohne dass jemand Hand anlegte, und nachdem es Milch aus einer goldenen Schale gespendet hatte, setzte es sich wieder". Die Mechaniker in Alexandria waren unter Ptolemaios II. Philadelphos, der von 282 bis 246 v. Chr. regierte, folglich in der Lage, Automaten herzustellen, die sich aufgrund eines verborgenen Mechanismus zu bewegen vermochten.

Die im hellenistischen Alexandria konstruierten Automaten werden in den Schriften Herons (1. Jahrhundert n. Chr.) mit großer Detailgenauigkeit beschrieben. Bei Automaten, die bei Symposien vorgeführt wurden, kam es darauf an, einen Überraschungseffekt bei den Zuschauern auszulösen. Es durfte nicht der Eindruck der Manipulation durch Menschen entstehen, weswegen die Automaten in der Regel zu klein waren, um von einem verborgenen Menschen bewegt und gesteuert zu werden. Als Antrieb diente der Gewichtszug: An einem Ende einer Schnur, die über eine Rolle geführt wurde und an dem anderen Ende um eine Achse gewickelt war, hing ein Gewicht. Wenn sich dieses senkte, versetzte es die Achse und zugleich die an dieser befestigten Räder in eine Drehung. Die Bewegung des Gewichtes wurde dadurch gebremst, dass es in einem Kasten auf feinkörnigem Material aufruhte, das durch eine Öffnung langsam nach unten rieselte. Es waren auch komplizierte Mechanismen möglich, so dass ein solcher Automat sich vorwärts und rückwärts bewegen konnte.

Diese Automatentechnik wurde beim Automatentheater dazu genutzt, mit bewegten Figuren Szenen aus dem Mythos vorzuführen. Auch hier finden sich bemerkenswerte technische Erfindungen: In einer Szene der Geschichte von Nauplios wird dargestellt, wie die Griechen ihre Schiffe reparierten; dabei erscheint ein Zimmermann, der mit dem Hammer arbeitet. Da mit dem Gewichtszug nur eine Rotationsbewegung hervorgerufen werden konnte, war für diese Figur ein komplizierter Transmissionsmechanismus notwendig. Der Arm des Zimmermanns war durch eine Achse mit einem drehbaren

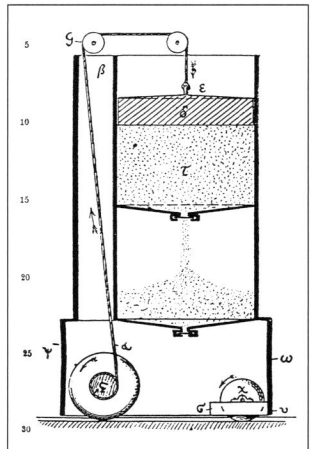

Konstruktion eines fahrbaren Automaten, Zeichnung, 1899

52

Balken hinter der Kulisse verbunden. Die Zähne eines Sternrades, das durch ein Gewicht in eine Umdrehung versetzt wurde, drückten diesen Balken an dem einen Ende herunter, damit wurde zugleich das andere Ende nach oben bewegt; drehte sich das Sternrad, das hier die Funktion einer Nockenwelle besaß, weiter, ließ es den Balken los, so dass dieser wiederum in die Ausgangslage zurückkehrte. Durch die Übertragung dieser ständig wiederholten Bewegung auf den Arm des Zimmermanns musste es für Zuschauer so aussehen, als ob eifrig gehämmert wurde.

Die alexandrinischen Mechaniker haben mit diesen Automaten technische Prinzipien entwickelt, die weit in die Zukunft wiesen. Der Antrieb durch den Zug eines Gewichtes etwa war im Mittelalter grundlegend für die Funktion der mechanischen Uhr, und der Transmissionsmechanismus im Automatentheater, der dem Prinzip der Nockenwelle entspricht, wandelte eine Rotationsbewegung in eine hin- und hergehende Bewegung um, ein Prinzip, das im Mittelalter auf vielfache Weise im Gewerbe genutzt wurde.

Persönlichkeit und Kreativität antiker Techniker: Ktesibios und Archimedes

Obgleich antike Biographien für den Bereich der hellenistischen Technik vollständig fehlen, finden sich doch zahlreiche Bemerkungen und Hinweise zum Leben und zu den Erfindungen einzelner Techniker. Im Hellenismus wurde nicht nur die Technik bewundert, sondern auch der Techniker beachtet und mit Erfindungen in Verbindung gebracht; einzelne Anekdoten und Geschichten sollten die Vorstellungen, die Erfindungsgabe und die Kreativität der Techniker exemplarisch demonstrieren. Zudem sind verschiedene Texte der technologischen Fachliteratur überliefert oder aber ihr Inhalt wird in späteren Schriften wiedergegeben. Dies zusammen macht es möglich, einzelne Persönlichkeiten, die auf Gebieten der Technik tätig waren, näher zu charakterisieren.

Unter den Technikern des Hellenismus sind zwei herausragende Persönlichkeiten zu nennen, Ktesibios und Archimedes. Die Schriften des Ktesibios sind verloren, auch existieren über seine Lebenszeit in der antiken Literatur unterschiedliche Angaben. Das gab sogar zu Spekulationen Anlass, es habe zwei Techniker dieses Namens im ptolemäischen Ägypten gegeben. Heute herrscht jedoch Übereinstimmung, dass Ktesibios unter Ptolemaios II. und Ptolemaios III. im 3. Jahrhundert v. Chr. gelebt und gearbeitet hat. Seine Schriften wurden in der Antike von verschiedenen Autoren verwendet, so von Vitruvius und von Heron; damit kann ein Überblick über das Werk des Ktesibios gegeben werden.

Es ist signifikant, dass Vitruvius berichtet, wie der junge Ktesibios dazu kam, neu entdeckte physikalische Gesetzmäßigkeiten für technische Apparaturen zu nutzen: Als Sohn eines Barbiers in Alexandria versuchte er eine Vorrichtung zu konstruieren, die es möglich machen sollte, einen Spiegel in der Barbierstube seines Vaters ohne großen Kraftaufwand hoch- und herunterzuziehen. Zu diesem Zweck arbeitete er mit einer Bleikugel als Gegengewicht, die sich in einer Röhre auf- und abwärts bewegte. Dabei soll ein Phänomen aufgetaucht sein, dass Ktesibios und die antiken Techniker nach ihm über Jahrhunderte beschäftigen sollte: Wenn die Kugel in der Röhre schnell bewegt wurde, gab die entweichende Luft einen Ton von sich. Die Luft und ihre Eigenschaften wurden zum Gegenstand einer neuen technischen Disziplin, der Pneumatik. Ein weiteres Element, das in der neuen Disziplin eine Rolle spielt, ist das Wasser, und damit finden auch die Prinzipien der Hydraulik in der Technik eine erste Anwendung: Mit Hilfe von Wasser kann man Luft komprimieren und auf diese Weise verschiedenartige Ef-

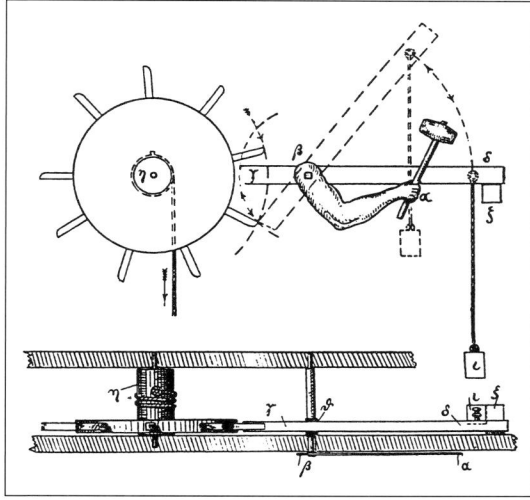

Mechanismus einer bewegten Figur im Automatentheater, Zeichnung, 1899

fekte erzielen. Mehrere von Ktesibios entwickelte Instrumente sind bei Vitruvius dargestellt, so die Wasserorgel (*hydraulis*), bei der mit Hilfe von Pumpen und einer mit Wasser gefüllten Druckkammer ein kontinuierlicher Luftstrom erzeugt wurde, der durch Flöten hindurchgeleitet wurde. Da die Flöten mit einem Tastenmechanismus geöffnet oder geschlossen werden konnten, war es möglich, mit diesem Instrument eine einfache Melodie zu spielen. Als „*Ctesibica machina*" bezeichnet Vitruvius eine Doppelkolbenpumpe zum Heben von Wasser in kontinuierlichem Fluss. Schon Heron im 1. Jahrhundert n. Chr. erwähnt den Einsatz dieser Spritze zur Brandbekämpfung, eine Funktion, die das Gerät bis in die Frühe Neuzeit besaß. Ferner konstruierte Ktesibios eine neuartige Wasseruhr. Sie verfügte über einen Mechanismus, der einen gleichmäßigen Zufluss garantieren sollte. Damit brachte Ktesibios die Entwicklung der antiken Uhren entschieden voran.

Die Prinzipien der Pneumatik wurden schließlich auch beim Automatenbau eingesetzt. Es entstanden Automaten, die den Luftdruck nutzten, um Töne oder Bewegungen zu erzeugen; unter den in den Schriften zur Pneumatik erwähnten Automaten finden sich zum Beispiel etwa Apparate mit Vogelfiguren, die zur Überraschung der Anwesenden plötzlich anfingen zu singen. Im Bereich der Pneumatik verband sich die Technik eng mit der Naturforschung; Voraussetzung aller beschriebenen Geräte ist eine klare Vorstellung von den Eigenschaften der Luft und des Wassers. So wurde der stoffliche Charakter von Luft ebenso nachgewiesen wie die Möglichkeit, Luft zu komprimieren oder durch Absaugen von Luft ein Vakuum zu schaffen.

Der wohl bekannteste Techniker der Antike, Archimedes, stammte aus Syrakus, besuchte aber als junger Mann Alexandria und blieb seit seiner Rückkehr nach Sizilien mit den alexandrinischen Gelehrten in einem brieflichen Meinungsaustausch. Ohne Zweifel war das Forschungsinteresse des Archimedes primär auf die Mathematik gerichtet, aber er verweigerte sich nicht der Aufgabe, für Hieron, den Herrscher

von Syrakus, mechanische Geräte für verschiedene Zwecke zu konstruieren. Berühmt wurde Archimedes vor allem durch die Verteidigung seiner Heimatstadt gegen die Römer, die Syrakus belagerten, nachdem der Nachfolger Hierons, ein junger Mann ohne politische Erfahrungen, im Zweiten Punischen Krieg die Seite gewechselt hatte.

In dieser Situation übernahm Archimedes die Rolle des Architekten, der souverän die von ihm gebauten Kriegsgeräte einsetzte, um die Angriffe der Belagerer abzuwehren. Ein eindrucksvoller Bericht findet sich bei Plutarch in der Biographie des Marcellus:

„Wie nun die Römer von beiden Seiten angriffen, herrschte bei den Syrakusern Schrecken und angstvolles Schweigen, weil sie glaubten, dass nichts einer solchen Macht und Gewalt widerstehen werde. Als aber jetzt Archimedes seine Kriegsgeräte spielen ließ, da schlugen den Angreifern auf der Landseite Geschosse verschiedenster Art entgegen und Steine von gewaltiger Größe, die mit furchtbarem Sausen und unglaublicher Geschwindigkeit niederfuhren und, weil nichts vor ihrer Wucht zu schützen vermochte, die Getroffenen in dichter Masse niederwarfen und ihre Reihen zerrissen; und zugleich erhoben sich gegen die Schiffe über der Mauer plötzlich Krane, die entweder schwere Lasten von oben auf sie niederfallen ließen und sie so in die Tiefe versenkten, oder sie mit eisernen Händen oder Haken in Form von Kranichschnäbeln am Bug erfassten, hochhoben und senkrecht, das Heck voran, ins Meer stürzten, oder sie mit starken Trossen, die innen angezogen und aufgerollt wurden, gegen die unter den Mauern emporragenden Felsen und Klippen schmetterten, so dass sie unter starken Verlusten unter der Besatzung in Stücke gingen."
Und tatsächlich waren die Römer nicht in der Lage, Syrakus mit den üblichen militärischen Mitteln zu erobern – nur durch Verrat gelang es ihnen, die Stadt

einzunehmen. Als die Legionen in Syrakus eindrangen, wurde Archimedes von einem römischen Soldaten umgebracht. Sein Tod wurde zum Anlass einer Anekdote, die Plutarch erzählt: Archimedes „war gerade dabei, eine mathematische Figur zu betrachten, und mit Augen und Sinnen ganz in die Aufgabe vertieft, bemerkte er gar nicht den Einbruch der Römer und die Eroberung der Stadt. Als da plötzlich ein Soldat zu ihm trat und ihm befahl, zu Marcellus mitzukommen, wollte er das nicht, bevor er die Aufgabe gelöst und zum Beweise geführt hätte. Da wurde der Soldat wütend, zog sein Schwert und schlug ihn tot.“

Die technischen Leistungen des Archimedes beschränkten sich aber keineswegs auf den Bau von Geräten und Katapulten zur Verteidigung von Syrakus. Eine der größten Errungenschaften der vorindustriellen Technik und zugleich eine der nützlichsten Erfindungen der Antike insgesamt war die Archimedische Schraube, ein Wasserhebegerät, dessen Konstruktion in der antiken Literatur ausnahmslos Archimedes zugeschrieben wird. Bei diesem Gerät handelt es sich um einen runden Balken, um den spiralförmig Holzleisten befestigt wurden. Diese wurden mit schmalen Latten abgedeckt, so dass eine Röhre entstand. In den Kammern dieser Röhre konnte Wasser gehoben werden, wenn die schräg gestellte Schraube gedreht wurde. Effizient arbeitete die Schraube nur bei einer geringen Neigung, aber sie war hervorragend geeignet für die Bewässerung in Ägypten, wo Wasser meist nur über eine geringe Höhe in einen Kanal geleitet werden musste. Gerade im Nildelta wurde die Archimedische Schraube bereits im Hellenismus massenhaft zur Bewässerung eingesetzt. Von eminenter wirtschaftlicher Bedeutung war eine andere Verwendung dieses Geräts: In den römischen Bergwerken in Spanien wurden mehrere Schrauben hintereinander zur Wasserhaltung verwendet; auf diese Weise konnte in den Minen, in denen das Edelmetall für die römische Münzprägung abgebaut wurde, unterhalb des Grundwasserspiegels gearbeitet werden. Der griechische Historiker Diodoros spricht bewundernd davon, dass

ganze Ströme von Wasser aus den römischen Bergwerken geflossen seien. Bis in die Gegenwart wurde die Archimedische Schraube bei der Feldbewässerung verwendet. Als Förderschnecke dient sie noch heute zur Förderung von Trockengut.

Archimedes besaß auch eine klare Einsicht in die Wirkung einer Kombination von Rollen: Der aus mehreren Rollen bestehende Flaschenzug bewirkt eine erhebliche Kraftersparnis; aufgrund dieser Erkenntnis soll Archimedes selbstbewusst Hieron gegenüber behauptet haben, es sei möglich, mit einer gegebenen Kraft eine gegebene Last zu bewegen. Als Hieron ihn aufforderte, den Beweis hierfür anzutreten, ließ Archimedes, wie Plutarch erzählt, „in einem königlichen Dreimaster, der mit vieler Mühe und von vielen Händen aufs Land gezogen worden war, eine starke Bemannung Platz nehmen und ihn mit der üblichen Fracht beladen und zog ihn dann selbst, weitab sitzend, an sich heran, indem er ohne Hast, nur sacht mit der Hand am Ende eines Flaschenzuges zog, so dass das Schiff ruhig und ohne Schwanken auf ihn zukam, als führe es durch die See.“ Gerade im Zusammenhang mit der Kombination von Rollen äußerte Archimedes im Vertrauen auf die unbegrenzten Möglichkeiten der Mechanik, „wenn er, Archimedes, eine andere Erde zur Verfügung hätte, so würde er auf sie hinübergehen und von ihr aus unsere Erde in Bewegung setzen.“

Archimedische Schraube aus einem römischen Bergwerk in Spanien

Der Alltag der Techniker: Das Beispiel des Kleon

Angesichts dieser spektakulären Begebenheiten und technischen Leistungen sollte nicht übersehen werden, dass die antike Zivilisation in steigendem Maße auf der Tätigkeit von Technikern beruhte. In Ägypten waren Techniker routinemäßig für die Bewässerung im Niltal zuständig, sie legten neue Kanäle an, waren aber gleichzeitig für die Instandhaltung bestehender Bewässerungsanlagen verantwortlich. Durch eine Reihe von Papyri ist etwa der Architekt Kleon im ptolemäischen Ägypten bezeugt. Er beaufsichtigte den Bau neuer Bewässerungsanlagen im Fayum, wo unter Ptolemaios II. große Flächen für die Landwirtschaft erschlossen wurden. Außerdem war er auch für die Instandhaltung aller Anlagen, insbesondere für die Reinigung der Kanäle und die Sicherung der Deiche in dem Verwaltungsbezirk Arsinoitis zuständig. Ein Techniker wie Kleon hatte Zugang zum König, seine Einkünfte beliefen sich einschließlich der Zuwendungen für Lebensmittel auf rund 5.000 Drachmen im Jahr, was etwa dem Jahreseinkommen von 15 Handwerkern entsprach. Die Tätigkeit eines solches Technikers war allerdings auch erheblichen Belastungen und Risiken ausgesetzt; als König Ptolemaios II. um 252 v. Chr. auf einer Inspektionsreise feststellte, dass Bewässerungsanlagen im Dorf Ptolemais anders als geplant noch nicht fertig gestellt waren, entzog er Kleon sein Wohlwollen, der daraufhin vermutlich seine Position aufgeben musste. Einer der Söhne Kleons war zum Vermessungstechniker ausgebildet worden, ein anderer Sohn schrieb seinem Vater während der Probleme mit dem König einen feinfühligen Brief, in dem er ihm Hilfe anbot. In solchen Dokumenten spiegelt sich die Lebenswelt der Techniker vielleicht besser und anschaulicher wider als in den Anekdoten und Berichten über Größen wie Archimedes.

Technik und Techniker im Imperium Romanum

Technik im Dienste allgemeiner Wohlfahrt, Sicherheit und Hygiene

Kaum ein Text erfasst so gut das römische Technikverständnis wie die Einleitung der Schrift des Frontinus über die Wasserver-
sorgung der Stadt Rom, denn hier wird die Bedeutung der *cura aquarum*, des Amtes für die Wasserversorgung, mit ihrer Funktion für die Bedürfnisse der Bevölkerung, für die Hygiene und für die Sicherheit der Stadt (*ad usum, tum ad salubritatem atque etiam securitatem urbis*) begründet. Die Technik diente der Bevölkerung und dem politischen System, und mit dieser Zielsetzung schufen die Römer das Netz der Fernstraßen, die Anlagen für die Wasserversorgung sowie den Schutz vor Hochwasser und Häfen sowie Kanäle; dabei entstand gleichzeitig auch eine ästhetische Wahrnehmung solcher Anlagen, die auch der Norm der Schönheit zu entsprechen hatten und oft repräsentativ ausgestaltet wurden. Bereits in der Zeit der römischen Republik konnte Cicero das technische Handeln der Menschen in folgender Weise rühmen:

> „Ebenso hat der Mensch die völlige Herrschaft über alle Güter der Erde; wir ziehen Nutzen aus ebenem und bergigem Gelände, uns gehören die Flüsse und Seen, wir säen Getreide und pflanzen Bäume; wir leiten Wasser auf unsere Ländereien und machen sie dadurch fruchtbar, wir dämmen Flüsse ein, bestimmen ihren Lauf und leiten sie ab, ja wir versuchen mit unseren Händen inmitten der Natur gleichsam eine zweite Natur zu schaffen.“

Obwohl die Römer in verschiedenen Bereichen der Technik eigene Akzente setzten und bei der Realisierung technischer Planungen anderen Vorstellungen als die Griechen folgten, stehen sie doch auch in der Tradition der griechischen Techniker. Die Schriften der griechischen Mechaniker und Architekten waren den Römern zugänglich, die an die Erkenntnisse der Griechen anknüpften und in einigen Bereichen weitere Fortschritte erzielten. Dabei ist auffallend, dass technisches Handeln nun zunehmend zur Routine wurde. Bedeutende Leistungen wurden vollbracht, ohne dass Erfinder oder Architekten namentlich genannt wurden; einzelne Architekten werden von Historikern nur deswegen erwähnt, weil sie besonders eng mit einem Princeps zusammenarbeiteten.

Der Ausbau der Infrastruktur: Verkehrswege, Häfen und Wasserleitungen

Ein wichtiges Tätigkeitsfeld römischer Techniker war der Ausbau der Infrastruktur, der unter dem Prinzipat entschieden vorangetrieben wurde. Nur in wenigen Fällen sind die Architekten dieser Bauwerke bekannt. Die archäologischen Überreste und die Erwähnungen in der antiken Literatur bezeugen aber das außerordentliche Können dieser Techniker, die oft ganze Landschaften umgestalteten, um Verkehrsverbindungen zu schaffen oder aber Wasser in die Städte zu leiten. Einige Beispiele sollen hier genügen, um das Wirken dieser Architekten zu charakterisieren.

Als M. Agrippa, der römische Politiker, der wesentlichen Anteil daran hatte, dass Augustus seine Macht festigen konnte, 37 v. Chr. den Krieg gegen Sextus Pompeius vorbereitete, ließ er die Region um den Averner See und den Lucriner See am Golf von Neapel zu einer großen Marinebasis ausbauen. Im Zuge der Realisierung dieser Projekte wurden neue Straßenverbindungen geschaffen, indem lange Straßentunnel zwischen Cumae und dem neuen Hafen und zwischen Puteoli und Neapel angelegt wurden. Der Architekt, der die Arbeiten leitete, ist literarisch und epigraphisch bezeugt: Es war L. Cocceius Auctus, ein Freigelassener. In augusteischer Zeit erhielt Puteoli (Dikaiarcheia/heute Pozzuoli) eine monumentale Hafenmole, durch die überhaupt erst ein sicheres Hafenbecken für Hochseeschiffe an der Westküste Mittelitaliens geschaffen wurde, ein Bau, den der Dichter ähnlich wie die Sieben Weltwunder rühmte:

> „Dikaiarcheia, sag an: Wozu diese Mole? Gewaltig
> reckt sie ins Meer sich und greift bis in die Mitte der See.
> Waren's kyklopische Fäuste, die dieses Gemäuer in Meeres
> Fluten erbauten? Wie weit drängst du mich, Erde, zurück? –
> ,Fassen muss ich die Flotte der Welt. Sieh drüben dir Rom an:

Der Hafen an der Tibermündung, Münze der Zeit Neros

> Glaubst du, ich habe den Port, der seinen Maßen genügt?'"

Eine noch größere und schwerer zu lösende Aufgabe stellte schließlich Kaiser Claudius seinen Architekten: Um die Getreideversorgung Roms zu sichern, befahl er nach einer Getreideknappheit in der Stadt, an der Tibermündung einen Hafen anzulegen. Das Gebiet war für diesen Zweck vollständig ungeeignet, und die Architekten hielten dieses Vorhaben für undurchführbar. Claudius beharrte aber auf seinem Plan, und so wurde unmittelbar nördlich der Tibermündung ein großes Hafenbecken geschaffen, indem einerseits an der Küste ein großes Gelände tief ausgeschachtet und dann geflutet und andererseits eine monumentale Mole weit in das Meer hinausgebaut wurde. Am Eingang wurde als Wellenbrecher eine künstliche Insel angelegt, auf der man nach dem Vorbild von Alexandria einen Leuchtturm errichtete. Die Architekten dieser Unternehmung sind unbekannt, anders als die Techniker, die etwa 20 Jahre später für Nero tätig waren. Ihre Planungen besaßen völlig neue Dimensionen und waren mit den technischen Mitteln der Antike wohl kaum zu realisieren. Severus und Celer, die nach dem Brand Roms 64 n. Chr. auch den neuen Palast Neros in Rom, die „domus aurea", errichteten, hatten den Bau eines Kanals vom Averner See zur Tibermündung begonnen; auf diese Weise sollte Rom durch einen Binnenschifffahrtsweg mit dem Golf von Neapel verbunden werden. Ein weiterer Kanal war durch den Isthmus von Korinth geplant, damit die als gefährlich geltende Fahrt um Kap Malea im Süden der Peloponnes vermieden werden könnte. Als Arbeitskräfte für die Erdarbeiten setzte man jüdische Kriegsgefangene ein. Nach dem Selbstmord Neros wurden jedoch die Arbeiten an beiden Kanalprojekten eingestellt.

Apollodoros von Damaskus, der unter Traianus tätig war, galt als genialer Techniker und Architekt zugleich. Eine technische Meisterleistung vollbrachte Apollodoros, als er während der militärischen Operationen gegen die Daker eine Brücke unterhalb des Eisernen Tores bei Drobeta über die Donau errichten ließ.

Apollodoros, Portraitbüste, München, 110–120 n. Chr.

Brücke über die Donau, die zweite Person von rechts ist wahrscheinlich der Architekt Apollodoros, Relief an der Trajanssäule, Rom, 113 n. Chr.

Trajansforum, Rom, 1. Jahrzehnt des 2. Jahrhunderts n. Chr.

Der griechisch schreibende Historiker und römische Konsul Cassius Dio hat diese über 1.000 Meter lange Brücke bewundert und in seinem Geschichtswerk beschrieben: Sie besaß 20 große Pfeiler aus Stein, die Brückenkonstruktion selbst bestand aus einem Holzgerüst mit Bögen, die eine Weite von zirka 50 Metern hatten. Aus einer Bemerkung von Prokopios geht hervor, dass Apollodoros eine Schrift über den Bau der Brücke veröffentlichte. Apollodoros war auch der Architekt des Trajansforums in Rom, einer monumentalen Anlage, die aus den Beutegeldern des Dakerkrieges finanziert wurde und die nach Meinung des Ammianus Marcellinus, eines spätantiken Historikers, „selbst die Götter als Wunder gelten lassen müssen". Es handelte sich ebenfalls um eine technisch aufwendige Unternehmung. Um Platz für das weiträumige Forum und die zugehörigen Märkte zu schaffen, musste ein Bergrücken zwischen Quirinal und Capitol abgetragen werden. Die Trajanssäule hatte die Funktion, zu zeigen, bis zu welcher Höhe der Bergrücken ehemals

reichte; eine Inschrift an der Basis der Säule verdeutlicht diesen Zusammenhang. Es ist beachtenswert, dass die Donaubrücke auf den Reliefs der Säule detailreich abgebildet ist. Die Säule diente also auch dem Zweck, das Werk des Architekten der römischen Öffentlichkeit zu präsentieren; auf dem Bildfeld mit der Brücke erscheint Apollodoros in der Umgebung des Traianus – eine außergewöhnliche Ehre für den Techniker.

Die große Halle in den Trajansmärkten besitzt ein weites Gewölbe aus *opus caementicium*, einem Baustoff, der dem modernen Beton nahe kommt: er bestand zum Teil aus Puteolanerde, aus einer Erde vulkanischen Ursprungs, konnte in eine Verschalung gegossen werden und erlangte nach dem Trocknen eine solche Festigkeit, dass die Verschalung entfernt werden konnte. Auf diese Weise war es möglich geworden, selbst große Innenräume mit einem Gewölbe oder einer Kuppel zu versehen. Mit welcher Souveränität die römischen Architekten zur Zeit des Apollodoros dieses Material verwendeten, um eine völlig neuartige, geradezu revolutionäre Raumarchitektur zu schaffen, zeigt vor allem das unter Hadrianus errichtete Pantheon mit seiner monumentalen Kuppel, die mit einem Durchmesser von 43,30 Metern spätere Kuppeln wie die des Domes in Florenz (42,20 Meter), des Petersdomes in Rom (42 Meter) oder von St. Paul in London (30,80 Meter) an Größe übertraf.

Die Neigung von Architekten und Technikern, ihren Namen zu nennen und selbstbewusst auf ihre Werke hinzuweisen, hat dazu geführt, dass eine der schönsten und großartigsten Brücken der römischen Welt einem Architekten zugewiesen werden kann. An der Brücke von Alcantara in Spanien befanden sich mehrere Inschriften, darunter zwei Epigramme, die den Wunsch des Architekten C. Julius Lacer Ausdruck verleihen, dass dieses Bauwerk ewig bestehen möge. Das ausgeprägte Selbstbewusstsein war für solche Techniker durchaus mit hohen Risiken verbunden: Als Apollodoros die Bauzeichnungen des Hadrianus für den Tempel der Venus und Roma freimütig kritisierte

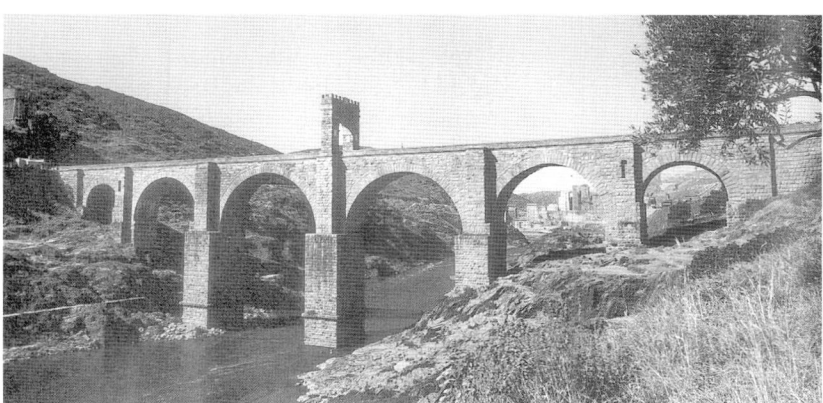

Links oben:
Basis der Trajanssäule, Rom, 113 n. Chr.

Links unten:
Trajansmärkte, Rom, 1. Jahrzehnt des
2. Jahrhunderts n. Chr.

Rechts oben:
Kuppel des Pantheon, Rom, 118–128 n. Chr.

Rechts mitte:
Römische Brücke über den Tagus in Spanien,
Alcántara, 106 n. Chr.

Rechts unten:
Die Wasserleitung von Nîmes, Karte

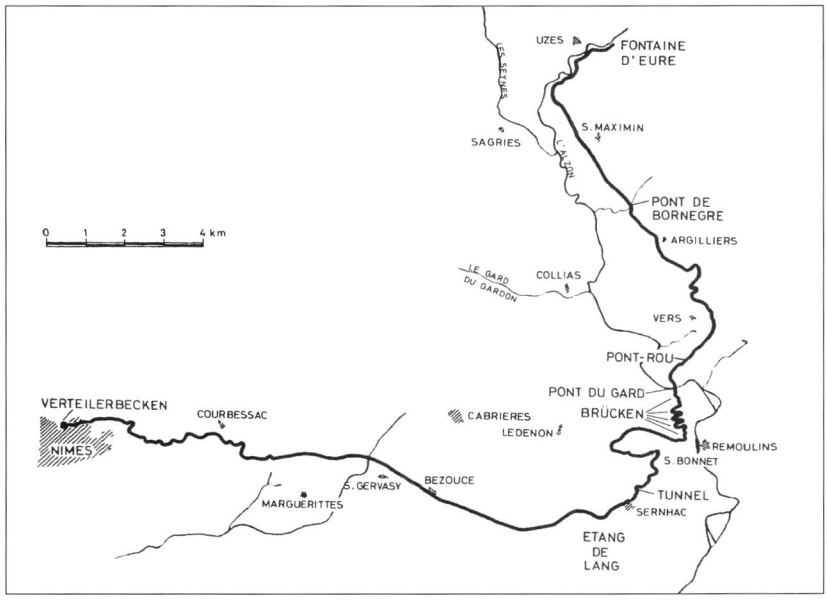

59

Pont du Gard, römischer
Aquädukt, Nîmes

und Verbesserungsvorschläge machte, zog er sich den Zorn des Princeps zu, der den genialen Techniker und Architekten – so wurde behauptet – später aus verletzter Eitelkeit umbringen ließ.

Neben den Straßen, Brücken und Häfen galt die besondere Aufmerksamkeit der Römer der Wasserversorgung. Bereits in der Zeit der Republik wurde Wasser über Entfernungen von mehr als 60 Kilometern durch abgedeckte Freispiegelkanäle nach Rom geleitet; diese Wasserleitungen wurden teilweise in gebirgigem Gelände gebaut. Dazu war es notwendig, Täler zu überbrücken und Tunnelstrecken anzulegen. In der Ebene vor Rom wurden etwa zehn Kilometer lange Bogenbrücken errichtet, um das Wasser in möglichst großer Höhe in die Stadt zu leiten. Die Verteilung des Wassers auf die verschiedenen Stadtviertel und die Installation von zahlreichen Laufbrunnen war eine überaus anspruchsvolle technische Aufgabe.

Nicht allein Rom erhielt solche Wasserleitungen, viele Städte in den Provinzen folgten dem Beispiel der Hauptstadt des Imperium Romanum; exemplarisch soll hier nur die Stadt Nemausus (heute Nîmes) erwähnt werden. Für die wachsende Stadt wurden Wasservorkommen im Norden der Stadt erschlossen; man hat das Wasser durch einen über 45 Kilometer langen Freispiegelkanal nach Nîmes geleitet; das Tal des Gard wurde dabei durch eine Bogenbrücke, den Pont du Gard, mit drei großen Bogenreihen überbrückt, der mit Steinplatten abgedeckte Kanal befindet sich auf der obersten Bogenreihe.

Das noch heute existierende Bauwerk fand die Bewunderung von Rousseau, der sich in seinen „Confessions" enthusiastisch äußerte:

„Es war das erste Bauwerk, das ich sah. Ich erwartete, ein Denkmal zu sehen, würdig der Hände, die es erbaut hatten. Doch dieses Werk übertraf meine Erwartung; und das war das einzige Mal in meinem Leben. Nur die Römer vermochten diese Wirkung hervorzubringen. Der Anblick dieses einfachen und edlen Werkes machte auf mich umso mehr Eindruck, als es mitten in einer Einöde liegt, wo Schweigen und Einsamkeit den Gegenstand bedeutender und die Bewunderung lebhafter machen, denn die angebliche Brücke war nur ein Aquädukt. Man fragt sich, welche Kraft diese ungeheuren Steine, so fern von jedem Steinbruch, hierher gebracht und die Arme so vieler Tausender Menschen an einem Ort, wo niemand wohnt, vereinigt hat. Ich durchstreifte die drei Stockwerke dieses erhabenen Baus, den zu betreten die Achtung mich fast gehindert hätte. Der Widerhall meiner Schritte unter diesen unermesslichen Brückenbögen ließ mich glauben, die starke Stimme derer zu hören, die sie erbaut hatten. Ich verlor mich wie ein Insekt in dieser Unermesslichkeit."

Die Leitung endete in Nîmes in einem großen Verteilerbecken, von dem mehrere Rohrleitungen ausgingen, die die einzelnen Stadtviertel mit Wasser versorgten.

Die Römer schätzten die technische Leistung, die mit dem Bau dieser Wasserleitungen verbunden war, hoch ein, wie eine Bemerkung bei Plinius in der „Naturalis Historia" bezeugt:

„Wenn man den Überfluss an Wasser in der Öffentlichkeit, in Bädern, Fischteichen, Kanälen, Häusern, Gärten und Landgütern nahe bei der Stadt, die Wege, die das Wasser durchläuft, die errichteten Bögen, die durchgrabenen Berge und eingeebneten Täler sich genau vergegenwärtigt, wird man gestehen müssen, dass es auf der ganzen Erde nie etwas Bewundernswerteres gegeben hat."

Wie die Entscheidungen über den Bau von Anlagen der Infrastruktur getroffen wurden, zeigt anschaulich der Briefwechsel zwischen Traianus und Plinius, der Statthalter in Bithynia (Kleinasien) war. So schlägt Plinius vor, in der Umgebung von Nicomedia einen Kanal zu bauen. In dem nur fragmentarisch erhaltenen Brief heißt es:

> „Im Gebiet von Nicomedia befindet sich ein großer See. Über ihn werden Marmorblöcke, Früchte, Bau- und Brennholz ziemlich billig und mühelos zu Schiff an die Landstraße und von dort unter großen Mühen und noch größeren Kosten mit Wagen ans Meer befördert …"

Steht hier die Senkung der Transportkosten, die von der Bevölkerung zu tragen sind, im Vordergrund, wird die Abdeckung eines Abwasserkanals in Amastris mit Hinweis auf Gesundheit und Ästhetik (*salubritas* und *decor*) empfohlen; ähnlich geht es bei dem Bau einer Wasserleitung für Sinope um Gesundheit und Annehmlichkeit (*salubritas et amoenitas*). Solche Projekte sollten zugleich das Prestige des Princeps steigern, wie aus einer Äußerung des Plinius im Brief an Traianus hervorgeht:

> „Angesichts deiner Stellung und deiner hohen Gesinnung erscheint es mir durchaus angemessen, dir Unternehmungen vorzuschlagen, die deines Ruhmes und der Unsterblichkeit deines Namens würdig wären und ebenso schön wie nützlich sein würden."

Plinius konnte derartige Vorhaben jedoch nicht ohne Hilfe kompetenter Techniker verwirklichen; Plinius bittet Traianus daher mehrmals, ihm geeignete Fachleute zu

Das Verteilerbecken in Nîmes

schicken; der Princeps verhält sich aber reserviert:

> „Du musst dir nicht einbilden, es sei einfacher, sie sich aus Rom schicken zu lassen, denn auch zu uns kommen sie meist aus Griechenland."

Der forcierte Ausbau der Infrastruktur des Imperium Romanum während der Prinzipatzeit wurde als Voraussetzung für die zivilisatorische Entwicklung gesehen; diese Sicht wurde prägnant von Aelius Aristeides, einem Redner des 2. Jahrhunderts n. Chr., in den folgenden Sätzen seiner Romrede formuliert:

> „Was Homer sagte, ‚aber die Erde ist allen Menschen gemeinsam', wurde von euch tatsächlich wahr gemacht. Ihr habt den ganzen Erdkreis vermessen, Flüsse überspannt mit Brücken verschiedener Art, Berge durchstochen, um Fahrwege anzulegen, in menschenleeren Gegenden Raststationen eingerichtet und überall eine kultivierte und geordnete Lebensweise eingeführt. Deshalb meine ich, dass … das gesittete Leben in unserer Zeit von der Stadt der Athener seinen Ausgang nahm, jedoch von euch erst dauerhaft begründet wurde; denn als die Zweiten seid ihr die Besseren, wie man so sagt."

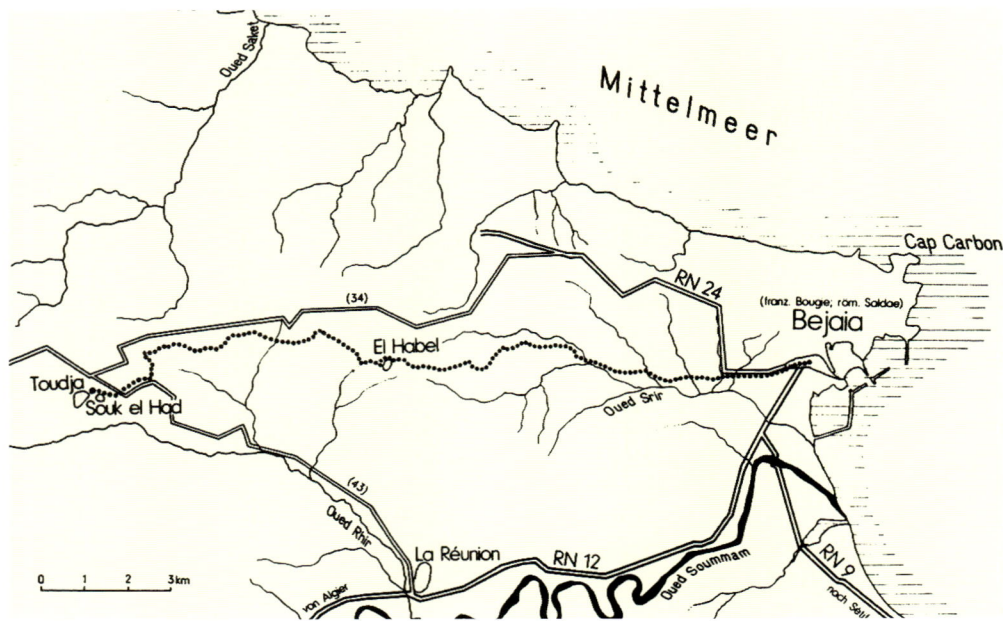

Die technische Kompetenz der römischen Armee: Nonius Datus und die Wasserleitung von Saldae

Für die Prinzipatzeit (27 v. Chr. bis 284 n. Chr.) ist die Rolle der römischen Armee für die technische Entwicklung hervorzuheben. Schon in den Kriegen der Republik schenkten die römischen Feldherren der technischen Vorbereitung von Kriegen und den Problemen der Logistik große Aufmerksamkeit. Im Prinzipat war die Armee zu einem einzigen großen technischen Apparat geworden, für den Kriegführung wesentlich eine Frage der technischen Überlegenheit über den Gegner war. Plinius kann unter diesen Bedingungen in einem Brief an einen Dichter, der die Absicht hatte, ein Epos über den Krieg des Traianus gegen die Daker zu schreiben, diese Thematik mit folgenden Worten umreißen:

„Du wirst schildern, wie neue Flüsse über die Lande geleitet, neue Brücken über die Flüsse geschlagen, schroffe Berghänge von Kastellen gekrönt wurden, wie ihr König, ohne je zu verzagen, aus seiner Burg verjagt und in den Tod getrieben wurde, überdies die zweimalige Feier eines Triumphs."

Um diesen Aufgaben gewachsen zu sein, brauchte die Armee eine Vielzahl von Technikern und bildete aus diesem Grund selbst Techniker aus. Die Legionen verfügten so über eine hohe technische Kompetenz, die auch für den zivilen Sektor genutzt wurde. In Friedenszeiten waren einzelne Einheiten der römischen Armee im Straßenbau tätig, und Städte ebenso wie die Zivilverwaltung des Imperium Romanum forderten immer wieder Personal der Armee an, um technische Probleme zu lösen.

Eine lange Inschrift aus Nordafrika bietet ein instruktives Beispiel dafür, wie die technische Unterstützung für eine Stadt durch die römische Armee aussah. Die Inschrift gibt den Bericht eines Technikers und mehrere Schriftstücke von Prokuratoren wieder, die zusammen folgende Geschichte dokumentieren: Der Rat der an der Küste gelegenen Stadt Saldae (heute Bejaia in Algerien) hatte sicherlich im Einverständnis mit dem römischen Prokurator beschlossen, Wasservorkommen im Binnenland durch eine mehr als 15 Kilometer lange Wasserleitung zu erschließen und das Wasser in die Stadt zu leiten. Für die Stadt führte Nonius Datus, Vermessungstechniker (*mensor*) der 3. Legion (*legio III Augusta*), die in Lambaesis stationiert war, gegen 137 n. Chr. die Vermessungsarbeiten durch, legte später den Plan mit der Trasse der Wasserleitung Petronius Celer, dem Prokurator der Provinz Mauretania Caesariensis, vor und beaufsichtigte schließlich die ersten Arbeiten. Dabei kann vorausgesetzt werden, dass der Prokurator den Befehlshaber der Legion um Entsendung eines Technikers gebeten und dieser wiederum Nonius Datus den Befehl erteilt hatte, in Saldae tätig zu werden. Etwa zehn Jahre später bat der Prokurator Porcius Vetustinus in einem Brief, der auf der Inschrift wiedergegeben ist, den Legaten der Legion, Nonius Datus wiederum für einige Monate nach Saldae zu schicken, um die Leitung bei den Arbeiten an dem Aquädukt zu übernehmen; allerdings war Nonius Datus erkrankt und wohl nach Lambaesis zurückgekehrt.

Bei der Fortsetzung der Arbeiten ergaben sich ernsthafte Probleme, so dass einige Jahre später Nonius Datus, der inzwischen Veteran war, wiederum von dem Prokurator Varius Clemens angefordert wurde. Zu diesem Zeitpunkt setzt der Bericht des Nonius Datus ein: Er reiste sofort ab, wurde von Räubern überfallen und erreichte schließlich verletzt Saldae. Dort traf er mit dem Prokurator Clemens zusammen, der ihm das problematische Stück der Leitung zeigen ließ: Da ein Bergrücken zwischen dem Wasservorkommen und Saldae lag, war ein Tunnel – von beiden Seiten des Berges aus – begonnen worden. Die Stollen waren zusammen aber länger als die berechnete Tunnelstrecke, hatten sich also verfehlt. Nonius Datus gelang jedenfalls der Durchstich des Berges; für diese Arbeiten waren ihm Flottensoldaten zugewiesen worden. Der Bericht endet selbstbewusst mit der Feststellung, er habe die Wasserleitung mit der Festlegung der Trasse begonnen und mit dem Durchstich durch den Berg schließlich vollendet. Es folgt der Hinweis auf die Einweihung der Anlage durch den Prokurator Varius Clemens. Nonius Datus ließ die Inschrift in Lambaesis, dem Standort seiner Einheit, als Denkmal seiner Leistungen als Techniker aufstellen. Von den ursprünglich sechs Feldern der Inschrift sind drei erhalten; über jedem Feld befinden sich noch ein Relief und eine Tafel, auf der jeweils eine Tugend genannt ist: Geduld, Tüchtigkeit, Hoffnung (*patientia, virtus, spes*). Mit dieser Inschrift liegt ein wertvolles Zeugnis zur Mentalität eines antiken Technikers vor.

Römische Architektur und antike Technik: Das Werk des Vitruvius

Unter den genannten Umständen ist es keineswegs überraschend, dass der rö-

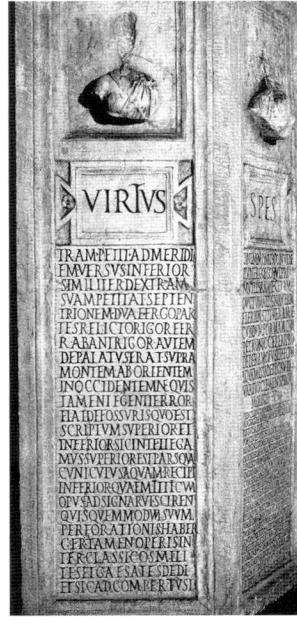

Inschrift des Nonius Datus, Bejaia (Algerien), 2. Jahrhundert n. Chr.

63

Kran mit Tretrad, Relief vom Grab der Haterii, Vatikan, um 100 n. Chr.

in den Jahren zwischen 30 und 20 v. Chr., auf die Abfassung von „*de architectura*". Da nach Meinung des Vitruvius alles Bauen auf Festigkeit, Nutzen und Schönheit (*firmitas, utilitas, venustas*) abzielt, Festigkeit wiederum eine Frage der Bautechnik ist, umfassen seine Ausführungen zur Architektur neben Fragen zur Ästhetik des Bauens gerade auch bautechnische Aspekte. So bietet das zweite Buch eine ausführliche Kunde der Baustoffe; das siebente Buch ist technischen Fragen der Innenausstattung, so etwa dem Löschen von Kalk oder der Zubereitung von Farben, gewidmet. Das Kapitel über den Hafenbau im Buch über die öffentlichen Bauten berücksichtigt ebenfalls vor allem technische Aspekte. Die technische Seite der Tätigkeit des Architekten wird schließlich in den letzten drei Büchern thematisiert. Es geht um den Bau von Wasserleitungen (achtes Buch), um die Zeitmessung und den Uhrenbau (neuntes Buch) und um die Konstruktion mechanischer Geräte (zehntes Buch), wobei für den Architekten zunächst Krane, die Baumaterial heben, von Interesse sind; im Folgenden werden weitere Geräte aufgeführt, so Wasserhebegeräte, die Wassermühle, einige Instrumente des Ktesibios und schließlich für den Bereich der Militärtechnik Katapulte sowie Belagerungsgeräte.

Die Verdienste des Vitruvius sollten nicht unterschätzt werden; über die enzyklopädische Darstellung der Architektur hinaus ist es ihm in beeindruckender Weise gelungen, eine Übersicht über einzelne ausgewählte Gebiete der Technik seiner Zeit zu geben und zugleich wichtige Einsichten über grundlegende Fragen der Technik zu formulieren. Ähnlich wie Aristoteles leitet Vitruvius die Prinzipien der Mechanik von der Kreisbewegung ab, die Grundlage für die Wirkung der Rolle und auch des Hebels ist. Der Bau der mechanischen Geräte, die im Lateinischen „*machina*" heißen, bedeutet für Vitruvius eine entscheidende Veränderung gegenüber der tradierten Handwerkszeug-Technik. Er sieht die Notwendigkeit, die Geräte (*machinae*) von den Werkzeugen (*organa*) klar zu unterscheiden:

mische Architekt, der eines der einflussreichsten Bücher zur Architektur überhaupt geschrieben und in diesem Werk auch verschiedene Gebiete der Technik umfassend dargestellt hat, nämlich Vitruvius, Techniker in den Legionen Caesars und des Augustus gewesen war. Er war für den Bau und die Instandhaltung von Katapulten verantwortlich, die Steine schleuderten oder Pfeile abschossen. Aus dem Heer entlassen, widmete Vitruvius sich dann der zivilen Architektur. Er baute in Iulia Fanestris (heute Fano an der Adriaküste), einer Veteranenkolonie des Augustus, die Basilika, erhielt aber keine weiteren Aufträge. Vielleicht war er eine Zeit lang für Agrippa im Bereich der stadtrömischen Wasserversorgung tätig. Im Alter konzentrierte er sich, wahrscheinlich

„Der Unterschied aber zwischen Geräten und Werkzeugen scheint der zu sein, dass die mechanischen Geräte durch mehrere Arbeitskräfte, gleichsam durch größeren Einsatz von Kraft, dazu veranlasst werden, ihre Wirkungen zu zeigen, etwa die Ballisten und Kelterpressen. Werkzeuge aber erfüllen durch die fachmännische Bedienung durch eine einzige Arbeitskraft den Zweck, dem sie dienen sollen."

Daneben findet sich auch eine Definition des mechanischen Gerätes:

„Ein mechanisches Gerät ist ein zusammenhängendes, aus Holz zusammengesetztes Gebilde, das besonders befähigt ist, Lasten zu bewegen. Es wird durch kreisförmige Umdrehungen, die die Griechen ‚kyklike kinesis' nennen, künstlich in Bewegung gesetzt."

Für den zivilen Bereich der Technik sind die Ausführungen über die Wasserhebegeräte, darunter auch über die archimedische Schraube, von Bedeutung. Als ein Meilenstein der Technikgeschichte kann sicherlich die erste präzise Beschreibung der vertikalen Wassermühle angesehen werden; aus diesem Grund soll der Text des Vitruvius hier zitiert werden:

„Nach demselben Prinzip werden auch die Wassermühlen getrieben, bei denen sonst alles ebenso ist, nur ist an dem einen Ende der Welle ein Zahnrad angebracht. Dies ist senkrecht auf die hohe Kante gestellt und dreht sich gleichmäßig mit dem Wasserrad in derselben Richtung. Anschließend an dieses größere Zahnrad ist ein kleineres Zahnrad horizontal angebracht, das in jenes eingreift. So erzwingen die Zähne jenes Zahnrades, das an der Welle angebracht ist, dadurch, dass sie die Zähne des horizontalen Zahnrades in Bewegung setzen, eine Umdrehung der Mühlsteine. Bei diesem Gerät führt ein Mühlentrichter, der darüber hängt, das Getreide zu, und durch dieselbe Umdrehung wird das Mehl erzeugt."

Voraussetzung dafür, dass die Wasserkraft für das Getreidemahlen genutzt werden konnte, war die Konstruktion eines Winkelgetriebes, das aus einem senkrechten Kammrad und einem Laternenrad bestand, dessen Achse an dem Mühlstein befestigt war. Letztlich beruhte dieser Transmissionsmechanismus auf der Erkenntnis, dass eine Kraftübertragung mit Hilfe von Zahnrädern möglich war.

Vitruvius besaß eine beeindruckende Kenntnis der älteren technologischen Fachliteratur, die er in einer Übersicht im Einzelnen aufführt; neben den Schriften zur Architektur im engeren Sinn werden hier auch die Schriften zur Mechanik und zu den mechanischen Geräten genannt. Die Techniker der Antike waren keineswegs nur Praktiker, sondern Gelehrte, die intensiv die ältere Fachliteratur auswerteten. Bemerkenswert ist das Interesse des Vitruvius an früheren Technikern und ihren Erfindungen sowie an der älteren Technikgeschichte; so wird ausführlich die Geschichte des Hausbaus dargestellt und dessen Bedeutung für die Zivilisationsgeschichte gewürdigt.

Den einzelnen Büchern seines Werkes hat Vitruvius längere Vorreden vorangestellt, die thematisch nicht immer mit dem Inhalt der folgenden Kapitel zusammenhängen. Diese Ausführungen, die seine Wertmaßstäbe und die Weite seines intellektuellen Horizonts zum Ausdruck bringen, sind ein wichtiges Zeugnis für die Mentalität antiker Techniker. So spricht er die Vorteile, die eine umfassende Bildung mit sich bringt, sowie die stilistischen und literarischen Probleme, die das Schreiben von Fachbüchern aufwirft, ebenso an wie die Tatsache, dass erfolgreiche Sportler zu seinem Bedauern oft mehr Ruhm ernteten als jene Philosophen und Techniker, deren Erkenntnisse für die ganze Menschheit für alle Ewigkeit von Nutzen sind.

Wassermühle, Zeichnung nach der Beschreibung von Vitruvius

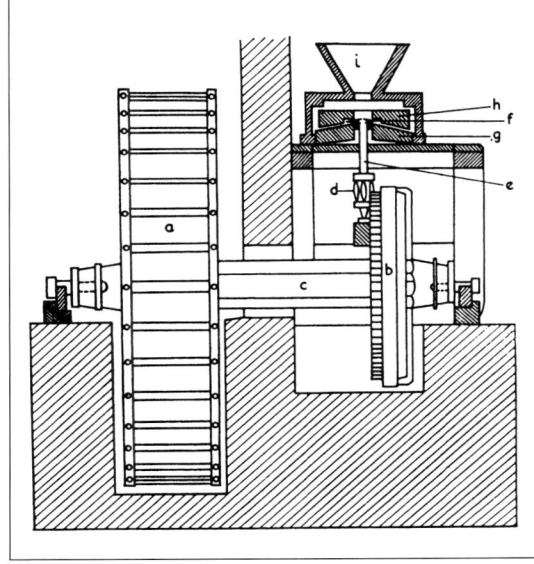

*Schraubenpresse, Relief,
Aquileia, Prinzipatzeit*

Die Mechaniker in Alexandria

Alexandria blieb in der Zeit des Prinzipats weiterhin ein bedeutendes Zentrum technischer Forschung, wie das umfangreiche Werk Herons bezeugt. Dieser Mechaniker hat sich nicht darauf beschränkt, in seinen Schriften das tradierte Wissen bestimmter technischer Disziplinen wie der Mechanik zusammenzufassen, vielmehr hat er auch neue Erfindungen in seiner Darstellung berücksichtigt. Heron ist die noch in der Frühen Neuzeit gültige Systematik der mechanischen Instrumente zu verdanken, zu denen er das Rad auf der Welle, den Hebel, den Flaschenzug, den Keil und die Schraube rechnet.

Die Möglichkeiten der Schraube wurden in dieser Zeit zum ersten Mal für die Konstruktion von Öl- und Weinpressen genutzt. Bemerkenswert sind in diesem Zusammenhang die Argumente, mit denen Heron die Verwendung von Schraubenpressen empfiehlt. Beim älteren Typ der Balkenpresse konnte es seiner Meinung nach leicht zu Arbeitsunfällen kommen, wenn etwa die Hebel brachen, mit denen die Winde gedreht wurde, um den Pressbalken herabzuziehen. Verständnis für die Anforderungen der Produktion an die Technik zeigen auch seine Bemerkungen über die Konstruktion einer Presse, bei der die Schraube nicht dafür eingesetzt wurde, um den Pressbalken herabzuziehen, sondern um durch die Schraubendrehung Druck direkt auf das Pressgut auszuüben. Die Vorteile dieser Presse lagen nach Heron in der einfachen Handhabung sowie in der Möglichkeit, sie leicht zu transportieren und an verschiedenen Orten aufzustellen. Die Schraube war keineswegs nur ein Thema in der technischen Fachliteratur, die Schraubenpresse setzte sich vielmehr schnell in der Landwirtschaft durch. Um diesen Prozess zu beschleunigen, formulierte Heron genaue Anweisungen für die

*Tuchpresse, aus Überresten
rekonstruiertes Gerät in
Herculaneum, 1. Jahrhundert
n. Chr.*

Herstellung einer Schraubenmutter, die notwendig ist, um die Schraube effektiv zu nutzen. Mit der Presse, deren Balken mit Hilfe einer Schraube heruntergedrückt wurde, war ein Gerät entwickelt worden, das bis in das 19. Jahrhundert hinein im mediterranen Raum für die Öl- und Weinproduktion Verwendung fand. In der Antike wurde die Schraubenpresse ohne Pressbalken zudem für das Pressen von Tuch eingesetzt; in der Frühen Neuzeit diente dieses Gerät fast unverändert als Buchdruckerpresse.

Die Spätantike

Eine exemplarische technische Leistung: Die Aufstellung der Obelisken in Rom und Konstantinopel

An die Techniker des Imperium Romanum wurden häufig außergewöhnliche Anforderungen gestellt, die mit bloßer Routine nicht zu bewältigen waren, sondern spezielle Problemlösungen erforderten. Es ist ein Indiz für die Kompetenz römischer Techniker, dass sie solchen herausragenden Aufgaben gewachsen waren. Signifikant ist auch, dass Historiker über solche Vorkommnisse, die ja nicht zu den bedeutenden Ereignissen der politischen Geschichte zu zählen sind, berichtet haben. An dieser Stelle soll als Beispiel die Aufrichtung eines Obelisken in Rom angeführt werden – denn hier liegt eine gut dokumentierte Parallele aus der Frühen Neuzeit vor: Wie die Aufrichtung des Obelisken vor der Peterskirche in Rom zeigt, war ein solches Vorhaben extrem schwierig und kostenaufwendig. In Nachahmung des Augustus, der mehrere Obelisken in Rom hatte aufstellen lassen, befahl Constantius, der von 337 bis 361 n. Chr. regierte, ebenfalls einen Obelisken nach Rom zu bringen. Sein Transport vom Tiber in die Stadt und seine Aufrichtung werden von Ammianus Marcellinus eingehend beschrieben:

Transport eines Obelisken,
Relief, Istanbul, 390 n. Chr.

„Im Vicus Alexandri, drei Meilen von der Stadt entfernt, wurde der Stein auf Transportrollen gelegt und ganz langsam durch das Ostiator und an der Piscina Publica vorbei fortgeschoben, bis er in den Circus Maximus gelangte. Danach war einzig noch die Aufstellung des Obelisken übrig, die man nur unter größten Schwierigkeiten, ja überhaupt nicht bewerkstelligen zu können fürchtete. Hohe Balken wurden nun aufgerichtet, so dass man einen Wald von Geräten zu sehen meinte, und starke, lange Taue daran befestigt, die wie ein Fadenwerk ganz dicht den Himmel überzogen. An diese Taue nun band man den von Schriftzeichen bedeckten ‚Fels‘, hob ihn allmählich durch den leeren Raum in die senkrechte Lage empor und setzte ihn, nachdem er lange frei in der Luft geschwebt hatte, mit Hilfe vieler tausend Arbeiter, die gleichsam Mühlräder drehten, mitten im Circus nieder."

Ein anderer Obelisk, der ebenfalls unter Constantius aus Ägypten abtransportiert worden war, kam nach Konstantinopel, wo er 390 n. Chr. einen Standort im Hippodrom fand. Ein Relief am Sockel des Obelisken zeigt, wie der monumentale Stein mit Hilfe zahlreicher Winden vorwärts bewegt wurde, und ein Epigramm rühmt den Vorgang:

„Diese vierseitige Säule lag lastend schon immer am Boden;
Kaiser Theodosius erst hat sie zu heben gewagt
Und es dem Proklos geboten. Am zweiunddreißigsten Tage
Hob dann die Säule, dies Werk riesiger Größe, sich auf."

Der Kaiser als Architekt

Die Spätantike blieb fähig, technische Meisterleistungen zu vollbringen; ein Niedergang im Bereich der Technik ist für diese Zeit in keiner Weise festzustellen. Von großer technischer Kreativität zeugt etwa die Schrift eines anonymen Autors, der die militärische Krise des Römischen Reiches in der Zeit der Völkerwanderung durch technische Neuerungen zu bewältigen suchte. Gerade auch im Bereich der Architektur und der Bautechnik blieb ein hoher Standard gewahrt; für die Zeit des 6. Jahrhunderts n. Chr. finden sich Belege hierfür vor allem in der Schrift des Prokopios über die Bauten des Justinianus. Trotz mancher Kontinuitäten haben sich aber Tätigkeitsfelder und Mentalität gewandelt. Der Kirchenbau wird zur bevorzugten Aufgabe der Architekten, und es ist daher kein Zufall, dass der technisch anspruchsvollste Bau der Spätantike eine Kirche war: die Hagia Sophia in Konstantinopel. Der Kaiser Justinianus nahm Anteil an der Errichtung der Bauten seiner Zeit und griff bei schwierigen Situationen persönlich in die Bauarbeiten ein. Als die Architekten Probleme beim Bau der Hagia Sophia nicht lösen konnten, machte er einen Vorschlag, den Prokopios mit folgenden Worten kommentiert:

Hagia Sophia, Istanbul,
532–537 n. Chr.

„… wer ihm diesen Gedanken eingegeben, weiß ich nicht, doch da er kein Techniker ist, war es vermutlich Gott." In letzter Instanz tritt die göttliche Eingebung des Kaisers an die Stelle technischer Kompetenz; dies ist ein Zeichen dafür, dass die Antike ihrem Ende entgegenging und eine neue Epoche begann.

Literatur

Adam, Jean-Pierre: La construction romaine. Materiaux et techniques. Paris 1984

Brodersen, Kai: Die Sieben Weltwunder, Legendäre Kunst- und Bauwerke der Antike. München 6. Aufl. 2004

Coulton, J. J.: Ancient Greek Architects at Work. Problems of Structure and Design. Ithaca, New York 1977

Drachmann, A. G.: Große griechische Erfinder. Zürich 1967

Frontinus-Gesellschaft (Hrsg.): Geschichte der Wasserversorgung Band 2. Die Wasserversorgung antiker Städte. Pergamon. Recht/Verwaltung. Brunnen/Nymphäen. Bauelemente. Mainz 1987

Frontinus-Gesellschaft (Hrsg.): Geschichte der Wasserversorgung Band 3. Die Wasserversorgung antiker Städte. Mensch und Wasser. Mitteleuropa. Thermen. Bau/Materialien. Hygiene. Mainz 1988

Gille, Bertrand (Hrsg.): Histoire des techniques. Paris 1978

Gille, Bertrand: Les mécaniciens grecs. La naissance de la technologie. Paris 1980

Grewe, Klaus: Licht am Ende des Tunnels. Planung und Trassierung im antiken Tunnelbau. Mainz 1998

Grewe, Klaus: Planung und Trassierung römischer Wasserleitungen. Wiesbaden 1992 2. Aufl.

Hoepfner, Wolfram: Der Koloss von Rhodos und die Bauten des Helios. Mainz 2003

Hoffmann, Adolf et al. (Hrsg.): Bautechnik der Antike. Mainz 1991

Humphrey, John W. u.a. (Hrsg): Greek and Roman Technology. A Sourcebook. London 1998

Kienast, Hermann J.: Die Wasserleitung des Eupalinos auf Samos. Bonn 1995 (Samos XIX)

Knell, Heiner: Vitruvs Architekturtheorie. Versuch einer Interpretation. Darmstadt 1985

Krafft, Fritz: Dynamische und statische Betrachtungsweise in der antiken Mechanik. Wiesbaden 1970 (Boethius X)

Landels, J. G.: Engineering in the Ancient World. London 1978

Lendle, Otto: Texte und Untersuchungen zum technischen Bereich der antiken Poliorketik. Wiesbaden 1983 (Palingenesia XIX)

Lewis, Naphtali: Greeks in Ptolemaic Egypt. Oxford 1986

Marsden, E. W.: Greek and Roman Artillery. Historical Development. Oxford 1969

Marsden, E. W.: Greek and Roman Artillery. Technical Treatises. Oxford 1971

Meißner, Burkhard: Die technologische Fachliteratur der Antike. Struktur, Überlieferung und Wirkung technischen Wissens in der Antike (ca. 400 v. Chr. – ca. 500 n. Chr.). Berlin 1999

Müller, Werner: Architekten in der Welt der Antike. Zürich 1989

Müller-Wiener, Wolfgang: Griechisches Bauwesen in der Antike. München 1988

Oleson, John Peter: Bronze Age, Greek and Roman Technology. A Select, Annotated Bibliography. New York/London 1986

Schneider, Helmuth: Das griechische Technikverständnis. Von den Epen Homers bis zu den Anfängen der technologischen Fachliteratur. Darmstadt 1989

Schneider, Helmuth: Die Gaben des Prometheus. Technik im antiken Mittelmeerraum zwischen 750 v. Chr. und 500 n.Chr., in: König, Wolfgang (Hrsg.), Propyläen Technikgeschichte Bd. 1. Berlin 1991, S. 19–313

Schneider, Helmuth: Einführung in die antike Technikgeschichte. Darmstadt 1992

Schneider, Ivo: Archimedes. Darmstadt 1979

Schürmann, Astrid: Griechische Mechanik
und antike Gesellschaft. Studien zur staatlichen Förderung einer technischen Wissenschaft. Stuttgart 1991 (Boethius XXVII)

Tölle-Kastenbein, Renate: Antike Wasserkultur.
München 1990

Ward-Perkins, John B.: Architektur der Römer.
Stuttgart 1975

White, Kenneth D.: Greek and Roman Technology. London 1984

Wikander, Örjan (Hrsg.): Handbook of
Ancient Water Technology. Leiden 2000
(Technology and Change in History 2)

Unsichere Karrieren: Ingenieure in Mittelalter und Früher Neuzeit 500–1750

Marcus Popplow

Auch in Mittelalter und Früher Neuzeit können Ingenieure als Experten definiert werden, die praktikable Lösungen für anspruchsvolle technische Wünsche ihrer Auftraggeber fanden und ihre Realisierung organisierten und anleiteten. Von einem Beruf mit einer formalisierten Ausbildung, wissenschaftlich fundierten Grundregeln und einem eigenen Standesbewusstsein kann in diesen Epochen allerdings noch nicht die Rede sein. Diese unsicheren Rahmenbedingungen machen jedoch ingenieurtechnische Leistungen ebenso wie individuelle Lebensläufe im Mittelalter und in der Frühen Neuzeit umso faszinierender. Als „Ingenieurtechnik" dieser Epochen sollen im Folgenden größere Zweckbauten gelten, bei denen ästhetische Ansprüche von eher nachgeordneter Bedeutung waren. Diese Definition umfasst Festungsanlagen ebenso wie Belagerungsgerät, Brücken und Straßen, Kanäle und Deiche, schließlich mechanische Technik wie Mühlwerke, Wasserhebeanlagen oder Lastkräne. Spezialisten für solche Bauten und Anlagen waren Teil einer „technischen Intelligenz" des Mittelalters und der Frühen Neuzeit, der beispielsweise auch Architekten, Instrumentenbauer oder metallurgische oder chemische Experten zuzurechnen sind. Eine eindeu-tige Abgrenzung ihrer Aufgabenbereiche von denen des Ingenieurs ist sowohl nach dem heutigen Verständnis als auch in der Wahrnehmung der Zeitgenossen nicht immer möglich. Die folgenden Abschnitte beschreiben somit eine lange Formierungsphase, die der Herausbildung des Ingenieurberufes in der Industrialisierung voranging. In den Abschnitten zum Mittelalter wird die ingenieurtechnische Praxis jener Epoche im Mittelpunkt stehen. In den Abschnitten zur Frühen Neuzeit liegt darüber hinaus besonderes Augenmerk auf den nun rapide zunehmenden Wissensbeständen, die zur Lösung der immer komplexer werdenden technischen Aufgaben des frühmodernen Territorialstaates akkumuliert wurden. Mit den Bemühungen um ein rationales Fundament technischer Tätigkeit wurden die Ingenieure im 18. Jahrhundert schließlich in vieler Hinsicht zu Vorboten der Moderne.

Ingeniator, Magister Machinae, Ingeniosus Artifex: Technische Experten im Mittelalter

In Urkunden des 11. Jahrhunderts taucht eine neue lateinische Wortbildung auf, die es in der Antike noch nicht gegeben hatte: „ingeniator", „engignor" oder „incignerius" – die Schreibweisen sind noch vielfältig. Abgeleitet vom lateinischen Wort „ingenium" („Geist" bzw. „scharfer Verstand") bezeichnen diese Wörter Experten für

Bild links: Cosimo I., Großherzog der Toskana, umgeben von Architekten und Militäringenieuren seines Hofes. In Friedens- wie in Kriegszeiten über herausragende technische Experten zu verfügen stärkte Prestige und Macht des frühneuzeitlichen Territorialherren

die Herstellung von Belagerungsgerät zur Eroberung befestigter Plätze. Diese Bezeichnung sollte im Spätmittelalter als „*ingegnere*" (ital.) oder „*ingénieur*" (franz.) schnell in die romanischen Sprachen eingehen. Ins Deutsche sollte der Begriff erst im 18. Jahrhundert aus dem Französischen übernommen werden. Für das Mittelalter macht das Auftauchen dieses Wortes die Identifizierung des Ingenieurs allerdings nicht unbedingt einfacher. Denn in mittelalterlichen Schriftstücken wurde nur ein Bruchteil derjenigen als „*ingeniator*" bezeichnet, die nach heutigem Verständnis in dieser Epoche ingenieurtechnische Aufgaben erledigten. In lateinischen Texten erscheinen sie beispielsweise als „*ingeniosus artifex*" im Sinne eines besonders kompetenten Handwerkers oder als „*magister machinae*" im Sinne eines Spezialisten für die Konstruktion von Belagerungsgerät, in deutschsprachigen Schriftstücken als „*Baumeister*" oder „*Werkmeister*". Um die Bedeutung des Ingenieurs im Mittelalter zu verstehen, muss daher von den Bereichen ausgegangen werden, in denen planende und organisatorische Aufgaben eine besondere Rolle spielten: der Belagerungskrieg, große Bauprojekte in der mittelalterlichen Stadt und die mechanische Technik.

Mit der Auflösung des Römischen Reiches waren viele der in der Antike gewonnenen technischen Kompetenzen in Europa zunächst weitgehend verloren gegangen. Entsprechendes Fachwissen wurde in der stark landwirtschaftlich geprägten Welt des europäischen Frühmittelalters zunächst für Baumaßnahmen im Umfeld größerer Klosteranlagen benötigt.

Später engagierten sich auch machtvolle Herrscherfiguren wie Karl der Große für größere Bauprojekte wie den Kaiserdom in Aachen. Im Hochmittelalter war technisches Wissen erforderlich, um kleine Siedlungen zu Städten mit einer, wenn auch noch bescheidenen, Infrastruktur auszubauen und sie mit Verteidigungsanlagen zu umgeben. Auf der anderen Seite galt es, solche Befestigungen im Belagerungskrieg zu überwinden und zu zerstören. Zahlreiche Kriegszüge verstärkten die Nachfrage nach militärtechnischem Wissen ebenso wie die Kreuzzüge ins Heilige Land. Solche Tätigkeitsbereiche ingenieurtechnischer Experten passen in das neuere Bild des Mittelalters als eine Epoche der langsamen, aber doch kontinuierlichen Akkumulation technischer Expertise. Eine Charakterisierung dieser Epoche als „technikfeindliche" Zeit hat die Forschung längst zu den Akten gelegt. Auch die Auffassung, der tief in der mittelalterlichen Gesellschaft verwurzelte christliche Glaube habe in irgendeinem Gegensatz zu technischen Entwicklungen gestanden, kann als widerlegt gelten. Im Gegenteil nahmen Zeitgenossen unterschiedlicher gesellschaftlicher Schichten technische Innovationen meist bereitwillig auf. Zu denken ist nicht nur an spektakuläre Erfindungen wie die Brille oder die mechanische Räderuhr, den Buchdruck oder die Übernahme der Papierherstellung und des Schießpulvers aus dem Nahen bzw. Fernen Osten, sondern beispielsweise auch an den kontinuierlichen Ausbau der Mühlentechnologie, die bautechnischen Innovationen, die den Bau der gotischen Kathedralen ermöglichten, oder zahlreiche kleinere Erfindungen handwerklicher Verfahrensweisen.

Der Belagerungskrieg: Bezwingung des Gegners mit technischen Mitteln

Die ersten in hochmittelalterlichen Urkunden erwähnten „*ingeniatores*" waren Experten im Belagerungskrieg. Der Krieg erscheint hier einmal mehr technischen

Idealisierte Rekonstruktion einer mittelalterlichen Belagerung. Die Angreifer nutzen eine Schutzhütte mit Rammbock, eine große Steinschleuder (Tribock) sowie einen Belagerungsturm

Entwicklungen förderlich. Er schuf Not-situationen, in denen die Akteure am ehesten bereit waren, intellektuelle und finanzielle Ressourcen für aufwendige technische Mittel zu bündeln. Im Früh-mittelalter verfügten nur wenige größere Ansiedlungen über Befestigungsanlagen, zu deren Erstürmung schweres Gerät notwendig war, wie beispielsweise bei der Belagerung von Barcelona durch musli-mische Truppen 800/801 oder der Belage-rung von Paris durch die Normannen 885. Erst seit dem 11. Jahrhundert entstanden an vielen Orten durch Burgenbau und stärker befestigte Städte schwerer einzu-nehmende Wehranlagen. Bis weit in die Frühe Neuzeit sollten sich kriegerische Auseinandersetzungen nun meist im Be-lagerungskrieg entscheiden, weit seltener in der Schlacht auf dem offenen Feld. Dies gilt für Auseinandersetzungen in Zentral-europa wie zum Beispiel für den Hun-dertjährigen Krieg zwischen England und Frankreich ebenso wie für die Kreuzzüge. Wie bereits in der Antike suchten Angrei-fer nun befestigte Plätze zu bezwingen, in-dem sie Belagerungsgerät an die Mauern heranführten: hölzerne Türme zum Er-stürmen der Zinnen sowie Schutzhütten zum Unterminieren der Befestigungen, die zuweilen mit Rammböcken zum Bre-chen des Mauerwerks ausgestattet waren. Große Wurfgeschosse sollten die Mauern zusätzlich schwächen, ihre Geschosse die Eingeschlossenen einschüchtern. Die Her-stellung solchen Belagerungsgerätes am Ort der Belagerung erforderte besondere Kenntnisse in der Auswahl geeigneter Höl-zer sowie im Bau stabiler Stützkonstruk-tionen. Zuweilen wurden auch vorgefertigte Teile über weite Strecken mitgeführt. In der Regel waren erfahrene Zimmerleute mit der Errichtung solcher Anlagen betraut. Sie übernahmen eine Vermittlerrolle zwi-schen den kriegstechnischen Wünschen des Feldherrn und den ausführenden Handwerkern. Eine Chronik der Feldzüge Friedrich Barbarossas um 1180 berichtet, dass dieser angesichts einer belagerten Stadt seinen „constructor machinarum" befragte, mit welchen „Künsten oder Männern" die Stadt nun einzunehmen sei – abzuwägen war offensichtlich, ob

eher technische oder eher personelle Res-sourcen zum Einsatz kommen sollten. Der Vorschlag der Brand-schatzung stieß nicht auf Zustimmung, der Ingenieur versprach da-her innerhalb dreier Tage die Ausarbeitung weiterer Pläne. Viel-fach berichten die Ge-schichtsschreiber, dass der Einsatz von Belage-rungsgerät eine Stadt zur Aufgabe brachte. Rechnungsbücher mit-telalterlicher Herrscher belegen dementspre-chend zum Teil hohe Zahlungen an militär-technische Experten. Der Einsatz techni-scher Mittel war aller dings nicht als Huma-nisierung des Belage-rungskrieges geplant, eher sollte er die kost-spielige und riskante Dauer von Belage-rungen abkürzen helfen. Berichte mittel-alterlicher Chronisten sind voller Gräuel-taten im Zuge von Belagerungen. Dies gilt nicht nur für die Attacken der Angreifer auf befestigte Plätze und die Gegenwehr der Eingeschlossenen, sondern auch für die psychologische Kriegführung im Ver-laufe einer Belagerung, die sich über Mo-

Erstürmung der Zinnen einer Burg mit Hilfe eines Belagerungsturmes

Zimmermänner beim Anfertigen von Belagerungs-gerät im Verlauf eines Kreuzzugs nach Jerusalem (spätere Abbildung, um 1490)

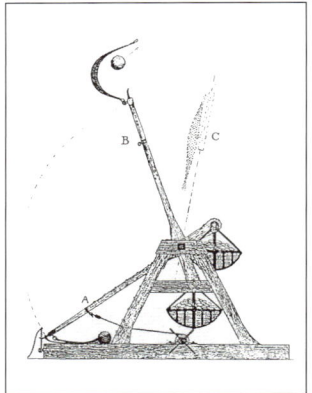

Funktionsprinzip eines Tribocks. Im Zustand A ist der lange Hebelarm arretiert, das Gewicht hängt in der Luft. B zeigt den Bewegungsverlauf nach dem Lösen der Arretierung: Das sinkende Gewicht am kurzen Arm reißt den langen Hebelarm nach oben, das eingehängte Netz löst sich und gibt das Geschoss frei. C deutet den Zustand nach dem Abschuss an

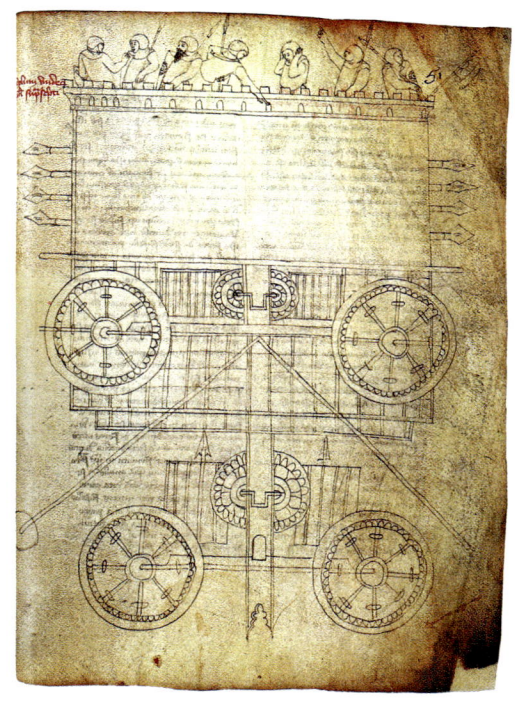

Entwurf eines Streitwagens. Die Räder werden von der Mannschaft im Inneren mittels Kurbeln und Übersetzungsgetrieben bewegt. Die Zeichnung kombiniert mehrere Ansichten in einem Bild (Guido da Vigevano, 1335)

nate hinziehen konnte. Bei den Feldzügen Barbarossas in Oberitalien wurden gefangen genommene Adelige einer Stadt an einen Belagerungsturm gehängt, um die Eingeschlossenen von dessen Beschuss abzuhalten. Bei der Belagerung von Nicea 1097 schleuderten die Kreuzfahrer abgeschlagene Köpfe getöteter Verteidiger mit Wurfgeschützen in die Stadt. Zwar gab es gewisse Regeln des Krieges, die mehr oder weniger konsequent befolgt wurden, beispielsweise eine offizielle Anfrage des Angreifers, ob sich die Belagerten nicht kampflos ergeben wollten – war dies nicht der Fall, folgte eine symbolische Eröffnung des Kampfes. Zu diesen Regeln gehörte jedoch auch, dass sämtliche Bewohner den Siegern nach der Eroberung vollständig ausgeliefert waren. Die Plünderung von Hab und Gut war selbstverständlich. Ob die Einwohner mit Leib und Leben davonkamen, hing von der Gnade des angreifenden Heerführers ab, die nicht selten ausblieb. Dass seine Soldaten binnen Kürze bis zu den Knöcheln im Blut der Besiegten wateten, ist wohl nicht nur als Metapher der Kriegsberichterstattung mittelalterlicher Chronisten zu lesen.

Mit den wachsenden Bevölkerungszahlen wurden die Wehranlagen im Hochmittelalter immer größer und widerstandsfähiger, auch das Belagerungsgerät nahm dementsprechend neue Dimensionen an. Vor der Einführung der Feuerwaffen im 14. Jahrhundert gab es im mittelalterlichen Belagerungskrieg allerdings kaum grundlegende technische Innovationen. Die zentrale Ausnahme ist die größte und wirkmächtigste Steinschleuder des Mittelalters, der sogenannte Tribock. Dabei handelt es sich um eine der zahlreichen Technologien, die aus dem Nahen und Fernen Osten

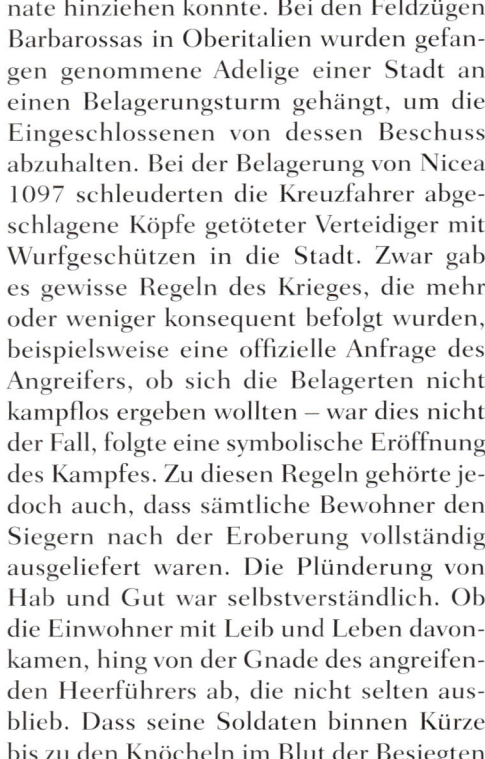

nach Zentraleuropa gelangten – andere bekannte Beispiele sind die Windmühle, die Papierherstellung oder das Schießpulver. Auch in diesem Fall ist nicht im Einzelnen überliefert, wer diese Innovation zur Zeit der Kreuzzüge nach Europa brachte. Triböcke schossen schwere Geschosse nicht wie Katapulte mittels Torsionsspannung, sondern mittels eines Hebelarmes, der drehbar in einer Stützkonstruktion gelagert war. An dem längeren Ende des Hebels war ein Netz mit dem zu schleudernden Stein befestigt. Dieses Ende wurde nach unten gezogen, so dass der kurze Hebelarm in die Luft ragte. Im 7. und 8. Jahrhundert ist die Nutzung dieses Prinzips zunächst sowohl im Nahen Osten als auch in China belegt. Die benötigte Zugkraft lieferte hier eine geübte Mannschaft von mehreren Dutzend Personen. Sie riss das kurze Ende des Hebelarmes durch daran befestigte Seile ruckartig nach unten, der lange Hebelarm beschrieb eine kreisförmige Bahn, während derer sich das Netz öffnete und das Geschoss freigab. Von den Europäern wurde diese Technik schnell übernommen und zu einer Waffe von gewaltiger Schlagkraft ausgebaut. Die wesentliche Neuerung bestand darin, die Zugkraft der Mannschaft durch ein festes oder bewegliches Gewicht am kurzen Ende des Hebelarmes zu ersetzen, beispielsweise einen mit Steinen beladenen Holzkasten. Über die Zinnen befestigter Plätze wurden auf diese Weise Steine, aber auch Fässer voller Fäkalien oder Brandsätze geschleudert. Während Ziehkraftwurfgeschütze dieser Art Geschosse von zehn bis 30 Kilogramm bis zu 100 Meter weit schleuderten, waren nun Geschosse bis über 100 Kilogramm beziehungsweise Entfernungen bis zu 450 Meter möglich, der Hebelarm konnte bis zu 20 Meter lang sein. Damit stiegen die Anforderungen an die Lagerung des Hebelarmes wie an die Stabilität der hölzernen Stützkonstruktion. Konstruktion und Betrieb waren ohne spezielle technische Expertise nicht möglich, Lehrbücher zum Bau solcher Geschütze gab es jedoch nicht. Beim Betrieb dieser europäischen Form des Tribocks kam es nicht mehr auf das trainierte Zusammenspiel der Zugmannschaft an, sondern auf die sorgfältige Planung der Dimensionen und die Ausführung durch kompetente Zimmerleute. Ansonsten drohten Fehlschläge wie der Zusammenbruch der Konstruktion beim Betrieb oder der Beschuss der eigenen Mannen. Die herausgehobene Rolle derjenigen, die solche Wurfgeschütze bauten, zeigte sich nicht zuletzt dann, wenn sie von der Gegenseite gefangen genommen wurden. Nach der Einnahme der Burg Schwanau im Elsass wurde 1333 der „magister machinae" der Belagerten „anstelle eines Steins in dem Geschütz platziert und in die Höhe geschleudert und starb, nachdem er auf dem Boden aufschlug und seine Eingeweide aus seinem Körper herausgeschleudert wurden". „Wie du Schaden anrichtest, so seist du bestraft", kommentierte der Chronist. Mindestens ebenso häufig war allerdings die Indienststellung solcher Experten durch den siegreichen Feldherren. Technische Kompetenzen zählten in solchen Fällen mehr als die konsequente Bestrafung des Feindes.

Die Kreuzzüge des 11. bis 14. Jahrhunderts stellten neue Anforderungen an militärtechnische Experten. Schon allein die räumliche Entfernung des Kriegsschauplatzes erforderte sorgfältige und langfristige Vorbereitungen, die sich mitunter über Jahre hinzogen. Technische Fachleute hatten dem Heerführer fern von den Schlachtfeldern plausibel zu machen, dass sie in der Lage waren, eine Belagerung im Heiligen Land zu organisieren und durchzuführen. Hier zählte nicht nur das gesprochene Wort. In der Planungsphase des achten Kreuzzuges durch Ludwig den Heiligen wünschte 1268 ein „magister" und „machinator" namens Assaut, der als Experte im Bau von Belagerungsgerät galt, den Bruder Ludwigs zu sehen, „um ihm einige seiner Anlagen zu zeigen". Eine solche Demonstration konnte nur anhand von Zeichnungen oder kleinen Modellen durchgeführt werden. Eine sorgfältig ausgearbeitete Bilderhandschrift aus dem Jahr 1335 gewährt ebenfalls einen Einblick in diese Art der Kriegsvorbereitung. Der Autor Guido da Vigevano, ein Italiener, war am Hof des Königs von Frankreich eigentlich als Leibarzt der Königin tätig.

In diesem Fall sorgte er sich jedoch eher um die königlichen Truppen in einem anstehenden Kreuzzug. Die Darstellungen in seinem Buch sind für heutige Betrachter ungewohnt, entstanden sie doch in einer Zeit, die noch keine geometrisch konstruierte Perspektive kannte. Die Zeichnungen zeigen gepanzerte Streitwagen und anderes mehr, sogar einen windgetriebenen Wagen, der laut der Erklärung des Autors die Feinde im Heiligen Land irritieren sollte. Realistisch war der Einsatz dieses Windwagens jedoch nicht, es hätte schon eines mittleren Orkans bedurft, um ihn in Richtung der belagerten Festung zu bewegen. Wie auch in ingenieurtechnischen Schaubüchern folgender Jahrhunderte war Übertreibung hier durchaus Teil der Selbstvermarktung. Technische Kreativität wurde mehr und mehr geschätzt – und man schien darauf zu vertrauen, dass entsprechende Geistesblitze auch im Ernstfall den entscheidenden Vorteil bringen würden. Schließlich war die Handschrift von Guido da Vigevanos noch in einem anderen Aspekt wegweisend: In den beschreibenden Texten wies er mehrfach darauf hin, dass jeder geschickte Mühlenbauer wisse, wie Einzelheiten der Streitwagen anzufertigen seien. Guido da Vigevano verortete sich demgegenüber auf einer anderen Ebene: Er beschränkte sich auf Planung und Organisation, war gebildet und schrieb Latein, bewegte sich am Hofe und präsentierte dort die von ihm ersonnenen Gerätschaften – verstand sich also als Gelehrter auf dem Gebiet der Technik, nicht als Praktiker. Eine Reihe vergleichbarer Manuskripte mit kriegstechnischen Inhalten entstand ab etwa 1400 auch im deutschen Sprachraum.

Kriegslisten in einer militärtechnischen Bilderhandschrift des Spätmittelalters. Die Angreifer nutzen einen eisernen Haken zum Öffnen der Zugbrücke, einige von ihnen nähern sich der Burg getarnt unter Körben aus Weidengeflecht (Konrad Kyeser, 1405)

Ein direkter Einfluss solcher technischen Schaubücher auf die mittelalterliche Belagerungstechnik ist nur schwer festzumachen, sie dienten in erster Linie der Informationssammlung und der Erhöhung des sozialen Status ihrer Autoren. Berichten die Quellen über gefragte Experten des mittelalterlichen Belagerungskrieges, betonen sie deren praktische Erfahrungen und die Fähigkeit, zur richtigen Zeit das richtige Mittel einzusetzen. Einen besonderen Ruf hatte sich um 1400 in Oberitalien beispielsweise ein Magister Dominicus aus Florenz erworben, der in den Quellen vielfach als *„ingegnerus"* bezeichnet wurde. Seine Karriere zwischen den Jahren 1390 und 1410 ist recht gut aufgearbeitet. Er wechselte gleich mehrfach die Fronten zwischen verfeindeten Städten, die Zahlungen und Begünstigungen seiner jeweiligen Dienstherren waren beträchtlich. In den Diensten von Mailand versuchte er vergeblich die Trockenlegung der belagerten Stadt Mantua durch die Umleitung eines Flusses, schließlich gelang ihm durch ein mit Sprengstoff beladenes Floß die Zerstörung einer befestigten Brücke der Mantuaner. In Diensten von Venedig ließ er später den zentralen Wasserlauf der belagerten Stadt Padua ableiten. Mühlen und Brunnen fielen trocken, was die Einnahme der Stadt beschleunigte. Die zuweilen rasche Wirkung von Eingriffen in die neuralgische Frage der Wasserversorgung belagerter Orte führte dazu, dass entsprechende wasserbautechnische Kenntnisse bei Militäringenieuren hoch geschätzt wurden. Für die belagerten Einwohner konnte der Zusammenbruch der Wasserversorgung durch das Ausbrechen von Seuchen katastrophale Folgen haben.

Die angeführten Beispiele zeigen, dass Militäringenieure im Mittelalter sowohl aus dem Handwerk aufgestiegene Praktiker umfassten als auch Gelehrte wie den Hofarzt Guido da Vigevano. So bildete sich zum Spätmittelalter eine – wenn auch zahlenmäßig kleine – Schicht einer technischen Intelligenz im Dienste der zeitgenössischen Herrscher heraus. Eigentlich durch strenge soziale Schranken getrennt, konnten sich in diesem Bereich zunehmend die unterschiedlichen Erfahrungen und Wissensbestände dieser Welten mischen. Dem militärischen Bereich kam dabei aufgrund seiner überlebenswichtigen Bedeutung eine besondere Stellung zu. Fähigkeiten in allen Arten von Kriegslisten reklamierte gut 100 Jahre später auch Leonardo da Vinci in seinem berühmten Entwurf eines „Bewerbungsschreibens" an den Herzog von Mailand. Im Übrigen war auch Leonardo zu seiner Zeit in Florenz mit Plänen zur Umleitung des Flusses Arno beschäftigt, um der belagerten Stadt Pisa den kontinuierlichen Nachschub auf diesem Weg abzuschneiden. Doch generell waren die Bedingungen des Belagerungskrieges um 1500 nach der Durchsetzung von Kanone und Schießpulver bereits in einem grundlegenden Wandel begriffen, der ganz neue Anforderungen an den Ingenieur im Belagerungskrieg stellte.

Bauwesen und Wasserversorgung in der mittelalterlichen Stadt

Im Hoch- und Spätmittelalter entwickelten sich die wachsenden Städte zu Zentren technischen Wissens. Weithin sichtbares Symbol waren und sind traditionell die gotischen Kathedralen. Im Vergleich zur karolingischen Baukunst waren die baustatischen Anforderungen weiter angestiegen, zu ingenieurtechnischen Höchstleistungen wurden sie durch die neuartige Kombination bautechnischer Elemente wie Spitzbogen, Kreuzrippengewölbe und Strebepfeiler. Sie bildeten die Grundlage für die neue ästhetische Wirkung der hohen, lichtdurchfluteten Räume. Beim Bau der Kathedralen herrschte zwar eine zunehmend ausgefeilte Arbeitsteilung, es gab jedoch keine getrennten Aufgabenbereiche des Architekten und des Bauingenieurs in heutigem Sinne. Zuweilen fungierten Bauherren zugleich als Architekten, wie der berühmte Abt Suger von St. Denis im 12. Jahrhundert. Für den Obmann solcher Großbaustellen war seit dem 10. Jahrhundert in lateinischen Quellen die antike Bezeichnung *„architectus"* wieder aufgenommen worden. Daneben finden sich jedoch noch eine Reihe weiterer Bezeichnungen wie „artifex" oder „Baumeister", wie sie auch für ingenieurtechnische Experten genutzt wurden. Insofern ist es kein Zufall, dass die Leitungsfunktion des mittelalterlichen Architekten im Prinzip genau der hier zugrunde gelegten Definition des Ingenieurs entspricht. Thomas von Aquin betonte beispielsweise 1269 in Anlehnung an eine entsprechende Begriffsbestimmung von Aristoteles, dass der Architekt derjenige sei, der mit Blick auf das zu realisierende Werk Entscheidungen treffe. Damit sei er „besser" als der Handwerker, der nur Anweisungen eines anderen befolge. Obwohl der Architekt nicht mit den Händen arbeite, verdiene er wegen dieser gestaltenden Funktion letztlich auch einen höheren Lohn als ein Zimmermann oder ein Maurer. Architekt und Ingenieur sind in diesem Bereich bei weitgehend identischer Funktion letztlich nur dadurch zu unterscheiden, dass sich im modernen Sprachgebrauch der „Architekt" als Bezeichnung des Verantwortlichen für Bauten mit repräsentativ-ästhetischen Funktionen sowie Wohnbauten durchgesetzt hat, während dem „Ingenieur" eher Zweckbauten und technisch anspruchsvolle Projekte zugeschrieben werden.

Doch zurück zu den gotischen Kathedralen. Ihre Bauzeit erstreckte sich meist über mehrere Generationen, für spätere Phasen stand kein anfangs festgelegter Gesamtplan zur Verfügung, man baute im wahrsten Sinn des Wortes auf dem vorgefundenen Baukörper auf. In diesem Prozess wurden jedoch häufig neue Bauformen realisiert, die zu Zeiten des Legens der Fundamente noch gar nicht bekannt gewesen waren. Ohnehin waren die großen Kirchenbauten Dreh- und Angelpunkt innovativen technischen Wissens. Sie vereinten in einem städtischen Mikrokosmos herausragende Handwerker, deren Kenntnisse beispielsweise in der Bearbeitung unterschiedlicher Materialien bei der Bauausführung aufeinander abgestimmt werden mussten: Neben den allgegenwärtigen Steinmetzen waren Zimmermänner für die Konstruktion von Gerüsten oder hölzernen Dachkonstruktionen ebenso unverzichtbar wie die Schmiede, deren Eisenprodukte in Form von Zugankern und anderen Verbindungselementen wichtige strukturelle Funktionen hatten. Hinzu kamen Spezialisten für mechanische Anlagen, insbesondere für Lastkräne zum Versetzen größerer Werkstücke. Ein berechenbares, wissenschaftlich abgesichertes Fundament für das statische Verhalten der neuen gotischen Bautechnik gab es nicht, wichtigste Grundlage blieben die Erfahrungen mit den großen romanischen Kirchen. Im Lauf der Zeit verfestigte Regeln zur Realisierung einzelner Baukörper wurden stets im persönlichen Kontakt weitergegeben.

Mit Hilfe vergleichsweise einfacher, aber überaus effizienter geometrischer und arithmetischer Operationen konnten beispielsweise die Dimensionen des Bauwerkes und die Proportionen der einzelnen Bauglieder zueinander bestimmt werden. Streitfälle über den Fortgang der Arbeiten wurden, gerade bei prekären statischen Fragen, auch unter Hinzuziehung auswärtiger Experten zu klären gesucht. Aus der Frühzeit des Mailänder Doms um 1400 ist ein solcher kontroverser Meinungsaustausch über die grundsätzliche Form des Baukörpers und einzelne Elemente seiner Struktur überliefert. In den so genannten Baumeisterbüchern wurden bautechnische Regeln allerdings bereits im Hochmittelalter zusammen mit modellhaften Lösungen für einzelne Probleme auch unsystematisch in schriftlicher und bildlicher Form festgehalten. Einen weiteren Schritt der Formalisierung und Abstraktion der beim Kathedralenbau eingesetzten Wissensbestände stellen die seit dem 14. Jahrhundert vereinzelt überlieferten Planzeichnungen dar. Ihre Funktionen sind jedoch im Einzelnen noch ungeklärt, orthogonale Projektionen im modernen Sinn stellten sie jedenfalls nicht dar. Schließlich waren diese Großbaustellen auch in organisatorischer Hinsicht für spätere Zeiten wegweisend. Ansätze zur Rationalisierung der Materialbeschaffung, des Materialtransports und der Materialbearbeitung sind vielfach belegt.

Eine der berühmtesten ingenieurtechnischen Leistungen des Kirchenbaus im

Übergang vom Mittelalter zur Neuzeit ist sicherlich die imposante Kuppelkonstruktion des Doms von Santa Maria del Fiore in Florenz. Auch dieses Bauwerk war Ende des 13. Jahrhunderts von einer Generation begonnen worden, die wusste, dass sie den Abschluss der Bauarbeiten nicht mehr erleben würde. Abschließende Einzelheiten waren daher wie üblich den Nachgeborenen überlassen worden. Diese sahen sich nun allerdings um 1420 mit der undankbaren Tatsache konfrontiert, dass ihre Vorfahren einen großzügigen, achteckigen Altarraum mit dem beträchtlichen Durchmesser von zirka 55 Metern konzipiert hatten. Seine Überwölbung schien vielen der Zeitgenossen unmöglich. Um dennoch Vorschläge einzuholen, wie eine Kuppelkonstruktion vielleicht doch möglich sei, lobten die Bauherren einen Wettbewerb aus. In dem Entscheidungsprozess, an dem neben der Bauleitung auch die ganze Stadt Anteil nahm, spielten Zeichnungen und Modelle eine nicht unbeträchtliche Rolle. Es grenzt jedoch noch heute an ein Wunder, dass der ausgewählte Vorschlag von Filippo Brunelleschi sich tatsächlich unter dessen Leitung innerhalb von knapp 20 Jahren realisieren ließ und die Zeiten bis heute überdauert hat. Die Einzelheiten gerade der Projektierung dieser achtseitigen, zweischaligen Kuppel sind nicht in allen Details nachvollziehbar, obwohl sämtliche Akten der Dombauhütte erhalten sind. Die Kuppel von Santa Maria del Fiore muss in vieler Hinsicht als innovatives Gesamtkunstwerk angesehen werden, das in dieser Form nicht wiederholbar war, da es auf einem Ensemble von persönlichen Entscheidungen auf allen Ebenen der Bauausführung beruhte: Brunelleschi fand eine geometrische Form, die es erlaubte, die beiden Kuppelschalen ohne Lehrgerüst zu errichten, wobei er zur Erhöhung der Stabilität beispielsweise die Backsteine in einem eher selten verwendeten Fischgrätenmuster setzen ließ. Er drängte auf Maßnahmen zur Beschleunigung der Bauarbeiten wie standardisierte Steinformate und ließ sich vom Herzog der Toskana selbst die Nutzungsrechte an einem von ihm entworfenen Bootstyp sichern, mit dessen Hilfe das Baumaterial

auf dem Arno in die Nähe der Baustelle transportiert werden sollte. Bewundert wurde von den Zeitgenossen auch das von Brunelleschi entwickelte Hebezeug, das den Transport der Baumaterialien vom Boden in die Höhe der Kuppel beschleunigen sollte. Um Ochsen oder Pferde, die hier die Antriebskraft lieferten, nach dem Aufziehen von Lasten beim Herablassen der leeren Behälter nicht täglich dutzendfach umspannen zu müssen, ließ sich das zentrale Getriebe des Hebezeugs über eine Schraube derart umstellen, dass die Laufrichtung stets beibehalten werden konnte. Noch heute würdigt Brunelleschis Grabstein im Dom den Baumeister als scharfsinnigen Erfinder dieser Maschinen. Das Beispiel der Kuppel von Santa Maria del Fiore zeigt, welche ingenieurtechnischen Leistungen im ausgehenden Mittelalter unter optimalen Bedingungen möglich waren – die finanziellen Möglichkeiten der wohlhabenden Florentiner Wollzunft als Bauherr trugen dazu ebenso bei wie die technischen Kompetenzen zahlreicher Handwerker, die in diesem kulturellen und wirtschaftlichen Zentrum verfügbar waren. All dies ermöglichte die Realisierung der Kuppel zu Lebzeiten eines Architekten-Ingenieurs mit außergewöhnlichen technischen und organisatorischen Fähigkeiten. Zweifellos wurden technische Kompetenzen Brunelleschis auch von anderen seiner Zeitgenossen geteilt, das zur Realisierung der Kuppel nötige Wissen war allerdings so spezifisch, dass es in einer Zeit, in der es kaum formalisierbar war, mit seinem Tod wieder verloren ging.

Weit weniger Aufmerksamkeit als solchen beeindruckenden Einzelprojekten gilt meist den technischen Experten, die das alltägliche „Funktionieren" der Infrastruktur mittelalterlicher Städte sicherten. Im deutschen Sprachraum meist als „Werkmeister" oder „Baumeister" bezeichnet, tauchen sie in vielen italienischen Urkunden seit dem 15. Jahrhundert auch als „ingegnere" auf, das Wort ging demnach nun auch auf ziviltechnische Spezialisten über. Allerdings wurden in Friedenszeiten zuweilen auch die Militäringenieure der Territorialherren in solchen Funktionen eingesetzt. Wie englische Dokumente

Kuppel des Doms von Santa Maria del Fiore, Florenz

Hölzernes Modell der Kuppel von Santa Maria del Fiore (um 1420). Das etwa ein Meter hohe Modell diente zur Veranschaulichung der geplanten architektonischen Form

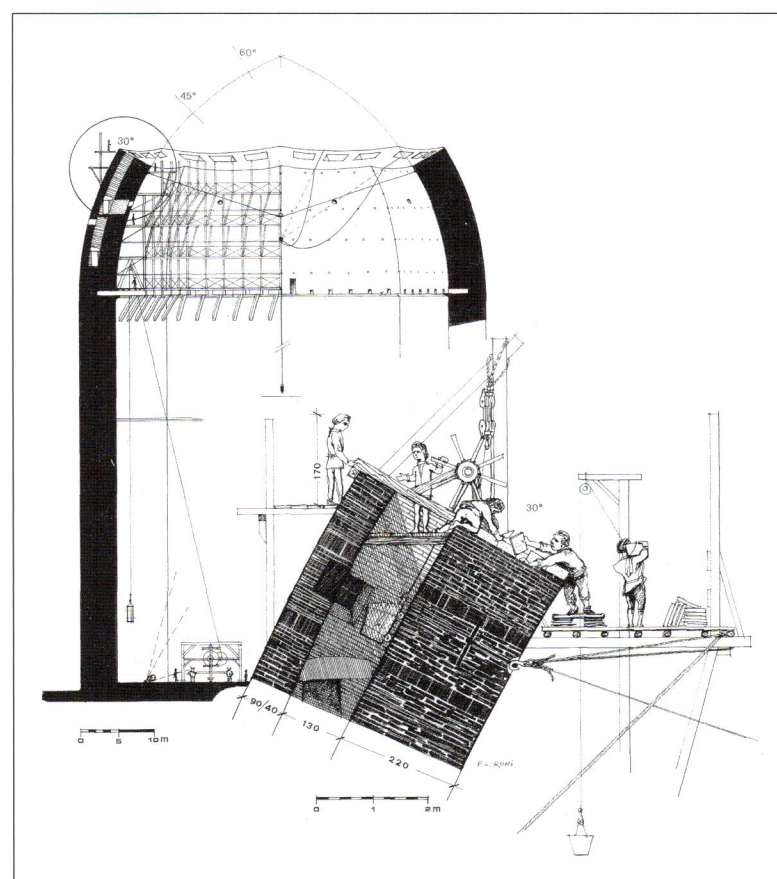

Moderne Rekonstruktion der Arbeiten an der zweischaligen Kuppel von Santa Maria del Fiore in den 1420er Jahren (Zeichnung: Paolo Rossi)

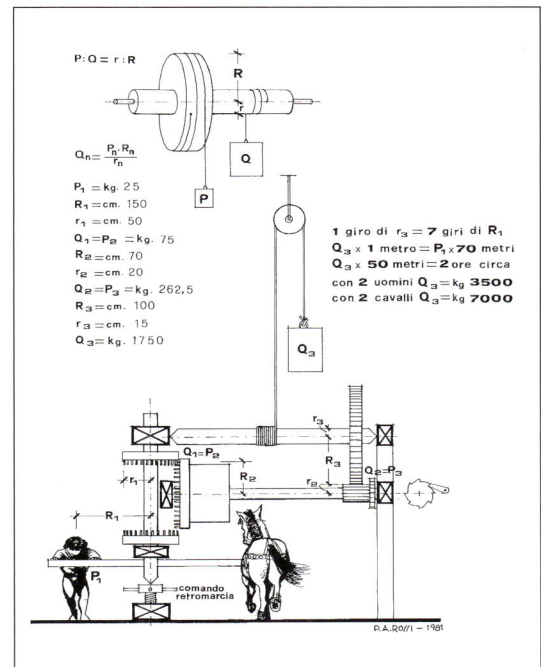

Moderne Rekonstruktion des Lastkrans für den Bau der Kuppel von Santa Maria del Fiore. Drei Achsen unterschiedlicher Dicke ermöglichten variable Geschwindigkeiten der Lastenbeförderung. Das Getriebe war über eine Schraube in Bodennähe verstellbar (comando retromarcia), so dass Antriebstiere für das Auf- und Ablassen nicht ständig umgespannt werden mussten (Zeichnung: Paolo Rossi)

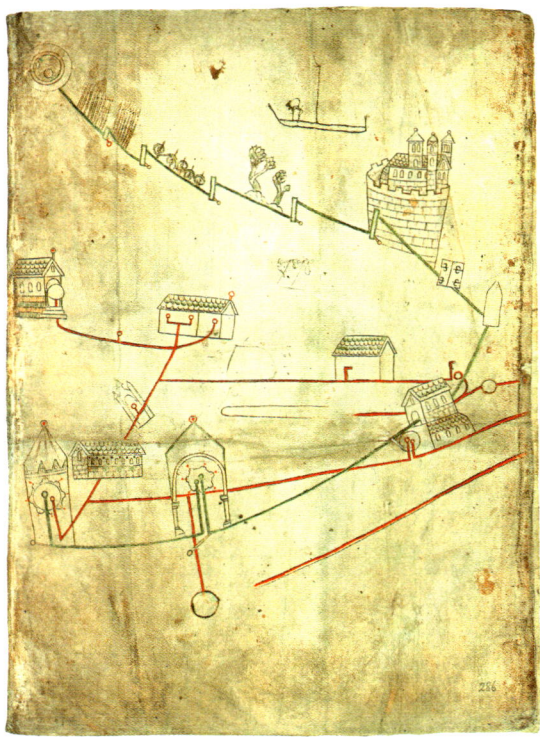

Plan der Wasserversorgung verschiedener Gebäude von Christ Church, Canterbury, um 1150. Die Wasserleitung speist sich aus der oben links eingezeichneten Quelle

Bau einer Brücke in Bern. Zum Heben der auf dem Wasserweg angelieferten Steine wird ein Tretkran genutzt. Die Szene im Vordergrund bezieht sich auf den Kauf von Grundstücken auf der stadtabgewandten Seite der Brücke (Diebold Schilling, 1485)

des 12. Jahrhunderts belegen, überwachten sie Arbeiten an den königlichen Palästen, an Werften und Uferbegrenzungen. Vor der ersten Welle von Stadtgründungen im 12. Jahrhundert waren es zunächst die großen Mönchsgemeinschaften gewesen, die eine entsprechende Infrastruktur insbesondere zur Wasserversorgung der Klosteranlagen aufbauten. Umfangreiche Leitungsnetze wurden in englischen Klöstern ebenso eingerichtet wie auf dem Kontinent, die straffe Organisation der Orden und ihre gute finanzielle Ausstattung sicherten die Durchführung solcher Arbeiten. Während zur Wartung der Anlagen einzelne Mönche abgestellt wurden, lag die planerische Tätigkeit ganz selbstverständlich in den Händen des jeweiligen Abtes, der daher wiederum als Ingenieur wie auch als Architekt beschrieben werden kann. Mit dem Wachstum der Städte stellten sich hier ähnliche Aufgaben: Es galt, Straßen und Wege innerhalb der Stadtmauern zu befestigen, Brücken zu bauen, da die meisten Städte aufgrund deren Bedeutung für den Transport an Wasserwegen lagen, Befestigungsanlagen zu sichern sowie die Wasserversorgung und die Ableitung der Abwäs-

ser zu regeln. Großprojekte wie die Anlage des Naviglio Grande, der um 1200 die Wasserversorgung der Festungsgräben von Mailand sichern sollte, blieben allerdings noch die Ausnahme. Dieser Kanal wurde von dem gut 25 Kilometer entfernten Ticino abgeleitet, später auch für Lastkähne schiffbar gemacht und für Bewässerungszwecke genutzt.

Interessant mit Blick auf die Figur des Ingenieurs ist insbesondere die Regelung der organisatorisch-verwaltungstechnischen Aufgaben städtischer Infrastruktur. Hier entwickelten sich neue Instanzen, die zum Spätmittelalter hin die Administration technischer Aufgaben umfassten. Zuweilen lagen diese in der Hand von Beamten, die keine speziellen technischen Kompetenzen besaßen, sondern Aufträge für einzelne Arbeiten an qualifizierte örtliche Handwerker wie Steinmetze oder Zimmerleute vergaben. Zuweilen wurden aber auch technische Experten selbst mit solchen Posten betraut, so beispielsweise bereits 1277 in Perugia. Hier war es einem venezianischen Handwerker gelungen, die auf mehreren Hügeln gelegene Stadt mit einer Wasserleitung für die Fontana Maggiore zu versorgen. Um ihn für die Wartung der Anlage am Ort zu halten, erhielt er neben dem Bürgerrecht ein Haus, einen Weinberg sowie weitere Vergünstigungen. Auch in London wurden zu dieser Zeit entsprechende Posten geschaffen. Im 14. Jahrhundert sind für die selbstbewussten oberitalienischen Kommunen mit ihrer früh ausdifferenzierten Verwaltung regelmäßig Kommissionen oder dauerhafte Posten zur Verwaltung der städtischen Infrastruktur belegt. In Venedig wurde 1501 eine eigenständige Behörde für die hier besonders wichtigen wasserbautechnischen Aufsichtsfunktionen geschaffen, der „Magistrato alle acque". Städte mit einem ausgebauten Wasserversorgungsnetz wie Basel beschäftigten um 1500 einen „Röhrenmeister", in Nürnberg existierten im 16. Jahrhundert nebeneinander das Amt des „Brunnenmeisters" und des für die Verteidigungsanlagen zuständigen „Werkmeisters". Zwischen befreundeten Territorien kam es immer wieder zum gegenseitigen, offiziell abgesegneten „Ausleihen" technischer Experten zur Beurteilung oder Durchführung besonders anspruchsvoller Projekte. Hier ist demnach ein auf den ersten Blick eher unspektakulärer Bereich zu erkennen, in dem sich ingenieurtechnische Kompetenzen zum Spätmittelalter hin zunehmend verdichteten.

Vielfalt mechanischer Technik: Von der Mühle zum Perpetuum mobile

Der dritte wichtige Bereich, in dem sich im Mittelalter ingenieurtechnisches Wissen akkumulierte, war die mechanische Technik: Mühlwerke und Wasserhebeanlagen gehören ebenso dazu wie die im 13. Jahrhundert erfundene mechanische Räderuhr. Auch für solche Anlagen lag eine formalisierte Ausbildung noch in weiter Ferne, Prinzipien ihrer Herstellung wurden innerhalb von Familienverbänden oder handwerklichen Ausbildungsverhältnissen weitergegeben. Die Ausführung der „Standardformen" der Mühlentechnik oder später der städtischen Schlaguhren lag in den Händen von Zimmerleuten oder Schmieden, die in der Regel nicht als Ingenieure angesehen werden. Gerade im Bereich von Mühlentechnik und Wasserhebeanlagen waren im Spätmittelalter jedoch kreative Leistungen besonders gefragt, um den Anwendungsbereich solcher Anlagen zu erweitern und die eingesetzten Naturkräfte möglichst optimal zu nutzen. Wer hier nach innovativen Lösungen suchte, gilt in der Regel als Ingenieur.

Die großen Klostergemeinschaften des Frühmittelalters setzten vielfach die antike Erfindung der wasserradgetriebenen Getreidemühle ein. Im Spätmittelalter besetzten solche Mühlen in dicht besiedelten Regionen nahezu jeden Wasserlauf. Ab dem 12./13. Jahrhundert verbreitete sich zusätzlich die Windmühle. Zunächst nur im vorderasiatischen Raum bekannt, wurde ihre Technologie in Zentraleuropa schrittweise so modifiziert, dass sie der wechselnden Verfügbarkeit des Windes angepasst werden konnte. Die Erfinder der entsprechenden Innovationen wie

der Bockwindmühle, die als Ganzes in den Wind gedreht werden konnte, sowie später der Turmwindmühle mit drehbarer Haube sind unbekannt. Dies gilt auch für die Handwerker, die seit dem Hochmittelalter vereinzelt die Technologie der Wassermühle nutzten, um außer dem Getreidemahlen auch andere kraftzehrende Arbeitsschritte der Bearbeitung von Rohstoffen zu mechanisieren. Walkmühlen ersetzten in Zentren der Textilverarbeitung die Fußarbeit des Verfilzens von Tuchen, Stampfmühlen dienten der Zerkleinerung aller Arten von Rohstoffen, beispielsweise der Rinden, die für die Gerberlohe benötigt wurden, wasserradgetriebene Hämmer erleichterten das Schmieden größerer Metallstücke, wasserradgetriebene Blasebälge ermöglichten kontinuierlich höhere Schmelztemperaturen und eröffneten damit neue Möglichkeiten der Metallverarbeitung. In all diesen Fällen diente eine Nockenwelle dazu, die Drehbewegung des Wasserrades in die Auf- und Abbewegung der Arbeitsmaschine umzuwandeln. Als komplexeste Weiterentwicklung der Mühlentechnik können die in den oberitalienischen Textilzentren, vor allem in Bologna seit dem 13. Jahrhundert eingesetzten Seidenzwirnmühlen gelten. Hier setzte ein Wasserrad hunderte an einem drehbaren Gerüst befestigte Spindeln in Bewegung, welche die Seidenfäden zu einem festen Faden versponnen. Bei den oberitalienischen Seidenzwirnmühlen handelte es sich allerdings nur um eine regional eingesetzte Technik, die von örtlichen Experten entwickelt worden war und deren Wirkprinzip lange Zeit unter strengster Geheimhaltung stand. Ihr Einsatz hatte quantitativ weit geringere Dimensionen als die Spinnmaschinen und mechanischen Webstühle, die im 18. Jahrhundert zu Schlüsseltechnologien der von England ausgehenden industriellen Revolution werden sollten.

Ingenieure treten in der mittelalterlichen Maschinentechnik erst später in Erscheinung. Von einem „Ingenieur" spricht man erst, als sich die Planung solcher Anlagen stärker von der praktischen Umsetzung ablöste – wo also nicht mehr der Mühlenbauer eine Mühle konzipierte und

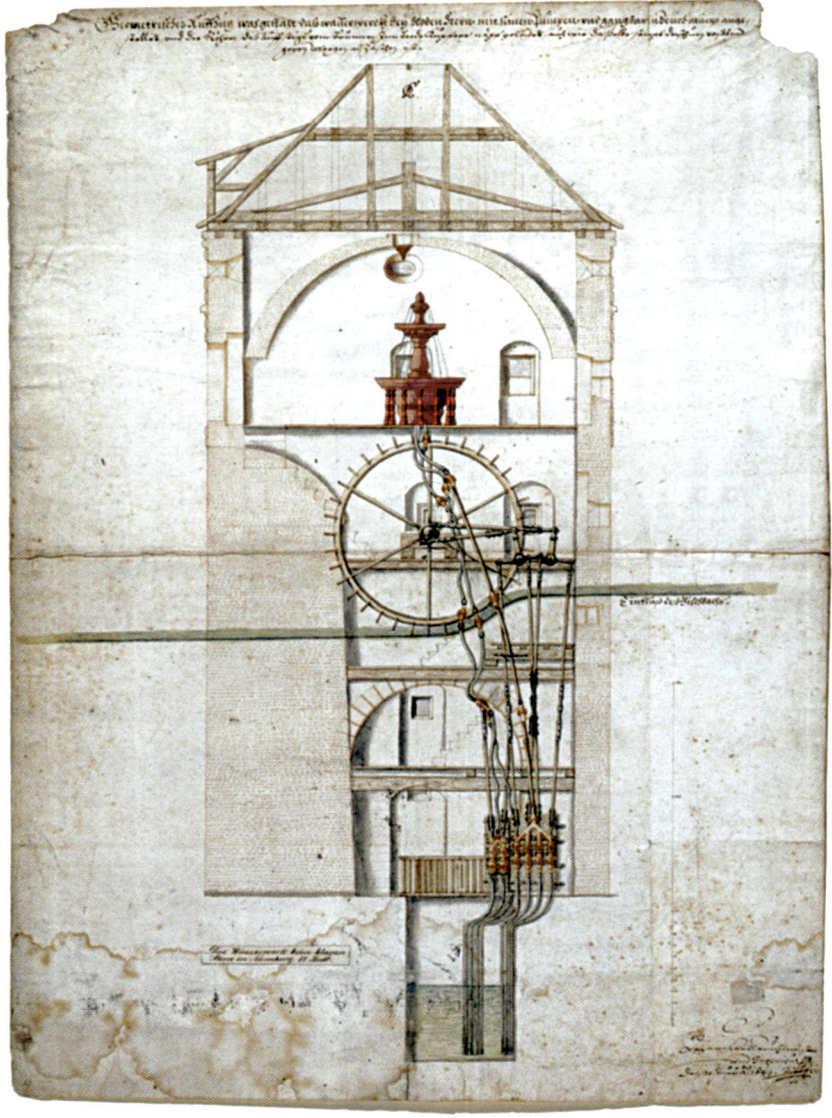

Pumpwerk der Stadt Nürnberg. Angetrieben durch das in der Mitte dargestellte Wasserrad befördern mehrere Pumpen das Grundwasser über Steigleitungen in den Brunnen in der oberen Etage (Johann Carl, 1643)

befestigten Kannen ein, die Flusswasser immerhin zirka 15 Meter hoch heben konnten und dort in ein Auffangbecken schütteten. Hinzu kam ab dem späten 14. Jahrhundert die Pumpentechnik, die in der Antike bereits vielfach genutzt worden war, im europäischen Mittelalter jedoch zunächst in Vergessenheit geraten war. In Diensten der städtischen Wasserversorgung trieb die Strömung eines Fließgewässers nun ein Wasserrad an, das weit kleiner als ein Schöpfrad sein konnte und nur als Kraftmaschine diente. Seine Drehung setzte, beispielsweise über eine Kurbelwelle, die Pumpen in Gang, die Flusswasser oder auch Grundwasser in den Verteilerbehälter eines Wasserturmes leiteten. Von dort aus wurde das Wasser über Rohrleitungen an die Nutzer verteilt. Hierfür finden sich Beispiele in Bautzen, Ulm, Nürnberg oder Augsburg. Besondere Bedeutung kam dieser Technologie auch im Bergbau zu. So benötigte man in Salinen erhebliche Wassermengen, um das Salz zu lösen. Als im Spätmittelalter der Bergbau intensiviert wurde, konnten zahlreiche Gruben bald nur noch unter kontinuierlichem Einsatz mechanischer Wasserhebeanlagen betrieben werden. Denn durch manuelles Schöpfen oder durch Wasserträger und -haspler waren die zu hebenden Wassermengen nicht mehr profitabel zu bewältigen. Leistungsfähige Hebeanlagen waren erforderlich. Für die Konstruktion wie auch für größere Reparaturen von Wasserhebeanlagen zogen Städte wie Bergwerksbetreiber immer wieder auswärtige Handwerker heran. Insofern es ihnen tatsächlich gelang, „ersoffene" Bergwerke wieder in Betrieb zu nehmen, wurden entsprechend hohe Löhne gezahlt.

Die mechanische Räderuhr wurde vermutlich von englischen Mönchen erfunden. Sie suchten Ende des 13. Jahrhunderts nach einem Instrument, mit dem für astronomische Berechnungen kleine Zeitintervalle gemessen werden konnten. Die Mechanisierung der Zeitmessung verbreitete sich dann rasch über die Werkstätten klösterlicher Astronomen hinaus. Mit Schlagwerken ausgestattete mechanische Uhren, meist in städtischen Türmen un-

mit seinen Gehilfen baute, sondern wo Experten für außergewöhnliche Mühlwerke ihre Ideen möglichen Auftraggebern an unterschiedlichen Orten anboten und dann die Handwerker anheuerten, die ihr Konzept in die Praxis umsetzen sollten. Ingenieure in diesem Sinne werden zuerst beim Bau großer Wasserhebeanlagen greifbar. Als seit dem Spätmittelalter der Wasserbedarf gerade auch gewerblicher Nutzer, wie Brauereien, stieg, investierten Stadtverwaltungen insbesondere nördlich der Alpen erhebliche Mittel in den Bau mechanischer Wasserhebeanlagen. Wie in Bremen, Breslau oder Zürich setzte man hierzu große Schöpfräder mit seitlich

tergebracht, wurden innerhalb weniger Jahrzehnte zum Statussymbol aller größeren europäischen Städte. Welche Faszination die Uhrentechnik auf die Zeitgenossen ausübte, zeigt sich in der Verbreitung der Uhrenmetapher. In literarischen Texten stieg die Uhr im Spätmittelalter zum Sinnbild tugendhafter Mäßigung auf – Wissen um die Maschinentechnik wurde somit, wenn auch in sehr allgemeiner Weise, Teil allgemeiner Gelehrsamkeit. In der Praxis der mechanischen Technik stand die Räderuhr schon allein aufgrund des dominierenden Materials Eisen dem Instrumentenbau näher als dem Mühlenbau. Die Kompetenz zur Herstellung dieser Schlaguhren lag zunächst in den Händen von Mönchen, die Astrolabien zur Höhenbestimmung von Himmelskörpern über dem Horizont und andere Messgeräte fertigten. Bald war die Kenntnis zum Bau solcher Schlaguhren jedoch auch unter Schlossern oder Schmieden weit verbreitet. Als „Ingenieure" gelten hier in besonderem Maße die Erbauer der komplexen spätmittelalterlichen astronomischen Schauuhren. Angebracht an städtischen Plätzen oder in Kirchenbauten, veranschaulichten sie über die Zeitmessung hinaus zahlreiche weitere astronomische Abläufe. Häufig gehörten auch bewegliche Figuren zu ihrem Schauprogramm.

Wie das Beispiel der Uhren zeigt, kamen nun zunehmend gelehrtes Wissen und ingenieurtechnische Expertise miteinander in Kontakt. Das manifestierte sich auch in technischen Bilderhandschriften, die ab 1400 in wachsender Zahl überliefert sind. Im Aufbau vergleichbar mit der bereits erwähnten kriegstechnischen Handschrift Guido da Vigevanos von 1335, präsentierten diese Manuskripte zunächst in loser Folge militärtechnische Erfindungen, wie eine ganze Reihe von Beispielen aus den deutschsprachigen Territorien illustriert. Ausgehend von Italien galt dann ab den 1430er Jahren auch die faszinierende zivile Maschinentechnik als geeignet zur Präsentation in diesem Medium. Ein frühes Beispiel sind die Manuskripte des Sieneser Notars Mariano Taccola. Sie zeigen neben militärtechnischen Entwürfen zahlreiche Varianten von Mühlwerken und Wasserhebeanlagen und geben praxisorientierte Ratschläge, wie eine Zeichnung zu Vermessungsmethoden mittels eines Astrolabiums für die Anlage von Wasserleitungen. Taccola verfasste seine kurzen erklärenden Texte teils auf Latein, teils aber auch bereits auf Italienisch. Sein zeitgenössischer Beiname „Archimedes von Siena" bezieht sich weniger auf konkrete ingenieurtechnische Leistungen – über die kaum etwas bekannt ist – als vielmehr auf die Tatsache,

Die astronomische Uhr im Straßburger Münster. Außer der Uhrzeit werden zahlreiche astronomische Daten angezeigt, hinzu kommen bewegliche Automatenfiguren. Darstellungen biblischer Szenen schmücken das Gehäuse (Konrad Dasypodius, um 1570)

Der Ingenieur in Krieg und Frieden: rollbarer Schutzschild zum Anbringen von Brandsätzen (Abb. links), komfortabel zu bedienende Saugpumpe (Abb. rechts). Entwürfe in einem spätmittelalterlichen Manuskript (Mariano Taccola, 1449, hier in einer späteren Kopie von 1475)

dass Taccola die antiken Schriftsteller gut kannte. In einem seiner Manuskripte versuchte er dementsprechend, literarische Berichte über antike Kampfschiffe in kleine Zeichnungen umzusetzen. Seine künstlerischen Fähigkeiten gingen weit über die Darstellung technischer Anlagen hinaus; vor allem seine zwischengestreuten Tierdarstellungen haben die Aufmerksamkeit der Kunsthistoriker gefunden. Taccolas relative Nähe zu zeitgenössischen Machthabern belegt der Umstand, dass er eines seiner technischen Manuskripte Kaiser Sigismund widmete. Er wollte es diesem scheinbar auf einer Reise durch Italien überreichen, um auf diesem Wege eine Anstellung am ungarischen Hof zu gewinnen. Solche Berührungspunkte zwischen ingenieurtechnischer und gelehrter Kultur im Umfeld der Macht sollten im Verlauf der folgenden Jahrhunderte stetig wachsen.

Technische Wunschträume bezüglich eines universellen Einsatzes der Mühlentechnik sowie der Beherrschung zunehmend komplexer Uhrwerke vereinigten sich schließlich in der prestigeträchtigen Suche nach einem mechanischen Perpetuum mobile. Je mehr Maschinenelemente verfügbar waren, um unterschiedlichste Bewegungsvorgänge auszuführen, desto mehr Varianten konnten bei der Suche nach einem solchen Wunderapparat erprobt werden. Dieser sollte im Idealfall nicht nur unaufhörlich von selbst laufen, sondern auch noch zum Antrieb anderer technischer Apparaturen, zum Beispiel eines Mühlwerks taugen, ohne auf die Zufuhr weiterer Antriebskraft angewiesen zu sein. Mit dieser Hoffnung warben viele Experten an den Höfen um Vorauszahlungen, entsprechende Entwürfe sind das ganze Mittelalter hindurch dokumentiert. Dass schon viele Zeitgenossen feststellten, dass die Konstruktion eines Perpetuum mobile nicht möglich sei, tat diesen Bemühungen keinen Abbruch. Die Suche nach dem Perpetuum mobile ist jedoch nicht nur als Kuriosum von Interesse. Ähnlich wie die Suche der Alchemisten nach dem Stein der Weisen warf das fortwährende Scheitern dieser Bemühungen immer wieder die Frage nach den Gründen auf

– und stimulierte damit sowohl weitere praktische Versuche als auch die Frage nach theoretischen Erklärungsmodellen für Phänomene der Kraftübertragung.

Ingenieurtechnik in außereuropäischen Kulturen im Vorfeld der europäischen Expansion

Ingenieurtechnische Expertise war zu Zeiten des Mittelalters nicht nur in Zentraleuropa verbreitet. Wie bereits erwähnt, stießen die europäischen Kreuzfahrer im Heiligen Land auf fortgeschrittene, ihnen unbekannte Technologien wie große Wurfgeschütze oder auch die Windmühle. Aus anderen Teilen der Welt sind darüber hinaus gerade im Wasserbau avancierte, völlig eigenständige ingenieurtechnische Leistungen überliefert. Insbesondere in China, aber auch in anderen, zentral regierten Großreichen wie dem der Khmer im heutigen Kambodscha oder dem der Inka im heutigen Peru erreichten wasserbauliche Maßnahmen – wie schon in den antiken Hochkulturen – zuweilen weit umfangreichere Dimensionen als im mittelalterlichen Europa. Sie gelangen dennoch auf der Basis technischen Wissens, dem beispielsweise bei den Khmer allem Anschein nach weder schriftliche Aufzeichnungen noch eine wissenschaftliche Basis zugrunde lagen. An dieser Stelle können entsprechende Beispiele nicht detailliert dargestellt werden, es ist allein zu zeigen, dass sie zu Zeiten des europäischen Mittelalters in verschiedenen Gebieten der Welt ohne gegenseitigen Informationsaustausch realisiert wurden. Der Transfer ingenieurtechnischen Wissens im Zuge der frühneuzeitlichen Kolonialisierung der Welt ist demgegenüber ein anderes Thema, auf das hier nicht eingegangen wird.

In der arabischen Hochkultur des 7. bis 13. Jahrhunderts waren wasserbautechnische Maßnahmen wie Flussregulierungen, Dämme, Kanäle und Aquädukte allgegenwärtig. Die ausdifferenzierte Landwirtschaft des arabischen Großreichs, das sich von Bagdad über Nordafrika bis Córdoba erstreckte, war in dieser semiariden Klimazone maßgeblich von solchen Eingriffen abhängig. Für den Fachmann im Wasserbau existierte eine Bezeichnung (*mouhandis*), die auch Architekten oder kartographische Spezialisten umfasste und damit weitgehend dem europäischen Äquivalent des Ingenieurs entspricht. Solche Experten waren zum Teil direkt im Dienste des Staates angestellt, zum Teil wurden sie auch für einzelne Projekte engagiert. Ihre hohe Mobilität sicherte den Wissens- und Technologietransfer zwischen den verschiedenen Regionen des arabischen Großreiches, der zudem durch die gemeinsame Sprache und Kultur erleichtert wurde.

Einige arabische Gelehrte verstanden wasserbautechnische Maßnahmen als eigenständigen Wissensbereich. Eine entsprechende, praxisnahe Wissenschaft wurde allerdings höchstens in Ansätzen begründet, differenzierter waren theoretische Überlegungen im Anschluss an die antike Mechanik. Bibliotheken, wie die des Kalifen von Bagdad, bewahrten bedeutende wissenschaftliche und technische Manuskripte der Antike, die dem europäischen Mittelalter unbekannt waren, beispielsweise solche der hellenistischen Mechaniker Heron von Alexandria oder Philon von Byzanz. Die Theorie der einfachen Maschinen, insbesondere des Hebels und der Waage, wurde nun auch aktiv weiterentwickelt. Aus dem 8. bis 12. Jahrhundert sind neben solchen Schriften zur Mechanik eine Reihe von Bilderhandschriften mit mechanischen Anlagen überliefert. Beispielsweise präsentierten im 9. Jahrhundert die Gebrüder Musa, die am „Haus der Weisheit" in Bagdad tätig waren, eine Reihe von Trickgefäßen mit äußerst raffiniertem Innenleben. Solche Gefäße, die bereits in der Antike bekannt waren, verfügten über ein eingebautes, von außen nicht sichtbares Röhrensystem, das es erlaubte, nacheinander unterschiedliche Flüssigkeiten auszugießen. Auch die reich illustrierte Bilderhandschrift von al-Jazari, der um 1200 am Hof des Kalifen von Diyarbakir tätig war, präsentierte Entwürfe für Automaten und Wasserhebeanlagen. Solche Manuskripte wurden für die jeweiligen Herrscher angefertigt, um technisches Wissen ansprechend zu präsentieren und zu bewahren. Formal ähneln diese Bilderhandschriften späteren europäischen Beispielen, wie dem genannten Manuskript Guido da Vigevanos. Es ist jedoch unklar, ob die europäischen Autoren sich an arabischen Vorlagen orientierten oder ob diese Tradition in beiden Kulturen jeweils auf antike Vorbilder zurückging. Auf jeden Fall lag einzelnen europäischen Gelehrten – wie beispielsweise Jordanus Nemorarius – das ein oder andere arabische Manuskript vor, als sie sich im 13. Jahrhundert mit Fragen der theoretischen Mechanik beschäftigten. Praktisches Wissen um die arabische Technik gelangte schließlich zwangsläufig dort nach Europa, wo beide Kulturkreise aufeinander trafen, das gilt für die Kreuzzüge ebenso wie für die Zeit der muslimischen Herrschaft in Spanien. In den Zeiten der Stagnation und des Niedergangs des arabischen Großreiches bis zum 16. und 17. Jahrhundert kam das hier akkumulierte Wissen allerdings zum Stillstand. Insgesamt weisen Status und Tätigkeitsfeld der arabischen Ingenieure bereits im 9. bis 13. Jahrhundert durchaus ähnliche Charakteristika auf wie später im Europa der Frühen Neuzeit.

Völlig anders stellt sich die Situation in China dar. Seit der Vereinigung zum chinesischen Großreich im 3. Jahrhundert v. Chr. sind ingenieurtechnische Arbeiten im großen Stil belegt, darunter ausgedehnte wasserbautechnische Projekte. Ihre gesellschaftliche Bedeutung spiegelt sich darin, dass sich bereits in der Frühzeit der chinesischen Dynastien Legenden um spezifische Ingenieurfiguren rankten, die im Umgang mit der Zentralressour-

Entwurf einer Wasserhebeanlage in einem arabischen Manuskript. Die Hauptachse wird durch den Esel über ein Getriebe in Drehung versetzt. Vier partiell gezahnte Räder heben jeweils über ein Kammrad eine große Schöpfkelle, bis diese etwa waagrecht steht. Das Wasser in der Kelle läuft durch den ausgehöhlten Stiel auf dem Niveau der unteren Achsen in eine Rinne ab (hier nicht gezeigt), die Kelle schwingt im Leerlauf des Zahnrades durch ihr Eigengewicht zurück. Dieses Prinzip kam im Vorderen Orient häufig zu Bewässerungszwecken zum Einsatz (al-Jazari, 1206, Kopie aus Ägypten, 1354)

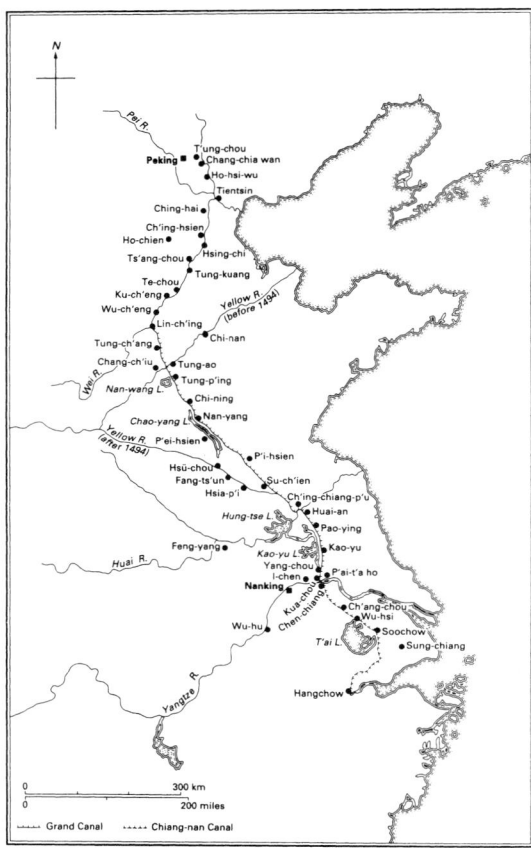

Der Kaiserkanal als Verbindungsweg zwischen den südlichen Provinzen Chinas und der Hauptstadt Peking (Ming-Dynastie, Anfang 15. Jahrhundert)

ce Wasser auf unterschiedliche Grundprinzipien setzten – so stand der Deichbau als aktive Umlenkung von Wasserläufen der eher „sanften" Methode der Erweiterung bestehender Wasserläufe zu Kanälen gegenüber. Zu Zeiten des europäischen Mittelalters waren in China umfangreiche Bewässerungsmaßnahmen im trockenen Norden des Landes wie auch Anlagen zur systematischen Versorgung der Reisfelder in den südlichen Provinzen an der Tagesordnung. Dammbauten sollten besiedelte Gegenden vor Überschwemmungen schützen, zahlreiche Kanäle wurden zu Transportzwecken angelegt; der Transport zu Wasser spielte in China stets eine weit zentralere Rolle als in Europa. Viele solcher Großprojekte hatten Ausmaße, die in Europa auch später nie erreicht werden sollten. Entwurf und Durchführung wasserbautechnischer Projekte lagen in den Händen der bereits um die Zeitenwende stark ausdifferenzierten zentralstaatlichen Bürokratie, schon seit etwa 500 gab es entsprechende Verwaltungsposten. Nur in diesem Rahmen konnten die erheblichen finanziellen Mittel aufgebracht werden, ohne die beispielsweise schon der Bau der Chinesischen Mauer im 3. Jahrhundert v. Chr. nicht möglich gewesen wäre.

Welche Dimensionen wasserbautechnische Projekte in China annahmen, zeigt die Wiederherstellung des Kaiserkanals zu Beginn der Ming-Dynastie Anfang des 15. Jahrhunderts. Dieser Wasserweg, der mehrere Flussläufe zwischen Nord- und Südchina verband, sollte erneut schiffbar gemacht werden, um die in riesigen Mengen anfallenden Naturalsteuern in Form von Reis von den fruchtbaren südlichen Provinzen sowohl in die nördlich gelegene Hauptstadt Peking als auch zu den im Nordosten des Landes stationierten Grenztruppen zu transportieren. Die Bauarbeiten waren nur auf der Basis des ausgedehnten Systems der Fronarbeit möglich. Unter der Leitung von Ministern und anderen hohen Beamten teilte man das Wasser kleinerer Flüsse durch Dämme, regulierte den Pegelstand durch den Bau großer Auffangbecken, legte neue Kanäle, Deiche und Wehre an und beseitigte einige der gefährlichen Stromschnellen. Nach Fertigstellung der Arbeiten Mitte des 15. Jahrhunderts waren für diese Transporte jährlich 11.775 Boote im Einsatz, überwacht wurden sie von 121.500 Offizieren – diese Zahlen verdeutlichen noch einmal die Bedeutung dieses Großprojektes.

Die technischen Kompetenzen chinesischer Experten im Wasserbau beruhten zum Großteil auf Erfahrungswissen. Sie nutzten geometrische Hilfsmittel zur Landvermessung sowie einfache Rechentechniken zur Organisation der Fronarbeit. Über wasserbautechnische Maßnahmen hinaus waren in China zu Zeiten des europäischen Mittelalters zahlreiche Experten in der mechanischen Technik und im Instrumenten- und Uhrenbau tätig. Auch ist der Einsatz von Maschinen zu gewerblichen Zwecken vielfach belegt. Neben der Getreidemühle, die in China etwa zur selben Zeit wie in Europa genutzt wurde (etwa im 2. Jahrhundert v. Chr.), setzte man schon bald darauf – und damit weit früher als in Europa – Stampfmühlen oder wasserradgetriebene Blasebälge zur Versorgung von Schmelzöfen ein. Fachleute für all diese Aufgaben stammten aus unterschiedlichen gesellschaftlichen Schichten. Hohe Beamte waren darunter ebenso zu finden wie Gelehrte, denen der Aufstieg in die höhere staatliche Bürokratie verwehrt geblieben war. Hinzu kamen spezialisierte Handwerker, die in den kaiserlichen Arsenalen und Werkstätten tätig waren.

Außergewöhnliche wasserbautechnische Leistungen ermöglichten auch den Bau des ausgedehnten Tempelkomplexes von Angkor im heutigen Kambodscha. In der Blütezeit des Khmer-Reiches vom 9.

Tempel von Angkor Wat, Kambodscha (12. Jahrhundert). Das Spiegelbild des Tempels in dem vorgelagerten Becken sollte den mythischen, aus dem urzeitlichen Ozean aufgestiegenen ersten Tempel symbolisieren

bis zum frühen 14. Jahrhundert bauten dessen Herrscher nacheinander mehrere Hauptstädte auf einer Fläche von etwa 200 Quadratkilometern. In ihnen lebten möglicherweise bis zu eine Million Einwohner. Zahllose kleinere Kanäle durchziehen den Tempelkomplex. Um 900, und dann noch einmal gut 100 Jahre später, schuf man hier durch die Aufschüttung von Dämmen zwei riesige Wasserreservoirs, so genannte Barays von jeweils etwa acht Kilometern Länge, zwei Kilometern Breite und einer Tiefe von drei Metern. Internationale Forschungsteams suchen gegenwärtig unter Einsatz von Satellitenaufnahmen die Funktionsweise dieses wassertechnischen Systems genauer zu rekonstruieren. Da sich schriftliche Zeugnisse über Angkor auf zeitgenössische Reiseberichte chinesischer Gesandter beschränken, ist die Funktion der Barays im Detail umstritten. Mit ihren zu- und abführenden Kanälen dienten sie einer kontrollierten Bewässerung der ausgedehnten Reisfelder der Stadt ebenso wie als Auffangbecken der Verhinderung von Überschwemmungen in der Monsunzeit. Kleinere Barays, die einzelne Tempel umgaben, hatten zudem eine religiöse Funktion. Sie symbolisier-

ten den urzeitlichen Ozean, welcher der Überlieferung nach den ersten Tempel umschlossen hatte. Teil der komplexen Infrastruktur waren auch erhöht angelegte Straßen mit steinernen Brücken entlang der Reisfelder und der zahlreichen Kanäle. Die Jahrhunderte dauernde Realisierung dieser großflächigen Strukturen wie auch

Wasserhaushalt des Gebietes um Angkor. Die Tempelzone mit den großen, rechteckigen Wasserspeichern liegt exakt zwischen einer Hochebene und einem tiefer gelegenen Überflutungsgebiet (Rekonstruktion Matti Kummu, 2005)

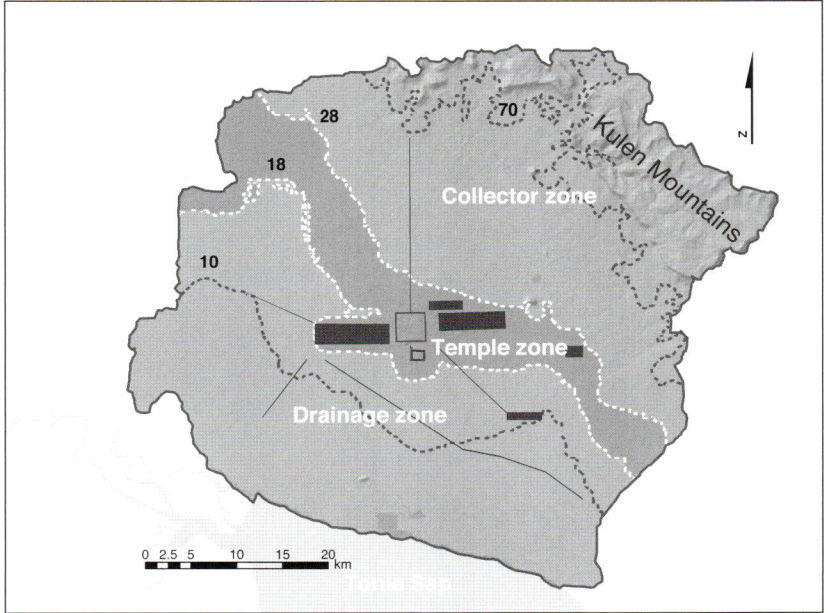

Die Inkastadt Machu Picchu. Beim Bau der Anlage im 15. Jahrhundert wurde die Wasserversorgung durch einen Fließkanal von Beginn an mit eingeplant

die weitgehend identische Ausrichtung der Tempelbauten erforderte avancierte vermessungstechnische und astronomische Kenntnisse – über diese weiß man jedoch ebenso wenig wie über die logistischen und organisatorischen Strukturen der Bauarbeiten.

Ein ebenso planvolles Vorgehen, wenn auch in weit bescheideneren Dimensionen, sicherte die kontinuierliche Frischwasserversorgung der Inkastadt Machu Picchu, die vermutlich im 15. Jahrhundert auf zirka 2.300 Meter Höhe im heutigen Peru angelegt wurde. Aufgrund fehlender Schriftquellen ist der Zweck der Stadt nicht eindeutig geklärt. Wahrscheinlich diente sie als Rückzugsort für den König Pachacuti, dessen Reich sich vom heutigen Ecuador über Peru und Teile Boliviens bis nach Chile erstreckte. Bereits gut 100 Jahre später wurde sie nach der Vernichtung des Inkareiches durch die Europäer wieder aufgegeben. Die Stadt war für rund 1.000 Einwohner angelegt, die Bauten erhielten auf dem abschüssigen, erdrutschgefährdeten Gelände eine solide Fundamentierung. Die Wasserversorgung von Machu Picchu gilt als Höhepunkt des auch in zahlreichen anderen Inkastädten erkennbaren wasserbautechnischen Könnens und war von Beginn an systematisch eingeplant. Sie beruhte auf einer Quelle, die Niederschlagswasser höher gelegener Berggipfel sammelte. Ein daran anschließender Hauptkanal von zirka 750 Metern

Länge wurde zunächst durch landwirtschaftliche Anbauflächen vor der Stadt geführt. Beim Palast des Königs trat der Kanal in die Stadt ein und speiste nacheinander 16 Brunnen. Seine Dimensionen waren der jahreszeitlich variierenden Wassermenge angepasst, zudem war er so angelegt, dass nur minimale Wartungsarbeiten erforderlich waren. Durch Regenfälle verschmutztes Oberflächenwasser wurde so abgeleitet, dass es nicht in die Versorgungskanäle floss.

Somit wurden zu Zeiten des europäischen Mittelalters in verschiedenen Teilen der Welt unabhängig voneinander beeindruckende ingenieurtechnische Leistungen geschaffen. Sie beruhten weitgehend auf Erfahrungswissen, schriftliche Aufzeichnungen spielten eine vergleichsweise geringe oder überhaupt keine Rolle. Einfache Instrumente ermöglichten es, Dimensionen zu bestimmen und grundlegende Rechenoperationen auszuführen. Trotz einer Beschäftigung mit theoretischen Fragen vor allem im arabischen Mittelalter gab es keine wissenschaftlichen Grundlagen in Fragen der Materialkunde oder Statik. Stets jedoch sicherten stabile Herrschaftsverhältnisse über viele Generationen die Akkumulation und Weitergabe ingenieurtechnischen Wissens auch ohne schriftlich fixierte Wissensbestände. In dieser Hinsicht erscheint das mittelalterliche Europa im Großen und Ganzen auf einem mit anderen Hochkulturen vergleichbaren technischen Niveau.

Ingenieure zu Beginn der Frühen Neuzeit: Chancen des Aufstiegs im Umfeld der Landesherren

Auf dem Weg in die industrialisierte Moderne nahm die Figur des Ingenieurs im frühneuzeitlichen Europa unter spezifischen politischen und gesellschaftlichen Rahmenbedingungen schärfere

Konturen an. Im Gegensatz zu anderen Hochkulturen, die stark auf ein einzelnes Herrschaftszentrum ausgerichtet waren, standen in Europa zahlreiche Herrschaftsgebiete in kulturellem und militärischem Wettstreit. Als die Bevölkerungsverluste nach den Pestepidemien des 14. Jahrhunderts wieder ausgeglichen waren, suchten die europäischen Fürsten – nicht zuletzt mittels zahlreicher Kriegszüge – die Herrschaft über ihre Territorien zu festigen. Bautechnische Aufgaben stellten sich mit neuer Dringlichkeit, sie sicherten das „Funktionieren" der Städte ebenso wie das Prestige und die Absicherung gegenüber benachbarten Reichen. Symbolträchtig ist das Bestreben vieler frühneuzeitlicher Fürsten, das eigene Territorium zu vermessen und in repräsentativen Karten niederzulegen. Im deutschen Raum sind entsprechende Projekte in der zweiten Hälfte des 16. Jahrhunderts beispielsweise in Bayern, Württemberg, Hessen und Kursachsen nachgewiesen. Im Rahmen dieses verstärkten Zugriffs auf das Territorium gewann die Ingenieurtechnik weiter an Bedeutung.

Einer zahlenmäßig kleinen Schicht herausragender Ingenieure, auf die sich die Darstellung im Folgenden konzentrieren wird, eröffnete der frühneuzeitliche Territorialisierungsprozess neue Möglichkeiten, prestigeträchtige Aufträge zu erlangen. Der Florentiner Festungsbauingenieur Buonaiuto Lorini umriss diese Chancen gegen Ende des 16. Jahrhunderts in durchaus blumigen Worten: Seinesgleichen, so betonte er, benötige die Unterstützung hochgestellter Herrschaften, so wie junge Pflanzen nur unter optimaler Versorgung die schönsten Früchte hervorbrächten – nicht ohne darauf hinzuweisen, dass es an derartigen Initiativen häufig noch fehle. Dennoch konsolidierten sich die Initiativen spätmittelalterlicher Städte, technische Experten über Einzelprojekte hinaus in Dienst zu nehmen, nun auch bei dem schrittweisen Ausbau der Verwaltungsapparate frühneuzeitlicher Territorien. Komplexere Infrastrukturen aufrechtzuerhalten erforderte regelmäßig den Rückgriff auf technische Kompetenzen. Zudem suchten sich einige Landesherren in der ständigen Konkurrenz mit anderen Territorialfürsten die fähigsten Fachleute zu sichern und nahmen seit dem 15. Jahrhundert Mathematiker, Astronomen und Kartographen ebenso in Dienst wie Naturphilosophen, bildende Künstler und Architekten. Das bot auch frühneuzeitlichen Ingenieuren die Chance, am kulturellen Leben des Hofes teilzuhaben, obwohl sie aufgrund ihrer handwerklichen Herkunft nicht unbedingt mit den komplizierten Spielregeln der höfischen Gesellschaft vertraut waren. Das 15. und 16. Jahrhundert wurde so zur großen Zeit vielseitiger technischer Fachleute. Sie waren Pendler zwischen den Welten von Handwerk und Hof, von Gelehrsamkeit und Praxis, von Erfindung und organisatorischer Routine. Einige von ihnen gelangten zu bemerkenswertem Wohlstand. Es waren diese Möglichkeiten einer Zeit ohne festgefahrene Karrierepfade, die Gelehrte wie Leonardo da Vinci, auf den noch zurückzukommen sein wird, für spätere Epochen zum Leitbild des Universalgenies machten. Sein noch heute anhaltender Ruhm spiegelt wohl auch die Sehnsucht nach einer Zeit, in der allein Neugier und technische Kreativität, gepaart mit

Der Ingenieur präsentiert seinem Auftraggeber Vorschläge zum Bau einer Festung. Idealtypische Darstellung auf dem Titelblatt eines Festungsbautraktates (Matthias Dögen, 1647)

Cosimo I, Großherzog der Toskana, im Kreise seiner Architekten und Ingenieure. Deckengemälde im Palazzo Vecchio, Florenz (Giorgio Vasari und Gehilfen, um 1559)

Plan für die Neugründung von Freudenstadt im Schwarzwald. Entwurf des Landesbaumeisters für den Herzog von Württemberg, kurze Zeit später in abgewandelter Form realisiert (Heinrich Schickhardt, 1599)

Der wohlhabende Ingenieur Heinrich Schickhardt dokumentierte seine gesamten Besitztümer in einem umfangreichen Inventar, hier sein Grundbesitz in seiner Geburtsstadt Herrenberg. Häuser samt Nebengebäuden sind mit seinem Monogramm gekennzeichnet, um 1630

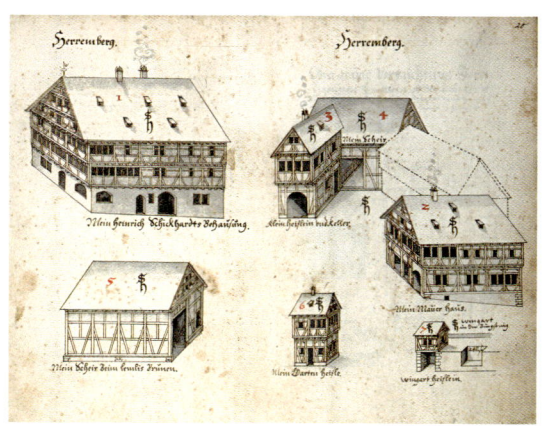

den richtigen Beziehungen und dem nötigen Quäntchen Glück, dem Ingenieur Tür und Tor öffnen konnte.

Als weniger prominentes Beispiel für die Möglichkeiten solcher Karrieren im Umfeld der Landesherren kann Heinrich Schickhardt (1558–1634) gelten, der den württembergischen Herzögen jahrzehntelang als Landesbaumeister diente. In dieser Funktion leitete er unterschiedlichste Projekte vom Brücken-, Wege- und Kanalbau bis zur Anlage von Mühlen, Bergwerken und Salinen, nicht zu vergessen den Bau von Kirchen, Rathäusern und Privatbauten. Selbst die Planung der Neugründung von Freudenstadt im Schwarzwald gehörte zu den von Schickhardt übernommenen Aufgaben. Dabei war er für den Entwurf der Bauwerke ebenso zuständig wie für die Kalkulation der zu erwartenden Kosten sowie die Einstellung der ausführenden Handwerker. Schickhardt, der aus einer Familie von kunsthandwerklich begabten Holzschnitzern stammte, war nach seiner Gesellenzeit in Stuttgart in die Dienste des damaligen württembergischen Landesbaumeisters Georg Beer getreten. Für den 1593 an die Macht gekommenen Herzog Friedrich I. realisierte er bald eine Reihe von Bauwerken verschiedenster Art, unter anderem zahlreiche Mühlwerke für gewerbliche Zwecke. Als Beer 1600 starb, ernannte der Herzog Schickhardt jedoch nicht zum Landesbaumeister. Es wird vermutet, dass er ihn frei vom verwaltungstechnischen Alltag halten wollte und für die Leitung größerer Bauprojekte vorgesehen hatte. Zu Zeiten Fried-

richs I. übernahm Schickhardt auch „fachfremde" Aufgaben bei Hofe. So begleitete er den Herzog zusammen mit drei weiteren Gefolgsleuten zur Jahrhundertwende 1600 bei einer inkognito durchgeführten Reise nach Rom. Er führte nicht nur ein Reisetagebuch, in dem er zahlreiche architektonische und technische Skizzen festhielt, sondern verfasste auch den offiziellen Reisebericht, der drei Jahre später im Druck erschien. Landesbaumeister wurde Schickhardt erst 1608 unter dem Nachfolger Friedrichs I. Unter den von Schickhardt realisierten technischen Anlagen finden sich keine neuen Erfindungen, er verfolgte vielmehr das Ziel, im Herzogtum Württemberg die fortschrittlichsten bereits bewährten Maschinen zu realisieren. Zahlreiche Reisen, auf denen er tausende Kilometer zu Pferd zurücklegte, verschafften ihm den entsprechenden Überblick. In seiner umfangreichen Bibliothek finden sich zudem die wichtigsten ingenieurtechnischen Bücher seiner Zeit. Schickhardts erhebliches persönliches Vermögen an Sachgegenständen und Grundbesitz belegt die Aufstiegsmöglichkeiten technischer Experten in der Frühen Neuzeit. Allerdings war auch Schickhardt, wie alle Bediensteten am Hofe, von der Gunst des Herrschers abhängig. Bei einem Wechsel des Landesherrn war die Anstellung stets in Gefahr, zudem bestand die Möglichkeit, dass für bestimmte Projekte auswärtige Konkurrenten herangezogen wurden. So entwarf Schickhardt für Friedrich I. zwar detaillierte Pläne für die Schiffbarmachung des Neckars, dies hielt den Herzog jedoch nicht davon ab, für dieses Projekt auch einen Ingenieur des befreundeten Herzogs von Mantua nach Stuttgart zu holen. 1602 hielt sich Gabriele Bertazzolo mehrere Monate in Württemberg auf und verfertigte ein detailliertes Gutachten in dieser Frage. Offensichtlich kam es zu heftigen Rivalenkämpfen mit den einheimischen Fachleuten am Stuttgarter Hof. Letztlich reiste der hochbezahlte Italiener wieder ab, ohne dass entsprechende Maßnahmen in Gang gekommen waren.

Die Sicherung des Territoriums: Festungsbaumeister und Büchsenmeister

Bis in das Spätmittelalter verlief der Belagerungskrieg im Wesentlichen in den seit der Antike bekannten Bahnen. Seit dem 14. Jahrhundert schufen Schießpulver und Kanone für Angreifer wie Verteidiger jedoch völlig neue technische Rahmenbedingungen. Beherrschung und Perfektionierung der Feuerwaffen und die Anlage von Festungsbauten, die dieser neuen Bedrohung widerstehen konnten, erforderten innovatives technisches Wissen und Organisationstalent. Das Wissen um die Herstellung von Schießpulver gelangte im 14. Jahrhundert von China nach Europa, bald darauf kamen bei Belagerungen die ersten „Donnerbüchsen" zum Einsatz. Es dauerte allerdings mehrere Generationen, bis man die Herstellung von Schießpulver und die materialtechnischen Anforderungen an den Geschützguss so weit im Griff hatte, dass Kanonen sich zur wichtigsten Waffe der Kriegführung entwickelten. Nun bekamen Angreifer für einige Jahrzehnte die Oberhand gegenüber Verteidigern befestigter Plätze. Mittelalterliche Burgmauern hatten der Wucht wiederholter Kanonenschüsse meist nur wenig entgegenzusetzen. Daher suchte man bestehende Anlagen zunächst massiv zu verstärken. Im späten 15. Jahrhundert kursierten jedoch in ganz Europa zahllose Vorschläge zu einer radikalen Neugestaltung von Befestigungsanlagen. Im deutschsprachigen Raum stellte Albrecht Dürer 1527 mit seiner Schrift „Etliche vnderricht/ zu befestigung der Stett/ Schlosz/ vnd flecken" ein ausgefeiltes, in der Realisierung jedoch sehr aufwendiges und damit kaum bezahlbares Gesamtkonzept vor. Bei aller Vielfalt ging die Tendenz dahin, die eigentlichen Festungsmauern niedriger zu bauen und sie mit raumgreifenden Systemen von Gräben und Erdwällen zu umgeben. Geschützstellungen der Verteidiger auf den Erdwällen sollten es den Angreifern erschweren, ihre Feuerwaffen überhaupt in Festungsnähe zu führen. Schräg geneigte Mauern und Erdwälle sollten Kanonenkugeln im Vergleich zu den senkrechten Mauern mittelalterlicher Burgen die Wucht des Aufpralls nehmen, in Erdwällen blieben die Kugeln im Idealfall schlicht stecken. Gleichzeitig suchte man dieses System von Bastionen so anzulegen, dass die Verteidiger die Angreifer jederzeit unter Beschuss nehmen konnten. Eine ausgefeilte geometrische Formensprache nahm den Kampf gegen den toten Winkel auf. Ausgehend von Italien verbreiteten sich entsprechende Entwürfe in ganz Europa. Vielfach sind nördlich der Alpen jedoch auch eigenständige Bemühungen um einen möglichst effektiven Schutz befestigter Plätze zu erkennen. Zu den Zeiten der Befreiungskriege der Niederlande wurden ab den 1570er Jahren zahlreiche Festungen mit neuartigen Befestigun-

Vorschlag für den Bau einer Schleuse, um den Neckar auf Höhe des Stauwehrs einer Mühle schiffbar zu machen. Teil einer Projektskizze des italienischen Ingenieurs Gabriele Bertazzolo für den Herzog von Württemberg, um 1600

Das prekäre Gleichgewicht von Festungsbau und Artillerie in der Frühen Neuzeit. Sinnbild auf dem Titelblatt eines Festungsbautraktates (J. B. Scheither, 1672)

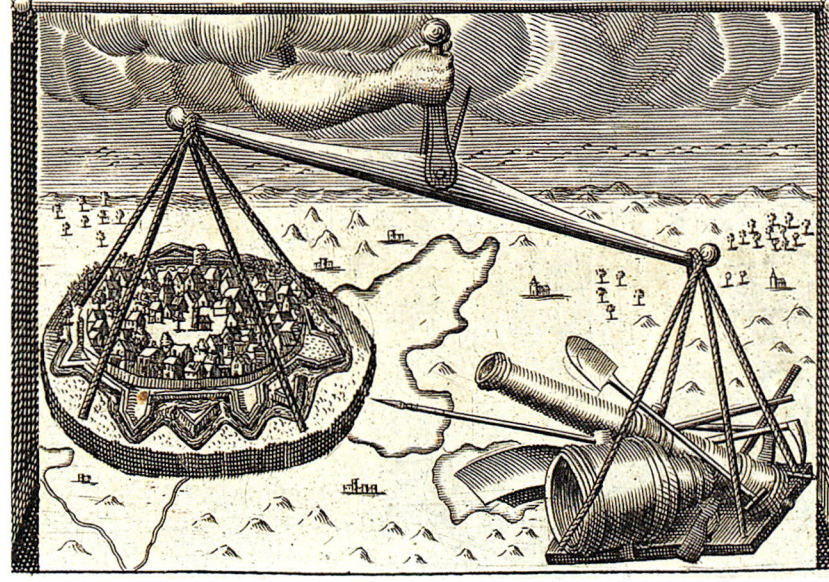

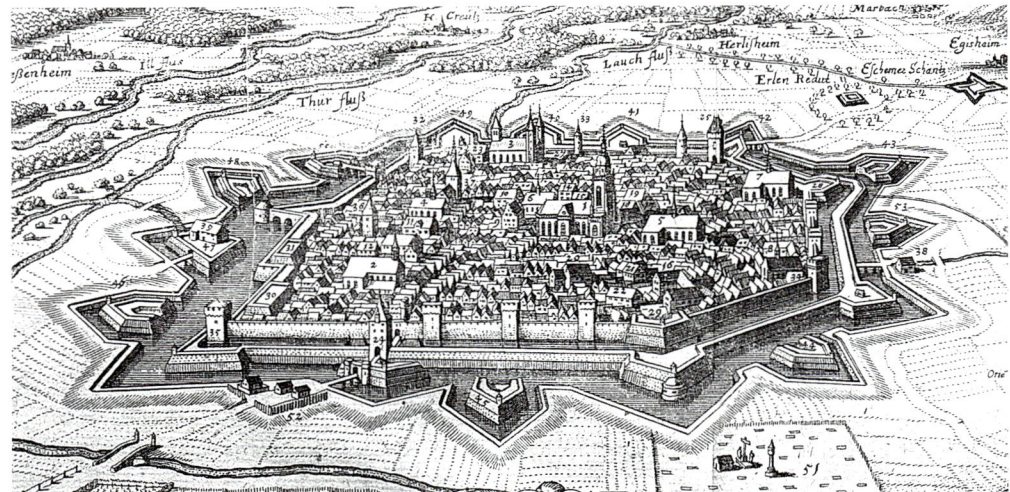

Festungsgürtel der Stadt Colmar. Der Planungsprozess solcher Anlagen erforderte geometrische und vermessungstechnische Kenntnisse, auf deren Grundlage auch diese Vogelperspektive konstruiert wurde (Matthäus Merian, um 1660)

gen angelegt, die praktisch komplett aus Erdmassen bestanden. Auf Steine und Ziegel verzichten die Erbauer; die erhebliche Zeit- und Kostenersparnis galt bald als wegweisend. Wie die Festungsanlagen auch im Detail angelegt sein mochten, die Topographie der frühneuzeitlichen Stadt veränderte sich im Vergleich zum Mittelalter grundlegend. Frappierend war vor allem die veränderte symbolische und äs-

thetische Wirkung für diejenigen, die sich einer befestigten Stadt näherten. Mittelalterliche Mauern wirkten schon durch ihre Höhe einschüchternd. Hingegen waren die raumgreifenden Erdwälle der neuen Verteidigungsanlagen in der Landschaft als flache Erhebungen kaum sichtbar. Ihr ästhetisches Potenzial entfalteten die geometrisch angelegten Festungswerke praktisch ausschließlich im Medium der Zeichnung

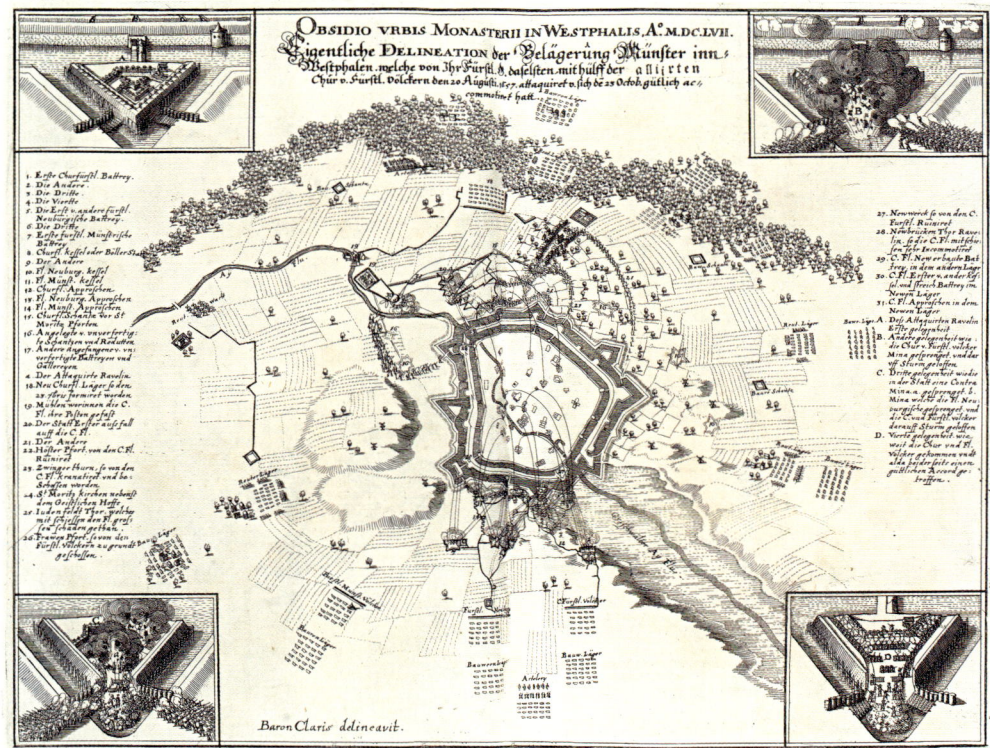

Belagerung der Stadt Münster während des Dreißigjährigen Krieges 1657. Auch diese zeitgenössische Rekonstruktion vermittelt nur einen vagen Eindruck von der Realität des frühneuzeitlichen Belagerungskrieges

oder des Kupferstiches. Hier konnte der Künstler einen Grundriss entwerfen oder eine Sicht von einem erhöhten Standpunkt konstruieren, wie sie in der Realität nur existierte, wenn der Ort von Hügeln umgeben war. Auch heute werden die noch erhaltenen, nach geometrischen Prinzipien angelegten Festungen der Frühen Neuzeit auf den touristischen Besucher wohl kaum eine vergleichbare Wirkung ausüben wie die Betrachtung einer mittelalterlichen Burg.

Unter diesen Rahmenbedingungen entwickelte sich der Festungsbau seit dem 15. Jahrhundert zu einem eigenständigen Wissensgebiet. Ab der Mitte des 16. Jahrhunderts erschien eine Flut von Festungsbautraktaten im neuen Medium des gedruckten Buches. Natürlich folgte auch der mittelalterliche Burgenbau festungsbautechnischen und ästhetischen Konventionen, nun ging es jedoch um die Suche nach der ortsunabhängigen Idealform, die auf geometrischen Modellen basierte und den besten Schutz vor Angriffen versprach. Es ist vielleicht kein Zufall, dass weder mittelalterliche Autoren selbst noch die neuere Forschung die Baumeister mittelalterlicher Burgen als „Ingenieure" bezeichnet haben. Diese Bezeichnung scheint erst den gewachsenen Ansprüchen des frühneuzeitlichen Festungsbaus zu entsprechen: Nun basierte der Bau von Verteidigungsanlagen nicht mehr ausschließlich auf baupraktischem Erfahrungswissen, sondern zunehmend auf Expertenwissen mit wachsenden mathematischen und geometrischen Anteilen. An der blutigen Realität des Belagerungskrieges änderte die scheinbar so saubere Geometrie jedoch wenig. Allerdings standen sich Angreifer und Belagerte zunächst in größerer Distanz gegenüber, zuweilen ist eine gewisse Tendenz zur Materialschlacht zu erkennen. Sicher ist nur, dass die Todesrate unter den Militäringenieuren selbst im Verlauf des 17. Jahrhunderts merklich sank, je mehr sich ihre Aufgaben auf organisatorische und planungstechnische Aufgaben hinter den eigentlichen Frontlinien konzentrierten. All das sollte jedoch nicht darüber hinwegtäuschen, dass die Kriegführung weiterhin

über ingenieurtechnisches Wissen hinaus noch von zahllosen anderen Faktoren abhing. Beispielsweise wurde in der Kriegskunst heftig debattiert, ob kriegerische Auseinandersetzungen nicht ohnehin besser im offenen Feld zu entscheiden waren als durch eine Belagerung.

Es ist leicht vorstellbar, dass die Umsetzung von Festungsanlagen in der Praxis weit von den theoretischen Modellen der Festungsbauliteratur abwich. Denn die Topographie der zu verteidigenden Plätze ließ eine Realisierung geometrischer Idealformen nur in den seltensten Fällen zu. In der Beurteilung dieser konkreten landschaftlichen Gegebenheiten lag der zweite Kompetenzbereich des Festungsbauexperten – sie mussten insbesondere in den zeitgenössischen Vermessungstechniken bewandert sein, um verlässliche Karten als Grundlage der geplanten Baumaßnahmen anzufertigen. Was in den zeitgenössischen Traktaten am wenigsten Erwähnung findet, sind schließlich drittens die organisatorischen Aufgaben, das heißt die

Portrait Daniel Specklins in dem von ihm verfassten Traktat „Architectura von Vestungen", 1589

Idealtypischer Entwurf einer Festungsanlage in verschiedenen Stadien der zeichnerischen Ausarbeitung (Daniel Specklin, vor 1589)

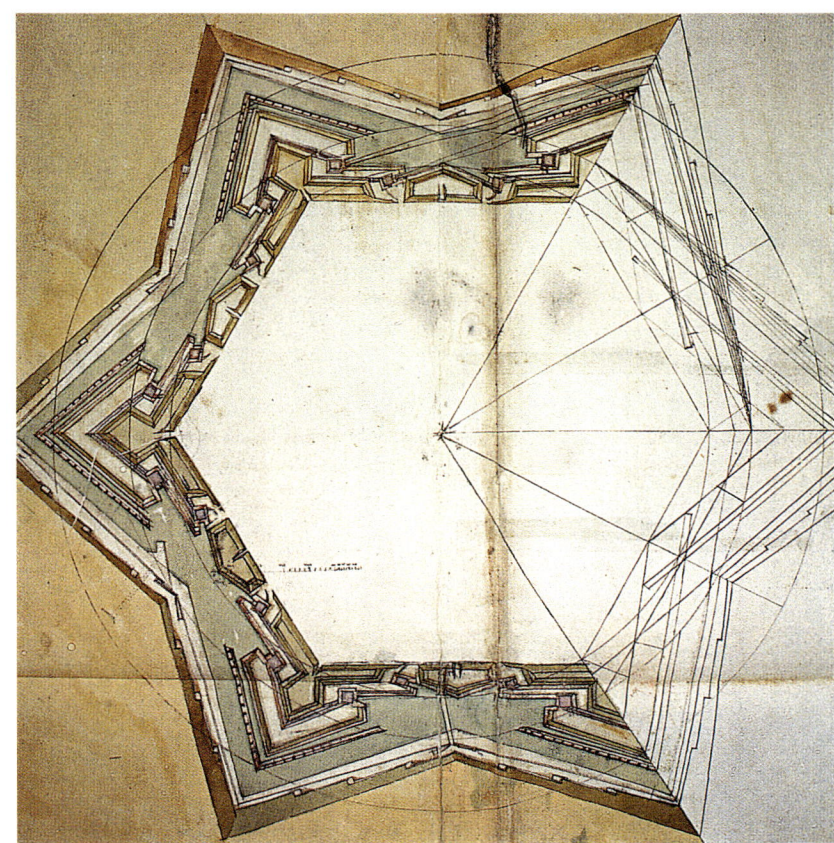

Büchsenmeister beim Richten eines Geschützes, 1576

gezahlt wurde. Meist bestellte eine Stadt zunächst ein Gutachten zur Verbesserung ihrer Festungsanlagen, Specklin vermaß daraufhin vor Ort die topographischen Gegebenheiten. Kam es zu einem Auftrag durch die Stadtherren, leitete Specklin einige Zeit die örtlichen Handwerker an, die seinen Entwurf auf der Grundlage von Karten in die Praxis umsetzten. Zumeist blieb er aber nicht während der gesamten Bauphase vor Ort, sondern reiste von Zeit zu Zeit zur Kontrolle der Arbeiten an. Specklin kannte die Festungsbauliteratur seiner Zeit und fixierte auch seine eigenen Erfahrungen stets in schriftlicher und zeichnerischer Form. Er sammelte seine zeichnerischen Entwürfe in einem gesonderten Band, sein Traktat „*Architectura von Vestungen*" von 1589 wurde vielfach gelesen und nachgedruckt.

Während Festungsbauexperten die Anlagen des Feindes stets nur aus gebotener Entfernung begutachteten, war der zweite Typus technischer Experten unmittelbar in das Kriegsgeschehen involviert: Aufgabe der Büchsenmeister war die Organisation des Beschusses befestigter Plätze auf dem Schlachtfeld. Bereits um 1400 bot dieser neue Aufgabenbereich Metallhandwerkern ganz neue Möglichkeiten des sozialen Aufstiegs. Kenntnisse des Geschützgusses, der Zusammensetzung, der Lagerung und des Transportes von Schießpulver sowie die Positionierung und Ausrichtung der Feuerwaffen formierten sich zu einem eigenständigen Wissensgebiet. Schnell wuchsen die Anforderungen: „Der Meister sol auch kennen schreiben und lesen", heißt es in einem „Feuerwerksbuch" von 1420. Dienstherren der Büchsenmeister verlangten häufig die Niederschrift entsprechender Rezepte, damit sie nicht verloren gingen, falls der Büchsenmeister in der Schlacht zu Tode kam. In Süddeutschland bildete sich eine eigenständige Tradition so genannter „Büchsenmeisterbücher" heraus, in denen entsprechende Rezepte und Ratschläge gesammelt wurden, ohne dass die Büchsenmeister dabei notwendigerweise die Betriebsgeheimnisse ihrer aktuellen Anstellung preisgaben. Als Verfasser von Manuskripten, mit denen sie ihre Zugehörigkeit zur Welt gelehrten Wissens

Planung und Leitung der umfangreichen Erdarbeiten, die natürlich möglichst kostengünstig zu erledigen waren. Es waren jedoch gerade diese umfassenden bürokratischen Anforderungen, die den Festungsbauingenieuren vergleichsweise rasch Positionen in den Territorialverwaltungen sicherten, wie es in Italien im 16. Jahrhundert vielfach dokumentiert ist. Die Anlage und Sicherung von Festungen war in größeren Territorien nicht mehr „nebenbei" in Form einzelner Projekte zu erledigen, sondern wurde zur Daueraufgabe.

Einer der bedeutendsten Festungsbauingenieure des 16. Jahrhunderts im deutschsprachigen Raum war Daniel Specklin (1536–1589). Seine Karriere belegt die Aufstiegsmöglichkeiten des Festungsbauingenieurs fernab vorgeplanter Berufswege ebenso wie die praktischen und theoretischen Anforderungen auf diesem Gebiet. Ausgebildet in der Straßburger Seidenstickerzunft, sammelte Specklin in seiner Jugendzeit auf Reisen vor allem nach Ost- und Nordeuropa umfangreiche Erfahrungen im Festungsbau. Die von ihm hinterlassenen Karten und Dokumente geben einen guten Einblick in die Planung von Festungen. Seine Bautätigkeit an Festungsanlagen in Straßburg und anderen Orten beruhte stets noch auf zeitlich befristeten Engagements, für die ein vereinbarter Preis

belegten, genossen ingenieurtechnische Experten ein hohes Prestige. Dementsprechend dienten diese Werke häufig auch als Bewerbungsschreiben bei der Suche nach neuen Positionen. Im 16. Jahrhundert verstärkten sich die Bemühungen, mathematisch begründete Regeln für die Ausrichtung der Geschütze, die Messung von Entfernungen und die Flugbahn der Geschosse aufzustellen. Die Initiative zur Theoriebildung kam häufig gar nicht von Seiten der Büchsenmeister selbst, sondern von Seiten praktischer Mathematiker, die auf diese Weise die handfeste Nützlichkeit ihrer Disziplin unter Beweis zu stellen suchten. Auch die Instrumentenbauer waren bald zur Stelle: Zahllose geometrische Instrumente wurden angepriesen, um die militärischen Operationen zu erleichtern und zu beschleunigen – spielte doch der Zeitfaktor beim Einsatz auf dem Schlachtfeld eine entscheidende Rolle. Am Beispiel der frühneuzeitlichen Büchsenmeister ist so geradezu paradigmatisch zu erkennen, wie praktische und theoretische Wissensbestände aus ganz unterschiedlichen Kontexten zur Lösung drängender technischer Probleme neuartig miteinander in Beziehung gesetzt wurden.

Die technischen Herausforderungen des frühneuzeitlichen Belagerungskrieges führten zur Herausbildung der neuen Kompetenzfelder des Festungsbauexperten und des Büchsenmeisters. All deren Aufgaben gleichzeitig zu beherrschen, wie es Leonardo da Vinci in seinem berühmten Brief versprach, mit dem er sich um 1500 um eine Position als Ingenieur am Hof von Ludovico Sforza in Mailand bewarb, wurde im Lauf der folgenden Jahrzehnte immer weniger realistisch. Ein ganzes Bündel von Faktoren gab beiden Spielarten des militärtechnischen Experten immer schärfere Konturen: Die zunehmende Bedeutung mathematischer, insbesondere geometrischer und vermessungstechnischer Fertigkeiten erlaubte es ihnen, die wissenschaftlichen Grundlagen ihrer Tätigkeit hervorzuheben und damit eine erhöhte soziale Stellung einzufordern. In Form zahlloser Traktate gesellten sich zu dem immer noch entscheidenden persönlichen Erfahrungswissen „entpersonalisierte",

allgemein zugängliche Wissensbestände. Der kontinuierliche Bedarf der Landesherren an militärtechnischer Expertise führte dazu, dass sie entsprechende Fachleute zunehmend dauerhaft in Dienst nahmen und ihnen eigenständige Titel verliehen. So prägte die französische Krone zu Beginn des 16. Jahrhunderts den Titel des „Ingénieur du Roy". Mit dem Aufbau stehender Heere, zunächst in Frankreich, den Niederlanden und Schweden, wurden im 17. Jahrhundert eigenständige Ingenieurcorps gegründet. Mit der Zugehörigkeit zu diesen Corps entstand ein Gruppen- und Standesbewusstsein, das Mitglieder sehr unterschiedlicher sozialer Herkunft wie Adelige und spezialisierte Bauhandwerker verband. Eingangsprüfungen, wie sie im frühen 18. Jahrhundert in Frankreich eingeführt wurden, definierten erstmals einen Kanon grundlegender Fähigkeiten, über die die Angehörigen solcher Corps verfügen sollten. Der Theorie nach sollte die Auswahl tatsächlich nur auf Basis individueller Verdienste und Fähigkeiten erfolgen, nicht aufgrund von Gunstbezeugungen oder Empfehlungen. Um 1720 hatten die Kandidaten unterschiedliche zeichnerische Darstellungs-

Grabplatte für den Büchsenmeister Martin Mercz in Amberg (1501). Für spezialisierte Handwerker ist eine derart aufwendige Gestaltung zu dieser Zeit völlig unüblich und unterstreicht demnach Wohlstand und soziale Stellung

Zeichnerischer Versuch, das praktische Wissen des Büchsenmeisters im Gebrauch des Quadranten mit der Berechnung der Flugbahn von Geschossen zu kombinieren (D. Ufano, 1628)

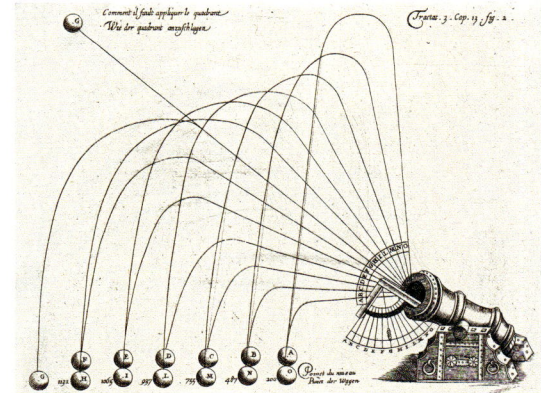

techniken von Festungsbauten ebenso zu beherrschen wie die Anfertigung von Karten, zudem sollten sie mit Arithmetik, Geometrie, Landvermessung, Maschinentechnik und wasserbautechnischen Fragen vertraut sein. In dieser Liste zeichneten sich die formalisierten Wissensbestände ab, die in den folgenden Jahrzehnten Unterrichtsgegenstand der ersten Ingenieurschulen werden sollten. Organisatorische und logistische Fertigkeiten waren erst später in der Praxis zu erlernen. Schließlich vertieften sich in diesen Corps im 17. Jahrhundert die Trennlinien zwischen Artilleristen und Festungsbauingenieuren. Kam hiermit ein Prozess der Ausdifferenzierung technischer Kompetenzen innerhalb des Militärwesens zum Abschluss, wuchs gleichzeitig der Abstand zu den Architekten. Diesen wiederum gelang es, durch die Betonung der künstlerischen Anteile ihrer Arbeit ihr gesellschaftliches Ansehen zu erhöhen. Diese Entwicklung lässt sich paradigmatisch bereits in den 1560er Jahren an einer Auseinandersetzung in Florenz erkennen. Hier stritten Festungsbauingenieure um Aufnahme in eine zu gründende „Accademia del disegno", die Maler, Bildhauer und Architekten ausbilden sollte. Die Architekten verwehrten den Festungsbauingenieuren die Aufnahme mit dem Argument, dass ihre Tätigkeit nur dem allgemeinen Nutzen, nicht aber dem Schönen diene. Die Festungsbauingenieure wiederum pochten auf ihren Status als Architekten, da sie die typischen Leitungsfunktionen einer solchen Position innehätten. Auch wenn die beiden Tätigkeitsfelder noch lange in beide Richtungen durchlässig bleiben sollten, deuteten sich hier bereits Tendenzen einer schärferen Abgrenzung unter Verweis auf ästhetische Kriterien an.

Beherrschung einer strategischen Ressource: Großprojekte im Wasserbau

Zu den landschaftsgestaltenden ingenieurtechnischen Projekten der Frühen Neuzeit gehörten neben Festungsanlagen insbesondere Maßnahmen im Wasserbau. Sie dienten der Gewinnung landwirtschaftlich nutzbarer Flächen durch Entwässerung ebenso wie der Erhöhung der Ernteerträge durch Bewässerung. Das Anlegen von Dämmen und Kanälen sollte die Beherrschung des lokalen Wasserhaushaltes erleichtern, Wasserwege schiffbar machen und durch verbesserte Transportmöglichkeiten auch den Handel fördern. Eingriffe in lokale Gewässer finden sich natürlich bereits im Mittelalter. Als Beispiel seien nur die allgegenwärtigen Wassermühlen genannt, für die stets Aufstauungen, Wehre oder kleine Kanäle notwendig waren, um die Verfügbarkeit der Antriebskraft zu sichern. Unter ingenieurtechnischen Eingriffen versteht man dagegen großflächige, zentral geplante Maßnahmen; Beispiele aus dem Nahen und Fernen Osten schon zu Zeiten des europäischen Mittelalters wurden bereits erwähnt. Im Übergang zur Neuzeit begannen solche Eingriffe auch in Europa Landschaften umzugestalten – zunächst in Oberitalien und insbesondere in den Niederlanden.

Wasserbauliche Maßnahmen greifen in bestehende Besitzrechte ein, bedürfen rechtlicher Regelungen und sind entsprechend konfliktträchtig. Ingenieurtechnische Experten wurden keineswegs nur als neutrale Bürokraten gesehen. Um 1460 erweckte der Wunsch der Stadt Ferrara, einen kleinen Kanal in der Nähe von Soncino anzulegen, den Unmut der Einwohner des Städtchens. Sie befürchteten Nachteile bei der Bewässerung ihrer Felder. Zunächst verjagten sie die Ingenieure, die aus Ferrara angereist waren, um das Terrain zu vermessen, und nahmen ihnen Messinstrumente und Karten ab. Später einigte man sich dennoch gütlich auf die Durchführung der Arbeiten. Auseinandersetzungen um Wasserressourcen brachten nicht selten auch benachbarte Territorien gegeneinander auf. Im 16. Jahrhundert kam es immer wieder zum Streit zwischen Bologna und Ferrara um die Kanalisierung des Reno, der die Herrschaftsgebiete beider Städte durchquerte. Ferrara erhoffte sich neue Transportmöglichkeiten für seine Waren über den Po bis hin zur Adria, Bologna befürchtete hingegen die Verlandung seines städtischen Hafens. Typisch für das kulturelle Klima dieser Epoche in Italien ist, dass in den entsprechenden Auseinandersetzungen zwischen politischen, administrativen und technischen Experten „wissenschaftlich" begründete Argumente – so wenig fundiert sie aus heutiger Sicht waren – hoch geschätzt waren. Ähnliches ist aus Venedig dokumentiert, wo man das ganze 16. Jahrhundert lang über den richtigen Weg zur Aufrechterhaltung des prekären Gleichgewichtes der Lagune stritt. Befürchtet wurde stets die Verlandung der Lagune und damit der Verlust einer einzigartigen Festungsanlage, die Venedig praktisch unangreifbar machte. Hier waren ingenieurtechnische Fragen von derart überlebenswichtiger Bedeutung, dass sie weit über technische Experten hinaus in der adeligen Oberschicht der Stadt erbittert diskutiert wurden.

Weniger umstritten war dagegen die Anlage zahlloser Deiche und Kanäle in den Niederlanden. Insbesondere dort, wo dem Meer auf diese Weise neues Land abgetrotzt wurde, tangierte dies bestehende lokale Ökonomien oder Besitzrechte in weit geringerem Maße als die sensiblen Eingriffe in Oberitalien. Da das Gemeinwesen in den Niederlanden traditionell stark kommunal organisiert war, standen die entsprechenden Arbeiten lange Zeit unter der Regie örtlicher „Deichmeister" (*dijkmeester*) und Vermessungstechniker (*landmeters*) und wurden auf der Basis lokaler Expertise durchgeführt. Ab dem frühen 16. Jahrhundert setzten die regionalen Herrschaftsträger jedoch ein effizienteres System zur Sicherung der Deiche und zur Trockenlegung neuen Landes durch: Arbeitsdienste der anliegenden Bauern wurden durch Steuerzahlungen abgelöst. Dies erforderte ein professionelleres Management der Arbeiten und führte zu einer Akkumulation technischer Kompetenzen in den lokalen Verwaltungsorganen. Dies kam auch dem Einsatz von Maschinentechnik für Entwässerungsmaßnahmen zugute. Zunächst war es nur möglich, Oberflächenwasser durch Entwässerungskanäle abzuleiten. Im 16. Jahrhundert hoben dann windgetriebene Schöpfräder, später auch windgetriebene Archimedische

Schrauben, Wasser aus bis zu vier Metern Tiefe. Dies erweiterte die Möglichkeiten der Landgewinnung ganz erheblich. Hier bewirkten also veränderte gesellschaftliche Rahmenbedingungen eine Konzentration und Erweiterung erfahrungsbasierter ingenieurtechnischer Kompetenzen. Niederländische Experten im Wasserbau waren dementsprechend im 16. und 17. Jahrhundert europaweit gefragt, sie wurden sowohl in deutschen Territorien als auch in England und Italien engagiert. Angesichts rasch steigender Bevölkerungszahlen suchte beispielsweise die Venezianische Republik auf ihrem ausgedehnten Festlandsterritorium die landwirtschaftlichen Erträge durch Be- und Entwässerungsmaßnahmen zu steigern.

Großtechnische Systeme sicherten schließlich im 16. und 17. Jahrhundert die konsequente Nutzung der Antriebskraft des Wassers in den deutschen Bergbauregionen. Wie bereits erwähnt, versuchte man seit dem 14. Jahrhundert, in die Stollen einsickerndes Wasser mit Wasserhebewerken abzuleiten. Als Antriebskraft dienten oberirdische Wasserläufe, die häufig auch in den Berg geführt wurden, um weitere Anlagen unter Tage anzutreiben. Sowohl das Antriebswasser wie auch das gehobene Wasser wurde seitlich aus dem Berg geleitet. Über Tage legte man zahlreiche Teiche, Wehre und Kanäle an, um die Antriebsenergie auch in Trockenzeiten so lange wie möglich zu sichern. All diese Arbeiten basierten allein auf lokalem Erfahrungswissen. Dieses umfasste bautechnische Fähigkeiten ebenso wie vermessungstechnische Kenntnisse. Zweifellos war die Einrichtung und kontinuierliche Wartung einer solch komplexen Infrastruktur nur im Rahmen einer zentral geleiteten und gewinnträchtigen Technologie wie dem Bergbau möglich. Im Freiberger Bergbau errichtete der Oberbergmeister Martin Planer bereits in den 1560er Jahren ein System von 38 solcher wassergetriebenen Wasserhebeanla-

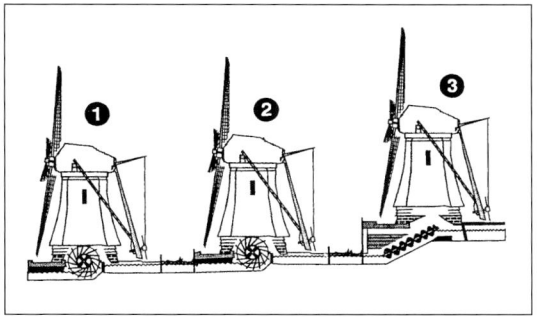

Typische Anordnung windgetriebener Wasserschöpfanlagen zur Entwässerung tief gelegener Gebiete in den Niederlanden (16./17. Jahrhundert). In drei Stufen wird das Wasser mittels zweier Schöpfräder und einer Archimedischen Schraube etwa 5,5 Meter gehoben

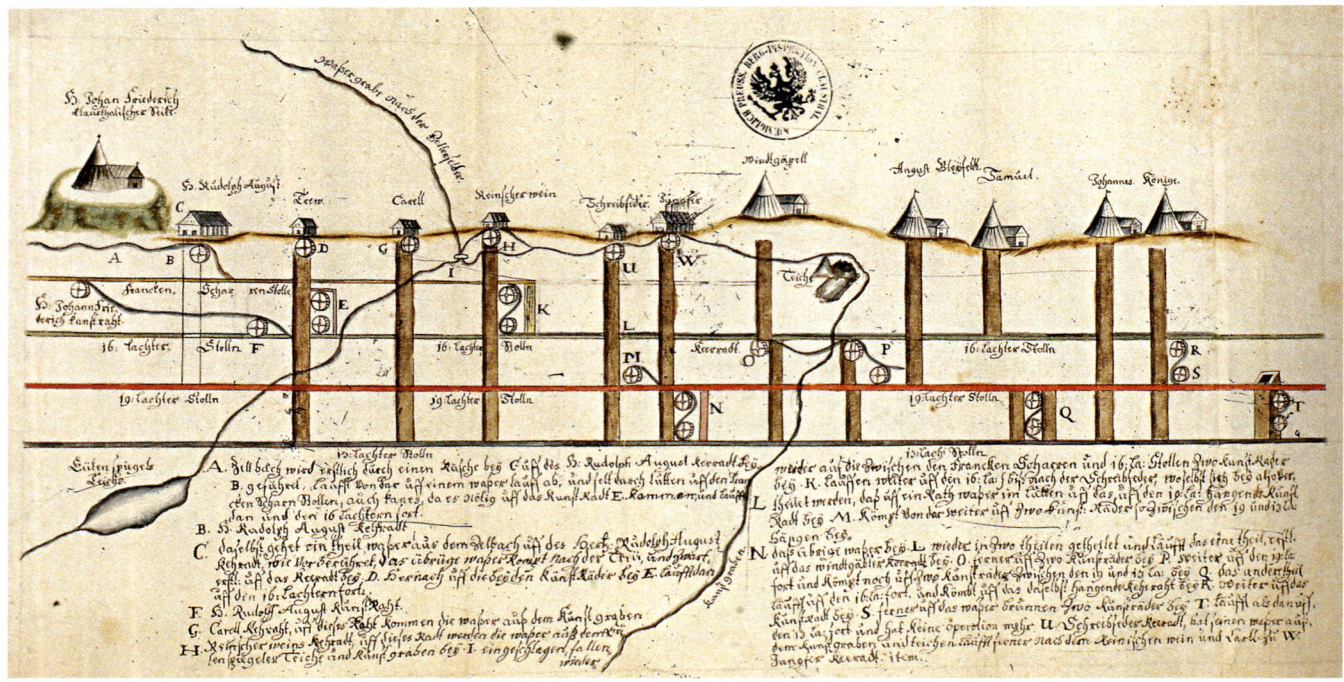

Plan der Stollen und Wasserkraftanlagen im Harzer Bergbau bei Clausthal-Zellerfeld, 17. Jahrhundert

gen. Ein noch weiter ausdifferenziertes System wurde im Verlauf des 17. Jahrhunderts im Harz eingerichtet. Um 1700 waren hier rund 60 Wasserräder über und unter Tage installiert. Sie trieben Pumpen für die Entwässerung sowie Hebemaschinen zur Förderung des Gesteines an und wurden über ein ausgeklügeltes System kilometerlanger Wasserläufe versorgt. Die kontinuierliche Bereitstellung des Antriebswassers stieß jedoch in Trockenperioden an ihre Grenzen. Als selbst die Heranführung zusätzlicher Wasserläufe nicht mehr ausreiche, intensivierte man hier die Suche nach technischen Alternativen. Das Engagement von Gottfried Wilhelm Leibniz für windgetriebene Fördermaschinen belegt, dass die Lösung technischer Probleme zu dieser Zeit unter den zeitgenössischen Gelehrten längst salonfähig geworden war. Dies gilt im Übrigen auch für die staatsnahen wissenschaftlichen Akademien dieser Zeit, auf die noch zurückzukommen sein wird. Die Unterstützung des schwedischen Ingenieurs Christopher Polhem zeigt wiederum, dass auf der Suche nach technischen Innovationen bereits europaweit Netzwerke aktiviert werden konnten. Um 1750 hatten sich im Harzer Bergbau zwar Wassersäulenmaschinen als effiziente An-

triebsalternative von Pumpgestängen bewährt – sie waren raumsparender und leistungsfähiger als die traditionell genutzten Wasserräder –, das grundlegende Problem der Verfügbarkeit großer Mengen von Antriebswasser blieb jedoch bestehen. Im frühneuzeitlichen Bergbau wurde die Akkumulation ingenieurtechnischer Expertise demnach wesentlich durch die wirtschaftlichen Bedürfnisse frühneuzeitlicher Territorialherren gefördert. Zugleich intensivierten sich die Kontakte zwischen technischer Praxis und gelehrtem Wissen.

Ingenieurtechnik als Spektakel: Faszination, Schauder und Ästhetik

Abseits ihrer praktischen Nutzanwendung konnte Technik aber auch der Belustigung dienen. Mechanische Unterhaltungstechnik wurde entweder am Hofe in geselliger Runde vorgeführt oder in fürstlichen Gartenanlagen fest installiert. Das Interesse daran war bereits in der Antike groß und versiegte auch im Mittelalter nicht. Automaten schmückten beispielsweise den im 13. Jahrhundert angelegten Garten von

Hesdin in Frankreich. Eines der spektakulärsten Beispiele wurde von Leonardo da Vinci realisiert. Noch Jahrzehnte nach seinem Tod galt ein mechanischer Löwe als Wunderwerk, den er während seines Aufenthaltes am Hofe des französischen Königs um das Jahr 1515 geschaffen hatte. Wenn der König den Saal betrat, ging ihm der Löwe einige Schritte entgegen, und eine Klappe gab seine mit Lilien gefüllte Brust frei. Kaum jemals diente Ingenieurkunst deutlicher der Repräsentation des Herrschers. Eine vergleichbare Funktion hatten Gärten mit Automatenkonstruktionen. Einer der berühmtesten war Pratolino bei Florenz. Die Anlage wurde um 1600 von Bernardo Buontalenti gestaltet, der sein tägliches Brot ansonsten eher unspektakulär in der Wegebauverwaltung des Großherzogs der Toskana verdiente. Neben unterschiedlich gestalteten Brunnen beherbergte der Garten Grotten, in denen Gäste des Herzogs mit einer sorgfältig inszenierten Schau empfangen wurden. Es spielten mechanisch angetriebene Orgeln mit beweglichen Figuren, in einer Grotte wurde zu einem kleinen Imbiss gebeten. Mechanisch in Gang gesetzte Automaten von Dienern reichten am Ende der Mahlzeit ein Gefäß mit Wasser zum Säubern der Hände. In einer anderen Grotte löste

der Tritt auf eine Stufe einen Mechanismus aus, der die Besucher mit feinen Wasserstrahlen besprenkelte – derartige Spielereien dienten nicht nur der Unterhaltung, sondern symbolisierten die allgegenwärtige Macht des Hausherrn. Während Bernardo Buontalenti seine Fähigkeiten nur in Florenz selbst einsetzte, war Salomon De Caus (1576 – 1626) in verschiedenen Ländern tätig. Er ist vielleicht der berühmteste Ingenieur von Gartenanlagen seiner Zeit. Als Spezialist für Automatenkonstruktionen wirkte er zunächst am erzherzoglichen Hof in Brüssel und in den Diensten des Prinzen von Wales in London, kam von dort im Zuge einer Adelsheirat an den Hof des Kurfürsten nach Heidelberg und beendete seine Karriere schließlich als Ingenieur der französischen Krone in Paris. Sein am

Portrait von Salomon de Caus, Architekt des Heidelberger Schlossgartens und Ingenieur an mehreren europäischen Fürstenhöfen, 1619

Der Heidelberger Schlossgarten nach Entwürfen von Salomon de Caus. Bis zum Abbruch der Arbeiten 1619 war ein Großteil der gezeigten Anlage mit zahlreichen Terrassen und Grotten realisiert worden (zeitgenössisches Ölgemälde von Jacques Foucquières)

99

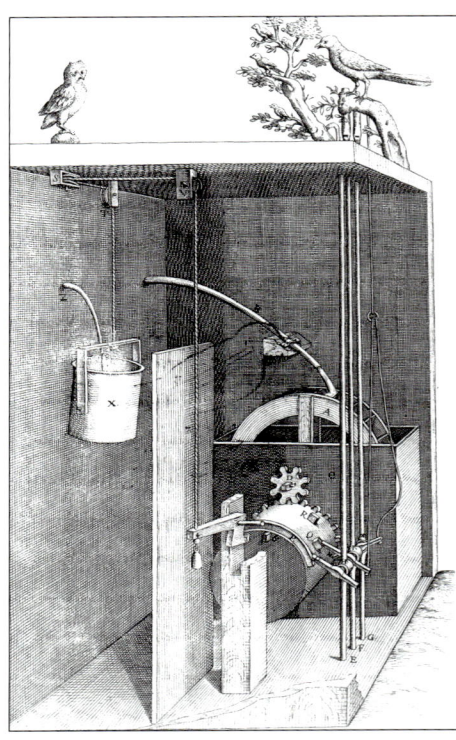

Automat zur Nachahmung von Vogelstimmen als Schmuck fürstlicher Gärten, Antrieb durch ein Wasserrad (Salomon de Caus, 1615)

Theatermaschinen zur Simulation schwebender Akteure und zum Verschieben von Kulissen (Leonhard Christoph Sturm, 1702)

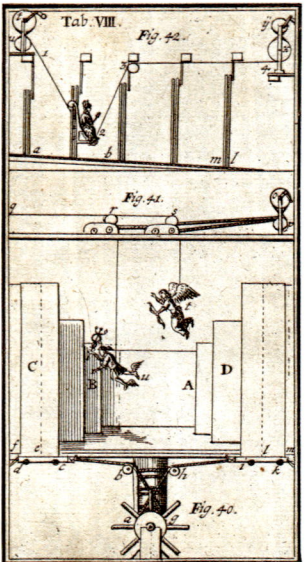

besten erhaltenes Werk sind die Gartenterrassen des Heidelberger Schlosses mit ihren Brunnen und Grotten. Über die geplanten Automaten, zu deren Aufstellung es aufgrund des Dreißigjährigen Krieges nicht mehr kam, verfasste De Caus ein Schaubuch, das 1615 erschien. Die einleitenden Passagen dokumentieren darüber hinaus sein Interesse an theoretischen Fragen der Mechanik.

Teil des höfischen Lebens der Frühen Neuzeit war auch das Theater. Es lebte ebenfalls von spektakulären Effekten, für deren Umsetzung wiederum der Architekt oder Ingenieur am Hofe zuständig war. Im 17. Jahrhundert nahm die Technisierung des Theaters, ausgehend von Italien, neue Formen an. Giambattista Aleotti, der sich viel mit Automatenkonstruktionen beschäftigte, beschrieb 1618 erstmals ein System auf Schienen gelagerter Kulissen, die über Seilzüge ohne großen Aufwand verschoben werden konnten. Wie schon im antiken Theater war es ein beliebter Effekt, Schauspieler, die an Seilen und Flaschenzügen aufgehängt waren, auf der Bühne einschweben zu lassen. Bühnenbilder wurden zunehmend nach den Regeln perspektivischer Darstellung konstruiert. Der Architekt Sebastiano Serlio widmete diesem Thema einen eigenständigen Traktat. Eine ebenfalls nicht auf Dauer angelegte Technologie war die frühneuzeitliche Festarchitektur mit ihren spektakulären Triumphbögen und pompösen Kulissen, die anlässlich des Einzuges befreundeter Herrscher oder fürstlicher Taufen und Hochzeiten errichtet wurden. War auch diese Aufgabe zunächst nicht eindeutig spezialisierten Architekten oder Ingenieuren zuzuschreiben, spielte mit den wachsenden Anforderungen an die Statik der Scheinarchitektur und an einen raschen Aufbau ingenieurtechnisches Wissen eine immer wichtigere Rolle. Feuerwerke, die zu solchen Anlässen ebenfalls mit großem Auf-

wand gestaltet wurden, lagen in den Händen von Pyrotechnikern, die den Umgang mit Explosivstoffen häufig als Artilleristen in Kriegszeiten erlernt hatten.

Ingenieurtechnik diente jedoch nicht nur fürstlichem Prestige. Ähnlich wie die mechanischen Schlaguhren im Spätmittelalter, galt auch die Ausstattung einer Stadt mit Brunnen und Brücken als Gradmesser für Wohlstand und für ein geordnetes Gemeinwesen. Wer konnte, legte noch nach. So steigerte die Stadt Augsburg ihr Renommee durch eine von örtlichen Handwerkern erdachte Nachtpforte, die den verspäteten Ankömmling über mehrere Stationen durch Gänge und über Zugbrücken leitete. Manch ein Reisender verpasste gern das abendliche Schließen der Stadttore, um diese Attraktion zu erleben. Gelenkt von unsichtbaren Hebe- und Zugvorrichtungen öffneten und schlossen sich Türen und Tore. Als Kasse diente ein Körbchen, das sich in einem der letzten Räume von der Decke senkte. War der abgelieferte Obulus zu gering, öffnete sich das letzte Tor in die Stadt erst bei Sonnenaufgang. Besondere ingenieurtechnische Projekte wurden auch im städtischen Rahmen sorgfältig inszeniert. Mitte des 15. Jahrhunderts erwarb sich Aristotele Fioravanti (um 1415 – um 1485) mit der Versetzung ganzer Stadttürme großen Ruhm. 1455 gestaltete er die Versetzung des Turms von S. Maria del Tempio in Bologna für seine Mitbürger zum Spektakel. Während sein Sohn auf dem gut 20 Meter hohen Turm die Glocken zum Festtagsgeläut schlug, wurde der Turm mit Hilfe von Hebe- und Zugsystemen, deren Details nicht überliefert sind, um einige Meter versetzt. Weitere Aufträge in Italien, sowie Reisen nach Ungarn und selbst nach Moskau folgten. Noch größeren Anteil nahm die römische Bevölkerung 1586 an der Versetzung des 23 Meter hohen und gut 320 Tonnen schweren Vatikanischen Obelisken. Monatelang hatte man über die technischen Möglichkeiten diskutiert. Schließlich fiel die Wahl auf das Konzept von Domenico Fontana (1543–1607), der mit überzeugenden Berechnungen sowie praktischen Demonstrationen anhand eines aus Blei gegossenen Modells den Wettstreit der Ideen für sich entscheiden konnte. Auch wenn sie antiken Transportleistungen weit hinterherhinkte, war die Umsetzung für die Zeitgenossen schon aufgrund der Zahl der für den Antrieb der 40 Zugwinden eingesetzten Pferde und des entsprechenden Raumbedarfs der einzelnen Hebezeuge ein Spektakel sondergleichen. In dieser Zeit des Buchdrucks erschienen sofort entsprechende Veröffentlichungen, Kupferstiche mit der Darstellung der Aktion fanden reißenden Absatz.

Die Anfänge des Patentwesens: Obrigkeitlicher Schutz für den Erfinder

Ob es um Nutzen oder Vergnügen ging, in allen Bereichen der frühneuzeitlichen Ingenieurtechnik herrschte erheblicher Innovationsdruck. Häufig waren für gewagte technische Projekte im eigenen Herrschaftsbereich keine Spezialisten verfügbar, denen man eine Lösung zugetraut hätte. Doch welchen auswärtigen Experten konnte ein Herrscher trauen und welchen nicht? Auf ihren Reisen baten Unbekannte häufig um eine Audienz bei den Landesherren, um Entwürfe oder Modelle für mechanische Anlagen oder andere technische Projekte zu präsentieren. Da es keine formale Ausbildung gab, konnten keine Diplome vorgelegt werden, Empfehlungsschreiben konnten gefälscht sein, und dass eine Wasserhebeanlage an einem Ort erfolgreich arbeitete, hieß nicht, dass auch ein zweites Projekt dieser Art gelingen würde. Kurzum: Technische Fertigkeiten waren für potentielle Auftraggeber nur schwer zu beurteilen, falls keine verlässlichen Gewährsleute zur Stelle waren. Es musste sich nicht einmal um zweifelhafte Scharlatane oder Projektemacher handeln, häufig waren die vorgeschlagenen Projekte schlicht zu ehrgeizig. Doch bis sich herausstellte, dass sie technisch nicht zu realisieren waren, hatten sie bereits erhebliche Gelder verschlungen. Deshalb bildeten sich unterschiedliche Maßnahmen zur Qualitätssicherung heraus. Ging

es um gewagte prestigeträchtige Architektur, wurden stets Wettbewerbe ausgelobt. Wie im Fall der Kuppel von Santa Maria del Fiore oder der Umsetzung des Vatikanischen Obelisken präsentierten die Bewerber ihre Vorschläge meist anhand von Zeichnungen und von dreidimensionalen Modellen. Mit ihnen hatte man die Grundidee der Konstruktion vor Augen, wenn Auftraggeber und Experte über die technischen Möglichkeiten der Realisierung debattierten. Auch die 1591 vollendete

Nach der erfolgreichen Umsetzung des Vatikanischen Obelisken 1586 ließ Domenico Fontana ein Buch über das von ihm geleitete Projekt drucken. Die Abbildung zeigt einige Modelle des vorausgegangenen Wettbewerbs, Fontanas Lösung mit großen Stützgerüsten oben links

101

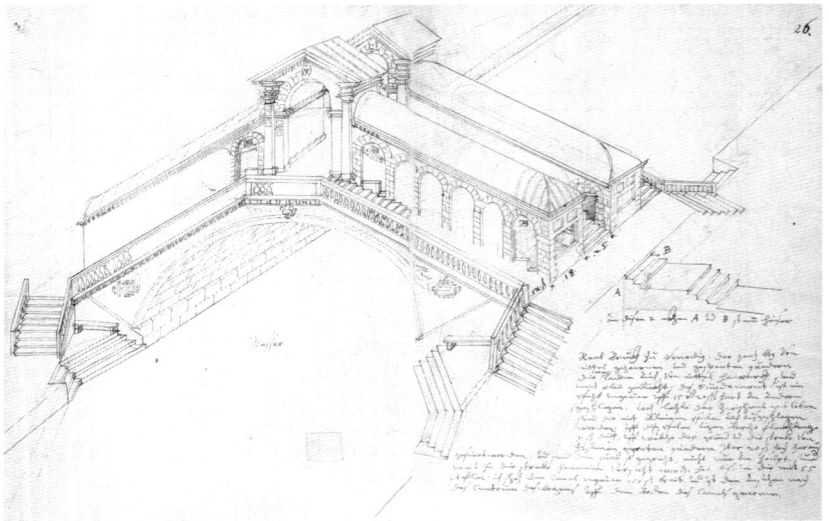

Zeichnung der wenige Jahre zuvor erbauten Rialtobrücke in Venedig im Reisetagebuch des württembergischen Landesbaumeisters Heinrich Schickhardt, 1600

Rialtobrücke über den Canal Grande in Venedig ist das Ergebnis eines solchen Wettbewerbs. Hier entschied sich die Kommission nach langen Diskussionen für einen Entwurf Antonio da Pontes, der den Kanal ohne Zwischenpfeiler zu überspannen gedachte. Angesichts der schwierigen Fundamentierungsarbeiten – für die angeblich 12.000 Ulmenpfähle in den sumpfigen Untergrund gerammt wurden – war dies ein riskantes Unternehmen. Doch der Stadt versprach ein solch kühnes Projekt zusätzliches Ansehen, so dass man den Ausführungen da Pontes Glauben schenkte und seinen Entwurf umsetzte.

Solche Wettbewerbe waren architektonischen Projekten völlig angemessen – sie wurden schließlich nur einmal realisiert. In der Maschinentechnik, aber auch bei Vorschlägen beispielsweise zum Bau holzsparender Öfen oder neuen Verfahren im handwerklich-gewerblichen Bereich war jedoch gerade die identische Reproduktion technischer Innovationen erwünscht. Auf diesem Gebiet entwickelte sich im 15. Jahrhundert nördlich und südlich der Alpen ein komplexes Verfahren, aus dem später das moderne Patentwesen hervorging. Dieses Instrument zur territorialen Wirtschaftsförderung lief nach einem relativ einheitlichen Schema ab: Wer überzeugt war, eine neuartige mechanische Anlage erfunden zu haben, konnte sich – noch völlig unabhängig von konkreten Aufträgen – an den Landesherrn wenden.

Dieser garantierte, solche Innovationen durch ein so genanntes Erfinderprivileg in seinem Herrschaftsgebiet für einen Zeitraum zwischen zehn und 20 Jahren vor unbefugtem Nachbau zu schützen. Bedingung war jedoch, dass die Anlagen einem Prüfverfahren unterzogen wurden. Je nach Territorium war die Begutachtung entsprechender Vorschläge, die zunächst mündlich oder mit Hilfe von Zeichnungen und Modellen vorgetragen wurden, differenziert geregelt. In Venedig, wo dieses Verfahren seit der zweiten Hälfte des 15. Jahrhunderts am stärksten formalisiert war, begutachteten verschiedene Prüfkommissionen die Vorschläge. Die Palette reichte von Mühlwerken und mechanischen Bewässerungsanlagen für die Gebiete auf dem Festland bis zu Nassbaggern für die Freihaltung der städtischen Wasserwege. Alle Territorialherren sicherten schließlich den Ruf dieses Rechtsinstrumentes durch die Klausel, dass ein Privileg nur gültig war, wenn der Antragsteller im Laufe von sechs oder zwölf Monaten seine Anlage im Maßstab 1:1 erbaute und so ihren technischen Vorsprung gegenüber den bereits bekannten Anlagen vor örtlichen Gutachtern dokumentierte. Ausgehend von den italienischen Stadtrepubliken und den deutschen Bergbaugebieten verbreitete sich dieses Verfahren im 16. Jahrhundert in ganz Europa. Im 17. Jahrhundert ging es in das moderne Patentsystem über, in dem die bürokratischen Verfahrenswege ausgebaut wurden, die Neuheit von Erfindungen systematischer geprüft und damit zunehmend von einem Rechtsanspruch des Erfinders auf staatlichen Schutz ausgegangen wurde.

Inwiefern bereits aus dem frühen Erfinderschutz tatsächlich ein merklicher technischer Innovationsschub resultierte, ist auf der Basis bisheriger Forschungen nicht eindeutig zu beurteilen. Die schiere Anzahl der bewilligten Privilegien – es muss in Europa bis zum Jahr 1600 insgesamt von mehreren tausend ausgegangen werden – belegt jedoch zumindest die umfangreiche Suche nach Innovationen der mechanischen Technik. Auch Erfolge einzelner Erfinder sind belegt. Ein ansonsten unbekannter Hans Hedler meldete Kaiser

Karl V. Ende der 1540er Jahre die erfolgreiche Umsetzung eines von ihm erteilten Privilegs. Seine „wichtige, treffliche und nützliche Kunst von Rädern und Instrumenten" hatte Hedler demnach innerhalb von zwei Jahren in sechs Festungen und Schlössern im bayerisch-österreichischen Raum umgesetzt. Gleichzeitig beklagte er Widerstände von Seiten örtlicher Mühlenbesitzer gegen den weiteren Einsatz seiner Erfindung. Dieser Hinweis zeigt, dass die Mechanisierung gewerblicher Arbeitsprozesse bereits in vorindustriellen Zeiten nicht unumstritten war. In einigen italienischen Städten wachten Vertreter der örtlichen Zünfte in den Kommissionen zur Vergabe von Erfinderprivilegien darüber, dass neue mechanische Erfindungen den örtlichen Handwerken nicht schadeten. Zuweilen erreichten sie, dass ihr Einsatz in bestimmten Städten oder Stadtbezirken verboten wurde. Auch die Amsterdamer Gilde der Handsäger wehrte sich so Ende des 16. Jahrhunderts einige Jahre erfolgreich gegen den Einsatz windgetriebener Sägemühlen im Stadtgebiet von Amsterdam.

Die Anfänge des modernen Patentwesens dokumentieren einen radikal neuen Umgang mit technischem Wissen: nämlich eine Abkehr von der sonst üblichen Geheimhaltung. Wie in vielen Gewerben herrschte auch unter ingenieurtechnischen Experten die berechtigte Sorge, Erfindungen könnten von anderen kopiert werden, ohne dass der Urheber dafür in irgendeiner Form entlohnt würde. In einem Gespräch mit Filippo Brunelleschi, das der Sieneser Ingenieur Mariano Taccola um 1420 aufzeichnete, war es der explizite Ratschlag des Florentiner Architekten, bei der Weitergabe der Details technischer Innovationen äußerst vorsichtig zu sein. Demgegenüber sollte nun der Territorialherr durch seine Rechtsgewalt garantieren, dass nur der Erfinder selbst die Anlage in dem Territorium errichten oder aber dafür Lizenzgebühren einfordern konnte. Nach der Erteilung eines Privilegs lag es beim Erfinder, mit Hilfe dieses offiziellen Segens Aufträge einzuwerben. Wie Hans Hedler ließen einige Erfinder Flugblätter drucken, um auf ihre

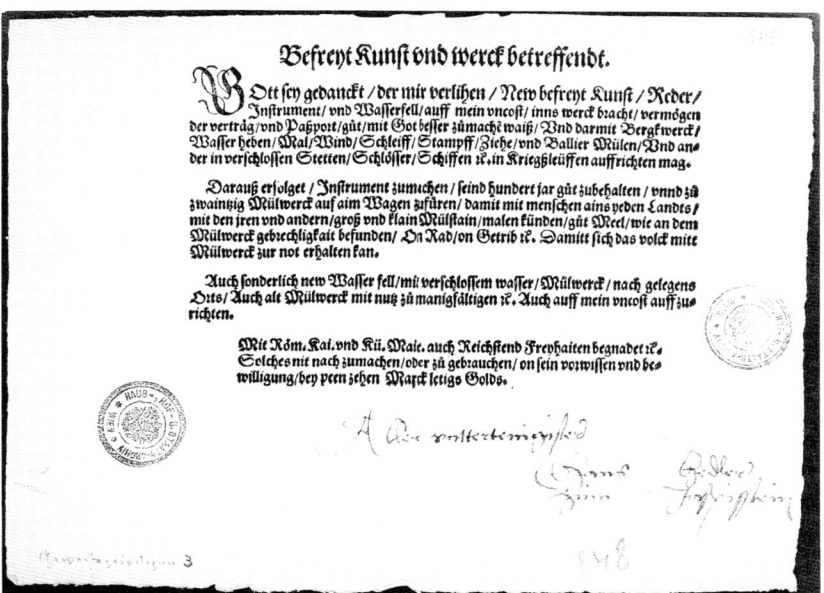

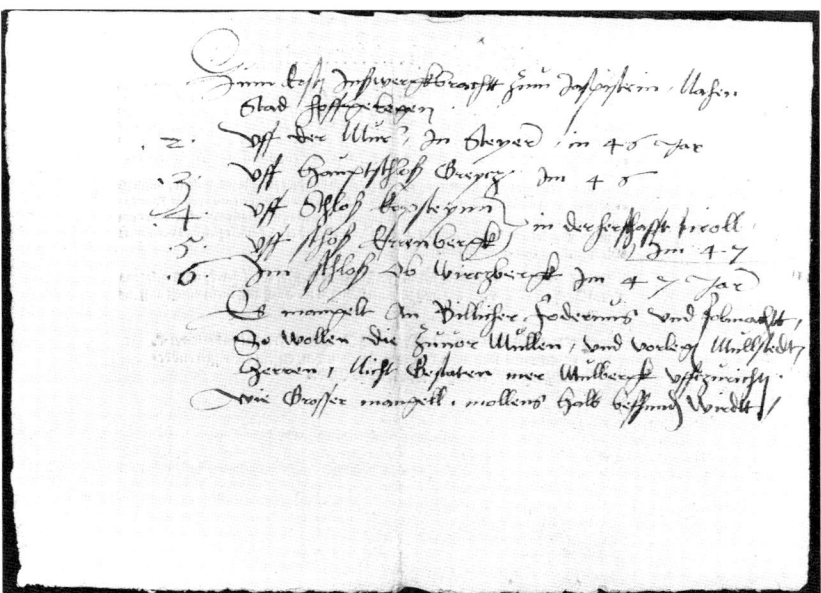

Konstruktionen aufmerksam zu machen. Der Empfänger eines Erfinderprivilegs für einen holzsparenden Kachelofen machte seine Erfindung 1578 in Florenz zum Spektakel: Vier Tage und Nächte war der Ofen dem Publikum zugänglich und zog in dieser Zeit Scharen von Neugierigen an, unter denen sich auch potentielle Investoren befanden.

Diese Anfangsphase des Erfindungsschutzes macht auf der anderen Seite deutlich, welche Bedeutung die frühneu-

Einblattdruck zur Bekanntgabe der Verleihung eines Erfinderprivilegs für ein neuartiges Mühlwerk durch Kaiser Karl V. Auf der Rückseite dieses Exemplares, das der Erfinder dem Kaiser schickte, listete er sechs Festungen bzw. Schlösser auf, in denen er seine Erfindung gebaut hatte (Hans Hedler, um 1545)

zeitlichen Landesherren Innovationen in der Maschinentechnik beimaßen. Man wartete nun nicht mehr, bis neue technische Lösungen irgendwo umgesetzt wurden und die Kunde davon mehr oder weniger zufällig auch den Landesherren erreichte. Vielmehr trachtete man danach, kreatives Potential schon in den ersten Stadien der Umsetzung neuer Ideen „ans Licht zu bringen", wie es in den Urkunden hieß, und zwar unter der Regie der Territorialverwaltung selbst. Gleichzeitig richtete sich der Blick weit über das eigene Territorium hinaus und suchte mit dem Belohnungsinstrument des Erfinderprivilegs auch auswärtige Spezialisten ins Land zu ziehen. Eine Reihe von Antragstellern beantragte in der Tat Privilegien in verschiedenen Territorien, zuweilen sogar gleichzeitig nördlich und südlich der Alpen. Auch diese Bemühungen sind Zeichen des europaweiten Wirkungskreises, den die Avantgarde technischer Experten im 16. Jahrhundert für sich beanspruchte. Die entsprechenden Prüfverfahren bieten zudem ein weiteres Beispiel für einen neuartigen formellen Rahmen, in dem sich in der Frühen Neuzeit technische Expertise in administrativen Kontexten akkumulierte.

Die Anfänge des Erfindungsschutzes im 15. und 16. Jahrhundert förderten schließlich auch das Selbstbewusstsein ingenieurtechnischer Experten. Ihre innovatorische Leistung wurde nun quasi offiziell anerkannt und gewürdigt. Dies wertete die Figur des Ingenieurs sichtbar auf. Die explizite Hochschätzung der Erfindung war Teil eines kulturellen Wandels: Ausgehend von Italien wurde Neuheit auf allen Gebieten kulturellen Schaffens als eigenständiger Wert entdeckt. Für den Geschmack mancher Ingenieure ließ jedoch die Würdigung technischer Leistungen von Seiten der Allgemeinheit noch zu wünschen übrig. Hatte sich schon der römische Architekt Vitruv über das ungleich höhere Ansehen herausragender Sportler beklagt, begannen Architekten und Ingenieure nun zuweilen auch, die Hochschätzung von Kunst und Literatur kritisch zu hinterfragen. Der spanische Abt Guzman, der 1549 in Venedig einen Antrag auf ein Privileg stellte,

das mit Muskelkraft betriebene Mühlen sowie Hilfskonstruktionen, „Arbeiten unter Wasser auszuführen", vor Nachbau schützen sollte, suchte seinem Anliegen pointiert Nachdruck zu verleihen: Wenn man denn in Venedig schon Romane vor unbefugtem Nachdruck schütze, deren Nutzen für die Welt äußerst gering sei, so müsse der Schutz so nützlicher Dinge wie technischer Erfindungen umso selbstverständlicher sein.

Neue Medien, neues Wissen: Zeichnungen, Modelle, Traktate, Theorien

Bevor der Ingenieur in der Moderne zu einem eigenständigen Beruf mit einer spezifischen Ausbildung werden konnte, musste sein Spezialwissen erst einmal gespeichert und formalisiert werden. Erst damit wurde es in einer Weise lehrbar, die über die traditionelle persönliche Weitergabe von Erfahrungswissen hinausging. Zwischen dem 15. und dem frühen 18. Jahrhundert setzte eine Entwicklung ein, die den europäischen Ingenieur der Neuzeit sowohl von seinen mittelalterlichen Vorgängern als auch von technischen Experten in anderen Kulturen unterscheiden sollte: das kontinuierliche Anwachsen formalisierter Wissensbestände, ohne welche die späteren technischen Herausforderungen hochindustrialisierter Gesellschaften nicht mehr zu bewältigen sein sollten. Dazu gehörten in der täglichen Praxis die zunehmende Beherrschung zeichnerischer Darstellungstechniken und die Nutzung dreidimensionaler Modelle ebenso wie die öffentliche Präsentation ingenieurtechnischen Wissens in der schnell wachsenden technischen Literatur. Hinzu kam vielfach die Beschäftigung mit den zeitgenössischen Wissenschaften. Neben das Erfahrungswissen des Einzelnen traten in der frühen Neuzeit umfassende Bestände entpersonalisierten technischen Wissens.

Pionier der Erweiterung ingenieurtechnischen Wissens: Leonardo da Vinci

Leonardo da Vinci (1452–1519) verkörpert in einzigartiger Weise die Aneignung neuer Wissensbestände durch technische Experten in der Frühen Neuzeit. Seine Biographie trug zunächst durchaus typische Züge: Auch er kam über eine handwerkliche Ausbildung – in diesem Fall als Maler in der Werkstatt Andrea Verrocchios – zur Beschäftigung mit ingenieurtechnischen Fragen. Mathematisches Wissen hatte er zudem in einer der zahlreichen Abakusschulen erworben, die eigentlich der Unterrichtung angehender Kaufleute in praxisorientiertem Wissen dienten. Er wusste sich auf dem Parkett der zeitgenössischen Höfe zu bewegen und trat dort in engen Kontakt mit Gelehrten aus anderen Wissensgebieten, wie zum Beispiel dem Mathematiker Luca Pacioli. So diente er nacheinander den Herzögen von Florenz und Mailand, bevor er gegen Ende seines Lebens an den Hof des französischen Königs Ludwig XII. gerufen wurde. Ohne universitäre Ausbildung musste er sich allerdings den Zugang zu dem auf Latein diskutierten Fachwissen erst mühsam erarbeiten. Insofern reiht sich Leonardo durchaus zeittypisch in eine Reihe von Kollegen und Vorläufern aus den vorangegangenen Jahrzehnten und Jahrhunderten ein. Im Vergleich zu ihnen ist ein bekannter Vorwurf natürlich nicht von der Hand zu weisen: Es ist wenig darüber bekannt, was Leonardo an technischen Projekten tatsächlich verwirklicht hat – vieles blieb Ideenskizze oder Stückwerk. War Leonardo also kein guter Ingenieur? Löst man sich von der Fixierung auf die praktische Umsetzung und nimmt seine Zeichnungen, seine Arbeiten mit kleinen Modellen, seine zahllosen Manuskripte und Aufzeichnungen sowie seine theoretischen Überlegungen als eigenständige Leistungen wahr, ergibt sich ein anderes Bild. Aus dieser Perspektive kann Leonardo mit Fug und Recht als Meister ingenieurtechnischen Wissens und als Meister der didaktisch aufbereiteten zeichnerischen Darstellung technischer Gegenstände charakterisiert werden. Wie allerdings Leonardos Denkprozesse zwischen der zeichnerischen Darstellung, der Nutzung von Modellen und konkreten technischen Projekten changierten, wird wohl nie vollständig zu rekonstruieren sein.

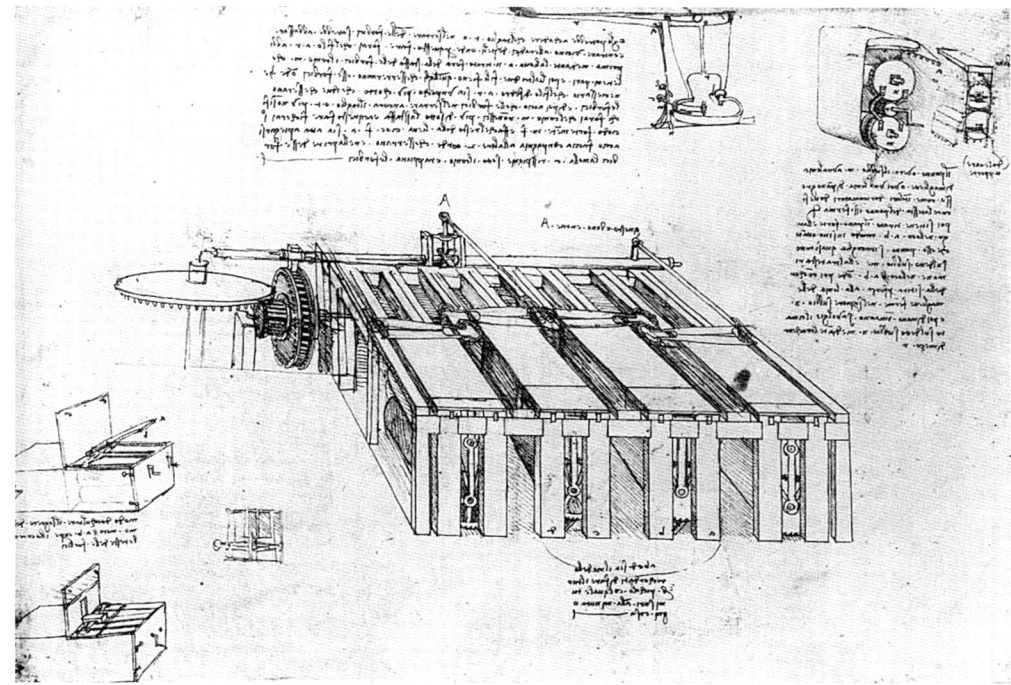

Entwurf Leonardo da Vincis für eine Maschine zum Scheren von Stoffbahnen, um 1500

105

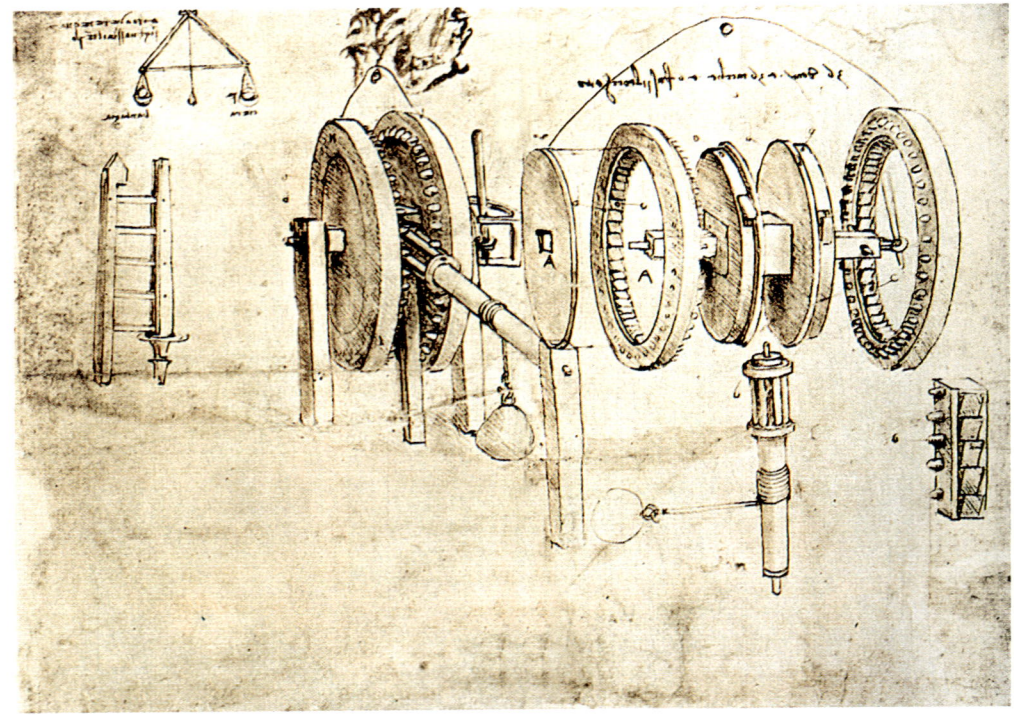

*Leonardo da Vincis meister-
hafte Darstellung von
Maschinenelementen. Hebe-
zeug in Gesamtansicht
(links) und als Explosions-
zeichnung (rechts). Der
an der Achse befestigte Stein
wird gehoben, indem ein
Arbeiter den Hebel in
der kastenförmigen Halterung
hin und her bewegt. Der
Mechanismus im Inneren setzt
dies in eine gleichförmige
Drehbewegung um*

Leonardo deckt in seinen zehntausen-
den von Zeichnungen das ganze Spektrum ingenieurtechnischer Expertise ab:
Entwürfe zum Festungsbau finden sich
ebenso wie zu Waffentechnik, Kanalbau,
Wasserhebeanlagen, Textilmaschinen,
Uhrwerken, Fluggeräten und Tauchan-
zügen. Skizzen zu Kirchenbauten belegen
die Beschäftigung mit architektonischen
Fragen, hinzu kommen Reflexionen zur
städtischen Infrastruktur, zur Anlage von
Idealstädten sowie kartographische Darstellungen. Die thematische Breite entspricht also durchaus dem, was sich in weniger großer Fülle bei seinen Vorgängern
und Zeitgenossen finden lässt. Einzigartig
ist jedoch das Repertoire Leonardos an
Zeichentechniken und unterschiedlichen
Darstellungsweisen. Dies betrifft in besonderem Maße seine Detailstudien einer
Unzahl von Maschinenelementen, aber
auch seine Studien beispielsweise zur Bewegung des Wassers. Dabei ist diese Qualität nicht gleichzusetzen mit fotografisch
„naturgetreuen" Abbildungen. Auch wenn
viele seiner Zeichnungen diesen Anschein
vermitteln, handelt es sich häufig um sorgfältig mit didaktischen Intentionen aufge-

*Verkündigung. Leonardo da
Vinci zugeschriebenes Gemälde, um 1470/75. Die bei
frontaler Ansicht eigenartige
perspektivische Darstellung
im rechten Teil des Bildes
ist mit dem Originalstandort
in einem Kloster bei Florenz
erklärt worden. Hier hing
es links über dem Kopf des
Betrachters. Aus diesem
Blickwinkel erscheint die
Perspektive nicht verzerrt
(Uffizien, Florenz)*

baute Darstellungen, auf denen mehr Ansichten eines Gegenstandes untergebracht sind, als in der Realität mit dem menschlichen Auge sichtbar wären. Diese Technik nutzte Leonardo im Übrigen auch bei seinen berühmten anatomischen Zeichnungen. Ohnehin war die Zahl der Ingenieure, die gleichzeitig als herausragende Maler gelten konnten, doch eher gering. Am ehesten ist hier an Leonardos Zeitgenossen Albrecht Dürer zu denken. Dürers technische Interessen lagen neben geometrischen Verfahrensweisen der Perspektive allerdings vor allem im Festungsbau und waren damit weniger breit gefächert als die Leonardos.

Neben der Breite seiner Interessengebiete – erinnert sei nur an seine Studien von der Optik bis zur Anatomie und Botanik – und seinen darstellerisch-künstlerischen Fähigkeiten zeichnet Leonardo vor allem das Bestreben aus, in natürlichen wie technischen Phänomenen Regeln und Gesetzmäßigkeiten zu erkennen. Was die Ingenieurtechnik betrifft, sind Leonardos theoretische Überlegungen sehr unterschiedlich beurteilt worden. Entscheidend ist auch hier einmal mehr die Perspektive. Versteht man Theoriebildung in erster Linie als das Aufdecken grundlegender Naturgesetze im Zuge der „wissenschaftlichen Revolution" und sucht bei Leonardo nach Vorüberlegungen beispielsweise zu späteren Erkenntnissen Galileo Galileis oder Isaac Newtons, so sind keine spektakulären Entdeckungen zu machen. Auch ein etwas bescheidenerer Blick, der nach der Weiterentwicklung der antiken und mittelalterlichen Mechanik fragt, wird bei Leonardo kaum fündig, auch wenn er diese Schriften kannte und sie weiterzudenken suchte. Doch man kann auch argumentieren, dass diese Fragen Maßstäbe anlegen, die Leonardos Denken genauso wenig angemessen sind wie den ingenieurtechnischen Problemstellungen seiner Zeit. Bis die Anwendung von Naturgesetzen tatsächlich Probleme der technischen Praxis lösen konnte, sollten noch Jahrhunderte vergehen – eine Zeitspanne, in der dennoch zahlreiche technische Innovationen gelangen. Theoretische Überlegungen im Bereich der Ingenieur-

technik zielten also zu Zeiten Leonardos weit weniger auf die Aufdeckung von Naturgesetzen. Es ging vielmehr darum, bestimmte Gesetzmäßigkeiten der technischen Praxis zu erkennen und vielleicht sogar in mathematischer – und das bedeutet zu dieser Zeit zumeist: geometrischer – Form zu beschreiben. Im Rahmen solcher Bemühungen standen Leonardos technische Aufzeichnungen in ihrer Mischung von Gedankenspielen, Beobachtungen, praktischen Regeln, Anmerkungen zu theoretischen Diskussionen und Protokollen experimenteller Versuche. Leonardo interessierte sich für die Theoretisierung der Praxis: Wie sind Phänomene der Reibung theoretisch zu erklären und durch welche Mittel in der Praxis zu minimieren? Unter welcher Belastung und an welcher Stelle reißt ein Seil? Wie verhält sich die Strömung eines Wasserlaufes dort, wo ein weiterer Zufluss auf ihn trifft? Zwei erst 1974 in der Nationalbibliothek in Madrid gefundene Manuskripte Leonardos zeigen durchaus Ansätze, sein theoretisches Wissen um die Funktionsweise einzelner Maschinenelemente in systematischer Form niederzulegen. Dieses Material in einen wohlgeordneten Traktat zu überführen wäre zu seiner Zeit allerdings wohl nicht nur für Leonardo schwierig gewesen. Um 1500 existierten keinerlei Vorbilder für eine derart praxisorientierte Abhandlung zum Verhalten von Maschinenelementen. Am nächsten kommen einem solchen Ansatz noch die Traktate der alexandrinischen Mechaniker wie Heron oder Pappus; doch sie waren Leonardo höchstens in Bruchstücken bekannt. Leonardo hätte demnach ein völlig neues Genre schaffen müssen.

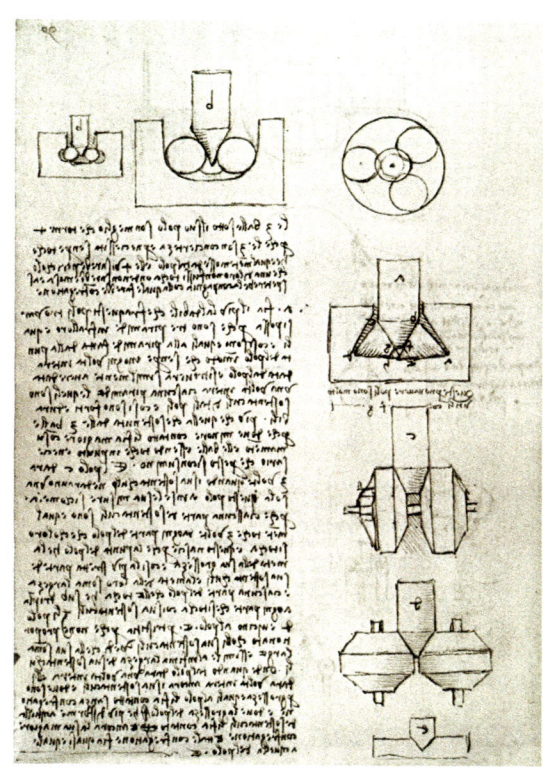

Leonardo da Vinci entwarf zahlreiche Vorschläge für praktische Lösungen technischer Probleme – hier Möglichkeiten der Lagerung einer senkrechten Welle zur Minimierung von Reibungsverlusten

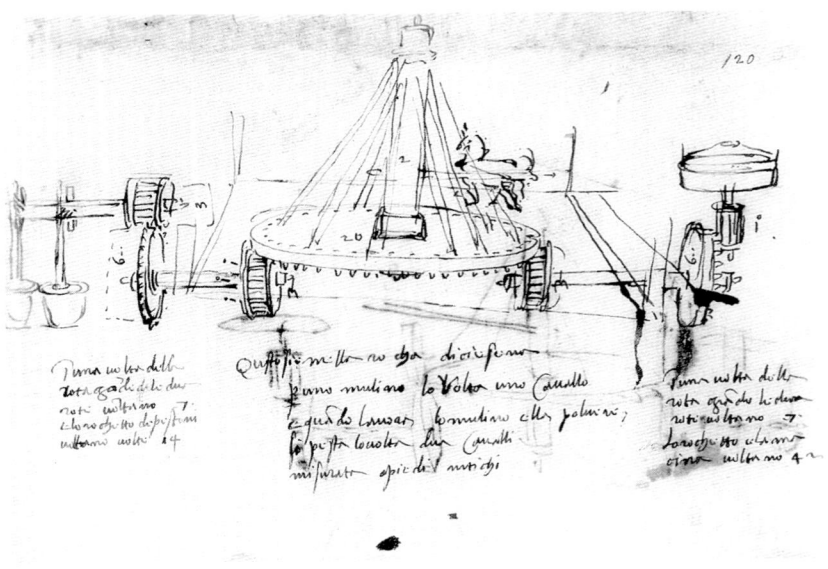

Zeichnerische Darstellungstechniken als Schlüsselkompetenz

Skizze einer kombinierten Stampf- und Getreidemühle in Cesena (Umfeld Antonio da Sangallo d. J., Mitte des 16. Jahrhunderts)

Pumpwerk, bei dem die üblichen Klappventile durch Steinkugeln ersetzt sind. Gesamtansicht und Detail-skizzen in unterschiedlichen Darstellungsweisen (Umfeld Antonio da Sangallo d. J., Mitte des 16. Jahrhunderts)

Um 1500 lag die Meisterleistung Leonardos darin, die Grenzen der ihm verfügbaren Medien und Wissensformen auszuloten und dabei zu Ergebnissen zu kommen, die dem Laien wie dem Historiker auch heute noch Bewunderung abringen. Während Leonardos Ruhm als Maler nach seinem Tod weiterwirkte, verblieben Leonardos Manuskripte in Privatbesitz, seine technischen Reflexionen gerieten bald in Vergessenheit. So stellt sich die Frage, welchen Stellenwert Zeichnungen und Modelle, Traktate und Theorien für andere ingenieurtechnische Experten seiner Zeit hatten.

Unter Ingenieurzeichnungen der Frühen Neuzeit sind keine Werkstattzeichnungen im modernen Sinn zu verstehen, die alle nötigen Informationen zur Formgebung einer Konstruktion oder eines Werkstücks enthalten. Für kleinere Werkstücke wie einzelne Maschinenteile kannte die frühe Neuzeit ohnehin noch keine standardisierten Herstellungsprozesse. Auf der Baustelle einer Festungsanlage oder auch eines Mühlwerks sollten bemaßte Grundrisse und Zeichnungen in Abwesenheit des Bauleiters jedoch als möglichst präzise Orientierungshilfe dienen. Ein wesentlicher Teil der Informationen wurde dennoch weiterhin mündlich weitergegeben oder allein aus dem Erfahrungswissen der ausführenden Handwerker heraus realisiert. Auch wenn solche Zeichnungen demnach nicht modernen Konventionen entsprachen, erfüllten sie im Rahmen der damaligen Planungs- und Entwurfsprozesse eine Reihe unterschiedlicher Funktionen in der Archivierung und der Kommunikation technischer Projekte.

Die Einsatzgebiete von Ingenieurzeichnungen lassen sich in der Frühen Neuzeit grob in drei Bereiche aufteilen. Am umfangreichsten überliefert sind Skizzenbücher oder lose Blätter, die als persönliches Archiv dienten. Auch ein Großteil der Zeichnungen Leonardos gehört in diese Kategorie. Die bei ihm so häufig zu findenden Gedankenspiele im Sinne des „Austestens" der Kombination von Maschinenelementen auf dem Papier oder das Festhalten von Konstruktionen, mit denen er in seiner Werkstatt experimentierte, ist in anderen Nachlässen allerdings eher selten. Hier bestand das Archiv zumeist aus Skizzen von Bauprojekten, die die Ingenieure auf ihren Reisen besichtigt hatten. Solche Zeichnungen enthielten meist Maßangaben zu den Dimensionen des Bauwerkes, bei mechanischen Anlagen auch Angaben zu den Übersetzungsverhältnissen der Getriebe. Hinzu kamen kurze Kommentare zu technischen Besonderheiten. Solche

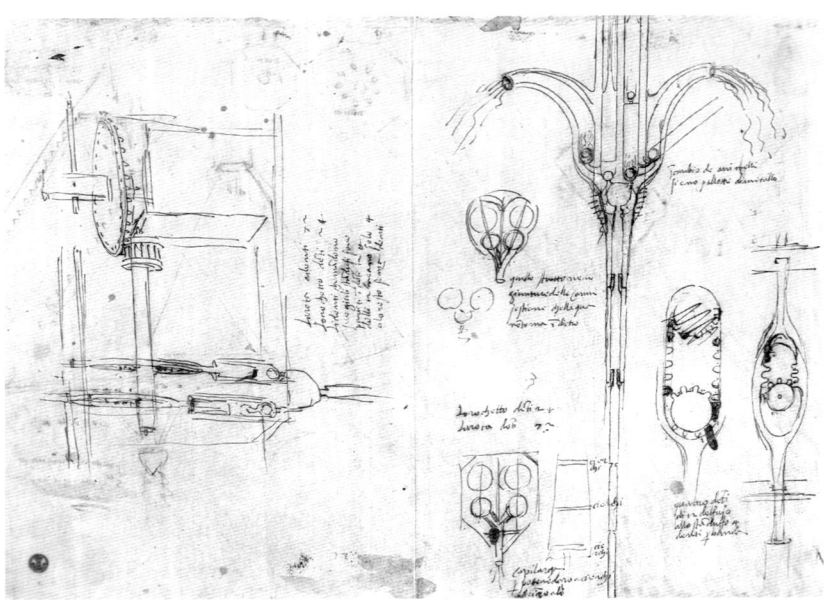

Zeichnungen zeigen eine große Bandbreite von Darstellungstechniken. In einer Zeit ohne aktuelle Fachliteratur und angesichts kaum erschwinglicher Preise für illustrierte technische Handschriften war dies die einzige Möglichkeit, sich interessante Projekte später noch einmal zu vergegenwärtigen. Selbstverständlich ist davon auszugehen, dass ein solches persönliches Archiv auch dem Gedankenaustausch mit befreundeten Kollegen diente. Entsprechende Skizzenbücher wurden bereits im Mittelalter geführt, beispielsweise ist das berühmte Baumeisterbuch von Villard de Honnecourt aus dem 13. Jahrhundert als eine überarbeitete Zusammenstellung solcher Notizen gedeutet worden. Theoretische Überlegungen begleiteten die Skizzen allerdings nur sehr selten. Auch hier zeigt sich wiederum die Ausnahmestellung von Leonardos Manuskripten. Einen ganz anderen Status haben Zeichnungen, die im Rahmen administrativer Tätigkeiten des Ingenieurs der „offiziellen" Archivierung von Informationen durch die Territorialverwaltung dienten. Dies gilt natürlich für Kartenmaterial aller Art, häufig wurden in den Städten

auch Pläne beispielsweise der städtischen Wasserversorgungseinrichtungen angelegt. Schließlich dienten Zeichnungen, wie oben bereits angedeutet, der Kommunikation des Ingenieurs mit Auftraggebern auf der einen und Handwerkern auf der anderen Seite. In dieser Funktion symbolisiert das Medium die spezifische Zwischenstellung des technischen Experten. Er war kein ausführender Handwerker mehr, sondern plante für seine Auftraggeber Projekte, deren Realisierung er nur noch anleitete und überwachte. Dabei betreuten Ingenieure häufig mehrere Baustellen gleichzeitig. Als der vielbeschäftigte württembergische Landesbaumeister Heinrich Schickhardt nach 40 Jahren intensiver Bautätigkeit 1632 eine lange Liste der vor ihm realisierten Bauwerke zusammenstellte, notierte er Folgendes: „Wan ich Abriß und iberschlag zu einem Bauw gemacht, mich mit dem Bauwherren oder dem Amptman, der den Bauw fiehren soll, und mit den Handtwerksleiten verglichen hab, bin ich wieder fort gezogen. Ist aber die Sach wichtig gewesen, bin ich ab- und zugeritten." Verträge mit den ausführenden Handwerkern verwiesen

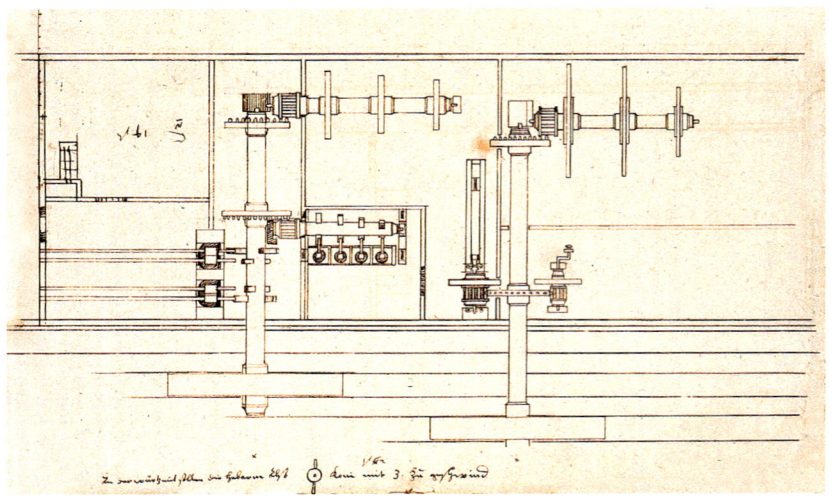

Grundriss einer kombinierten Säge-, Bohr-, Gewürz-, Walk-, Schleif- und Poliermühle mit zwei Wasserrädern, die der württembergische Landesbaumeister in Montbéliard bauen ließ. Die Zeichnung war Bestandteil des Vertrages mit dem ausführenden Zimmermann (Heinrich Schickhardt, um 1597)

im 16. Jahrhundert häufig darauf, dass sie die Arbeiten entsprechend den überlassenen „Abrissen" auszuführen hatten, hier übernahm die Zeichnung also zusätzlich eine rechtliche Funktion.

Interessant an der Verwendung von Zeichnungen im Arbeitsalltag technischer Experten der Frühen Neuzeit ist, dass sich die Zeichnung tatsächlich erst im 15. und 16. Jahrhundert als allgegenwärtiges Kom-

munikationsmittel durchsetzte. Zwar waren auch die technischen Traktate der Antike von Zeichnungen begleitet gewesen, und auch auf den Baustellen spielten in Stein geschnittene Ritzzeichnungen eine bedeutende Rolle. Dennoch scheint die Nutzung von Zeichnungen in der mittelalterlichen Baupraxis – bis auf Ritzzeichnungen im mittelalterlichen Kirchenbau – zunächst beinahe vollständig zum Erliegen gekommen zu sein. Für einzelne der hochmittelalterlichen Kathedralen sind Aufrisszeichnungen von Gebäudeteilen auf Pergament bekannt, wie sie indessen im Detail verwendet wurden, liegt jedoch im Dunklen. Vor der Einführung des Papiers, das in Europa erst seit dem 14. Jahrhundert zunehmend zur Verfügung stand, fehlte ohnehin ein preisgünstiges Material zum Beschreiben, das eine umfangreichere Nutzung von Zeichnungen ermöglicht hätte. Spezialisierte Zimmerleute kamen damals beim Bau von Belagerungsgerät oder bei der Errichtung von Mühlen sogar völlig ohne Zeichnungen aus. Sie nutzten für einzelne Werkstücke Schablonen und die traditionellen Hilfsmittel wie Lot und Richtscheit,

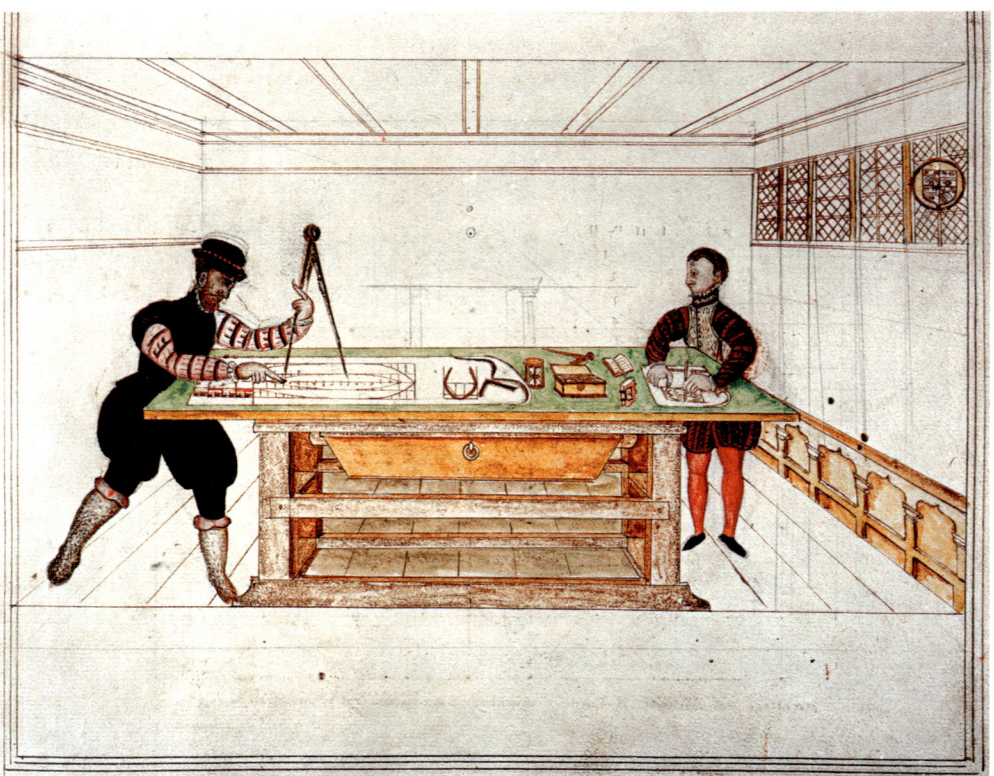

Der Schiffbaumeister beim Entwurf am Zeichentisch (Mathew Baker, 1586)

110

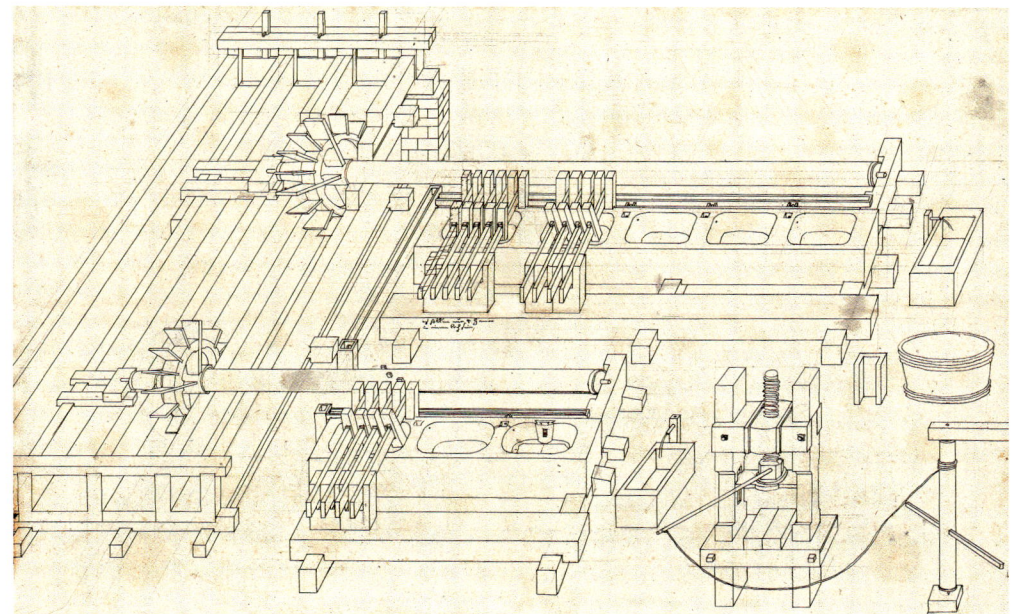

Überblicksdarstellung einer Papiermühle in Montbéliard. Die Zeichnung diente möglicherweise dazu, den Herzog von Württemberg als Auftraggeber im Vorfeld über das Projekt zu informieren (Heinrich Schickhardt, um 1597)

ansonsten beruhte die Konstruktion auf Erfahrungswissen. So symbolisiert die zunehmende Nutzung von Zeichnungen in unterschiedlichen Handwerken in der Frühen Neuzeit die zunehmende Ausdifferenzierung technischen Expertenwissens. Selbst beim Bau von Kriegsschiffen, wo die beteiligten Handwerker schon aus Geheimhaltungsgründen weiterhin auf engem Raum zusammenarbeiten mussten, löste sich innovative Entwurfstätigkeit räumlich von der Werft ab, der Schiffbaumeister zog sich zu diesem Zweck in sein Büro zurück.

Mit der zunehmenden Nutzung dieses Mediums differenzierte sich seit etwa 1400 eine Vielzahl zeichnerischer Darstellungstechniken heraus. Die bekannteste ist die geometrisch konstruierte Zentralperspektive, die in der bildenden Kunst eine ebenso wichtige Rolle spielte wie in der Architektur- oder Ingenieurzeichnung, hier meist in abgewandelter Form der weniger streng konstruierten „Kavalierspserspektive". Sie wurde am häufigsten in der Kommunikation mit Außenstehenden oder auch in privaten Aufzeichnungen genutzt, also dort, wo es um den schnellen Überblick über zentrale Elemente eines Bauwerkes ging. Die rapide Entwicklung dieser Technik ist im Vergleich zwischen Bilderhandschriften des 14., des 15. und schließlich des 16. Jahrhunderts leicht zu erkennen. In der

bereits erwähnten Handschrift Guido da Vigevanos von 1335 wurde das Belagerungsgerät meist gleichzeitig aus unterschiedlichen Blickwinkeln dargestellt, was für heutige Betrachter völlig ungewohnt ist. In den technischen Bilderhandschriften des 15. Jahrhunderts wurde diese Technik immer seltener genutzt, räumliche Verhältnisse wurden angedeutet, aber nicht geometrisch konstruiert. Im 16. Jahrhundert wurde dann die erwähnte „Kavalierspserspektive" zum Standard. Dabei handelt es sich um eine Darstellungsweise, die einen räumlichen Eindruck eines Gegenstandes vermittelt, dabei aber auf perspektivische Verkürzungen verzichtet, so dass die geometrischen Formen des Körpers erkennbar bleiben. Dies war gerade bei der Darstellung von Festungsanlagen oder Maschinen von Bedeutung – dort also, wo es nicht um die Schaffung einer perfekten Illusion, sondern um die Kommunikation bestimmter Konstruktionsformen ging. Auf Skizzen, die für den Eigengebrauch oder für die Betrachtung unter Kollegen bestimmt waren, ist demgegenüber eine weit größere Vielfalt von Techniken wie Quer- und Längsschnitte, Detailzeichnungen und Weiteres mehr zu erkennen.

Frühneuzeitliche Ingenieure schrieben der Geometrie als wichtigster theoretischer Grundlage ihrer Tätigkeit überragende Be-

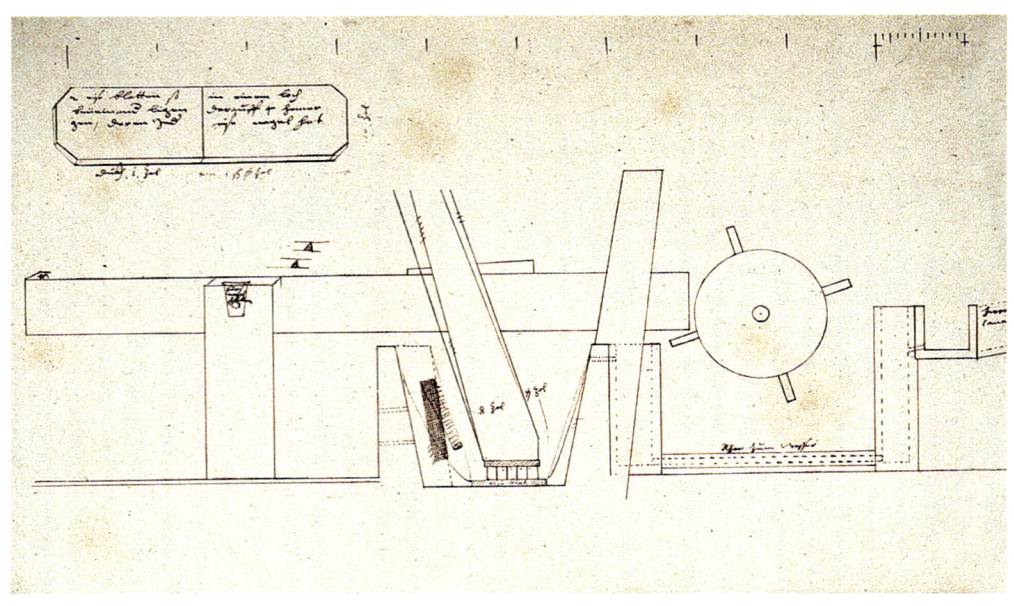

Querschnitt einer Stampfe und der dazugehörigen Nockenwelle der in der vorigen Abbildung gezeigten Papiermühle. Zeichnung mit Maßangaben und Korrekturen technischer Details (Heinrich Schickhardt, um 1597)

Zahlreiche geometrische Instrumente sollten in der Frühen Neuzeit auf Kriegszügen die Bestimmung von Distanzen aus sicherer Entfernung ermöglichen. Häufig ließen die Instrumentenbauer entsprechende Werbeschriften drucken, so im Falle dieses Graphometers (Philippe Danfrie, 1597)

deutung zu. Zum einen war die Mechanik in antiker Tradition im Wesentlichen geometrisch definiert, sie wurde ab etwa 1500 wiederentdeckt und schnell zur Leitwissenschaft des Ingenieurs erhoben. Zum anderen waren geometrische Kenntnisse der Wissensbestand, der am ehesten die verschiedenen Tätigkeitsgebiete des Ingenieurs verband. Ohne Vermessungstechnik war weder die Kartographie noch der Ausbau von Bergwerken noch die Anlage geometrisch definierter Festungen möglich. Auch die Büchsenmeister nutzten eine Vielzahl von Messinstrumenten zur Bestimmung von Schussweite und Abschusswinkel. Gleichzeitig war eine Reihe von Architekten nördlich und südlich der Alpen an der Kodifizierung der Prinzipien der geometrisch konstruierten Perspektive beteiligt – ein Unterfangen, das sich weit komplexer darstellt, als es auf den ersten Blick scheinen mag. Entsprechende Traktate veröffentlichten im 15. und 16. Jahrhundert Leon Battista Alberti und Albrecht Dürer ebenso wie Sebastiano Serlio, Daniele Barbaro oder Galileo Galilei. Auf dieser Basis eröffneten sich faszinierende Möglichkeiten, traditionelle Formen der im Feld und auf der Baustelle angewandten Geometrie mit zeichnerischen Darstellungsweisen zu verbinden. So wurden beispielsweise zahlreiche Instrumente entworfen, die es erlaubten, befestigte Plätze nicht nur aus der Ferne zu vermessen, sondern die gewonnenen Maße zudem in eine perspektivische Zeichnung umzusetzen. Aus dieser ließ sich mit Hilfe zeichnerischer Projektionstechniken wiederum ein Grundriss der Anlage konstruieren – eine im Verlauf einer Belagerung möglicherweise nicht unwichtige Information. Gerade diese Projektionstechniken, die es erlaubten, einen gezeichneten Körper durch mechanische Zeichenoperationen so zu drehen, dass er aus anderen Blickwinkeln erschien, waren für bildende Künstler gleichermaßen interessant wie für Ingenieure oder Steinmetze. Lange bevor diese Techniken mit der beschreibenden Geometrie des 18. Jahrhunderts ein wissenschaftliches Fundament erhielten, bildete sich hier im 16. Jahrhundert ein neues Wissensgebiet heraus, das den Austausch von Künstlern, Ingenieuren, Architekten, Instrumentenbauern und Mathematikern beförderte. In seiner Komplexität bietet es ein hervorragendes Beispiel für die Ausdifferenzierung von Wissensbeständen, die fernab von den aufkommenden Naturwissenschaften innerhalb weniger Jahrzehnte die ingenieurtechnische Praxis der Frühen Neuzeit nachhaltig prägten.

Überzeugen und Experimentieren: Dreidimensionale Maschinenmodelle

Ein weiteres Medium, das in der Frühen Neuzeit immer größere Relevanz für technische Experten gewann, war das bereits mehrfach angesprochene dreidimensionale Modell. Nach der Antike lange Zeit scheinbar in Vergessenheit geraten, verbreitete sich seine Nutzung, ausgehend von Italien, ab dem späten 14. Jahrhundert in allen Bereichen des Bauens. Erreichten Modelle von Kirchenbauten zum Teil raumfüllende Dimensionen, waren Modelle von Festungsanlagen oder mechanischen Anlagen meist etwa tischgroß. Der Grund für die zunehmende Nutzung solcher Modelle wird wiederum in neuartigen Planungsprozessen architektonischer Großprojekte gesehen. Bemühten sich mehrere Experten bei einem Auftraggeber um ein Projekt, mussten sie ihre Vorstellungen anschaulich präsentieren. Es ist sicherlich kein Zufall, dass eines der frühesten Dokumente, das über ein Modell einer mechanischen Anlage berichtet, ebenfalls in einem solchen Kontext steht: 1402 warben die Verantwortlichen der Baustelle des Mailänder Doms um Vorschläge für eine mechanische Steinsäge, die in Form von Zeichnungen oder Modellen einzureichen waren. Auf dieser Basis sollte dann der beste Entwurf ausgewählt und realisiert werden.

Im Vergleich zu Architekturmodellen, die die Formgebung und ästhetische Gestaltung eines Gebäudes verdeutlichen, boten Modelle mechanischer Anlagen ein zusätzliches Potential: Auf diese Weise ließ sich das Zusammenspiel

Werkstatt für den Bau von Festungsmodellen. Deckengemälde in den Uffizien, Florenz, um 1600

Tischgroßes Holzmodell einer kombinierten Walk- und Stampfmühle aus dem frühen 18. Jahrhundert

unterschiedlicher Maschinenelemente im kleinen Maßstab ausprobieren. Meist war zu diesem Zweck eine Handkurbel an der zentralen Achse einer solchen Anlage angebracht, um beispielsweise die Antriebsfunktion eines Wasserrades zu simulieren. Dieses Medium bot damit neue Möglichkeiten, mit der zunehmenden Fülle von Maschinenelementen zu experimentieren. Zugleich ließ sich die Funktionsfähigkeit der Anlage im reduzierten Maßstab überprüfen – dies bildete einen wichtigen Teil entsprechender Vorführungen bei potentiellen Auftraggebern. Über eine solche Präsentation, die dem Zweck diente, ein Erfinderprivileg des Kurfürsten von Sachsen zu erhalten, berichtete der Erfinder Hans Mader aus Dresden Ende des 16. Jahrhunderts, dass der Kurfürst „solche Kunst auch selbsten (versuchten) …, wendte sich darauf vom Tische, alda ich meine Kunst aufgeschraubet, und sagten, den Mahn soll mahn priuilegieren". Dennoch war natürlich allgemein bekannt, dass das Funktionieren im kleinen Maßstab keinen endgültigen Schluss über den Erfolg der Anlage erlaubte. Im reduzierten Maßstab lief eine federgetriebene, eiserne Mühle dem Bericht eines italienischen Ingenieurs zufolge sogar mehrere Stunden lang – ein Erfolg, der jedem Nachbau in realer Größe notwendigerweise versagt bleiben musste. Häufig scheiterten vielversprechende Entwürfe trotz identischer Dimensionierung später in der Praxis. Zunächst sprach man meist nur von der „Widrigkeit der Materie", die einer solchen Umsetzung entgegenstand – die Geometrie konnte bei identischer Dimensionierung schließlich nicht schuld sein. So, wie Architekturmodelle nichts über das statische Verhalten eines Gebäudes aussagten, erlaubten Maschinenmodelle keine Prognose über die endgültige Leistungsfähigkeit der Anlage. Dieses kostspielige Problem ist ein klassisches Beispiel für praktische Herausforderungen der Ingenieurtechnik, die zum Ansatzpunkt für theoretische Überlegungen wurden. Darauf ist im folgenden Abschnitt noch zurückzukommen.

Trotz all dieser Defizite spielte das „Herumexperimentieren" mit solchen Modellen möglicherweise eine durchaus bedeutende Rolle in der Vorgeschichte des modernen wissenschaftlichen Experimentes, dessen Begründung traditionell Galileo Galilei zugeschrieben wird. Giuseppe Ceredi, ein italienischer Ingenieur am Hofe des Herzogs von Parma dankte dem Herzog schon 1567 für dessen finanzielle Unterstützung seiner Versuche zum Einsatz der Archimedischen Schraube zu Be- und Entwässerungszwecken. Seine Bemerkung, auf diese Weise habe er die Wirkung einer Unzahl von Maschinenelementen an kleinen Modellen ausprobieren können, weist wohl darauf hin, dass er mit einer gewissen Systematik vorgegangen war und Ergebnisse in der einen oder anderen Form gemessen hatte. Entsprechende Testreihen dienten auf der anderen Seite der Überprüfung theoretischer Überlegungen. Ein Beispiel ist Guidobaldo del Monte (1545–1607), ein adeliger Festungsbauingenieur, der eng mit dem jungen Galileo Galilei zusammenarbeitete. Bei seinem Versuch, die verschiedenen Stränge der antiken Theorie der einfachen Maschinen zusammenzuführen, hatte er seinen Angaben nach sämtliche Theoreme seines „Mechanicorum liber" (1578) anhand kleiner Modelle überprüft. Diese hatte er aus Metall fertigen lassen, um die Ergebnisse nicht durch zu hohen Reibungswiderstand zu verfälschen. Es mag zumindest eine Überlegung wert sein, inwiefern solche Versuchsanordnungen strukturelle Übereinstimmungen zu den Experimenten aufwiesen, mit denen Galilei später dem Gesetz des freien Falls nachspürte. Nicht zu vergessen ist dabei, dass sich Galilei selbst mit Maschinenmodellen nur allzu gut auskannte: Bei seiner erfolgreichen Bewerbung um ein venezianisches Erfinderprivileg im Jahr 1594 hatte er ebenfalls ein Modell einer Wasserhebeanlage vorgeführt.

Eintritt in die Welt gelehrten Wissens: Ingenieure als Autoren

Ab der Mitte des 16. Jahrhunderts verließen immer häufiger Bücher mit ingenieurtechnischen Inhalten die Druckwerkstätten der Nachfolger Johannes Gutenbergs. Dieser Eintritt der Ingenieurtechnik in die Welt gelehrten Wissens markiert mit am deutlichsten die kulturelle und soziale Herauslösung dieses Tätigkeitsbereiches aus dem Handwerk. Dass dies erst um 1550 geschah, also gut 100 Jahre nach der Erfindung des Buchdrucks, lag insbesondere daran, dass erst zu diesem Zeitpunkt gedruckte Bücher in den Volkssprachen salonfähig geworden waren. Die Veröffentlichung von Werken mit ingenieurtechnischen Inhalten auf Latein war aus zwei Gründen problematisch. Zum einen waren technische Fachbegriffe nur unter großen Schwierigkeiten zu übersetzen, zum anderen waren lateinische Texte nur wenigen Ingenieuren verständlich. So blieb die Ingenieurtechnik bis weit in das 16. Jahrhundert zunächst in mittelalterlicher Tradition Gegenstand prachtvoll illustrierter technischer Manuskripte. Nachdem vor 1550 bereits Editionen der antiken technischen Literatur, vor allem der Werke von Vitruv und Vegetius, gedruckt worden waren, erschienen in der zweiten Hälfte des 16. Jahrhunderts dann zahlreiche Schaubücher der Maschinentechnik, Architektur- und Festungsbautraktate sowie Abhandlungen, welche die Theorie der einfachen Maschinen in antiker Tradition weiterführten.

Viele Autoren ingenieurtechnischer Traktate rühmten sich, ihren Lesern technische Neuerungen zu präsentieren. Die entsprechenden Werke sind bis zum Rand gefüllt mit didaktischen Erläuterungen von Maschinen und erläutern Grundprinzipien des Festungsbaus und andere technische Themen. Doch wie vertrug sich dieser innovative Anspruch mit der Angst, eigener Erfindungen beraubt zu werden? Diese Furcht war schließlich derart ausgeprägt gewesen, dass die Territorialherren das Rechtsinstrument der Erfinderprivilegien geschaffen hatten, um den Schleier der Geheimhaltung zumindest ein Stück weit lüften zu können. Sicherlich bestanden solche Befürchtungen – doch auf der anderen Seite war ein Auftritt in der neuen Kultur des gedruckten Buches sehr prestigeträchtig. Schon der frühe Erfindungsschutz bot die Möglichkeit der öffentlichen Auszeichnung der geistigen Kreativität des Einzelnen. In der Welt des gedruckten Buches eröffnete sich den Ingenieuren darüber hinaus die Chance, sich einem viel breiteren Publikum als Innovatoren par excellence bekannt zu machen. In diesem Spannungsfeld von Chance und Risiko gelang es den Autoren der technischen Literatur, den Königsweg zu finden, der eine großzügige Veröffentlichung beeindruckenden Fachwissens ermöglichte, ohne die eigenen Betriebsgeheimnisse preiszugeben. Am Beispiel der bekannten Schaubücher der Maschinentechnik, oft als „Maschinentheater" betitelt, ist dies gut zu erkennen. Die Schaubücher knüpften an die älteren Bilderhandschriften der Maschinentechnik wie die von Mariano Taccola an. Sie erschienen zunächst in Frankreich (Jacques Besson, Jean Errard, Agostino Ramelli), Italien (Vittorio Zonca, Fausto Veranzio, Giovanni Branca) und Deutschland (Salomon De Caus, Ottavio Strada, Heinrich Zeising). Von den zahllosen, in schönen Kupferstichen präsentierten Entwürfen von Mühlwerken und Wasserhebeanlagen, Hebezeug und Automatenkonstruktionen war zunächst ein erheblicher Teil gar nicht praktikabel. Solche Entwürfe wurden dennoch nicht unbedingt belächelt, dokumentierten sie

Lumpenstampfwerk einer Papiermühle. Typische Darstellungsweise in Wort und Bild in einem repräsentativen Maschinenbuch (Vittorio Zonca, 1607)

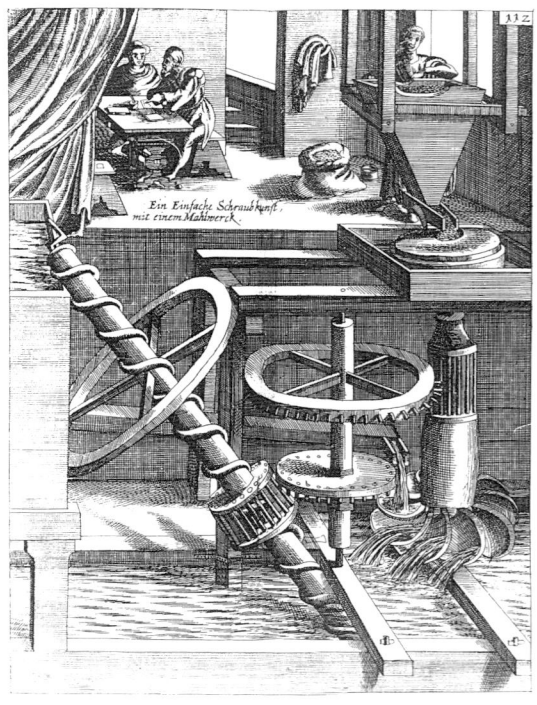

Entwurf eines Perpetuum mobile, das noch zusätzliche Energie für den Betrieb eines Mühlwerks abgeben sollte. Das zum Betrieb der Mühle genutzte Wasser wird durch eine Archimedische Schraube wieder in das höhergelegene Sammelbecken befördert (Jacopo Strada, 1617)

doch die technische Kreativität des Autors. Bauanleitungen boten diese Bücher ohnehin nicht. Die zum Teil sehr ausführlichen Texte zu einzelnen Entwürfen waren eher als allgemeine Anleitung zum Verständnis des Funktionierens komplexer Maschinen zu lesen. Beispielsweise erläuterten sie ausführlich den Weg, auf dem die Antriebskraft über eine Reihe von Maschinenelementen auf die Arbeitsmaschine übertragen wurde. Dagegen fehlten Angaben zu Materialien, Maßen und Übersetzungsverhältnissen, wie sie in privaten Aufzeichnungen ständig festgehalten wurden, praktisch völlig. Auch die konkreten Arbeitsschritte beim Bau solcher Maschinen wurden nicht genannt – erläutert wurde nur der Funktionsablauf des fertigen Werkes. Wenn es sich bei der abgebildeten Maschine um einen tatsächlich umsetzbaren Entwurf handelte, konnte dieser natürlich von einem fähigen Kollegen nachgebaut werden – die Wahrscheinlichkeit war jedoch groß, dass er eine entsprechende Anlage ohnehin schon selbst gesehen hatte. Angesichts der großen Vielfalt der frühneuzeitlichen Maschinentechnik boten sich demnach genügend Möglichkeiten, die Leser zu informieren, ohne das eigene geistige Kapital zu verschenken. Ohnehin waren viele der Autoren gar nicht unbedingt herausragende Erfinder. Viele von ihnen hatten sich zum Zeitpunkt der Veröffentlichung bereits einen Ruf als ingenieurtechnische Experten erworben. Nun nutzten sie die Möglichkeit, sich zusätzlich als Autor mit einer Sammlung von Entwürfen zu profilieren, die sie aus unterschiedlichen Quellen zusammengetragen hatten. In noch geringerem Maße stellte sich das Problem der Preisgabe von Geheimnissen in Traktaten zum Festungsbau, da die Kompetenzen eines guten Festungsbauingenieurs zum Großteil gar nicht in Buchwissen zu transformieren waren. Ähnliches gilt für den Wasserbau.

Auf diese Weise konnten Autoren der neuen ingenieurtechnischen Literatur von der Veröffentlichung gedruckter Bücher vielfach profitieren. Denn sie erhöhten ihr eigenes Ansehen und das ihrer Profession mit einer Geste, die als freigiebige Preisgabe avancierten Wissens gedeutet wurde. Vielfach nutzten Autoren ihre Werke auch als Anlage zu Schreiben, mit denen sie sich an fremden Höfen empfahlen. So lieferten sie den Nachweis, dass der Autor sich nicht nur in seiner Profession bestens auskannte, sondern dass er zudem fähig war, sein Wissen in die Welt gelehrten Wissens einzubringen. Allerdings wurden solche Gaben von den Empfängern durchaus kritisch geprüft. Als dem Nürnberger Rat 1593 ein in blauen Samt gebundenes Exemplar von Ottavio Stradas Maschinenbuch übersandt wurde, hatte der Zeugmeister der Stadt dafür nur abfällige Bemerkungen übrig, worauf das Werk mit einem freundlichen Begleitschreiben an den Autor retourniert wurde.

Die ingenieurtechnische Literatur der Frühen Neuzeit sollte die Geschichte des Ingenieurs jedoch noch in anderer Hinsicht langfristig prägen. Denn es war das gedruckte Buch, in dem erstmals ein relativ einheitliches Standesbewusstsein des Ingenieurs formuliert wurde – in Anlehnung an die Vorgaben, mit denen bereits der römische Baumeister Vitruv die gesellschaftliche Bedeutung des Architekten herausgestrichen hatte. Bis weit in die Frühe Neuzeit verbanden allein persönliche Freundschaften die ingenieurtechnischen Experten in dem hier dargestellten Sinn. Zu unterschiedlich war ihre soziale Herkunft, zu unterschiedlich ihre Tätigkeitsbereiche, zu groß die Konkurrenz um Aufträge, als dass man sich als spezifische Gruppe verstanden oder gar Ansätze zu einer gemeinsamen Vertretung standespolitischer Interessen entwickelt hätte. Erst in den militärischen Ingenieurcorps sollte sich im 17. Jahrhundert in kleinem Rahmen ein derartiges Gruppen-bewusstsein herausbilden, das später in den französischen Ingenieurschulen auf ein breiteres Fundament gestellt wurde. In der ingenieurtechnischen Literatur des 16. Jahrhunderts wurde jedoch zumindest ein einheitliches Bild des Ingenieurs entworfen. In den technischen Handschriften der mittelalterlichen Tradition, die jeweils für den persönlichen Gebrauch eines Auftraggebers angefertigt worden waren, war es nicht notwendig gewesen, die Tätigkeit des technischen Experten gesondert zu rechtfertigen. Erst der Übergang zum gedruckten Buch mit seiner anonymen Leserschaft schuf hier eine neue kommunikative Situation. Nun sahen sich die Autoren gezwungen, ihr eigenes Berufsbild vor der kritischen gelehrten Leserschaft zu erläutern und zu rechtfertigen. Das Ergebnis war eine homogene und einheitliche Charakterisierung des Ingenieurs – hier wurde diese Bezeichnung nun gerade in den romanischen Sprachen tatsächlich offensiv benutzt. Diese Charakterisierung umfasste in der Regel folgende Punkte: Betont wurde die geistige Tätigkeit des technischen Experten, die auf wissenschaftlichen Grundlagen basierte. Es wurde zweitens herausgestrichen, dass der Ingenieur stets bereit war, Neues zu schaffen. Drittens versicherten die Autoren schließlich, dass technische Tätigkeit nicht eigensüchtigen Zwecken diente, sondern dem allgemeinen Wohl: Wer „Werke zum Wohle der Allgemeinheit plant und durchführt, ist höchster Ehren würdig, denn er hat all die schönen und nützlichen Erfindungen ersonnen, die im Dienst der Allgemeinheit stehen", formulierte beispielhaft, wenn auch leicht tautologisch, der Festungsbauingenieur Buonaiuto Lorini. Neben dem Festungsbau, der ja dem Schutz der Allgemeinheit diente, konnten diese Werte am besten unter Verweis auf die Maschinentechnik verdeutlicht werden. Ihr wissenschaftliches Fundament war die Mechanik, ihre Innovationsfähigkeit belegten die zahlreich kursierenden Entwürfe für effizientere Anlagen, der allgemeine Nutzen schließlich konnte leicht über die Einsparung mühseliger körper-

licher Arbeit verdeutlicht werden. Hinzu kam das Faszinosum des „selbständigen" Funktionierens solcher Maschinen. Die Maschine wurde damit zum zentralen, positiv besetzten Ausdruck der Ingenieurtätigkeit – der Maschinenbegriff wurde in der ingenieurtechnischen Literatur in einer produktiven Umdeutung des lateinischen „*machina*" überhaupt erst in seiner modernen Form geprägt.

Das Gegenbild, von dem sich die Autoren ingenieurtechnischer Literatur mit ihrem neuen Selbstverständnis abgrenzten, war der in den Traditionen seiner Zunft verhaftete Handwerker. Der Anspruch auf eine höhere soziale Stellung durchzieht die Vorreden praktisch sämtlicher Autoren des 16. Jahrhunderts, obwohl – vielleicht auch gerade weil – die biographischen Wurzeln der meisten technischen Experten dieser Epoche ja selbst im Handwerk lagen. Sie betonten ein um das andere Mal, dass die Tätigkeit des Ingenieurs geistiger Natur sei und auf den wissenschaftlichen Grundlagen der Mathematik und der Mechanik beruhe. Portraitieren ließen sie sich mit dem Zirkel, dem traditionellen Attribut des Architekten. So zutreffend diese Charakterisierung im Hinblick auf ihre entwerfende Tätigkeit auch sein mochte, verschwieg man in diesem Zusammenhang gern die erheblichen organisatorischen und verwaltungstechnischen Anteile der Tätigkeit.

Technische Experten sahen sich bei ihrem Auftritt in der gelehrten Öffentlichkeit zwar Legitimationszwängen hinsichtlich ihres sozialen Status ausgesetzt, nicht jedoch hinsichtlich einer ethischen Bewertung ihrer Tätigkeit. Debatten um das Pro und Contra bestimmter technischer Eingriffe oder ganzer Technologien finden sich in der technischen Literatur der Frühen Neuzeit nur ganz am Rande. Am ehesten griffen Autoren von Traktaten zum Bergbau Debatten um die Legitimität dieses Wirtschaftszweiges auf. Am ausführlichsten geschah dies in dem maßgeblichen Werk des Chemnitzer Arztes Georgius Agricola, *De re metallica* (1556). Agricola kam nach Abwägung der Argumente gegen den Bergbau – beispielsweise die Verarbeitung von

Metallen zu Waffen oder die Fragwürdigkeit des Eindringens in das Innere der „Mutter Erde" – allerdings doch zu dem Schluss, dass diese Aktivität des Menschen gerechtfertigt sei, da letztendlich die Vorteile überwögen. Dass der Bergbau im Zentrum solcher Debatten um die Legitimität technischer Eingriffe stand, war kein Zufall. Die rasante Entwicklung der Bergbauregionen nördlich der Alpen im 15. und 16. Jahrhundert brachte oft schon innerhalb einer Generation tiefgreifende Veränderungen des sozialen und wirtschaftlichen Lebens sowie der natürlichen Umwelt mit sich. Auf entsprechende Auseinandersetzungen war demnach auch in der technischen Literatur einzugehen. Ingenieurtechnische Projekte in anderen Tätigkeitsfeldern, zum Beispiel der Bau neuer Mühlwerke, hatten weit begrenztere Auswirkungen. Eine Diskussion über den Sinn und Nutzen beispielsweise der Maschinentechnik drängte sich – trotz in der Praxis durchaus erkennbarer Interessenkonflikte – nicht unbedingt auf. Ebenso wenig spielte „Zukunft" eine Rolle. Nur wenige Autoren entwarfen Zukunftsbilder einer immer weiter mechanisierten Welt. Der Autor eines Traktates über ein von ihm angeblich erfundenes Perpetuum mobile betonte um 1620 jedoch, dass er seine Erfindung nicht wie andere nutzen wolle, um beispielsweise automatische Pflüge einzusetzen – was technisch natürlich ohnehin nicht möglich gewesen wäre – weil man dann die überflüssig gewordenen Bauern wohl eines Tages totschlagen müsse. Daher wolle er seine Erfindung nur in den Dienst noblerer Zwecke wie der Astronomie stellen. So blieb das Bild der Technik weitgehend ungetrübt, als die Ingenieure mit gedruckten Büchern an die Öffentlichkeit traten. Sie selbst priesen gern die von ihnen ersonnene Technik: Neu, nützlich und erfindungsreich – mit diesen Attributen charakterisierten sie ein um das andere Mal ihre Projekte und unterstrichen so den Wert ihrer Tätigkeit. Im öffentlichen Diskurs sicherten sie sich damit in vieler Hinsicht bis in die Moderne hinein die Deutungshoheit über die gesellschaftliche Rolle von Technik.

Ingenieure und Wissenschaft: Technische Herausforderungen als Anstoß zur Theoriebildung

Das Verhältnis der frühneuzeitlichen Ingenieure zu den zeitgenössischen Wissenschaften war vielschichtig. Als angewandte Naturwissenschaften sind ihre Leistungen sicherlich nicht zu beschreiben. Sie beruhten vielmehr auf ganz unterschiedlichen Wissensformen, von denen noch am ehesten der Geometrie der Rang einer Wissenschaft zukam. Mechanik, Physik oder Naturphilosophie waren in der Frühen Neuzeit nicht so weit in die Praxis umsetzbar, dass sie technischen Innovationen den Weg geebnet hätten. Disziplinen wie Baustatik oder Materialkunde standen allenfalls als wissenschaftliche Zukunftsmusik am Horizont.

In der Forschung ist viel darüber diskutiert worden, inwiefern sich die neuen naturwissenschaftlichen Erkenntnisse der „Wissenschaftlichen Revolution" des 17. Jahrhunderts Anstößen aus der Welt der Ingenieurtechnik verdankten. Zweifellos waren technische Herausforderungen häufig ein Anstoß zur Theoriebildung. Als Galilei die Flugbahn von Kanonenkugeln als Parabel identifizierte, war dies ein Beitrag zur weit verbreiteten Suche nach einer mathematischen Beschreibung dieses Phänomens. Auch Galileis Festigkeitslehre war eine explizite Antwort auf das bereits angesprochene Problem, warum kleine Modelle von Maschinen oder Schiffen häufig funktionierten, im großen Maßstab aber versagten. Schließlich sollte die theoretische Durchdringung hydraulischer Phänomene in Italien wie in den Niederlanden helfen, kostspielige Fehlschläge bei wasserbautechnischen Maßnahmen zu vermeiden. Späteren Experimenten und Theorien, die sich dem bekannten Phänomen widmeten, dass eine Wassersäule in einer Saugpumpe ab einer Höhe von etwa zehn Metern in sich zusammenfiel, stand der Wunsch nach der Leistungssteigerung der umfassend genutzten Pumpentechnik Pate. In diesem wie in anderen Fällen zeigen die Überlegungen des Italieners Evangelista Torricelli, des Engländers Robert Boyle und des Franzosen Pascal um die Mitte des 17. Jahrhunderts, dass hier europaweit über dieselben „Knackpunkte" nachgedacht wurde. Die bescheidenen Resultate all dieser theoretischen Erkenntnisse für die ingenieurtechnische Praxis stehen indes auf einem anderen Blatt. So ist es höchst fraglich, inwiefern beispielsweise Galileis mathematische Bestimmung der Flugbahn von Geschossen die Arbeit der Büchsenmeister tatsächlich auf ein solideres Fundament stellte.

Wiederum ausgehend von Italien, interessierten sich die Ingenieure selbst seit dem 16. Jahrhundert insbesondere für die geometrischen Beweisführungen der antiken Mechanik, die eine Theorie der einfachen Maschinen Waage, Hebel, Winde, Keil, Schraube und Flaschenzug begründete. Durch die Edition und Übersetzung der entsprechenden Texte waren Mitte des 16. Jahrhunderts die Aristoteles zugeschriebenen „Problemata Mechanica" ebenso verfügbar wie Schriften von Archimedes, der alexandrinischen Mathematiker Heron von Alexandria und Pappus sowie natürlich die entsprechenden Passagen in dem Architekturtraktat des römischen Baumeisters Vitruv. Nun gingen die Bemühungen in zwei Richtungen. Zum einen wurde versucht, die unterschiedlichen Theorieansätze der antiken Autoren zu vereinheitlichen und weiterzuentwickeln. Zahlreiche Traktate zur vorklassischen Mechanik gaben solchen Diskussionen ein solides Fundament. Sie strahlten zunehmend auch auf Spanien und Frankreich aus, in Deutschland war Daniel Möglings Kompilation entsprechender Übersetzungen (1629) die erste maßgebliche Veröffentlichung in diese Richtung. Zum anderen suchte man auszuloten, inwiefern die Theorie der einfachen Maschinen einen Beitrag zum Verständnis der weit komplexeren Maschinen der eigenen Epoche leisten könnte. Angesichts der unzähligen Vorschläge für die Kombination unterschiedlicher Maschinenelemente in Mühlwerken oder Hebezeugen wäre es höchst wünschenswert gewesen, die Leistung solcher Getriebemechanismen rechnerisch verglei-

chen zu können, bevor man innovative Ideen unter erheblichen Kosten in die Praxis umsetzte. Zu diesem Zweck versuchte man, die einzelnen Maschinenelemente stets auf den Hebel beziehungsweise die ungleicharmige Waage zurückzuführen und ihr Zusammenspiel zu berechnen. Eine solche Rechenoperation ist beispielsweise von dem niederländischen Ingenieur Simon Stevin überliefert. Mit der zeitgenössischen Mechanik bestens vertraut, versuchte er die Leistung eines der typischen windgetriebenen Schöpfwerke seiner Heimat zu berechnen. Da dieser Operation nur geometrische Dimensionen zugrunde lagen und sämtliche Fragen des Materialverhaltens oder der Reibung nicht mathematisch zu fassen waren, blieben solche Rechnungen jedoch für die Praxis wenig aussagefähig. Das theoretische Handwerkszeug reichte noch lange nicht aus, um derartige technische Probleme zufriedenstellend zu lösen. Diese Situation weckte auf Seiten rein praktisch orientierter Ingenieure natürlich Zweifel, ob die Praxis denn überhaupt jemals von der Theorie würde profitieren können – oder ob die Beschäftigung mit den Wissenschaften für den Ingenieur nicht generell einen Holzweg darstellte. Andere Zeitgenossen wie Buonaiuto Lorini vertraten mit größerem Selbstbewusstsein einen dritten Weg. Es war einsichtig, dass es für den Festungsbauingenieur keinesfalls ausreichte, sich allein in der Welt der Theorie zu bewegen. Im Gegenteil: Die persönliche Erfahrung war gerade dort von entscheidender Bedeutung, wo sich Aufgaben wie die Organisation des Baus einer Festung kaum theoretisch formalisieren ließen. So wurde das Idealbild des Ingenieurs als einer Per-

Die „einfachen Maschinen" in geometrischer Analyse und praktischer Anwendung. Titelblatt der maßgeblichen deutschen Übersetzung italienischer Mechaniktraktate (Daniel Mögling, 1629)

sönlichkeit entworfen, die sowohl Geometrie und Mathematik beherrschte als auch in der Praxis ausgewiesen war. Als Vorbild nannte nicht nur Lorini Archimedes, dessen viel gerühmte Leistungen auf beiden Gebieten die Zeitgenossen in der Frühen Neuzeit faszinierten. Wenn hier also das Idealbild des in Theorie und Praxis versierten Ingenieurs gezeichnet wurde, so kann dies durchaus auch als Spitze gegen die „reine" Wissenschaft gelesen werden, von der die technische Praxis noch nicht direkt profitieren konnte. Mögen solche Debatten aus heutiger Perspektive verwirrend und wenig produktiv erscheinen, bildeten sie doch eine wohl unverzichtbare Begleiterscheinung der langsamen Ablösung der Ingenieure aus einer Welt rein empirisch gewonnener Erfahrungen.

Wie die unterschiedlichen Welten, in denen sich ingenieurtechnische Experten bewegten, und die unterschiedlichen Medien, die sie nutzten, nun in Wechselwirkung miteinander treten konnten, davon zeugt eine Episode aus der Zeit Galileo Galileis am Hofe des Herzogs der Toskana. Galileo hatte zusammen mit anderen Mitgliedern des Hofes an der Präsentation des Modells einer Maschine eines auswärtigen Ingenieurs teilgenommen, dessen Name nicht überliefert ist. Der Mechanismus war mit einem Pendel ausgestattet, und der Erfinder behauptete, dass diese Konstruktion die Leistungsfähigkeit von Mühlen und anderen Maschinen erheblich steigern könne. In einem Brief, den Galileo dem Ingenieur später übersandte, begründete er mit unterschiedlichen Argumenten, warum er die Umsetzbarkeit der Konstruktion bezweifelte. Er reduzierte den Mechanismus auf eine einfache geometrische Skizze, wandte das Erklärungsmodell der Waage an, erwog das Verhalten der verwendeten Materialien und diskutierte die Möglichkeit, durch ein Pendel Kräfte zu speichern. Diese auf den ersten Blick unspektakuläre Begebenheit belegt wie in einem Brennglas die neuen gesellschaftlichen und intellektuellen Kontexte ingenieurtechnischer Expertise. Am Hof des Landesherren als Anziehungspunkt für erfinderische Ingenieure kamen Experten mit unterschiedlichem sozialen Hintergrund und unterschiedlichen Karrieren zusammen, die in unterschiedlichen Wissenstraditionen aufgewachsen waren. Auf der Suche nach der angemessenen Beurteilung neuer technischer Phänomene warfen sie ihre jeweiligen Erfahrungen in die Waagschale, wobei „wissenschaftliche" Erklärungsmodelle besonderes Ansehen genossen. So, wie das Prestige des ingenieurtechnischen Praktikers stieg, wenn er sich auch in den zeitgenössischen Wissenschaften auskannte, so konnte sich umgekehrt der Universitätsgelehrte in höfischen Diensten dadurch auszeichnen, dass er sich mit der Theoriebildung in praktisch nützlichen Dingen beschäftigte. Ein tischgroßes Modell ermöglichte es, diese Kompetenzen auszutauschen, ohne sich in die Werkstatt eines Handwerkers begeben zu müssen. Eine Zeichnung auf einem Brief als typisches Mittel gelehrter Korrespondenz wurde genutzt, um entsprechende Überlegungen noch einmal zusammenfassend darzulegen. Dass sich auf diese Weise die Welten von Theorie und Praxis mischen konnten, war auf lange Sicht eine der Vorbedingungen für die zunehmende Formalisierung ingenieurtechnischen Wissens.

Ansätze zur Formalisierung technischer Forschung und Bildung 1600–1750

Die neuen Rahmenbedingungen der Ingenieurtätigkeit mündeten im 17. und 18. Jahrhundert in eine zunehmende Spezialisierung. Die heute so bewunderten Generalisten der frühen Neuzeit wurden spätestens im Verlauf der Industrialisierung immer seltener. Um 1600 verkörpert der Niederländer Simon Stevin (1548–1620) etwa 100 Jahre nach Leonardo da Vinci noch einmal den Idealtyp des umfassend tätigen Ingenieurs der Renaissance. Ohne eine Universitätsausbildung absolviert zu haben, vereinte er Wissenstraditionen aus Handwerk und Wissenschaft, Organisation und Verwaltung. Stevin veröffentlichte seit den 1580er Jahren eine Reihe von Traktaten zur Mathematik und Arithmetik ebenso wie zur Statik und Hydrostatik, zum Festungsbau und zur Stadtplanung. Mit dem Anspruch, theoretisches Wissen für praktische Zwecke dienstbar zu machen, schrieb er nicht auf Latein, sondern stets auf Niederländisch. Um 1593 trat Stevin als Ingenieur in die Dienste des Prinzen von Oranien und hatte in den folgenden Jahren die Aufsicht über zahlreiche Festungsbauten inne, zudem war er auch für wasserbautechnische Projekte und Mühlwerke verantwortlich. Gleichzeitig unterrichtete er den Prinzen in den Grundprinzipien angewandter Mathematik. Besonderen Ruhm erbrachte ihm die Konstruktion eines Segelwagens, der größere Gesellschaften mit über 30 Stundenkilometern über den Strand bei Scheveningen beförderte. Für Mühlwerke und Wasserhebeanlagen erhielt Stevin mehrere Erfinderprivilegien, gleichzeitig war er selbst Mitglied von Kommissionen in solchen Verfahren.

Ähnliche Karrieren sollten in Zukunft für Ingenieure im engeren Sinn kaum noch möglich sein. Technische Großprojekte nahmen im 17. Jahrhundert Dimensionen an, die ausdifferenzierte Hierarchien und Zuständigkeitsbereiche notwendig machten. Sébastien Le Prestre de Vauban war mit seiner herausgehobenen Position als Generalkommissar für den Festungsbau in den Diensten des Sonnenkönigs Ludwig XIV. eher die Ausnahme als die Regel. Die ungewöhnliche Bilanz seiner fast 60 Jahre während Karriere – Befestigung von über 150 Orten und knapp 50 ausnahmslos erfolgreiche Belagerungen – macht deutlich, dass es sich hier um einen Sonderfall handelt. Im Umfeld der wissenschaftlichen Akademien, die europaweit mit großem Erfolg gegründet wurden, blieb demgegenüber der Typus des Universalgelehrten noch bis ins 18. Jahrhundert hinein geläufig. Vielseitig interessierte Gelehrte wie der bereits erwähnte Gottfried Wilhelm Leibniz, Robert Hooke, Christiaan Huygens oder Denis Papin beschäftigten sich dabei auch intensiv mit ingenieurtechnischen Fragen.

In dieser Phase sind für die Geschichte des Ingenieurberufes vor allem zwei Entwicklungen von Interesse: die Formali-

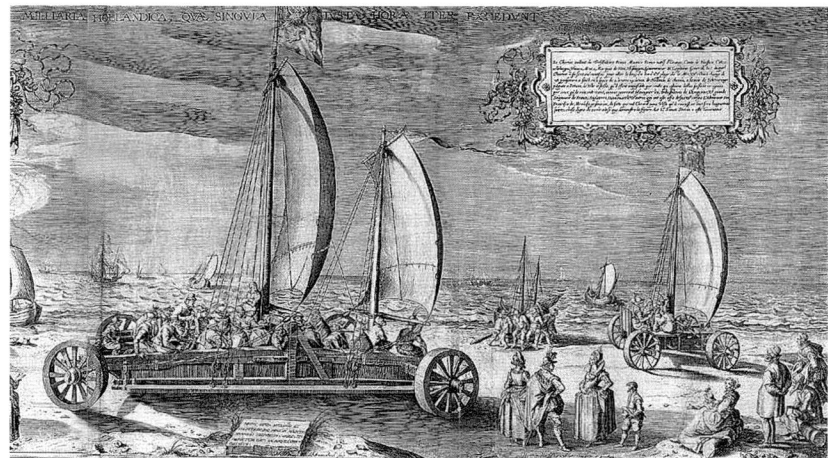

sierung technischen Wissens, die bereits in Richtung einer eigenständigen Ingenieurwissenschaft weist, sowie Ansätze zur Institutionalisierung der Ingenieurausbildung. Die Suche nach allgemein gültigen Regeln für technische Phänomene wurde in mehrfacher Hinsicht intensiviert. Wer sich im 16. Jahrhundert hierbei engagiert hatte, tat dies aus Eigeninitiative im Austausch mit befreundeten Kollegen. Begünstigt wurden derartige Kontakte von dem kulturellen Umfeld insbesondere der italienischen Fürstenhöfe sowie durch die Herausbildung von europaweiten Netz-

Segelwagen zur Fahrt auf holländischen Stränden (Simon Stevin, um 1600)

Experimentalanordnung zum Messen der Leistungsfähigkeit oberschlächtiger Wasserräder (Christopher Polhem, um 1700)

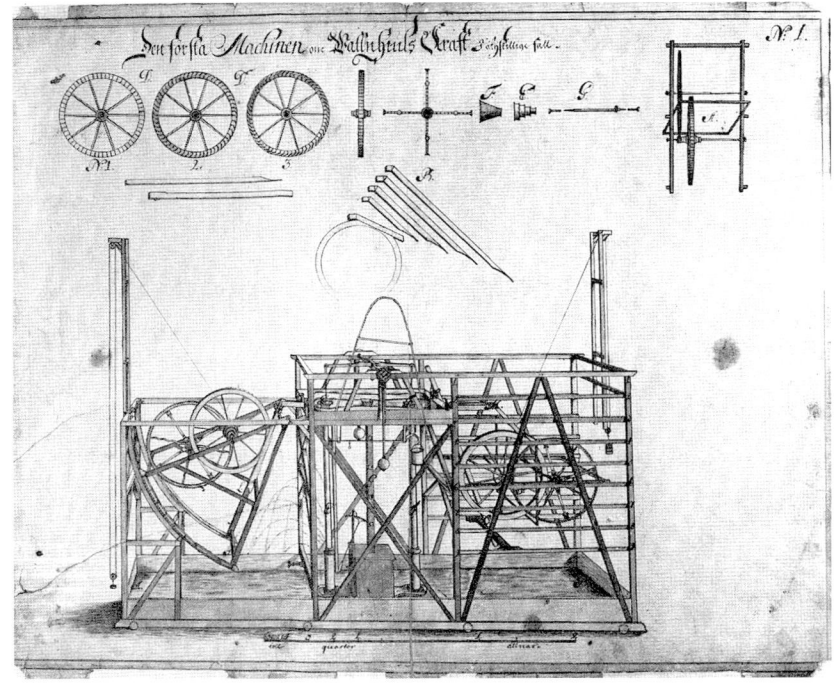

werken korrespondierender Gelehrter. Im 17. Jahrhundert nahmen entsprechende Bemühungen neue Dimensionen an. Dies zeigen um 1700 die Versuche des Direktors des schwedischen Bergwerkes von Falun, Christopher Polhem, zur Effizienz unterschiedlicher Wasserräder. Wasserkraft blieb auch nach der Erfindung der Dampfmaschine bis weit in das 19. Jahrhundert hinein die bedeutendste Energiequelle für mechanische Anlagen. Ihre optimale Nutzung war nicht nur für die Wasserhebung in Bergwerken, sondern auch für zahlreiche andere Gewerbe von besonderer Bedeutung. Polhem richtete mit staatlicher Unterstützung ein mechanisches Labor ein, in dem er zahlreiche Parameter oberschlächtiger Wasserräder testete; innerhalb von zwei Jahren ließ er 25.000 Versuchsläufe von etwa einer Minute Dauer durchführen. Später stellte sich heraus, dass zwei Parameter falsch gemessen worden waren. Polhem gab in seiner Korrespondenz zu, dass das ganze Projekt somit umsonst gewesen war. Dies soll jedoch an dieser Stelle weniger interessieren. Entscheidend ist, dass nun überhaupt solche aufwendigen Testreihen durchgeführt wurden. Wegweisend ist Polhem darüber hinaus auch, weil seine Suche nach theoretischen Fundamenten der Ingenieurtätigkeit eng mit dem Bemühen verbunden war, bereits vorhandenes

„Mechanisches Alphabet" von Christopher Polhem. Holzmodelle von Maschinen und Maschinenelementen zu didaktischen Zwecken, 18. Jahrhundert

Modellsammlung der Pariser Académie des Sciences mit zahlreichen Maschinenmodellen (Sébastien Le Clerc, um 1711)

122

Wissen systematisch zu ordnen und damit für den technischen Nachwuchs aufzuarbeiten. Polhem ist in der Ingenieurwissenschaft für sein „mechanisches Alphabet" berühmt, eine systematische Ordnung grundlegender Maschinenelemente, die er zu didaktischen Zwecken als kleine Modelle bauen ließ.

Stand bei Polhems Versuchen die schwedische Akademie der Wissenschaften als Beobachter noch eher im Hintergrund, so widmeten sich andere Akademien des 17. und 18. Jahrhunderts ganz direkt ingenieurtechnischen Problemstellungen. Das spezifische wissenschaftliche Ethos dieser Akademien sollte Gelehrte unterschiedlicher Herkunft zu einem freien und wahrhaftigen Meinungsaustausch zusammenbringen. Experimente spielten in naturwissenschaftlichen Fragen eine wichtige Rolle, sie wurden protokolliert und ihre Resultate in den Publikationen der Akademie verbreitet. An den Akademien in Paris, London und Berlin wurden nun ebenfalls Versuche zur Effizienzsteigerung von Wasserrädern durchgeführt und diskutiert. Die Ingenieurtechnik galt solchen Institutionen demnach durchaus als würdig. Die Pariser Akademie war sogar von Ludwig XIV. offiziell damit beauftragt worden, an die Krone herangetragene Erfindungen neuer Maschinen zu prüfen. Die höfischen Kommissionen, die diese Aufgabe im frühen Erfindungsschutz des 15. und 16. Jahrhunderts erfüllt hatten, wurden nun durch eine Institution ersetzt, die nach wissenschaftlichen Kriterien arbeitete. Es soll allerdings nicht verschwiegen werden, dass die Akademien die Ingenieurtechnik im 18. Jahrhundert schrittweise aus ihrem Programm eliminierten und sich wieder auf Fragen der reinen Wissenschaft konzentrierten.

So heterogen die Bausteine formalisierten technischen Wissens im frühen 18. Jahrhundert noch waren, rechtfertigten sie zur Jahrhundertmitte bereits die Einrichtung erster Ausbildungsstätten für ingenieurtechnische Aufgaben. Bis zur Verbreitung solcher Institutionen blieb es weitgehend dem Zufall überlassen, wo man beispielsweise Grundkenntnisse im Zeichnen oder in der Geometrie erwarb.

Idealtypische „Kriegsschule" zur Unterrichtung von Festungsbaukunst und Artillerie (Hans Friedrich Flemming, 1726)

Meist geschah dies im Familienverband oder in handwerklichen Lehrberufen. Das Beispiel Leonardos zeigt, dass mathematisches Grundwissen hier und da in Abakusschulen erworben wurde, die eigentlich den kaufmännischen Nachwuchs ausbildeten. Darüber hinausgehende Fähigkeiten waren aber nur in informellen Kontexten zu erlernen. Im 17. und frühen 18. Jahrhundert boten zahlreiche Rechenmeister und praktische Mathematiker entsprechende Dienste an. Der bekannteste unter ihnen war der Ulmer Rechenmeister und Ingenieur Johann Faulhaber. Er unterrichtete im frühen 17. Jahrhundert zahlreiche Schüler unter anderem in Landvermessung, Geometrie und in perspektivischen Darstellungstechniken. Einige machten später als Baumeister oder Militäringenieur Karriere. Seinen Ruf steigerte Faulhaber durch die Veröffentlichung zahlreicher Schriften mathematischen und technischen Inhaltes, auch stellte er selbst entworfene geometrische Instrumente her. In Deutschland wurden ingenieurtechnische Fragestellungen zu Beginn des 18. Jahrhunderts auch in den so genannten „Ritterakademien" behandelt. Diese spielten für einige Jahrzehnte, beispielsweise in Wolfenbüttel, Kassel und Tübingen, eine wichtige Rolle in der Aus-

123

bildung des männlichen Adels. Unterhalb des Niveaus der Universitäten sollten die praxisorientierten Ritterakademien junge Adelige auf eine Karriere als Gutsbesitzer, Beamter oder Offizier vorbereiten. Auf dem Lehrplan standen somit auch die praktische Mathematik in der Anwendung auf die Zivil- und Militärarchitektur sowie die Mechanik. Entsprechende Grundkenntnisse galten nun als unverzichtbar für spätere Entscheidungsträger in Staat und Militär.

Bis weit in das 18. Jahrhundert blieb die ingenieurtechnische Ausbildung jedoch ein äußerst lückenhafter Flickenteppich. Ein ausdifferenziertes Konzept für eine staatlich gelenkte Ingenieurakademie war allerdings bereits Anfang der 1580er Jahre am Hofe Philipps II. in Madrid entwickelt worden. Die „Academia Real Matematica" sollte Experten in sämtlichen Feldern der Ingenieurtechnik ausbilden. Insgesamt waren 14 Ausbildungsgänge von der Vermessungstechnik über die Mechanik und Perspektivlehre bis hin zu Architektur, Festungsbaukunst und Artillerie vorgesehen. Das Programm verdeutlicht den erheblichen Bedarf des spanischen Großreiches an technischer Expertise zu Zeiten seiner weltweiten kolonialen Expansion. Aufgrund organisatorischer Schwierigkeiten sollte die Akademie jedoch nie in der geplanten Form umgesetzt werden. Sie fungierte in eingeschränktem Maße nur für einige Jahre als Ausbildungsstätte für Militäringenieure. Dennoch kann sie – noch vor den weit erfolgreicheren Initiativen der französischen Krone im 18. Jahrhundert – als Meilenstein bei dem Versuch gelten, ingenieurtechnisches Wissen zusammenzuführen und zu lehren. Es war wiederum Simon Stevin, der 1600 für eine Ingenieurschule in Leiden ein ähnliches Curriculum in angewandter Mathematik für die Ausbildung von Landvermessern und Militäringenieuren entwarf. Dass solche obrigkeitlichen Initiativen zu einer Formalisierung der technischen Bildung diesen Abschnitt zur Geschichte des Ingenieurs in Mittelalter und Früher Neuzeit beschließen, mag durchaus symbolisch gelesen werden. Es waren die wachsenden Bedürfnisse der Landesherren an tech-

nischer Expertise, die dem Ingenieur in Europa neue Möglichkeiten des sozialen Aufstieges eröffneten. Staatliche Initiativen sollten den Ingenieurberuf noch einmal prägen – nämlich in der Hochphase des Absolutismus zu Zeiten des französischen „Sonnenkönigs" Ludwig XIV. Danach erwuchsen technischen Experten im Verlauf der Industrialisierung völlig neue Möglichkeiten einer Anstellung in der Privatindustrie.

Literatur

Arnoux, Mathieu/Monet, Pierre (Hrsg.): Le technicien dans la cité en Europe occidentale, 1250–1650 (Collection de l'École francaise de Rome, 325). Rom 2004

Bayerl, Günter: Technische Intelligenz im Zeitalter der Renaissance. Technikgeschichte 45 (1978), S. 336–353

Binding, Günther: Meister der Baukunst. Geschichte des Architekten- und Ingenieurberufes. Darmstadt 2004

Bradbury, Jim: The Medieval Siege. Woodbridge 1992

Courtenay, Lynn T. (Hrsg.): The engineering of medieval cathedrals. Aldershot 1997

DeVries, Kelly: Medieval military technology. Peterborough 1992

Dohrn-van Rossum, Gerhard: Die Geschichte der Stunde: Uhren und moderne Zeitmessung. München 1992

Frontinus-Gesellschaft (Hrsg.): Die Wasserversorgung im Mittelalter (Geschichte der Wasserversorgung, IV). Mainz 1991

Frontinus-Gesellschaft (Hrsg.): Die Wasserversorgung in der Renaissancezeit (Geschichte der Wasserversorgung, V). Mainz 2000

Galluzzi, Paolo (Hrsg.): Leonardo da Vinci: Engineer and Architect. Montreal 1987

Galluzzi, Paolo (Hrsg.): Renaissance Engineers: From Brunelleschi to Leonardo da Vinci. Florenz 1996

Gille, Bertrand: Ingenieure der Renaissance. Wien u. a. 1968

Grubmüller, Klaus (Hrsg.): Automaten in Kunst und Literatur des Mittelalters und der frühen Neuzeit. Wolfenbüttel 2003

Hill, Donald Routledge: Studies in medieval Islamic technology. Ashgate 1998

Holländer, Hans (Hrsg.): Erkenntnis, Erfindung, Konstruktion. Studien zur Bildgeschichte von Naturwissenschaften und Technik vom 16. bis zum 19. Jahrhundert. Berlin 2000

Knobloch, Eberhard: Die Nachfahren von Dädalus und Archimedes. Ingenieure der Renaissance. Berlin-Brandenburgische Akademie der Wissenschaften. Berichte und Abhandlungen 9 (2002), S. 41–78

Kurz, Peter: Weltgeschichte des Erfindungsschutzes. Erfinder und Patente im Spiegel der Zeiten. Köln 2000

Lefèvre, Wolfgang (Hrsg.): Picturing Machines 1400–1700. Cambridge/Mass. 2004

Leng, Rainer: Ars belli. Deutsche taktische und kriegstechnische Bilderhandschriften und Traktate im 15. und 16. Jahrhundert, 2 Bde. Wiesbaden 2002

Lindgren, Uta: Europäische Technik im Mittelalter 800–1400. Tradition – Innovation. Berlin 1996

Long, Pamela O.: Openness, Secrecy, Authorship. Technical Arts and the Culture of Knowledge from Antiquity to the Renaissance. Baltimore u. a. 2001

Ludwig, Karl-Heinz/Schmidtchen, Volker: Metalle und Macht 1000 bis 1600 (Propyläen-Technikgeschichte Bd. 2). Berlin 1992

Machamer, Peter: Galileo's Machines, his Mathematics, and his Experiments. Ders.: The Cambridge Companion to Galileo. Cambridge 1998, S. 53–79

Maffioli, Cesare: Out of Galileo. The Science of Waters 1628–1718. Rotterdam 1994

Maschat, Herbert: Leonardo da Vinci und die Technik der Renaissance. München 1989

Ord-Hume, Arthur W. J. G.: Perpetual Motion. The History of an Obsession. New York 1977

Popplow, Marcus: Neu, nützlich und erfindungsreich. Die Idealisierung von Technik in der frühen Neuzeit (Cottbuser Studien zur Geschichte von Technik, Arbeit und Umwelt, 5). Münster u.a. 1998

Reti, Ladislao: Leonardo: Künstler, Forscher, Magier. Frankfurt 1974

Schütte, Ulrich (Hrsg.): Architekt & Ingenieur. Baumeister in Krieg und Frieden. Wolfenbüttel 1984

Sociedad Estatal para la Conmemoración de los Centenarios de Felipe II y Carlos V (Hrsg.): Felipe II: los ingenios y las máquinas; ingenieria y obras públicas en la época di Felipe II. Madrid 1999

Squatriti, Paolo (Hrsg.): Working with water in medieval Europe. Technology and Resource-Use. Leiden u. a. 2000

Stöcklein, Ansgar: Leitbilder der Technik. Biblische Tradition und technischer Fortschritt. München 1969

Tapia, Nicolás García: Ingenieria y arquitectura en el Renacimiento español. Valladolid 1990

Troitzsch, Ulrich: Technischer Wandel in Staat und Gesellschaft zwischen 1600 und 1750. Paulinyi, Akos / ders.: Mechanisierung und Maschinisierung 1600 bis 1840 (Propyläen-Technikgeschichte Bd. 3). Berlin 1991, S. 9–267

Troitzsch, Ulrich: Erfinder, Forscher und Projektemacher. Der Aufstieg der praktischen Wissenschaften. Van Dülmen, Richard u. Rauschenbach, Sina (Hrsg.), Macht des Wissens. Die Entstehung der modernen Wissensgesellschaft. Köln u. a. 2004, S. 439–468

Vérin, Hélène: Le mot: ingénieur. Culture Technique 12(1984), S. 18–27

Wright, Kenneth/Zegarra, Alfredo Valencia: Machu Picchu. A Civil Engineering Marvel. Reston 2000

Der gefesselte Prometheus: Die Ingenieure in Großbritannien und in den Vereinigten Staaten 1750–1945

Kees Gispen

Ingenieure in der industriellen Revolution: Wissenschaft, Gesellschaft und die Entstehung eines neuen Berufs

Einführung

Die Begriffe „engineer" und „engine" finden sich bereits im englischen Mittelalter. Der Ursprung liegt im lateinischen „ingenium". Die englische Sprache unterschied zunächst nicht zwischen den Bedeutungen „Maschine" und „Ingenuität". Beide Begriffe konnten – gemäß dem Oxford English Dictionary – mit dem Buchstaben „e", „i" oder sogar „y" beginnen. Das Oxford English Dictionary verzeichnet die erste Verwendung von „engineer" im Jahr 1300 für einen Kriegsingenieur. Weitere frühe Bedeutungen sind jene des Erfinders, Konstrukteurs, Zeichners oder Verfassers. Die seit etwa 1300 auftretenden Verwendungen von „engine" decken ebenfalls ein weites Spektrum von Bedeutungen ab. Sie beziehen sich auf angeborenes Talent, Erfindungskraft, ein Täuschungsmanöver, ein mechanisches Werk oder eine Kriegsmaschine.

Bild links: Charles Sheeler, Rolling Power, Öl auf Leinwand, 1939, Ausschnitt

Bedeutungen dieser Art überlebten bis ins 18. Jahrhundert. Um 1700 war die wichtigste Bedeutung von „engine" die einer mehr oder weniger komplizierten mechanischen Einrichtung zur Erzielung eines physikalischen Effekts. „Engine" umfasste auch die Kriegstechnik und – in metaphorischer Verwendung – eine Ursache. „Engineer" hatte eine Eingrenzung erfahren auf Kriegsingenieure, auf Mitglieder des Corps of Royal Engineers, auf Ingenieure, die öffentliche Bauten, wie Straßen und Brücken, errichteten, sowie auf Maschinenkonstrukteure und Maschinenführer.

Solche Bedeutungen aus dem 18. Jahrhundert haben bis zur Gegenwart überdauert. Auf dem europäischen Kontinent wurde „Ingenieur" mit der Zeit auf Absolventen technischer Hochschulen eingeschränkt, in Großbritannien dagegen blieb der Begriff unbestimmter und umfasste ein größeres Feld technischer Aktivitäten und Berufe. Die technischen Truppen des Militärs („Engineers") werden auch heute noch mit dem Wort belegt, bestimmen dessen Bedeutung aber nicht mehr im gleichen Maß wie früher. „Engineer" umfasst nicht nur Hochschulingenieure, sondern auch Techniker, Mechaniker und Handwerker unterschiedlichster Ausbildung.

John Smeaton und die Society of Civil Engineers

Die Bezeichnung „Civil Engineer" kam in den 1750er oder 1760er Jahren auf. Damit

John Smeaton (1723–1792)

127

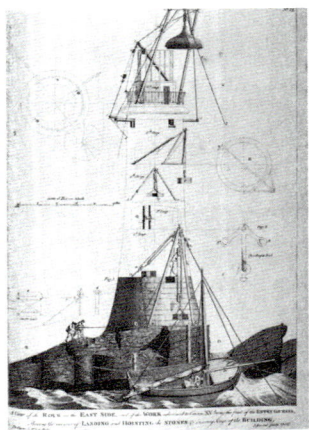

Der Leuchtturm von Eddystone

Von John Smeaton verbesserte Newcomen'sche Dampfmaschine

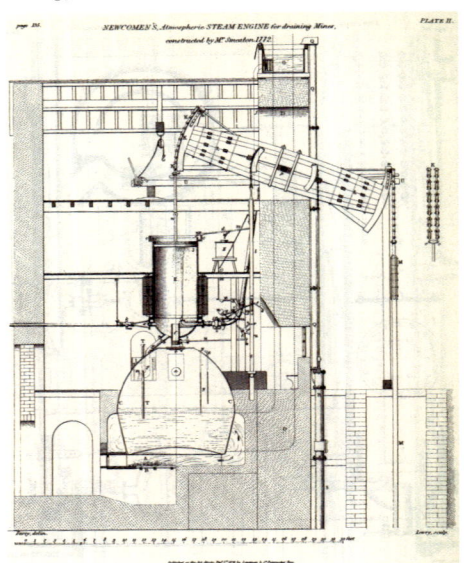

setzte sich eine wachsende Zahl selbständiger Techniker, die zivile Auftragsarbeiten planten und überwachten, von den Militäringenieuren ab. Üblicherweise wird die bewusste Einführung des Begriffs John Smeaton zugeschrieben. Der als Vater des Civil Engineering bezeichnete Smeaton errichtete zwischen 1756 und 1759 den berühmten Eddystone-Leuchtturm am Ärmelkanal. Er zeichnete verantwortlich für die Errichtung des Hafens von Ramsgate, für den Forth and Clyde-Kanal, für Brücken in Coldstream und Perth in Schottland sowie für Verbesserungen an der Dampfmaschine von Thomas Newcomen. 1771 gründete Smeaton die Society of Civil Engineers, den ersten Ingenieurverein der Welt.

Die Gründung der Society of Civil Engineers erfolgte 85 Jahre vor jener des Vereins Deutscher Ingenieure. Obwohl fast ein Jahrhundert später gegründet, hätten die deutschen Nachfolger Smeatons Zielvorstellungen geteilt. Smeaton, der eine juristische Ausbildung besaß, wollte die Ingenieure zu einer neuen, gesellschaftlich anerkannten Berufsgruppe machen, deren Mitglieder sich durch ein spezifisches Expertenwissen auszeichneten und sich damit sowohl von Handwerkern wie von Unternehmern unterschieden. Von Anfang an verfolgte Smeaton also zwei unterscheidbare, in der Praxis aber miteinander verbundene Ziele. Die sich durch neuartiges Wissen und neuartige Aufgaben auszeichnende Berufsgemeinschaft sollte eine Vermittlerposition zwischen Wissenschaft und Wirtschaft sowie zwischen Kunde und Auftraggeber einnehmen. Darüber hinaus verfolgte Smeaton das Ziel gesellschaftlicher Emanzipation und Anerkennung seiner Berufsgenossen. Er schrieb der Society of Civil Engineers gleichermaßen gesellschaftliche wie wissenschaftliche Aufgaben zu. Er sah in ihr eine Vereinigung, deren Mitglieder nicht nur eine hervorragende fachliche Reputation besitzen sollten,

sondern auch ein Maß an Bildung und Umgangsformen, das sie befähigte, den Status eines englischen Gentleman zu beanspruchen. Ein Jahrhundert lang lag ein solches Ziel durchaus in Reichweite, in der Zeit danach sollte es sich als illusorisch erweisen.

Die Society of Civil Engineers war eher eine Kombination aus wissenschaftlicher Gesellschaft und Honoratioren-Club der führenden Ingenieure denn eine moderne Berufsvereinigung. Die Mitglieder traten unregelmäßig in London zusammen. Üblicherweise wählten sie hierfür Sitzungsperioden des Parlaments, für welches die Mitglieder öffentliche Arbeiten wie Brücken- und Kanalbauten begutachteten. Die Gesellschaft blieb klein und exklusiv; vor 1800 betrug die maximale Mitgliederzahl 52. Vier der elf Gründungsmitglieder kamen aus der Architektur, dem Vermessungswesen und dem Rechtswesen. Insgesamt gehörten elf Mitglieder der renommierten Royal Society an. Die meisten Mitglieder hatten sich aus unterschiedlichen Berufen emporgearbeitet, aus dem Mühlenbau, der Instrumentenmacherei, dem Vermessungswesen, der Kartographie, der Uhrmacherei, dem Bauhandwerk, der Architektur; einige waren Unternehmer. Des unterschiedlichen beruflichen Hintergrunds ungeachtet, handelte es sich bei allen um angesehene Ingenieure, darunter John Rennie, William Jessop, Henry Watson, James Watt und Matthew Boulton. Die Mehrheit waren Civil Engineers im modernen Sinn, Beratende Ingenieure, die für große Bauvorhaben verantwortlich waren, aber es finden sich auch Maschinenbauingenieure unter den Mitgliedern.

Die Society of Civil Engineers erfüllte nicht die in sie gesetzten Erwartungen – obwohl sie auch heute noch unter anderem Namen existiert. Die Mitglieder trafen sich unregelmäßig und pflegten anscheinend mehr eine exklusive Geselligkeit, als dass sie sich um die im Entstehen begriffene Profession kümmerten. Weder unterstützte die Gesellschaft individuelle Mitglieder, noch befasste sie sich mit Ausbildungsfragen oder der Abgrenzung des Berufs. Sie versäumte es, Thomas Telford, den bekanntesten britischen Beratenden

Ingenieur, als Mitglied zu gewinnen. Der wachsenden Zahl jüngerer Ingenieure hatte die Society of Civil Engineers wenig zu bieten. Erst die Gründung der Institution of Civil Engineers im Jahre 1818 markiert denn auch den Anfang eines modernen technischen Vereinswesens in Großbritannien. Man geht wohl nicht fehl, die Society of Civil Engineers als Vorläufer eines professionellen Ingenieurvereins zu charakterisieren.

Die Besonderheiten der britischen Ingenieure

Aller Relativierungen ungeachtet bildete die Gründung der Society of Civil Engineers ein Ereignis von besonderer Bedeutung. Diese Gesellschaft stellte ein Muster dar, an dem sich das britische Ingenieurwesen fast zwei Jahrhunderte lang orientierte – und teilweise auch das amerikanische. Die 1792 eingeführte Differenzierung der Mitgliedschaft wurde von späteren Ingenieurvereinigungen in der Englisch sprechenden Welt nachgeahmt. Ihr Streben nach sozialer Exklusivität markierte einen Abstand zu einer größeren Gruppe von Technikern, Mechanikern und Handwerkern, welche sich ebenfalls als „Engineers" bezeichneten. Gegen diese dokumentierte die Mitgliedschaft in einer privilegierten (chartered) Ingenieurvereinigung eine besondere Kompetenz und die Zugehörigkeit zu einer kleinen Ingenieurelite. Indem die Ingenieurvereine mehr Wert auf die beruflichen Leistungen ihrer Mitglieder legten denn auf deren Ausbildung, schufen sie ein Charakteristikum des britischen Ingenieurwesens im 19. Jahrhundert, welches in abgeschwächter Form bis in die zweite Hälfte des 20. Jahrhunderts überlebte. Das britische Ingenieurwesen zeichnete sich aus durch seine Hochschätzung praxisorientierter Ausbildung und praktischer Erfahrung und sein Misstrauen gegenüber einer theoretischen Unterweisung in Ingenieurschulen.

Später wurde die britische Voreingenommenheit gegenüber allem Theoretischen sowie gegen die schulische Ausbildung von Ingenieuren kritisiert, ins-

besondere unter Hinweis auf die ganz andere Entwicklung auf dem europäischen Kontinent und in den Vereinigten Staaten. Eine Fülle an Literatur hat sich intensiv mit diesem Problemfeld auseinander gesetzt. Dabei stellt die Entstehung der praxisorientierten britischen Ingenieurkultur weniger ein Problem dar als deren ungewöhnlich langer Fortbestand.

Nach dem Ende der napoleonischen Kriege 1815 bemühten sich die Regierungen der Nachfolgestaaten im Industrialisierungsprozess, den britischen Vorsprung aufzuholen. Dabei vertrauten sie vor allem auf existierende sowie neu gegründete staatliche Ingenieurschulen, die auf systematische Weise die Geheimnisse der britischen Industrialisierung vermitteln sollten. Auf lange Sicht erwies sich diese Strategie als außerordentlich erfolgreich. In den 1870er Jahren hatte das europäische – und amerikanische – Ingenieurwesen mit dem britischen gleichgezogen und setzte auf vielen Feldern zum Überholen an. Während die Ausbildung an Ingenieurschulen zunächst nur eine geringe Bedeutung für die nachholende Industrialisierung besaß, lässt sich der kräftige industrielle Aufschwung seit den 1880er Jahren, in dem die Konkurrenten Großbritannien hinter sich ließen, nur schwer ohne die vorangegangenen Investitionen in die wissenschaftliche Ingenieurausbildung erklären.

Demgegenüber besaß Großbritannien als erste Industrienation weder die gleichen Möglichkeiten, noch unterlag es den gleichen Notwendigkeiten. Die britische Industrialisierung im 18. Jahrhundert entspross vielmehr historisch einzigartigen Bedingungen. Der um 1800 errungene Vorsprung war so gewaltig, dass ein Zweifel an der Überlegenheit des britischen Ingenieurwesens gar nicht auftauchte. Außerdem verfügte Großbritannien weder über eine Tradition der Militäringenieure noch eine solche der Ingenieurschulen wie auf dem europäischen Kontinent. Sicher, es gab die Royal Military Academy in Woolwich, die auf eine Laufbahn im Corps of Royal Engineers vorbereitete. Aber anders als in Frankreich und in den deutschen Staaten trugen die Ingenieurschulen und

Henry Maudslay
(1771–1831)

George Stephenson
(1741–1848)

die auf ihnen ausgebildeten Militäringe-nieure nur wenig zur Entstehung der Be-rufsgruppe bei. Im Vergleich zum Konti-nent waren die Ingenieurabteilungen in der britischen Armee unbedeutend und unterentwickelt. Die Aufgaben der Royal Engineers beschränkten sich weitgehend auf das Vermessungswesen und die Kar-tographie. Große Ingenieurwerke ent-stammten nicht regierungsamtlicher, son-dern lokaler und privater Initiative, wie die in den 1770er Jahren in der Nähe von Manchester gebauten Kanäle des Duke of Bridgewater.

Das britische Ingenieurwesen entstand gewissermaßen an der Basis und kam weit-gehend ohne Hilfe von oben aus. In den Provinzen verband sich dabei eine immer anspruchsvoller werdende handwerklich-technische Expertise mit der Maschini-sierung insbesondere der Textilindustrie und einem immer größere Bedeutung gewinnenden Handels- und Industrieka-pitalismus. Die britische Ingenieurkultur entsprang den weit verbreiteten hoch-wertigen Fertigkeiten, über welche Müh-lenbauer, Bauhandwerker, Chemiker, wissenschaftliche Instrumentenmacher, Mechaniker, andere Handwerker und technische Unternehmer verfügten. Das britische Ingenieurwesen besaß also eine ausgeprägte praktische Orientierung und kräftige Wurzeln im Handwerk. Das heißt jedoch nicht, dass die britischen Ingeni-eure der industriellen Revolution unbe-holfene Tüftler und ungebildete Praktiker waren, die ihre Fertigkeiten ausschließlich ihren beruflichen Beobachtungen und Er-fahrungen verdankten und nicht mit den wissenschaftlichen Prinzipien, auf denen ihre Arbeiten beruhten, vertraut waren.

Sicher gab es zahlreiche bekannte In-genieure, welche scheinbar dem Bild eines ungebildeten Praktikers entsprachen. Hier-zu gehörten der Kanalbauer James Brind-ley, der Maschinenbauer und Erfinder des Werkzeugschlittens Henry Maudslay und der Eisenbahnpionier George Stephenson. Aus einfachen Verhältnissen stammend und nur eine bescheidene Schulausbil-dung besitzend, arbeiteten sich Brindley, Maudslay und Stephenson von ganz unten hoch. Im Alter von 18 Jahren brachte sich Stephenson selbst das Lesen bei. Ebenso erarbeiteten sich die Genannten müh-sam physikalische und mathematische Kenntnisse, wobei ihnen ihre angebore-ne außergewöhnliche Begabung und ihre praktischen Erfahrungen zugute kamen. Entscheidend jedoch war, dass sie in der Lage waren, sich die für ihre Unterneh-mungen erforderlichen wissenschaftlichen Erkenntnisse zu erschließen.

Industrielle Aufklärung

Frühere Historiker sind davon ausgegan-gen, dass die britische industrielle Revo-lution weitgehend unabhängig von natur-wissenschaftlichem und mathematischem Wissen entstand. In ihrer Sichtweise gin-gen die großen technischen Innovationen aus der Arbeit talentierter Handwerker und Unternehmer hervor, die sich eröffnende wirtschaftliche Möglichkeiten nutzten. Wenn es auch nicht vollständig irrelevant gewesen sei, habe jedenfalls das naturwis-senschaftliche Wissen einen untergeord-neten Stellenwert besessen – eine weit geringere Bedeutung jedenfalls als andere Faktoren, wie die Marktverhältnisse, die vorhandenen Ressourcen, ökonomische Engpässe und Bedürfnisse, welche auf-grund der expandierenden Wirtschaft ent-standen.

Die jüngere Forschung hat sich um die Revision dieses Bildes bemüht und die Bedeutung der wissenschaftlichen Revo-lution für die Herausbildung der Technik in Großbritannien im 18. Jahrhundert hervorgehoben. Eine besondere Bedeutung schreibt sie dabei einer „industriellen Aufklärung" zu, welche im Gefolge der Verbreitung und Popularisierung von Newtons Physik die englische Gesellschaft im 18. Jahrhundert durchdrang. In einem Land, das derart auf das von Francis Bacon im 17. Jahrhundert formulierte Ideal einer praktischen Anwendung der Wissenschaft vorbereitet war, lag es nahe, die neue Mechanik in Gewerbe und Industrie anzuwenden. Die weite Verbreitung des durch Newton begründeten wissenschaftlichen Denkens förderte eine Fortschrittsideologie, die Mechanik und Industrie in den Mittelpunkt stellte. Die Idee des technisch-wissenschaftlichen Fortschritts fand nicht nur im gebildeten Bürgertum weite Verbreitung, sondern auch bei der Unternehmerschaft in den Provinzen, bei religiösen Dissidenten, bei Händlern und sogar in den Mittel- und Unterschichten. Gerade in den Schichten der weniger Arrivierten entwickelte die Idee des technisch-wissenschaftlichen Fortschritts eine besondere Attraktivität, weil sie das Versprechen sozialen Aufstiegs beinhaltete.

Zweifellos hätte die neue Idee einer wissenschaftlichen Befruchtung von Gewerbe und Industrie ohne begünstigende ökonomische Bedingungen nicht ausgereicht, um die industrielle Revolution in Gang zu setzen. Dahinter standen weitere Bedingungen, wie eine bereits weit gediehene Marktdurchdringung, ein fortgeschrittenes Bankwesen und Kreditsystem, ein liberales ökonomisches Klima, eine gut ausgebildete und mobile Arbeiterschaft sowie ein expandierender Binnenmarkt und Außenhandel. All dies kreierte einen Nachfragedruck zur Umgestaltung der existierenden Technik, und dies besonders in der Textilindustrie, im Transportwesen, im Bergbau, Eisenhüttenwesen und bei der Energieversorgung. Hieraus erwuchs ein kontinuierlicher Strom an Erfindungen und Innovationen, die sich im begünstigenden britischen Klima schnell verbreiteten. Zusammen genommen führten die genannten Entwicklungen zu dem menschheitsgeschichtlichen Umbruch, den wir als „industrielle Revolution" bezeichnen. Genau dies ist der Punkt, an

welchem die neue Wissenschaftskultur mit ihrer Begeisterung für maschinelle Innovationen ins Spiel kommt. Es war diese Wissenschaftskultur, welche den relativ gering gebildeten Erfindern und Innovatoren den Zugang zum benötigten theoretischen Wissen eröffnete.

Man kann den Prozess, durch den die von Newton ausgehende Wissenschaftskultur Erfinder, Handwerker, Kaufleute und Ingenieure erreichte, als integralen Bestandteil der Aufklärung in Großbritannien begreifen. Das neue Leitbild Wissenschaft war zwar nicht so subversiv wie andere Ideen der Aufklärung, beinhaltete aber doch Elemente sozialer Emanzipation. Es hatte mehr Beziehungen zum Presbyterianismus und darüber hinaus zu säkularen Orientierungen als zur offiziellen englischen anglikanischen Kirche. Das neue empirische Wissenschaftsideal verbreitete sich – mit Ausnahme der schottischen Universitäten – vor allem außerhalb der Universitäten, Schulen und anderer etablierter politischer und religiöser Institutionen. Im Frankreich des 18. Jahrhunderts war ein Außenseiter und Autodidakt wie Jean-Jacques Rousseau zum bekanntesten Sozialphilosophen geworden. In ähnlicher Weise konnten in Großbritannien einfache Handwerker aus dem Fluss des Wissens, der die Gesellschaft durchströmte, jene Kenntnisse und – vielleicht noch von größerer Bedeutung – jenes Ethos schöpfen, welches aus ihnen leistungsfähige Ingenieure oder erfolgreiche Unternehmer machte.

Seit Anfang des 18. Jahrhunderts verbreiteten die Nachfolger Newtons das neue wissenschaftliche Weltbild auf vielfältige Art und Weise, in Clubs, in Lesezirkeln und in Kaffeehäusern. Dabei wurde die neue Wissenschaft ständig auf ihre praktische Brauchbarkeit hin abgeklopft. Einer der wichtigsten frühen Popularisatoren Newtons war der Schriftsteller Jean Desaguliers. In seiner 1744 erschienenen populären Abhandlung zur Mechanik „Course of Experimental Philosophy" betonte er als einer der Ersten, dass die Ingenieure durch Mechanisierung die Arbeitskosten reduzieren und damit die Gewinne vermehren könnten.

Jean Desaguliers (1683–1744)

131

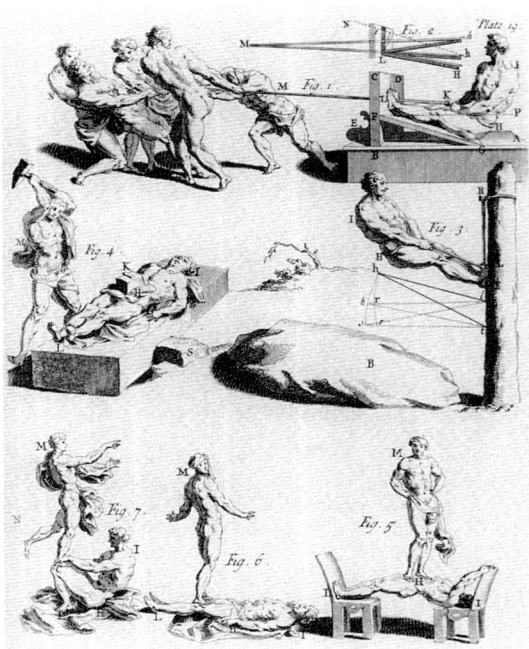

Eine Abbildung aus dem Lehrbuch Desaguliers'

Die Mechanik Newtons wurde, unterstützt durch Illustrationen aus der technischen Praxis, in großen und kleinen Städten gelehrt. Sie war ein Thema in gelehrten Gesellschaften wie der 1765 gegründeten Lunar Society in Birmingham, wo Wissenschaftler, Unternehmer, Ärzte, Erfinder und Handwerker – wie James Watt, Josiah Wedgwood, Joseph Priestley und Matthew Boulton – sich trafen und sich über die letzten Experimente, Erfindungen, Entdeckungen und wirtschaftlichen Unternehmungen austauschten. Alles in allem entstand eine sichtbare und unsichtbare Gemeinschaft von Jüngern der neuen Wissenschaft, die auch in die entferntesten Ecken der britischen Gesellschaft eindrang und eine Umgebung schuf, in der ambitionierte technische Autodidakten sich das benötigte Wissen aneignen konnten.

Neuartige professionelle Vereinigungen wie Smeatons Society of Civil Engineers bildeten einen integralen Part dieser Bewegung. In derartigen Institutionen bildete sich ein spezifisches Ingenieurwissen heraus. In informellen Gesprächen und in Form offizieller Vorträge wurden die letzten Entwicklungen diskutiert, fand ein Wissensaustausch statt, wobei sich Handwerker unter Wissenschaftler und Unternehmer mischten. Es entstand eine gemeinsame technische Sprache, in welche Zeichnungen, Modelle und mathematische Formeln eingingen, eine Sprache, die Ingenieure und Unternehmer gleichermaßen benutzten. Diese Sprache zeigte eine Verschmelzung von Wissenschaft und Industrie an, die erstmals in Großbritannien im 18. Jahrhundert stattfand.

Es mag sich um eine Eheschließung zwischen Wissenschaft und Industrie gehandelt haben, aber nicht notwendigerweise eine zwischen gleichen Partnern.

Die Wissenschaft war häufig untergeordnet. Das von den Ingenieuren angeeignete Wissen war oft fragmentarisch, wurde den praktischen Anforderungen in Werkstatt und Betrieb untergeordnet und in empirische Traditionen gestellt. Man mag dies mit der Rolle der Wissenschaft in der durch den Personalcomputer ausgelösten Revolution im Silicon Valley seit den späten 1970er Jahren vergleichen: Ähnlich der industriellen Revolution entsprangen damals grundlegende Innovationen dem Denken und Handeln von Studenten, die ihr Studium abgebrochen hatten, sowie autodidaktischen Jungunternehmern. Was immer sie an Theorie und Wissenschaft benötigten, stellte ihnen eine mit reichlichem und billigem Wissen gesegnete Kultur zur Verfügung.

Zwei Beispiele: James Watt und Thomas Telford

Zwei Beispiele mögen das Beziehungsgeflecht zwischen Wissenschaft, Technik und Industrie im 18. Jahrhundert verdeutlichen: James Watt (1736–1819), der Erfinder der modernen Dampfmaschine, und Thomas Telford (1757–1834), der berühmte Civil Engineer und Brückenbauer. James Watt, in der Nähe des schottischen Glasgow geboren, wuchs in einer Familie auf, die mit den mehr praktischen und mehr theoretischen Dimensionen der neuen Wissenschaft wohl vertraut war. Sein Großvater unterrichtete Seeleute in Mathematik, Astronomie und Navigation. Sein Onkel, ein mathematikbegeisterter Vermessungstechniker, hatte Newton über die Lektüre von Desaguliers kennen gelernt. Sein Vater, ursprünglich Zimmermann, besaß ein Geschäft für Schiffszubehör, welches auch Navigationsinstrumente führte und reparierte. Der junge James erhielt dadurch Zugang zum Instrumentenbau und darüber hinaus eine bis zum Alter von 16 Jahren reichende gute schulische Ausbildung.

Den wissenschaftlichen Instrumentenbau lernte James während eines einjährigen Aufenthalts in London. Dies entsprang seinen Neigungen, resultierte aber

James Watt (1736–1819)

auch aus finanziellen Schwierigkeiten der Familie. Die Wissenschaft brauchte mehr und mehr Instrumente für ihre experimentellen Arbeiten. Ein Instrumentenmacher wie James Watt benötigte ein nicht geringes Maß an wissenschaftlichem Wissen. Nach seiner Rückkehr 1757 erhielt Watt die Stelle des Instrumentenmachers an der Universität Glasgow. Dort kam er in Kontakt mit Wissenschaftlern wie dem Chemiker Joseph Black, der grundlegende Arbeiten zur spezifischen und latenten Wärme durchführte, sowie mit Robert Dick und John Robison, die Naturphilosophie, darunter Physik und Mechanik, lehrten. Es war Robison, der Watt 1759 mit der Nutzung der Dampfkraft und der von Thomas Newcomen erfundenen Dampfmaschine vertraut machte. Watt, den das Thema faszinierte, las klassische Autoren wie Desaguliers, Bélidor und Switzer und begann mit eigenen Experimenten.

1763 bat John Anderson, einer der Professoren, James Watt, das Modell einer Newcomen'schen Dampfmaschine zu reparieren. Dadurch wurde der junge Instrumentenbauer mit den inhärenten technischen Problemen der Maschine Newcomens konfrontiert, welche vor allem mit dem abwechselnden Aufheizen und Abkühlen der Zylinder zusammenhingen. Watt benutzte die Black'schen Arbeiten über die Eigenschaften des Dampfes, um sein theoretisches Verständnis zu verbessern und das Problem der Newcomen-Maschine anzugehen. Am Ende gelangte er zu einer angemessenen theoretischen Vorstellung, worin deren Probleme begründet waren. Auf deren Basis suchte er nach einer technischen Lösung. Er fand sie im Mai 1765 während eines Sonntagsspaziergangs in einem Park Glasgows, ein in vielen Erfindungsdarstellungen auftauchender Topos plötzlicher Eingebung: „Ich dachte über die Dampfmaschine nach und war dabei bis zum Hause Herd gelangt, als mir der Gedanke in den Kopf schoss, dass der Dampf als elastischer Körper in ein Vakuum strömen würde und, falls eine Verbindung zwischen dem Zylinder und einem ausgepumpten Kessel hergestellt würde, er in diesen einströmen

und dort kondensieren würde, ohne den Zylinder abzukühlen. … Beim Golfhaus angelangt, hatte ich die ganze Sache in meinem Kopf fertig." Am nächsten Tag baute Watt ein Dampfmaschinenmodell mit einem separaten Kondensator, welches gut genug arbeitete um ihm anzuzeigen, dass er auf dem richtigen Weg war.

Es steht außer Zweifel, dass die Wissenschaft im Jahre 1765 eine wichtige Rolle bei Watts Erfindungsidee spielte; bei der Ausarbeitung der Erfindung war ihr Stellenwert geringer. Die Erfindung war nur der Anfang, und der Weg von der Idee zur Marktfähigkeit schwierig und langwierig. Aus finanziellen Gründen musste sich Watt zunächst mit anderen Arbeiten beschäftigen, aber seine Freunde brachten ihn schließlich in Kontakt mit dem Unternehmer und Chemiker John Roebuck von den Carron Iron Works. Roebuck unterstützte Watt bei der 1769 erfolgten Patentanmeldung, bezahlte seine Schulden und finanzierte die Entwicklung eines Prototyps seiner Dampfmaschine; als Gegenleistung erhielt er ein Anrecht auf zwei Drittel der Erträge aus dem Patent. Während der folgenden fünf Jahre arbeiteten Watt und Roebuck hart, aber ohne durchschlagenden Erfolg an der Konstruktion einer Dampfmaschine neuer Bauart. Die zwei hauptsächlichen Schwierigkeiten bestanden in der Qualität des Zylinders sowie der unzureichenden Dichtung der Stopfbüchse für die Kolbenstange. Am Ende war Roebuck bankrott, was dem Birminghamer Unternehmer Matthew Boulton die Gelegenheit verschaffte, Roebucks Rechte zu erwerben. 1775 gingen Boulton und Watt ihre berühmte Geschäftsbeziehung ein.

Ohne die Verbindung mit Boulton dürfte Watt schwerlich in der Lage gewesen sein, die Maschine fertig zu stellen.

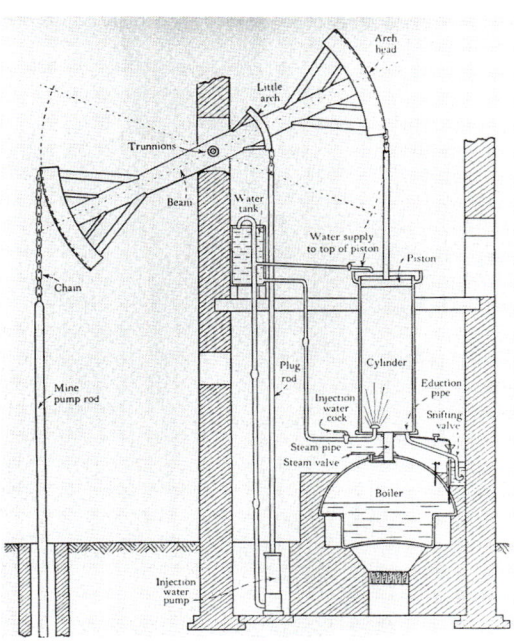

Funktionsskizze der Newcomen'schen Dampfmaschine

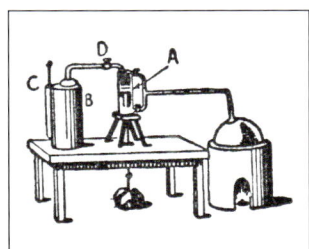

Modell des Kondensators von James Watt

Matthew Boulton (1728–1809)

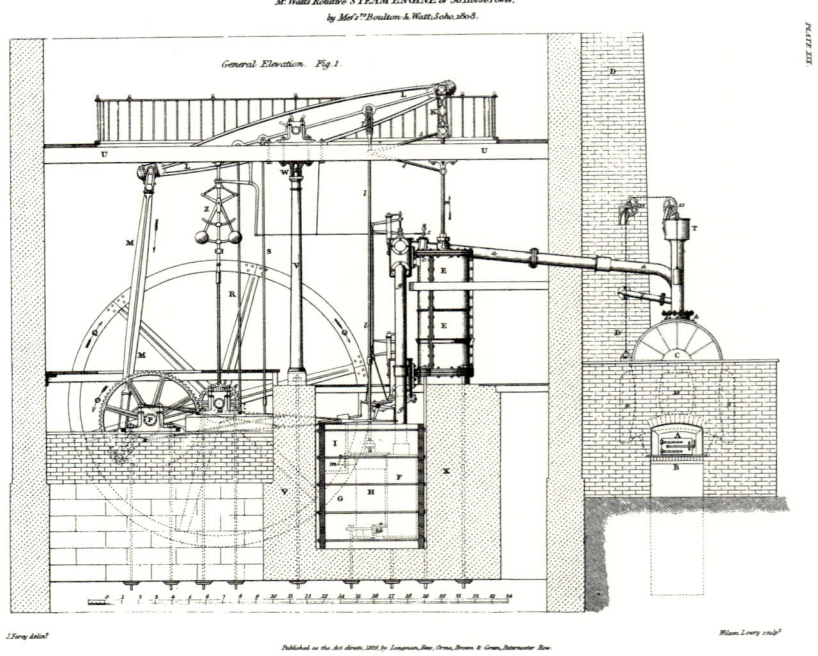

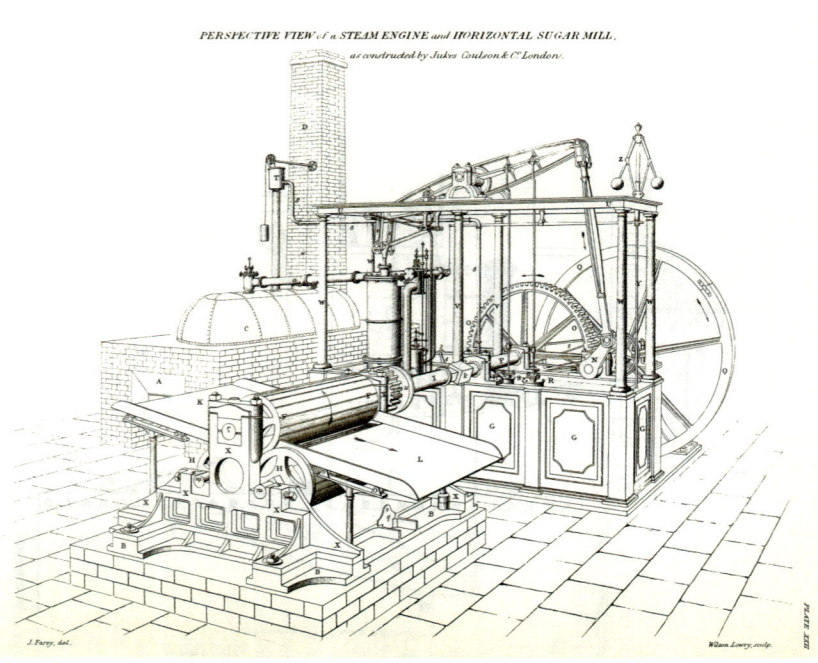

*Dampfmaschine von James
Watt mit Rotationsbewegung*

*Dampfmaschine für eine
Zuckerraffinerie*

schaftlers, Experimentators, Erfinders und
Forschers; er war mehr interessiert an der
Erkundung technischer Möglichkeiten,
als an der Marktfähigkeit der Maschine.
Boulton drängte Watt, seine Experimente
auf die Funktionsfähigkeit der Dampfmaschine auszurichten – und machte aus ihm
einen Ingenieur. Boulton besaß den Überblick und die politischen Beziehungen, um
1775 die entscheidende Verlängerung des
Patents um 25 Jahre durchzusetzen, womit Zeit für die Perfektionierung der Maschine gewonnen war. Die Verlängerung
verschaffte den beiden Partnern viel Geld
– und viele Anfeindungen.

Entscheidende Unterstützung erhielten Boulton und Watt durch den Erfinder
und Gießereifachmann John Wilkinson,
der in der Mitte der 1770er Jahre eine
Methode zum Ausbohren von Kanonen-
rohren entwickelt hatte, mit der sich auch
runde und glatte Zylinder für Dampfmaschinen herstellen ließen. Über ein Vier-
teljahrhundert lang lieferte Wilkinson
als enger Geschäftspartner die Zylinder
für die Dampfmaschinen. Watts Wissen
über die Eigenschaften des Dampfes
führte zur Patentierung einer doppelt wirkenden Dampfmaschine, bei der also die
Dampfkraft auf beiden Seiten des Kolbens
wirkte und die zudem unter Anwendung
des Boyle'schen Gesetzes die Expansion
des Dampfes nutzte. Auf Anregung Boul-
tons machte Watt eine weitere wichtige
Verbesserung, das 1781 patentierte Plane-
tengetriebe, mit dessen Hilfe die Hin-und-
Her-Bewegung der Maschine in eine Rotationsbewegung umgewandelt wurde. Des
Weiteren steuerte Watt einen verbesserten
Fliehkraftregler bei.

Das 1787 erzielte Ergebnis bestand in
einer doppelt wirkenden Dampfmaschine,
deren thermische Effizienz um das Vier-
fache höher war als jene der Maschine
von Newcomen. Boulton und Watt, die bis
1800 ein Monopol auf die neue Bauweise
besaßen, machten riesige Gewinne. Ihre
Dampfmaschine war die ideale Kraftmaschine für die Industrie. Abgesehen von der
Benutzung als Pumpmaschine datierten
die ersten industriellen Anwendungen aus
der Zeit zwischen 1785 und 1788, als der
Ingenieur John Rennie zwei doppelt wir-

Es brauchte noch weitere zwölf Jahre, bis
die Erfindung Gewinne abwarf. Boulton,
ein Pionier der modernen Fabrikorgani-
sation, war der Visionär in dem Gespann.
Er schätzte die gewaltige Bedeutung der
Watt'schen Dampfmaschine als Kraft-
quelle für die Industrie richtig ein. Watt
hingegen war mehr der Typ des Wissen-

134

kende Rotationsmaschinen in den Albion Flour Mills in London aufstellte. Bereits um 1790 fanden sich die Watt'schen Dampfmaschinen in zahlreichen Fabriken, darunter in Baumwollspinnereien und Papiermühlen, in Brauereien sowie in Wilkinsons Eisenhütte. Wenig später folgten Versuche, mit der Dampfmaschine Boote und Eisenbahnen anzutreiben. Innerhalb zweier Jahrzehnte erfuhren die Industrie und das Transportwesen eine weitgehende Umgestaltung.

War James Watt der große Maschinenbauer in der industriellen Revolution, so Thomas Telford der herausragende Bautechniker. Tendenziell war Watt der Typ des wissenschaftlichen Experimentators, Telford hingegen der Typ des künstlerisch begabten Beratenden Ingenieurs. Mit der neuen Wissenschaft war Telford weniger vertraut als der Innovator der Dampfmaschine. Beide waren im Grunde Autodidakten, wobei Telford noch ein geringeres Maß an formaler Qualifikation aufzuweisen hatte als Watt. Dennoch scheint sich Telford eifrig um wissenschaftliche Informationen bemüht zu haben, zum Beispiel zu den chemischen Eigenschaften von Mörtel. Aber auch Mechanik, Hydrostatik und Pneumatik fanden seine Aufmerksamkeit. In einem seiner Briefe charakterisiert er sich selbst als „verrückt nach Chemie", er machte sich ständig Notizen und sammelte relevante technische Informationen. Als Schüler brachte er sich selbst Französisch und Deutsch bei, um in diesen Sprachen verfasste technische Werke lesen zu können.

In größerem Maße als Watt trat Telford als selbstbewusster, professioneller Ingenieur auf. Über Jahre residierte er in einem nahe des Parlaments gelegenen Londoner Kaffeehaus, wo er Kollegen und Besucher empfing. Telfords Kaffeehaus wurde ein bekannter Treffpunkt der Ingenieurwelt, ein Kommunikationsknoten der „industriellen Aufklärung", die oben dargestellt worden ist. Während seiner letzten 15 Lebensjahre entwickelte Telford ein ausgeprägtes Interesse für die Professionalisierung der Ingenieure. Im Jahre 1820 zum ersten Präsidenten der Institution of Civil Engineers gewählt, setzte er sich erfolg-

reich dafür ein, dass diese 1828 ein königliches Privileg (Royal Charter) erhielt. Er war maßgeblich an der berühmten, den Geist der Aufklärung widerspiegelnden Definition des Ingenieurwesens beteiligt, die sein jüngerer Kollege Thomas Tredgold im Jahre 1827 für die Satzung der Institution of Civil Engineers in die Worte kleidete: „Civil Engineering ist die Kunst, die großen Kraftquellen der Natur zum Nutzen und Segen der Menschheit zu verwenden; es handelt sich um die praktische Anwendung der grundlegenden Prinzipien der Naturwissenschaft, mit denen in beträchtlichem Umfang die Utopien von Bacon verwirklicht worden sind und welche das Bild und den Zustand der ganzen Welt verändert haben."

Telford, im ländlichen Westerkirk im südwestlichen Schottland geboren, wuchs in Armut auf. Als Sohn der Witwe eines Schäfers musste er sich mit Grundschulbildung bescheiden. Er erhielt eine Ausbildung als Maurermeister und suchte nebenher sein Wissen zu erweitern. Telford arbeitete als Maurer und Steinmetz, ging als Geselle nach Edinburgh, erwarb weitere bauhandwerkliche Kenntnisse, Zeichenfertigkeiten eingeschlossen, um sich schließlich 1782 London zuzuwenden. Er arbeitete sich stetig auf der Karriereleiter hoch; 1784 findet man ihn als Aufseher für ein Bauprojekt nahe dem Hafen von Portsmouth. Telford war auf dem besten Wege, Architekt zu werden. 1786 nahm er jedoch die Gelegenheit wahr, in Shropshire das Amt eines Inspektors für öffentliche Arbeiten zu übernehmen, was unter anderem den Bau

Thomas Telford (1757–1834) vor seinem Pont-y-Cyssylte-Aquädukt

Die zwischen 1823 und 1826 von Thomas Telford erbaute Tewkesbury-Brücke

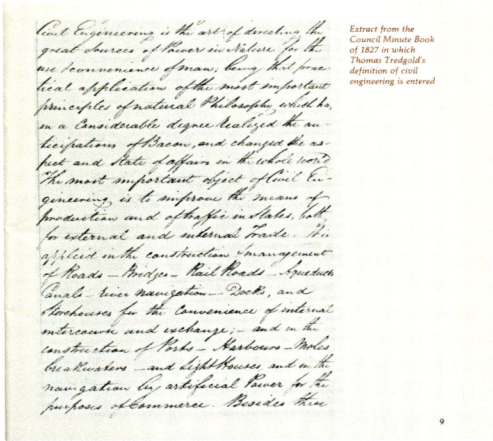

Extract from the Council Minute Book of 1827 in which Thomas Tredgold's definition of civil engineering is entered

Handschriftliche Definition des Ingenieurwesens von Thomas Tredgold

135

*Die von Abraham Darby III.
1781 erbaute Ironbridge in
Coalbrookdale*

und die Unterhaltung von Straßen, Brücken und öffentlichen Bauten umfasste. Es war eine Zeit, in der Telford hart an seiner Weiterbildung arbeitete. 1793 wurde er als leitender Ingenieur für das Projekt des Ellesmere-Kanals in der Nähe von Liverpool berufen. In seine Verantwortung fiel der Bau der Schleusen, Uferbefestigungen und Aquädukte. Dabei profitierte er in großem Umfang von den Kenntnissen des bekannten Ingenieurs William Jessop, einem Schüler Smeatons, der den Ellesmere-Kanal geplant hatte.

Im Zusammenhang mit den Arbeiten am Ellesmere-Kanal wandte sich Telford erstmals dem Baumaterial Eisen zu. Die Arbeiten konfrontierten ihn mit der ersten eisernen Brücke der Welt in Coalbrookdale, einer gusseisernen Bogenbrücke mit einer Spannweite von 30 Metern, die Abraham Derby III. 1779 errichtet hatte. Beim Bau seines berühmten Pont-y-Cyssylte-Aquädukts hatte Telford bereits eine gusseiserne Wanne verwendet; jetzt entschied er sich bei einer Brücke über den Severn bei Buildwas ebenfalls für Eisen als Baumaterial. Für den gut 40 Meter überspannenden gusseisernen Bogen der Buildwas-Brücke kam er mit der Hälfte des Eisens

aus, das man für die 30 Meter Spannweite in Coalbrookdale benötigt hatte – das bedeutete eine Materialersparnis von mehr als 300 Prozent! Im Ergebnis kann man das Werk als richtigen Ingenieurentwurf bezeichnen, der die Arbeit eines gewöhnlichen Handwerkers deutlich in den Schatten stellte.

1802 erhielt Telford einen Regierungsauftrag zur Erschließung des Schottischen Hochlands durch den Bau von Straßen, Brücken und Kanälen. Mit Unterbrechungen arbeitete er 20 Jahre lang an der Durchführung dieses großen Vorhabens. Inzwischen Mitglied der Royal Society of Edinburgh geworden, überwachte Telford zahlreiche Bauvorhaben, unter ihnen den Kaledonischen Kanal und viele Straßen, welche das Schottische Hochland erschlossen. Parallel liefern andere Vorhaben, wie der Bau des Göta-Kanals in Schweden. Herausragende Leistungen vollbrachte Telford beim Brückenbau. 1812 errichtete er die Bonar-Brücke im nördlichen Schottland, 1814 eine weitgehend identische Eisenbrücke über den Spey bei Craigellachie. Die 46 Meter überspannende gusseiserne Craigellachie-Brücke nahe Inverness und Elgin in Nordschottland steht noch heute als Zeugnis von Telfords technischer und künstlerischer Schöpfungskraft.

1818 begann Telford mit Arbeiten an dem Projekt, welches sein Meisterwerk werden sollte: die Hängebrücke über die Menai-Straße. Die Brücke zwischen dem walisischen Festland und der Insel Anglesey schloss eine Verbindung zwischen London und dem Fährhafen Holyhead nach Irland. Die aus gemauerten Brückenpfeilern und schmiedeeisernen Ketten bestehende, 1826 fertig gestellte Brücke überspannte gut 177 Meter. Die damals längste Kettenbrücke der Welt erfuhr sowohl als Ingenieurbauwerk wie als Kunstwerk hohe Anerkennung. Wie viele andere Innovationen der industriellen Revolution hätte die Brücke über die Menai-Straße nicht ohne ein beträchtliches Maß an wissenschaftlicher Arbeit entstehen können. Unter Telfords Aufsicht arbeiteten zahlreiche Ingenieure an vorbereitenden Experimenten, Berechnungen und

*Die Craigellachie-Brücke
von Thomas Telford*

Konstruktionsentwürfen. Allerdings war die Brücke weniger Ergebnis einer entwickelten Wissenschaft denn Ausgangspunkt für theoretische Untersuchungen. Telfords Design regte andere Ingenieure an, Berechnungsweisen und Konstruktionstheorien für Hängebrücken zu entwickeln und damit der Ingenieurwissenschaft ein neues Feld zu erschließen.

Ungefähr zur gleichen Zeit, als Telford mit seinen Arbeiten an der Brücke über die Menai-Straße begann, fing er auch an, sich für die Professionalisierung der Ingenieure zu engagieren. Wie bereits erwähnt, stellte er sich als Präsident der im Januar 1818 gegründeten Institution of Civil Engineers zur Verfügung, um der bislang wenig erfolgreichen Organisation auf die Beine zu helfen. Die Institution of Civil Engineers hatte sich vor allem die Aufgabe gesetzt, den Erwerb von Ingenieurkenntnissen zu unterstützen. Treibende Kraft bei der Gründung war der junge Ingenieur Henry Robinson Palmer, der gerade seine Ausbildung abgeschlossen hatte und unter Telford beim Bau der Londoner Hafenanlagen von St. Katharine mitarbeitete.

Palmer, frustriert durch das elitäre Gehabe in Smeatons alter Society of Civil Engineers, wies auf systematische Defizite des Wissens der britischen Ingenieure hin und kritisierte die Schwierigkeiten, mit der technischen Entwicklung Schritt zu halten. Um dem abzuhelfen, schlug er eine wissenschaftliche Gesellschaft vor, die sich die Aufgabe setzen sollte, „den Erwerb des für einen Zivilingenieur erforderlichen Wissens zu erleichtern und die Mechanik weiterzuentwickeln". Die acht Gründungsmitglieder trafen sich wöchentlich, um ihr Wissen auszutauschen und alle wichtigen Entwicklungen auf ihrem Berufsfeld anzusprechen, wie wissenschaftliche Erfindungen, Publikationen und eigene Erfahrungen. Die Zwecke und Statuten der Gesellschaft sollten die Förderung materieller und beruflicher Interessen der Mitglieder ausschließen.

Die Institution of Civil Engineers dümpelte vor sich hin, bis Telford die Präsidentschaft übernahm. In seiner Antrittsrede führte er aus, dass die Gesellschaft

das britische Äquivalent zu den Ingenieurschulen und Ingenieurcorps auf dem Kontinent sein solle. Dies meinte nicht eine Stätte der Ingenieurausbildung im eigentlichen Sinn, sondern vielmehr eine Einrichtung für die kontinuierliche Weiterbildung bereits etablierter Ingenieure sowie für die Pflege eines Corpsgeistes. Da im Vergleich zum europäischen Kontinent dem Staat in Großbritannien eine wesentlich geringere Rolle zukam und bürgerliche Vereinigungen einen weit größeren Stellenwert besaßen, bezeichnete er es als „Obliegenheit jedes einzelnen Mitglieds, sich bewusst zu sein, dass das Wohl und Wehe der Institution in nicht geringem Umfang vom persönlichen Verhalten abhängt". In anderen Worten: Die Mitglieder selbst waren verantwortlich, dass dieses auf Freiwilligkeit beruhende System funktionierte. Telford veranlasste die neue Gesellschaft, die Mitgliedschaft auf jene zu beschränken, welche sich in den Augen der anerkannten Fachvertreter bereits als Ingenieure hervorgetan hatten. Damit trat die Institution in die Fußstapfen von Smeatons Society of Civil Engineers. Ebenso übernahm sie von ihrer Vorgängerinstitution die hierarchische Abstufung bei der Mitgliedschaft. Aufgrund dieser Politik errang die Institution of Civil Engineers – ebenso wie die zahlreichen anderen späteren Ingenieurvereinigungen – den Status einer Gesellschaft, welche anstelle der Regierung die Aufnahme in den Ingenieurberuf regelte.

Die von Thomas Telford 1826 erbaute Brücke über die Menai-Straße

Sitz der Institution of Civil Engineers in London

wohl nicht anders geantwortet, wiewohl er bei seinen eigenen Söhnen größeren Wert auf eine solide Schul- und eine wissenschaftliche Universitätsausbildung legte. Zweifelsohne erklären bemerkenswerte Ingenieurkarrieren wie die von Watt und Telford die britische Abneigung gegen eine ausschließlich in Schulen stattfindende Ingenieurausbildung. Nationalhelden wie Watt und Telford hatten Großbritannien zum weltweit beneideten Vorbild gemacht. Und wenn solche Männer ohne formale Ingenieurausbildung ausgekommen waren, dann musste es den Nachfolgern unsinnig erscheinen, dieses System in Frage zu stellen.

Ingenieure im Zeitalter des Dampfes: Das britische Ingenieurwesen auf seinem Höhepunkt

Die Konsolidierung des britischen Ingenieurwesens

Zunächst wurde das – in späterer Zeit umstrittene – Lehrsystem in Verbindung mit einer ausgeprägten Skepsis gegenüber theoretischen und schulischen Unterrichtsformen die Norm im britischen Ingenieurwesen. Für eine Ingenieurausbildung an Schulen gab es in Großbritannien keinerlei Vorbilder. Zwar sprachen sich bereits in der ersten Hälfte des 19. Jahrhunderts einzelne Stimmen für eine mehr systematische Ingenieurausbildung aus. Doch im Unterschied zu den kontinentaleuropäischen Staaten, wo die Ingenieurausbildung von Anfang an theoretische Elemente besaß, kam in Großbritannien eine entsprechende „kritische Masse" nicht zustande. Dagegen gab es in den Vereinigten Staaten durchaus relevante Ansätze für eine schulisch gestützte Ausbildung. Als die Staaten seit den 1820er Jahren eine eigenständige Ingenieurkultur entwickelten, besaßen daran Ingenieurschulen bereits einen kleinen Anteil.

Telfords Bemühungen um eine Professionalisierung der Ingenieure zahlten sich aus. Seine Reputation trug dazu bei, dass die Mitgliedschaft schnell auf 156 im Jahre 1828 stieg. Im gleichen Jahr gelang es Telford, für die Gesellschaft ein königliches Privileg (Royal Charter) zu erlangen, womit sich die Institution of Civil Engineers als führende Ingenieurvereinigung in Großbritannien etablierte. Die Institution wurde zum Vorbild aller künftigen Ingenieurvereinigungen in der Englisch sprechenden Welt. Als Telford 1834 starb, hinterließ er der Gesellschaft einen Teil seines Vermögens sowie seine Bibliothek. Wenig später, 1839, bezog die Gesellschaft einen neuen Sitz in unmittelbarer Nachbarschaft des Parlaments, unweit des Gebäudes in der Great George Street, wo sie auch heute noch zu finden ist. Seit 1841 publizierte sie die „Minutes of Proceedings of the Institution of Civil Engineers", welche noch gegenwärtig als „Proceedings of the Institution of Civil Engineers" erscheinen. Als er gegen Ende seines Lebens gefragt wurde, was der beste Weg in den Ingenieurberuf sei, verwies Telford auf seine eigene Karriere, seine bescheidenen Anfänge als Gehilfe, seine Lehrzeit bei namhaften Ingenieuren, das Lernen in der Praxis, das Selbststudium sowie das allmähliche Hineinwachsen in verantwortliche Positionen. James Watt hätte

Es lässt sich mit Fug und Recht bezweifeln, dass theoretisch orientierte Lehrer und Ingenieurschulen in dieser frühen Phase der Industrialisierung von großem Wert gewesen wären. Der Umfang des theoretischen Wissens, welches man damals für die großen Ingenieuraufgaben benötigte, war, gemessen an späteren Maßstäben, gering. Ambitionierte Ingenieure brauchten nicht mehr Theorie als das, was ihnen die britische Kultur in Form einer popularisierten Newton'schen Mechanik ohnehin bot. Tatsächlich war in der britischen Industrie ein höheres technisches Wissen weit verbreitet. Und falls dieses Wissen nicht ausreichte, gab es genug Möglichkeiten, es durch zusätzliche Kenntnisse anzureichern. Alles in allem funktionierte das britische System bis in die 1860er und 1870er Jahre in befriedigender Weise. Insofern ist es verständlich, dass man in Großbritannien das kontinentale Modell der Ingenieurausbildung als verfehlt abtat oder sogar lächerlich machte. So gab Isambard Kingdom Brunel, der in Großbritannien höchste Anerkennung und Verehrung genoss, einem zukünftigen Ingenieur im Jahre 1848 den Rat: „Ich muss Sie ernstlich davor warnen, praktische Mechanik mit Hilfe französischer Autoren lernen zu wollen. Fassen Sie sie als reine Wissenschaft auf und studieren Sie ihre Statik, Dynamik, Geometrie usw. Ihre Werke zur Mechanik jedoch sollten Sie ebenso wenig rezipieren wie Sie religiöse Prinzipien bei Gegenwartsautoren suchen würden. Ein paar Stunden in der Werkstatt eines Schmieds oder Mühlenbauers werden Ihnen mehr praktische Mechanik vermitteln. Für die Praxis sollen Sie englische Bücher lesen. Es ist wenig genug, was man aus ihnen lernen kann, aber dieses Wenige werden Sie nicht mehr vergessen."

Viele der technischen Fortschritte in den Jahrzehnten vor 1870 waren von praktischer, empirischer Natur; sie resultierten aus gewagten Unternehmungen, kühnen Experimenten sowie aus Versuch und Irrtum. Es war die Zeit eines ungebrochenen Optimismus, ja einer Hybris der Ingenieure – eine Zeit des Vertrauens in die Versprechungen der „industriellen Aufklärung", in welcher Dampf und Eisen zum Wohle der Industrie und der gesamten Menschheit genutzt wurden. Das Ingenieurwesen unterschied sich von dem späterer Zeiten. Es orientierte sich weniger an quantitativen Ergebnissen und nüchternem Kalkül, sondern es war eine geistige Bewegung, getragen vom Enthusiasmus und der Energie eines säkularen Aufbruchs, und nicht zuletzt auch geprägt vom Geist der Romantik, der die britische und allgemein die europäische Kultur in der ersten Hälfte des 19. Jahrhunderts bestimmte.

Der rapide technische Fortschritt dieser Jahre baute häufig auf vorausgegangenen Innovationen bei den Dampfmaschinen und der Eisenbearbeitung auf. Es ging um zwei Ziele: Erstens galt es einzelne technische Artefakte wie Lokomotiven, Kraftmaschinen oder Brücken zu konstruieren, zweitens große technische Systeme zu errichten, wie Eisenbahnlinien und ganze Eisenbahnnetze. All dies erforderte Erfindungskraft, Organisationsvermögen, Experimente, Berechnungen und harte Arbeit – aber nicht notwendigerweise wissenschaftliche Entdeckungen oder theoretische Erkenntnisse.

So modifizierten die Ingenieure Watts Dampfmaschine für unterschiedliche Anwendungen. Sie vergrößerten und verkleinerten sie, konstruierten Hochdruckmaschinen und sorgten für die erforderlichen Verbesserungsinnovationen. Sie machten die Dampfmaschine mobil und trieben damit Schiffe und Eisenbahnen an. Gleichzeitig bauten sie Fahrwege und Brücken, die dem entstehenden Schwerverkehr gewachsen waren. Die Kanäle hinter sich lassend, überzogen sie Großbritannien mit einem dichten Eisenbahnnetz, welches mit Hilfe des elektrischen Telegraphen und der Normalzeit von Greenwich gesteuert wurde.

Die Theorie hinkte ein oder zwei Schritte hinter den praktischen Fortschritten her. Neues Wissen entstammte den mit der neuen Technik durchgeführten Experimenten. Aus der Untersuchung von Dampfmaschinen entwickelte Sadi Carnot die Thermodynamik. Als 1847 Robert Stephensons gusseiserne Brücke über den

Kombination von Schmiede-
eisen und Gusseisen beim
Brückenbau in den 1840er
Jahren

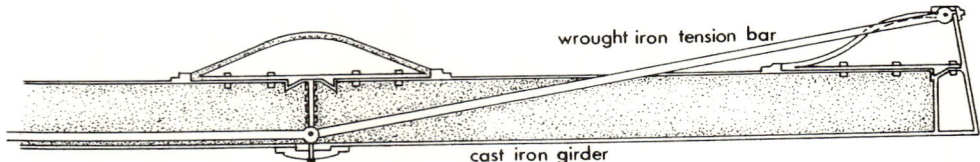

wrought iron tension bar

cast iron girder

Dee zusammenbrach wie auch Thomas Bouchs Eisenbahnbrücke über den Firth of Tay 1879, dann war dies Anlass für Versuche zur Haltbarkeit von Baumaterialien. Das allgemeine Erstaunen über die Festigkeit schmiedeeiserner Boote und Schiffe, die Plage der Dampfexplosionen und die neuen, in den 1860er und 1870er Jahren gefundenen Verfahren der Stahlherstellung gaben der Materialforschung wichtige Anstöße.

Das heroische Zeitalter der britischen Ingenieure

Am Anfang des 19. Jahrhunderts machten sich die britischen Ingenieure, überzeugt von der Überlegenheit ihres Ausbildungssystems sowie des daraus hervorgehenden endlosen Stroms technischer Innovationen, auf einen Weg, der seinen Höhepunkt in der Weltausstellung 1851 in London erreichte. Die im Kristallpalast im Hyde Park abgehaltene Ausstellung führte den Besuchern, insbesondere denen aus dem Ausland, die Errungenschaften der

Zeichnung zur Anordnung des Schaufelradantriebs der Great Britain

britischen industriellen Revolution und den enormen industriell-technischen Vorsprung des Landes vor Augen. Doch innerhalb von zwei Jahrzehnten wichen dieser Optimismus und dieses Selbstbewusstsein einer Abwehrhaltung und einer verbreiteten Ungewissheit. Dennoch waren die ersten sieben Jahrzehnte des 19. Jahrhunderts zweifellos das goldene Zeitalter des britischen Ingenieurwesens. Es war das Zeitalter des Dampfes und seiner Nutzung für Transportzwecke, das Zeitalter des Baus von Eisenbahnen und Dampfschiffen.

Die Eisenbahnen und der Lokomotivbau gingen der Dampfschifffahrt voraus und erregten gewaltiges Aufsehen. Am Beispiel der Dampfschifffahrt lassen sich jedoch die grenzenlosen Ambitionen der viktorianischen Ingenieure besser verdeutlichen. Gegen Ende des 19. Jahrhunderts wurden mehr als 80 Prozent aller Schiffe der Welt in Großbritannien gebaut. Anfänglich ging es beim Bau von Dampfschiffen nur zögernd voran. Dampfschiffe zu bauen, die sowohl sicher wie funktional und wirtschaftlich waren, stellte eine große Herausforderung dar. Erst seit den 1820er Jahren wurde Eisen als Schiffbaumaterial verwendet, und es dauerte bis in die 1840er Jahre, bis die Schiffbauer die Überlegenheit von Schmiedeeisen gegenüber Holz erkannten. Ein anderes Problem stellte der immense Kohleverbrauch dar; es schien unmöglich zu sein, dass ein Schiff ausreichend Brennstoff für eine Ozeanüberquerung an Bord nehmen konnte. 1838 wies Brunel auf den in solchen Überlegungen enthaltenen Irrtum hin: Wenn man ein Schiff in seinen linearen Dimensionen vergrößere, erhöhe sich die Ladekapazität um die dritte Potenz, der Wasserwiderstand dagegen nur im Quadrat.

Weitere Probleme lagen in den Schiffsdampfmaschinen und dem Antrieb mit

140

Schaufelrädern. Seit den 1840er Jahren wurde das Schaufelrad durch die Schiffsschraube ersetzt, die gleichzeitig 1836 durch den englischen Amateurerfinder Francis Pettit Smith und den schwedischen Ingenieur John Ericsson patentiert wurde. Anfänglich betrieb man die Schiffsmaschinen mit aus Meerwasser gewonnenem Dampf und mit niedrigem Druck, um die durch Korrosion verursachte Gefahr von Kesselexplosionen zu reduzieren. In den 1860er Jahren wurde dann eine Lösung in Gestalt geschlossener Dampfkreisläufe gefunden, was wiederum höhere Kesseldrucke und Wirkungsgrade der Maschinen ermöglichte. Nimmt man alles zusammen, so dauerte es nahezu ein Jahrhundert, bis die Dampfschiffe den Segelschiffen überlegen waren.

Die Eisenbahnen verbreiteten sich viel schneller als die Dampfschiffe. 1830 besaß Großbritannien 157 Eisenbahnkilometer, 1850 waren es bereits mehr als 10.000 – etwa doppelt so viel wie in Deutschland und dreimal so viel wie in Frankreich. Die ersten mit Pferden betriebenen Eisenbahnen dienten dem Kohletransport von den Bergwerken zum nächsten Wasserweg. Die Eisenbahnen bildeten in der Frühindustrialisierung zusammen mit den Kanälen, Flüssen und der Küstenschifffahrt ein Transportsystem. Die Eisenbahnstrecken waren ein notwendiger Bestandteil dieses Systems, die spektakulärsten Ingenieurprojekte waren jedoch die Kanäle, welche Ingenieure wie Brindley, Jessop, Smeaton, Telford, Rennie und andere zwischen 1760 und 1830 bauten. Trotz seiner Ausdehnung schloss das Kanalnetz nicht alle Städte an das entstehende nationale Transportsystem an. Lücken im Netz bildeten einen Anreiz zur Anlegung von Pferdebahnlinien. Die bedeutendste Linie war die seit 1825 im Mischsystem mit Dampf und Pferden betriebene zwischen Stockton und Darlington. Die Strecke und die „Locomotion" genannte Lokomotive, die anfänglich 36 Wagen bewegte, stammten beide von George Stephenson.

Ingenieure der ersten Generation, wie Telford, blickten mit Befremden auf die Pioniere der Dampflokomotive wie Stephenson und Richard Trevithick. Kurz nach der Jahrhundertwende, ein Jahrzehnt vor Stephenson, hatte Trevithick mit Hochdruckmaschinen experimentiert und die ersten einfachen Lokomotiven gebaut. Telford hielt wenig von den Dampfeisenbahnen; er glaubte vielmehr, dass sich die Kanäle auf Dauer als leistungsfähiger und wirtschaftlicher erweisen würden. In dieser Meinung ließ er sich auch nicht beirren, als George Stephenson 1829 mit der von seinem Sohn Robert Rocket Lokomotive Rocket bei dem berühmten Wettbewerb von Rainhill die Leistungsfähigkeit des Dampfantriebs demonstrierte. Dagegen setzte Telford auf verbesserte Kanalschiffe, welche seiner Meinung nach die Eisenbahnen ins zweite Glied verweisen würden.

Die Eröffnung der erfolgreichen Eisenbahnverbindung zwischen Liverpool und Manchester im Jahre 1830 läutete das Ende des Kanalzeitalters und den Beginn des Eisenbahnzeitalters ein. Der Frachttransport behielt seine Bedeutung, aber es war vor allem der in seinem Umfang nicht vorhergesehene Personenverkehr, der den Eisenbahnbau vorantrieb. Dieser Aufschwung mündete in eine Phase überhitzter Eisenbahnspekulation, die ihren Höhepunkt zwischen 1844 und 1846 erreichte. Nach dem Tode Telfords im Jahr 1834 sprangen nicht wenige seiner jüngeren Kollegen aus der Institution of Civil Engineers auf die erfolgreiche Eisenbahn auf – wie auch andere mit weniger Skrupeln behaftete Möchtegern-Ingenieure, hinsichtlich deren Kompetenz Zweifel angebracht werden können.

Jedenfalls wurde der größte Teil der Eisenbahnen durch Mitglieder der Institution of Civil Engineers gebaut. Üblicherweise konzentrierten sich die Ingenieure auf die zentralen bautechnischen Fragen, die Streckenführung, die Steigungen, den Oberbau, die Tunnel, Brü-

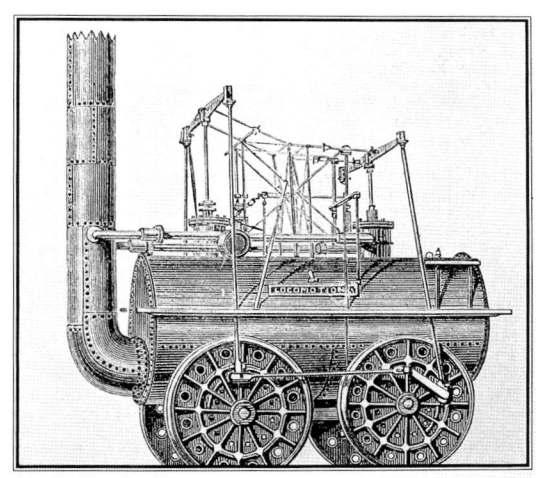

Die Locomotion von George Stephenson

Rekonstruktion der von Richard Trevithick 1808 gebauten Lokomotive „Catch Me Who Can"

141

Robert Stephenson (1803–1859)

cken und Bahnhöfe sowie die erforderliche Infrastruktur. Die Wagen und Lokomotiven waren meist Sache spezialisierter Maschinenbauer, wenngleich es auch Ingenieure gab, die auf beiden Feldern glänzten, wie Robert Stephenson, der Erbauer der berühmten Britannia-Brücke und zahlreicher Lokomotiven, oder Brunel, der sich ebenfalls an der Konstruktion von Lokomotiven versuchte, aber größere Erfolge auf anderen Gebieten erzielte.

Drei große Ingenieure um die Mitte des 19. Jahrhunderts: Joseph Locke, Robert Stephenson und Isambard Kingdom Brunel

Die wichtigsten Eisenbahnlinien wurden durch drei große Ingenieure gebaut: Joseph Locke (1805–1860), Robert Stephenson (1803–1859) und Isambard Kingdom Brunel (1806–1859). Alle drei waren engagierte Mitglieder der Institution of Civil Engineers. Stephenson bekleidete 1856 die Präsidentschaft, Locke 1859, Brunel war in seinem Todesjahr 1859 Vizepräsident und Vorstandsmitglied. Joseph Locke verließ die Schule im Alter von 13 und trat bei George Stephenson eine Lehre an. Als dessen enger Mitarbeiter erwarb er sich Ansehen aufgrund der Genauigkeit und Wirtschaftlichkeit der von ihm ausgearbeiteten Projektangebote. Zwei Gründe standen hinter seinem Erfolg: Zunächst kooperierte er ausschließlich mit einer Hand voll ausgewählter großer Bauunternehmer, die mit seinen Wünschen vertraut waren. Und dann projektierte er die Strecken geradliniger als seine Konkurrenten – im Vertrauen auf eine zu erwartende Leistungssteigerung der Lokomotiven, welche es wirtschaftlicher machen werde, größere Steigungen in Kauf zu nehmen als längere Strecken.

Robert Stephenson, der Sohn des großen Eisenbahnpioniers George Stephenson, verfügte über eine bessere Schulausbildung als Locke. Er besuchte die Bruce Academy in Newcastle upon Tyne sowie die Universität von Edinburgh und wurde Mitglied der Literary and Philosophical Society in Newcastle. 1823 gründete Stephenson die erste Lokomotivfabrik der Welt, Robert Stephenson and Company. In der Zeit um 1830 konzentrierte er sich auf den Bau von Lokomotiven für das expandierende Eisenbahnwesen, 1833 nahm er die Position eines Chefingenieurs bei der London and Birmingham Railway an. In dieser Funktion errang Stephenson den Ruf eines Brückenbauers und Bauingenieurs ersten Ranges. Seine größte Leistung bildete der Bau der Britannia-Brücke über die Menai-Straße, weniger als zwei Kilometer von Telfords berühmter Hängebrücke entfernt.

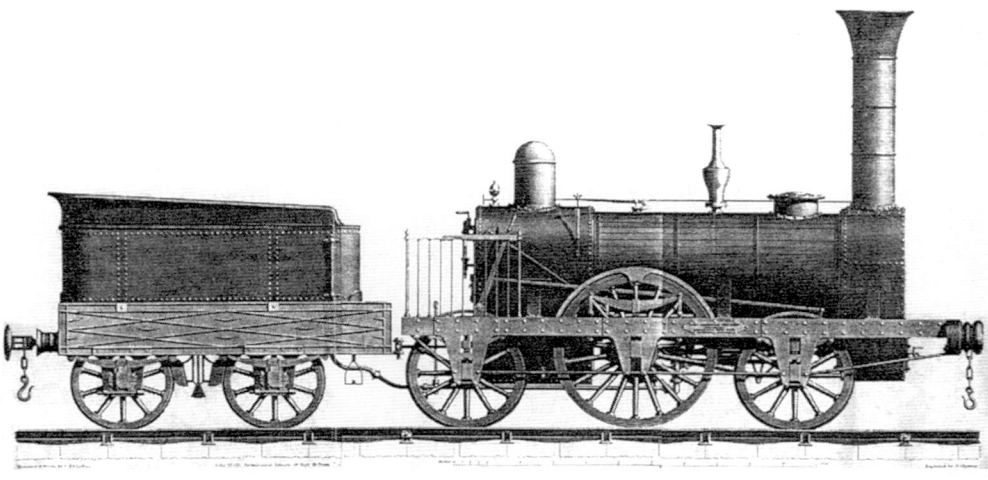

Eine 1835 von Robert Stephenson gebaute Lokomotive

142

Die 1850 fertiggestellte Britannia-Brücke verdient unter verschiedenen Gesichtspunkten Beachtung. Zunächst war es eine große technische Leistung, die Menai-Straße mit einer Brücke zu überqueren, die den Beanspruchungen durch die Eisenbahn gewachsen war. Dann handelte es sich um eine neue und ungewöhnliche ästhetische Form: Zwei riesige rechteckige, kastenförmige Röhren, zusammengenietet aus schmiedeeisernen Blechen, ruhten auf drei gemauerten Pfeilern, welche – über die bautechnischen Anforderungen hinaus – die Brücke überragten. Schließlich symbolisierte die Britannia-Brücke die Spezifika des britischen Ingenieurwesens der Pionierzeit. Die schmiedeeiserne Kastenkonstruktion Stephensons reizte die Grenzen dessen aus, was damals technisch und politisch möglich war. Für ein Bauwerk dieser Größe war niemals zuvor Schmiedeeisen benutzt worden, und das Vorhaben konnte weder auf theoretisches Vorwissen noch praktische Erfahrung zurückgreifen. Stattdessen unternahmen Stephenson und die kleine Schar seiner Assistenten eine Serie systematischer Experimente, um den Aufbau des als Tragebalken dienenden schmiedeeisernen Kastens zu bestimmen. Das dabei gewonnene Wissen legte die Basis für die Verwendung von Schmiedeeisen als Baumaterial über die Britannia-Brücke hinaus. Ohne Stephensons Experimente hätten sich genietete Eisenbleche wohl kaum so schnell als Baumaterial durchgesetzt. Wieder einmal ging das aus systematischen Versuchen erwachsene Können und Wissen des Ingenieurs dem theoretischen Verstehen weit voraus; erst etwa 40 Jahre später gelangte man zu adäquaten theoretischen Modellen.

Wie Robert Stephenson gehörte Isambard Kingdom Brunel einer Ingenieurdynastie an. Sein Vater, Marc Brunel, war in Frankreich geboren, verbrachte einige Zeit in den Vereinigten Staaten und ließ sich schließlich in Großbritannien nieder. Der ältere Brunel war durch die Massenproduktion von Flaschenzugblöcken für die Royal Navy bekannt geworden. Darüber hinaus war er ein anerkannter Bauingenieur, der für die Untertunnelung der Themse in London geadelt wurde. Der

Die von Robert Stephenson gebaute Britannia-Brücke mit Thomas Telfords Brücke über die Menai-Straße im Vordergrund

Bau der Britannia-Brücke, Lithographie von G. Hawkins

Die Röhren der Britannia-Brücke

143

junge Brunel begann als Gehilfe seines Vaters und arbeitete bei der Untertunnelung der Themse als Projektingenieur mit. Seine Schulausbildung erfuhr er bis zum Alter von 14 in Großbritannien, ging dann für zwei Jahre an das Collège von Caen in Frankreich und das Lycée Henri-Quatre in Paris, außerdem lernte er bei dem Pariser Instrumentenmacher Louis Breguet.

1829 entwarf Brunel eine Hängebrücke über den Avon bei Bristol, die erst nach seinem Tod fertig gestellt wurde. 1831 war er verantwortlich für ein Projekt zum Ausbau des Hafens von Bristol. 1833 ging er als Chefingenieur zur Great

Isambard Kingdom Brunel um 1844, Portrait von J. C. Horsley

Western Railway, die bis 1841 eine direkte Eisenbahnverbindung zwischen Bristol und London herstellte. Mit diesem Projekt erarbeitete sich der grenzenlos strebende Brunel seine Reputation als einer der weltweit angesehensten Ingenieure – gerühmt für die Strecke selbst, für die dabei errichteten Brücken und Galerien, für den berühmten Box-Tunnel zwischen Bath und Swindon, für die Signaltechnik, allgemein für sein Streben nach Perfektion und schließlich für seine umstrittene Entscheidung zugunsten einer Breitspur von 213,36 Zentimetern (7 feet) anstelle der üblichen Spurweite von 143,5 Zentimetern (4 feet, 8,5 inches). Von der Breitspur versprach sich Brunel Vorteile bei den hohen Geschwindigkeiten, die er auf der Strecke anstrebte. Unter technischen Gesichtspunkten machte das durchaus Sinn, wie ausgedehnte Testfahrten und die „Schlacht um die Spurweiten" in den 1840er Jahren erwiesen. Bis zum Ende seines Lebens beharrte Brunel auf der Breitspur, obwohl sie gegenüber der Normalspur ins Hintertreffen geriet. Dabei spielte eine Rolle, dass es viel teurer war, die Normalspur auf Breitspur zu erweitern, als die Breitspur auf Normalspur umzunageln.

Wenn Brunel nichts anderes geleistet hätte als die Great Western-Eisenbahn zu bauen, hätte man ihn immer noch zu den größten Ingenieuren seiner Zeit gezählt. Sein rastloser technischer Unternehmungsgeist ließ ihn jedoch eine Vielzahl von Projekten verfolgen – von seinen wenig erfolgreichen Lokomotivkonstruktionen bis zur berühmten Royal Albert-Brücke über den Tamar bei Saltash in Cornwall bis hin zu seinen visionären Schiffsbauten, deren letztes ihn im frühen Alter von 54 Jahren ins Grab brachte.

Sein erstes Schiff, die Great Western, konzipierte Brunel in einem fantastischen Gedankensprung – als Fortsetzung der Great Western-Eisenbahn zwischen London und Bristol über den Atlantik nach New York. Die Kühnheit des Plans war zu viel für die Anteilseigner der Eisenbahn, doch Brunel erlangte die finanzielle Unterstützung einer Gruppe von Kaufleuten aus Bristol. Die Great Western wurde zwischen 1836 und 1838 gebaut. Der Schiffsrumpf

Die von Isambard Kingdom Brunel erbaute Clifton-Hängebrücke in heutiger Zeit

Breitspurlokomotive und Box-Tunnel der Great Western Railroad, Kupferstich von J. C. Bourne, 1846

144

bestand aus der üblichen Eiche, aber in jeder anderen Hinsicht war die Great Western innovativ. Das Schiff war größer und stärker als andere, weil es von vornherein dafür konzipiert war, allein unter Dampf den Atlantik zu überqueren. Für den Antrieb der beiden Schaufelräder verfügte die Great Western über zwei von Maudslay Sons and Field gebaute 750 PS starke Dampfmaschinen. Doch nach Fertigstellung tauchte unerwartet ein Konkurrent auf: die Sirius, ein kleiner Frachtdampfer, den rivalisierende Kaufleute aus Liverpool mit einem größeren Bunker für Kohle ausgestattet hatten. Tatsächlich erreichte die Sirius als erstes Dampfschiff New York – die vier Tage später in Bristol gestartete Great Western befand sich nur ein paar Stunden dahinter. Doch Brunel war der technische und moralische Sieger, denn sein Schiff hatte noch ein paar hundert Tonnen Kohle in Reserve, während die Sirius einen großen Teil ihrer Ladung verfeuert hatte. Nicht zuletzt hatte die im Hafen von einer jubelnden Menschenmenge willkommen geheißene Great Western die Überfahrt in 15 Tagen bewältigt, die Sirius hingegen in 19 Tagen.

Die Great Western erwies sich nicht nur als technischer Erfolg, sondern trug den Investoren auch einen stattlichen Gewinn ein. Das Schiff setzte den Auftakt für ein Zeitalter verlässlicher und schneller Schiffsverbindungen über den Atlantik. Die Aussicht auf weitere Gewinne veranlasste die Eigner, bei Brunel ein zweites Schiff in Auftrag zu geben. 1838 begann er mit den Vorarbeiten für die Great Britain. Das 1843 vom Stapel gelassene Schiff war nicht das eigentlich erwartete Schwesterschiff der Great Western, sondern ein zusätzlicher technischer Quantensprung. Denn Brunel baute die Great Britain nicht aus Holz, sondern aus Puddeleisen. Anstelle von Schaufelrädern rüstete er sie mit der gerade erfundenen Schiffsschraube aus, deren Überlegenheit er dadurch erprobte, dass er zwei ansonsten identische Schiffe in einer Serie von Tauziehen gegeneinander antreten ließ. Zum Zeitpunkt des Stapellaufs war die Great Britain das größte Schiff der Welt. Mit 98 Metern Länge und Platz für 260 Passagiere bil-

dete es den Prototyp für die Ozeanriesen späterer Zeit. Erneut zahlten sich Brunels technische Sorgfalt und sein Wagemut aus. Ungeachtet einer Reihe technischer Probleme und Pannen fuhr die Great Britain, die viele Jahre zwischen der britischen Insel und Australien verkehrte, Gewinne ein. Schon 1886 für seeuntüchtig erklärt und schließlich in den 1930er Jahren auf den Falkland-Inseln vor Anker gelegt, wurde das Schiff im Jahre 1970 zurück nach Bristol gebracht. Restauriert und wieder in den alten Glanz versetzt, ist die Great Britain heute vielleicht die wichtigste touristische Attraktion der Stadt.

Die Royal Albert-Brücke von Isambard Kingdom Brunel bei Saltash

Die 1843 fertig gestellte Great Britain

Die Great Britain heute

Von John Scott Russell angefertigte Pläne der Great Eastern

teure Kohle aufzunehmen. 1854 wurde mit dem Bau des massigen, doppelwandigen Eisenschiffes begonnen, das 211 Meter lang und maximal 25 Meter breit war, einen Tiefgang von neun Metern aufwies und eine Wasserverdrängung von fast 19.000 BRT besaß. Brunel entschied sich für die Koppelung von Schiffsschraube und Schaufelrädern als Antrieb; die Antriebssysteme besaßen getrennte Maschinen, die in ihrer Gesamtheit stolze 8.000 PS leisteten – die dennoch für das Schiff nicht ausreichten.

John Scott Russell, ein Schiffbauer aus Glasgow, war für den in London stattfindenden Bau der Great Eastern verantwortlich. Zwischen Brunel und Russell kam es zu einer endlosen Kette von Rivalitäten und Streitereien. Das Projekt war unterkapitalisiert und litt unter erheblichen Kostenüberschreitungen, die teilweise auf Diebstähle in großem Maßstab zurückzuführen waren, teilweise aber auch auf die Verwendung neuer, unerprobter Technologien. Russell wurde an den Rand des Bankrotts getrieben, Brunel geriet in den Strudel einer ständigen Verschlechterung seiner Gesundheit. Die ursprünglichen Investoren verloren ihr gesamtes Geld, der nächsten Gruppe ging es kaum besser. Der erste Versuch, das Schiff vom Stapel zu lassen, scheiterte 1857, der zweite ge-

Brunels ambitioniertestes Projekt war sein drittes und letztes Schiff, die Great Eastern. In der Charakterisierung eines Autors stellte sie „die bemerkenswerteste Großtat des viktorianischen Ingenieurwesens dar sowie den höchsten Ausdruck der Kühnheit und des Wagemuts, welche die Pioniergeneration der britischen Ingenieure auszeichnet". Sie war das größte im 19. Jahrhundert gebaute Schiff – und sie besiegelte das Schicksal des Ingenieurs Brunel. Seit etwa 1851 dachte er über das Projekt eines Schiffes nach, das Australien erreichen könne, ohne unterwegs

Misslungener Stapellauf der Great Eastern im Herbst 1857

lang Anfang 1858. Wenig später erkrankte Brunel schwer und war nicht mehr in der Lage, sich an der Vollendung und Ausrüstung der Great Eastern zu beteiligen.

Anfang September 1859 lag das Schiff bereit für seine Jungfernfahrt. Zwei Tage bevor es den Anker lichtete, erlitt Brunel bei einer Besichtigung einen Schlaganfall, musste das Bett hüten und erwartete angespannt weitere Nachrichten über den Fortgang seines großen Werks. Bei einer der Versuchsfahrten tötete dann eine heftige Explosion in einem der Dampferzeuger fünf Heizer. Die Zeitungen begannen am 13. September über die offizielle Untersuchung des Unglücks zu berichten. Zwei Tage später starb Brunel an den Folgen des Schlaganfalls – und als Opfer seiner rastlosen Suche nach immer gewaltigeren Ingenieuraufgaben.

Der Great Eastern erging es nicht viel besser als ihrem Schöpfer, wenn sie auch später ihre technische Leistungsfähigkeit unter Beweis stellte. Aus nicht vorhersehbaren wirtschaftlichen Gründen war sie als Passagierschiff ein völliger Fehlschlag. Sie war zu groß für den Suez-Kanal wie für den damaligen Transatlantikverkehr. Schließlich fand sie als Kabelleger Verwendung. Es war die Great Eastern, die das erste erfolgreiche, transatlantische Telegraphiekabel zwischen Großbritannien und Nordamerika im Jahre 1866 legte.

Stagnation und Niedergang

Als Locke, Stephenson und Brunel innerhalb eines einzigen Jahres – 1859/60 – starben, kam es zu öffentlichen Beileidsbekundungen, wie sie normalerweise königlichen Hoheiten oder Nationalhelden vorbehalten blieben. Tatsächlich waren die drei Giganten des viktorianischen Ingenieurwesens genau das, nämlich Nationalhelden. Der Beerdigung Brunels auf dem Kensal Green-Friedhof, dem ältesten öffentlichen Friedhof Londons, wohnten bedeutende Ingenieurkollegen und einige tausend Eisenbahnarbeiter bei und erwiesen damit Brunel die letzte Ehre. Stephenson erhielt eine Art Staatsbegräbnis und eine letzte Ruhestätte in

der Westminster Abbey neben Thomas Telford, der ebenfalls als Nationalheld gilt. Trauerfeiern mit einem derartigen öffentlichen Aufsehen wären für spätere Ingenieure unvorstellbar gewesen. Sie dokumentierten nicht nur das große Ansehen der britischen Ingenieure um die Jahrhundertmitte, sondern zeigten auch das Ende eines Zeitalters an. In den folgenden Jahrzehnten ging der gesellschaftliche Stellenwert der Ingenieure stetig zurück, um etwa ein Jahrhundert später, nach dem Zweiten Weltkrieg, einen bedenklichen Tiefstand zu erreichen.

Kein Jahrzehnt, nachdem das Triumvirat der großen Eisenbahningenieure die Bühne verlassen hatte, wurden die ersten Anzeichen für eine Verlangsamung des Innovationstempos in Großbritannien sichtbar. Zwar prosperierte die Wirtschaft in der Zeit vor dem Ersten Weltkrieg weiterhin, aber in mehrerlei Hinsicht wurden Innovationsschwächen sichtbar. Genau zu der Zeit, als der Stellenwert von Wissenschaft und fortgeschrittener Technik für die Wirtschaft wuchs, fielen einige Industriezweige im internationalen Vergleich zurück. Beispielhaft beobachten lässt sich dies bei der Massenproduktion von Stahl sowie bei der Teerfarbenindustrie, in welcher Großbritannien bereits in den 1880er Jahren die Führung an Deutschland abgab. Es gelang dem Land nicht, in angemessener Zeit die Sodaproduktion auf den Solvay-Prozess umzustellen. Am Vorabend des Ersten Weltkrieges war es im Werkzeugmaschinenbau, in der Elektrotechnik und beim Bau von Dieselmotoren in Rückstand geraten. Selbst in einigen Kernbereichen der britischen Industrie, wie dem Schiffbau, taten sich die Unternehmen schwer, mit

Der zur Zeit des fehlgeschlagenen Stapellaufs der Great Eastern „in Ketten gelegte" Isambard Kingdom Brunel

Beerdigung von Robert Stephenson

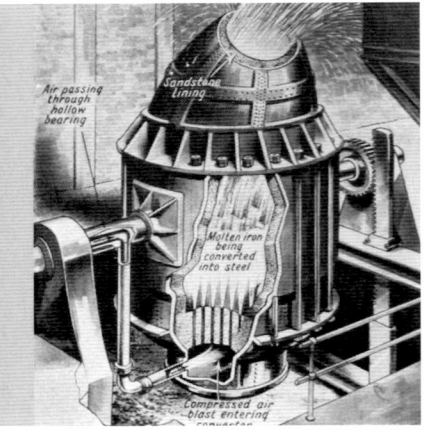

Henry Bessemer vor dem von ihm entwickelten Stahlkonverter

Robert Stephenson und Isambard Kingdom Brunel beim Stapellauf der Great Eastern

William J. M. Rankine (1820–1872)

der technischen Entwicklung mitzuhalten.

Die Historiker sind sich nicht einig, ob die Stagnation und der relative Niedergang der britischen Wirtschaft nach 1870 auf die spezifische britische Technikkultur zurückzuführen sind, genauer: das informelle System der Ausbildung von Ingenieuren in der Praxis und die Abneigung gegenüber einer in Schulen stattfindenden formalisierten theorieorientierten Ingenieurausbildung. Viele Zeitgenossen waren dagegen schnell bei der Hand, die Probleme auf eine unzureichende technische Ausbildung und eine fehlende wissenschaftliche Orientierung zurückzuführen. Bereits 1852, nur ein Jahr nach dem Triumph der britischen Industrie auf der Londoner Weltausstellung, prognostizierte der Regierungsberater und Chemiker Lyon Playfair: „So gewiss, wie die Dunkelheit dem Sonnenuntergang folgt, so gewiss wird England als Industrienation ins zweite Glied treten, so lange, bis die Industrie eine größere Vertrautheit mit der Wissenschaft erlangt, als sie gegenwärtig besitzt."

Nach der Weltausstellung in Paris im Jahre 1867, auf der Großbritannien nur in zehn von 90 Kategorien erste Preise gewann, berichtete John Scott Russell, der Erbauer der Great Eastern, seinen Landsleuten: „Wir haben erfahren, nicht nur dass man mit uns gleichgezogen hat, sondern dass wir besiegt worden sind – nicht nur auf einigen Gebieten, sondern durch die eine oder andere Nation auf fast all jenen Gebieten, derer wir uns gerühmt haben." 1868 formulierte eine zur Untersuchung des Schulwesens eingesetzte Royal Commission: „Unsere Arbeiterschaft besitzt noch nicht einmal jenes Niveau an Allgemeinbildung, auf das allein technische Ausbildung aufbauen kann. ... Tatsächlich besteht unser Defizit nicht nur in einem Defizit an technischer Ausbildung, sondern ... an Allgemeinbildung, und solange wir dies nicht beheben, werden wir allmählich, aber sicher erfahren, dass uns unsere unbezweifelbare Überlegenheit beim Wohlstand und vielleicht bei der Energie uns nicht vom Niedergang retten wird."

Es besteht wenig Zweifel, dass zeitgenössische Kritiker wie Playfair und Russell einen wunden Punkt trafen. Großbritannien tat sich schwer, jene Art formalisierter Ingenieurausbildung an Schulen einzuführen, die in Ländern wie Frankreich und Deutschland die Regel war und in den Vereinigten Staaten vor dem Ersten Weltkrieg zur Regel wurde. Bis ins späte 19. Jahrhundert hinein blieb die britische Regierung untätig und überließ die technische Ausbildung vollständig lokalen und privaten Initiativen. Diese wiederum konnten mit der Idee der auf die Industrie vorbereitenden technischen Schulen wenig anfangen. Die Spitzen der Ingenieurwelt blieben dem alten Lehrsystem verhaftet und machten noch Ende des Jahrhunderts aus ihrer inneren Abneigung gegenüber Ingenieurschulen und Ingenieurdiplomen kein Hehl.

Dennoch entwickelten sich Ansätze einer schulischen Ingenieurausbildung, wenn auch sehr langsam. Mitte der 1850er Jahre wurde William Rankine als erster ordentlicher britischer Ingenieurprofessor an die Universität von Glasgow berufen. Rankine war einer der Begründer der Thermodynamik und beschäftigte sich besonders mit der Theorie der Dampfmaschinen und der angewandten Mechanik. 1868 folgten die Einrichtung eines Studienprogramms für Ingenieure am Owen College in Manchester sowie die Berufung des Elektrotechnikers Fleeming Jenkin auf eine Professur an der Universität von Edinburgh. Jenkin bahnte einer Verbindung zwischen dem neuen theoretischen Unterricht an der Universität und der alten, praxisorientierten Ingenieurlehre den Weg. Die Ingenieurvereine stimmten diesem so genannten Sandwich-System zu, das zur verbreitetsten modernen Form der Ingenieurausbildung in Großbritannien wurde. Eine gewisse Führungsrolle übernahm London in den 1880er und 1890er Jahren, als das City and Guilds of London Institute 1881 die Central Institution in South Kensington sowie das Finsbury Technical College gründeten. Sowohl das University College wie das King's College richteten Ingenieurfakultäten ein, die sich 1910 mit dem Central Technical College zum Imperial College zusammenschlossen, das manchmal, auf die Berliner Technische Hochschule anspielend, „Großbritanniens Charlottenburg" genannt wurde. Das von der Regierung 1889 verabschiedete Gesetz zur Ingenieurausbildung stellte dann erstmals kleinere Summen für Ausbildungszwecke zur Verfügung. Am Vorabend des Ersten Weltkrieges war es Großbritannien gelungen, auf sein traditionelles System der praktischen Ingenieurausbildung ein schulisches, wissenschaftsorientiertes System aufzupfropfen.

Dennoch bildeten die britischen Ingenieurschulen im ersten Jahrzehnt des 20. Jahrhunderts weit weniger Ingenieure aus – und dies sowohl in absoluten wie in relativen Zahlen – als Deutschland oder die USA. Das nationale System der Ingenieurausbildung lässt sich weiterhin als bunter Flickenteppich verschiedenartiger Einrichtungen beschreiben; genaue Zahlenangaben zu Studenten und Absolventen sind daher unmöglich. Schätzungen belaufen sich auf 1.500 bis 2.000 Ingenieurstudenten um die Jahrhundertwende – eine geringe Zahl, verglichen mit gut 10.000 in Deutschland. Eine systematische wissenschaftliche Forschung, wie sie in den Vereinigten Staaten und in Deutschland gebräuchlich war, fand in der britischen Industrie nicht statt. Etwa 250 in der britischen Industrie beschäftigten Chemikern standen um 1900 rund 4.000 in Deutschland gegenüber. Nur selten lässt sich bei Wissenschaftlern und Ingenieurprofessoren von erfolgreichen Karrieren berichten. Großbritannien besaß um die Jahrhundertwende zwar einen Gugliel-

mo Marconi und einen Charles Parsons, aber nichts, was sich mit Thomas Alva Edisons Erfindungsfabrik Menlo Park in New Jersey vergleichen ließ, von den Bell-Laboratorien oder von Forschungsabteilungen anderer amerikanischer Großunternehmen ganz zu schweigen.

Trotzdem muss es offen bleiben, ob sich der relative wirtschaftliche Niedergang Großbritanniens vor dem Ersten Weltkrieg mit Versäumnissen bei der akademischen Ingenieurausbildung erklären lässt. Die Historiker verweisen auf noch wichtigere Erklärungsfaktoren: eine untätige Regierung, den Freihandel, die Rolle des britischen Empire, den Einfluss ausländischer Investitionen, unternehmerische Fehlentscheidungen, wie Versäumnisse bei der Einführung der Massenproduktion. Einige meinen, dass die technische Ausbildung im Vergleich zu den genannten Problemen nur eine indirekte und nachrangige Rolle für das Zurückbleiben Großbritanniens auf verschiedenen Technikfeldern spielte. Sie gehen von einer anhaltenden Stärke des britischen technischen und naturwissenschaftlichen Ausbildungssystems aus, verweisen auf dessen Flexibilität sowie die Kreativität der Ingenieurwissenschaftler im späten 19. und in der ersten Hälfte des 20. Jahrhunderts. Kurzum: Bei gründlicher Erwägung muss man eingestehen, dass eine definitive Entscheidung zwischen den vorgetragenen Positionen nicht möglich ist.

Die Debatte über die britische Ingenieurausbildung und den wirtschaftlichen Niedergang Großbritanniens geht also weiter. Übereinstimmung besteht hingegen darin, dass das gesellschaftliche Ansehen der Ingenieure in Großbri-

Das Polytechnische Institut in der Londoner Regent Street

Dampfturbine von Charles Parsons

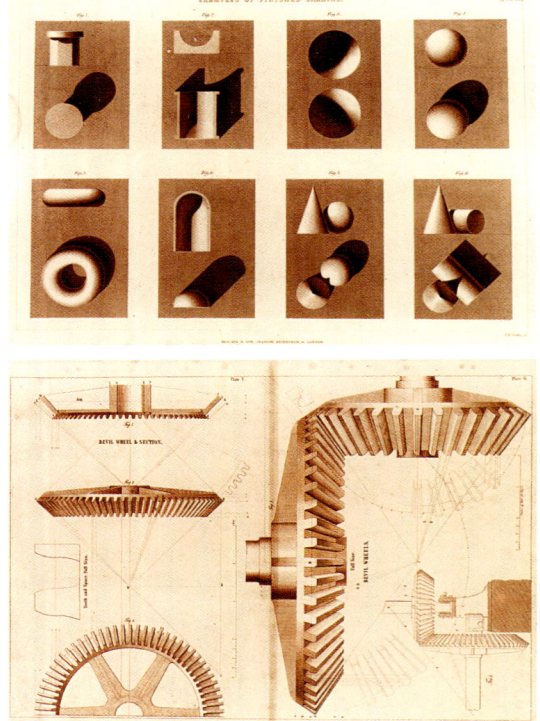

Zeichenunterricht aus
Le Blanc und Armengauld:
Engineers and Machinists'
Book, 1847

tannien in den letzten drei oder vier Jahrzehnten des 19. Jahrhunderts gesunken ist. Bis zur Jahrhundertmitte konnte es noch scheinen, als ob es den gesellschaftlichen Gruppen, die sich mit Wissenschaft und Technik identifizierten, darunter erfinderische Handwerker, Ingenieure, Unternehmer und Industrielle, Personen wie Boulton, Watt, Telford, Brunel und zahllose andere, gelingen könne, der englischen Kultur ihr Wertsystem einzuprägen. Doch dies erwies sich als Irrtum. Die traditionellen herrschenden Eliten, der Landadel, die Aristokratie und die anglikanische Kirche bewahrten ihre kulturelle Suprematie und ihre Vormacht in allen bedeutenden ökonomischen, politischen und gesellschaftlichen Einrichtungen. Dies hieß nicht, dass erfolgreiche Industrielle und Ingenieure von dieser Elite ausgeschlossen blieben. Aber für ihre Zulassung hatten sie einen Preis zu entrichten: die Aneignung der herrschenden Werte, Sitten und Bräuche. Sie legten sich Landgüter zu, verhielten sich gentlemanlike und strebten Karrieren außerhalb der industriellen Welt an.

Dies hatte Konsequenzen für die Bildungs- und Karriereentscheidungen von Vertretern der Mittelschichten. Sie schickten ihre Kinder mehr und mehr auf Schulen, welche die Ausbildung der herrschenden Klassen in den traditionellen „Public Schools" imitierten. Diese Ausbildungsstätten der Elite propagierten eine Erziehung, bei der Charakterbildung und das Verhalten von Gentlemen im Mittelpunkt stand, nützliche Dinge wie Wissenschaft, Technik und Ingenieurwesen hingegen der Verachtung anheim fielen. In die gleiche Richtung entwickelten sich die Grammar Schools und andere Sekun-

darschulen, die Technik und Naturwissenschaft als Angelegenheit der unteren Klassen deklarierten. Am Anfang des 20. Jahrhunderts wurden sogar Primar- und Arbeiterschulen, die ursprünglich ein praxisorientiertes, auf Wissenschaft und Industrie ausgerichtetes Curriculum favorisiert hatten, zu Opfern dominierender antiutilitaristischer Vorurteile.

Die geschilderten Entwicklungen zogen für die gesellschaftliche Anerkennung der Ingenieure entschieden negative Folgen nach sich. Einerseits war für die Kinder der Mittelschichten technische und industrielle Bildung nur die zweite Wahl – eine Option für den Fall, dass sie an den bevorzugten klassischen Bildungsstätten abgewiesen wurden. Andererseits bedeutete der Fortbestand des Lehrsystems, dass die Ingenieure in großem Umfang aus der Arbeiterschaft hervorgingen – und tendenziell mit dieser assoziiert wurden. Dies trug zur Errichtung einer Schranke zwischen dem Ingenieurwesen und dem Management bei, welches sich vor allem aus der klassisch erzogenen Mittelschicht rekrutierte. Im Gegenzug verstärkten sich das Desinteresse und die Untätigkeit des Managements gegenüber einer theorieorientierten Ingenieurausbildung an den Schulen, was wiederum bedeutete, dass von dieser Seite aus keine Nachfrage bestand. In einer Art Teufelskreis wirkten auf diese Weise die relativ kleine Zahl wissenschaftlich ausgebildeter Ingenieure und die mangelnde Attraktivität einer Ingenieurkarriere zusammen. Für die Entwicklung der Industrie bedeutete dies, dass der Kontakt mit dem technischen Innovationssystem verloren ging.

Die Vereinigten Staaten: Die amerikanischen Ingenieure bis 1880

In den Vereinigten Staaten folgte die Entwicklung des Ingenieurberufs in vielerlei Hinsicht dem britischen Vorbild. Neben den starken kulturellen, sprachlichen und historischen Bindungen zwischen den beiden Nationen wiesen sie ganz ähnliche Vorstellungen und Einrichtungen im Ingenieurwesen, in der Wissenschaft sowie in Technik und Industrie auf. Eine Hochschätzung empirischer und praktischer Fertigkeiten, die Bedeutung des Lehrsystems, eine höhere Gewichtung der beruflichen Leistung gegenüber der Ausbildung, Vorbehalte gegenüber dem rein Theoretischen, die geringe Bedeutung des Staates und seiner technischen Beamten, die von einer Elite geleiteten Ingenieurvereine mit abgestuften Mitgliedsrechten – all dies steht für die enge Verwandtschaft zwischen dem britischen und dem amerikanischen Ingenieurwesen.

Unterschiede zwischen dem englischen und dem amerikanischen Ingenieurwesen

Die Verwandtschaft zwischen dem britischen und dem amerikanischen Ingenieurwesen ist so ausgeprägt, dass Historiker häufig beides unter eine Überschrift fassen: das „angloamerikanische (oder angelsächsische) Modell". Dieses Modell wird dann in Gegensatz zum kontinentaleuropäischen Modell gesetzt, das sich durch staatlichen Einfluss, theoretische Orientierung und Ingenieurschulen auszeichnet. Auch das vorliegende Buch zur Geschichte des Ingenieurs verfolgt aus guten Gründen dieses organisatorische Prinzip. Wenn man also davon ausgehen kann, dass die britische und amerikanische Ingenieurkultur der gleichen Familie angehören, dann muss man aber auch verdeutlichen, dass sie keine Zwillinge, sondern Vettern sind. Neben den vielen Ähnlichkeiten gibt es auch eine Anzahl deutlicher Unterschiede zwischen den Ingenieuren beider Länder.

Da ist zunächst der ganz unterschiedliche zeitliche Verlauf in der Geschichte der britischen und amerikanischen Ingenieurtechnik. Von Großbritannien ging die industrielle Revolution aus und hier entwickelte sich seit der Mitte des 18. Jahrhunderts eine lebendige Ingenieurkul-

tur. Dagegen kann man in den USA vor 1820 wenig finden, was die Bezeichnung „Ingenieurwesen" verdienen würde. Nach 1870 verlor das britische Ingenieurwesen einen Teil seiner ursprünglichen Vitalität sowie seiner internationalen Konkurrenzfähigkeit. Erst um diese Zeit wurde der amerikanische Vetter ein Faktor, mit dem man rechnen musste. In den 100 Jahren zwischen 1870 und 1970 erfuhr der technisch-industrielle Aufschwung in den USA keinerlei Verlangsamung. Im Gegenteil, er ließ alle Konkurrenten, einschließlich Großbritanniens, hinter sich. Das Ergebnis waren gravierende technische Unterschiede zwischen beiden Nationen – nicht nur quantitativer, sondern auch qualitativer Art. Die strukturellen Abweichungen zwischen der britischen und der amerikanischen Industrie zeichneten sich bereits im letzten Viertel des 19. Jahrhunderts ab. Die Entwicklung der britischen Industrie erfolgte ohne einen grundsätzlichen Bruch mit der traditionellen Gewerbestruktur und seinen Familienunternehmen. Die britischen Unternehmen waren üblicherweise viel kleiner als die amerikanischen, in denen sich die riesigen Bürokratien der Großindustrie herausbildeten.

Dann basierte die amerikanische Technikkultur nicht im gleichen Maß wie die britische auf dem Lehrsystem. Zwar wurde auch die Mehrheit der amerikanischen Ingenieure im 19. Jahrhundert in der industriellen Praxis ausgebildet, aber von Anfang an gab es zudem einen kleinen, aber wichtigen Sektor technischer Schulen. Sie brachten eine Kerntruppe von Ingenieuren hervor, deren Ausbildung vom französischen und später vom deutschen Modell inspiriert war. Als sich im Laufe des 19. Jahrhunderts dieses System der schulischen Ingenieurausbildung ausdehnte, entwickelte sich das amerikanische Ingenieurwesen aus einer sich verändernden Mischung britischer und kontinentaleuropäischer Traditionen heraus.

Weiter bestanden deutliche Unterschiede zwischen der sozialen Herkunft sowie den Karrieren der britischen und amerikanischen Ingenieure. In Großbritannien entstammten viele Ingenieure dem Mühlenbau, dem Bauhandwerk und anderen Handwerksberufen – und dies nicht nur in der frühen Industrialisierung, sondern auch in der zweiten Hälfte des 19. Jahrhunderts. Sieht man von einigen Ausnahmen an der Spitze der Berufsgruppe ab, so rekrutierten sich das Ingenieurwesen und die angewandte Wissenschaft stets in hohem Maße aus den Unterschichten und waren mit Verhaltensweisen verbunden, welche nicht denen des Gentlemans entsprachen. Dagegen entstammten die amerikanischen Ingenieure, insbesondere die Maschinenbauer, im größten Teil des 19. Jahrhunderts tendenziell den Mittel- und Oberschichten. Die im viktorianischen Großbritannien nach 1850 herrschende gesellschaftliche Stigmatisierung praxisorientierter Wissenschaften und Ingenieurkarrieren lässt sich deswegen in den USA kaum feststellen. Erfolgreiche Ingenieure, die zu Reichtum gelangten und – falls sie nicht von vornherein eine höhere soziale Position besaßen – den sozialen Aufstieg schafften, fielen nicht aristokratischer Verachtung anheim, sondern erweckten vielmehr Bewunderung. Erst die in Großbritannien in den letzten Jahrzehnten des 19. Jahrhunderts stattfindende Einführung von Elementen schulischer Ingenieurausbildung führte dazu, dass mehr Angehörige der Mittelschicht den Ingenieurberuf wählten. Dagegen drängten in den Vereinigten Staaten aufgrund der schnellen Verbreitung des Ingenieurschulwesens mehr Angehörige der unteren Mittelschichten in den Ingenieurberuf. Aufgrund dieser Entwicklung sowie erheblicher quantitativer Zuwächse sank die gesellschaftliche Position der amerikanischen Ingenieure von einer Elite zu einem Massenberuf ab, der jedoch weiterhin durch erfolgreiche Technikerunternehmer und – in geringerem Umfang – durch Ingenieurprofessoren dominiert wurde.

Schließlich rekrutierte sich in Großbritannien das höhere Management nie in größerem Maße aus der Ingenieurwelt. Den Ingenieuren blieben meist die rein technischen Funktionen oder solche des unteren Managements vorbehalten. In der bürokratisierten amerikanischen Industrie arbeiteten Ingenieure ebenfalls in untergeordneten und mittleren Stellungen. Aber die Grenzen zwischen Ingenieurtätigkeiten und höheren Managementpositionen war viel durchlässiger als in Großbritannien. In den USA gingen aus der Berufsgruppe der Ingenieure denn auch nicht wenige industrielle Führungskräfte hervor. Beratende Ingenieure, die vor den 1880er Jahren im Auftrag der Eisenbahngesellschaften oder der Regierungen große Projekte leiteten, stiegen in der Zeit danach nicht selten in öffentliche oder industrielle Leitungspositionen auf. Maschinenbauer, die vor 1880 als Unternehmer Kraft- und Werkzeugmaschinen, Lokomotiven und Eisenbahnwagen in eigenen Werkstätten gebaut hatten, finden sich danach als Manager und Besitzer großer Werke. Auf einer niedrigeren Hierarchieebene gehörte es zur Normalität, dass Ingenieure von technischen Linien- und Stabspositionen in das mittlere Management wechselten. Jene, denen ein weiterer beruflicher Aufstieg gelang, verloren nicht selten völlig ihre Identifikation mit dem Ingenieurwesen. In solchen Fällen bildeten technische Positionen nur eine Stufe auf dem Weg in Top-Positionen amerikanischer Unternehmen.

Ingenieurschulen und die Herausbildung des amerikanischen Civil Engineers

Abgesehen von den oben erwähnten Unterschieden geht auch die Historiographie auf unterschiedliche Weise mit den britischen und amerikanischen Ingenieuren um. Arbeiten über die britischen Ingenieure des 19. Jahrhunderts neigen dazu, Heldengeschichten wie die über die beiden Stephensons, über Telford und Brunel zu schreiben. Dagegen gehen Arbeiten über die amerikanischen Ingenieure mehr auf die Ingenieure als Gruppe ein. Zu den zentralen historischen Themen gehören die Abstufungen und Auseinandersetzungen im amerikanischen Ingenieurwesen, die Arbeitsteilung und das Produktionssystem, in dem die Ingenieure tätig waren.

Die Gruppe der amerikanischen Civil Engineers bildete sich nach dem Unab-

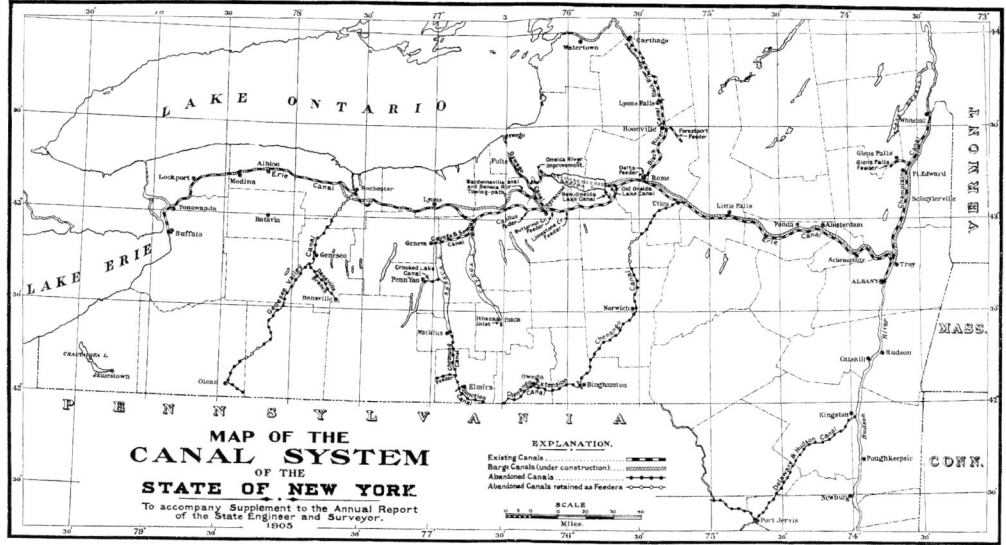

Karte des Erie-Kanals

hängigkeitskrieg und dem amerikanisch-britischen Krieg von 1812–1815 heraus, als sich die amerikanischen Regierungen darum bemühten, das Verkehrsnetz zu verbessern. Vor 1816 gab es wenig, was die Bezeichnung „Ingenieurarbeit" verdiente, aber dieses Wenige stand häufig unter der Leitung ausländischer Ingenieure. Ein früher Impuls bildete die Nachfrage nach Militäringenieuren während des Unabhängigkeitskrieges, was in die Gründung der United States Military Academy in West Point im Jahre 1802 mündete. Seit 1816 wandten sich die Einzelstaaten ambitionierten Projekten wie dem Bau von Kanälen und wenig später dem Bau von Eisenbahnen zu. Dabei bildete die Versorgung mit kompetenten einheimischen Ingenieuren die größte Herausforderung. Die Nachfrage wurde durch drei Quellen gedeckt: aus der zwischen 1816 und 1825 in New York arbeitenden Kanaladministration, durch die Militärakademie in West Point sowie durch eine kleine Gruppe meist privater Ingenieurschulen.

Das bekannteste und wichtigste Projekt der Kanaladministration von New York war der Bau des Erie-Kanals zwischen 1816 und 1825. Dieser Kanal verband die kleine Stadt Buffalo am Eriesee mit Albany, der Hauptstadt des Staates New York, und New York City. Er stellte eine zentrale Verbindung für die Erschließung des Westens dar, vervielfachte den Handel und machte in gerade 15 Jahren New York City zur wichtigsten Hafenstadt in den Vereinigten Staaten. Im Rahmen des Projekts, in welches anfangs nur wenig Ingenieurwissen involviert war, wurden mit der Zeit mehr und mehr Ingenieure durch technische Arbeit vor Ort ausgebildet. Nach Beendigung des Kanals standen die erfahrenen Ingenieure, die sich hochgearbeitet hatten, für andere Projekte, sowohl in New York wie in anderen Staaten, zur Verfügung. Dort etablierten sie das System der Aneignung von Kenntnissen in der Praxis und trugen auf diese Weise zur Expansion des Ingenieurberufs bei.

Kanalbau in der Nähe von Lockport

Der Erie-Kanal nach einem Gemälde von John William Hill, 1831

tische Kompetenzen. Jene Ingenieure, die meinten, sich auf der Basis ihres spezialisierten Fachwissens gegenüber der Politik oder dem Kapital durchsetzen zu können, scheiterten fast immer. Erfolgreicher agierten hingegen jene, die sich in eine große Verwaltungsorganisation einzugliedern wussten und gute Beziehungen zu den Mächtigen aufbauten. Von Anfang an – und nicht erst mit der Entstehung der kapitalistischen Großunternehmen nach dem Bürgerkrieg – entsprachen damit die Civil Engineers in den Vereinigten Staaten weniger dem Typ des unabhängigen Beraters als dem des leitenden Angestellten, der im Auftrag von Anteilseignern oder Politikern tätig wurde. Dieser Typ dominierte die obere Hierarchieebene der Berufsgruppe der Ingenieure in den Vereinigten Staaten.

Bei dem teils staatlichen, teils privaten Projekt des Erie-Kanals stiegen Vermessungsgehilfen zu Vermessungstechnikern auf und arbeiten sich anschließend in der Ingenieurhierarchie hoch. Vielversprechende Kandidaten wurden mit konkreten Aufgaben betraut und jene, die sich bewährten, übernahmen mehr und mehr Verantwortung. Sachverstand allein erwies sich jedoch als zweischneidiges Schwert. Einerseits stellte technische Kompetenz ein absolutes Muss dar. Andererseits benötigten besonders die leitenden Ingenieure zudem organisatorische und poli-

Das New Yorker Kanalprojekt kann man als Fortsetzung des Systems der britischen Ingenieurausbildung bezeichnen, West Point dagegen orientierte sich am kontinentaleuropäischen Modell. Die Lehrer, die in West Point Militäringenieure ausbildeten, hatten an der Pariser École Polytechnique gelernt oder waren zumindest mit ihr vertraut. Erst 1812 wurde der Aufgabenbereich der Akademie von der Ingenieurausbildung auf die allgemeine Offiziersausbildung ausgeweitet. Von Beginn an waren sich die Gründer und Leiter der Schule ihres Werts für das

West Point, 1817

154

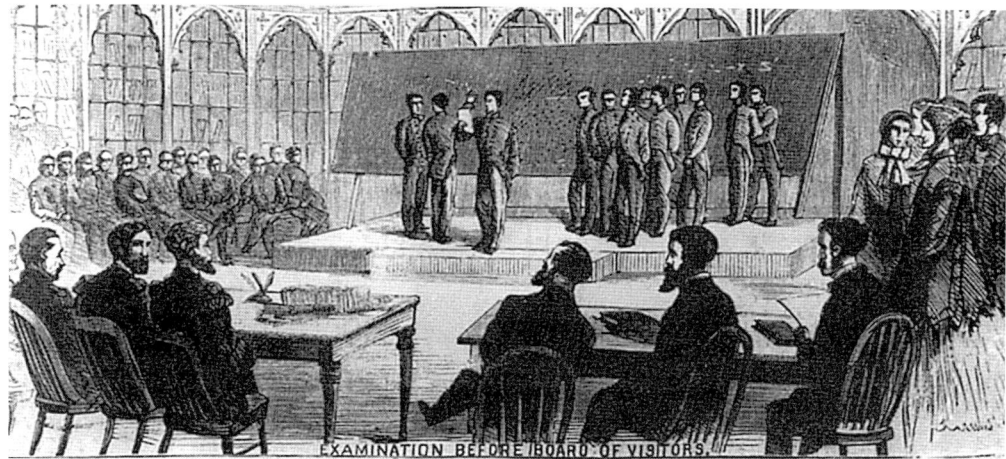

zivile Ingenieurwesen bewusst. Zum Beispiel stellte die Schulleitung 1830 West Point als eine Art nationale Ingenieurschule vor, die natürlich das Militär mit technischer Kompetenz ausstatten, aber auch dem Fortschritt des Landes dienen sollte. Für Letzteres würde die Akademie ein Ingenieurcorps heranziehen, „welches in der Lage sei, den unser Land durchwehenden Unternehmungsgeist in eine gesunde Richtung zu lenken". 1831 erlassene Studienordnungen gewährten der zivilen Technik viel Raum, ebenso wie an der Akademie verbreitete Lehrbücher. 393 der 1.158 Absolventen zwischen 1802 und 1860 blieben nicht in dem U.S. Army Corps of Engineers, sondern gingen in die zivile Technik. Damit dürfte der quantitative Stellenwert der Akademie für das zivile Ingenieurwesen jener des Erie-Kanal-Projekts entsprochen haben.

Zusätzlich entstanden in den Jahrzehnten vor dem Bürgerkrieg weitere nicht-militärische Ingenieurschulen. Die erste war die im Jahr 1820 durch einen früheren Ingenieurprofessor von West Point gegründete Norwich-University in Vermont. Norwich verfolgte ein Erziehungsideal, das sich von jenem der Militärakademie, deren Curriculum als zu reglementiert, akademisch und theoretisch angesehen wurde, deutlich unterschied. Stattdessen bot Norwich einen explizit zivilen und praxisorientierten Unterricht. In ihren ersten 25 Jahren entließ die Universität einige Dutzend Absolventen, von denen nicht wenige als angehende Inge-

nieure beim New Yorker Kanalprojekt anfingen. Eine weitere zivile Ingenieurschule war das Rensselaer Polytechnic Institute. 1824 gegründet, stand Rensselaer in der Tradition der „industriellen Aufklärung", aus der in Großbritannien wie in den Vereinigten Staaten „mechanics' institutes" hervorgingen. Rensselaer profilierte sich bald als Schule für Civil Engineers. 1835 wurde die Schule vom Staat New York autorisiert, Unterricht in „engineering and technology" zu erteilen. Im gleichen Jahr verlieh sie als erste Institution in den Vereinigten Staaten und in Großbritannien den akademischen Grad eines „Civil Engineers" an vier Absolventen. 1849 war Rensselaer, das ähnlich wie Norwich der stärkeren

Eine Gruppe von Studenten des Vermessungswesens am Rensselaer Polytechnic Institute, 1859

mathematischen und theoretischen Ausrichtung von West Point kritisch gegenüberstand, zur führenden zivilen Ingenieurschule in den Vereinigten Staaten aufgestiegen.

Neben Norwich und Rensselaer bot eine Reihe von Universitäten kleinere Unterrichtsprogramme für Ingenieure an. An der University of Virginia wurde 1833 der erste Studiengang für Civil Engineers eingeführt; einer der ersten Lehrer, Barton Rogers, wurde 1865 erster Präsident des Massachusetts Institute of Technology

155

(MIT). Das College of William and Mary sowie die University of Alabama begannen 1836 beziehungsweise 1837 mit technischem Unterricht, kurz darauf wurden das Virginia Military Institute und Citadel eigens für die Ingenieurausbildung gegründet. Auch andere Universitäten besaßen Studienangebote von geringerer Bedeutung, deren Stellenwert für die Versorgung der USA mit Civil Engineers in der Zeit vor dem Bürgerkrieg nur schwer einzuschätzen ist. Insgesamt dürften sie nicht mehr als ein paar Hand voll zu den 2.000 männlichen Personen beigesteuert haben, die sich bei der 1850 durchgeführten Volkszählung als „civil engineers" bezeichneten – weibliche Ingenieure gab es damals noch nicht.

Wenn die letztgenannten Schulen auch nur eine unbedeutende Anzahl von Ingenieuren hervorbrachten, ist es dennoch offensichtlich, dass sich die Ausbildung der Ingenieure in den USA deutlich von der in Großbritannien unterschied. Die Kombination einer Ausbildung vor Ort beim Kanal- und Eisenbahnbau, einer mehr theoretischen Unterrichtung in West Point sowie dem mehr praktisch orientierten Unterricht in Norwich und Rensselaer brachte Ingenieure mit einem breiten Qualifikationsspektrum hervor, die weder ausschließlich akademisch-theoretisch noch ausschließlich empirisch-praktisch gebildet waren. Dies war genau die richtige Mischung für die in der Zeit vor dem Bürgerkrieg mit großer Geschwindigkeit zunehmenden Ingenieuraufgaben unterschiedlichster Art. Diese Mischung bereitete die Bühne für die weit stärker schulisch und wissenschaftlich orientierte Ingenieurkultur in der Zeit nach dem Bürgerkrieg.

In der demokratischen Kultur der Vereinigten Staaten zog das von der Aufklärung propagierte Programm einer Verbindung von Theorie und Praxis nicht nur einzelne Segmente der Gesellschaft an, sondern alle sozialen Schichten. Wie in Großbritannien konkretisierte sich in den Vereinigten Staaten die Idee einer „industriellen Aufklärung" in Gestalt der modernen Technik. In den Vereinigten Staaten wurde diese Idee jedoch von Beginn an

Franklin Institute, um 1826

sowohl in Schulen wie in der technischen Praxis vermittelt und wandte sich somit sowohl an die Söhne des Bürgertums, die eine gute Schulerziehung genossen hatten, wie an gewöhnliche Mechaniker. Ein Beobachter drückte dies 1836 so aus: „Das Lernen ist nicht länger den Schulen und Klöstern vorbehalten: Der Mathematiker ist zum Mechaniker geworden und der Mechaniker zum Mathematiker. Die Wissenschaft erleuchtet heutzutage, wie die Sonne am Himmel, das gesamte Land." Die theoretische Unterrichtung an Schulen erfasste also die Ingenieurberufsgruppe von Anfang an und damit früher als in Großbritannien. In den Vereinigten Staaten blieb das Ingenieurwesen von einer sozialen Stigmatisierung wie im viktorianischen Großbritannien verschont.

Maschinenbauingenieure und Shop Culture

So, wie die erste Generation der zivilen Bauingenieure in den USA den Typ des Managers vorwegnahm, repräsentieren ihre Kollegen aus dem Maschinenbau die unternehmerischen Dimensionen des Ingenieurberufs. Üblicherweise handelte es sich bei der ersten Generation der Maschinenbauer um Ingenieurunternehmer und Anteilseigner, die – im Unterschied zu Großbritannien – aus der Oberschicht stammten. Ihre Ingenieurkenntnisse hatten sie nicht wie die Bauingenieure in Form einer Mischung aus schulischer und praktischer Ausbildung erworben. Ihre Kenntnisse entstammten vielmehr weitgehend der Werkstatt und damit dem in Großbritannien verbreiteten Lehrsystem, wobei die amerikanischen Ingenieure in der Regel aber über eine bessere allgemeine Schulbildung verfügten als ihre britischen Kollegen. Für einen weiteren Unterschied steht das weiter unten zu besprechende Franklin Institute in Philadelphia, das die praktische Ausbildung der amerikanischen Maschinenbauingenieure mit aktuellen wissenschaftlichen Ergebnissen anreicherte.

Maschinenbaubetriebe entstanden in größerem Umfang seit dem zweiten Jahrzehnt des 19. Jahrhunderts. Auslöser war zuerst die Expansion der Textilindustrie und anschließend der Aufschwung im Bau von Dampfmaschinen für Fabriken, Fluss-schiffe und Eisenbahnen. Manche Betriebe waren auf Werkzeugmaschinen oder auf die Eisenbahnen und den Lokomotivbau spezialisiert, während andere eine breite Produktpalette besaßen. Im Allgemeinen hielt sich jedoch vor den 1850er Jahren die Spezialisierung in Grenzen. Wie in Europa erledigten die Maschinenbaubetriebe üblicherweise Auftragsarbeiten. Großun-ternehmen, die standardisierte Produkte für den gesamten Binnenmarkt fertigten, tauchten erst während und nach dem Bür-gerkrieg von 1861 bis 1865 auf. Die ersten größeren Maschinenfabriken kamen mit der Eisenbahnkonjunktur auf, und dort beschäftigte Ingenieure benutzten erst-mals in den 1850er Jahren die Bezeich-nung „mechanical engineer".

Maschinenwerkstätten besaßen einen spezifischen Charakter, der üblicherwei-se mit dem Begriff „Shop Culture" belegt wird. Shop Culture bezeichnete einen in den verschiedenen Betrieben vorhandenen Wissensschatz. Das zugehörige informelle Wissen entstammte der praktischen Arbeit sowie dem Lehrsystem, wobei die Besitzer der Werkstätten den angehenden Ingeni-euren auch einen Zugang zu schriftlichem Material eröffneten. Die Ingenieurunter-nehmer des Maschinenbaus bildeten ein lose geknüpftes Netz, das durch verwandt-schaftliche Beziehungen, freundschaft-

liche Bindungen, Bekanntschaften und nicht selten gemeinsame religiöse Über-zeugungen zusammengehalten wurde. Das Netz bestand aus einer Elite, aus An-gehörigen der Oberschicht, deren sozialer Status teilweise auf ihrem technischen Wissen beruhte, vor allem aber aus ih-rer Zugehörigkeit zur gesellschaftlichen und wirtschaftlichen Führungsgruppe und ihrer Funktion als selbständige Un-ternehmer erwuchs. In der Theorie sollte ein junger Mann ohne Herkunft und Be-ziehungen als Lehrling in einem Betrieb eintreten, sich hocharbeiten und sich schließlich selbständig machen. In der Praxis hingegen nahmen die Werkstattbe-sitzer jene auf, die sie bereits kannten oder die Empfehlungen vorweisen konnten: meist Söhne aus den Oberschichtfami-lien, Sprösslinge einflussreicher Politiker oder wohlhabender Kaufleute und Unter-nehmer. Die Auszubildenden erwarben ihr Wissen in mehreren Betrieben und unter mehreren Meistern. Nach Beendigung der Ausbildungszeit gründeten sie üblicher-weise eine eigene Firma und hatten damit das Ziel selbständigen Unternehmertums erreicht.

Die neuen Werkstattbesitzer reprodu-zierten diese spezifische Art der Ingenieur-ausbildung, indem sie eine weitere Ge-neration Auszubildender aufnahmen. Vor allem aber reproduzierten sie den sozialen Typ des Ingenieurunternehmers an der Spitze der Berufsgruppe der Maschinen-bauingenieure. Als die Unternehmen grö-

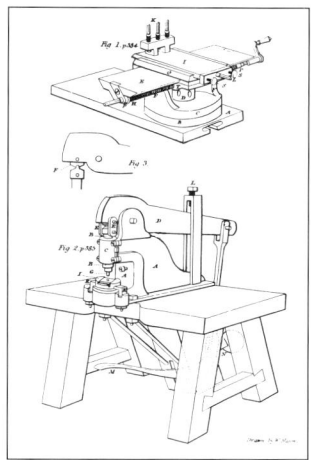

Werkzeugschlitten und Bohrmaschine, 1826

Werbung für Lokomotiven, 1839

Die Eisengießerei und Maschinenwerkstatt von Merrick & Son, 1850

J. Edgar Thomson
(1808–1874)

ßer wurden und eine einzige Person nicht mehr die Aufgaben des Unternehmers und Ingenieurs vereinen konnte, triumphierte der Unternehmer über den Ingenieur. Diese hierarchische Ordnung etablierte sich seit den 1870er und 1880er Jahren. Auf sie ist noch näher einzugehen. Hier ist es wichtig, darauf hinzuweisen, dass der Begriff „Shop Culture" sich nicht nur auf eine Form der Ingenieurausbildung bezieht, sondern auch die soziale Schicht der Ingenieurunternehmer im Maschinenbau meint, deren gesellschaftliche Position in mindestens dem gleichen Umfang auf ihrer erfolgreichen Geschäftstätigkeit beruhte wie auf ihrer technischen Kompetenz.

Zwei amerikanische Ingenieurmanager: J. Edgar Thomson und William Sellers

Vor dem Bürgerkrieg und auch noch im Jahrzehnt danach gab es – wenn man von den Eisenbahnen absieht – wenig Hinweise auf die bevorstehende Transformation der Ingenieurberufsgruppe, die sich im Zusammenhang mit der Entstehung industrieller Großbetriebe in den 1880er Jahren entfalten sollte. Ebenso war nicht abzusehen, dass die Naturwissenschaften und die schulische Ingenieurbildung eine solche Bedeutung gewinnen würden, wie dies insbesondere auf den neuen Gebieten der Chemie und der Elektrotechnik der Fall war. Tatsächlich entsprach bis etwa 1880 die amerikanische Technikkultur einer Kombination der beiden behandelten Idealtypen, der „Shop Culture" im Maschinenbau und dem Management im Bauingenieurwesen. Ein Porträt zweier bekannter Ingenieure aus dieser Zeit, der Civil Engineer und Eisenbahnbauer J. Edgar Thomson (1808–1874) und der Werkzeugmaschinenbauer William

Die Horseshoe Curve in der Nähe von Altoona, Pennsylvania

Sellers (1824–1905), soll dies verdeutlichen.

Thomson entstammte einer Quäkerfamilie aus Springfield in der Nähe von Philadelphia in Pennsylvanien. Sein Vater gehörte zu den frühen Eisenbahnpionieren. Seine Ausbildung und sein Berufseinstieg entsprachen dem Muster, das bei dem von New York ausgehenden Kanalbau beschrieben worden ist. Thomson erhielt Unterricht durch seinen Vater; 1827 ging er als Vermessungsgehilfe zur staatlichen Philadelphia and Columbia Railroad. 1830 wechselte er als Erster Ingenieurassistent zur Camden and Amboy Railroad. Kurzzeitig war er dort als Chefingenieur tätig; in den Jahren zwischen 1831 und 1834 findet man ihn dann in zahlreichen Projekten in der Nähe von Philadelphia.

1834 berief die gerade gegründete Georgia Railroad Thomson als Chefingenieur. In den folgenden 13 Jahren errichtete und betrieb er ein Eisenbahnnetz, das 1845 schon 275 Kilometer umfasste und damit das größte einer einzelnen Firma in den Vereinigten Staaten war. Thomson gelang eine erfolgreiche Expansionspolitik, indem er weitere Linien erwarb – bis nach Savannah, Georgia; Charleston, South Carolina; Montgomery, Alabama und Memphis, Tennessee. 1847 wechselte Thomson als Chefingenieur zur Pennsylvania Railroad, deren Gründung im Jahr zuvor die Konkurrenzfähigkeit Philadelphias gegenüber New York verbessern sollte. 1852 erklomm er die Position des Präsidenten des Unternehmens, die er bis zu seinem Tod 1874 innehatte. Zwischen 1852 und 1874 wuchs das Netz der Pennsylvania Railroad von 390 auf 9.600 Kilometer. In der gleichen Zeit erhöhte sich das Kapital der Gesellschaft von 13 auf 150 Millionen Dollar.

Thomsons größte technische Leistung bestand im Bau der berühmten Horseshoe-Strecke im Westen von Altoona, Pennsylvania, die 1853 vollendet wurde. Die Horseshoe-Strecke bildete mit ihrer sanften Steigung von gerade 1,8 Prozent das entscheidende Glied einer längeren Verbindung über die Alleghenies und die Appalachen, die 1854 einen Engpass zwischen Philadelphia an der Küste und Pittsburgh im Landesinneren beseitigte. Mit dieser Strecke nahm die Pennsylvania Railroad bei der Erschließung des Westens den Konkurrenzkampf mit dem vom Staate New York gebauten Erie-Kanal auf. Um 1870 herum gelang es Thomson, das Eisenbahnnetz bis nach New York City, Albany, Lake Erie, Fort Wayne, Chicago, Cincinnati, Indianapolis, St. Louis und Washington DC zu erweitern. Im Unterschied zu typischen Eisenbahnspekulanten wie Cornelius Vanderbilt und Jay Gould blieb Thomson in erster Linie Ingenieur. Von Habgier frei, erwarb er keine großen Anteile an der Pennsylvania Railroad. Als „erster Diener" seines Eisenbahnreiches repräsentierte Thomson den Typ des Managers und Errichters großtechnischer Systeme. Er zeichnete für eine beispiellose und kontinuierliche Gewinnserie verantwortlich – ohne Skandale oder finanzielle Unregelmäßigkeiten. Unter seiner Leitung wurde die Pennsylvania Railroad zum größten amerikanischen Unternehmen und zur größten Transportgesellschaft der Welt. Zu Thomsons Stärken gehörten Kostenbewusstsein, Qualitätsdenken und Innovationsfähigkeit. Die ständig komplexer werdende Führung der Firma behandelte er wie eine technische Aufgabe. Dabei kamen überlegene organisatorische Lösungen zustande, die ihrer Zeit voraus waren und die Entwicklung der amerikanischen Großindustrie nach 1880 vorwegnahmen. Als das Fortune Magazine 1975 Thomson als einen der Ersten für die neu eingerichtete „Ruhmeshalle der Wirtschaft" auswählte, ehrte es damit nicht nur einen großen Geschäftsmann, sondern auch einen hervorragenden Ingenieurmanager. Dies war genau die Kombination, die Thomsons Erfolg beim Aufbau des größten Eisenbahnsystems seiner Zeit begründete.

Wenn es einen Maschinenbauer gibt, der die amerikanische Shop Culture repräsentiert, dann ist dies der Werkzeugmaschinenfabrikant William Sellers. 1824 in einer wohlhabenden und technisch orientierten Quäkerfamilie in Philadelphia geboren, wurde Sellers zuerst an einer von seiner Familie unterstützten Privatschule erzogen. Im Alter von 14 begann er seine

Lehre in der Maschinenwerkstatt eines Onkels in Wilmington, Delaware. Mit 21 übernahm er dann eine Leitungsposition in einem anderen Maschinenbaubetrieb in Providence, Rhode Island, der ebenfalls im Besitz von Familienangehörigen war. 1847 nach Philadelphia zurückgekehrt, baute er zusammen mit seinem Verwandten und früherem Chef Edward Bancroft ein eigenes Unternehmen auf, die Firma Bancroft & Sellers. Seit 1855 führte das Unternehmen den Namen Williams Sellers & Co. Ihr mit hervorragenden Beziehungen ausgestatteter Besitzer schickte sich an, einer der führenden Innovatoren und Industriellen im amerikanischen Maschinenbau zu werden.

J. Edgar Thomson mit leitenden Ingenieuren der Pennsylvania Railroad

Jetzt war es an Sellers, die nächste Generation Maschinenbauer auszubilden. Unter seinen Schülern finden sich zwei Verwandte, Coleman Sellers, der es bis zum Ingenieurprofessor brachte, sowie J. Sellers Bancroft, der später einen eigenen Betrieb gründete; außerdem gehörte Frederick Winslow Taylor zur Gruppe, ein Nachbarssohn, der später als Begründer der Wissenschaftlichen Betriebsführung (Scientific Management) und der Zeitstudien Geschichte schrieb. Sellers setzte sich in besonderer Weise für Taylor ein, empfahl ihn als Manager bei den Midvale Steel Works und unterstützte seine systematischen Versuche zur spanenden Bearbeitung von Metallen, die auf eine Rationalisierung der Fertigung zielten.

1854 erhielt der außerordentlich begabte Erfinder, Ingenieur und Unternehmer, der Sellers war, sein erstes Patent für eine Verbesserung an einer Drehmaschine. Am Ende seines Lebens war er im Besitz von 90 Patenten. In den späten 1860er Jahren gründete Sellers die Edgemoor Iron

William Sellers (1824–1905)

159

Company, die sich zum größten Hersteller von Brückenbauprofilen im ganzen Land entwickelte. In zahlreichen Unternehmen bekleidete er Aufsichtsratsmandate, darunter eines bei Thomsons Pennsylvania Railroad. Vielfach geehrt und ausgezeichnet, wurde Sellers 1864 zum Präsidenten des Franklin Institute gewählt, 1868 zum Kurator der University of Pennsylvania und schließlich 1873 zum Mitglied der National Academy of Sciences. Als er starb, pries ihn das Franklin Institute als „größten Werkzeugmaschinenbauer seiner Zeit".

Sellers ist in unserem Zusammenhang von Bedeutung, weil er den vornehmen, in der Werkstatt ausgebildeten Ingenieurunternehmer repräsentiert, den man im amerikanischen Maschinenbau bis gegen Ende des 19. Jahrhunderts finden kann. Darüber hinaus ist er von Bedeutung, weil er maßgeblich an der Herausbildung eines spezifisch amerikanischen Technikstils mitwirkte, der die Vereinigten Staaten genau in jener Zeit zur Brutstätte technischer Innovationen machte, in der Großbritannien hinter die internationale Konkurrenz zurückfiel. Verdeutlichen lässt sich dies an Sellers' Aktivitäten, die zur Durchsetzung eines einheitlichen Schraubengewindes in den USA führten.

Bis in die 1860er Jahre gab es in den USA eine chaotische Vielfalt von Schraubengewinden – und dies in einer Zeit, als britische Ingenieure und Unternehmer sich mit den durch Joseph Whitworth standardisierten Schraubengewinden anzufreunden begannen. Die in den USA bestehende Anarchie zeigte ihre Schwächen insbesondere während des Bürgerkriegs, als der Ruf nach Massenproduktion und schnellen Reparaturen vor Ort immer lauter wurde. Weil das von Whitworth entwickelte System bereits eine Reihe von Anhängern besaß, bot es sich als Standardgewinde an. In dieser Situation rief Sellers 1864 eine Zusammenkunft im Franklin Institute ein, auf welcher er dagegen ein von ihm selbst entworfenes System vorschlug. Zwar gab es keine einleuchtenden technischen Gründe für die Ablehnung des Whitworth-Gewindes – unter dem funktionalen Gesichtspunkt der Festigkeit unterschieden sich die vorgeschlagenen

Standards wenig –, doch Sellers führte überzeugende ökonomische, organisatorische und kulturelle Argumente ins Feld. Die Steigung von 55 Grad beim Whitworth-Gewinde war mit einfachen Instrumenten schwer zu messen und seine abgerundeten Formen waren nur kompliziert und teuer zu fertigen. Dies fiel besonders im amerikanischen Maschinenbau ins Gewicht, wo häufig primitive Bedingungen vorherrschten und eine Knappheit an qualifizierten Facharbeitern herrschte. Das von Sellers vorgeschlagene Schraubensystem mit einer 60-Grad-Steigung und abgeflachten Form war leichter und mit einfacheren Messwerkzeugen zu überprüfen, bereitete gering qualifizierten Arbeitern weniger Schwierigkeiten und war auf den von ihm und anderen Herstellern produzierten Einzweckwerkzeugmaschinen billiger herzustellen.

Die Crux dabei bildete die Knappheit an qualifizierten Arbeitern in den Vereinigten Staaten und die dadurch entstehenden hohen Kosten. Das riesige zu erschließende Land und die rauen naturräumlichen Verhältnisse verlangten nach technischen Lösungen, die einfach, kostensparend und zuverlässig waren. Maschinenteile sollten nach Möglichkeit auf weitgehend automatisierten Einzweckwerkzeugmaschinen hergestellt werden, die durch angelernte Arbeitskräfte zu bedienen waren. Diese Konstellation stimulierte nicht nur die Standardisierung von Schraubengewinden, sondern förderte ganz allgemein Tendenzen der Standardisierung und Massenproduktion. Sellers war als Konstrukteur und Hersteller von Einzweckwerkzeugmaschinen eine treibende Kraft bei dieser Entwicklung. Er tat alles, was in seiner Macht stand, um die Fertigung im amerikanischen Maschinenbau zu standardisieren und zu rationalisieren.

Ein Schraubengewinde vorzuschlagen, das den amerikanischen Verhältnissen entsprach, wie dies Sellers getan hatte, war eine Sache. Es durchzusetzen, eine andere. Das Problem bestand weniger darin, unter rein funktionalen Gesichtspunkten die beste Lösung zu finden, sondern es ging um Politik, Werbung und um Überzeugung. In dieser Hinsicht befand sich Sellers als

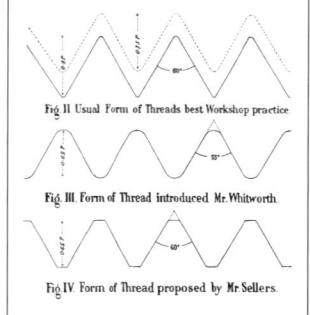

Das von Sellers 1864 vorgeschlagene Gewinde sowie das Whitworth-Gewinde

anerkannter Ingenieur und einflussreicher Geschäftsmann in einer hervorragenden Position. Nicht nur seine Firma, sondern auch eine Reihe von Herstellern aus Philadelphia hatte sich bereits für sein System entschieden. Dies war eine gute Ausgangsbasis, denn die Stadt bildete das Zentrum des amerikanischen Werkzeugmaschinen- und Schwermaschinenbaus. Sellers' Triumphkarte war jedoch seine Stellung als Präsident des Franklin Institute.

Das Franklin Institute entstand 1824, im gleichen Jahr wie das New Yorker Rensselaer Institute. Ursprünglich bildete es ein Element der aus Großbritannien kommenden Industrieschulbewegung (mechanics' institute movement), die die utilitaristischen Ziele der Aufklärung umsetzen und die Ausbildung von Handwerkern, Lehrlingen und Arbeitern verbessern wollte. Das Rensselaer und das Franklin Institute waren aber nur erfolgreich, weil sie eine spezielle Aufgabe jenseits der diffusen Mission der Industrieschulbewegung fanden. Während sich Rensselaer zu einer Ingenieurschule entwickelte, wurde das Franklin Institute zur ersten Ingenieurvereinigung des Landes, allerdings noch ohne berufspolitische Zielsetzungen. Dem Zeitgeist entsprechend, ging es den Ingenieuren im Franklin Institute allgemeiner um öffentliche Aufgaben, während die

Ingenieurvereine später berufliche Ziele verfolgten. Die Mitglieder des Franklin Institute beschäftigten sich mit der wirtschaftlichen Entwicklung, engagierten sich im Unterrichtswesen und führten zahlreiche technische Untersuchungen durch, von denen die über die Ursachen der Dampfkesselexplosionen das größte Aufsehen erregten. Die erstmals 1826 publizierte Zeitschrift des Instituts erfreut sich bis heute höchster Anerkennung.

In den 1860er Jahren war das Franklin Institute, ähnlich anderen Honoratiorenvereinen, fest in der Hand der technisch-industriellen Elite Philadelphias. Neben Sellers, damals der wichtigste Werkzeugmaschinenbauer in den USA, gehörten auch alle anderen führenden Unternehmen zum Institut. Die Liste der Vorstandsmitglieder liest sich wie ein Who's who der Maschinenbauindustrie. Es kann nicht überraschen, dass der Vorstand unermüdlich das Sellers-Gewinde – auch Franklin Institute-Gewinde genannt – propagierte und damit bald Erfolge einfuhr. 1868 empfahl die amerikanische Marine in einer Untersuchung das Sellers-Gewinde und führte es im gleichen Jahr ein. Anders als in der Navy verbreitete sich das Gewinde in der Privatindustrie auf dem Wege freiwilliger Zustimmung und durch freiwillige Übereinkünfte von Unternehmern

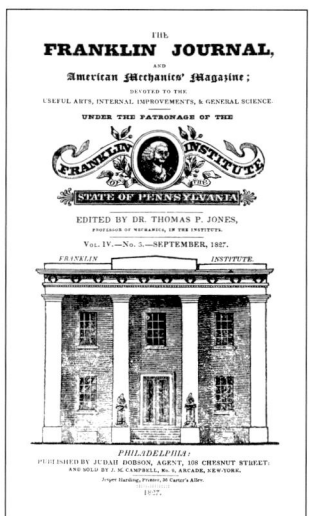

Titelblatt des Franklin Journal, 1827

Wm. Sellers & Co.

und Managern. Allgemein verbindliche Regelungen hingegen gab es nicht. Zunächst verbreitete sich die Norm entlang der Ostküste. In den späten 1860er Jahren hatten sie zahlreiche Betriebe in den Neuengland-Staaten eingeführt. 1869 folgte die Pennsylvania Railroad. Gegen Jahrhundertende war das Sellers-Gewinde de facto zum nationalen Standard geworden.

Die Geschichte von William Sellers und sein Beitrag zur Einführung eines Einheitsgewindes in den Vereinigten Staaten ist unter zwei Gesichtspunkten von Interesse. Zum einen beleuchtet sie die Anfänge der amerikanischen Massenproduktion, eine der großen technisch-ökonomischen Stärken des Landes, mit welcher es sich mehr und mehr von Großbritannien absetzen konnte. Zum anderen verweist sie aber auch auf historische Entwicklungen, die unter abweichenden Bedingungen möglicherweise einen anderen Verlauf genommen hätten. So wurde die Einführung der Standardisierung von einer in der Werkstattpraxis ausgebildeten Unternehmerelite bestimmt, nicht von Vertretern einer an Schulen ausgebildeten wissenschaftsorientierten Ingenieurberufsgruppe, die in den 1880er und 1890er Jahren die Bühne betrat. Ein ähnliches Muster wie bei der Durchsetzung des Schrauben-Standards zeigte sich auch in der Debatte um die Einführung des metrischen Systems, das bei den wissenschaftsorientierten Ingenieuren größere Unterstützung fand als bei den Ingenieurunternehmern. Jedoch konnten sich die Parteigänger des metrischen Systems gegenüber den Ingenieurunternehmern nicht durchsetzen, für welche die existierende Ausstattung der Unternehmen und die zur Verfügung stehende Arbeiterschaft ein größeres Gewicht besaß als der Charme eines Systems, das sich erst in einem langen Zeitraum und aus verständlichen Gründen als globaler Standard etablierte. Auch als sich in den Jahrzehnten vor Ausbruch des Ersten Weltkrieges eine neue Konstellation an Stelle der alten Shop Culture durchsetzte, stand es nie in Frage, dass an die Spitze der Berufsgruppe Ingenieure gehörten, die gleichzeitig Unternehmer und Kapitaleigner waren.

Prometheus in Ketten: Die Ingenieure und die Industrieorganisation 1880–1945

Das Ingenieurwesen in einem sich wandelnden Umfeld

Zwischen 1880 und 1945 erlebte der Ingenieurberuf in den Vereinigten Staaten und in Großbritannien eine grundsätzliche Umgestaltung. Seit dem 18. Jahrhundert standen in den Vereinigten Staaten individualistisch geprägte Ingenieurbilder im Vordergrund, wie jenes der heroischen Einzelpersönlichkeit, des selbstbewussten Ingenieurunternehmers, des stolzen leitenden Eisenbahningenieurs und des unabhängigen Beratenden Ingenieurs – doch all dies hatte bald nur noch historischen Wert. Als Konsequenz strebten die Ingenieure in den USA einen beruflichen Status an, der dem der Anwälte und Ärzte vergleichbar war. Tatsächlich wurden sie jedoch anonyme Angestellte und Manager in der kapitalistischen Großindustrie, die den größten Teil der Ingenieure aufnahm. Im Unterschied hierzu gab es in Großbritannien mehr kleine und mittlere Unternehmen, die ihre handwerklichen Wurzeln nicht verleugnen konnten. Nach dem Höhepunkt der Londoner Weltausstellung 1851 litten die britischen Ingenieure unter der Wiederbelebung eines in den Mittel- und Oberschichten verbreiteten Wertesystems, welches der Ingenieurwelt nur wenig Achtung entgegenbrachte. Das britische Ingenieurwesen vollzog den Übergang zur universitären Ingenieurausbildung nur zögerlich und in begrenztem Umfang. Das bedeutete, dass sich die britischen Ingenieure nur graduell von Technikern, Handarbeitern und Facharbeitern unterschieden. Sie wurden zu Angestellten mit geringen Aussichten, ins Management aufzusteigen. Ihre gesellschaftliche Stellung blieb unbestimmt.

In den Vereinigten Staaten arbeitete der typische Ingenieur in Großunternehmen. 1925 waren etwa 75 Prozent der amerikanischen Ingenieure Angestellte. 1965 war der Anteil der Angestellten gar auf 95 Prozent gestiegen. Im Unterschied zu ihren britischen Kollegen gelang aber nicht wenigen amerikanischen Ingenieuren der Sprung ins Management. Ihre Ausbildung an Universitäten hob sie von Technikern und Ingenieuren ab, die sich ihre Kenntnisse ausschließlich in der Werkstatt erworben hatten, ohne dass sich beide Gruppen völlig separierten. In den 1920er Jahren arbeiteten von den mindestens 15 Jahre im Beruf stehenden amerikanischen Hochschulingenieuren über 60 Prozent als Manager und nicht mehr in rein technischen Positionen.

Außerdem beförderten die entstehenden Großunternehmen einen weiteren Wandel des Ingenieurberufs. Dieser umfasste nicht mehr eine kleine Elite von Bau-, Bergbau- und Maschinenbauingenieuren, sondern einen vielfach untergliederten und spezialisierten Massenberuf. Am ehesten entsprachen noch die Verfahrenstechniker und Elektrotechniker den alten Vorstellungen von einem Ingenieur. In den Vereinigten Staaten wurden die Elektrotechniker zur größten Untergruppe des Ingenieurwesens, womit sie in mancherlei Hinsicht als Beispiel für die gesamte Berufsgruppe dienen können. Während in Großbritannien die Zahl der Ingenieure nur geringfügig anstieg, explodierte sie in den Vereinigten Staaten geradezu. Von etwa 7.000 um 1880 erhöhte sie sich über 40.000 (1900), 130.000 (1920) bis auf

Das River Rouge-Werk von Ford in der Nähe von Detroit, 1947

300.000 (1940), um schließlich 1950 eine halbe Million zu überschreiten. Gleichzeitig stieg das Qualifikationsniveau in der amerikanischen Wirtschaft an: Zwischen 1900 und 1960 wuchs der Anteil der Ingenieure unter den gesamten Beschäftigten auf fast das Zehnfache; 1900 kamen auf 10.000 Beschäftigte 13 Ingenieure, 1960 waren es 128.

Es kann nicht verwundern, dass das existierende System der Ingenieurausbildung diesem Ansturm nicht gewachsen war. Außerdem entsprach es nicht der tatsächlichen oder erwarteten Nachfrage nach größerer Wissenschaftlichkeit. Hieraus resultierten gravierende Veränderungen der Ingenieurausbildung in den

Rensselaer Polytechnic Institute, 1864–1904

163

letzten Jahrzehnten des 19. Jahrhunderts. Seit den 1870er Jahren bestand der neue Trend darin, Ingenieure in Unterrichtsstätten auszubilden – in Ergänzung und zunehmend an Stelle des traditionellen Lehrsystems, welches über lange Zeit insbesondere den Maschinenbau bestimmt hatte.

Nicht wenige amerikanische Bauingenieure hatten schon seit dem frühen 19. Jahrhundert Ingenieurschulen besucht; jetzt wurde die schulische Ausbildung zur Norm. Dies galt für die neuen Berufsfelder der Verfahrenstechniker und Elektroingenieure, die enge Verbindungen mit den Naturwissenschaften besaßen, aber nicht in der Tradition des Lehrsystems und der Shop Culture standen. Die Maschinenbauer waren vielleicht diejenigen, die am langsamsten auf die Ausbildung an Ingenieurschulen umstellten, aber auch sie eigneten sich mehr und mehr einen wissenschaftlichen Habitus an. Die Zahl der Ingenieurausbildungsstätten in den Vereinigten Staaten wuchs von weniger als zehn vor dem Bürgerkrieg über mehr als 85 (1880) und 135 (1930) auf 180 im Jahre 1945. Die Zahl der Absolventen mit dem akademischen Grad eines Bachelor of Science erhöhte sich von etwa 100 im Jahre 1870 auf fast 42.000 im Jahre 1945. Auch in Großbritannien ging die Entwicklung in die gleiche Richtung, wenn auch viel zögerlicher.

Die im Zuge der Hochindustrialisierung wachsende Zahl der Ingenieure und der in den Jahrzehnten nach dem Bürgerkrieg deutlichere Konturen gewinnende Nationalstaat führten dazu, dass sich die amerikanischen Ingenieure schließlich auf nationaler Ebene mit Berufsfragen beschäftigten. Zwar gab es schon lange vor den 1880er Jahren eine Reihe lokaler und regionaler Ingenieurvereine. Die Bauingenieure hatten sich bereits 1852 in der American Society of Civil Engineers (ASCE) zusammengefunden, aber erst nach einer Reorganisation im Jahre 1867 gewannen sie an Bedeutung. Das 1871 gegründete American Institute of Mining Engineers (AIME) stand in enger Verbindung mit den wirtschaftlichen Interessen des Bergbaus. Jedoch hatten weder die ASCE noch das AIME dem typischen Industrieingenieur viel zu bieten. Die ASCE dürfte den meisten Ingenieuren zu exklusiv gewesen sein, beim AIME handelte es sich de facto um eine Vereinigung der Zechenbesitzer. Es dauerte bis in die 1880er Jahre, bis sich Ingenieurvereine im eigentlichen Sinn bildeten. Die beiden bedeutendsten waren die 1880 gegründete American Society of Mechanical Engineers (ASME) sowie das American Institute of Electrical Engineers (AIEE). Die beiden Vereine standen mit den neuen Gruppen der angestellten Ingenieure in engerer Verbindung als ihre Vorgängerinstitutionen.

Angestellte Ingenieure im Dienst von Großunternehmen, die Umwandlung einer technischen Elite in einen Massenberuf, der von einer Verwissenschaftlichung der Technik begleitete Aufstieg der Schulkultur, das Erscheinen von Ingenieurvereinen eines neuen Typs – all dies zusammen markiert einen Umbruch in der Geschichte des Ingenieurberufs, der sich in den 1880er Jahren in den Vereinigten Staaten vollzog. Für die große Mehrheit der Ingenieure bestand die entscheidende Frage darin, wie sie sich in die neuen Organisationsstrukturen der Großunternehmen einpassen sollten. Bis zum Ende des Zweiten Weltkriegs blieb dies auf der Agenda der Berufsgruppe die zentrale Frage.

Noch in anderer Hinsicht bildete der Zweite Weltkrieg eine Epochenwende. In der Zeit davor bestimmte die Privatindustrie, weniger die öffentliche Hand den Alltag der Ingenieure. Nach dem Krieg gesellte sich die Regierungsadministration, die während des Ersten und vor allem im Zweiten Weltkrieg ihren Einfluss ausgedehnt hatte, als zweiter Player zu den Großunternehmen. Eine wachsende Zahl amerikanischer Ingenieure arbeitete nun direkt oder indirekt für die Regierung. Der sichtbarste, wenn auch nicht der einzige Ausdruck dieser neuen Konstellation war der Aufstieg des militärisch-industriellen Komplexes. In der Nachkriegszeit wurden nun die organisatorischen Strukturen und die Mobilisierung von Wissenschaft und Technik – also jene Faktoren, die im Krieg zum Sieg der Alliierten geführt hatten – auf Dauer gestellt. Insbesondere die Ingenieure profitierten von dieser Konstellation, in deren Gefolge sich nicht nur die Einkommen erhöhten, sondern auch der Technikentwicklung erweiterte Möglichkeiten eröffnet wurden.

Veränderungen in der Ingenieurausbildung

Hinter der Vermehrung der Ingenieurschulen im letzten Viertel des 19. Jahrhunderts standen zahlreiche Gründe. In Großbritannien waren einer davon die anschwellenden öffentlichen Klagen über mangelnde Wettbewerbsfähigkeit mit Deutschland und den Vereinigten Staaten. Hinzu kamen lokale und private Initiativen in London und in anderen Städten, Bemühungen einzelner technischer Lehrkräfte sowie eine mäßige finanzielle Unterstützung durch die Regierung als Folge des Technical Instruction Act von 1889. All dies zusammen ließ das Land einen neuen Weg einschlagen. Am Vorabend des Ersten Weltkrieges wurde das traditionelle Lehrsystem durch eine schulische Ingenieurausbildung erweitert. Das mündete in das so genannte Sandwich-System mit alternierend in der Arbeitspraxis und an Schulen verbrachten Zeiten. Damals belief sich die Gesamtzahl der britischen Ingenieurschulstudenten auf 1.500 bis 2.000.

Der Erste Weltkrieg führte die Notwendigkeit von mehr und besser ausgebildeten Ingenieuren klar vor Augen. Danach systematisierte die britische Regierung die Kombination von Lernen im Betrieb und Teilzeitunterricht an Schulen, indem sie als Abschlüsse das Higher National Certificate (HNC) und das Ordinary National Certificate (ONC) schuf. Die Ingenieurvereine begannen diese Abschlüsse als Voraussetzung für die Mitgliedschaft zu akzeptieren. Darüber hinaus expandierte die Ausbildung an Ingenieurschulen in der Zwischenkriegszeit langsam. Ihr Einfluss auf den britischen Ingenieurberuf sollte jedoch nicht überschätzt werden. Lehrverhältnisse, Teilzeitunterricht und eine Rekrutierung aus der Facharbeiterschaft waren weiterhin verbreitet.

In den Vereinigten Staaten markierte der Morrill Act von 1862 den Beginn eines Booms der schulischen Ingenieurausbildung. Der Morrill Act stellte den einzelnen Staaten dem Bundesstaat gehörendes Land zur Verfügung, dessen Erträge für die Ingenieurausbildung verwendet werden sollten. Die Staaten nahmen die Gelegenheit gerne wahr, selbst wenn sie noch über keine genaue Vorstellung verfügten, wie die Ingenieurstudiengänge am besten zu organisieren seien. Das Massachusetts Institute of Technology (MIT) war schon 1861, also vor dem Morrill Act, gegründet worden und richtete 1865 eine School of Industrial Science ein. Das Sibley College of Engineering der Cornell University datiert von 1868. Das Stevens Institute of Technology wurde 1870 ins Leben gerufen, im selben Jahr, in dem die University of Wisconsin ihren ersten Ingenieurstudiengang einrichtete. Die 1869 formell eingerichtete Purdue University öffnete ihre Tore 1874 mit einer Reihe von Ingenieurstudiengängen. 1880 folgte die Case School of Engineering, weitere Schulen und Studiengänge entstanden in den Jahren danach. Insgesamt lassen sich die beiden Jahrzehnte nach dem Morrill Act als eine Zeit des tastenden Experimentierens charakterisieren, das recht unterschiedliche Ergebnisse erbrachte. Im zweiten Jahrzehnt des 20. Jahrhunderts bildete die Ausbildung an einem Ingenieurcollege den wichtigsten Weg in den Ingenieurberuf.

Vor allem aufgrund der Initiativen des Maschinenbauprofessors Robert Thurston und gleichgesinnter Kollegen entwickelte sich in den Vereinigten Staaten ein als „School Culture" bezeichnetes System des Maschinenbaustudiums, das letztlich mit Erfolg die von der Industrie nachgefragte große Anzahl von Ingenieuren hervorbrachte. Im Unterschied zum informellen und praktischen Ausbildungssystem der „Shop Culture" basierte das neue System auf formalisierten Anforderungen, theoretischer Unterrichtung und akademischen Zeugnissen. Thurston hatte als Lehrer an der Marineakademie gearbeitet, unterrichtete dann zwischen 1871 und 1885 am Stevens Institute, ehe er zum Direktor

Robert H. Thurston (1838–1903)

165

*Die erste Generation
von Professoren des Stevens
Institute of Technology*

des Sibley College der Cornell University berufen wurde. Thurston lehnte für die Ingenieure sowohl das traditionelle Lehrsystem wie die übliche allgemeine Schulbildung ab. Stattdessen trat er entschieden für eine auf die Anforderungen des Berufs zugeschnittene spezialistische Ingenieurausbildung ein, die auf einem soliden theoretischen Fundament aus höherer Mathematik und Physik sowie Fächern wie Thermodynamik und Festigkeitslehre aufbauen sollte. Sein Vorbild fand er auf dem europäischen Kontinent: in den deutschen Technischen Hochschulen und den französischen Grandes Écoles.

An den amerikanischen Ingenieurschulen der 1880er und 1890er Jahre wies der Trend in Richtung Wissenschaften, Theorie und formale Nachweise. Nicht anders als in Europa barg dies die Gefahr, die praktischen Anforderungen der Industrie zu verfehlen. Für viele Ingenieurprofessoren und die meisten Studenten bildete die Wissenschaft den Schlüssel, um den Status der Ingenieurberufsgruppe zu fixieren und zu erhöhen. Gewissermaßen war dies eine Kompensation für die geschrumpften Möglichkeiten, ein selbständiger Ingenieurunternehmer zu werden. Die wissenschaftliche Ausbildung hob die Ingenieure aus der Masse der Arbeiter und Angestellten heraus und eröffnete der wachsenden Zahl der aus den unteren Mittelschichten stammenden Studierenden eine Möglichkeit sozialen Aufstiegs.

Thurston vertrat seine Sache in meisterhafter Weise in der Öffentlichkeit. Insbesondere vermied er es, die industriellen Führungskräfte zu verschrecken, welche vielfach selbst aus der Shop Culture hervorgegangen waren. Seine Bemühungen, den Ingenieuren industrielle Denkweisen

nahe zu bringen und seine Kontakte zu Verantwortlichen aus der Industrie besänftigten das Misstrauen gegenüber den von den Colleges kommenden Ingenieuren. Nur wenige der Kollegen und Nachfolger Thurstons waren jedoch so geschickt und umsichtig. Indem sie das traditionelle Lehrsystem abwerteten und sich über die Shop Culture lustig machten, gerieten diese Vertreter der Ingenieurwissenschaft mit den Ingenieurpraktikern und Arbeitgebern aneinander. Nicht selten beklagten sich diese über die mangelhafte Qualifikation der von den Ingenieurschulen kommenden Absolventen. Die Auseinandersetzungen zogen sich über Jahre hin und endeten mit einer gegenseitigen Annäherung. Mit der Zeit fanden sich die Ingenieurpraktiker und Arbeitgeber damit ab, dass es bei der wachsenden Zahl der Ingenieure keine realistische Alternative zur schulischen Ausbildung gab. Auf der anderen Seite gewöhnten sich die Ingenieurprofessoren daran, die Wünsche und Ansichten der Industrie zu berücksichtigen – nicht zuletzt mit dem Ziel, die Karrierechancen ihrer Studenten zu verbessern.

Die pragmatische Suche nach Kompromissen zeigte sich auch in einer Umorientierung der Society for the Promotion of Engineering Education (SPEE), in welcher sich die amerikanischen Ingenieurprofessoren 1893 zusammengeschlossen hatten. Die SPEE wandte sich nun vermehrt der Frage zu, wie die Kluft zwischen Theorie und Praxis, zwischen Schule und Industrie am besten zu überbrücken sei. In der Entwicklung der Ingenieurausbildung schlug sich dies in einem ständigen Wechsel zwischen mehr theoretischen, forschungsorientierten und mehr praxisorientierten Curricula nieder. Im Maschinenbau zum Beispiel folgte auf die anfängliche Begeisterung für die reine Theorie eine bis in die späten 1870er Jahre zurückreichende Phase der Gründung von Forschungslaboratorien, welche auch der Durchführung von Industrieaufträgen dienten. In den 1890er Jahren wurden in die Studiengänge des Maschinenbaus wieder Werkstattunterricht sowie geistes- und sozialwissenschaftliche Veranstaltungen

*Zeichnen nach den Regeln
der darstellenden Geometrie*

aufgenommen. Daneben experimentierten die Ingenieurschulen mit Kooperationsmodellen, bei denen die Studenten zwischen der Industrie und der Schule hin und her wechselten.

Auch in der Elektrotechnik wechselten Phasen einer mehr theoretischen sowie einer mehr praktischen Orientierung. In den Anfängen von Telegraphie und Elektrotechnik ähnelte die Ausbildung der Shop Culture des Maschinenbaus. Hieraus gingen Industriepioniere wie Alexander Graham Bell und Thomas Alva Edison hervor. Daran schloss sich in den 1880er Jahren eine stark theoretische Gegenbewegung an; die ersten elektrotechnischen Curricula waren sehr mathematisch orientiert und standen in engem Zusammenhang mit den physikalischen Abteilungen. Ihr Ziel war es, Elektrotechniker zu wissenschaftlich erstklassigen Konstrukteuren auszubilden. Diese bis etwa 1905 dauernde Phase verkörperten brillante Forscher und Professoren wie der in Deutschland geborene und ausgebildete Charles Steinmetz, der aus England stammende Arthur Kennelly sowie der in Ungarn geborene Michael Pupin.

In der nächsten Phase, die mit der Konsolidierung der Starkstromtechnik und dem Namen von Dugald C. Jackson verbunden ist, wurde das Curriculum mehr den Berufsbedingungen in der Elektroindustrie angepasst. Jackson, einer der einflussreichsten Ingenieurprofessoren des frühen 20. Jahrhunderts, der zuerst an der University of Wisconsin und dann als Dekan am MIT wirkte, entwarf ein Curriculum, aus dem die zukünftigen Führer der Industrie – und darüber hinaus der ganzen Nation – hervorgehen sollten. Jackson wollte nicht den unersättlichen Appetit der Industrie nach unteren und mittleren technischen Angestellten für die Konstruktionsbüros und Entwicklungsabteilungen stillen. Er wollte vielmehr die Ingenieure vor einem Schicksal bewahren, das für Ingenieurabsolventen mehr und mehr zur Normalität wurde: anonyme Verwaltungsarbeit und wenig qualifizierte Angestelltenverhältnisse ohne Aussicht auf weiteres Fortkommen. Hierfür integrierte er in das Curriculum einen nicht unbeträchtlichen

Anteil an Sozial- und Wirtschaftswissenschaften, an praxisorientierter Forschung und Managerausbildung und beschränkte gleichzeitig Naturwissenschaften und Mathematik auf die ersten zwei Jahre.

Zwischen 1907 und den 1930er Jahren steckte Jackson viel Energie in die Einrichtung eines kooperativen Studiengangs von MIT und General Electric, der sechs Jahre dauerte statt der üblichen vier und einen mehrmaligen Wechsel zwischen Universität und industrieller Praxis vorsah. In gewisser Hinsicht handelte es sich hierbei um einen Versuch, unter den großbetrieblichen Bedingungen des 20. Jahrhunderts ein Äquivalent zur elitären Ausbildung der zukünftigen Ingenieurunternehmer im Rahmen der Shop Culture des 19. Jahrhunderts zu schaffen. Jackson führte dazu selbst im Jahre 1907

Das Augustus Lowell Laboratory für Elektrotechnik am MIT, um 1910

Thomas Alva Edison (1847–1931) und Charles Steinmetz (1865–1923)

Dugald C. Jackson (1865–1961)

Gruppenbild aus der Forschungsabteilung bei General Electric vor dem Ersten Weltkrieg. Nr. 5 ist Edna May Best, die erste Chemikerin des Konzerns

Radarentwicklung am MIT während des Zweiten Weltkriegs

Legitimierung der amerikanischen Großindustrie durch Charles Sheeler: American Landscape, 1930; auf dem Bild ist Fords River Rouge-Werk zu sehen

aus, dass sein Ziel darin bestand, Männer mit Visionen und besserer Ausbildung „… für die höchsten Positionen" zu formen und keine „besseren 2.000- bis 3.000-Dollar-Leute". Kurzum: die zukünftige Elite des Ingenieurwesens.

Jacksons Bemühungen, eine neue Managerelite für die Nation zu erziehen, waren nur teilweise von Erfolg gekrönt. Die in der Elektrotechnik tonangebende Bewegung konnte ihr Ziel, eher Manageringenieure als spezialisierte Forscher auszubilden, in den Jahrzehnten vor dem Ersten Weltkrieg durchsetzen – ungeachtet der energischen Kritik von Seiten der Verteidiger einer wissenschaftlichen und forschungsorientierten Ingenieurausbildung, unter denen die deutschen Einwanderer Charles Steinmetz und Bernhard Behrendt eine maßgebliche Rolle spielten. In den 1920er Jahren flammte diese Kritik wieder auf – vorgetragen unter anderem von Robert Millikan, führender Physiker und Professor am California Institute of Technology, und William Wickenden, In-

genieurprofessor und Präsident der Case School of Applied Science. Wickenden, der seine akademische Karriere als Mitarbeiter Jacksons am MIT im Jahr 1909 begonnen hatte, konstatierte in seinem 1930 veröffentlichten Bericht über den Zustand der amerikanischen Ingenieurausbildung, dass sich das Pendel zu weit in eine Richtung bewegt habe. Er war der Meinung, dass der wirtschaftlichen Orientierung, die in den Curricula dominierte („commercial engineering"), die wissenschaftlichen Grundlagen geopfert worden seien. Das Resultat: Die aus der Ausbildung hervorgehenden Ingenieure seien für die Forschung nicht mehr geeignet.

Ansichten wie die von Millikan und Wickenden fanden in den 1930er Jahren zunehmende Verbreitung, zum Beispiel unter Funktechnikern und in der kleinen, aber wachsenden Gruppe jüngerer Ingenieure und Wissenschaftler, die auf dem neuen Feld der Elektronik tätig waren. Einer der führenden Forscher auf diesem Gebiet, Frederick Terman, Professor an der Stanford University, war ein profilierter Vertreter der Befürworter von Unterrichtsreformen und einer größeren Forschungsorientierung. Um 1940 hatte sich diese Ansicht weitgehend durchgesetzt. Es dauerte allerdings bis nach dem Zweiten Weltkrieg, bis sich die neue Begeisterung für höhere Mathematik, Physik und Forschung in dem elektrotechnischen Curriculum niederschlug. Eine Rolle spielte dabei auch die Erfahrung, dass es den Physikern auf ihrer Suche nach technischen Durchbrüchen während des Krieges gelungen war, die Elektroingenieure ins zweite Glied zu drängen.

Ingenieure und industrielle Großunternehmen

In den USA entstanden Großunternehmen seit den 1850er Jahren zunächst in Gestalt der bürokratisch strukturierten Eisenbahngesellschaften. Doch erst mit dem Aufstieg der chemischen und Elektroindustrie in den 1880er und 1890er Jahren wurde das bürokratische Großunternehmen zur dominierenden Form der industriellen Organisation. Neben dem wesentlich fragmentierteren Maschinenbau beschäftigten die elektrotechnischen und chemischen Großunternehmen mit ihren Verwaltungsapparaten und ihren Forschungs- und Entwicklungsabteilungen die meisten Ingenieure. Nach dem Ersten Weltkrieg rückten die Großkonzerne der Öl-, Automobil- und Reifenindustrie wie Standard Oil, Gulf, Texaco, Ford, General Motors, Chrysler, Goodyear und Firestone in den Kreis der größten Arbeitgeber auf.

Vor dem Ersten Weltkrieg nahm die Elektroindustrie eine zentrale Position ein. Ihre Ursprünge lassen sich auf Thomas Alva Edison zurückführen, der mit der Eröffnung eines Kraftwerks in der New Yorker Pearl Street im Jahre 1882 ein neuartiges System der elektrischen Licht- und Kraftversorgung einführte. Hieran schloss sich ein harter Konkurrenzkampf zwischen mehreren Gesellschaften an, gefolgt von einer Periode der Konsolidierung, begleitet von Firmenzusammenschlüssen, die schließlich zur Gründung der General Electric Company führten. Der größte Konkurrent von General Electric war der Pionier des Wechselstroms, die 1884 gegründete Westinghouse Electric Company. Die dritte große elektrotechnische Firma war die 1885 gegründete American Telephone and Telegraph Company (AT&T) mit ihrer für die Produktion zuständigen Tochter Western Electric, deren Ursprünge bis in das Jahr 1881 zurückreichen.

Auch die chemische Industrie erlebte in den Jahrzehnten vor dem Ersten Weltkrieg einen schnellen Aufstieg. So gründete sich 1897 die Dow Chemical Company; in derselben Zeit entstanden einige andere Unternehmen, die sich auf die Produktion von Schwerchemikalien konzentrierten. Der definitive Durchbruch der Chemieindustrie erfolgte aber erst nach dem Ersten Weltkrieg und stützte sich teilweise auf die Konfiszierung deutscher Patente – ein erzwungener Technologietransfer bislang unbekannten Ausmaßes. Dabei bildeten sich durch Zusammenschluss einer Anzahl von Firmen drei Großunternehmen heraus, deren Ursprünge in das 19. Jahrhun-

dert zurückreichen, die sich aber erst nach dem Krieg zu dieser Größe entwickelten: Union Carbide (1917), Allied Chemical (1920) sowie DuPont.

In solchen riesigen bürokratischen Großfirmen fand die Mehrheit der amerikanischen Ingenieure im 20. Jahrhundert Anstellung. Überall trafen sie auf eine extreme Arbeitsteilung, eine weitgehende funktionale Differenzierung und eine ausgeprägte Hierarchie. Fast alle Ingenieure fingen „unten an", häufig im Konstruktionsbüro oder in der Entwicklungsabteilung, wo sie – als faktische Gefangene des Unternehmens – notwendige, aber vorgegebene Arbeiten für wenig Gehalt erledigten. Die breite Masse der Ingenieure, einschließlich jener mit Hochschulausbildung, hatte ständig zu kämpfen, um ihre Position in der Mittelschicht zu sichern und nicht in die Masse der qualifizierten und unqualifizierten Arbeiter abzusinken. Auf Schritt und Tritt waren sie einer strikten Disziplin unterworfen; ihre Kreativität unterlag erheblichen Beschränkungen. Es gab nur einen

Forschungs- und Entwicklungsgruppe für das elektrische Beleuchtungssystem Thomas Alva Edisons

Weltausstellung in Chicago 1893, Ausstellungspavillon von Westinghouse

Ingenieure in der chemischen Industrie als Nachfolger von Prometheus, Werbung von DuPont

Konstruktionsbüro

Das Los der Zeichner und Konstrukteure

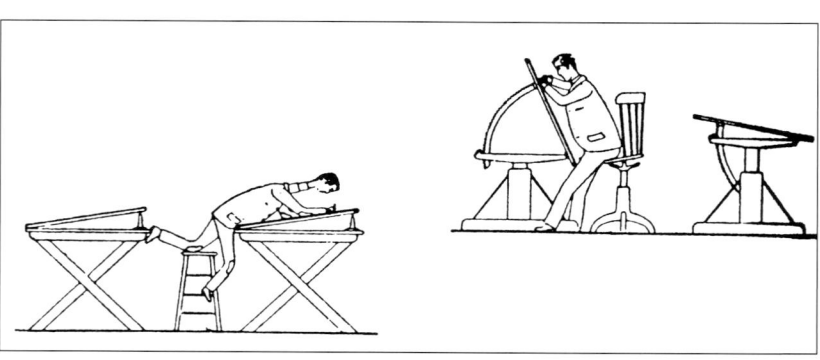

Weg, wenn man ein höheres Einkommen und eine bessere Stellung erreichen wollte, größere Verantwortung und interessantere Arbeit, mehr Einfluss und Respekt: nämlich die Karriereleiter im Unternehmen bis in Managementpositionen emporzuklettern. Einer der aufmerksamsten Beobachter des Ingenieurberufs notierte 1930, dass es sich „für einen Ingenieur fast immer als notwendig erweist, den technischen Umgang mit Materialien hinter sich zu lassen und sich stattdessen dem technischen Umgang mit Menschen zuzuwenden, um große finanzielle und soziale Erfolge zu erzielen". Im Laufe ihrer Karrieren gelang es den meisten Ingenieuren, einige Stufen ins mittlere Management hinein zu erklimmen. Aber nur eine Minderheit gelangte höher, und nur ein paar Glückliche erreichten Spitzenpositionen.

Auf markante Weise illustriert das Patentwesen die Macht der Unternehmen über die Ingenieure. Sowohl das amerikanische wie das britische Patentgesetz, die beide ihre Wurzeln im Individualismus des klassischen Liberalismus besaßen, schrieb vor, dass Patente ausschließlich an den „ersten und wahren Erfinder" („first and true inventor") verliehen werden sollten, was immer auf eine Einzelperson zielte. Das am Ersterfinder orientierte („first-to-invent") britische Patentrecht ging bis ins 17. Jahrhundert zurück, das eng verwandte amerikanische datierte von 1790. Die Systeme wollten mit Hilfe einer Belohnung der Erfinder die wirtschaftliche Entwicklung stimulieren. In der Zeit der Frühindustrialisierung, als Erfinder und Unternehmer häufig dieselben Personen waren, funktionierte das System zufriedenstellend. Probleme entstanden mit dem Aufstieg der Großunternehmen und der Trennung zwischen technischen und Leitungsfunktionen.

Das Übliche war, dass sich das Unternehmen alle Erfindungen seiner Ingenieure aneignete und sich weigerte, mit ihnen über Patentrechte zu verhandeln. Zudem weigerte es sich, Erfindungen von Angestellten besonders zu belohnen – aus Furcht, dass der Reiz der Belohnung die Ingenieure dazu bringen könne ihre intellektuellen Energien anders einzusetzen, als vom Unternehmen vorgesehen. Im Gegensatz dazu unterstützte das Patentrecht eindeutig die Rechte der Angestellten an ihren geistigen Schöpfungen. In dieser Situation fanden die Rechtsberater der Unternehmen zwei Lösungen. Sie entwarfen Vereinbarungen („pre-employment patent agreements"), in denen die zukünftigen Angestellten auf ihre Erfindungs- und Patentrechte verzichteten. Und sie schlossen besondere finanzielle Belohnungen für Erfindungen aus. Aufgrund dieser einfachen, aber wirkungsvollen Maßnahmen wurde die ursprüngliche Intention des Patentrechts, den individuellen Erfinder zu schützen, in sein Gegenteil verkehrt: den Schutz des Unternehmens.

Wie gingen die Ingenieure mit dieser Patentpolitik um und – allgemeiner gefasst – mit einer Unternehmensstruktur, die sie in rücksichtsloser Weise kapitalistischer Autorität und Disziplin unterwarf? Eine Antwort findet sich in einem im Ingenieurverein von St. Louis 1930 aufgeführten

Schauspiel: „Jeder Ingenieur" – ein Theaterstück der Unsittlichkeit sublimierte Unmut und Ohnmacht in Form von Humor. In anderen Worten: Die breite Masse der Ingenieure bewahrte Haltung, war aber in hohem Maße unzufrieden. Mit wenigen Ausnahmen zogen sie die Legitimität der kapitalistischen Ordnung nicht in Zweifel. Sie fanden sich damit ab, dass es keine wirkliche Alternative zur manchmal todlangweiligen Arbeitsteilung in den Großunternehmen gab. Sie akzeptierten ihre langweilige Arbeit und die niedrigen Gehälter; sie interpretierten sich selbst als Angehörige der Mittelschicht und hielten sich von Gewerkschaften und Aktionismus fern. Und sie verfielen in amüsiertes oder irritiertes Schweigen, wenn Wortführer des Berufs über die gesellschaftliche Verantwortung des Ingenieurs, die Unabhängigkeit und Würde des Berufs, die Bedeutung der Ethik für die Ingenieure oder das Zerstörungspotenzial und die Unmoral des Kapitalismus schwadronierten.

Eine andere Reaktion bestand darin, dass die amerikanischen Ingenieure ihre Loyalität von der Berufsgruppe auf das Unternehmen verlagerten. Sie definierten sich nicht in erster Linie als Mitglieder eines spezifischen, gehobenen Berufs, der gewissermaßen die Besonderheiten des jeweiligen Beschäftigungsverhältnisses transzendierte, sondern sie internalisierten das Wohl des Unternehmens als höchstes Gut und identifizierten sich mit ihm. Sie ersetzten somit eine allgemeine technische Orientierung durch eine spezifische, die sich am Aufstieg in der Unternehmenshierarchie orientierte. Sie übten keine Kritik an der Unterordnung der Technik unter den Unternehmensgewinn, sondern wurden zu bereitwilligen Helfern und Vertretern der ökonomischen Unternehmensziele.

Die britischen Ingenieure waren in größerem Umfang in kleineren Firmen mit flacheren Hierarchien beschäftigt und besaßen weniger Möglichkeiten zum Aufstieg ins Management als ihre amerikanischen Kollegen. In Großbritannien blieb das Management eine Domäne der klassisch gebildeten wirtschaftlichen, juristischen und kommerziellen Eliten. Die Tatsache, dass

in Großbritannien im Topmanagement von vornherein wenig Ingenieure zu finden waren und dass die gute Gesellschaft auf sie herabsah, stellte den Ingenieuren zusätzliche Hindernisse in den Weg. Sie hatten also wesentlich schlechtere Möglichkeiten des sozialen Aufstiegs als ihre Berufskollegen auf der anderen Seite des Atlantiks. Die amerikanischen Ingenieure ertrugen ihr wenig erfreuliches Dasein, weil es sich dabei wahrscheinlich nur um den ersten Schritt einer Karriere handelte, die sie im Laufe ihres Berufslebens aus der Technik ins Management führen würde.

Für die amerikanischen Ingenieure legitimierten die Karriereaussichten den jeweiligen Zustand; der amerikanische Traum blieb intakt. Von kurzen ökonomischen Krisenzeiten abgesehen, hielten sie sich von Gewerkschaften fern. Dagegen zeigten sich die sowohl im Berufsleben wie in der Gesellschaft an den Rand gedrängten britischen Ingenieure gegenüber kollektiven Aktionen weniger abgeneigt. Dies hieß nicht, dass sie streitlustige Gewerkschaften wie die der Arbeiterklasse gründeten oder sich ihnen anschlossen. Das erlaubte ihnen einerseits nicht ihr Status als Angehörige der Mittelschicht und der Gruppe der Angestellten sowie andererseits die Anziehungskraft der mit beträchtlicher Aura ausgestatteten traditionellen Ingenieurvereine. Dennoch finden sich im Vergleich mehr britische Ingenieure in gewerkschaftsähnlichen Organisationen als amerikanische. Insbesondere gilt dies für einfache Positionen wie Konstrukteure und Zeichner. Es kann daher nicht überraschen, dass die Gründer der ersten wichtigen Ingenieurgewerkschaft in Großbritannien, der Association of Engineering and Shipbuilding Draughtsmen, die 1913 in Glasgow gegründet wurde, aus dieser Gruppe kamen. Nach dem Krieg folgten ihr drei weitere, die Association of Scientific Workers, die Electrical Power Engineers Association und die Society of Technical Engineers. Nach dem Zweiten Weltkrieg vermehrte sich die Zahl der britischen Ingenieurgewerkschaften weiter. Besonders in den 1960er und 1970er Jahren entstand eine verwirrende Vielfalt von Ingenieurorganisationen – letzten Endes

Anforderungen für Karrieren im Unternehmen

Der Zeichner: Karikatur und Gedicht

171

als Ausfluss der schwierigen wirtschaftlichen und sozialen Stellung der Ingenieure, die den Spagat zwischen Angestelltendasein und Expertenstatus vollführen mussten.

Die amerikanischen Ingenieurvereine und die Denkweisen der Ingenieure

Die amerikanischen Ingenieure reagierten auf den Aufstieg des Großunternehmens nicht nur mit individuellem Rückzug auf Job und Karriere. Diese private Reaktion wurde ergänzt durch eine öffentliche, die in der Politik der Ingenieurvereine zum Ausdruck kam. Hierzu gehörte das Verlangen, dem Ingenieur in der Gesellschaft eine bedeutendere Rolle zuzugestehen, nach einem Schutz der Berufsgruppe, nach Ethikkodizes und nach professioneller Autonomie. Nicht zuletzt wurde der Ingenieur als ein Gegengewicht zur überwältigenden Macht der amerikanischen Großunternehmen gesehen.

Dieser „Aufstand der Ingenieure", der seinen Höhepunkt um den Ersten Weltkrieg herum erlebte und auch danach gelegentlich aufflackerte, nahm recht unterschiedliche Formen an. Im Zentrum stand die Frage nach der Stellung des Ingenieurs in der modernen Industriegesellschaft. Sollten sie sich als das Offizierscorps der Großunternehmen fühlen, das sich vollständig mit deren Interessen und denen der anderen Arbeitgeber identifizierte? Oder sollten sie sich als unabhängige Berufsgruppe verstehen, ausgestattet mit einem eigenständigen Profil und einer unabhängigen Stimme in der Öffentlichkeit, einzig der Gesellschaft in ihrer Gesamtheit verpflichtet?

Für Ingenieurprofessoren wie Dugald Jackson, der Zeit seines Lebens Ingenieure zu künftigen industriellen Führungskräften ausbildete, lag die Antwort auf der Hand: Ingenieure waren in erster Linie Manager und erst in zweiter Linie Experten. Nur mit diesem Selbstverständnis könnten die Ingenieure der Gefahr entgehen, in der anonymen Masse technischer Angestell-

ter unterzugehen. Im Grunde genommen entsprachen Jacksons Ansichten denen der meisten anderen Manageringenieure, die in den Ingenieurvereinen, wie die American Society of Mechanical Engineers und das American Institute of Electrical Engineers, den Ton angaben. Diese Gruppe setzte alle Forderungen der „von unten", aus der Masse der Vereinsmitgliedschaft kommenden Forderungen heftigen Widerstand entgegen, die nach sozialpolitischen Aktivitäten, nach begrenzter Zulassung von Manageringenieuren als Mitglieder, nach Demokratisierung und Vereinigung der Ingenieurgesellschaften verlangten. Für die Manageringenieure an der Spitze des Berufs bestand kein Widerspruch zwischen Geschäfts- und Ingenieurinteresse.

Viele Ingenieure in weniger herausgehobenen Positionen teilten diese Ansicht und handelten entsprechend. Ein Beispiel hierfür ist das Verhalten der Chemieingenieure. Vor dem Ersten Weltkrieg lösten sich die in der Produktion beschäftigten Ingenieure aus der American Chemical Society und bildeten eine eigene Vereinigung. Sie reagierten damit auf den verbreiteten Unmut unter den in der amerikanischen Industrie beschäftigten Chemikern, die mit der Beschäftigungslage, den Gehaltsverhältnissen und ihrem niedrigen Status unzufrieden waren. Die Chemieingenieure interpretierten sich selbst als Manageringenieure, indem sie auf ihre spezifischen Qualifikationen für den Entwurf, den Bau und den Betrieb großer Anlagen verwiesen. 1908 gründeten sie das American Institute of Chemical Engineers mit dem Ziel, das Ansehen, den Status und den Einfluss der neuen Ingenieurgruppe zu erhöhen. Indem sie die Mitgliedschaft auf Ingenieure begrenzten, die Managerfunktionen ausübten, traten die Chemieingenieure die Flucht nach Vorne an. Sie kapitulierten gewissermaßen gegenüber den Großunternehmen – in der Erwartung, dass die Chemieingenieure ihre Karrieren eher auf den oberen denn auf den unteren Hierarchieebenen der Firmen beenden würden. Für andere Ingenieure war eine solche willfährige Unterwerfung gegenüber der Wirtschaft weder gangbar noch akzeptabel. In gewisser Weise konnte diese un-

Der Ingenieur als Mittler zwischen Kapital und Arbeit

botmäßige Fraktion ihre Ursprünge bis zu einem anderen wichtigen Ingenieurprofessor zurückführen, nämlich Robert Thurston, der in den 1870er Jahren für den Maschinenbau die „Schulkultur" kreiert hatte. Thurston wollte die Ingenieure zu einer mit akademischen Zeugnissen und der Autorität der Wissenschaft ausgestatteten Berufsgruppe machen. Das Streben nach formaler Ausbildung und formalen Zeugnissen ließ Ansprüche professioneller Autonomie entstehen, die sich nicht auf die aus der Schulkultur hervorgehenden Ingenieure beschränkten. Sie förderten die Auffassung vom Ingenieurwesen als einer eigenständigen Disziplin, welche nicht mit der Logik des Finanzkapitals und dessen Gewinnstreben gleichgesetzt werden sollte. Auffassungen dieser Art finden sich auch bei den aus der Shop Culture hervorgegangenen Ingenieuren, welche es ablehnten, ihre Vorstellung von technischer Rationalität der Ökonomie unterzuordnen, und sich gegen die wachsende Macht der Büros über die Werkstatt wandten.

Genau diese Art technokratischen und produktionsorientierten Denkens stand hinter Frederick Winslow Taylors 1911 erschienenem Buch „Grundsätze wissenschaftlicher Betriebsführung" (The Principles of Scientific Management). Taylor hatte eine der besten privaten Highschools besucht, absolvierte anschließend eine Lehre und arbeitete sich von der Werkbank zum leitenden Manager hoch. Im Jahre 1883 erwarb er zudem durch Abendunterricht am Stevens Institute of Technology den akademischen Grad eines Maschinenbauingenieurs. Das von Taylor entwickelte Konzept des Scientific Management, das als Beginn der Rationalisierungsbewegung gefeiert wird, beinhaltete mehr als nur Zeitstudien und eine rationelle Werkstattorganisation. Sein zentrales Anliegen war es, dem Ingenieur eine Sphäre professioneller Autonomie innerhalb des Unternehmens zu schaffen – gewissermaßen eine der unternehmerischen Einflussnahme weitgehend entzogene Nische. Man kann darin den Beitrag Taylors zum „Aufstand der Ingenieure" sehen: den Versuch, unter den Bedingungen der durch Großunternehmen gekennzeichneten Wirtschaft im 20. Jahrhundert die traditionelle Autonomie der Ingenieurunternehmer sowie der selbständigen Ingenieure des 19. Jahrhunderts wiederherzustellen.

Wenig überraschend, war dieser Versuch zum Scheitern verurteilt. Zwar wurden vereinzelte Elemente der wissenschaftlichen Betriebsführung in die Werkstattorganisation integriert, aber das Konzept als Ganzes lehnte die amerikanische Unternehmerschaft weitgehend ab. Gewisse Aufräumarbeiten und organisatorische Reformen, die Taylor als Präsident der American Society of Mechanical Engineers 1905 und 1906 einleitete, nahmen ihm seine konservativen Gegner bitter übel. Im Jahre 1910 präsentierten sie ihm die Quittung, indem sie die Publikation von Taylors Hauptwerk in der Zeitschrift der Gesellschaft verhinderten. Taylor musste sich nach einer anderen Möglichkeit zur Publikation umsehen.

Wenig anders erging es Taylors engem Partner und Schüler, dem fortschrittlich gesinnten liberalen Ingenieurreformer Morris L. Cooke. Auch seine zahlreichen Versuche, die Ingenieure dem Einfluss der Großindustrie zu entziehen, scheiterten. Cooke selbst durchlief eine bemerkenswerte Karriere: Zunächst war er Direktor der Eigenbetriebe der Stadt Philadelphia und übernahm dann den Vorsitz der Behörde, die Präsident Franklin D. Roosevelt im Rahmen seiner New Deal-Politik für die Elektrifizierung des ländlichen Raumes eingesetzt hatte. Damit blieb Cooke unter den Reformern eine Ausnahme. Seinen Bemühungen, ein Selbstverständnis der Ingenieure als aufgeklärte Diener der Gesellschaft um sich zu scharen und den alten Traum einer Befreiung der Menschheit mit Hilfe des wissenschaftlichen Ingenieurwesens wiederzubeleben, blieben die Erfolge versagt.

Dennoch sah es in den Jahren um den Ersten Weltkrieg herum so aus, als würden die amerikanischen Ingenieure

Frederick Winslow Taylor (1856–1915)

Ein tayloristisches Betriebsbüro in der Zwischenkriegszeit

Morris L. Cooke (1872–1959)

Charles Sheeler: Conversation – Sky and Earth, 1940; auf dem Bild sieht man Strommasten am Hoover-Staudamm

„Hang on! – Produce!",
Karikatur aus Professional
Engineer

Lee DeForest (1873–1961)
mit Elektronenröhren

größere sozialpolitische Aktivitäten entfalten und ein ausgeprägteres politisches Bewusstsein entwickeln. Prominente Ingenieure des öffentlichen Dienstes wie Cooke und Frederick Haynes Newell fanden Nachfolger unter Industrieingenieuren, deren Arbeitsbedingungen einen Tiefpunkt erreicht hatten. In vielen Fällen unterschritten ihre Gehälter noch jene der qualifizierten Facharbeiter. Als Folge fand die Idee, dass sich ihre materiellen Verhältnisse nur mit Hilfe einer gemeinsamen Ingenieurorganisation bessern ließen, wachsenden Anspruch. Dies war der Hintergrund für die Bildung der American Association of Engineers (AAE) gegen Ende des Ersten Weltkriegs. Der quasigewerkschaftliche Ingenieurverein erlebte aufgrund steigender Inflationsraten, sinkender Einkommen und grassierender Ingenieurarbeitslosigkeit eine kurzzeitige Blüte. Seine Forderungen umfassten Gehaltserhöhungen, Förderungsmaßnahmen und eine Lizenzierung der professionellen Ingenieure durch den Staat. Zunächst erschien diese Politik aussichtsreich, und es bildeten sich ähnliche Zusammenschlüsse. Als sich in den frühen 1920er Jahren die wirtschaftlichen Bedingungen verbesserten, stellte die AAE ihre Aktivitäten ein; die Vereinsleitung sah sich mit Anschuldigungen konfrontiert, sie würde die Ingenieure auf einen gewerkschaftlichen Irrweg führen, und trat den Rückzug an. Solche von Seiten der Großindustrie vorgebrachten Argumente begleitet von kleineren Konzessionen hinsichtlich der Führungsstruktur von Ingenieurvereinen, verfehlten ihre Wirkung unter amerikanischen Ingenieuren nicht, denn deren Selbstwertgefühl resultierte aus ihrer beruflichen Identität und aus der Aussicht auf eine mögliche Managerkarriere.

Auch andere Entwicklungen in der ersten Hälfte des 20. Jahrhunderts schie-

nen darauf hinzudeuten, dass die amerikanischen Ingenieure sich nicht ganz so bereitwillig, wie erwartet, zu Werkzeugen der Großunternehmen machen ließen. 1912 verließen die Funktechniker das American Institute of Electrical Engineers und gründeten das Institute of Radio Engineers. Diese Abtrennung war eine Folge von Auseinandersetzungen um die Unterordnung der Funktechniker unter die Leitung des Institutes. Die Vereinsleitung orientierte sich weitgehend an Unternehmensinteressen und stand unter dem Einfluss der großen Elektrizitätsversorgungsunternehmen. Dagegen verstanden sich Funktechniker, wie Lee de Forest, Arthur Kennelly und Reginald Fessenden als Forscher, Wissenschaftler und Beratende Ingenieure, die ein neues aufregendes Feld beackerten.

Wenig später gerieten die Funktechniker jedoch selbst unter den Einfluss von Massenunterhaltung und Kommerzialisierung in ihrer eigenen Industrie. Diese Entwicklung in Richtung Unterhaltungsindustrie ist mit dem Namen von David Sarnoff verbunden, dem langjährigen Chef der Radio Corporation of America (RCA). Seit den frühen 1920er Jahren wuchs die Frustration über die zunehmende Kommerzialisierung. Im Jahr 1931 kochte der Unmut über. Admiral Hooper, Direktor der Funkabteilung bei der amerikanischen Marine und anerkannter Fachmann, erklärte seinen Kollegen: „Den Ruhm und Reichtum, der aus euren Arbeiten hervorgeht, und den Ertrag aus eurer Schöpfungskraft werden die Hersteller, Händler, Geschäftemacher, Politiker und Anwälte ernten; ihr werdet nur Sklaven sein." Solche Äußerungen blieben jedoch ohne Konsequenzen, da Hooper selbst und andere in seiner Situation bald ihre Position wechselten und in späterer Zeit genau die Kräfte unterstützten, die den Kommerzialisierungsprozess förderten.

Im Jahre 1934, in der Zeit der Großen Depression, gründeten Ingenieure, die keine Alternative mehr sahen, die National Society of Professional Engineers (NSPE). Das Ziel der Organisation war eine regulierte Zulassung zum Ingenieurberuf, womit die Konkurrenz auf dem

174

Arbeitsmarkt reduziert werden sollte. Um diese Zeit hatte die Ingenieurarbeitslosigkeit zehn Prozent erreicht. Die NSPE existiert auch heute noch, erzielte jedoch niemals die Wirkung, die sich ihre Gründer versprochen hatten. Wie im Fall der American Association of Engineers schwand ihre Bedeutung mit der Verbesserung der beruflichen Aussichten für Ingenieure im und nach dem Zweiten Weltkrieg.

Letzten Endes reagierten die amerikanischen Ingenieure auf den strukturellen Wandel der Arbeitswelt zwischen 1880 und 1945 nach dem bereits oben skizzierten Muster: Sie erkannten die Legitimität und Unvermeidbarkeit des kapitalistischen Wirtschaftssystems an und setzten auf Karriere – sie erkannten an, dass der einzige, für die eigene persönliche soziale und wirtschaftliche Entwicklung gangbare Weg durch die Firmenhierarchie in die Managementpositionen führte. Die Ingenieurvereine, in denen Manageringenieure, also Ingenieure, die den Aufstieg geschafft hatten, das Sagen hatten, verstärkten diese Botschaft und erklärten sie zum Programm. Während der in diesem Zeitraum immer wiederkehrenden Abschwünge wurde das Muster modifiziert. So gründeten sich alternative Organisationen mit dem Ziel, die wirtschaftlichen Bedingungen für den Ingenieurberuf zu verbessern. Dabei setzten sie auf direkte Aktionen oder aber auf Maßnahmen des Gesetzgebers. Den Reformern ging es vor allem darum, den Ingenieurvereinen einen größeren Abstand zur Großindustrie zu sichern. All diese organisatorischen und strategischen Bemühungen erwiesen sich aber als kurzlebig oder als nicht mächtig genug. Dagegen gelang einer nicht kleinen Anzahl von Ingenieuren der Aufstieg in der Unternehmenshierarchie, der mit Status- und Einkommensverbesserungen und einem Zuwachs an Macht verbunden war. Demgegenüber hatten alternative Strategien keine Chance. So waren weder gewerkschaftliches Engagement noch der „Aufstand der Ingenieure", also eine technokratische Idee, die das Ingenieurwesen zu einer unabhängigen Kraft in der Gesellschaft machen wollte, für die amerikanischen Ingenieure verlockende Alternativen.

Die Geschäftsleitung von Ford, um 1925

Literatur

Übergreifendes

Ahlström, Göran: Engineers and Industrial Growth: Higher Technical Education and the Engineering Profession During the Nineteenth and Early Twentieth Centuries: France, Germany, Sweden, and England. London: Croom Helm, 1982

Locke, Robert R.: The End of the Practical Man: Entrepreneurship and Higher Education in Germany, France, and Great Britain, 1880–1940. Greenwich/London: JAI Press, 1984

Lundgreen, Peter: „Engineering Education in Europe and the U.S.A., 1750–1930: The Rise to Dominance of School Culture and the Engineering Professions". In: Annals of Science, 47 (1990): S. 33–75

Meiksins, Peter and Chris Smith, ed.: Engineering Labour: Technical Workers in Comparative Perspective. London: Verso, 1996

Kranzberg, Melvin, ed., intr.: Technological Education – Technological Style. San Francisco: San Francisco Press, 1986

Großbritannien

Behringer, Peter: „Ingenieure und Techniker. Technische Angestellte in Großbritannien im späten 19. und frühen 20. Jahrhundert". In: Angestellte im europäischen Vergleich: Die Herausbildung angestellter Mittelschichten seit dem späten 19. Jahrhundert. Hrsg. Jürgen Kocka, 74–93. Göttingen: Vandenhoeck & Ruprecht, 1981 [= Geschichte und Gesellschaft: Zeitschrift für Historische Sozialwissenschaft, Sonderheft 7]

Buchanan, R. Angus: Brunel: The Life and Times of Isambard Kingdom Brunel. London/New York: Hambledon and London, 2002

Buchanan, R. Angus: The Engineers: A History of the Engineering Profession in Britain, 1750–1914. London: Jessica Kinsgley Publishers, 1989

Burton, Anthony: Thomas Telford. London: Aurum Press, 1999

Fox, Robert/Guagnini, Anna: „Britain in Perspective: the European Context of Industrial Training and Innovation, 1880–1914". In: History and Technology 2 (1985): 133–50

Gerstl, Joel/Hutton, S. P.: Engineers: the Anatomy of a Profession: A Study of Mechanical Engineers in Britain. London: Tavistock Publications, 1966

Guagnini, Anna: „Worlds Apart: Academic Instruction and Professional Qualifications in the Training of Mechanical Engineers in England, 1850–1914". In: Education, Technology and Industrial Performance in Europe, 1850–1939. Hrsg. Robert Fox and Anna Guagnini, 16–41. Cambridge: Cambridge University Press, 1993

Jacob, Margaret C.: Scientific Culture and the Making of the Industrial West. New York/Oxford: Oxford University Press, 1997

Jacob, Margaret C./Stewart, Larry: Practical Matter: Newton's Science in the Service of Industry and Empire, 1687–1851, Cambridge/London: Harvard University Press, 2004

Pollard, Sidney: Britain's Prime and Britain's Decline: The British Economy 1870–1914. London: Edward Arnold, 1989

Reader, William Joseph: A History of the Institution of Electrical Engineers: 1871–1971. London: Peter Peregrinus on behalf of the Institution of Electrical Engineers, 1987

Rolt, L. T. C.: Thomas Telford. London: Longmans, 1958

Rolt, L. T. C.: Victorian Engineering. London: Allen Lane, 1970

Rosenberg, Nathan/Vincenti, Walter G.: The Britannia Bridge: the Generation and Diffusion of Technological Knowledge. Cambridge: MIT Press, 1978

Sanderson, Michael: Education and Economic Decline in Britain, 1870 to the 1990s. Cambridge: Cambridge University Press, 1999

Walker, Derek: The Great Engineers: The Art of British Engineers 1837–1987. London: Academy Editions; New York: St. Martin's Press, 1987

Whalley, Peter: The Social Production of Technical Work: The Case of British Engineers. Albany: State University of New York Press, 1986

Wiener, Martin: English Culture and the Decline of the Industrial Spirit, 1850–1980, 2d ed. Cambridge/New York: Cambridge University Press, 2004

USA

Billington, David P.: The Innovators: The Engineering Pioneers Who Made America Modern. New York: John Wiley & Sons, Inc., 1996

Calhoun, Daniel H.: The American Civil Engineer: Origins and Conflict. Cambridge: The Technology Press (MIT), 1960

Calvert, Monte: The Mechanical Engineer in America, 1830–1910: Professional Cultures in Conflict. Baltimore: The Johns Hopkins University Press, 1967

Hughes, Thomas P.: American Genesis: A Century of Invention and Technological Enthusiasm 1870–1970. New York: Penguin Books, 1989

Layton, Edwin T., Jr.: The Revolt of the Engineers: Social Responsibility and the American Engineering Profession, 2d ed. Baltimore/London: The Johns Hopkins University Press, 1986

McMahon, A. Michael: The Making of a Profession: A Century of Electrical Engineering in America. New York: The Institute of Electrical and Electronic Engineers, Inc., 1984

Noble, David: America By Design: Science, Technology, and the Rise of Corporate Capitalism. New York/Oxford: Oxford University Press, 1977

Oldenziel, Ruth: Making Technology Masculine: Men, Women, and Modern Machines in America, 1870–1945. Amsterdam: Amsterdam University Press, 1999

Perrucci, Robert/Gerstl, Joel E.: Profession Without Community: Engineers in American Society. New York: Random House, 1969

Perrucci, Robert/Gerstl, Joel E.: The Engineers and the Social System. New York: Wiley, 1969

Petroski, Henry: Engineers of Dreams: Great Bridge Builders and the Spanning of America. New York: Alfred A. Knopf, 1995

Reynolds, Terry S. (Hrsg.): The Engineer in America: A Historical Anthology from Technology and Culture. Chicago/London: The University of Chicago Press, 1991

Ritti, R. Richard: The Engineer in the Industrial Corporation. New York/London: Columbia University Press, 1971

Sinclair, Bruce: A Centennial History of the American Society of Mechanical Engineers 1880–1980. Toronto: University of Toronto Press, 1980

Zussman, Robert: Mechanics of the Middle Class: Work and Politics among American Engineers. Berkeley/Los Angeles/London: University of California Press, 1985

Bildidentifizierung

Titelbild: Charles Sheeler (1883–1965)

Vom Staatsdiener zum Industrieangestellten: Die Ingenieure in Frankreich und Deutschland 1750–1945

Wolfgang König

Corps und Écoles: Die Ingenieure im französischen Spätabsolutismus und in der Revolution 1750–1800

Die Entwicklung und Expansion der Berufsgruppe der Ingenieure profitierte von der Entstehung und Durchsetzung des modernen Staates. Der vormoderne mittelalterliche Staat beruhte auf Beziehungen zwischen Personen und Personenverbänden, die sich im Raum überlagerten und überschnitten. Der sich seit dem Spätmittelalter herausbildende moderne Staat strebte dagegen nach einem klar abgegrenzten Territorium. Zur Sicherung und nach Möglichkeit zur Ausdehnung seines Territoriums schuf der Staat ein stehendes Heer, welches an die Stelle der alten Gefolgschafts- und Söldnerheere trat. Die Bewohner innerhalb der territorialen Grenzen bildeten das Staatsvolk oder die Nation, wobei dies in den einzelnen Ländern unterschiedlich definiert wurde.

Eine zentrale Verwaltung unterstützte den nach absolutistischer Macht strebenden Herrscher – nicht zuletzt in seinen Auseinandersetzungen mit den alten konkurrierenden Gewalten des Adels und der Kirche. Die Verwaltung sorgte für die Erhebung der Steuern, welche der Fürst für die Finanzierung seiner politischen Macht und höfischen Pracht benötigte. Der Gestaltungsanspruch des Staates erstreckte sich auch auf die Wirtschaft. Die Wirtschaftspolitik zielte auf eine Mehrung des staatlichen und fürstlichen Reichtums durch Förderung der Landwirtschaft, der gewerblichen Produktion und des Handels. Der Staat verbesserte die Verkehrsinfrastruktur, investierte in die Bildung seiner Untertanen, warb ausländische Fachkräfte an, erteilte Privilegien auf Erfindungen und richtete Musterbetriebe ein.

Das Schloss von Versailles Ende des 17. Jahrhunderts

Bild links: Das Gemälde von Hermann Kupferschmid zeigt die Westfalenhütte der Hoesch AG im frühen 20. Jahrhundert

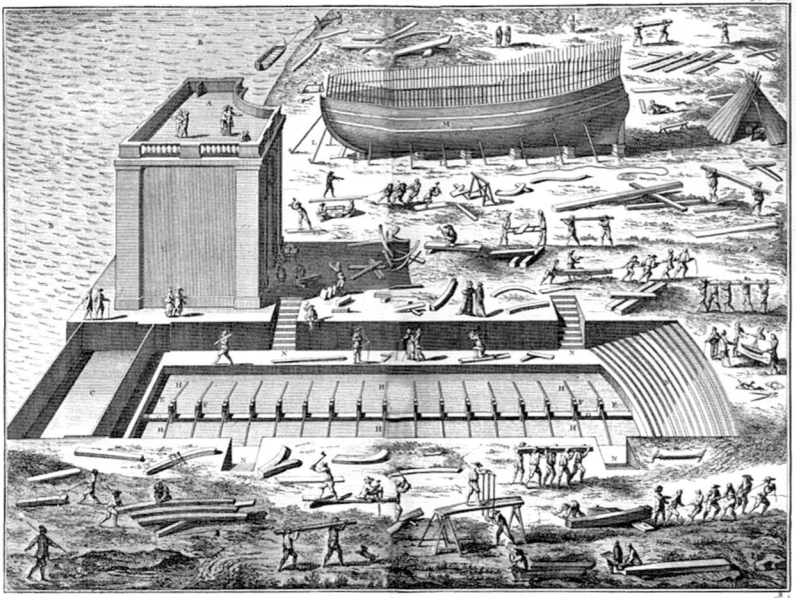

Schiffbau, Bildtafel aus der französischen Encyclopédie

Frankreich wurde im 17. und 18. Jahrhundert zum europäischen Prototyp des absolutistischen Staatswesens, der zwischen 1638 und 1715 regierende Ludwig XIV. zum paradigmatischen absolutistischen Herrscher. Der „Sonnenkönig" arrondierte das Land durch zahlreiche Eroberungskriege, sicherte es durch einen Kranz starker Festungen, ließ in Versailles das größte und prächtigste Schloss seiner Zeit bauen, ließ Chausseen zwischen den größeren Städten anlegen und befahl den Bau des Canal du Midi, einer 240 Kilometer langen Wasserstraße zwischen dem Mittelmeer und dem Atlantik. Die Macht und Pracht des Königs sowie die Stärke und der Reichtum seines Landes wurden zum – letztendlich

Gründungsdaten von Schulen für die Ausbildung von Staatsdienstingenieuren in Frankreich im 18. Jahrhundert

1720 ff.	Écoles d'Artillerie
1747	École des Ponts et Chaussées in Paris
1748	École du Génie in Mézières
1760	École de la Marine in Paris
1783	École des Mines in Paris
1794	École Polytechnique in Paris

unerreichbaren – Leitbild einer Vielzahl kleinerer Potentaten.

Absolutismus beinhaltete in ambivalenter Weise sowohl Verantwortung für das Wohlergehen der Bevölkerung wie Bevormundung und gegebenenfalls Unterdrückung von Selbständigkeit. Die Aufklärung und der Rationalismus des 18. Jahrhunderts konnten sich mit dem Absolutismus verbünden, ihn aber auch langfristig unterminieren. Hinsichtlich Wirtschaft und Technik zogen Absolutismus und Aufklärung meist am gleichen Strang. Beide setzten sich dafür ein, technisches Wissen für die Wirtschaftskraft des Staates fruchtbar zu machen. So enthielt die zwischen 1751 und 1780 publizierte vielbändige Encyclopédie der Aufklärer Denis Diderot und Jean le Rond d'Alembert auch genaue Beschreibungen und Abbildungen zeitgenössischer Technik. Auf lange Sicht untergruben die Aufklärer aber auch den Machtanspruch der Monarchen, indem sie deren Handlungen der Kritik von Verstand und Vernunft unterwarfen.

Experten des Krieges: Die Militäringenieure

Lange Zeit bezog sich das lateinische Wort „Ingenieur" ausschließlich auf den Kriegsingenieur. Dies war in Deutschland nicht anders als in Frankreich. Noch um die Mitte des 19. Jahrhunderts, als längst andere Aufgaben in den Vordergrund getreten waren, notierte das Grimm'sche Wörterbuch zu „Ingenieur": „heute eingebürgertes Fremdwort für Kriegsbaumeister oder Feldmesser". Die Militäringenieure bauten und verwalteten Festungen, sie gossen Kanonen und brachten in der Feldschlacht und bei Belagerungen Geschützbatterien in Stellung. Mit der Größe der stehenden Heere wuchs auch ihre Zahl und Bedeutung. So umfasste das französische Heer im 18. Jahrhundert etwa 200.000 Mann in Friedenszeiten; im Krieg konnte es die doppelte Stärke erreichen.

Eine neue Qualität erlangte die Organisation der französischen Kriegstechnik Ende des 17. Jahrhunderts, als die Militäringenieure zu eigenen Einheiten zusammengefasst wurden: dem Corps d'Artillerie sowie dem im Kern aus den Festungsingenieuren bestehenden Corps du Génie. Die Zahl der Festungsingenieure erhöhte sich im Laufe des 18. Jahrhunderts von etwa 250 auf 400, die der Artillerieingenieure erreichte im gleichen Zeitraum etwa 1.000. Die Mitglieder des Corps du Génie waren in den einzelnen Festungen stationiert, im Kriegsfall wurden sie für den Einsatz zusammengezogen. Im Vordergrund ihrer Friedensaufgaben stand die Verwaltung; neue große Festungen wurden im 18. Jahrhundert nur noch wenige gebaut, wie Brest und Cherbourg. Eine unzureichende Integration in die militärischen Strukturen rief Konflikte hervor, ein bis ins 20. Jahrhundert in den Armeen häufig auftretendes Problem zwischen den Ingenieuroffizieren und dem allgemeinen Offizierscorps. Das Corps du Génie veränderte in der Zeit der Revolutionskriege und unter Napoleon seinen Charakter. Dahinter standen der Bedeutungsverlust der Festung und die Erfolge des Bewegungskrieges. Das expandierende Corps entwickelte sich zur Pioniertruppe, welche Straßen und Brücken baute und die Logistik organisierte. Um 1800 zählte es bereits 8.000 Angehörige.

In die Corps aufgenommen wurde man zunächst aufgrund einer ein- bis zweijährigen Lehrzeit, an deren Anfang und Ende Prüfungen für eine Auslese sorgten. Im späten 17. Jahrhundert richteten einzelne Artillerieregimenter temporäre und seit 1720 ständige Schulen ein, die theoretischen und praktischen Unterricht verbanden; in ihnen besaßen Mathematik und Zeichnen einen hohen Stellenwert. Für die Festungsbauer gründete der Kriegsminister 1748 in dem nahe der belgischen Grenze gelegenen Mézières die École du Génie. Der Unterricht dauerte zwei bis drei Jahre. Von allen technischen Schulen in der zweiten Hälfte des 18. Jahrhunderts besaß die École du Génie das höchste mathematisch-naturwissenschaftliche Niveau.

Der praktische Unterricht wurde an den Schulen teilweise sogar im Gelände erteilt. Bei dem theoretischen wurden die Anforderungen in Mathematik und Naturwissenschaften sukzessive erhöht. Unter den Lehrern finden sich bekannte Mathematiker, Ingenieur- und Naturwissenschaftler. So lehrte an einer der Artillerieschulen Bernard Forest de Bélidor, der mit seiner „Science des ingénieurs" (1729) und seiner „Architecture hydraulique" (1737–39) bau- und wasserbautechnische Standardwerke verfasste, die noch Anfang des 19. Jahrhunderts nachgedruckt wurden. Zwischen 1764 und 1784 unterrichtete an der École du Génie Gaspard Monge, der die Géometrie descriptive, die darstellende Geometrie, zur Wissenschaft ausarbeitete.

Solche Lehrer sorgten dafür, dass das Wissen der in die Schule Eintretenden und ihre Lernerfolge durch strenge Prüfungen kontrolliert wurden. Besonders die

Festungsbau im 18. Jahrhundert

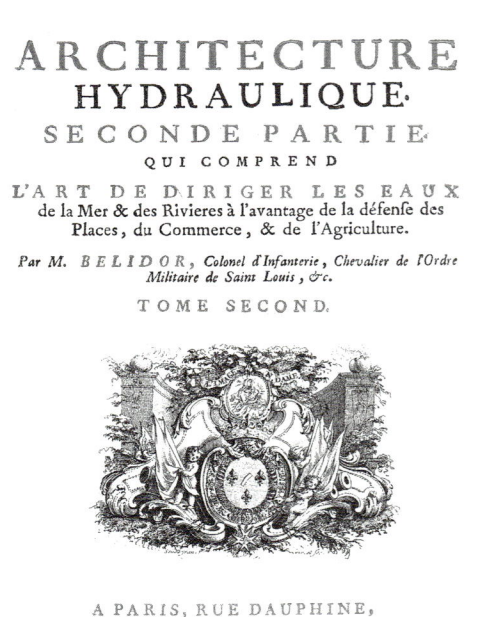

Titelbild von Bélidors "Architecture hydraulique"

mathematisch orientierten Aufnahmeprüfungen, die Concours, gewannen im französischen Unterrichtswesen und für die Ingenieurausbildung eine große Bedeutung. Bis zur Gegenwart trennen die Concours die elitären, ein hohes Ansehen genießenden Grandes Écoles von den Ausbildungsstätten minderen Ranges. Im 18. Jahrhundert trug das Prüfungswesen dazu bei, dass für die Aufnahme in die Corps der Militäringenieure Leistungskriterien gegenüber dem Rang der Geburt an Gewicht gewannen. Zwar blieben Adelige auch in den Ingenieurcorps in der Mehrheit, aber die Anteile des niederen Adels und des Bürgertums erhöhten sich und übertrafen die bei den normalen Offizieren.

Für die Ingenieure stellten die Revolution – wenn man von ihren turbulenten Phasen absieht – und die napoleonischen Kriege keinen dramatischen Bruch dar. Die meisten Ingenieure setzten ihr Arbeiten ungeachtet der politischen Wirren fort. Die ereignisreichen Jahrzehnte um 1800 dokumentieren vielmehr, dass Ingenieurarbeit in den unterschiedlichsten Staats- und Verfassungsformen nachgefragt wird. In Frankreich erreichten Ingenieure in allen Zeiten und aller politischen Umbrüche zum Trotz hohe und höchste Staatsstellungen, wie Vauban als Marschall unter Ludwig XIV., der Mathematiker und Ingenieur Lazare Carnot als Mitglied des revolutionären Wohlfahrtsausschusses oder der Artillerieoffizier Napoleon selbst.

Die Revolutionäre schlossen vorübergehend einige der alten Ingenieurschulen, in denen sie Instrumente des Ancien Régime sahen. Ersetzen sollte sie die 1794 als Zentralschule in Paris gegründete École Polytechnique. Nachdem sich der größte revolutionäre Eifer erschöpft hatte, bildete sich für die Ausbildung der Ingenieure im Staatsdienst ein zweistufiges System heraus, das bis zur Gegenwart besteht. Nach zweijährigem Besuch der École Polytechnique wechselten die Staatsdienstaspiranten für ein bis drei Jahre auf die anwendungsorientierten Spezialschulen, die Écoles d'application. Dabei handelte

Alessandro Volta führt Napoleon 1800 seine elektrische Batterie vor

182

es sich um die Kriegsakademie in Paris, die 1802 gegründete École d'Application d'Artillerie et du Génie in Metz, welche die älteren Ausbildungsstätten für die Militäringenieure zusammenfasste, die École Spéciale du Génie Maritime in Brest, welche die Ingenieure für die Marine ausbildete, die École des Ponts et Chaussées für die Bauingenieure und die École des Mines für die Ingenieure im Bergbau, beide in Paris. Aus der ganz auf Mathematik und Naturwissenschaften konzentrierten École Polytechnique gingen zahlreiche berühmte Wissenschaftler hervor, wie der durch das nach ihm benannte Gasgesetz bekannte Physiker Louis Gay-Lussac, der Begründer der technischen Mechanik Jean-Victor Poncelet und der Vater der quantitativen Soziologie Auguste Comte. Hinter der Zweiteilung der Ingenieurausbildung, die sich auch heute noch in der Gliederung in Grund- und Hauptstudium findet, stand die Vorstellung, dass Technik angewandte Naturwissenschaft sei. Zunächst jedoch, in der Revolution und unter Napoleon, bildete die streng militärisch organisierte École Polytechnique nahezu ausschließlich Ingenieuroffiziere aus, insbesondere für die Artillerie.

Verkehrsinfrastruktur: Die staatlichen Bauingenieure

Der zentralistisch regierte französische Territorialstaat benötigte ein auf Paris ausgerichtetes Straßennetz. Seit dem frühen 16. Jahrhundert eignete sich der Zentralstaat von den lokalen und regionalen Körperschaften mehr und mehr Kompetenzen für den Bau und die Unterhaltung größerer Straßen an. Bis zur napoleonischen Zeit verwalteten jedoch einige größere Provinzen das Straßenwesen durch von ihnen angestellte Bauingenieure selbst. In der Regierungszeit Ludwigs XIV. tauchten Ingenieure in nennenswerter Zahl in der Straßenbauverwaltung Frankreichs und seiner Provinzen auf.

Ein eigenes Corps, das Corps des Ponts et Chaussées, wurde 1716, kurz nach dem Tod des großen Königs, gegründet. Die Gründung indiziert eine politische Um-

orientierung zugunsten ziviler an Stelle militärischer Vorhaben. Bis zur Revolution erhöhte sich die Zahl der in drei Hierarchieebenen organisierten Mitglieder des Corps von etwa 20 auf 200; eine Reihe von Hilfskräften arbeitete ihnen zu. Die staatlichen Straßenbauingenieure waren den Steuerbezirken zugeordnet, wo sie neue Straßen planten und deren Bau und Pflege organisierten.

Die 1747 gegründete École des Ponts et Chaussées ging aus Bestrebungen hervor, durch eine Art Entwurfs- und Planungsamt in Paris die Arbeit der Straßenbauingenieure in den Provinzen zu vereinheitlichen. Das Corps, das Amt und die Pariser Schule leitete fast ein halbes Jahrhundert in paternalistischer Weise der in Technik und Wissenschaft hohes Ansehen genießende Jean-Rodolphe Perronet. Die Schüler kamen in größerem Umfang aus dem Bürgertum als bei

Jean-Rodolphe Perronet besichtigt 1774 den Bau einer Straße in Südfrankreich

Allegorische Darstellung der École des Ponts et Chaussées

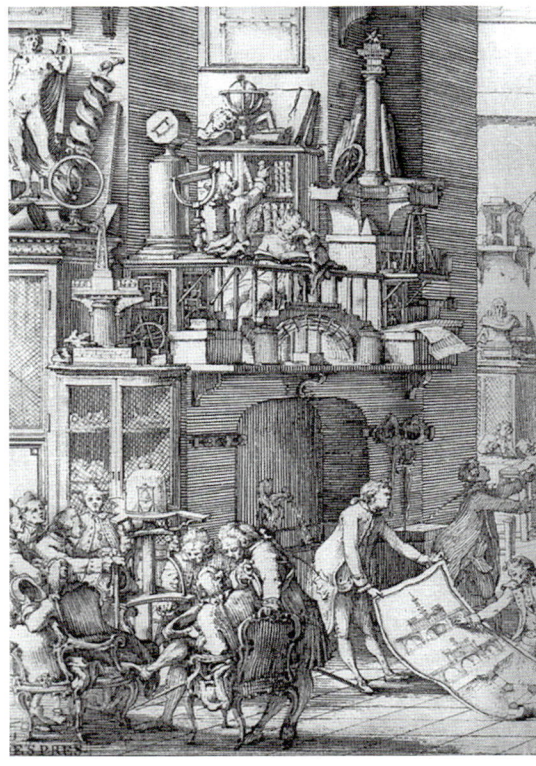

UT. PONDERA LIBRA, SIC ÆDIFICIA ARCHITECTURA·

Allegorische Darstellung des Brückenbaus in Frankreich, Anfang des 18. Jahrhunderts

der militärischen École du Génie. Die École des Ponts et Chaussées bildete über den Bedarf des Corps aus; mehr als doppelt so viele Ingenieure wie benötigt verließen die Schule. Die Absolventen, die keine Aufnahme in das Corps fanden, gingen in andere Bereiche des öffentlichen Dienstes oder nahmen eine selbständige oder unselbständige Stellung im Gewerbe auf.

Die Ausbildungszeit war nicht genau festgelegt; sie dauerte zwischen zwei und sieben Jahren. Unterweisung an der Schule wechselte sich mit praktischer Tätigkeit in den Provinzialverwaltungen ab. Insgesamt war der Unterricht praktischer ausgerichtet, als an der École du Génie. Er umfasste einen bunten Strauß an Wissensgebieten und Fertigkeiten, von der Infinitesimalrechnung über Zeichnen und Kartographie bis hin zu Reiten und Schwimmen. Die Lehre beinhaltete auch Experimente, zum Beispiel zur Festigkeit von Baumaterialien.

Perronet schätzte 1776 die Länge der unter Leitung des Corps gebauten Straßen auf 14.000 Kilometer. Sie verbanden vor allem die großen Städte. Bei den aufwendig angelegten, breiten Chausseen handelte es sich häufig um gewölbte Dammstraßen mit einem Grundbau aus größeren Steinen, bei denen das Wasser gut abfließen konnte. Sie dienten nicht nur Verkehrsbedürfnissen, sondern repräsentierten auch die Leistungsfähigkeit des französischen Zentralstaats. Der Straßenbau galt international als vorbildlich – nicht umsonst findet sich das französische Wort „Chaussée" auch in anderen Sprachen. Für den Bau wurden Arbeitskräfte aus der jeweiligen Gegend rekrutiert – zum Teil als Fronarbeiter; die Instandhaltung war jedoch schwieriger zu organisieren.

Im 18. Jahrhundert zeichnete das Corps zudem verantwortlich für den Bau von etwa 400 größeren Steinbrücken und zahlreichen Holzbrücken. Mit der Zeit dehnte das Corps, unterstützt vom mächtigen übergeordneten Finanzministerium, seinen Aufgabenbereich aus – teilweise auf Kosten des Corps du Génie. Das Corps des Ponts et Chaussées konnte auf weit mehr realisierte Bauten verweisen als das Corps du Génie, das unter dem brachliegenden Festungsbau litt. Die Straßenbauingenieure profilierten sich beim Bau von Häfen, bei Flussregulierungen und beim Kanalbau. Bis zur Revolution besaß Frankreich mehr als zehn große Kanäle, insgesamt etwa 1.000 Kanalkilometer. Das Corps arbeitete im Auftrag der Regierung Berichte über das Straßennetz, den Bergbau, die Steinbrüche und die Landwirtschaft aus, also auch über Gebiete, die außerhalb seines eigentlichen Zuständigkeitsbereichs lagen.

Unter den Revolutionsregierungen und unter Napoleon expandierte das Corps und besaß schließlich mehr als 500 Mitglieder. Die Erfolge der napoleonischen Eroberungspolitik vermehrten die Bauaufgaben. Alpenpässe, wie der Simplon und der Mont Cenis, und Häfen, wie Genua und Livorno, wurden ausgebaut, weitere Kanäle zumindest begonnen. Das Corps des Ponts et Chaussées hatte sich unter dem Ancien Régime zur angesehensten Ingenieurorganisation Frankreichs entwickelt; in der Revolution und im Kaiserreich baute es diese Position aus. Illustriert wird dies dadurch, dass unter Napoleon drei der Generaldirektoren des Corps zu Ministern aufstiegen – unter ihnen allerdings kein Ingenieur.

Die Ingenieure im Gewerbe

Die Ingenieure im Staatsdienst sind in Frankreich, aber auch in Deutschland und in anderen Staaten, leichter zu fassen als die Ingenieure im Gewerbe. Dies ist nicht nur ein Quellenproblem: Die technischen Aktivitäten des Staates schlagen sich meist

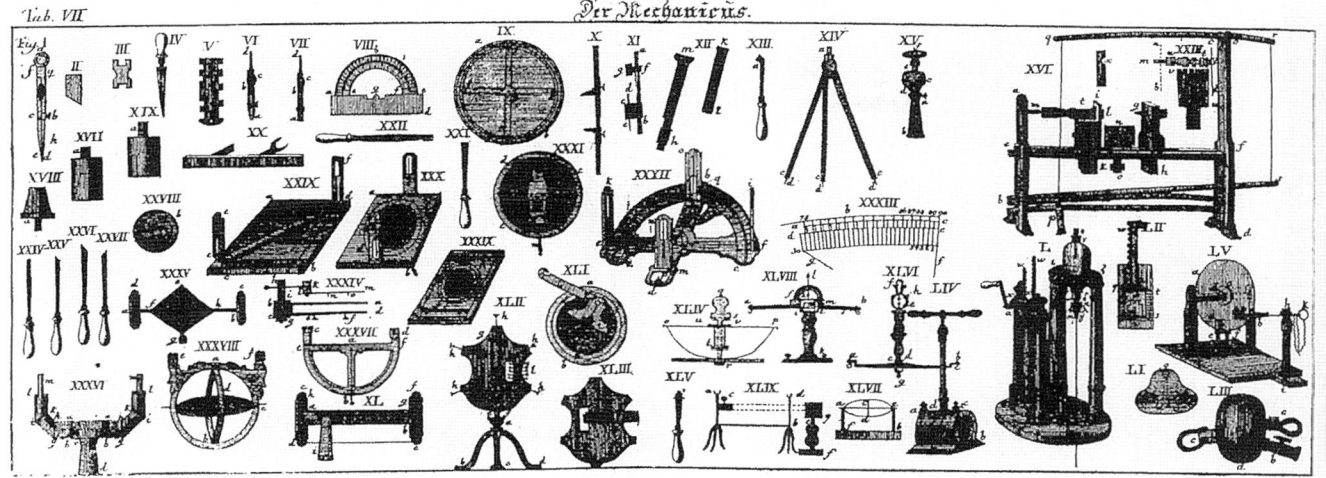

Tab. VII   Der Mechanicus.

in Akten nieder, die in der Regel aufbe-
wahrt werden; beim Gewerbe hingegen
sind die technischen Arbeiten meist viel
schlechter dokumentiert. Hinzu kommen
konzeptionelle Probleme: Der Begriff „Ingenieur" wurde weitgehend auf die Militäringenieure und die staatlichen Bauingenieure eingegrenzt. Technische Projekte,
welche ein anspruchsvolles technisches
Wissen und hohe organisatorische Fähigkeiten erforderten, initiierte in erster Linie
der Staat.

Der Schwerpunkt der Tätigkeit der im
Staatsdienst stehenden Bauingenieure lag
im Tiefbau. Besonders die privaten Hochbauten wurden vom Baugewerbe, manchmal unter Leitung eines Architekten,
errichtet. Die Architekten gingen üblicherweise aus dem Bauhandwerk hervor. Im
17. und 18. Jahrhundert entstanden aber
auch staatliche und private Architekturaka-
demien und Bauschulen. So gründete der
als Schriftsteller, Lehrer, Stadtplaner und
Architekt tätige Jacques-François Blondel
1740 in Paris die École des Arts. Die Archi-
tekturschule vereinigte alle für das Bauen
notwendigen künstlerischen, technischen
und handwerklichen Unterrichtsinhalte.
Überhaupt hatte sich die Trennung zwischen dem vorwiegend für die ästhetische
Form zuständigen Architekten und dem
für die technische Funktion zuständigen
Bauingenieur noch nicht vollzogen, wenngleich sich bereits Tendenzen in diese
Richtung abzeichneten.

Im Gewerbewesen der europäischen
Länder waren die Grenzen zwischen Ingenieurwesen und Handwerk fließend. Auch
viele der in staatlichen oder städtischen
Diensten stehenden Ingenieure hatten
ein oder mehrere Handwerke gelernt. Anspruchsvolle und aufwendige handwerkliche Arbeiten lassen sich auch dem Ingenieurwesen zurechnen. Hierzu gehörte
die Tätigkeit der Instrumentenmacher.
Sie fertigten teilweise hochwertige Fern-
rohre für das Militär, das Vermessungswesen oder die Astronomie, Mikroskope
für die Wissenschaft oder für Unterhal-
tungszwecke, Quadranten und Sextanten
für die Seefahrt, Uhren als Zeitgeber und
Repräsentationsstücke und anderes mehr.

*Mechanische Werkzeuge,
zweite Hälfte des 18. Jahrhunderts*

*Der Mühlenberg bei Berlin,
um 1800*

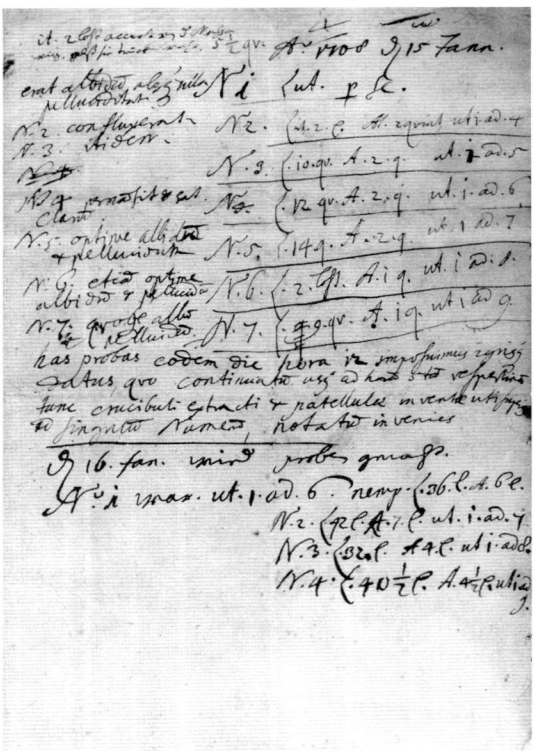

Versuchsaufzeichnung Johann Friedrich Böttgers, 1708

Die Gruppe der Mühlenbauer errichtete größere Wasser- und Windkraftanlagen. Vom Mühlenbauer des 18. zum Maschinenbauer des 19. Jahrhunderts führt eine direkte Kontinuitätslinie. Das Gleiche gilt für die „Kunstmeister", die städtische Wasserversorgungsanlagen oder Bergmaschinen bauten. Einige von ihnen waren fest angestellt, andere boten als wandernde Ingenieure ihre Dienste feil. Manche waren spezialisiert, andere brüsteten sich umfassender technischer Fähigkeiten auf zahlreichen Gebieten. Unter solchen „Projektemachern" befanden sich mehr oder weniger seriöse Gestalten.

Ein herausragendes Beispiel für einen auf zahlreichen technischen Gebieten tätigen französischen Ingenieur, der teilweise selbständig, aber auch als Inspektor für die Seidenfabrikation im Auftrag des Staates arbeitete, war Jacques de Vaucanson. Berühmtheit erlangte er um die Mitte des 18. Jahrhunderts durch seine Automatenfiguren, wie einen Flötenspieler oder eine aus mehr als 1.000 Einzelteilen bestehende Ente, die sich nicht nur bewegte, sondern auch Nahrung aufnahm, verdaute und ausschied. Vaucanson konstruierte nicht nur spielerische technische Geräte, sondern auch Wasserversorgungsanlagen, Werkzeugmaschinen und Textilmaschinen, darunter eine Vorform des Jacquardwebstuhls.

Zu den eher zweifelhaften „Projektemachern" gehörte der alchemistische Goldmacher Johann Friedrich Böttger, den der sächsische Kurfürst August (der Starke) 1701 zur Ausbeutung seiner Fähigkeiten gefangen setzte. Aus einer Vielzahl von Experimenten, die eine größere Arbeitsgruppe durchführte, ging schließlich 1708 die europäische Nacherfindung des Porzellans hervor – und wenig später die Porzellanmanufaktur Meißen.

Die Ingenieure in der deutschen Kleinstaaterei

Im 18. Jahrhundert gab es auf dem Gebiet des Deutschen Reiches eine Vielzahl kleinerer Herrschaften und einige Mittelstaaten wie Preußen, Sachsen und Bayern. Wenn die Kleinstaaten Ingenieurkompetenz benötigten, so beschafften sie sich diese, indem sie technische Fachleute, häufig aus dem Ausland, für eine begrenzte Zeit und ein spezifisches Projekt einstellten. Die größeren deutschen Länder schufen sich nach französischem Vorbild Corps der Militär- und Bauingenieure – allerdings notwendigerweise in kleinerem Maßstab.

In Sachsen löste Kurfürst August (der Starke) 1712 eine Genietruppe aus den Artillerieverbänden heraus. Unter den Mitgliedern befanden sich viele Bürgerliche und bezeichnenderweise nicht wenige französische und niederländische Ingenieure. Nachwuchs bildeten die Ingenieuroffiziere zunächst durch individuellen Unterricht aus. 1743 übernahm eine in Dresden gegründete Ingenieurakademie die Ausbildung, 1766 kam eine Artillerieakademie hinzu. Die beiden Schulen trugen wesentlich dazu bei, dass in Sachsen die Ingenieurtruppen einen nationaleren Charakter gewannen. Nach dem Siebenjährigen Krieg besaß das Ingenieurcorps mehr als 60 Angehörige. Wie auch in anderen Ländern wurde das Corps nicht nur für militärische, sondern auch für zivile Bauaufgaben eingesetzt.

Die 1799 in Berlin gegründete preußische Bauakademie orientierte sich explizit am Vorbild der École des Ponts et Chaussées. Zunächst erlebte die Bauakademie eine wechselvolle Entwicklung, weil die Ausbildung zwischen technischen und künstlerisch-ästhetischen Konzepten pendelte. Schließlich fand sie jedoch ihren Schwerpunkt in der Qualifizierung technischer Beamter für den Tief- und Hochbau sowie das Vermessungswesen. Die meisten deutschen Länder konnten sich spezielle militär- oder bautechnische Schulen nicht leisten. Einige behalfen sich, indem sie an existierenden Universitäten Lehrstühle für das Ingenieurwesen einrichteten. Die angehenden Ingenieure erwarben ihre Kenntnisse im eigenen Land und im Ausland in einer Art Patchwork aus praktischer Arbeit und theoretischer Unterweisung.

Ein spezieller technischer Unterricht entstand im Rahmen des Kameralstudiums, welches die Landesbeamten auf die Verwaltungsaufgaben vorbereitete. Es handelte sich um ein Fächerkonglomerat, das neben Finanz- und Staatswissenschaft auch das Fach Technologie, eine Art handwerkliche Gewerbekunde unter Einbeziehung der Landwirtschaft, enthielt. Gegen Ende des 18. Jahrhunderts bemühte sich der an der Universität Göttingen lehrende Johann Beckmann, die Technologie zu einer systematischen Verfahrenslehre zu entwickeln, ohne damit aber die entscheidende Zielgruppe, die Gewerbetreibenden selbst, zu erreichen. Das Kameralstudium besaß seine größte Bedeutung in der Zeit um 1800 und verschwand im Laufe des 19. Jahrhunderts wieder von der Bildfläche zugunsten der Juristerei. Jura löste die Kameralwissenschaften als übliches Verwaltungsstudium ab, weil es den entstehenden liberalen Verfassungsstaaten in erster Linie um die Rechtmäßigkeit der Verwaltungsakte ging und weniger um die politisch-ökonomische Gestaltung der Gesellschaft.

Folgten deutsche Länder im Militär- und Bauwesen dem französischen Vorbild, so war dies beim Bergbau umgekehrt. Die wichtigsten Reviere des mitteleuropäischen Edelmetallbergbaus befanden sich im Erzgebirge, im Harz und in der heutigen Slowakei und besaßen eine viel weiter zurückreichende Tradition als die nordfranzösischen Kohlereviere. Sachsen beschäftigte zum Beispiel seit dem Spätmittelalter Ingenieure als staatliche Bergbeamte. Die bergmännische Arbeit beruhte in großem Umfang auf kumuliertem Erfahrungswissen. Einzelne Gebiete, wie die Probierkunde, die Analyse der Erze, und das Markscheidewesen, das bergmännische Vermessungswesen, erforderten jedoch ein Mindestmaß an theoretischen Kenntnis-

sen. Das benötigte Wissen vermittelten die erfahrenen Beamten den Bergeleven in wenig formalisierten Unterrichtsformen.

Die Gründung von Bergschulen und Bergakademien seit der Mitte des 18. Jahrhunderts besaß mehrere Ursachen. In einigen Revieren hatte man technische Probleme zu bewältigen. Man drang in größere Tiefen vor, was die Förderung viel größerer Mengen an Grubenwasser notwendig machte. Hierfür eröffneten die zum Antrieb von Pumpen eingesetzten Dampfmaschinen Newcomen'scher oder Watt'scher Bauart erweiterte Möglichkeiten, verlangten aber auch zusätzliches Know-how. In anderen Revieren paarten sich politisch-ökonomische Krisenerscheinungen mit Anzeichen einer neuen bergbaulichen Blüte. Die Gründung der Bergakademie Freiberg 1765 in der Amtszeit des sächsischen Generalbergkommissars Friedrich Anton von Heynitz erfolgte vor dem Hintergrund der im Siebenjährigen Krieg an der Seite Österreichs erlittenen Niederlage gegen Preußen. Der Unterricht – unter Einschluss von Übungen und Versuchen – umfasste mathematische, naturwissenschaftliche und allgemeine technische sowie berg- und hüttenmännische Fächer. Die praktische Wirksamkeit des Unterrichts für den sächsischen Bergbau war umstritten, aber

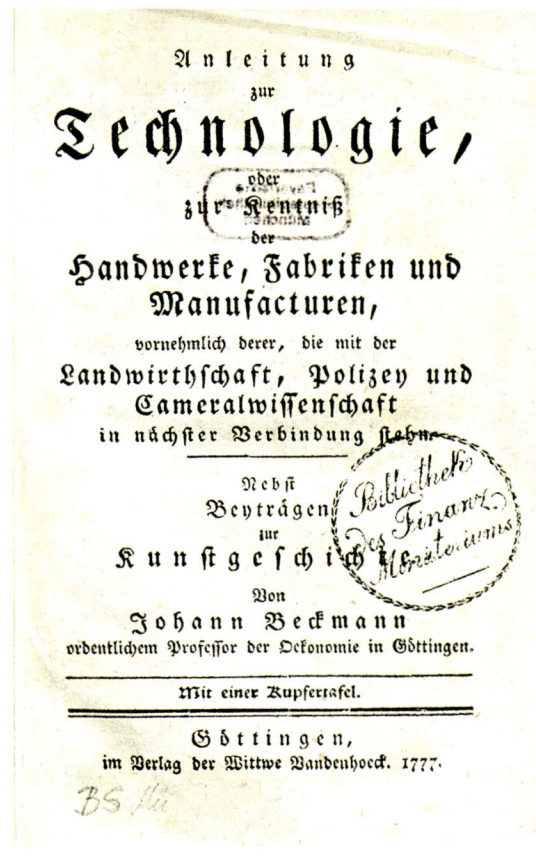

Titelblatt von Johann Beckmanns „Anleitung zur Technologie"

Grubenriss aus dem Bergbaugebiet von Schemnitz, um 1725

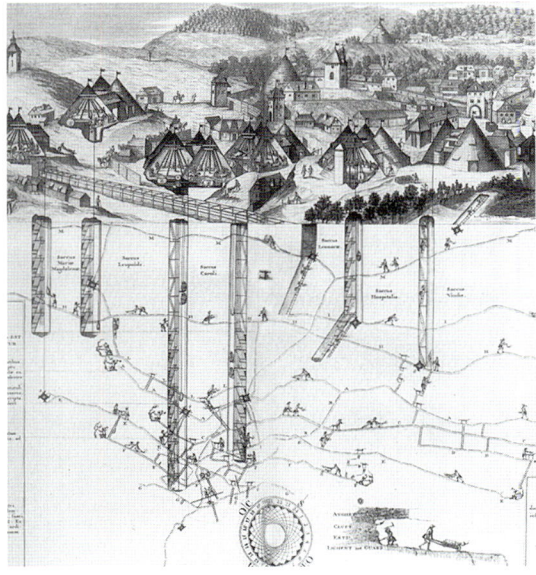

187

wissenschaftlich errang die Bergakademie jedenfalls hohes Ansehen. Der berühmteste Lehrer war Abraham Gottlob Werner, einer der Begründer der Geowissenschaften, spätere Berühmtheiten wie Alexander von Humboldt und Novalis zählten zu seinen Schülern. Im Laufe des folgenden Jahrzehnts wurden in weiteren Ländern Bergakademien gegründet, so das zur Habsburgermonarchie gehörende Schemnitz (Banska Stiavnica), Berlin und Clausthal. Die 1783 ins Leben gerufene Pariser École des Mines profitierte von diesen Vorläufern.

Staat und Industrie: Die Ingenieure in der Frühindustrialisierung 1800 – 1870

Die Herausforderung der britischen industriellen Revolution

Mit der in der zweiten Hälfte des 18. Jahrhunderts in Großbritannien einsetzenden industriellen Revolution begann ein zwei Jahrhunderte dauernder welthistorischer Veränderungsprozess. Die industrielle Revolution beschleunigte auf allen Gebieten des gesellschaftlichen Lebens den Wandel. Dies betraf das Bevölkerungswachstum, die Verstädterung, die Wirtschaftsgesinnung, die Güterproduktion, den Handel, den Konsum. Innerhalb eines knappen Jahrhunderts entwickelte sich Großbritannien von einem Agrar- zu einem Industriestaat. Mit der Fabrik und dem Maschinensystem verbreiteten sich neuartige Organisationsformen der gewerblichen Produktion. Straßen, Kanäle, Dampfschiffe und Eisenbahnen gestalteten das Verkehrssystem um.

Am erstaunlichsten musste es den deutschen und den französischen Beobachtern erscheinen, dass diese revolutionären Veränderungen erfolgten, ohne dass in Großbritannien ein formalisiertes System der Ingenieurausbildung existierte. Ingenieur wurde man, indem man bei einem erfahrenen freiberuflichen Ingenieur in die Lehre ging oder sich seine Kenntnisse in der industriellen Praxis aneignete. Unter den wichtigsten Erfindern und Innovatoren befanden sich mehr Handwerker und fachfremde Amateure als Ingenieure. All dies heißt nicht, dass theoretisches Wissen für technische Entwicklungsprozesse keine Rolle spielte. Wenn die Innovatoren an Grenzen ihres Wissens stießen, dann

Eisenhüttenwerk und Arbeitersiedlung Nantyglo in Wales, vor 1788

bemühten sie sich, diese durch Selbststudium zu überwinden, oder sie suchten bei anderen Rat und Hilfe. Auf der britischen Insel herrschte generell ein wissens- und innovationsfreundliches Klima. So fand in den städtischen technisch-wissenschaftlichen Gesellschaften, die von Wissenschaftlern, Technikern, Geschäftsleuten, Handwerkern und anderen Interessierten besucht wurden, ein reger fachlicher Austausch statt.

Als Ergebnis der erfolgreichen Industrialisierung produzierte Großbritannien in der ersten Hälfte des 19. Jahrhunderts in den wichtigsten Branchen, in der Textilindustrie, bei Eisen und Stahl, im Maschinenbau, bei der Steinkohle, größere Gütermengen als die gesamte übrige Welt zusammen – und dies meist zu niedrigeren Preisen. Für die übrigen Volkswirtschaften stellte das überlegene Produktionssystem eine große Gefahr dar. Eine Atempause erhielten sie durch Napoleon, der dem britischen Exportgewerbe Schaden zufügen wollte und deshalb seit 1806 mit Hilfe der „Kontinentalsperre" britische Waren vom Festland fern hielt. Nach dem Ende der napoleonischen Kriege und der Neuordnung Europas durch den Wiener Kongress 1815 drohten die britischen Waren erneut die kontinentaleuropäischen Märkte zu überschwemmen. Die meisten Staaten reagierten darauf mit einer Kombination aus Schutzzoll- und Technologiepolitik. Sie errichteten für bestimmte Waren Zollmauern und suchten hinter deren Schutz die eigene Industrie technisch aufzurüsten.

In Großbritannien war die Industrialisierung ohne große direkte staatliche Eingriffe in Gang gekommen. Der Staat beschränkte sich auf die Schaffung günstiger politischer, rechtlicher, finanzieller und infrastruktureller Rahmenbedingungen. In der Frühindustrialisierung nahm er gravierende soziale Missstände in Kauf, die in der Ausnahmesituation der napoleonischen Kriege zu bürgerkriegsähnlichen Verhältnissen führten. Aber auch danach vertraute das wirtschaftsliberale Königreich mehr auf vorsichtige Regulierungsmaßnahmen und die Dynamik der technisch-wirtschaftlichen Entwicklung,

als Lösungen in einer aktiven Sozial-, Wirtschafts- und Technologiepolitik zu suchen.

In Frankreich und Deutschland mit ihren ganz anderen politischen Traditionen stand eine derart passive Politik außerhalb der Debatte. Die Regierungen fühlten sich verantwortlich für die soziale, technische und wirtschaftliche Entwicklung. Als zentrale Politikfelder propagierten sie die Institutionalisierung technischer Bildung und die Förderung des Technologietransfers aus Großbritannien. Während die Staaten bei der Bildung auf lange Sicht ihre Prärogative wahrten, ging beim Technologietransfer die Initiative mit der Zeit auf die Industrie über. Brennpunkte für die Diskussion über nachholende Industrialisierung bildeten zunächst Gewerbe- und Polytechnische Vereine. Dominiert von hohen Ministerialbeamten, organisierten sie Vorträge und brachten technische Zeitschriften und andere Abhandlungen heraus. Insgesamt lassen sie sich jedoch mehr als Zeichen des Willens zur nachholenden Industrialisierung interpretieren denn als erfolgreiche Industrialisierungsinstrumente.

Beim Technologietransfer besaß der personale Transfer eine überragende Bedeutung: die Weitergabe von Wissen und Können von Person zu Person. Hierbei gab es zwei Möglichkeiten: Kontinentaleuropäische Techniker gingen nach England oder englische Techniker wurden von der kontinentalen Industrie angeheuert. Frühe „Informationsreisen" nach England zielten zwar häufig auf Industriespionage, erwiesen sich aber letztlich als wenig erfolgreich. Meist reichten kurze Stippvisiten nicht aus, um sich die benötigten technischen Kenntnisse anzueignen. Hierzu bedurfte es längerer Arbeit in englischen Fabriken und Werkstätten.

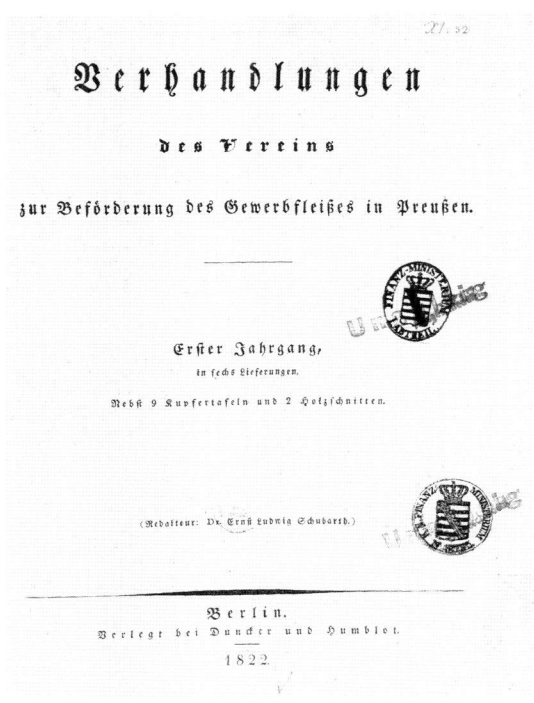

Titelblatt der „Verhandlungen des Vereins zur Beförderung des Gewerbfleißes in Preußen", 1822

189

Das Hüttenwerk von Gleiwitz mit dem ersten deutschen Kokshochofen, 1796

Bis zum Jahr 1824 war englischen Fachkräften die Arbeit auf dem Kontinent verboten. Dies verhinderte jedoch nicht, dass zu diesem Zeitpunkt bereits mehr als 2.000 von ihnen eben dies taten. Jedoch verlief die Zusammenarbeit mit den englischen Technikern und Ingenieuren alles andere als spannungsfrei. Es waren nicht unbedingt die seriösesten Kräfte, die sich über die bestehenden Verbote hinwegsetzten. Und die englischen Fachleute waren sich ihres überlegenen Wissens wohl bewusst und traten entsprechend arrogant auf. Insgesamt dauerte es einige Jahrzehnte, bis kontinentale Betriebe so weit waren, dass sie auf britisches Know-how verzichten konnten. Dies lässt sich am Beispiel des Lokomotivbaus zeigen. Die deutschen Eisenbahngesellschaften erwarben zunächst Lokomotiven aus England, Belgien und den USA. Wenn deutsche Werkstätten diese eine Zeit lang gewartet und repariert hatten, gelangen ihnen auch Nachbauten. Davon ausgehend konstruierte man später eigenständige Lokomotiven.

Schulen für die nachholende Industrialisierung

In Frankreich wie in Deutschland waren die aufgeklärte und liberale Beamtenschaft sowie Teile des Wirtschaftsbürgertums davon überzeugt, dass eine Förderung technischer Bildung den Königsweg zur Industrialisierung bildete. Die Hochschätzung von Bildung als Motor sozioökonomischer Entwicklung war über Jahrhunderte durch Humanismus, Pietismus, Aufklärung und Rationalismus vorbereitet worden. Es bot sich an, das französische Modell der schulischen Ausbildung von Staatsdienstingenieuren auf die Privatindustrie zu übertragen. In Deutschland

Lokomotivfabrik Maffei bei München, um 1850

Gründungsdaten von Schulen für die Ausbildung von Industrieingenieuren in Frankreich 1800–1945

Vortrag im Conservatoire des Arts et Métiers, Paris

erhielt die Wertschätzung von Bildung zusätzlichen Schub durch die von Wilhelm von Humboldt und anderen anlässlich der Gründung der Berliner Universität 1810 geführte Diskussion. Der nahe liegende Einwand, dass die britische Industrialisierung ohne weitgehende Institutionalisierung technischer Bildung ausgekommen sei, wurde wenig thematisiert. Falls doch, dann wurde die Meinung geäußert, dass zwar eine Industrialisierung nach englischem Modell, das heißt ohne technische Schulen, grundsätzlich möglich sei, man mit Hilfe technischer Bildung aber schneller ans Ziel gelangen werde.

Die ersten französischen Industrieschulen waren die Écoles des Arts et Métiers. Der Begriff rekurrierte auf die alten Artes mechanicae, was in dieser Zeit als Technik, Gewerbe und Handwerk interpretiert wurde. Die Écoles des Arts et Métiers besaßen Vorläufer im späten 18. Jahrhundert. Dauer gewannen die Gründungen von drei Schulen in Châlons-sur-Marne 1803/1806, Angers 1811/1815 und Aix-en-Provence 1843. Die Schüler kamen vor allem aus Handwerker- und Arbeiterfamilien und verfügten bereits über berufliche Qualifikationen. Ihre Zahl war auf 300 pro Schule begrenzt. Der drei beziehungsweise vier Jahre dauernde Unterricht bestand

*Gründungsdaten von Gewerbe-
schulen, Polytechnischen
Schulen und Technischen
Hochschulen im deutsch-
sprachigen Raum 1800–1945*

1806	Prag
1815	Wien
1821	Berlin
1825	Karlsruhe
1827	München
1828	Dresden
1829	Stuttgart
1831	Hannover
1835	Braunschweig
1836	Darmstadt
1855	Zürich
1870	Aachen
1904	Danzig
1910	Breslau

Höhere Ansprüche verfolgte die 1829 in Paris durch drei Naturwissenschaftler und einen Geschäftsmann gegründete École Centrale des Arts et Manufactures, die drei Jahrzehnte später vom Staat übernommen wurde. Die aus der bürgerlichen Oberschicht von Handel und Industrie stammenden Bewerber wurden mit Hilfe eines mathematisch orientierten Aufnahmeconcours ausgewählt. Bis 1880 wuchs die Schülerzahl der École Centrale auf 700. In der drei Jahre dauernden Schulzeit nahmen Mathematik und Naturwissenschaften einen hohen Stellenwert ein. Die Technik selbst wurde enzyklopädisch vermittelt. Praktische Unterrichtsformen standen demgegenüber zurück.

Bei dem 1794 gegründeten Conservatoire des Arts et Métiers in Paris handelte es sich um ein technisches Museum, wobei damals Museen noch mehr als heute als Bildungsinstitutionen verstanden wurden. Es war deshalb nur konsequent, wenn das Conservatoire – unter Nutzung seiner Exponate – auch technischen Unterricht anbot. Insbesondere gaben Abendkurse Arbeitern die Möglichkeit, sich technisch weiterzubilden.

In den deutschsprachigen Ländern ging die österreichisch-ungarische Monarchie, wo Gewerbeförderung seit der Regierungszeit Maria Theresias ein wichtiges Politikfeld war, den deutschen Mittelstaaten bei der Institutionalisierung technischer Bildung voran. Der gemeinsame Hintergrund der Schulgründungen bestand im Willen zur Industrialisierung sowie in durch die napoleonischen Kriege und ihre Folgen ausgelösten ökonomischen Krisen. 1806 riefen die böhmischen Stände in Prag ein Polytechnisches Institut ins Leben, 1815 die Kronmonarchie in Wien. In den deutschen Ländern mittlerer Größe kam es zwischen 1821 und 1836 zu einer regelrechten Gründungswelle. In diesen anderthalb Jahrzehnten entstanden Gewerbeschulen und Polytechnische Schulen in Berlin, Karlsruhe, München, Dresden, Stuttgart, Hannover, Braunschweig und Darmstadt. Es fällt auf, dass alle technischen Schulen in Haupt- und Residenzstädten lagen. Damit erleichterte sich die Regierungsbürokratie Einflussnahmen;

überwiegend aus praktischer Arbeit in Werkstätten, angereichert mit Lektionen in den Klassenzimmern. Die Schüler erwarben ein Wissen, welches dem von Facharbeitern und Meistern entsprach.

*Die Gewerbeschule in
Stuttgart*

außerdem waren einige Städte wichtige Gewerbestandorte.

Der Unterricht der technischen Schulen gliederte sich in vorbereitende Veranstaltungen, was dem heutigen Grundstudium nahe kommt, und die eigentlichen technischen Veranstaltungen, die dem heutigen Hauptstudium entsprechen. In dieser Zweigliederung machten sich französische Einflüsse geltend, jedoch enthielt das Grundstudium weniger Mathematik und Naturwissenschaften als in Frankreich und mehr – wie man heute sagen würde – Geistes- und Sozialwissenschaften. Der vorbereitende Unterricht in Rechnen, Lesen, Schreiben, Literatur, Geschichte und anderen Fächern sollte Bildungsdefizite der blutjungen Schüler beseitigen.

Die Studiengänge des technischen Hauptstudiums bezogen sich auf die Sparten des Staatsdienstes, wie Bauwesen oder Post. Auf die Wirtschaft zielten Schulen oder Abteilungen – heute würde man von Fakultäten sprechen – für Handel und Technik. Erst später kam es zu weiteren Ausdifferenzierungen, die in etwa heutigen Ingenieurfakultäten entsprechen. Deren wichtigste war die in mechanischer Technologie, das heißt Maschinenbau, und chemischer Technologie, das heißt Chemie und Verfahrenstechnik. Eine Rei-

he von Gewerbeschulen konnte sich aufgrund begrenzter Mittel ein derartig aufgefächertes Angebot lange Zeit nicht leisten. Sie offerierten ein buntes Fächerkonglomerat als eine Art allgemeiner technischer Bildung.

Ihr zentrales, anlässlich der Gründungen formuliertes Ziel, nämlich durch die Absolventen eine nachholende Industrialisierung zu beschleunigen, erreichten die technischen Schulen – ausweislich von Karriereuntersuchungen – nur sehr bedingt und mit zeitlicher Verzögerung. Von den Absolventen landete nur eine Minderheit in der Industrie. Die meisten gingen, in Deutschland wie in Frankreich, in den Staatsdienst. In Deutschland tauchten Absolventen der Gewerbeschulen zudem in Wirtschaftsberufen wie Landwirt, Kaufmann und Apotheker auf. In Frankreich begann sich dies in den 1830er/1840er Jahren zu ändern. Seitdem nahm die Zahl der in die Industrie eintretenden Techniker zu, die an den Écoles des Arts et Métiers sowie an der École Centrale gelernt hatten. Entsprechend ihrer spezifischen Qualifikation besetzten sie unterschiedliche Positionen. Die Centraliens machten sich als Beratende Ingenieure selbständig und gelangten in Managementpositionen bei den Eisenbahnen, später auch im Maschi-

193

Allegorische Darstellung Peter Christian Wilhelm Beuths und seiner technischen Interessen, von Karl Friedrich Schinkel, 1836

EPOCHA ANNI DOM MDCCCXXXVI

Titelblatt der „Zeitschrift des Vereins deutscher Ingenieure", 1857

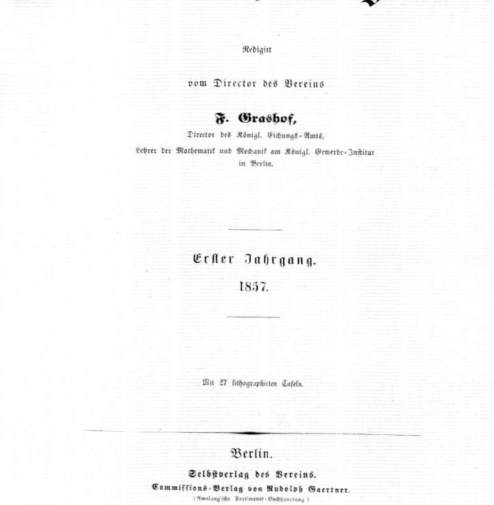

nenbau. Die Gadzarts, die Absolventen der École des Arts et Métiers, begannen in den Maschinenbaufirmen häufig als Zeichner und arbeiteten sich, vom Konstruktionsbüro ausgehend, in der Hierarchie nach oben.

In Deutschland war das Berliner Gewerbeinstitut eine markante Ausnahme von der Regel, dass sich die Bedeutung der Gewerbe- und Polytechnischen Schulen für die frühe Industrialisierung in engen Grenzen hielt. Peter Christian Wilhelm Beuth, der Leiter der Schule, vermittelte einen großen Teil der bis zur Jahrhundertmitte am Gewerbeinstitut ausgebildeten etwa 1.000 Techniker in die Industrie und in andere Gewerbe. Im Bauwesen machten sich viele selbständig, im Maschinenbau und im Hüttenwesen arbeiteten die meisten in abhängigen Positionen. Abgesehen von der erfolgreichen Vermittlungstätigkeit Beuths dürften die Gründe für die Ausnahmestellung

des Gewerbeinstituts darin liegen, dass die Ausbildung praxisorientierter und theoretisch weniger anspruchsvoll war als an anderen Schulen. Das Gewerbeinstitut verfügte über eine Reihe gut ausgestatteter Werkstätten und sogar über moderne englische Werkzeugmaschinen.

In der Frühindustrialisierung war der Bedarf der Wirtschaft an Ingenieurqualifikationen noch gering. Selbst in Großbetrieben arbeiteten um die Mitte des 19. Jahrhunderts nur eine Hand voll Ingenieure, die eine qualifizierte schulische Ausbildung besaßen. Die meisten technischen Fachkräfte dienten sich in der Industrie von der Pike auf hoch. Sie erwarben ihre technischen Qualifikationen durch Learning by Doing, gegebenenfalls angereichert durch Selbststudium oder Abendkurse. Wenn der Unternehmer ihnen einen erweiterten Verantwortungsbereich zuwies, dann wusste er um ihre Kompetenzen und Potentiale.

Die Umrisse der Ingenieurberufsgruppe waren damals weitgehend unklar. Bei dem Wort „Ingenieur" hallte noch die frühere Bedeutung als Kriegsingenieur nach. Die weiteste Verbreitung besaß die Bezeichnung „Techniker". Die Unsicherheit der Begriffe zeigte sich auch bei der Gründung des VDI im Jahre 1856. Die Gründer entschieden sich zwar für den Namen „Verein Deutscher Ingenieure", aber in der Satzung war unter dem Kapitel „Mitgliedschaft" nur von „Technikern" die Rede. Im 19. Jahrhundert indizierten neben „Ingenieur" und „Techniker" weitere Begriffe höhere technische Qualifikationen, wie z.B. „Meister", wobei sich in dieser Bedeutung am längsten die Zusammensetzung „Baumeister" erhielt.

Die Gründungen der Société des Ingénieurs Civils de France 1848 und des Vereins Deutscher Ingenieure 1856 stehen für die allmähliche Herausbildung einer eigenständigen und vom Staatsdienst unabhängigen Berufsgruppe der Industrieingenieure. Der VDI wurde bezeichnenderweise von Absolventen des Berliner Gewerbeinstituts ins Leben gerufen, das im Unterschied zu den anderen Gewerbeschulen keine Ingenieure für den Staatsdienst ausbildete. Die Aufnahme von Mitgliedern in den VDI erfolgte zunächst ausgesprochen großzügig. Industrieingenieure, Gewerbeschullehrer, Unternehmer und Manager, aber auch Handwerker konnten in den Verein eintreten – Hauptsache, sie fühlten sich der Technik verpflichtet. 1870 besaß der VDI mehr als 1.800 Mitglieder. Die Société des Ingénieurs Civils verstand sich zunächst als Absolventenvereinigung der École Centrale. Mit ihrem Namen lehnte sie sich an die freiberuflich tätigen englischen Civil Engineers, die Beratenden Ingenieure, und deren Vereinigungen an. In der Société wurden die Beratenden Ingenieure jedoch bald zur Minderheit; in der Folgezeit nahm sie auch Absolventen anderer Schulen auf. 1870 zählte sie über 1.000 Mitglieder.

Der Staatsdienst als Leitbild

Die deutschen Gewerbeschulen und Polytechnischen Schulen sollten eigentlich für die Industrie ausbilden, tatsächlich gingen die meisten Absolventen aber in den Staatsdienst. Entgegen ihrer ursprünglichen Programmatik übernahmen die technischen Schulen damit de facto eine Doppelfunktion: die Ausbildung von Technikern und Ingenieuren für die Wirtschaft und für den Staat. Die einzige Ausnahme bildete Preußen, das seine Staatstechniker

von der 1799 gegründeten Bauakademie bezog; Privattechniker wurden auf dem 1821 ins Leben gerufenen Gewerbeinstitut ausgebildet. In den anderen Ländern teilten sich die Gewerbeschulen und Polytechnischen Schulen die Staatsdienstausbildung meist mit den Universitäten. Vielfach legten die Polytechnika die Grundlagen, der Abschluss des Studiums fand aber an den Universitäten statt, wo es neben den juristischen und staatswissenschaftlichen Lehrstühlen auch technische gab.

Um die Mitte des 19. Jahrhunderts übernahmen die Polytechnischen Schulen die Ingenieurausbildung für den Staatsdienst ganz. Sie richteten Abteilungen für die einzelnen Staatsdienstsparten ein: für Bauwesen, Militär, Forstwesen, Post, Eisenbahnwesen usw. An einer Reihe von Abteilungen wie Bauwesen und Eisenbahn studierten sowohl Aspiranten für den Staatsdienst wie für die Industrie. Die Inhalte entstammten jedoch den Staatsdienstanforderungen, und normierte Abschlüsse gab es nur in Gestalt der Staatsexamina. Die angehenden Industrieingenieure mussten sich also auf die für die Staatsdienstlaufbahnen entworfenen Curricula einlassen und, falls

Bau des Niederschlesisch-Märkischen Bahnhofs in Berlin, 1869

Pont de Cubzac, 1841

nische Hochschule durch Fusion gebildet wurde, kamen zwei Drittel der Studenten aus der Bauakademie und nur ein Drittel aus der Gewerbeakademie. Und es dauerte bis etwa 1890, dass der Verein Deutscher Ingenieure, in dem tendenziell die Industrieingenieure organisiert waren, mehr Mitglieder aufwies als der Verband deutscher Architekten- und Ingenieurvereine, der Dachverband der im Staatsdienst beschäftigten Ingenieure.

Architekten- und Ingenieurvereine entstanden seit 1824 auf lokaler und regionaler Ebene. Ihr Ziel waren die fachliche Fortbildung und der Erfahrungsaustausch. Sie legten bei ihren Mitgliedern Wert auf hohe formale Qualifikationen, wie sie für den Staatsdienst vorgeschrieben waren. Der Verband deutscher Architekten- und Ingenieurvereine (VdAI) ging 1871 aus schon länger abgehaltenen gemeinsamen Treffen der Regionalvereine hervor. Bei seiner Gründung zählte er bereits 3.500 Mitglieder.

In Frankreich entstammte das System der Ausbildung der höheren technischen Staatsbeamten dem 18. Jahrhundert. Im 19. Jahrhundert gingen die besten Absolventen der École Polytechnique auf die Écoles d'application, und zwar die angehenden Baubeamten auf die École des Ponts et Chaussées und die Bergbeamten auf die École des Mines. Dabei lässt sich ein hohes Maß an „sozialer Vererbung" konstatieren: Ein nicht unerheblicher Teil der Eleven stammte aus Familien, bei denen bereits Angehörige in den Corps tätig waren. Für die frühindustriellen Firmen blieben die staatlichen Ausbildungsstätten ohne Bedeutung.

Die Zahl der im Corps des Ponts zusammengefassten Baubeamten erhöhte sich nach der napoleonischen Zeit nur geringfügig, von etwa 500 auf 600. Als die zunehmenden Aufgaben eine Expansion erforderlich machten, erfolgte diese vor allem durch Vermehrung der technischen Hilfskräfte („Conducteurs"); 1848 beschäftigte das Corps etwa 2.000 Conducteurs. Die Verkehrswege blieben auch im 19. Jahrhundert die wichtigste Aufgabe des Corps. Erst jetzt entstand ein dichtes, in National-, Departement- und Landstra-

sie ein Abschlussexamen wünschten, die erste Staatsprüfung ablegen. Besonders in der Bautechnik war dies lange Zeit verbreitet. Die Maschinenbauer dagegen studierten üblicherweise so lange, bis sie glaubten, genug gelernt zu haben, um sich dann – versehen mit Jahreszeugnissen, aber ohne Abschluss – in der Industrie zu bewerben.

In den deutschen Ländern führten noch im 18. Jahrhundert Militäringenieure staatliche Bauaufgaben durch. Im 19. Jahrhundert wurden diese weitgehend von zivilen staatlichen Bauingenieuren übernommen. Die entstehende Bauverwaltung erfüllte eine zweifache Aufgabe: Sie überwachte das private Bauwesen und sie plante und organisierte staatliche Baumaßnahmen. Das war nicht gerade wenig. In Preußen schätzte man in den 1870er Jahren den Staatsanteil an der Gesamtheit der Bauinvestitionen auf 40 Prozent – allerdings war dies ein Maximalwert im 19. Jahrhundert.

1850 zählte man in der preußischen Staatsverwaltung etwa 400 Baubeamte. Bezieht man die anderen deutschen Länder mit ein und ebenso die kommunalen Beamten, dann gelangt man zu beträchtlichen Größenordnungen. Indizien lassen vermuten, dass im 19. Jahrhundert die Zahl der im Staatsdienst beschäftigten Ingenieure jene in der Privatwirtschaft überstieg: Als 1879 die Berliner Tech-

ßen gegliedertes Straßennetz. Mit der Zahl der Straßen nahm auch die der Brücken zu. Allein zwischen 1830 und 1850 wurden in Frankreich an die 400 Hängebrücken gebaut. Unter ihnen befanden sich zukunftsweisende Konstruktionen; aber es wird auch von spektakulären Einstürzen berichtet – im Fall einer Brücke bei Angers mit 266 Toten. Im 19. Jahrhundert verdreifachte sich die Länge der französischen Kanäle. Seit den 1840er Jahren hatte das Corps zudem mit dem Eisenbahnbau zu tun. Die Eisenbahnen wurden zwar von privaten Gesellschaften gebaut, aber das Corps entwarf die Grundlinien des Netzes.

Eine einflussreiche Institution wie das Corps des Ponts et Chaussées besaß Kritiker und Neider. Nicht wenigen ging im Bauwesen der Einfluss des Staates zu weit; andere mokierten sich über die im Corps und an der École des Ponts herrschende Theorieorientierung. Beides lässt sich am Beispiel eines Brückenprojekts illustrieren, des 1824 begonnenen Pont des Invalides. Der Name des Konstrukteurs Claude-Louis-Marie-Henri Navier lebt unter anderem in der Strömungsmechanik in den Navier-Stokes-Gleichungen fort. Navier stand zu dieser Zeit als Lehrer an der École des Ponts und Mitglied der Académie des Sciences in hohem Ansehen. Im Anschluss an

VUE DU PONT DES INVALIDES.

eine Informationsreise nach England fasste er seine theoretischen Überlegungen über Hängebrücken zusammen und begann mit der Planung einer Kettenbrücke über die Seine von bislang unerreichten Dimensionen. Die 170 Meter lange Brücke sollte die technische Führungsrolle Frankreichs wie die des Corps demonstrieren und gleichzeitig die praktische Brauchbarkeit der Navier'schen Brückentheorie unter Beweis stellen. Um Überdimensionierungen zu vermeiden, wurden alle Teile durchgerechnet. Fachkollegen lobten das Konzept überschwänglich; doch das Bauwerk selbst hatte mit Problemen zu kämpfen. Vor allem waren die Ketten nicht stabil genug verankert, wobei konstruktive Mängel durch die Folgen einer Überschwemmung noch verstärkt wurden. Die Schwachpunkte der Brücke hätten sich beheben lassen, doch bereiteten die von vornherein skeptische Stadt Paris und finanzielle Probleme dem Projekt ein Ende. Die begonnene Brücke wurde abgerissen und durch eine einfachere eines privaten Bauunternehmers ersetzt; seine Formeln hingegen entwickelte Navier zu tragfähigen Fundamenten für den Brückenbau weiter.

Das Corps des Mines, der Bergbauingenieure, war jünger und kleiner als das der Ponts, setzte sich aber im Laufe des 19. Jahrhunderts an die Spitze der Prestigerangliste. Am Vorabend der Revolution zählte das Corps 22 Mitglieder, eine Zahl, die sich bis 1876 auf 154 erhöhte. Es rekrutierte sich aus den allerbesten Absolventen der École Polytechnique. Zu den Aufgaben des Corps gehörte die Oberaufsicht über die Zechen, die Schwerindustrie und die Eisenbahnen.

Das Ansehen der Ingenieure im Staatsdienst übertraf in der Frühindustrialisierung das der Ingenieure in der Privatindustrie – in Frankreich in noch höherem Maße als in Deutschland. Die Staats-

Versuchsfärberei der BASF, um 1900

dienstingenieure hatten ein vollständiges Studium an angesehenen technischen Schulen durch Examina abgeschlossen und befanden sich in gesicherten, nicht schlecht dotierten Positionen. Es kann nicht verwundern, dass der technische Staatsdienst für die Industrieingenieure ein Leitbild für die Entwicklung ihres eigenen Berufsfelds darstellte.

Berufsstand und Industriearbeit: Die Ingenieure in der Hochindustrialisierung 1870–1914

Die Ausdifferenzierung und die Zweigliedrigkeit des deutschen Ingenieurwesens

Aller bilateralen und multilateralen staatlichen Absprachen zum Trotz litten Wirtschaftsentwicklung und Industrialisierung in Deutschland unter der politischen Zersplitterung. Erst die Reichsgründung 1870/71 schuf die Voraussetzungen für eine weitgehende Vereinheitlichung des deutschen Wirtschaftsraums. Die Eisenbahnverbindungen und ein seit dem späten 19. Jahrhundert hinzukommendes Netz leistungsfähiger Wasserstraßen trugen zur Verflechtung des deutschen Binnenmarktes bei und stärkten den Außenhandel.

In der Phase der Hochindustrialisierung, die mit der Reichsgründung begann, expandierte die deutsche Wirtschaft und erhöhte ihr Qualitätsniveau. In traditionellen Sektoren wie im Bergbau und Hüttenwesen sowie im Maschinenbau wurde die deutsche Industrie international konkurrenzfähig. In neuen Industrien wie der Chemie und der Elektrotechnik erreichte sie um die Jahrhundertwende eine führende Position auf dem Weltmarkt.

Der industrielle Aufschwung kurbelte die Nachfrage nach Ingenieuren an. Wei-

*Fertigung kleiner Dreh-
strommotoren bei der AEG
in Berlin, um 1900*

ter profitierte der Ingenieurarbeitsmarkt von der Tendenz zu größeren Betrieben. In den Großbetrieben nahm der Umfang der Verwaltungsaufgaben zu und wurden differenzierte Hierarchien etabliert. Allein durch Höherqualifizierung der vorhandenen Fachkräfte war die expandierende Ingenieurnachfrage nicht zu decken. In den 1880er Jahren begann die Industrie deshalb in großem Umfang, an technischen Hoch- und Mittelschulen ausgebildete Ingenieure einzustellen. Dies geschah, obwohl nicht wenige Unternehmer den von den Schulen kommenden Ingenieuren ein gehöriges Maß an Skepsis entgegenbrachten. Sie waren ihnen zu theoretisch ausgebildet und verfügten über zu geringe praktische Erfahrungen. Als Konsequenz mussten die Berufsanfänger in den Unternehmen – nicht anders als in den Jahrzehnten vorher – ganz unten anfangen. Hierfür zwei prominente Beispiele: Obwohl Emil Rathenau, der spätere Gründer der AEG, ein Studium des Maschinenbaus und einige praktische Erfahrungen vorweisen konnte, musste er bei Borsig 1862 als Zeichner einsteigen. Friedrich von Hefner-Alteneck, der spätere Chefkonstrukteur von Siemens & Halske, hatte immerhin Physik studiert. Als er damit 1867 bei der Berliner Telegraphenbaufirma anklopfte, wurde er abgewiesen und musste sich eine Zeit lang als Arbeiter verdingen. So etwas

war auch noch in späterer Zeit durchaus üblich. Wenn sich die Akademiker aber im Unternehmen bewährten, dann standen ihnen attraktive Positionen offen.

Emil Rathenau blieb bei Borsig nur etwa ein halbes Jahr. Sein technisches Wissen erweiterte er durch einen zweijährigen Aufenthalt in England, wo er bei bekannten Maschinenbaufirmen arbeitete. Nach Deutschland zurückgekehrt, machte er sich selbständig. Er erlebte einige wirtschaftliche Rückschläge, ehe er

*Laboratorium bei Siemens in
Berlin, um 1910*

Speisekarte des Abschiedsessens für Friedrich von Hefner-Alteneck, 1890

Wilhelm Maybach (am Steuer) und Gottlieb Daimler (daneben) in einem Daimler, 1890er Jahre

in den 1880er Jahren die AEG ins Leben rief und in der Folge zur Weltfirma entwickelte. Um die Jahrhundertwende war er einer der führenden deutschen Industriellen, der mit dem Kaiser verkehrte und dessen Rat begehrt war.

Friedrich von Hefner-Alteneck war bei Siemens & Halske nur einige Monate als einfacher Arbeiter tätig. Danach richtete er – unter der Funktionsbezeichnung „Zeichner" – ein kleines Konstruktionsbüro ein. Sein Arbeitsgebiet umfasste in den folgenden beiden Jahrzehnten – wie man heute sagen würde – Forschung, Entwicklung und Konstruktion. Daraus gingen unter anderem eine sich selbst regelnde Differenzial-Bogenlampe, die es ermöglichte, mehrere der hellen Beleuchtungskörper in einem Stromkreis zu betreiben, sowie eine zukunftsweisende Dynamomaschine mit Trommelanker hervor. Mit der Zeit wuchs er in die Funktion des leitenden technischen Managers für die Starkstromabteilung hinein. 1889 schied der selbstbewusste Hefner-Alteneck aus dem Unternehmen aus, weil er sich nach dem Rückzug des Firmenpatriarchen Werner von Siemens dessen Nachfolgern nicht unterordnen wollte. Fortan als freier Erfinder sowie in mehr repräsentativen Funktionen tätig, wurden ihm bedeutende Ehrungen zuteil. Die preußische Akademie der Wissenschaften, die der Technik an sich wenig Verständnis entgegenbrachte, wählte ihn 1900 zum Mitglied. Mehr dürfte es ihn befriedigt haben, dass die Einheit der Lichtstärke nach ihm benannt wurde: Das „Hefner" war in einer Reihe von Ländern bis in die 1940er Jahre hinein gebräuchlich.

Der Einstieg in den Ingenieurberuf über ein technisches Studium wurde im späten 19. Jahrhundert zur Regel. Vor 1870 besaß die Mehrheit der Industrieingenieure keine an technischen Schulen erworbene Qualifikation. Um die Jahrhundertwende bildeten solche „Praktiker" oder „Empiriker" unter den Ingenieuren nur noch eine Minderheit. Der im Unternehmen erfolgende Aufstieg vom Facharbeiter zum Ingenieur blieb zwar als Ausnahme bis weit ins 20. Jahrhundert hinein erhalten. Unternehmer sangen noch lange das Hohelied des Praktikers und Autodidakten – doch sah die Einstellungspraxis der Firmen anders aus.

Der allmähliche Übergang vom „Praktiker" zum studierten Ingenieur lässt sich gut am Beispiel des Baus von Verbrennungsmotoren und Automobilen illustrieren. Nikolaus August Otto, dessen Name unauflöslich mit dem Viertaktmotor verknüpft ist, besaß überhaupt keine technische Ausbildung. Von der Not getrieben, schloss er eine Kaufmannslehre ab, sein Interesse aber galt der Technik. Seine technischen Kenntnisse erwarb er – unterstützt durch einen Mechaniker – beim Basteln an seinen Motorkonstruktionen. Sein Partner Eugen Langen, mit dem er 1864 in Deutz eine Motorenfabrik gründete, war dagegen studierter Maschinenbauer. In der Folge teilten sich die beiden die technischen und kaufmännischen Arbeiten.

Gottlieb Daimler und Wilhelm Maybach, die beiden Miterfinder des Automobils, profitierten von einer mehrjährigen Tätigkeit in Ottos Deutzer Motorenfabrik. Daimler hatte ein paar Jahre das Stuttgarter Polytechnikum besucht; Maybach, der eigentliche konstruktive Kopf, hatte sich seine Kenntnisse hingegen in der industriellen Praxis angeeignet. Als Gespann gelang es ihnen, den schweren Ottomotor für mobile Zwecke weiterzuentwickeln.

Rudolf Diesel studierte unter anderem bei dem Kältemaschinenbauer Carl von Linde. Der erfinderische Diesel setzte sich das Ziel, die dabei gelernten thermodynamischen Prinzipien in einen gebrauchsfähigen Motor umzusetzen. Im Nachhinein lässt sich urteilen, dass der Erfindungsgedanke genial, die angestellten Berechnungen zum thermischen Wirkungsgrad indessen illusionär waren. Diesel musste die Erfahrung machen, wie aufwendig und langwierig der Weg von der Erfindung zur Marktreife – trotz hervorragender Kooperationspartner – sein kann. Er erfuhr zwar noch zu Lebzeiten hohe Ehrungen, verlor aber gleichzeitig sein gesamtes Vermögen. Der Siegeszug seines Motors erstreckte sich in den einzelnen Anwendungsfeldern über Jahrzehnte und dauert teilweise auch heute noch an.

Zu Beginn der Hochindustrialisierung gab es in Deutschland eine relativ große Zahl Polytechnischer Schulen – ein Resultat der vorangegangenen Periode der politischen Zersplitterung, als jedes größere und mittlere Land eine eigene Unterrichtsanstalt gegründet hatte. In den wirtschaftlich und finanziell schwächeren Ländern führte dies dazu, dass die Landeshochschulen extrem niedrige Studentenzahlen von teilweise weniger als 100 aufwiesen. Die Hochschulen in Darmstadt und Braunschweig zum Beispiel standen gleich mehrmals vor der Schließung.

Seit etwa 1880 änderte sich die Situation grundlegend: Die Studentenzahlen und die Nachfrage nach Jungingenieuren stiegen gleichermaßen. In den beiden Jahrzehnten vor der Jahrhundertwende vervier-

fachte sich an den Technischen Hochschulen in etwa die Zahl der Studenten. Das technischwissenschaftliche Renommee der deutschen Hochschulen lässt sich an den hohen Anteilen ausländischer Studierender – ein Großteil davon waren Russen – ablesen, welche die heutigen deutlich übertrafen. Besonders nach 1900 äußerte sich der damalige Chauvinismus in restriktiven Maßnahmen, die auf eine Einschränkung des Ausländerstudiums abzielten. Ein zusätzlicher Grund hierfür waren stagnative Tendenzen und Rückschläge auf dem Ingenieurarbeitsmarkt. Man kann zwar nicht von einer gravierenden Ingenieurarbeitslosigkeit sprechen, aber der Verdrängungswettbewerb zwischen den unterschiedlich qualifizierten Ingenieurgruppierungen nahm zu – mit Konsequenzen für den Berufseinstieg, die Karrieremöglichkeiten und die Bezahlung.

Die frühe Gründung technischer Schulen in den deutschen Einzelstaaten deckte lange Zeit den Bedarf. Es ist bezeichnend, dass bis weit nach dem Zweiten Weltkrieg nur ganz wenige Technische Hochschulen hinzukamen. Alle Neugründungen nahm Preußen vor, das in der Zeit der Frühindustrialisierung der Nachfrage nach technischer Bildung nicht wie andere Länder vorausgeeilt war. Mit Aachen erhielt die industriell weit entwickelte Rheinprovinz 1870 eine Hochschule. Die Eröffnung Technischer Hochschulen in Danzig 1904 und Breslau 1910 diente der regionalen Wirtschaftsentwicklung, aber auch der Germanisierungspolitik im deutschen Osten.

Forderungen nach einer Gleichberechtigung der technischen Schulen mit den Universitäten tauchten bereits in der ers-

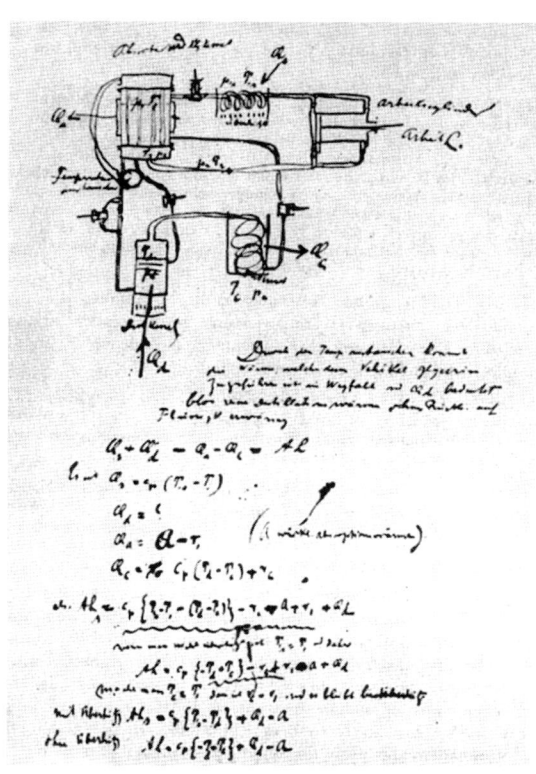

Aufzeichnungen Rudolf Diesels für einen Ammoniakmotor, um 1886

*Die Technische Hochschule
Danzig, 1904*

ten Hälfte des 19. Jahrhunderts auf und
schwollen mit der Zeit zu einem mächtigen
Chor an. Vertreten wurden sie in erster
Linie von den Lehrern und Professoren
der Hochschulen selbst, welche dabei den
VDI vor ihren Karren spannten. Einen
überragenden Einfluss übte dabei der in
Karlsruhe lehrende Franz Grashof aus. In
den Ingenieurwissenschaften hing er der
mehr theoretischen Richtung an. Im VDI
bekleidete er mehrere Jahrzehnte das Dop-
pelamt eines hauptamtlichen Geschäfts-
führers und ehrenamtlichen Vorsitzenden.
Seine bildungspolitischen Reden stellten
die Weichen für die Weiterentwicklung
des technischen Bildungswesens. Die Pro-
tagonisten der Emanzipationsbewegung

*Maschinenlaboratorium
der Technischen Hochschule
Dresden, 1905*

der Technischen Hochschulen formu-
lierten gegen den herrschenden Zeitgeist
einen alternativen Bildungsbegriff: An die
Stelle des universitären Ideals zweckfreier
Bildung setzten sie Konzepte praktischer
Bildung und betonten dabei den Stellenwert der Technik für die wirtschaftliche
Entwicklung und damit auch für die politische und militärische Machtentfaltung.

Die Vertreter der Technischen Hochschulen waren sich darüber im Klaren,
dass sich die erstrebte Gleichberechtigung leichter durchsetzen ließ, wenn man
die universitären Standards von Bildung
und Wissenschaft zumindest teilweise akzeptierte. Hierzu gehörte eine Erhöhung
der an die Studienanfänger gerichteten
formalen Bildungsanforderungen. Die Polytechnischen Schulen hatten einen größeren Teil ihrer Schüler von berufsbilden-
den Schulen bezogen. In Preußen waren
dies die Provinzial-Gewerbeschulen, die
Facharbeiter, Handwerker und niedere
Techniker ausbildeten. Die Hochschulen
hatten zwar mit den derart vorgebildeten
Studenten gute Erfahrungen gemacht, erhöhten aber dessen ungeachtet ihre Ein-
gangsvoraussetzungen sukzessive bis zum
Abitur. Die Provinzial-Gewerbeschulen
wurden um 1880 in allgemeinbildende
Oberrealschulen umgewandelt.

Hinter der Umorientierung von der Be-
rufsbildung zur Allgemeinbildung als Zu-
gangsvoraussetzung zum Ingenieurstudium
standen keine fachlich-qualitativen Überlegungen, sondern rein sozialpolitische.
Das Abitur wies die Zugehörigkeit zum
Bildungsbürgertum nach und öffnete den
Weg für eine militärische Laufbahn zum
Reserveoffizier. Analog verlangten die um
die gleiche Zeit gegründeten technischen
Mittelschulen, die Vorläufer der heutigen
Fachhochschulen, von den Anfängern die
Obersekundareife, das „Einjährige"; damit
war das Privileg eines verkürzten einjähri-
gen Militärdienstes verbunden.

Die Schul- und Hochschulreformer
aus den Reihen der Ingenieure akzeptierten also aus Gründen des Sozialpres-
tiges das Abitur als Normalvoraussetzung
eines technischen Studiums. Gleichzeitig
attackierten sie aber den Anspruch des humanistischen Gymnasiums auf das Primat

im höheren Schulwesen. In Preußen erreichten es die Reformer, dass eine 1900 abgehaltene Schulkonferenz das von den mathematisch-naturwissenschaftlichen Oberrealschulen sowie den neusprachlichen Realgymnasien vergebene Abitur als gleichwertig mit dem des altsprachlichen Gymnasiums anerkannte.

Eine partielle Rezeption universitärer Leitbilder lässt sich auch in den Ingenieurwissenschaften feststellen. Die Ingenieurwissenschaften zielen einerseits auf die theoretische Systematisierung des technischen Wissens, andererseits auf Anwendungen in der industriellen Praxis. Die Geschichte zeigt, dass sich die Technikwissenschaften – abhängig von den Rahmenbedingungen – zwischen den beiden Polen Praxisorientierung und Theoretisierung bewegen und jeweils neu situieren. Im späten 19. Jahrhundert verleitete sie die Anlehnung an universitäre Methodenideale, die Theoretisierung in Form einer Physikalisierung und Mathematisierung der Technik so weit zu treiben, dass die praktische Brauchbarkeit ihrer Arbeiten darunter litt. Das wichtigste Ergebnis der in den Ingenieurwissenschaften selbst entstehenden Gegenbewegung bestand darin, dass die Technischen Hochschulen seit den 1890er Jahren Laboratorien und Versuchsfelder einrichteten bzw. ausbauten. Mit Hilfe dieser Ausstattung entwickelten sich die Technikwissenschaften zu experimentellen Erfahrungswissenschaften. Im Studium nahm der Stellenwert praktischer Unterrichtsformen, wie Übungen im Laboratorium und am Zeichenbrett, auf Kosten der Vorlesungen zu.

Die beiden prominentesten Vertreter der theoretischen und der praktischen Richtung, Franz Reuleaux und Alois Riedler, lehrten gemeinsam an der Technischen Hochschule Berlin. Reuleaux gehörte zu den letzten Ingenieurprofessoren, die sich an einer systematischen Gesamtdarstellung der Technikwissenschaften versuchten. Riedler betrieb neben seiner Lehrtätigkeit erfolgreich ein privates Konstruktionsbüro. Nach seiner Berufung 1888 setzte Riedler in Berlin in einem – wie er selbst schrieb – „siebenjährigen Krieg" die Ziele der Praktiker um.

1877	München
1878	Braunschweig
1879	Berlin
1879	Darmstadt
1880	Aachen
1880	Hannover
1885	Karlsruhe
1890	Dresden
1890	Stuttgart

Daten der Umbenennung Polytechnischer Schulen in Technische Hochschulen im deutschen Kaiserreich

Das Streben der Technischen Hochschulen und ihrer Professoren nach Gleichberechtigung mit den Universitäten war zwar von manchen Irrungen und Wirrungen begleitet, letztendlich aber erfolgreich. Ein erstes äußeres Zeichen hierfür stellte die zwischen 1877 und 1890 stattfindende Umbenennung der vorher vor allem als „Polytechnische" firmierenden Schulen in „Technische Hochschulen" dar. 1899 erteilte Wilhelm II. seinen preußischen Hochschulen mit dem Promotionsrecht den „Ritterschlag der Wissenschaft"; die anderen deutschen Länder folgten bis 1901. Als Zeichen des Dankes verliehen die deutschen Technischen Hochschulen dem Kaiser 1913 gemeinsam den Dr.-Ing. E. h.

Die Theoretisierung der Technischen Hochschulen und die Auflösung der Techniker- und Handwerkerschulen, wie der preußischen Provinzial-Gewerbeschulen, hinterließ im Ingenieurwesen eine Qualifikationslücke. Diese füllten private und kommunale technische Mittelschulen. Entsprechende Baugewerkschulen lassen

Entwurf zur Verleihung des Promotionsrechts an die preußischen Technischen Hochschulen durch Wilhelm II., 1899

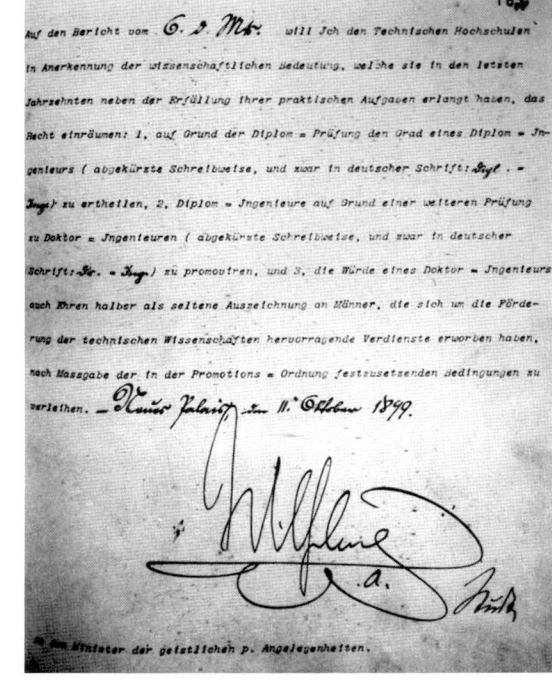

203

Westfalenhütte der Hoesch AG im frühen 20. Jahrhundert

Konstruktionsbüro bei Siemens & Halske, 1910

sich bereits in der ersten Hälfte des 19. Jahrhunderts finden, Maschinenbauschulen wurden seit den 1870er Jahren gegründet. Die Schulen mussten ohne große staatliche Zuschüsse auskommen. Sie lockten Schüler an, indem sie technische Innovationen schnell in ihr Lehrangebot integrierten und manchmal auch bei den Zulassungs- und Unterrichtsstandards ein Auge zudrückten. Der Verein Deutscher Ingenieure und die Industrie begrüßten die privaten Initiativen zwar im Prinzip, setzten sich aber für die Festlegung allgemeiner Qualitätsstandards ein. Außerdem veranlassten sie mit Erfolg den Staat, eigene technische Mittelschulen ins Leben zu rufen. Dies geschah seit den 1890er Jahren, doch übertrafen die Schülerzahlen der privaten die der staatlichen noch geraume Zeit.

Die unter dem Begriff der technischen Mittelschule zusammengefassten Einrichtungen waren zunächst sehr heterogen, was das Niveau, das Unterrichtsziel, die Schuldauer und die Inhalte anbelangt. In der ersten Hälfte des 20. Jahrhunderts wurden sie aufgrund privater und staatlicher Initiativen vereinheitlicht und bildeten unter Bezeichnungen wie „Ingenieurschule", „Höhere technische Lehranstalt" und später „Fachhochschule" eine Säule des in Deutschland heute noch bestehenden zweigliedrigen Systems der Ingenieurausbildung. Auch die technischen Mittelschulen erhöhten im Kaiserreich sukzessive ihre Aufnahmebedingungen. Dennoch waren sie ein von vielen benutztes Vehikel sozialen Aufstiegs. Zahlreiche ihrer Schüler kamen aus Arbeiterfamilien, während die Studenten der Technischen Hochschulen vor allem dem Wirtschaftsbürgertum entstammten.

Schätzungen für die Zeit vor dem Ersten Weltkrieg belaufen sich auf eine Gesamtzahl von 100.000 bis 150.000 Ingenieuren in Deutschland. Die Ingenieure ohne Schulausbildung bildeten nur noch eine Minderheit; auf einen Hochschulingenieur kamen an die fünf Mittelschulingenieure. Allein diese Relation belegt die hohe Akzeptanz der Mittelschulabsolventen. Die technischen Mittelschulen stellten den Firmen zur Verfügung, was sie vor allem suchten, nämlich jüngere Mitarbeiter mit einem gewissen Maß praktischer Erfahrung. Die Technischen Hochschulen produzierten dagegen Ingenieure mit vertieften Spezialkenntnissen, von denen sich einige für Führungspositionen eigneten.

Seit dem späten 19. Jahrhundert gingen mehr Ingenieure in die Wirtschaft als in den öffentlichen Dienst. Die drei größten Nachfrager waren – in dieser Reihenfolge – das Bauwesen, der Maschinenbau sowie das statistisch mit der Chemie zusammengefasste Hüttenwesen. Einen relevanten Anteil Selbständiger gab es nur im Bauwesen, in den anderen Branchen arbeiteten überwiegend angestellte Ingenieure.

Im Maschinenbau nahm das Konstruktionsbüro die meisten Ingenieure auf; Konstrukteur bildete bis ins 20. Jahrhundert hinein das zentrale Ziel- und Leitbild der Ingenieurausbildung. Die deutsche Industrie belieferte anspruchsvolle und heterogene Märkte mit einzeln oder in kleinen

Serien gefertigten Spezialmaschinen. Ein derart differenziertes Produktionsspektrum erforderte einen erheblichen Umfang an Konstruktionsarbeit, um die Grundformen zu variieren und an die Wünsche der Kunden anzupassen. Eigene Konstruktionsbüros unterhielten die Maschinenbaufirmen seit der Mitte des 19. Jahrhunderts. Mit ihrer Einrichtung wurde die Gestaltung technischer Produkte arbeitsteilig organisiert. Während sie in der Zeit davor ganz in der Werkstatt entstanden, wurden sie jetzt in der Konstruktion zeichnerisch vorbereitet. Die Zeichnungen waren noch unbemaßt und bildeten die Maschinen und Maschinenteile in natürlicher Größe ab; Farben zeigten die zu verwendenden Materialien an. Solche Zeichnungen beließen der Fertigung und den dort beschäftigten Meistern und Facharbeitern noch ein hohes Maß an Gestaltungsfreiheit. Dies änderte sich erst im späten 19. Jahrhundert mit der bemaßten Schwarz-Weiß-Zeichnung. Zusammen mit weiteren Unterlagen enthielt sie alle von der Fertigung benötigten Produktinformationen. Gezeichnet und konstruiert wurde auf flach auf den Tischen liegenden Zeichenbrettern. Die Zeichenmaschine, bestehend aus Steilbrett und den daran befestigten Zeichengeräten, verbreitete sich langsam in der ersten Hälfte des 19. Jahrhunderts.

In der Hochindustrialisierung wuchs die Zahl der in den Konstruktionsbüros beschäftigten Mitarbeiter rapide. Erfahrene und jüngere Ingenieure arbeiteten als Konstruktionsleiter, für ganze Maschinen verantwortliche Konstrukteure, Detailkonstrukteure und als Zeichner. Die technischen Hoch- und Mittelschulen lehrten

Prüflabor bei Krupp, 1912

seit dem späten 19. Jahrhundert Zeichnen und Konstruieren in einer Weise, wie es in der Industrie gebräuchlich war. Damit floss mehr Wissen in die Konstruktionen ein. Ein Schwachpunkt waren die Fertigungsfreundlichkeit und Wirtschaftlichkeit, denn diese wurden an den Schulen kaum gelehrt. In der Folgezeit veranlasste der schärfer werdende internationale Konkurrenzkampf Bemühungen um ein werkstattgerechtes Konstruieren. Beim Konstruieren selbst spielte die im Laufe des Berufslebens kumulierte Erfahrung eine entscheidende Rolle. Darüber hinaus konnten die Konstrukteure Rat in Hand- und Fachbüchern suchen. Und schließlich hatten die Konstrukteure ihre Arbeit in die jeweilige firmenspezifische Konstruktionskultur einzufügen. Sie war schriftlich niedergelegt in Form umfangreicher

Allegorie zur Elektrizitäts-versorgung Berlins von Ludwig Sütterlin

205

Zeichnungsregistraturen, in Zeichenanweisungen und Konstruktionsprinzipien.

Die Elektroindustrie beschäftigte mehr Ingenieure für die Projektierung elektrischer Anlagen als in der Konstruktion. In der Zeit um die Jahrhundertwende wurden zahlreiche Betriebe sowie größere Städte elektrifiziert. Bei den Betrieben ging es darum, die Art und Zahl der benötigten Beleuchtungskörper sowie der Maschinen abzuschätzen, deren Standort und die Versorgungsleitungen festzulegen und die Ausrüstung des Kraftwerks mit Dampferzeugern, Dampfmaschinen und Generatoren zu bestimmen. Bei der städtischen Elektrifizierung waren darüber hinausgehende, schwierige Entscheidungen zu treffen: zur Zahl der zu gewinnenden und zu versorgenden Kunden, zur voraussichtlichen Relation von Licht- und Kraftstrom, zum Belastungsverlauf und zur Art des Stromsystems: Gleich-, Wechsel-, Drehstrom oder diverse Mischsysteme.

Anfangs verfügten weder die Städte noch die Unternehmen über Fachleute für die Konzipierung und Beurteilung von Elektrifizierungsvorhaben. Das meiste Know-how besaßen natürlich die Hersteller. Wollte ein Kunde sich ihnen nicht bedingungslos ausliefern, war eine unabhängige Beratung gefragt. In einer Übergangszeit beteiligten sich die Professoren der jungen Disziplin Elektrotechnik an diesem Geschäft. Sie arbeiteten vor allem kleinere Projekte selbständig aus, kauften die Anlagenkomponenten bei verschiedenen Firmen und überwachten die Errichtung und Inbetriebnahme. Bei großen Vorhaben entwarfen oder überprüften sie die Ausschreibungsbedingungen und begutachteten die eingehenden Angebote. Erasmus Kittler, seit 1882 erster Lehrstuhlinhaber in Deutschland an der Technischen Hochschule Darmstadt, leitete beispielsweise im Zeitraum eines halben Jahres 16 Elektrifizierungsprojekte und begutachtete sechs weitere.

Später drangen selbständige Beratende Ingenieure und größere Ingenieurbüros in das Geschäftsfeld ein. Oskar von Miller, von der Ausbildung her Bauingenieur, hatte sich seine elektrotechnischen Kompetenzen als leitender Mitarbeiter bei der AEG erworben. 1889 gründete er ein Ingenieurbüro in München, das in großem Maßstab Elektrifizierungsprojekte verfolgte. Miller begutachtete und projektierte nicht nur Anlagen, sondern baute und betrieb sie auch. Das war eine heikle Verquickung von Gutachter und Unternehmer, die ihm nicht wenige Anfeindungen eintrug. Aber sie verschaffte ihm auch das Renommee und die finanzielle Unabhängigkeit, um sein Projekt eines Deutschen Museums erfolgreich voranzutreiben.

Die Technischen Hochschulen erhielten zwischen 1899 und 1901 mit dem Dipl.-Ing. und dem Dr.-Ing. zwei akademische Grade, die einen erfolgreichen Studienabschluss attestierten und die Gruppe der Hochschulingenieure eindeutig bestimmten. In der Zeit vorher blieben die angehenden Ingenieure unterschiedlich lange an der Hochschule – abhängig von ihren Vorkenntnissen und den beruflichen Einstiegsmöglichkeiten. Indem der Abschluss Diplomingenieur an die Stelle der ersten Staatsprüfung trat, gewann er zusätzliches Ansehen.

War es also seit der Jahrhundertwende klar, wer zu den Hochschulingenieuren gehörte, so blieb die Abgrenzung der Ingenieurberufsgruppe nach unten umstritten. Eine Fraktion unter den Hochschulingenieuren strebte danach, sie auf die Absolventen der Technischen Hochschulen zu beschränken. Die Bestrebungen scheiterten am Widerstand des Vereins Deutscher Ingenieure und der Industrie, welche nicht bereit waren, die von ihnen hoch geschätzten Praktiker aus der Berufsgruppe auszuschließen. Die Industrie wollte sich das Recht nicht nehmen lassen, bewährte Fachkräfte mit anspruchsvolleren technischen Aufgaben zu betrauen und zu „Oberingenieuren" zu befördern. Beim VDI verbot allein schon die Struktur der Mitgliedschaft, auf die Forderungen einzugehen: Etwa drei Viertel der Vereinsmitglieder besaßen kein abgeschlossenes Hochschulstudium.

Juristisch gesehen, blieb es also offen – und dies bis zu den bundesdeutschen Ingenieurgesetzen in den 1970er Jahren –, wer sich Ingenieur nennen durfte und wer nicht. In der Engineering Community bildete sich jedoch eine Position heraus, welche zumindest in groben Zügen die Grenzen des Ingenieurberufs absteckte. Die größte Bedeutung für diese Grenzziehung gewannen die Aufnahmebestimmungen des VDI. Danach zählten zu den Ingenieuren die Absolventen der Technischen Hochschulen und der höheren technischen Mittelschulen, aber auch alle, die auf eine erfolgreiche praktische Ingenieurarbeit verweisen konnten. Damit war eine unscharfe Grenze unterhalb der technischen Mittelschulen, die in späterer Zeit Ingenieurschulen und Fachhochschulen genannt wurden, gezogen. Diese Definition lief auf eine Zweigliedrigkeit der Ingenieurberufsgruppe hinaus, ließ gleichzeitig aber Platz für die bewährten „Praktiker".

Die Berufsgruppe der Ingenieure war und blieb heterogen. Ihre Mitglieder besaßen unterschiedliche Qualifikationen, arbeiteten als Selbständige oder als abhängig Beschäftigte, in der Wirtschaft oder im öffentlichen Dienst, auf höheren und niedrigeren Hierarchieebenen, in unterschiedlichen Zweigen der Technik und übten verschiedenartige Funktionen aus. Heterogenität hieß aber auch Vielfalt der Interessen. Ablesen lässt sich dies an der Vielzahl der Ingenieurvereine. Letzten Endes fand jede wichtige fachliche und berufliche Differenzierung auch eine Institutionalisierung in Form eines Vereins. Die Ingenieurvereine lassen sich grob in zwei Typen untergliedern, wobei nicht wenige Vereine auf beiden Feldern aktiv waren: (1) technisch-wissenschaftliche oder Fachvereine und (2) berufspolitische Vereine.

Die technisch-wissenschaftlichen Vereine gruppierten sich um eine Disziplin herum. Ihr Leitbild war der technische und wissenschaftliche Fortschritt. Mit ihren Arbeiten förderten sie das Fachgebiet und die Qualifikation ihrer Mitglieder. Sie veranstalteten Tagungen, Weiterbildungskurse, Vorträge und Diskussionsabende und veröffentlichten Bücher und Zeitschriften. In einer Reihe von Fällen entwickelte sich das Vereinsorgan zur angesehenen Fachzeitschrift. Mit diesen Aktivitäten bildeten die Vereine ein wichtiges Element des nationalen Innovationssystems. Viele Vereine fixierten den Stand der Wissenschaft und Technik in Gestalt technischer Regeln. Damit verfolgten sie mehrere Ziele. Die Normen, Richtlinien und Vorschriften – wie sie von den Vereinen genannt wurden – erleichterten die technische und wissenschaftliche Kommunikation durch Festlegung von Begriffen und Benennungen. Sie legten Mindeststandards für die Ingenieurarbeit fest und sicherten damit die Qualität. Sie sorgten für Vereinheitlichung und dienten damit der Rationalisierung. Und sie regulierten die technische Praxis unabhängig von der staatlichen Rechtsetzung. Vielfach sollte damit der Staat, zum Beispiel in Fragen der technischen Sicherheit, an eigenen Regulierungsmaßnahmen gehindert werden. Gleichzeitig bedeutete die Arbeit der Vereine aber auch eine Entlastung des Staates.

Die ersten Fachvereine waren die seit 1824 entstehenden Architekten- und Ingenieurvereine; ihr Interessengebiet war die Bautechnik mit dem Schwerpunkt Staatsbauwesen. Der 1856 gegründete Verein Deutscher Ingenieure beanspruchte die gesamte Technik als sein Arbeitsgebiet; de facto lag sein Schwerpunkt bei den Industrieingenieuren und auf dem Maschinenbau. Bis zum Vorabend des Ersten Weltkriegs entwickelte sich der VDI mit einer Mitgliederzahl von 24.000 zum größten deutschen Ingenieurverein. Etwa 30 Prozent der Vereinsmitglieder dürften damals in leitenden Positionen tätig gewesen sein; aus dieser Gruppe rekrutierte sich die Vereinsspitze. Andere große Technikfelder wurden seit 1860/1880 durch den Verein deutscher Eisenhüttenleute (VdEh) vertreten, den Verein Deutscher Chemiker (VDCh) seit 1867/1896 und die Elektrotechnischen Vereine (ETV) seit 1879 be-

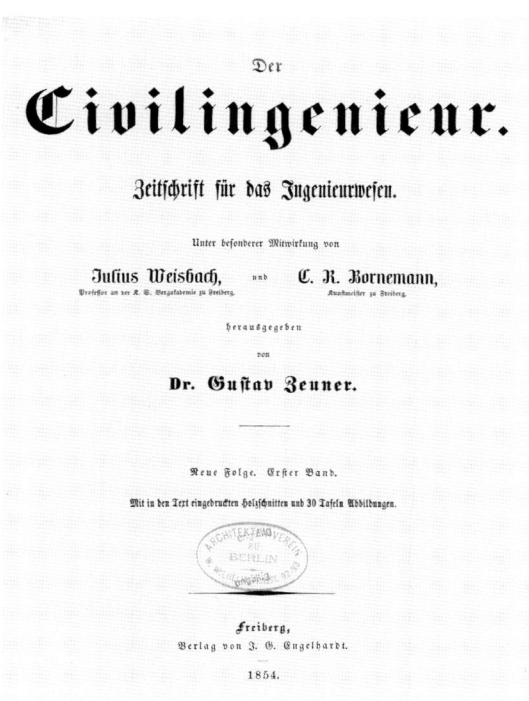

Titelblatt der Zeitschrift „Der Civilingenieur", 1854

Führende Elektrotechniker auf der Frankfurter Elektrotechnischen Ausstellung 1891, photographiert von Oskar von Miller

Wilhelm II. bei der Grundsteinlegung des Deutschen Museums in München 1906 (Ausschnitt)

ziehungsweise den Verband Deutscher Elektrotechniker (VDE) als Dachverband seit 1893. Insgesamt gab es viele Dutzend mittlerer, kleiner und kleinster technisch-wissenschaftlicher Vereine.

Das Ziel der berufspolitischen Vereine war hingegen die Verbesserung des gesellschaftlichen und politischen Ansehens sowie der sozialen Stellung der Ingenieure beziehungsweise der Vereinsmitglieder. Der Typus berufspolitischer Verein bedarf einer weiter gehenden Ausdifferenzierung als der des technisch-wissenschaftlichen Vereins. Es gab berufspolitische Vereine, welche eine standespolitische Vertretung der Ingenieure in ihrer Gesamtheit beanspruchten. Es gab andere, die sich für eine Teilberufsgruppe, definiert über einen Ausbildungsabschluss oder eine Laufbahn des öffentlichen Dienstes, einsetzten. Und es gab schließlich berufspolitische Vereine, welche den Ingenieur als Arbeitnehmer vertraten, einige mit, andere ohne gewerkschaftlichen Anspruch.

Der Eisenbahningenieur Max-Maria von Weber, der Sohn des Komponisten Carl Maria von Weber, hatte den Ingenieur als „Emporkömmling im Völkerleben" bezeichnet. Wie Weber gingen die Vereine bei ihren standespolitischen Aktivitäten davon aus, dass die Ingenieure in Deutschland nicht die gesellschaftliche Wertschätzung besäßen, wie sie der Bedeutung des Berufs zukomme. Die Ingenieure verwiesen auf andere Länder, insbesondere Frankreich, wo dies anders sei. Die deutschen Ingenieure konnten sich gleich mehrfach diskriminiert sehen: durch die Adelsgesellschaft des Kaiserreichs, die von vornherein alle wichtigen politischen und militärischen Positionen besetzte; durch die Juristen, welche die Staatsverwaltung dominierten; durch das Bildungsbürgertum, welches die kulturelle Überlegenheit humanistischer Bildung postulierte; durch die Kaufleute, welche die Entscheidungen in den Unternehmen trafen.

Die Adelsgesellschaft mit ihren politischen Vorrechten wurde von den Ingenieuren nicht grundsätzlich in Frage gestellt. Wilhelm II. wurde von den meisten Ingenieuren geschätzt, weil er ein ausgeprägtes Interesse für die Technik besaß und persönliche Beziehungen zur Ingenieurwelt unterhielt. Enger Berater des Kaisers in allen Fragen der Technik war Adolf Slaby, der an der Technischen Hochschule Berlin Elektrotechnik lehrte. Wilhelm II. stellte Slaby für dessen funktechnische Großversuche militärische Einheiten und seine Schlösser und Gärten zur Verfügung. Bei den regelmäßigen Jagdaufenthalten des Kaisers in der Schorfheide war Slaby ständiger Gast. Dort und an der Berliner Hochschule hielt er der kaiserlichen Familie elektrotechnische Vorträge und führte Experimente vor.

Gegen die Apologeten des Neuhumanismus unterstützten die Ingenieurvereine die realistische Schulbewegung. In diesem Kampf der „zwei Kulturen" erreichten sie mit der Gleichberechtigung des Realgymnasiums und der Oberrealschule und mit dem Promotionsrecht spektakuläre Erfolge. Überhaupt übten die Ingenieure und insbesondere der Verein Deutscher Ingenieure im 19. Jahrhundert einen überragenden Einfluss in der Bildungspolitik aus. Die Grundlinien der Entwicklung der Technischen Hochschulen und der technischen Mittelschulen wurden vom VDI vorgegeben, wobei die Professoren und Lehrer die Feder führten. Die staatlichen Bürokratien und die organisierten wirtschaftlichen Interessen besaßen damals auf dem neuen Feld der technischen Bildung weder ausreichend Kompetenz noch Interesse, um die Konzepte der Ingenieure zu konterkarieren.

Weniger erfolgreich war die Standespolitik der Ingenieure im öffentlichen Dienst. Die berufspolitisch engagierten Vereine machten aus ihrer Auffassung kein Hehl, dass im bestehenden Industriestaat die Verwaltungen über unzureichenden technischen Sachverstand verfügten. Dies richtete sich vor allem gegen das Juristenmonopol im höheren allgemeinen Verwaltungsdienst, welches im frühen 19. Jahrhundert im Kontext der Etablierung des Rechtsstaats verankert worden war. Die Juristen monopolisierten nicht nur die allgemeine Verwaltung, sondern besetzten auch die leitenden Positionen in den Fachverwaltungen. Den Ingenieuren blieben die untergeordneten Stellen. Die meisten Ingenieure dürften in der Bauverwaltung, bei den Eisenbahnen und beim Militär gearbeitet haben. Im Heer und in der Marine sahen sich die Ingenieuroffiziere zu Recht gegenüber den Linienoffizieren zurückgesetzt. So wies Marineminister Alfred von Tirpitz Gleichstellungsforderungen der Marineingenieure ganz entschieden zurück. Sein Argument war, dass sie keine Führer im Kampf seien.

Karriereprobleme gab es auch in anderen technischen Verwaltungen. Bei der Reichspost resultierten sie aus dem Bestreben des Postministers, keine eigenen akademischen Laufbahnen für Ingenieure zu schaffen, sondern die höheren Stellen dem eigenen Nachwuchs offen zu halten. Hierfür erforderliche technische Zusatzkenntnisse erwarben die Beamten auf der Post- und Telegraphenschule der Reichspost. Konnte die Post in Einzelfällen auf höher qualifizierte Ingenieure nicht verzichten, so rekrutierte man sie über Sonderverträge von außen. Erst nach der Jahrhundertwende wurden Laufbahnen für Absolventen der technischen Hoch- und Mittelschulen eingerichtet. Aufgrund des Personalüberhangs und von Übergangsbestimmungen dauerte es aber bis in die 1920er Jahre, dass die Post studierte Elektrotechniker in größerer Zahl einstellte.

Eine Reihe Technischer Hochschulen schuf nach der Jahrhundertwende einen neuartigen, als ideale Verwaltungsausbildung konzipierten Studiengang: den Verwaltungsingenieur. Diese Ausbildung reicherte das Ingenieurstudium mit ökonomischen und juristischen Elementen an. Für die Absolventen erhoffte man Stellungen in der Industrie-, Wirtschafts- und Kommunalverwaltung, auf lange Sicht auch in der allgemeinen Staatsverwaltung. Das Ziel wurde weitgehend verfehlt; die Absolventen landeten in traditionellen Ingenieurpositionen. In den 1920er Jahren schlief der Studiengang wieder ein.

Die Ingenieurvereine – natürlich mit Ausnahme derjenigen, in denen Angehörige des öffentlichen Dienstes organisiert waren – wandten sich gegen einen zu großen Staatseinfluss in Industrie und Technik. Dies entsprach einerseits der wirtschaftsliberalen Gesinnung der Mehrheit der Ingenieure; andererseits empfanden besonders die freiberuflich tätigen Ingenieure die Beamten und deren Nebentätigkeiten als lästige Konkurrenz. Die Vereine engagierten sich zum Beispiel zugunsten einer Entstaatlichung der technischen Über-

Fernsprechamt Berlin-Moabit, 1906

*Folgen einer Dampfkessel-
explosion in Wuppertal, 1899*

*Mitgliedsurkunde des Bundes
Deutscher Architekten, 1903*

wachung. So wurde die Überwachung der Dampfkessel, die wegen der hohen Drucke ein beträchtliches Gefährdungspotential aufwiesen, bis zur Jahrhundertwende privaten Vereinen übertragen. Im 20. Jahrhundert übernahmen die daraus hervorgehenden Technischen Überwachungsvereine (TÜV) weitere Aufgaben.

Seit den 1860er Jahren entstanden in Deutschland, englischen Vorbildern folgend, Vereinigungen der „Zivilingenieure", der Beratenden Ingenieure, wie man heute sagen würde. 1903 wurde der heute noch existierende Verein Beratender Ingenieure (VBI) gegründet. Die auf mehreren Technikfeldern tätigen Beratenden Ingenieure verstanden sich als Planer und Kontrolleure, die zwischen den Herstellern technischer Anlagen und den Kunden vermittelten. Die Zahl der Vereinsmitglieder überstieg vor dem Ersten Weltkrieg jedoch noch nicht ein-

mal die 100, ein Indiz dafür, dass die Freiberufler im etatistischen Deutschland – im Unterschied zu Großbritannien und den USA – einen schweren Stand hatten.

Vor ähnlichen Problemen standen die Mitglieder des im gleichen Jahr 1903 gegründeten Bundes Deutscher Architekten (BDA). Mit der Gründung des BDA fand die schon lange in Gang befindliche Trennung zwischen dem auf die ästhetische Form hinorientierten Architekten und dem auf die statische Funktion konzentrierten Bauingenieur einen gewissen Abschluss. Entsprechende getrennte Abteilungen bildeten sich an den Technischen Hochschulen seit den 1870er Jahren. Um die gleiche Zeit entstanden lokale Architektenvereine, die sich 1903 zum überregionalen BDA zusammenschlossen. Die Architekten stilisierten sich als Mittler zwischen Bauherr und Bauunternehmer und attackierten konkurrierende planerische Nebentätigkeiten der Baubeamten. Auch öffentliche Bauvorhaben sollten nicht mehr von den Baubeamten vorbereitet, sondern ausgeschrieben und durch Wettbewerb vergeben werden. Vor dem Ersten Weltkrieg dürfte es einige tausend freiberuflich tätige Architekten gegeben haben, von denen etwa 800 im BDA organisiert waren. Zumindest auf lange Sicht gelang es den Architekten, ihre Interpretation der Hochbauten als künstlerische Werke und die Idee des Architekturwettbewerbs in Politik und Öffentlichkeit zu verankern.

Wie für alle Industriezweige, so entstanden auch für alle Sparten des öffentlichen Dienstes, für das Bauwesen, die Post und die Bahn, eigene Ingenieurvereine. In den meisten Bereichen des Staatsdienstes fand eine zusätzliche Differenzierung in einen Verein statt, der die Ingenieure des höheren, und einen, der die Ingenieure des mittleren Dienstes vertrat. Eine analoge Position bezog bei den Industrieingenieuren der 1909 gegründete Verband Deutscher Diplom-Ingenieure (VDDI). Diese Gründung war Ausdruck der Enttäuschung über die bestehenden Ingenieurvereine, durch die die Diplomingenieure ihre Interessen unzureichend vertreten sahen. Der VDDI argumentierte durchwegs, dass die akademischen Ingenieure besser für höhere Stellungen geeignet seien als formal minder qualifizierte Kollegen. Zweifellos entzog der VDDI den etablierten Vereinen Mitglieder, ohne ihnen allerdings – bei einer Mitgliederzahl von etwa 4.000 im Jahr 1914 – die Mehrheit der Diplomingenieure abspenstig machen zu können.

Eine weitere Gruppe berufspolitischer Vereine verstand sich als Vertretung der abhängig beschäftigten Ingenieure und Techniker. Bei den in der Wirtschaft tätigen Angestellten schärfte sich um 1900 das Bewusstsein, dass sie – unabhängig von Branche und Ausbildung – gemeinsame Interessen besaßen. Die wichtigsten Ingenieur- und Technikerorganisationen, die sich zu Angestelltengewerkschaften entwickelten, waren der bereits 1884 entstandene Deutsche Techniker-Verband (DTV), in dem vorwiegend Bautechniker organisiert waren, und der Bund der technisch-industriellen Beamten (ButiB), der seit 1904 besonders in der Industrie beschäftigte Maschinen- und Elektrotechniker vereinigte. Der als Reaktion auf die angespannte Lage auf dem Arbeitsmarkt gegründete ButiB agierte von vornherein als sozialpolitische Kampforganisation, eine Position, auf die später der DTV einschwenkte. DTV und ButiB erreichten vor dem Ersten Weltkrieg Mitgliederzahlen, die jeweils denen des VDI entsprachen; allerdings dürften sich unter diesen nicht nur Ingenieure befunden haben, welche der Definition des VDI gerecht wurden. Die gewerkschaftlichen Ingenieurorganisationen suchten die soziale und arbeitsrechtliche Stellung ihrer Mitglieder zu verbessern; sie gründeten eigene Unterstützungskassen, engagierten sich bei sozialpolitischen und arbeitsrechtlichen Gesetzesvorhaben, versuchten sich als Tarifparteien zu etablieren und wirkten an der Organisation von Streiks mit.

Die Vielfalt und die Konkurrenz der Écoles d'Ingénieurs

In Frankreich wirkte der Deutsch-Französische Krieg von 1870/71 als heilsamer Schock. Er setzte Reflexionen über die strukturellen Ursachen der Niederlage in Gang und förderte Bemühungen für ein Wiedererstarken der Nation. Dabei geriet unter anderem auch das Bildungswesen in den Blick. Traditionalisten konnten darauf verweisen, dass Frankreich die älteste Universität und die älteste technische Schule besaß. Die junge Republik verfügte mit den Universitäten, der École Polytechnique und den anderen technischen Schulen für die Staatsdienstausbildung sowie den Écoles des Arts et Métiers und der École Centrale des Arts et Manufactures für die Ausbildung der Industrieingenieure über ein gegliedertes System der technischen Bildung, welches allen Anforderungen zu entsprechen schien. Dennoch richteten sich nicht wenige Blicke über den Rhein und examinierten die deutschen Universitäten und später die Technischen Hochschulen darauf hin, ob man nicht von ihnen lernen könne.

Einen weiteren Schock verursachte der Aufstieg der deutschen chemischen und elektrotechnischen Industrie im Kaiserreich. Um die Jahrhundertwende erreichten deutsche Unternehmen dieser Branchen führende Positionen auf dem Weltmarkt. In Frankreich war man nur wenige Jahrzehnte zuvor noch von der eigenen Überlegenheit in der Chemie und der Elektrotechnik ausgegangen. „Die Chemie ist eine französische Wissenschaft", formulierte ein Fachvertreter in den 1860er Jahren, wobei er allerdings die reine Wissenschaft im Auge hatte. Frankreich veranstaltete 1881 in Paris die erste große internationale elektrotechnische Ausstellung unter der Verantwortung des Ministers für Post und Telegraphie. In der Folgezeit fiel die Grande Nation jedenfalls in der industriellen Chemie und bei der elektrischen Energietechnik international zurück.

Titelblatt der „Zeitschrift des Verbandes Deutscher Diplom-Ingenieure", 1910

*Internationale Elektrizitäts-
ausstellung Paris, 1881*

Louis Pasteur (1822 – 1895)

Nicht anders als die deutschen belohnten im 19. Jahrhundert die französischen Industriellen eine an den technischen Schulen abgeschlossene Ingenieurausbildung nicht durch bevorzugte Behandlung bei der Vergabe von Arbeitsplätzen. Praktische Erfahrungen standen höher im Kurs und die von den technischen Schulen kommenden Jungingenieure mussten unten, zum Beispiel als Zeichner, anfangen, sich bewähren und hocharbeiten. Die existierende Hand voll technischer Schulen entließ eine begrenzte Zahl an Ingenieuren. Für die Nachfrage auf dem Arbeitsmarkt reichte dies aus;

wenn Defizite konstatiert wurden, dann bei den Facharbeitern.

All dies änderte sich um 1890. Die Nachfrage nach Ingenieuren stieg und die Firmen nahmen die Absolventen der Écoles d'Ingénieurs mit Freuden auf. Ein äußeres Zeichen für die erhöhte Wertschätzung kann man darin sehen, dass sich die Schulen damals um das Recht zur Vergabe von Ingenieurdiplomen bemühten, denen man vorher – nicht anders als die Industrie – wenig Bedeutung beigemessen hatte. Um 1890 setzte eine zweite Gründungs- und Ausbauwelle von Stätten der Ingenieurausbildung ein. Ihr Schwerpunkt lag bei den neuen Industrien, bei der Chemie und der Elektrotechnik, sie erfasste aber zudem den Maschinenbau. Hinter den Gründungen standen jetzt auch die regionalen Industrien, ein untrügliches Indiz, dass man einem echten Mangel abzuhelfen suchte.

Die Expansion des Systems der Ingenieurausbildung schuf neue Institutionen, nutzte aber ebenso die vorhandenen, wie die Universitäten. Naturwissenschaftliche Fakultäten einzelner Universitäten hatten bereits um die Jahrhundertmitte fruchtbare Kooperationen mit lokalen Industrien entfaltet, man denke an die Zusammenarbeit Louis Pasteurs mit der Lebensmittelindustrie in Lille. Die Hauptaufgabe der Fakultäten bestand jedoch in der Ausbildung von Lehrern für die Lyceen sowie in der Abnahme der Baccalaureatsprüfungen.

Gegen Ende des 19. Jahrhunderts gliederten sich die naturwissenschaftlichen Universitätsfakultäten technische Institute an. Nach 1900 besaßen bereits 15 Fakultäten entsprechende Institute – die bekanntesten in Grenoble, Lille und Lyon. Der Staat unterstützte die Institute mit Zuschüssen, bot aber keine Dauerfinanzierung, so dass sie darauf angewiesen waren, weitere regionale, städtische und industrielle Mittel einzuwerben. Die derart erzwungene Kooperation mit der Industrie sorgte dafür, dass das Lehrangebot – auch mit einzelnen Industrieingenieuren als Dozenten – sich auf praktische Anwendungen hinorientierte und die besondere Industriestruktur des Einzugsbereichs berücksichtigte. Die Ausstattung der Institute mit Forschungs- und Unterrichtslaboratorien war zu unterschiedlich, als dass verallgemeinernde Aussagen gemacht werden könnten. Manche Institute knüpften an die experimentelle Tradition der französischen Naturwissenschaften an. Mit der Zeit verschmolzen an einigen Universitäten die naturwissenschaftlichen Fakultäten und ihre technischen Institute zu Lehr- und Forschungseinheiten, die in manchem den deutschen Technischen Hochschulen ähnelten.

Die Hörer kamen aus niedrigeren sozialen Schichten als die der École Polytechnique und der École Centrale; ihre soziale Herkunft kann durchaus mit jener der Schüler der Écoles des Arts et Métiers verglichen werden. Auch die Vorbildung der Ingenieurstudenten und die Dauer des Studiums – wenn man es ganz absolvierte, umfasste es drei Jahre – waren recht unterschiedlich. So vertieften Absolventen der Écoles des Arts et Métiers ihre theoretischen Kenntnisse durch kürzere Aufenthalte an den Universitätsinstituten. Der Schwerpunkt des Studienangebots lag auf der Elektrotechnik und der Chemie. Die Zahl der Absolventen, die ein volles Studium hinter sich brachten, war mit insgesamt 248 im Jahr 1908 eher klein. Doch lag die Zahl der Hörer um etwa das Fünffache höher; allein Grenoble zählte 1912 in dieser Kategorie 356 Besucher.

Ganz in der französischen Tradition stand die Gründung chemischer und elektrotechnischer Spezialschulen. Auf Drängen industrieller Kreise rief die Stadt Paris 1882 die École Municipale de Physique et de Chimie Industrielles ins Leben. Anregungen bezog man von den deutschen Universitäten; der Laborunterricht besaß einen großen Stellenwert. Die 1894 gegründete private École Supérieure d'Électricité ging aus einem 1888 eingerichteten Laboratorium hervor. Die Mittel entstammten der elektrotechnischen Ausstellung von 1881; weitere Unterstützung leisteten die Stadt Paris und ein Elektrizitätsversorgungsunternehmen. Die Schule vermittelte in ihren Laboratorien – nach dem Vorbild eines belgischen Instituts – elektrotechnische Zusatzqualifikationen für Ingenieure. Bis

zum Ersten Weltkrieg zählte sie an die 1.500 Hörer. Schon die Partnerschaft mit der Industrie garantierte bei diesen Institutionen, dass die Ausbildung praxisnah blieb.

Bei den Écoles des Arts et Métiers führte die erhöhte Nachfrage nach Ingenieuren um die Jahrhundertwende zu Neugründungen: 1891/1901 in Cluny, 1900 in Lille und 1912 in Paris; 1925 kam eine weitere Schule in Straßburg dazu. Mit den Gründungen um die Jahrhundertwende verdoppelte sich die Zahl der Écoles des Arts et Métiers – und damit auch die der Studenten. Sie entsprachen den Forderungen der lokalen und regionalen Industrien. Bereits vorher hatten die bestehenden Écoles des Arts et Métiers damit begonnen, ihr Niveau zu erhöhen. Dies ging mit steigenden Anforderungen des Berufs einher – auch im Maschinenbau, wo viele Absolventen landeten. Den Écoles des Arts et Métiers fiel es leicht, diesen Weg zu beschreiten, weil sie der Aufbau eines dichten Netzes technischer Primar- und Sekundarschulen entlastete. Als Konsequenz verzichteten die Écoles des Arts et Métiers auf die einjährige Lehre als Zulassungsvoraussetzung. Sie reduzierten ihren Werk-

Chemisches Laboratorium in Paris

Dampfhammer bei Schneider in Le Creusot

213

Die École Polytechnique in Paris, 1815

stattunterricht, wiewohl dessen Umfang 1909 immer noch 40 Prozent des gesamten Curriculums ausmachte. Gleichzeitig erhöhten sie die Anforderungen in der Mathematik, den Naturwissenschaften und in den theoretischen technischen Fächern wie der Thermodynamik.

Im 19. Jahrhundert entließen die Écoles des Arts et Métiers ihre Schüler mit Qualifikationen eines gehobenen Facharbeiters oder eines niederen Technikers. Die große Mehrheit verblieb in den Firmen jedoch nicht auf diesen Qualifikationsebenen, sondern stieg in Ingenieurpositionen auf, wenn sie nicht selbst Unternehmen gründete. Die skizzierten Unterrichtsreformen machten die Écoles des Arts et Métiers zu Ingenieurschulen, die in etwa den höheren Maschinenbauschulen in Deutschland entsprachen. 1907 erhielten sie das Recht, die besseren Absolventen – in den 1920er Jahren dann alle – zu Ingénieurs des Arts et Métiers zu graduieren. Damit besaßen diese eine bessere Position beim Konkurrenzkampf der Schulen auf dem Ingenieurarbeitsmarkt.

Die oberen Ränge auf der Prestigeskala der französischen Ingenieurausbildung wurden von den Staatsdienstschulen, der École Polytechnique und den anschließenden Écoles d'application, besetzt. In der Zeit der Hochindustrialisierung ging die ganz überwiegende Mehrheit der Absolventen der École Polytechnique an die Militärschulen, die kleine Minderheit der Besten an die École des Ponts et Chaussées und an die École des Mines. Für die Industrie spielten die den Fachministerien unterstehenden Schulen zunächst keine Rolle. Dies änderte sich im Laufe des 19. Jahrhunderts. Dabei sind zwei Phänomene zu unterscheiden: Beurlaubungen durch die Corps der Staatsdienstingenieure und der unmittelbare Eintritt der Absolventen in industrielle Stellungen.

Die Corps stellten ihre Mitglieder in außerordentlich großzügiger Weise für Beschäftigungsverhältnisse in der Wirtschaft frei. Nach einer Reihe von Jahren konnten sie in das Corps zurückkehren; manche blieben für immer in der Industrie. Bereits vor der Jahrhundertmitte besetzten einzelne Ingenieure des Corps des Ponts Managerpositionen bei den Eisenbahnen. In der zweiten Jahrhunderthälfte nahm die Zahl solcher Wechsel zu. Angehörige des Corps des Mines gingen insbesondere in die Montanindustrie, etwa die Hälfte in Leitungsfunktionen wie Chefingenieur, Betriebsdirektor, Generaldirektor und als Mitglieder von Verwaltungsräten. Die Unternehmen schätzten bei den Ingenieuren der Corps d'État deren Kenntnisse der französischen Industriestruktur, ihre Führungsqualitäten, Verwaltungserfahrungen und politischen Beziehungen.

Der direkte Weg von den Écoles d'État in die Industrie war beschwerlicher. Um eine Auslese zu gewährleisten, bildeten die Staatsdienstschulen immer über den Bedarf der Corps hinaus aus. Daneben gab es Gasthörer, welche von vornherein nicht auf eine Position im Staatsdienst rechnen konnten. In größerer Zahl drängten diese Ingenieure seit dem späten 19. Jahrhundert in die Wirtschaft. So gingen seit den 1870er Jahren etwa zwei Drittel der Absolventen der École des Mines in den Staatsdienst, ein Drittel ging in die Privatindustrie. Für die klassische Eingangsstellung als Konstrukteur oder Betriebsingenieur waren ihre Qualifikationen wenig geeignet. Meist begannen sie in Stabsabteilungen und gelangten recht bald in höhere Positionen. Dabei spielten persönliche Beziehungen und der buchstäbliche Corpsgeist der Polytechniciens eine wichtige Rolle. Für das gesamte 19. Jahrhundert wird die Zahl der Polytechniker in der Industrie auf etwa 1.000 geschätzt; danach erhöhte sie sich stetig. Zugunsten dieser Gruppe schufen die École des Ponts et Chaussées und die École des Mines in der ersten Hälfte der 1890er Jahre eigene Ingenieurdiplome – gewissermaßen als nachrangige Qualifikationsausweise für diejenigen, die nicht in die Corps eintraten.

Die angesehensten Stätten der Ingenieurausbildung, die Grandes Écoles, selektierten die Bewerber mit Hilfe der Concours, das waren Aufnahmeprüfungen, in denen Mathematik und Naturwissenschaften im Mittelpunkt standen. Dies war an sich ein kognitives Selektionskriterium, das sich aber zum sozialen entwickelte, denn die erforderlichen Prüfungsvorbereitungen verschlangen Zeit und Geld. Auch im eigentlichen Studium besaßen Mathematik und Naturwissenschaften einen hohen Stellenwert. Die Technik wurde – selbst an den Écoles d'application – zwar praxisnah, aber auch mehr enzyklopädisch als spezialistisch vermittelt. Hinzu kamen – besonders an der École des Mines – Lehrveranstaltungen ökonomischen und soziologischen Inhalts. Die Leitbilder einer solchen Ausbildung waren einerseits der Ingenieurwissenschaftler, andererseits der Ingenieurmanager, aber nicht der Industrieingenieur. Diese spezifische Art der Ingenieurausbildung trug dazu bei, dass ein Teil der französischen Ingenieure höchste Managementpositionen in Staat und Wirtschaft erreichte. Dabei bestanden deutliche Abstufungen hinsichtlich des Prestiges der Schulen und der von ihnen kommenden Ingenieure. An der Spitze der Ingenieurmanager – und schwerpunktmäßig im Staatsdienst beschäftigt – rangierten die Polytechniciens, genauer die Ingénieurs des Mines und die Ingénieurs des Ponts, dahinter die Absolventen der École Centrale, die Centraliens, mit Schwerpunkt in der Industrie. Alle anderen Ingenieurpositionen wurden tendenziell durch Absolventen der anderen technischen Schulen sowie der Universitäten besetzt.

Schätzungen für das Jahr 1913 besagen, dass etwa 50 Prozent der französischen Ingenieure von den Écoles des Arts et Métiers, 25 Prozent von den Universitätsinstituten und den Spezialschulen für Chemie und Elektrotechnik sowie 25 Prozent von den Grandes Écoles kamen. Die einzelnen Schulen versorgten unterschiedliche Berufsfelder. Die Polytechniciens besetzten leitende Stellungen im Staatsdienst – vor allem in den technischen Verwaltungen,

aber auch darüber hinaus. In der Wirtschaft waren sie ebenfalls in Führungspositionen zu finden: vor allem in den Staatsbetrieben und in staatsnahen Unternehmen der Grundstoffindustrien und der Verkehrswirtschaft. Absolventen der Pariser École des Mines arbeiteten als Manager in der Montanindustrie. 1890 stellten die beiden – mit wesentlich geringerem Prestige ausgestatteten – regionalen Écoles des Mines in Saint-Etienne und in Alais an die 70 Prozent der Ingenieure in den Kohlezechen.

Die École Centrale des Arts et Manufactures bot eine Ausbildung zum Ingenieurmanager, die mit jener der Staatsdienstschulen vergleichbar war. Absolventen gelangten zwar auch in den Staatsdienst, aber etwa 80 Prozent arbeiteten in der privaten Wirtschaft. Die höchsten Managementpositionen blieben ihnen in der Regel verschlossen. Eine nicht gerade kleine Zahl an Centraliens machte sich selbständig. Anfangs war der Anteil der Beratenden Ingenieure unter ihnen groß. In späterer Zeit stehen Namen wie Robert Peugeot und André Michelin für die Verbindung von technischer Kompetenz und Unternehmertum. Die meisten Centraliens landeten im Bau- und Transportwesen, viele bei den Eisenbahnen.

Absolvent der École Centrale des Jahres 1855 war der aus einer elsässischen Familie stammende Gustave Eiffel. 1864 gründete Eiffel ein Unternehmen, das Eisenbauwerke aller Art errichtete: Bahnhöfe, Brücken, Ausstellungshallen, Gasometer, Observatorien, Kaufhäuser, Banken, Kasinos, Schulen, Kirchen – und das Gerüst der amerikanischen Freiheitsstatue. Die größte Berühmtheit erlangte der nach ihm benannte Eiffelturm, errichtet als Eingangsbauwerk der zum 100-jährigen Jubiläum der Französischen Re-

Hochofen in einem französischen Hüttenwerk, zweite Hälfte des 19. Jahrhunderts

Brücke der Firma Eiffel über den Duoro bei Porto, 1877

volution 1889 in Paris veranstalteten Weltausstellung. Mit dem Turm, der auch als überdimensionierter Brückenpfeiler gesehen werden kann, wollte Eiffel die Möglichkeiten des Ingenieurbaus demonstrieren. Damit stieß er nicht nur auf Zustimmung. Eine Reihe von Künstlern wie Guy de Maupassant und Alexandre Dumas sahen in dem Eiffelturm eine ästhetische Deprivation und überzogen den Bau mit heftigen Protesten. Das in gut zwei Jahren errichtete damals höchste Bauwerk der Welt

bestand aus 12.000 vorgefertigten Teilen, die mit 2,5 Millionen Nieten zusammengesetzt wurden; 40 Konstrukteure waren damit beschäftigt, die erforderlichen 3.700 Zeichnungen anzufertigen.

Genau in der Zeit des größten Triumphes Gustave Eiffels – der Turm trug ihm höchste Ehrungen ein –, zerstörte ein anderes Projekt sein bisheriges Lebenswerk. Eiffel hatte die Konstruktion und den Bau der Schleusen für den Panamakanal übernommen, ein Auftrag, dessen Umfang die bisherigen des Unternehmens weit übertraf. Als die Kanalgesellschaft in einem wirtschaftlichen Fiasko unterging, geriet auch Eiffel in die Turbulenzen. Seine Firma erlitt enorme Verluste und Eiffel kam vor Gericht. In dieser Situation zog er sich aus dem von ihm gegründeten Unternehmen zurück und kehrte auch nicht zurück, als ihn die Gerichte letztinstanzlich freisprachen. Er wandte sich der Grundlagenforschung zu und befasste sich insbesondere mit aerodynamischen Fragen.

Die Absolventen der Écoles des Arts et Métiers, die so genannten „Gadzarts", bildeten mindestens bis zum Ersten Weltkrieg das wichtigste Reservoir für den Bedarf der französischen Industrie an technischen Fachkräften. Etwa ein Drittel der Gadzarts ging in den Maschinenbau. Klassische Einstiegspositionen waren Zeichner, Meister oder Facharbeiter. Über 90 Prozent der Gadzarts erreichten jedoch als Konstrukteure, Betriebsingenieure oder Direktoren

Eiffelturm und Pariser Weltausstellung, 1889

EXPOSITION DE 1889
AU
CHAMP-DE-MARS.

PROJET
DE
MM. G.EIFFEL & S.SAUVESTRE

216

Ingenieurpositionen. Immerhin 40 Prozent machten sich im Laufe ihrer Karriere selbständig. Die Industriebetriebe konnten die praktisch geschulten Gadzarts ohne lange Einweisungszeit an der Werkbank und am Zeichenbrett einsetzen. Andererseits verfügten sie über eine ausreichende theoretische Vorbildung, um höhere Positionen anzustreben. Mit dieser für die Industrie optimalen Kombination von Theorie und Praxis konnten sie vielfach die Konkurrenz mit Absolventen anderer technischer Bildungsstätten bestehen. Gadzarts tauchten zudem im französischen Staatsdienst auf, als Mitarbeiter („Conducteurs") der Ingénieurs des Ponts.

Es fällt auf, dass Absolventen bestimmter Schulen betriebliche Funktionsbereiche usurpierten und geradezu monopolisierten. So besetzten in der zweiten Hälfte des 19. Jahrhunderts bei der Pariser Gasgesellschaft die Ingénieurs des Ponts das Topmanagement, die Centraliens und die nicht dem Corps angehörigen Absolventen der École des Mines die mittleren und unteren Managementpositionen und die Gadzarts die einfachen Ingenieurstellungen. Im Management der Eisenbahngesellschaften befanden sich überproportional viele Centraliens, im Management der Lokomotivfabriken viele Gadzarts. Die Automobilindustrie bevorzugte in den Leitungspositionen Centraliens, in Konstruktion und Produktion Gadzarts. Solche Cluster entsprachen den unterschiedlichen Qualifikationen der einzelnen Ingenieurgruppen. Sie resultierten aber auch aus dem Corpsgeist der Schulabsolventen, die bei der Besetzung freier Stellen ihre Schulkollegen protegierten. In manchen Firmen wurde dieses System als kontraproduktiv empfunden. Industriemanager bezeichneten es als dringend notwendig, die Cliquenwirtschaft und die Seilschaften der Schulen aufzulösen.

Die gemeinsame, streng reglementierte und verschulte Unterrichtszeit trug zur Entstehung des Corpsgeistes der Ingenieurschulabsolventen bei. Gepflegt wurde er von den Absolventenvereinigungen der einzelnen Schulen, den Sociétés des Anciens Élèves. Um die Mitte des 19. Jahrhunderts bildeten sich solche Absolventen-

vereinigungen für alle Ingenieurschulen. Aufgrund des hohen Organisationsgrads übertrafen ihre Mitgliederzahlen die der meisten Ingenieurvereine. So besaß die größte Absolventenvereinigung, die der Arts et Métiers, 1914 etwa 9.000 Mitglieder. Eine Société des Anciens Élèves bildete ein Netzwerk, das die Absolventen beim Einstieg ins Berufsleben unterstützte. Sie agierte als bildungspolitische Lobby zugunsten ihrer Schule, beschickte Gremien und Ausschüsse und nahm auf parlamentarische Beratungen und Entscheidungen Einfluss.

Die neben den Absolventenvereinigungen bestehenden Ingenieurvereine waren stark zersplittert. Die größte Organisation mit einer Mitgliederzahl von etwa 6.000 im Jahre 1914 war die Société des Ingénieurs Civils de France. 1848 als Absolventenvereinigung der École Centrale gegründet, öffnete sie sich bald anderen Schulen, suchte sich als Gegenkraft zu den Staatsdienstingenieuren zu profilieren und entwickelte sich seit der Jahrhundertwende in Richtung eines technisch-wissenschaftlichen Vereins. Außerdem gab es eine Vielzahl weiterer fachlich, konfessionell, berufspolitisch oder gewerkschaftlich orientierter Ingenieurvereine. Bis zur Jahrhundertwende wollten die marxistisch ausgerichteten wichtigsten Gewerkschaften nichts mit den Ingenieuren zu tun haben, die sie als Verbündete des Kapitals klassifizierten. Danach öffneten sie sich langsam den technischen Berufen.

Technokratie, Demokratie und Diktatur: Die Ingenieure in den Weltkriegen und in der Zwischenkriegszeit 1914–1945

Kriege und Krisen

Die beiden Weltkriege und die Wirtschaftskrisen in der Zwischenkriegszeit beeinflussten in großem Umfang auch die

Britischer Tank, 1916

Das erste Normblatt des Normenausschusses der Deutschen Industrie, 1917

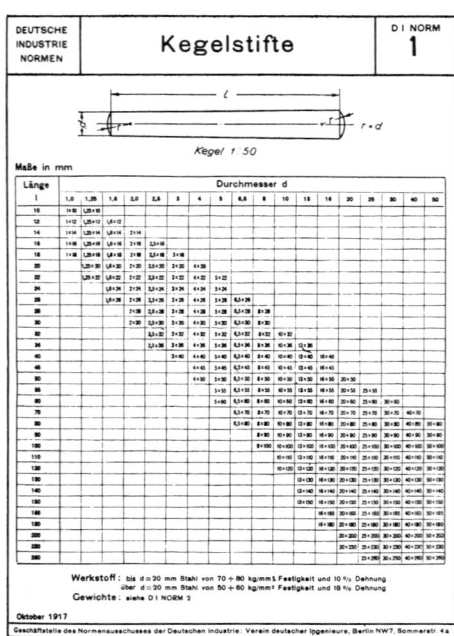

Arbeit der Ingenieure. Der Erste und der Zweite Weltkrieg, die beiden Urkatastrophen des 20. Jahrhunderts, überzogen die Völker mit ungeheuren physischen und psychischen Schäden. Die Ingenieure blieben davon nicht verschont. Jedoch erhöhten der Rüstungswettlauf der Nationen und die beiden Kriege gleichzeitig die Nachfrage nach technischer Arbeit. Und die Kriege entpuppten sich in weit größerem Maß als in der Vergangenheit als technische Kriege. Die Mobilisierungen für den Ersten Weltkrieg griffen auf die Eisenbahnen zurück. Im Krieg kamen neuartige Waffen erstmals massenhaft zum Einsatz: U-Boote, Luftschiffe, Flugzeuge, Maschinengewehre, Granatwerfer, Giftgas und durch Schützengräben, Stacheldraht und Minen gesicherte Stellungen. Der Zweite Weltkrieg entwickelte sich dann zum Bewegungskrieg mit Motorfahrzeugen, Panzern, Flugzeugträgern und Landungsschiffen.

Im und nach dem Ersten Weltkrieg warfen insbesondere deutsche Ingenieure den Militärs vor, dass sie überholten Traditionen verhaftet geblieben seien und die Möglichkeiten technischer Kriegsführung ignoriert oder nicht ausreichend genutzt hätten. Immerhin spielten Naturwissenschaftler und Ingenieure wie der AEG-Manager Walther Rathenau in der Rüstungswirtschaft keine unmaßgebliche Rolle. Aus den Bemühungen um eine rationelle kriegswirtschaftliche Produktion ging 1917 der erste nationale Normenausschuss hervor, der Vorläufer des heutigen Deutschen Instituts für Normung (DIN). An dem vom nationalsozialistischen Deutschland entfachten Weltbrand des Zweiten Weltkriegs wirkten Ingenieure in führenden Positionen mit. Der Bauingenieur Fritz Todt und der Architekt Albert Speer stiegen im Krieg nicht zuletzt aufgrund ihrer technisch-organisatorischen Fähigkeiten in den Kreis der mächtigsten Männer des „Dritten Reiches" auf. In hypertropher Auslegung des technischen Krieges suggerierte die Reichsführung der Bevölkerung noch in den letzten Kriegsmonaten eine durch neu entwickelte „Wunderwaffen" bevorstehende Wende.

In der Zwischenkriegszeit litten die Volkswirtschaften unter einem extremen Auf und Ab von Konjunkturen und Krisen. Die Wirtschaft hatte zunächst die Verluste des Ersten Weltkrieges wieder gutzumachen. In Deutschland geschah dies mit zeitlicher Verzögerung – verursacht durch politische Unsicherheiten und die Inflation. Besonders in der zweiten Hälfte der 1920er Jahre wurden große Hoffnungen in den wirtschaftlichen Aufschwung gesetzt, welche die Weltwirtschaftskrise um 1930 konterkarierte. Die Krise brachte eine in den Industriegesellschaften bislang nicht erlebte Massenarbeitslosigkeit. Die wirtschaftliche Erholung setzte bereits vor 1933 ein. In Deutschland schoben die nationalsozialistische Aufrüstung und autarkistische Maßnahmen, womit das Regime seine mit allen Mitteln betriebene Expansionspolitik vorbereitete, die Konjunktur zusätzlich an. Alles in allem genommen, war die Zeit zwischen den beiden Weltkriegen – verglichen mit dem Kaiserreich – eher eine Phase der wirtschaftlichen Stagnation.

In der Zwischenkriegszeit erklomm die Zahl der Ingenieurstudenten und der Ingenieure ein neues Niveau. In Deutschland verdoppelte sich nach dem Krieg an den Technischen Hochschulen die Zahl der

Studenten. 1922/23 erreichte sie ein Maximum, um danach einen stabilen Verlauf zu nehmen. Die Weltwirtschaftskrise und eine verfehlte nationalsozialistische Hochschulpolitik führten dann bis 1937/38 wieder zur Halbierung. Zwischen den beiden Weltkriegen entstammte der überwiegende Teil der Ingenieurstudenten den unteren bürgerlichen Schichten. Auch die Söhne von Arbeitern waren in relevanten Größenordnungen vertreten. Nach 1933 erhöhten sich deren Anteile, vor allem weil die Nationalsozialisten die Ingenieurschulen überproportional gegenüber den Technischen Hochschulen förderten.

Schätzungen zur Gesamtzahl der deutschen Ingenieure in den 1930er Jahren belaufen sich auf 200.000 bis 250.000. Als größter Arbeitgeber überholte in der Zwischenkriegszeit der Maschinenbau das Bauwesen. Großunternehmen wie die Siemens-Schuckertwerke und die AEG beschäftigten allein je 3.000 bis 4.000 Ingenieure. Die im späten Kaiserreich bestehende Relation von fünf Fachschulingenieuren auf einen Hochschulingenieur dürfte erhalten geblieben sein.

Im Vergleich zum Ende des Kaiserreichs bedeutete die Zahl von über 200.000 Ingenieuren nahezu eine Verdoppelung. Das Wachstum ging weit über die Nachfrage einer zumindest zeitweise stagnierenden und schrumpfenden Wirtschaft hinaus

und musste die Bedingungen auf dem Arbeitsmarkt verschlechtern. Bis 1923 zeigten sich die Ingenieure überwiegend zufrieden, danach war mehr und mehr von einer Überfüllung des Ingenieurberufs die Rede. In der zweiten Hälfte der 1920er Jahre bewegte sich die Arbeitslosenquote unter den Ingenieuren zwischen fünf und zehn Prozent. Die Weltwirtschaftskrise verursachte eine sich dramatisch zuspitzende Massenarbeitslosigkeit – auch bei den Ingenieuren. In den Extremen dürfte sie um 30 Prozent gelegen haben. 1931 besagte eine Schätzung, dass nur 20 Prozent der Jungingenieure eine angemessene Stellung fänden, 20 Prozent nähmen irgendeine Tätigkeit außerhalb des Ingenieurberufs auf, zehn Prozent verlängerten aus Frust das Studium und die Hälfte bleibe ohne Arbeit. Conrad Matschoß, Direktor des Vereins Deutscher Ingenieure, konkretisierte den Befund: „Diplomingenieure, die Schlafstellen

*Bunafabrik der IG Farben,
1936*

Bau der Ju 88

tionalsozialisten suchten auf der einen Seite der Akademikerarbeitslosigkeit durch eine restriktive Zulassung zum Studium zu steuern, blähten auf der anderen Seite aber technologieintensive Industrien auf.

Ingenieur war und blieb in der Zwischenkriegszeit ein männlicher Beruf. In Deutschland wurden Frauen seit dem ersten Jahrzehnt des 20. Jahrhunderts zum Studium zugelassen. Die Weimarer Republik stärkte ihre Rechte. Tatsächlich erreichte die Zahl der Frauen an Technischen Hochschulen in der Zwischenkriegszeit erstmals nennenswerte Größen. Weibliche Studierende finden sich jedoch nicht in den klassischen Ingenieurdisziplinen, sondern in der Chemie und Architektur sowie vor allem in den Fächern, in denen die Technischen Hochschulen jetzt auch das Recht der Lehrerausbildung erhielten. Die wenigen Ingenieurinnen stehen für das verbreitete Phänomen der „sozialen Vererbung", das heißt der Vater war Ingenieur und die Tochter ergriff den Beruf des Vaters.

Alle Hochschulreformer der Weimarer Zeit waren sich darin einig, dass das Ingenieurstudium überlastet und überspezialisiert sei. Gefordert wurde einerseits eine Straffung der technischen Fächer, andererseits eine Anreicherung des Studiums mit sozial- und wirtschaftswissenschaftlichen Inhalten. Weiter gingen Konzepte einer „Hochschule für Wirtschaft und Technik", wie sie auch der preußische Kultusminister Carl Heinrich Becker unterstützte. Becker und seine Mitstreiter wollten die Technischen Hochschulen mit den Handelshochschulen zusammenlegen. Inhaltlich strebten die Reformer eine enge Verzahnung von Technik und Wirtschaft an.

Die Erfolge der Reformbewegung blieben begrenzt. Die Technischen Hochschulen bauten zwar die Wirtschaftswissenschaften aus; die Reform der bestehenden Studiengänge gelangte jedoch nicht zu den erhofften Ergebnissen. Letzten Endes kam es stattdessen zu einer weiteren Spezialisierung in Gestalt neuer Studiengänge. In den Zeiten der Überfüllung des Berufs machten sich die Ingenieure und die Hochschulen auf die Suche nach – so ein

haben, von abends zehn Uhr erst benutzbar, die kein warmes Essen mehr kennen, die sich glücklich schätzen, wenn sie mit gleich welcher Arbeit, als Geschirrspüler, als Zigarrenverkäufer, als Eintänzer, einige Mark verdienen können, sind keine Seltenheit mehr."

Die nationalsozialistische Rüstungskonjunktur dürfte bei den Ingenieuren früher als bei anderen Berufsgruppen – jedenfalls nach Kriterien der Statistik – zu Vollbeschäftigung geführt haben. Dessen ungeachtet hatten in manchen Branchen ältere Ingenieure noch auf Jahre hinaus Schwierigkeiten mit der Wiedereingliederung in den Beruf. 1936 wurde bereits ein allgemeiner Ingenieurmangel konstatiert, der in den folgenden Jahren und erst recht im Krieg dramatische Ausmaße annahm. Der Grund hierfür lag in der verfehlten nationalsozialistischen Politik in den ersten Jahren der Regierungsverantwortung. Die Na-

verbreiteter Begriff – „Ingenieurneuland". Sie fanden es in expandierenden Wirtschaftszweigen wie der Konsumgüterindustrie sowie in industriellen Funktionsbereichen wie Produktion und Vertrieb. Seit dem späten 19. Jahrhundert hatten die großen Unternehmen der Investitionsgüterindustrie in für sie wichtigen Städten Vertretungen aufgebaut, welche den Verkauf und den Kundendienst übernahmen. Den Ingenieuren boten sich damit neue Beschäftigungsmöglichkeiten; weitere Ingenieure arbeiteten in der Marktforschung und in der Werbung.

Mit Blick auf solche Berufsfelder richtete die Technische Hochschule Berlin 1926 den Studiengang des Wirtschaftsingenieurs ein. Es handelte sich um ein Wirtschaftsstudium, angereichert mit technischen Qualifikationen. Der Studiengang fand beachtlichen Zuspruch. Dennoch etablierten ihn andere Technische Hochschulen erst nach dem Zweiten Weltkrieg.

In der zweiten Hälfte des 19. Jahrhunderts zielte das Ingenieurstudium vorzugsweise auf den Beruf des Konstrukteurs. Diese Orientierung wurde um die Jahrhundertwende im Kontext der Rationalisierungsbewegung modifiziert und ergänzt. Die Rationalisierungsbewegung erwuchs aus dem schärfer werdenden nationalen und internationalen Konkurrenzkampf. Ganz allgemein gesprochen, ging es den Rationalisierern darum, den Aufwand im Unternehmen zu verringern und den Ertrag zu erhöhen. Einige der mit Rationalisierungsmaßnahmen befassten Ingenieure arbeiteten ihre Erfahrungen in der Praxis zu theoretischen Konzepten aus. Die größte Bekanntheit erlangte das Scientific Management, die Wissenschaftliche Betriebsführung, des amerikanischen Maschinenbauingenieurs Frederick W. Taylor. Ein zentrales Element der Taylor'schen Lehre bildeten von Ingenieuren besetzte und geleitete neue Abteilungen, die Betriebsbüros, später sprach man von Arbeitsvorbereitung. Die Betriebsingenieure zogen die bislang den Meistern vorbehaltene Leitung der Produktion an sich. Die Betriebsbüros bildeten zudem – jedenfalls in Deutschland – eine zwischen Konstruktion und Produktion vermittelnde Instanz. Sie prüften die Konstruktionszeichnungen auf Fertigungsfreundlichkeit und setzten sie in Arbeitsanweisungen für die Werkstatt um. Für das neue Berufsbild des Betriebsingenieurs schufen die Technischen Hochschulen und die technischen Mittelschulen nach der Jahrhundertwende spezielle Studiengänge.

In Frankreich zeigte man sich in den Jahren vor dem Ersten Weltkrieg gegenüber dem Taylorismus aufgeschlossener als in Deutschland. Unternehmen der Kraftfahrzeugindustrie wie Renault und Michelin, aber auch andere des allgemeinen Maschinenbaus und der Waffenindustrie suchten Elemente des Taylorismus umzusetzen, worauf die Arbeiter in einigen Fällen mit Streiks reagierten. Mit der Zeit ebbte das Interesse am Taylorismus wieder ab, nicht jedoch an der Rationalisierung. Überhaupt sollte man den Einfluss Taylors auf die betriebliche Praxis in Europa nicht überschätzen. In den einzelnen Ländern und in den Unternehmen wurden spezifische Rationalisierungsformen entwickelt, die den jeweiligen Gegebenheiten entsprachen. Ein französisches Spezifikum waren die Bureaus d'Études, welche Funktionen der Forschung und Entwicklung, der Konstruktion, der Arbeitsvorbereitung und der Kostenkontrolle in sich vereinigten. Bei den meisten Rationalisierern handelte es sich um Praktiker, die mit den Ausarbeitungen der Rationalisierungstheoretiker wenig am Hut hatten.

Ein Beispiel eines solchen Rationalisierungspraktikers ist Ernest Mattern, Absolvent der École des Arts et Métiers in Châlons. Nach mehreren Beschäftigungsverhältnissen als Konstrukteur begann Mattern 1907 bei Peugeot die Fertigung zu rationalisieren – vermutlich ohne den Namen Taylor jemals gehört zu haben. Als die Unternehmensleitung 1922 seinen

Zeitstudien an einer Mehrspindel-Bohrmaschine

Endmontage bei Peugeot, 1935

Vorschlag ablehnte, die Produktion nach dem Vorbild Fords auf ein Modell zu konzentrieren, wechselte Mattern zu Citroën, kehrte aber nach einigen Jahren wieder zu Peugeot zurück. Mattern, über die Grenzen seiner Firma hinaus in der Automobilindustrie als führender Rationalisierungsfachmann anerkannt, stieg bei Peugeot bis in den Verwaltungsrat auf.

Nach dem Ersten Weltkrieg entstanden in Deutschland zahlreiche Institutionen, die sich der Rationalisierung annahmen, wie das Reichskuratorium für Wirtschaftlichkeit (RKW) und der Reichsausschuss für Arbeitszeitermittlung (RefA). Getragen wurden solche Organisationen von der Wirtschaft, den Ingenieurorganisationen und dem Staat. Sie sorgten dafür, dass der Rationalisierungsgedanke nicht einschlief, sie erarbeiteten Handreichungen und boten konkrete Unterstützung. Indirekt stabilisierten und erweiterten sie damit auch den Arbeitsmarkt für Betriebsingenieure. Die gesellschaftliche Akzeptanz der Rationalisierung hing natürlich von der wirtschaftlichen Lage ab. In der Weltwirtschaftskrise mit ihrer Massenarbeitslosigkeit machten die Schlagworte der „Fehlrationalisierung" und der „technologischen Arbeitslosigkeit" die Runde. Die Rationalisierung habe zwar einzelwirtschaftlich Profite produziert, gesamtwirtschaftlich aber Verluste.

Das gestiegene Bewusstsein für den Zusammenhang von Technik und Wirtschaft und die Rationalisierungsbewegung verschoben das Einsatzspektrum der Ingenieure. Eine Erhebung, die der Verein Deutscher Maschinenbau-Anstalten im Jahr 1938 unter seinen Mitgliedsfirmen durchführte, wies zwar immer noch gut die Hälfte der Ingenieure in der Konstruktion aus, aber mehr als 20 Prozent arbeiteten in der Produktion. Die Projektierung sowie Verwaltung und Vertrieb beschäftigten je gut zehn Prozent, Forschung und Entwicklung etwa drei Prozent der Ingenieure.

In Deutschland verfügte die Gruppe der Diplomingenieure seit der Jahrhundertwende über einen akademischen Titel. Die Bestrebungen, auch die Berufsbezeichnung Ingenieur zu schützen, zum Beispiel in Form einer Ingenieurliste, fanden in der Zwischenkriegszeit mehr und mehr Zustimmung, blieben aber letztlich ergebnislos. In Frankreich verlieh eine Reihe technischer Schulen seit dem späten 19. Jahrhundert Diplome, die den Namen der Schule enthielten. Am wenigsten interessiert daran zeigten sich – neben der Industrie – die Grandes Écoles und die Corps d'État, die auf eine Beurkundung ihrer Zugehörigkeit zur Ingenieurberufsgruppe nicht angewiesen waren. Ganz auf dieser Linie kam es 1934 zu einem Gesetz, das die Bezeichnung „Ingénieur diplomé" schützte. Treibende Kräfte hinter diesem Gesetz waren die Absolventenverbände der weniger renommierten Schulen sowie berufspolitisch orientierte Ingenieurvereine. Das Gesetz schrieb vor, dass dem Titel die Schule hinzuzufügen sei, zum Beispiel „Ingénieurs diplomé des Arts et Métiers". Die erste – in der Folgezeit fortgeschriebene – Liste der zur Verleihung eines Ingenieurdiploms berechtigten Schulen umfasste 88 Namen. Das Gesetz diskriminierte gewissermaßen die „Praktiker", die sich, ohne eine Ausbildung an einer der anerkannten Schulen zu besitzen, in der Industrie zu Ingenieuren hochgearbeitet hatten. Ihnen blieb zwar die Bezeichnung „Ingénieur", doch diese war von niedrigerer und unbestimmter Qualität.

Ingenieure und Politik in Deutschland

Bereits im 19. Jahrhundert betrieben die Ingenieurvereine, an ihrer Spitze der Verein Deutscher Ingenieure, Bildungs- und Berufspolitik. Mit der Einordnung, Abgrenzung und Interpretation dieser Aktivitäten taten sie sich jedoch ausgesprochen schwer. Sie erlebten es mehrfach, dass die berufspolitische Arbeit heftige Auseinandersetzungen in der Mitgliedschaft hervorrief: zwischen Arbeitgebern und Arbeitnehmern sowie zwischen den Ingenieuren unterschiedlicher Qualifikation, den Hochschul-, den Mittelschulingenieuren und den „Praktikern". In einigen wenigen Fällen endete dies damit, dass sich Gruppierungen von den Vereinen abspalteten. Aus dem bestehenden Gemenge heterogener Interessen zogen die meisten großen technisch-wissenschaftlichen Vereine die Konsequenz, Fragen, welche zwischen Unternehmern und angestellten Ingenieuren strittig waren, aus ihren Arbeiten auszuklammern. In manchen Punkten wurden Kompromisse auf einem sehr kleinen gemeinsamen Nenner gefunden, wie beim Patentrecht, oder es kam zu keiner gemeinsamen Position, wie in der Frage des Titelschutzes.

Die genannten Probleme hinderten eine Reihe von Wortführern nicht, die Ingenieure zu idealen Mittlern zwischen Kapital und Arbeit hochzustilisieren. Sie seien dazu berufen, die bestehenden Klassengegensätze zu mildern. Im Kaiserreich lief dieses Programm darauf hinaus, die Arbeiterschaft mit der Monarchie zu versöhnen und der Sozialdemokratie mit Hilfe sozialpolitischer Maßnahmen den Boden zu entziehen.

Die zweite Schwierigkeit, welche die Ingenieurvereine mit der Berufspolitik hatten, resultierte aus dem Politikverständnis der meisten Ingenieure, das mit dem im Kaiserreich und auch noch in der Weimarer Republik in bürgerlichen Kreisen weit verbreiteten konform ging. Politik wurde als Partei- und Interessenpolitik interpretiert und negativ bewertet. Dagegen reklamierte man für sich eine Orientierung am Gemeinwohl und an der nationalen Aufgabe. Solche Denkweisen konnten sich als grundsätzliche Ablehnung der Parteiendemokratie konkretisieren oder in der Stilisierung der eigenen Partikularinteressen als Gesamtinteresse. Im Ersten Weltkrieg erarbeiteten solchen ideologischen Mustern anhängende Ingenieure und Unternehmer wie Wichard von Moellendorff und

Konzepte einer „Gemeinwirtschaft", in welchen Staat und Volkswirtschaft gemäß dem Modell der Maschine und der Technik funktionieren sollten.

Viele Ingenieure sahen sich selbst als unpolitische Fachleute. Dies ging bis zur Indifferenz gegenüber der Staatsform, wie sie in einem Zitat aus dem Jahre 1927 zum Ausdruck kommt: „Welche Form der Staat hat, ist dem Ingenieur höchst gleichgültig, … wesentlich ist, dass die Maschine arbeitet, und zwar mit anständigem Wirkungsgrad." Ein prominenter Ingenieurvertreter gab 1923 berufsständischen Modellen in der Organisation des Staatswesens den Vorzug gegenüber politischen: „Die Gliederung des Volkes nach politischen Gesichtspunkten erhöht die innere Reibung des Volksorganismus bis zum völligen Stillstand der gesamten Maschinerie und drückt den Nutzeffekt auf ein Minimum zurück." Bei der weiten Verbreitung solcher Vorstellungen kann es nicht Wunder nehmen, dass die Ingenieure in den politischen Vertretungen dramatisch unterrepräsentiert waren. Unter den Reichstagsabgeordneten befanden sich im Kaiserreich 0,5 Prozent Ingenieure, in der Weimarer Republik waren es 1,4 Prozent.

Bei nicht wenigen Ingenieuren verband sich die Ablehnung von (Partei-) Politik mit technokratischen Denkweisen. Technokratie konnte dabei zweierlei heißen. Zum einen stand der Begriff für die Überzeugung, dass die Technikentwicklung zur entscheidenden Triebkraft der modernen Gesellschaft geworden sei. Daraus folgerte man, dass politische Entscheidungen auf sachtechnische zurückgeführt werden könnten. Bei manchen Ingenieurorganisationen konkretisierte sich dies in der Forderung nach einem eigenständigen

Titelblatt der Zeitschrift „Technokratie", 1933

223

Technik Voran!

Mitteilungen des Reichsbundes Deutscher Technik e. V.
(Bund technischer Berufstände)   Verlag: Berlin W. 35, Lützowstr. 27

Jahrg. 1925   Berlin, den 10. Mai 1925   Nummer 3

Original-
Bamag
Spannrollen

Verminderung der
Anlage- u. Betriebskosten.
Größte Wirtschaftlichkeit.

Berlin-Anhaltische
Maschinenbau-AG
Dessau

Zweigniederlassung der BAMAG-MEGUIN Aktiengesellschaft

*Titelblatt der Zeitschrift
„Technik Voran!", 1925*

*Kundgebung der Technischen
Hochschule Braunschweig
am 1. Mai 1933*

Technikministerium. Zum anderen hieß Technokratie, dass den Ingenieuren führende Positionen in Staat und Gesellschaft zustünden. Ihre Ausbildung befähige sie, bei Entscheidungen als „Priester des Wirkungsgrades" auf unparteiische Weise das nüchterne Kalkül zur Geltung zu bringen.

Technokratische Positionen waren schon im 19. Jahrhundert weit verbreitet. In der Zwischenkriegszeit breiteten sie sich aus und mündeten in festere Organisationsformen. Ein Zentrum technokratischer Denkweisen war der Reichsbund Deutscher Technik (RDT). Noch während des Ersten Weltkriegs entstanden mit dem Deutschen Verband technisch-wissenschaftlicher Vereine (DVT) 1916 und dem Reichsbund 1918 zwei Dachverbände der Ingenieurvereine. Während sich der DVT auf die Technik konzentrierte, strebte der RDT danach, alle berufspolitisch engagierten Techniker- und Ingenieurvereine einzubinden – mit dem Ziel, der Technik eine größere gesellschaftliche Bedeutung zu verschaffen. Obwohl die Gründungsinitiative für den RDT aus den Reihen des Vereins Deutscher Ingenieure gekommen war, entschloss sich der VDI nach langem Zögern, nicht Mitglied zu werden. Darin kann man fortdauernde Schwierigkeiten des VDI mit der Berufspolitik sehen, aber auch seine Abneigung, sich mit technischen Fachkräften unterhalb der Ingenieurebene auf eine gemeinsame Ebene zu begeben. 1928 ver-

trat der Reichsbund 130 Vereine, eine Zahl, die sich bis auf 300 erhöhte.

In den USA entwickelte sich die Technokratie nach dem Krieg zu einer Bewegung, die vielfältige Aktivitäten entfaltete und in der Öffentlichkeit eine gewisse Aufmerksamkeit fand. Die deutsche kam dagegen nicht über kleine Zirkel technischer Intellektueller hinaus. 1932 bildeten deutsche Technokraten einen Verein, der eine eigene Zeitschrift herausgab. Nach 1933 dienten sie sich den Nationalsozialisten an, wurden aber schließlich aufgelöst.

Die Nationalsozialisten selbst gründeten 1931 als einzige Partei eine eigene Ingenieurorganisation: den Kampfbund Deutscher Ingenieure und Techniker (KDAI). Der KDAI soll etwa 2.000 Mitglieder gewonnen haben. Nach der „Machtergreifung" 1933 erhöhte sich die Zahl der in nationalsozialistischen Organisationen tätigen Ingenieure. 1937 besaßen 21.000 Ingenieure ein Parteibuch der Nationalsozialistischen Deutschen Arbeiterpartei (NSDAP), das war etwa jeder zehnte deutsche Ingenieur. Im Vergleich zu anderen akademischen Berufen waren die Ingenieure damit in der NSDAP unterrepräsentiert – wahrscheinlich als Folge ihres weithin verbreiteten Selbstverständnisses als unpolitische Fachleute. Dabei entsprachen Teile der nationalsozialistischen Selbstdarstellung durchaus Ingenieurpositionen. Die Nationalsozialisten interpretierten sich nämlich nicht als Partei, sondern als eine den Grundsatz „Gemeinnutz vor Eigennutz" verfolgende nationale Bewegung.

An den Technischen Hochschulen hatten die Nationalsozialisten bereits vor 1933 Fuß gefasst. Besonders unter den Studenten gelang es ihnen, eine große Anhängerschaft zu gewinnen. Nach der Machtergreifung schwenkten die Hochschulen in ihrer Gesamtheit ins nationalsozialistische Lager über, setzten die NS-Rassenpolitik um, indem sie die jüdischen Dozenten und Studenten sukzessive entfernten, und gaben sich Verfassungen nach dem Führerprinzip. Das Gleiche gilt für die Ingenieurvereine, die mit Maßnahmen der „Selbstgleichschaltung" den Nationalsozialisten zuvorkamen oder bereitwillig den politischen Vorgaben folgten. Sie wählten nationalsozialistische Ingenieure an die Vereinsspitze, verankerten „Arierparagraphen" in den Satzungen und drängten damit die jüdischen Berufskollegen aus der Mitgliedschaft hinaus.

Bis 1937 wurden die technisch-wissenschaftlichen Vereine schrittweise in den 1934 gegründeten Nationalsozialistischen Bund Deutscher Technik (NSBDT), eine von der Partei gesteuerte Organisation, integriert. Durch Zusammenlegung schrumpfte die Zahl der Vereine; die Großen, wie der Verein Deutscher Ingenieure, der Verband Deutscher Elektrotechniker oder der Verein Deutscher Eisenhüttenleute, waren im NSBDT für ihre jeweiligen Fachgebiete zuständig. Damit blieben sie der technisch-wissenschaftlichen Arbeit erhalten. Diese aber wurde in großem Umfang in den Dienst der Rüstungs- und Autarkiepolitik gestellt, mit der die Nationalsozialisten Vorbereitungen für die Umsetzung ihrer Kriegspläne schufen.

Im Nationalsozialismus selbst gab es mehr technikfreundliche und mehr technikskeptische Strömungen. De facto wuchs die Bedeutung der Technik im NS-Staat im Gleichschritt mit dessen technophiler Ausrichtung. Dies zeigte sich beim Autobahnbau, bei dem Ingenieure die Leitungspositionen besetzten. Es zeigte sich bei der Propagierung langlebiger Konsumgüter für die breiten Massen, wie beim Volksempfänger, Volkswagen und Volkskühlschrank, wobei allerdings nur der Volksempfänger produziert wurde und bei weitem nicht die erwarteten Absatzzahlen erreichte. Und es zeigte sich vor allem bei der nationalsozialistischen Rüstung, die den überwiegenden Teil des Staatshaushalts verschlang.

An allen diesen Arbeiten waren Ingenieure beteiligt. Sie konnten sich wieder als gefragte und geschätzte Fachleute fühlen. Der nationalsozialistische Staat ehrte Ingenieure gleich mehrfach durch die Verleihung des Deutschen Nationalpreises für Kunst und Wissenschaft. Ein prominentes Beispiel für die Doppelrolle eines Nationalsozialisten im Ingenieurberuf und Ingenieurs im Nationalsozialismus war

der Bauingenieur Fritz Todt. Todt gehörte zu den von Hitler hoch geschätzten „alten Kämpfern", den frühen Mitgliedern der NSDAP. Er verband nationalsozialistische Ideologie mit in der Ingenieurwelt weit verbreiteten Ansichten. So war er von der kulturellen Bedeutung der Technik und ihrer gleichzeitigen gesellschaftlichen Unterschätzung überzeugt und wandte sich gegen eine von den Juristen dominierte Staatsverwaltung.

Hauptversammlung des Vereins Deutscher Ingenieure 1935 in Breslau

Todt, der mit einer Arbeit über den Straßenbau promoviert worden war, begann seine politische Karriere im NS-Staat 1933 mit der Ernennung zum Hitler unmittelbar unterstellten Generalinspektor für das deutsche Straßenwesen. In den folgenden Jahren besetzte er die zentralen Führungsfunktionen in den technischen Gliederungen der NSDAP sowie in den Ingenieurorganisationen; 1939 übernahm er auch das Amt des Vorsitzenden des Vereins Deutscher Ingenieure. Die von ihm aufgebaute und geleitete „Organisation Todt" zeichnete verantwortlich für alle großen militärischen Baumaßnahmen, zum Beispiel für den „Westwall". Den Gipfel seiner Macht erklomm Todt in den ersten Kriegsjahren – als Reichsminister für Bewaffnung und Munition und in anderen leitenden Stellungen der Kriegswirtschaft. Während Ingenieure in dem der Kriegsvorbereitung dienenden Vierjahresplan von 1936 eher untergeordnete Positionen bekleidet hatten, kann man 1940 von einer unter Todts Leitung erfolgten „Machtergreifung der Ingenieure in der Kriegswirtschaft" sprechen. Bereits 1941 gelangte Todt allerdings zur Überzeugung, dass der Krieg nicht mehr zu gewinnen sei. Entsprechende Vorhaltungen wurden von Hitler ignoriert. Als Todt 1942 bei dem Absturz seines Flugzeuges ums Leben kam, trat der skrupellose Opportunist Albert Speer an seine Stelle.

Auch die Geschichte der Ingenieure im Nationalsozialismus demonstriert, dass

Hitler und Todt (rechts dahinter) bei der Eröffnung eines Autobahnteilstücks

225

Hitler und Porsche bei der Grundsteinlegung des Volkswagenwerks am 26. Mai 1938

Start einer V 2 in Peenemünde, 1943

Georg Schlesinger (1874–1949) in der Firma Loewe, um 1930

eine Arbeit in verantwortlichen Positionen schwerlich möglich war, ohne sich auf die Ziele des Regimes einzulassen. Die meisten Ingenieure und Wissenschaftler mussten jedoch nicht in die Rüstungs- und Kriegswirtschaft getragen werden; vielmehr offerierten sie ihre Dienste in einer Art „Selbstmobilisierung". Vielen eröffnete die nationalsozialistische Politik die Chance, lang gehegte Vorhaben zu realisieren. So trieb Ferdinand Porsche die Umsetzung der Idee eines Volkswagens voran, engagierte sich aber auch bei der Konstruktion von Panzern. Und Wernher von Braun war die Produktion von als Terrorwaffen dienenden Raketen ein Schritt auf dem Weg zur Verwirklichung seines Traums von der Eroberung des Weltraums. Dafür nahm er in Kauf, dass bei der Errichtung der Produktionsstätten und der Herstellung der Raketen durch Zwangs- und Sklavenarbeiter weit mehr Menschen ums Leben kamen als beim Kriegseinsatz der V 2.

Ingenieure profitierten aber nicht nur von der nationalsozialistischen Politik, sondern sie litten auch unter ihr. Unter den Ingenieuren befanden sich nicht wenige Juden. An den Technischen Hochschulen zum Bei-

spiel verloren 20 bis 25 Prozent der Professoren ihre Stelle – als Juden oder weil sie politisch missliebig waren. Wir wissen nicht, wie viele Ingenieure in den Vernichtungslagern ermordet wurden. Etwa 2.000 konnten sich ins Exil retten. Der vielleicht prominenteste unter diesen jüdischen Ingenieuren war Georg Schlesinger. Schlesinger war 1897 bei Ludwig Loewe eingetreten, damals eine der modernsten deutschen Werkzeugmaschinenfabriken. 1904 wurde er auf den neuen Lehrstuhl für „Werkzeugmaschinen und Fabrikbetriebe" berufen. In den folgenden Jahrzehnten arbeitete sich Schlesinger zur unbestrittenen Autorität auf dem Gebiet Werkzeugmaschinenbau und Produktionstechnik hoch. 1933 steckten ihn die Nationalsozialisten dann aufgrund abenteuerlicher Anschuldigungen für einige Monate ins Gefängnis. Anfang des folgenden Jahres nutzte er eine sich bietende Gelegenheit, um ins Exil zu gehen, das ihn schließlich nach England führte.

Vergleichende Zusammenfassung: Ingénieur und Ingenieur

Das französische und das deutsche Ingenieurwesen zeichneten sich durch eine ausgeprägte „Schulkultur" aus. Technische Ausbildungsstätten spielten für die Entstehung und Formierung der Berufsgruppe eine zentrale Rolle. In Frankreich entstanden im 18. Jahrhundert die ersten technischen Schulen überhaupt, und zwar für die im Staatsdienst beschäftigten Ingenieure; Deutschland folgte mit geringer zeitlicher Verzögerung. Als die Industrialisierung neue Herausforderungen brachte, bestand die Antwort der beiden Nationen in weiteren Gründungen. Die neuen für die Industrie bestimmten Schulen entfalteten zunächst keine große Wirkung. Sie standen dann aber in der Phase der Hochindustrialisierung bereit, um die kräftig steigende Nachfrage der Wirtschaft nach Ingenieuren zu erfüllen.

Die Besonderheit dieser französischen und deutschen auf Bildung setzenden Industrialisierungspolitik erschließt sich am besten durch einen Blick auf Großbritannien und die USA. In diesen früher und stärker industrialisierten Ländern wurden Ausbildungsstätten für Industrieingenieure überhaupt erst seit den 1860er Jahren gegründet. Die britische und die amerikanische „Praxiskultur" kamen lange Zeit weitgehend ohne Ingenieurschulen aus und zeigten sich stattdessen mit dem traditionellen, auch für Ingenieure geltenden System einer Lehre in der technischen Praxis zufrieden. Aber auch danach waren die neuen Stätten der Ingenieurausbildung praxisorientierter als in Frankreich und Deutschland. Der Theoretisierungsgrad war geringer, und ein beträchtlicher Teil des Unterrichts erfolgte in Werkstätten und Laboratorien.

Das Leitbild des auf die Industrie zielenden französischen und deutschen Ingenieurstudiums war der Konstrukteur. Die Studenten sollten in die Lage versetzt werden, das im Studium erworbene umfangreiche Wissen in qualitativ hochwertige Konstruktionen umzusetzen. Im deutschen Maschinenbau arbeitete noch in den 1930er Jahren die Hälfte der Ingenieure in Konstruktionsbüros. In Großbritannien und in den USA war das Einsatzspektrum der Ingenieure differenzierter. Besonders in den USA drangen die Ingenieure früher und in größerem Umfang in die Fertigung ein.

Die deutsche und die französische „Schulkultur" wiesen aber auch zahlreiche markante Unterschiede auf. Dies beginnt mit der Zahl der Schulen – und damit zusammenhängend – der Zahl der Ingenieure. Als Folge der politischen Zersplitterung wurden in den deutschen Mittelstaaten in der Frühindustrialisierung mehr technische Schulen gegründet als in Frankreich. Die deutschen Gewerbeschulen, Polytechnischen Schulen und Technischen Hochschulen deckten über lange Zeit die Nachfrage – letzten Endes bis nach dem Zweiten Weltkrieg. In Frankreich hielt man sich mit der Gründung technischer Schulen mehr zurück. Dies entsprach der geringen Nachfrage aus der Industrie, erforderte aber in der Zeit der Hochindustrialisierung zusätzliche Gründungen.

Zu diesem um 1890 einsetzenden Ausbau der Ingenieurausbildung in Frankreich leisteten auch die Universitäten einen Beitrag. An den deutschen Universitäten gab es ebenfalls Ambitionen, technische Fächer einzurichten, die aber weitgehend im Sande verliefen. Stattdessen formierte sich ein dualistisches aus den Universitäten und den Technischen Hochschulen bestehendes Bildungssystem. Die beiden die „zwei Kulturen" repräsentierenden Hochschultypen lieferten sich um 1900 einen heftigen „Kulturkampf". Erst im Laufe des 20. Jahrhunderts wurden die Spannungen zwischen den Universitäten und Technischen Hochschulen allmählich abgebaut. Einen ähnlich markanten, aber ganz anderen Dualismus gab es in Frankreich zwischen den für den Staatsdienst und den für die private Wirtschaft ausbildenden Ingenieurschulen. Deren Auseinandersetzungen kumulierten im späten 19. Jahrhundert, als sie jeweils anboten, die Aufgaben der anderen Schulen zu übernehmen und deren Schließung vorschlugen.

Frappierend sind die Unterschiede zwischen den beiden Ländern bei der Zahl der Ingenieure. Aufgrund der Unbestimmtheit der Ingenieurberufsgruppe und dem Fehlen einschlägiger Statistiken stehen genaue Angaben nicht zur Verfügung. Doch gehen seriöse Schätzungen, denen in etwa die gleiche Definition des Ingenieurs zu Grunde liegt, in den 1930er Jahren von mehr als 200.000 Ingenieuren in Deutschland aus und von mehr als 50.000 in Frankreich. Selbst wenn man die unterschiedlichen Bevölkerungszahlen und Wirtschaftsstrukturen in Rechnung stellt, ist die Differenz immer noch gewaltig.

Die Zahlendifferenz ist das Resultat zweier grundsätzlich verschiedener Konzepte der Bildungs- und Arbeitsmarktpolitik für Ingenieure. Die Konzepte lassen sich für Deutschland als Angebotsorientierung und für Frankreich als Nachfrageorientierung auf den Begriff bringen. Es ist schon gesagt worden, dass die deutschen Mittelstaaten mit der Gründung technischer Schulen zwischen 1821 und 1836 der Nachfrage weit vorauseilten. In

Frankreich agierte man zögerlicher und wartete, bis die industrielle Nachfrage um 1890 zweifelsfrei feststand. Darüber hinaus betrieben die Schulen der beiden Länder eine völlig entgegengesetzte Zulassungspolitik. Die französischen Ingenieurschulen limitierten von vornherein die Schülerzahlen auf einige hundert. Damit dienten die Schulen nicht nur der Versorgung des Staatsdienstes und der Industrie mit technischen Fachkräften, sondern auch einer rigiden sozialen Auslese.

Dagegen standen in Deutschland die Tore der Technischen Hochschulen allen Bewerbern offen, welche die vorgelagerten Schulen, in denen wie in Frankreich eine Segregation der sozialen Klassen und Schichten stattfand, besucht hatten. Als an den Technischen Hochschulen in den letzten beiden Jahrzehnten des 19. Jahrhunderts die Studentenzahlen explodierten, führte dies zwar zu Qualitätsproblemen. Gleichzeitig aber wurden die Hochschulen in flexibler Weise der steigenden Nachfrage am Arbeitsmarkt gerecht. Das staatliche Bildungssystem stellte also der Wirtschaft eine überaus große Zahl qualifizierter Ingenieure zur Verfügung. Für die Wirtschaft war es nur positiv, dass Bildung nicht als limitierender Entwicklungsfaktor in Erscheinung trat. In Krisenzeiten aber konnte das angebotsorientierte deutsche System zu einer beträchtlichen Ingenieurarbeitslosigkeit führen oder zumindest die Position der Ingenieure auf dem Arbeitsmarkt verschlechtern. Dagegen wirkten sich auf dem nachfrageorientierten französischen Arbeitsmarkt Krisen weniger gravierend aus.

In beiden Ländern übte zunächst der Staatsdienst einen großen Einfluss auf die Entwicklung der Ingenieurberufsgruppe aus. Die im 18. Jahrhundert gegründeten ersten Ausbildungsstätten überhaupt waren für den Staatsdienst konzipiert. Die im 19. Jahrhundert hinzukommenden Schulen für die Industrieingenieure übernahmen Standards der Staatsdienstschulen. Schließlich bot bis in die zweite Hälfte des 19. Jahrhunderts hinein der Staat mehr Ingenieurpositionen an als die Privatindustrie. In Deutschland änderte sich all dies im späten 19. Jahrhundert. Die Zahl der Industrieingenieure überrundete die der Ingenieure

im öffentlichen Dienst. Und das Leitbild des technischen Verwaltungsdienstes verblasste, weil den Ingenieuren wegen des herrschenden Juristenmonopols die höheren Positionen verschlossen blieben. In Frankreich sah die Situation etwas anders aus. Auch hier verschob sich die quantitative Relation zwischen Staatsdienst- und Industrieingenieuren. Die Grandes Écoles der Staatsdienstausbildung und die Grands Corps d'État behielten aber ihren Prestigevorsprung. Darüber hinaus drangen die Ingenieure der staatlichen Corps auch in wirtschaftliche Leitungsfunktionen vor. Als Teil einer allgemeinen Verwaltungselite verzahnten sie Staat und Wirtschaft zum Wohle der Grande Nation.

In der Zeit der Frühindustrialisierung rekrutierten die deutsche und die französische Industrie ihren Ingenieurnachwuchs aus den Reihen der eigenen Mitarbeiter. Diese Gruppe der „Praktiker" geriet in der Hochindustrialisierung schnell in eine Minderheitenposition. Dennoch blieb in ihrem Interesse die Ingenieurberufsgruppe nach unten offen; ein Schutz der Berufsbezeichnung Ingenieur erfolgte nicht. In diesem Rahmen entwickelten sich in den beiden Ländern unterschiedliche Strukturen der Ingenieurberufsgruppe: in Deutschland eine Zweigliedrigkeit und in Frankreich ein außerordentlich differenziertes System, welches das technische Schulwesen abbildete.

In Deutschland entstand im späten 19. Jahrhundert ein zweigliedriges System der Ingenieurausbildung und des Ingenieurberufs, bestehend aus den Technischen Hochschulen und den Diplomingenieuren auf der einen Seite und den technischen Mittelschulen und den Mittelschulingenieuren auf der anderen. Es ist bemerkenswert, dass sich dieses bis heute existierende zweigliedrige System ungeplant und entgegen den Absichten der meisten Beteiligten herausbildete. Die ersten technischen Mittelschulen entstammten privater Initiative, die damit auf die Theoretisierung der Technischen Hochschulen reagierte und der Nachfrage der Industrie nach praxisorientierten Ingenieuren nachkam. Theorie- und Praxisorientierung wurden zu Schlagworten, mit denen man damals und heute die Differenz zwischen Technischen Hochschulen und Universitäten auf der einen sowie technischen Mittelschulen, Ingenieurschulen und Fachhochschulen auf der anderen Seite zu markieren suchte und sucht. Die Zweigliederung bestimmte die Laufbahnen des öffentlichen Dienstes, in den industriellen Berufsfeldern hinterließ sie in der ersten Hälfte des 20. Jahrhunderts erste Spuren.

Im Unterschied hierzu entwickelte in Frankreich jede Ingenieurschule ihren eigenen, spezifischen Charakter. Zwischen den Polen Theorieorientierung und Praxisorientierung besetzten die Schulen ein breites Spektrum an Positionen. Einige, wie die Écoles des Arts et Métiers oder die technischen Universitätsinstitute, lassen sich zu Gruppen zusammenfassen, andere am besten als Unikate beschreiben. Es war deswegen nur konsequent, wenn das Ingenieurgesetz von 1934 vorschrieb, dem Diplomtitel den Namen der Schule hinzuzufügen. Vor dem Zweiten Weltkrieg handelte es sich dabei um etwa 100 Schulen und damit auch um ebenso viele Arten Ingenieure. Die Schulen und ihre Absolventen besetzten unterschiedliche Plätze auf einer imaginären Rangliste. Einigen Schulen gelang es, bestimmte Positionen in der Staatsverwaltung, aber auch in der Wirtschaft mehr oder weniger zu monopolisieren. Die gemeinsame Sozialisation und das gemeinsame Fachwissen dürften die durch das Ausbildungssystem generierten Funktionseliten zusammengeschweißt haben. Probleme konnten bei der Kommunikation zwischen den einzelnen Funktionseliten auftauchen.

In Deutschland bildeten die theorieorientierten Technischen Hochschulen, aber auch die praxisorientierten technischen Mittelschulen die angehenden Ingenieure für bestimmte Branchen und Funktionen aus. Die relativ hohe Spezialisierung konnte sich als Hindernis erweisen, wenn die Ingenieure Leitungspositionen anstrebten, bei denen weniger fachliche Qualifikationen als allgemeine Führungsqualitäten gefragt waren. Sie sahen sich dann auf ihre individuellen Potentiale verwiesen, denn unterstützende Grundlagen hatten die technischen Schulen kaum geschaffen.

An vielen französischen Ingenieurschulen entsprach die fachliche Spezialisierung der in Deutschland. Anders sah dies hingegen an den Grandes Écoles aus, den Schulen mit dem größten Prestige. Die Grandes Écoles verbanden in ihrem Unterricht und in ihren Prüfungen Mathematik und Naturwissenschaften auf einem hohen Niveau mit einem Überblick über die Technik sowie ökonomischen und soziologischen Inhalten. Das Ziel- und Leitbild des Unterrichts war der Ingenieurmanager. Derart ausgebildete Ingenieurmanager besetzten Leitungspositionen in Staat und Wirtschaft bis hin zu Verwaltungsrats- und Ministerposten; auch unter den Präsidenten der Republik findet sich ein Ingenieur. Die Durchdringung der französischen Verwaltungselite mit technisch-wissenschaftlicher Intelligenz ließ einer sich als oppositionell verstehenden Technokratiebewegung wenig Entfaltungsmöglichkeiten. Die französische Ingenieurelite praktizierte Technokratie, sie brauchte sie nicht in aggressiver Weise zu propagieren, wie Teile der amerikanischen und deutschen Ingenieure.

Die unterschiedliche Struktur des Ingenieurwesens und der Ingenieurausbildung fand in den beiden Ländern ein Abbild bei den Ingenieurvereinen. In Deutschland dominierte der technisch-wissenschaftliche Fachverein. Eine Reihe von Fachvereinen betrieb zwar Bildungs- und Berufspolitik, orientierte aber auch diese Aktivitäten am Leitbild des technischen Fortschritts. In Frankreich dagegen dominierten die Absolventenvereinigungen der einzelnen Schulen. Ihrem Selbstverständnis entsprechend, agierten sie als Dienstleister und Lobbyisten ihrer Schulen und deren Absolventen.

Literatur

Frankreich

Alder, Ken: Engineering the Revolution: Arms and Enlightenment in France, 1763–1815. Princeton ²1999 (zuerst 1997)

Belhoste, Bruno/Dalmedico, Amy Dahan/ Picon, Antoine (Hrsg.): La formation polytechnicienne 1794–1994. Paris 1994

Berlanstein, Lenard R.: Managers and Engineers in French Big Business of the Nineteenth Century. Journal of Social History 22 (1988/89), S. 211–36

Blanchard, Anne: Les ingénieurs du „Roy". De Louis XIV à Louis XVI. Étude du corps des fortifications. Montpellier 1979

Day, Charles R.: Education for the Industrial World. The Ecoles d'Arts et Métiers and the Rise of the French Industrial Engineering. Cambridge, 1987

Edmondson, James M.: From Mecanicien to Ingenieur. Technical Education and the Machine Building Industry in Nineteenth-Century France (Modern European History. A Garland Series of Outstanding Dissertations). New York/London 1987

Fox, Robert/Weisz, George (Hrsg.): The Organization of Science and Technology in France 1808–1914. Cambridge u. a. 1980

Grelon, André (Hrsg.): Les ingénieurs de la crise. Titre et profession entre les deux guerres (Recherches d'histoire et de sciences sociales. Studies in History and the Social Sciences 21). Paris 1986

Grelon, André/Stück, Heiner (Hrsg.): Ingenieure in Frankreich, 1747–1990 (Deutsch-französische Studien zur Industriegesellschaft 16). Frankfurt a.M./New York 1994

Kranakis, Eda: Constructing a Bridge. An Exploration of Engineering Culture, Design, and Research in Nineteenth Century France and America (Inside Technology). Cambridge/London 1997

Langins, Janis: Conserving the Enlightenment. French Military Engineering from Vauban to the Revolution (Transformations: Studies in the History of Science and Technology). Cambridge/London 2004

Moutet, Aimée: Les logiques de l'entreprise. La rationalisation dans l'industrie française de l'entre-deux-guerres (Civilisations et sociétés 93). Paris 1997

Picon, Antoine: L'invention de l'ingénieur moderne: L'École des Ponts et Chaussées, 1747–1851. Paris 1992

Shinn, Terry: Savoir scientifique et pouvoir sociale. L'École Polytechnique 1794–1914. Paris 1980

Thépot, André (Hrsg.): L'ingénieur dans la société française (Collection mouvement social). Paris 1985

Thépot, André: Les ingénieurs des mines du XIXe siècle. Histoire d'un corps technique d'État, 1810–1914. Bd. 1, Paris 1998

Deutschland

Bolenz, Eckhard: Vom Baubeamten zum freiberuflichen Architekten. Technische Berufe im Bauwesen (Preußen/Deutschland, 1799–1931). Frankfurt a. M. u. a. 1991

Dietz, Burkhard/Fessner, Michael/Maier, Helmut (Hrsg.): Technische Intelligenz und „Kulturfaktor Technik". Kulturvorstellungen von Technikern und Ingenieuren zwischen Kaiserreich und früher Bundesrepublik Deutschland (Cottbuser Studien zur Geschichte von Technik, Arbeit und Umwelt 2). Münster 1996

Gispen, Kees: New Profession, Old Order. Engineers and German Society, 1815–1914. Cambridge u. a. 1989

Grüner, Gustav: Die Entwicklung der höheren technischen Fachschulen im deutschen Sprachgebiet. Ein Beitrag zur historischen und zur angewandten Berufspädagogik. Habilitationsschrift Technische Hochschule Darmstadt. Braunschweig 1967

Gundler, Bettina: Technische Bildung, Hochschule, Staat und Wirtschaft. Entwicklungslinien des Technischen Hochschulwesens 1914–1930. Das Beispiel der TH Braunschweig (Veröffentlichungen der Technischen Universität Carolo-Wilhelmina zu Braunschweig 3). Hildesheim 1991

Jarausch, Konrad H.: The Unfree Professions. German Lawyers, Teachers, and Engineers, 1900–1950. New York/Oxford 1990

Knost, Peter: Die Interessenpolitik der Elektrotechniker in Deutschland zwischen Industrie, Staat und Wissenschaft 1880 bis 1914 (Studien zur Technik-, Wirtschafts- und Sozialgeschichte 9). Frankfurt a. M. u. a. 1996

König, Wolfgang: Künstler und Strichezieher. Konstruktions- und Technikkulturen im deutschen, britischen, amerikanischen und französischen Maschinenbau zwischen 1850 und 1930. Frankfurt a. M. 1999

König, Wolfgang: Technikwissenschaften. Die Entstehung der Elektrotechnik aus Industrie und Wissenschaft zwischen 1880 und 1914 (Technik interdisziplinär 1). Chur 1995

Ludwig, Karl-Heinz/König, Wolfgang (Hrsg.): Technik, Ingenieure und Gesellschaft. Geschichte des Vereins Deutscher Ingenieure 1856–1981. Düsseldorf 1981

Ludwig, Karl-Heinz: Technik und Ingenieure im Dritten Reich. Düsseldorf 1974

Lundgreen, Peter/Grelon, André (Hrsg.): Ingenieure in Deutschland, 1770–1990 (Deutsch-französische Studien zur Industriegesellschaft 17). Frankfurt a. M./New York 1994

Lundgreen, Peter: Techniker in Preußen während der frühen Industrialisierung. Ausbildung und Berufsfeld einer entstehenden sozialen Gruppe (Einzelveröffentlichungen der Historischen Kommission zu Berlin 16. Publikationen zur Geschichte der Industrialisierung). Berlin 1975

Manegold, Karl-Heinz: Universität, Technische Hochschule und Industrie. Ein Beitrag zur Emanzipation der Technik im 19. Jahrhundert unter besonderer Berücksichtigung der Bestrebungen Felix Kleins (Schriften zur Wirtschafts- und Sozialgeschichte 16). Berlin 1970

Rürup, Reinhard (Hrsg.): Wissenschaft und Gesellschaft. Beiträge zur Geschichte der Technischen Universität Berlin 1879–1979. Im Auftrag des Präsidenten der Technischen Universität Berlin hrsg. 2 Bde., Berlin u. a. 1979

Sander, Tobias: Krise und Konkurrenz – Zur sozialen Lage der Ingenieure und Techniker in Deutschland 1900–1933. Vierteljahrschrift für Sozial- und Wirtschaftsgeschichte 91 (2004), S. 422–51

Scholl, Lars Ulrich: Ingenieure in der Frühindustrialisierung. Staatliche und private Techniker im Königreich Hannover und an der Ruhr (1815–1873) (Studien zu Naturwissenschaft, Technik und Wirtschaft im Neunzehnten Jahrhundert 10. Forschungsunternehmen „Neunzehntes Jahrhundert" der Fritz Thyssen Stiftung). Göttingen 1978

Willeke, Stefan: Die Technokratiebewegung in Nordamerika und Deutschland zwischen den Weltkriegen. Eine vergleichende Analyse (Studien zur Technik-, Wirtschafts- und Sozialgeschichte 7). Frankfurt a. M. u. a. 1995

Wölker, Thomas: Entstehung und Entwicklung des Deutschen Normenausschusses 1917 bis 1925 (DIN-Normungskunde 30). Köln 1992

Ingenieure in der Bundesrepublik Deutschland

Walter Kaiser

Vergangenheitspolitik

Die Bewältigung der Vergangenheit

Der Zweite Weltkrieg war in erster Linie eine tiefe politische Zäsur, die die Zeit nach 1945 auf Jahrzehnte hinaus prägen sollte. Doch auch bei der Gewinnung naturwissenschaftlicher und ingenieurwissenschaftlicher Kenntnisse, in der realisierten Technik, bei der Weiterentwicklung der industriellen Infrastruktur und in der wirtschaftswissenschaftlichen Durchdringung stießen die vorangegangene Aufrüstungsphase und der Zweite Weltkrieg Prozesse an, die stetig bis in unsere Tage wirken. So entwickelte sich die Petrochemie, etwa mit Blick auf Kraftstoffe, Polyäthylen und Synthesekautschuk zur Schlüsseltechnologie, sowohl in der Verfahrenstechnik als auch bezüglich der neuen Materialien. Vor allem erhielten die Informations-, die Kommunikations- und die Energietechnik in der Zeit zwischen 1935 und 1945 wichtige Impulse. Die neue Technik der Funkortung, also das nach angelsächsischem Vorbild bald so genannte Radar, und die digitale Nachrichtentechnik, inklusive digitaler Übertragung und Vermittlung, besaßen ihre Wurzeln in der Zeit unmittelbar vor oder im Zweiten Weltkrieg. Turboluftstrahltriebwerke, also die landläufig so genannten Düsentriebwerke, sowie aerodynamisch fortgeschrittene Flugzeuge mit gepfeilten Flügeln stammen ebenfalls

Das Stuttgarter Bosch-Werk nach den Luftangriffen von 1944

aus dieser Zeit. Basierend auf hochentwickelten Kreiselsystemen und Kreiselkompassen war seit den 1930er Jahren die automatische Lagen- und Kurssteuerung in großen Flugzeugen Wirklichkeit geworden. Eng verbunden mit den Problemen der Flugmechanik und der Lenkung von Raketen wurde seit 1940 die forcierte Entwicklung der modernen Regelungstechnik eingeleitet. Die auf elektronischen, programmgesteuerten Rechnern basierende Datenverarbeitung im heutigen Sinn entstand ebenfalls erst seit dem Ende des Zweiten Weltkriegs. Mit der Kerntechnik zeichnete sich, wenngleich verdeckt und zugleich blockiert durch die Entwicklung nuklearer Waffen, seit 1939 die Erschließung einer neuen Primärenergiequelle ab.

Obwohl man mit der kriegsbedingten Ausrichtung der Technik manche Hürden bei der Konversion in die zivile Technik überwinden musste, stieg nach 1945 das

Bild links: Windenergieanlage E-66 der Enercon GmbH, EuroWindPark Aachen, Photo 2005

233

Albert Speer als Angeklagter bei den Nürnberger Prozessen, Photographie um 1946

Alfried Krupp als Angeklagter bei den Nürnberger Prozessen, Photographie vom Juli 1948

Darstellung der technischen Arbeit in der Jubiläumsschrift des VDI von 1956, Bau stationärer Dieselmotoren in Mannheim

Niveau in vielen Bereichen der Technik weiter an. Dabei zeigt sich diese hochentwickelte Technik nicht mehr nur im industriellen Bereich, in der Produktion oder in einzelnen technischen Spitzenleistungen, wie in Maschinen, Fahrzeugen oder Bauten. Diese „High Technology" oder „High Tech" hat – anders als in früheren Phasen der Technikentwicklung – den Alltag der Menschen erreicht und durchdringt das Leben des Einzelnen tief. Umgekehrt gehörte es mit der zunehmenden Verfeinerung von Investitionsgütern und Alltagstechnik zu den immer drängenderen Aufgaben der Ingenieure, die Nutzung der Technik, ingenieurwissenschaftlich oft in die Begriffe „Mensch-Maschine-Schnittstelle" oder „Benutzungsoberfläche" gefasst, in den Blick zu nehmen.

Wenngleich eine Stunde null technikhistorisch nicht leicht zu identifizieren ist, bedeutete 1945 für den Ingenieurberuf zunächst einen Bruch. Auch die Gruppe der Ingenieure konnte sich natürlich der Erschütterung der deutschen Gesellschaft bei Kriegsende nicht entziehen. Die Neubesinnung der Ingenieure scheint allerdings nur auf den ersten Blick der Schwere der Katastrophe des Zweiten Weltkriegs angemessen. Zwar gilt insbesondere Waldemar Hellmichs Rede über den „geistigen Aufbruch der deutschen Ingenieure", publiziert im Jahr 1948 in der ersten Ausgabe der Zeitschrift des Vereins Deutscher Ingenieure (VDI) nach dem Krieg, als ein deutliches Signal für eine solche Neubesinnung. Doch glich seine Mahnung an die Ingenieure, sich der „Grenzen des rationalen Denkens" gewahr zu werden und den „Irrglauben an die Allmacht des Wissens", „an die Selbsterlösung durch die Technik" zu überwinden oder die „menschliche Verbundenheit mit neuem Geist" zu beleben, eher einer Flucht in wirklichkeitsferne kulturphilosophische Betrachtungen.

Man setzte sich in der Folge durchaus mit der „Verantwortung des Ingenieurs" auseinander, so auf einer Sondertagung des VDI in Kassel im Mai 1950. Dabei wurde der „Steigerung der technischen Möglichkeiten" ein pathetisches Bekenntnis des Ingenieurs gegenübergestellt, er

arbeite in „Demut vor der Allmacht", in „Achtung vor der Würde des menschlichen Lebens" und beuge sich nicht dem Missbrauch der Technik. Aber nur äußerst selten wurde über individuelle und kollektive Schuld, über die Verarbeitung des Geschehenen, über Wiedergutmachung gesprochen. Kaum ein vereinzelter Diskussionsredner wagte es, hinter den wortreichen Erörterungen einmal die in der Kriegsmaschinerie tätigen Ingenieure zu benennen.

„Wertneutralität" und Kontinuität der Technik

Es ist natürlich zu fragen, warum – nachdem der Schock der ersten Nachkriegszeit überwunden war – die selbstkritische Aufarbeitung eigener Schuld zunächst so weitgehend unterbleiben konnte. Einmal entsprach die Haltung der Ingenieure einfach der Grundstimmung der deutschen Gesellschaft. Ein entscheidender Punkt war aber die unter Technikern dominierende Vorstellung von der Wertneutralität der Technik. Jedenfalls wurde die Verantwortung für den unbegreiflichen Zivilisationsbruch und für den mit technischen Mitteln geführten Krieg der Politik zugewiesen. Zugleich bahnte man damit einer kontinuierlichen Technikentwicklung über den Zusammenbruch von 1945 hinweg den Weg.

Aber nicht nur „Wertneutralität" und Kontinuität der Technik allein spielten hier eine Rolle. Darüber hinaus lieferten technisch-wissenschaftliche Entwicklungen der NS-Zeit und des Krieges wegen ihres inneren Reizes und ihrer Modernität den Anstoß für eine forcierte Weiterentwicklung nach dem Krieg. Ein Beispiel ist die legendäre Reichsautobahn, die selbst im neutralen Ausland gelegentlich als eine charakteristische, nicht vorwiegend kommerziell geprägte Gemeinschaftsarbeit und als positiv zu bewertende Technikanwendung diskutiert wurde. Beim Autobahnbau hatte Hitler in der Tat militärisch-expansionistische Motive zunächst zurückgestellt, um sich in der Rolle des „Bauherrn" zusammen mit Fritz Todt einer gigantischen

Landschaftsplanung und Umweltgestaltung zu widmen. In diesen Zusammenhang „modernster" Technik gehören auch die genannte Aerodynamikforschung, einschließlich Pfeilflügel und Jettriebwerk, die Hochfrequenztechnik, die in der Röhrentechnik und der frühen Halbleitertechnik mit ihren Anwendungen bei Richtfunk und Radar an vorderster technischer Front agierte, nicht zu vergessen die Kernphysik, die fast bis an die Grenze eines kritischen Kernreaktors vorgestoßen war.

Kalter Krieg, Westintegration und Wiederaufbau

Ein weiterer wichtiger Grund dafür, dass nach dem Krieg eine systematische Aufarbeitung der NS-Zeit unterblieb, liegt in der Entwicklung der außenpolitischen Situation: Im Kontext des Kalten Krieges, der raschen Westintegration der Bundesrepublik und im Zuge des von den Westmächten massiv geförderten Wiederaufbaus kam es zu einer Art Generalabsolution, von der insbesondere Wissenschaft, Technik und Industrie profitierten.

Die zur Sicherung der westeuropäischen politischen und wirtschaftlichen Interessen der USA seit April 1948 verausgabten Mittel aus dem European Recovery Program (ERP), die Währungsreform vom 20. Juni 1948, die durch aktive Besatzungspolitik und Bündnispolitik der USA erzielte Angleichung an das liberale marktwirtschaftliche System, das trotz Kriegszerstörung und Teilung immer noch verfügbare technisch-industrielle Wissen und die enorm vergrößerte kriegswirtschaftliche Infrastruktur in Deutschland verhalfen der Bundesrepublik zu einem kräftigen wirtschaftlichen Aufschwung. Unverkennbar ist dabei, wie man vielfach unter verbesserten außenwirtschaftlichen Bedingungen unmittelbar auf der Technik der Vorkriegszeit aufbauen konnte, etwa im Automobilsektor. So begann Daimler-Benz seine Nachkriegsproduktion bei Pkw mit dem Vorkriegsmodell Mercedes 170V; der bereits 1938 produktionsreife Volkswagen erlebte nach 1945 seinen Aufstieg als massenhaft produziertes ziviles Fahrzeug.

Allerdings musste sich die Bundesrepublik – wie unter anderen Vorzeichen die DDR – mit erheblichen Verlusten und Einschränkungen auseinander setzen: Eher eine Episode ist das „Project Paperclip", in dessen Rahmen vor allem die um Werner von Braun gruppierte Spitzengruppe von etwa 125 deutschen Raketentechnikern aus Peenemünde in die USA gebracht wurde. Insgesamt umfasste das „Project Paperclip" etwa 500 Wissenschaftler, Ingenieure und Techniker aus der Luftfahrt- und Raketentechnik. Gravierender war, dass nahezu flächendeckend technisches Know-how, also individuelles Erfahrungswissen sowie das in Patenten fixierte Wissen, in die USA transferiert wurde (in geringerem Umfang auch nach Großbritannien und Frankreich). Weiterentwicklungen in vielen militärisch „belasteten" und vornehmlich Hochtechnik tangierenden Bereichen wurde durch das am 29. April 1946 erlassene Gesetz Nr. 25 des Alliierten Kontrollrats weitgehend lahm gelegt: Verboten waren insbesondere Arbeiten auf den Gebieten der angewandten Kernphysik, der Aero- und Hydrodynamik des Flugzeug- und Schiffbaus, der Raketen- und Düsentriebwerke, der Ortungsverfahren auf der Basis akustischer und elektromagnetischer Wellen, mithin die militärische Sonar- und Radartechnik, sowie der auf Elektronik beruhenden Verschlüsselungsmethoden. Die Forschung auf den Ge-

Umbruch im Werkzeugmaschinenbau bei Waldrich Siegen (heute bei Ingersoll)

Walzendrehmaschine mit Lamellensupport, um 1956

Numerisch gesteuerte Walzenkalibrier-Drehmaschine, 1960

*Jubiläumsschrift des VDI von 1956: „Moderne"
elektrische Regelungstechnik und Hüttentechnik*

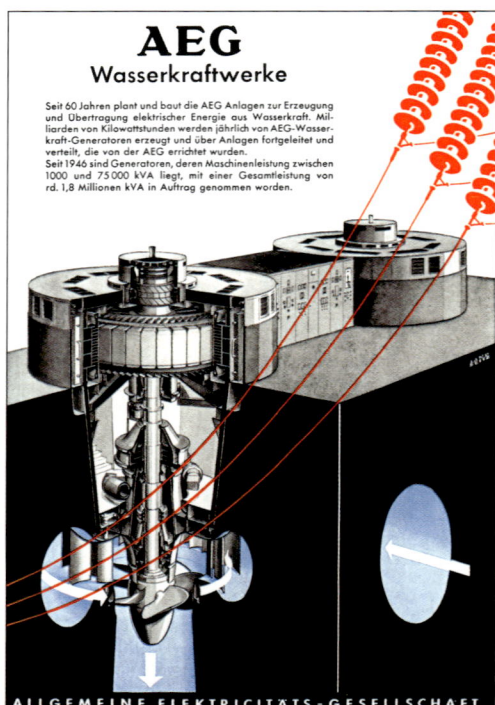

*Technikdarstellung in der Jubiläumsschrift des
VDI von 1956, Mitte der 1950er Jahre gehörte
die AEG noch zu den großen Anbietern von
Wasserkraftwerken*

bieten der zivilen Kommunikationstechniken, der Elektronenröhren, der Kugel- und Rollenlager sowie der hochentwickelten katalytischen Hochdrucksynthesen (zum Beispiel der Kohlehochdruckhydrierung) und der Synthesekautschukherstellung waren abhängig von Genehmigungen der Militärbehörden. Nach vorangegangenen teilweisen Lockerungen wurden die Beschränkungen nach der Ratifizierung der Pariser Verträge durch die Aufhebung des Besatzungsstatuts im Wesentlichen beendet. Mit dem Vertragswerk erhielt die Bundesrepublik 1955 eine weitgehende Souveränität, gleichzeitig wurde sie Mitglied der Westeuropäischen Union und der NATO.

Bedeutend für den Wiederaufbau war insbesondere der Austausch mit den USA. Komplementär zur zunehmend milderen Siegerjustiz der USA gegenüber Deutschland und zur wachsenden Unterstützung der Bundesrepublik durch die USA gab es in Deutschland eine früh einsetzende und nachhaltige Hinwendung zu den Vereinigten Staaten. Gefördert von staatlichen und nichtstaatlichen Organisationen der USA, wie Stiftungen, Hochschulen und Kirchen, kamen Westdeutsche bald in die Lage, im Rahmen von Studienreisen die USA zu besuchen, offenbar auch führende Ingenieure. Ungeachtet möglicherweise tiefliegender psychologischer Mo-

tive – nämlich Identitätswechsel und Identifikation mit den Siegern – standen deutsche Unternehmer und leitende Manager vor der dringlichen Aufgabe, die Industrie des Landes wieder konkurrenzfähig zu machen und damit die Wirtschaft wieder in Gang zu setzen. Schon in den 1950er Jahren – und bis etwa 1965 – versuchten sie, die gegenüber den USA entstandene Lücke bei Produkten und Managementmethoden wenigstens durch eine teilweise Adaption des amerikanischen Vorbilds zu schließen. Deutlich weniger offen und lernwillig geschah dies im Übrigen um das Jahr 1970 angesichts der japanischen Herausforderung – nicht zuletzt deshalb waren die Folgen für die Wettbewerbsfähigkeit auch deutlich schwerwiegender.

Rahmenbedingungen des Ingenieurberufs

Das Ingenieurgesetz

Schon im September 1951 organisierte sich auf europäischer Ebene die Berufsgruppe der Ingenieure in der FIANI (Fédération International d'Associations Nationales d'Ingénieurs). Beteiligt waren die Ingenieurvereinigungen aus den Benelux-Staaten, aus Frankreich, Italien, Österreich und der Schweiz; 1955 entstand daraus die FEANI, die Fédération Européennes d'Associations Nationales d'Ingénieurs. Die Bundesrepublik war durch den Deutschen Verband technisch-wissenschaftlicher Vereine vertreten (DVT). Eine organisatorisch besonders weite Klammer für die Vertretung der Interessen technischer Berufe auf nationaler deutscher Ebene bildete jedoch der Gemeinschaftsausschuss der Technik (GdT). In dieser Organisation wirkten die technisch-wissenschaftlichen Vereine mit, insbesondere der VDI, die berufsständischen Ingenieurvereinigungen, die Interessenvertretungen von Arbeitgebern und Arbeitnehmern, die interessierten Verbände der Wirtschaft und die mit Fragen der Technik befassten Bundesbehörden.

Seit 1949 arbeitete der GdT am Entwurf eines Gesetzes zur Ordnung des Ingenieurberufs, wobei es durchaus Tendenzen gab, den Status quo beizubehalten. Immerhin gab es in der Industrie die althergebrachte und verbreitete Übung, verdiente Mitarbeiter, die hochrangige technische Tätigkeiten ausübten, zu Ingenieuren zu ernennen. Außerdem war es durch die Wirren des Krieges und der unmittelbaren Nachkriegszeit vielen „Ingenieuren" nicht möglich gewesen, formale Abschlüsse zu erlangen. Das eigentliche Gesetzgebungsverfahren sollte sich ebenfalls als kompliziert erweisen. Der erste Gesetzentwurf zum Schutz der Berufsbezeichnung „Ingenieur" wurde im Mai 1953 von der CDU/CSU in den Bundestag eingebracht und 1957 verabschiedet. Nach der Ablehnung durch den Bundesrat wurde das Gesetz in geänderter Form erneut eingebracht und am 7. Juli 1965 durch den Deutschen Bundestag verabschiedet. Verfassungsrechtliche Bedenken, wonach dem Bund die Zuständigkeit für den Erlass eines Ingenieurgesetzes fehlte, hatten jedoch Erfolg: Das Bundesgesetz wurde am 25. Juni 1969 durch das Bundesverfassungsgericht endgültig für nichtig erklärt. Wegen der politischen Einsicht in die Notwendigkeit einer Regelung konnten aber die Länder mit Landesgesetzen gleichen Inhalts und annähernd gleichen Wortlauts die erneut aufkommende Rechtsunsicherheit rasch beenden. Nordrhein-Westfalen erließ als erstes Bundesland bereits am 5. Mai 1970 sein Landes-Ingenieurgesetz; am 30. März 1971 war die Gesetzeslücke durch die Ingenieurgesetze von Baden-Württemberg und Niedersachsen wieder geschlossen. Nach der Wende zogen die neuen Bundesländer mit der entsprechenden Gesetzgebung nach. Demnach durfte die Berufsbezeichnung „Ingenieur" nur noch von Personen geführt werden, die das Studium einer überwiegend technischen oder naturwissenschaftlichen Fachrichtung an einer wissenschaftlichen Hochschule erfolgreich abgeschlossen oder die Abschlussprüfung an einer Fachhochschule oder Ingenieurschule bestanden hatten. Auf die industrielle, betriebliche Praxis von Krieg und unmittelbarer Nachkriegszeit

reagierten die Gesetzgeber mit einer Übergangsbestimmung zur Wahrung des Besitzstandes. Demnach konnten Personen, die vor Verkündung des Ingenieurgesetzes eine Tätigkeit unter der Berufsbezeichnung „Ingenieur" ausgeübt hatten, die Berufsbezeichnung weiter führen, wenn sie dieses Ansinnen innerhalb von einem Jahr nach Inkrafttreten des Gesetzes den zuständigen Behörden anzeigten. Nach Ablauf dieser Fristen konnten nur noch Diplomingenieure sowie graduierte Ingenieurschul-Absolventen die Berufsbezeichnung „Ingenieur" verwenden, wodurch der „Ingenieur (grad.)" denselben gesetzlichen Schutz gegen Missbrauch erhielt wie der Grad des Diplomingenieurs (Dipl.-Ing).

Ausbildung der Ingenieure in der Bundesrepublik

Bis etwa 1970 geschah in der Bundesrepublik die Ausbildung in den Ingenieurberufen im Rahmen eines zweischichtigen Systems: Die erste Ebene bildeten die Technischen Hochschulen, die zur Betonung ihrer Zugehörigkeit zu den wissenschaftlichen Hochschulen und/oder wegen ihres erweiterten Fächerspektrums sich ab Mitte der 1960er Jahre zum großen Teil in Technische Universitäten oder Universitäten umbenannten (lediglich die Technische Universität Berlin führte diese Bezeichnung bereits seit 1946). Zur Gruppe der wissenschaftlichen Hochschulen mit Ingenieurausbildung gesellte sich auch eine kleine Zahl von Universitäten mit klassischem Fächerkanon, die technikwissenschaftliche Fakultäten einrichteten. Die darunter liegende Ebene der Ingenieurausbildung bildeten die Ingenieurschulen, die zum

Zentraler Hörsaalkomplex der RWTH Aachen, 1977 nach Theodore von Kármán benannt; im Hintergrund das Hauptgebäude von 1870

Hörsaal Fo1 im Kármán-Auditorium der RWTH Aachen, um 1980

Beispiel aus Maschinenbauschulen hervorgegangen waren. Die Studien- beziehungsweise Ausbildungsdauer sowie die Zugangsvoraussetzungen waren in dieser Hierarchie charakteristisch abgestuft.

Die eigentliche, einschneidende Änderung der Ausbildung in den Ingenieurberufen bahnte sich Ende der 1960er Jahre an: Der Druck rührte hier einmal von den – durch die französische Ingenieurausbildung dominierten – Bestrebungen der Europäischen Gemeinschaft her, einheitliche Kriterien für die Befähigungsnachweise von „Ingenieuren" und „Technikern" zu definieren. Aufgrund der milden Zugangsvoraussetzungen drohte den Absolventen der deutschen Ingenieurschulen auf europäischer Ebene die Herabstufung zu Technikern. Hinzu kam die Studentenbewegung, also die politischen und hochschulpolitischen Unruhen des Jahres 1968. Angestrebt waren Bildungsreform und Bildungsexpansion sowie eine Reform des Hochschulbereichs im Innern, etwa durch die Mitbestimmung der Gruppen an den Universitäten, durch eine Ablösung der Fakultäten durch überschaubare Fachbereiche und – auf die nationale Hochschullandschaft gerichtet – durch die Einrichtung von Gesamthochschulen.

Schließlich drängten die Studierenden der Ingenieurschulen in der Bundesrepublik massiv auf eine Einbeziehung in einen solchen reformierten Hochschulbereich. Dabei ging es ihnen vorrangig um die Anerkennung ihrer Ausbildungsstätten als Hochschulen mit den Rechten der Selbstverwaltung und der Mitbestimmung sowie um eine Anhebung der Zugangsvoraussetzungen. Nach einem kurzen hochschulpolitischen Intermezzo, nämlich der Einführung von „Ingenieurakademien" im Januar 1968, schlossen die Länder am 31. Oktober 1968 ein „Abkommen zur Vereinheitlichung auf dem Gebiet des Fachhochschulwesens". Im Einzelnen wurden folgende Regelungen getroffen: Als Zulas-

„Kandelmarsch" durch Esslingen am Neckar, traditionsreicher Abschied der Absolventen der Fachhochschule, August 2003

sungsvoraussetzung zum Studium an einer Fachhochschule wurde die so genannte „Fachhochschulreife" festgelegt. Diese sollte von Fachoberschulen, unter Umständen auch von Berufsoberschulen und Gymnasien, nach zwölf Vollzeitschuljahren vermittelt werden. Die um zwei Jahre angehobene Vorbildungsvoraussetzung näherte sich damit dem Abitur, also der für die wissenschaftlichen Hochschulen erforderlichen allgemeinen Hochschulreife mit ihren 13 Vollzeitschuljahren. Bis etwa 1990 war jedoch die Mehrzahl der Absolventen nicht über den rein „schulischen" Pfad, sondern nach wie vor über eine praktische Berufsausbildung an die Fachhochschule gekommen.

Die Studiendauer an Fachhochschulen wurde auf drei Jahre festgelegt, ergänzt zum Teil durch zwei Praxissemester. Sie lag damit formal nur geringfügig unter den Regelstudienzeiten der wissenschaftlichen Hochschulen, die vier bis fünf Jahre betrugen (wobei faktisch aber oft deutlich länger studiert wurde). Eine gewisse vertikale Durchlässigkeit wurde insofern in das System der Ingenieurausbildung eingebaut, als unter Anrechnung einer Anzahl von Semestern ein Übergang von der Fachhochschule zur Universität beziehungsweise zu den wissenschaftlichen Hochschulen möglich sein sollte. Die weitere Akademisierung der Ingenieurausbildung und die Stärkung der Schulkultur der deutschen Technik wurden jedoch wenig später durch die Debatte um die ungelösten Strukturprobleme und die Innovationsschwäche der Bundesrepublik überlagert. Immer deutlicher richteten Politiker aus den Kommunen, den Ländern und dem Bund Forderungen an die Hochschulen, anwendungsorientiert auszubilden und anwendungsfähige Forschungsergebnisse zu liefern.

In den Jahren 1970/71 erließen die Bundesländer Fachhochschulgesetze, in denen die Rolle der Fachhochschule in der Ingenieurausbildung definiert wurde: Aufgabe der Fachhochschulen sollte es demnach sein, durch praxisbezogene Lehre eine auf wissenschaftlicher Grundlage beruhende Ausbildung zu vermitteln, die zur selbständigen Ausübung eines Berufs qualifiziert. Im Rahmen dieser praxisbezogenen Ausbildung wurde den Fachhochschulen zugestanden, eigenständige Untersuchungen durchzuführen sowie Forschungs- und Entwicklungsaufgaben zu übernehmen. Die von außen erkennbare Differenz zwischen wissenschaftlichen Hochschulen und Fachhochschulen verschwamm jedoch stetig. Der „Ingenieur (grad.)" wurde durch den „Dipl.-Ing. (FH)" ersetzt. Die Diplomingenieure der wissenschaftlichen Hochschulen und der Fachhochschulen konkurrierten auf denselben Arbeitsmärkten. Auch gab es eine Annäherung der Gehaltsstrukturen der beiden Ingenieurtypen und durchaus auch Verschränkungen in den maximal erreichten Einkommen und Positionen. Im öffentlichen Dienst hat der Kampf der Fachhochschulen um eine Verbesserung der Einstellungs- und Berufschancen ihrer Absolventen nicht zum gewünschten Ergebnis geführt. Nach wie vor werden die Diplomingenieure aus den Fachhochschulen im mittleren gehobenen Dienst mit den Besoldungs- und Vergütungsgruppen A 10 bis A 12 beziehungsweise BAT IV/III beschäftigt, während die Einstufung der Diplomingenieure der wissenschaftlichen Hochschulen mit den Gruppen A 13 und BAT IIa beginnt. Lediglich über ein Aufbaustudium zum Berufsschullehrer konnten – als Folge von massivem Lehrermangel an Berufsschulen – Fachhochschulabsolventen in den höheren Dienst gelangen. Im Übrigen hat in den 1990er Jahren der öffentliche Dienst als Arbeitgeber für Ingenieure nach der Privatisierung der Deutschen Bundesbahn und vor allem der Deutschen Bundespost rapide an Bedeutung verloren.

Gefördert von der Hochschulpolitik von Bund und Ländern strebten die Fachhochschulen seit ihrer Gründung um 1970 – und heute verstärkt – nach einer Gleichberechtigung mit den wissenschaftlichen Hochschulen. Dieses Aufschließen zu den wissenschaftlichen Hochschulen wird vielfach in der englischsprachigen Bezeichnung der Fachhochschulen als „Universities of Applied Sciences" vorweggenommen. Schließlich wird der Bologna-Prozess zur Angleichung der Studienab-

schlüsse an europäischen Hochschulen, also die Einführung von Bachelor- und Master-Studiengängen, von den Fachhochschulen dazu genutzt, die verbleibenden Unterschiede zwischen wissenschaftlichen Hochschulen und Fachhochschulen in den theoretischen Anforderungen der Ingenieurausbildung, etwa bezüglich Mathematik und Physik, in der Forschungsleistung und im Praxisbezug zu verwischen. In historischer Perspektive erinnern die zwischen den wissenschaftlichen Hochschulen und den Fachhochschulen ausgetragenen Querelen fatal an die Auseinandersetzungen zwischen den alten Universitäten und den aufstrebenden Technischen Hochschulen am Ende des 19. Jahrhunderts. Allerdings entwickelte sich die Verteilung der Absolventenzahlen zwischen Ingenieurfächern an wissenschaftlichen Hochschulen und an Ingenieurschulen zu Ungunsten der Ingenieur- beziehungsweise der neuen Fachhochschulen. Anstelle der von der Wirtschaft und den Berufsverbänden in den 1950er und 1960er Jahren favorisierten Relation von eins zu vier bewegten sich die Zahlen in Richtung eins zu zwei; zeitweise betrugen sie sogar eins zu eineinhalb.

Als hochschulpolitische Episode haben sich die Gesamthochschulen erwiesen: Zwischen 1971 und 2003 gab es fünf Gesamthochschulen in Nordrhein-Westfalen (Siegen, Paderborn, Duisburg, Essen, Wuppertal) und eine in Hessen (Kassel). In diesem neuen Typus von Hochschule, einem Lieblingsprojekt der sozialdemokratischen Hochschulpolitik, wurde die Ingenieurausbildung durch innere Differenzierung unter einem einheitlichen organisatorischen Dach zusammengefasst. Zu-

Robert-Bosch-Kolleg, gegründet 1980 zur internen Weiterbildung von Mitarbeitern mit Hochschul- oder Fachhochschulabschluss, hier 1983

VDE-Mitglieder und Professoren der FH Koblenz auf dem vorwiegend für Richtfunk genutzten Fernmeldeturm Kühkopf, November 2001

239

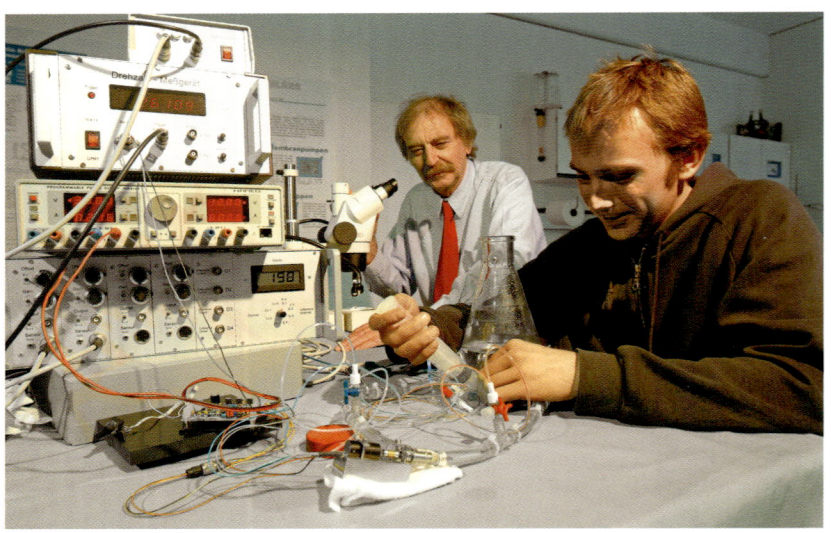

Helmut Reul und Mitarbeiter,
Helmholtz-Institut für
Biomedizinische Technik der
RWTH Aachen, Arbeiten
an einer Blutpumpe, 2004

gleich sollte damit die aus dem 19. Jahrhundert stammende Zweiteilung in eine höhere und mittlere technische Bildung verzahnt und abgemildert werden. Da die überwiegende Zahl von Studierenden in Nordrhein-Westfalen für die an die universitäre Ingenieurausbildung angelehnten Studiengänge votierte, wurden zu Beginn des Jahres 2003 die dortigen Gesamthochschulen in Universitäten überführt (teilweise unter Erhalt kürzerer, praxisorientierter Studiengänge). Dabei wurden Duisburg und Essen verschmolzen. Die hessische Gesamthochschule Kassel mit ihren zeitlich gestuften („konsekutiven") integrierten Studiengängen beschloss bereits 2002 die Umbenennung in Universität Kassel. Die augenblicklichen Studiengangskonzepte werden allerdings – wie generell an den Hochschulen – durch den Übergang zu konsekutiven Bachelor-Master-Studiengängen zunehmend obsolet.

Die Entwicklung in Naturwissenschaft und Technik drückte der Ingenieurausbildung vielfach ihren Stempel auf. Neue Lehrinhalte, etwa aus der Computertechnik und der Mikroelektronik, fanden seit den 1970er Jahren Eingang in Vorlesungen, Studienrichtungen oder in eigene Studiengänge wie in der Informatik und der Halbleitertechnik, wobei gleichzeitig beide Disziplinen immer deutlicher ingenieurwissenschaftliche Züge annahmen. Später schuf man vielfach interdis-

ziplinäre Fächer und Studienrichtungen, zum Beispiel in den zwischen Elektrotechnik und Maschinenbau angesiedelten Feldern Mechatronik und Mikrosystemtechnik oder in der Medizintechnik mit ihren wechselnden Anteilen aus Medizin, Elektrotechnik, Informationstechnik und Maschinenbau. Zu den bedeutendsten inhaltlichen Erweiterungen der Ingenieurausbildung zählt jedoch die Institutionalisierung des Wirtschaftsingenieurwesens. Schon in der Ausbildung von Ingenieuren der Elektrotechnik in den 1920er und 1930er Jahren bildete sich das Fach Elektrizitätswirtschaft heraus. In Berlin wurde dann Ende der 1920er Jahre der Studiengang „Wirtschaftsingenieur" eingeführt. In den 1930er Jahren begannen auch an der TH Darmstadt die Vorbereitungen für die Ausbildung von Wirtschaftsingenieuren in Form eines Simultanstudiums. Nach einer Unterbrechung durch den Zweiten Weltkrieg konnte im Jahr 1948 als erster Studiengang der für Wirtschaftsingenieure mit der Fachrichtung Maschinenbau realisiert werden; der Wirtschaftsingenieurstudiengang mit der Fachrichtung Elektrotechnik folgte erst 1972. Der zeitliche Schwerpunkt in der Einführung des Wirtschaftsingenieurwesens – neben der Forcierung der bereits im Sinne einer Serviceleistung vorhandenen Wirtschaftswissenschaften – waren die 1960er und 1970er Jahre. Damals wurden in der Bundesrepublik sowohl Simultanstudiengänge (zehn bis zwölf Semester) als auch wissenschaftliche Aufbaustudiengänge angeboten. An der Wirtschaftswissenschaftlichen Fakultät der RWTH Aachen wurde 1964 das „Wirtschaftswissenschaftliche Zusatzstudium" eingeführt, mit dem Absolventen mit Diplomabschlüssen ingenieurwissenschaftlicher Fachrichtungen zusätzlich den akademischen Grad eines „Diplom-Wirtschaftsingenieurs" erwerben konnten. Vor allem die Fachhochschulen mit ihrer zeitlich kompakten, praxisbezogenen Lehre in den technischen Disziplinen ergriffen dann vielfach die Chance, durch eine Kombination dieser technischen Fächer mit der Betriebswirtschaftslehre Wirtschaftsingenieure auszubilden.

Ingenieurorganisationen

Seit der zweiten Hälfte des 19. Jahrhunderts entstand eine große Anzahl technisch-wissenschaftlicher und berufsständischer Ingenieurorganisationen. Zu den ersteren zählen etwa der Verein Deutscher Ingenieure (VDI), der Verein deutscher Eisenhüttenleute (VdEH) und der Verband Deutscher Elektrotechniker (VDE). Als bedeutendster technisch-wissenschaftlicher Verein erwarb sich insbesondere der fächerübergreifend wirkende Verein Deutscher Ingenieure um 1900 großes gesellschaftliches und politisches Ansehen. Die personelle Konstellation führender Akteure mag dabei eine wichtige Rolle gespielt haben: Wilhelm II. nahm am Fortschritt der Technik und an der Entwicklung der deutschen Industrie außerordentlich starken Anteil. Umgekehrt fanden VDI-Vorsitzende wie Wilhelm von Oechelhäuser (sen.), Generaldirektor der Deutschen Continental-Gas-Gesellschaft in Dessau, Carl von Linde, Professor an der TH München, Adolf Slaby, Professor an der TH Berlin, sowie Oskar von Miller durchaus Gehör auf der politischen Ebene. Noch in der Mitte der 1920er Jahre war Georg Klingenberg, Kraftwerksingenieur der AEG und Verfechter der Konzepte von Großkraftwerk und zentraler Energieversorgung, ein politisches Schwergewicht. Demgegenüber nahm die Bedeutung des VDI im Verlauf des 20. Jahrhunderts eher ab. Im Vergleich mit den politischen Parteien, den Gewerkschaften sowie den Verbänden von Industrie und Arbeitgebern ging der Einfluss des VDI auf die Gestaltung der wissenschaftlichen, technischen und industriellen Welt zurück. Unter den technisch-wissenschaftlichen Vereinen musste er sich aufgrund der Entwicklung von Elektronik, Mikroelektronik und Informationstechnik fachliche Kompetenzen in der Mess-, Regelungs- und Feinwerktechnik mit dem Verband Deutscher Elektrotechniker (VDE) teilen. Die innerhalb des VDE 1954 gegründete Nachrichtentechnische Gesellschaft (NTG) machte insbesondere mit der Umbenennung in Informationstechnische Gesellschaft (ITG) im Jahr 1985 deutlich, dass sie von der Systemtheorie über die Technische Informatik bis zur Mikroelektronik das Gesamtgebiet der Elektrotechnik für sich reklamiert.

Teils als Folge selbstkritischer Überlegungen, teils aufgrund der Reformfreude der bundesrepublikanischen Gesellschaft seit 1968, aber auch als Antwort auf gezielte externe Kritik, begann der VDI seine Positionen zu überprüfen. Unter anderem hatte er sich mit der 1970 veröffentlichten Untersuchung von Gerd Hortleder zum „Gesellschaftsbild des Ingenieurs" auseinander zu setzen. Hortleder hatte dem VDI unterstellt, zugunsten der Selbstrepräsentation als technisch-wissenschaftlicher Verein die beruflichen und persönlichen Interessen der Ingenieure vernachlässigt zu haben. Im VDI setzte jedenfalls eine vertiefte Diskussion über die Politik des Vereins ein. Ende 1970 wurde ein Ausschuss eingesetzt, der eine neue Organisationsstruktur und ein neues Programm entwickeln sollte. Ein wesentliches Ergebnis war die Stärkung der Rechte der Mitglieder. Intern wurden die mit „Technik und Gesellschaft" befassten fünf VDI-Hauptgruppen 1973 zur VDI-Hauptgruppe „Der Ingenieur in Beruf und Gesellschaft" zusammengefasst. Mit dem Ziel, seine Bedeutung für den Austausch der technisch-wissenschaftlichen Vereine und der staatlichen Institutionen zu unterstreichen, verstärkte der VDI Mitte der 1970er Jahre seine politischen Aktivitäten. Wiederum im Gleichklang mit den Grundströmungen der bundesrepublikanischen Gesellschaft, die zunächst Aufbau vor Aufarbeitung gesetzt hatte, begann der VDI zu dieser Zeit, sich intensiv mit der Rolle der Ingenieure im Nationalsozialismus und im Zweiten Weltkrieg sowie mit der Emigration jüdischer Ingenieure auseinander zu setzen.

Prestige des Ingenieurberufs

Noch in den 1960er Jahren schienen technischer Fortschritt und wirtschaftlicher Wohlstand untrennbar verbunden. Mitte der 1970er Jahre war dieser Fortschrittsglaube allerdings bereits mehrfach gebrochen. Die Belastung der Umwelt durch die Industrialisierung wurde immer deutlicher, die erste Ölkrise hatte die Begrenztheit der Ressourcen in den Blick gerückt, außerdem hatte das Wirtschaftswunder durch die Konjunkturkrise von 1966 einen ersten Dämpfer erhalten. Unverkennbar wuchs der Druck, den die Probleme der Wirtschaft – regelmäßig seit 1966 wiederkehrend und sich dabei verschärfend – auf die Innovationsfähigkeit der deutschen Industrie ausübten. Grundsätzlich hätte den Ingenieuren daher eine wesentliche Rolle im Prozess der Modernisierung der Bundesrepublik zufallen müssen. Aufgrund von konjunkturellen Schwankungen, prozyklischem Verhalten von Arbeitgebern und Studienanfängern und fehlender Übereinstimmung zwischen Arbeitsplatzanforderung und Absolventenprofil hatten die Ingenieure jedoch unterschiedlich gute Chancen auf dem Arbeitsmarkt. Zurzeit werden die Zukunftsperspektiven der Ingenieure günstig eingeschätzt; im Maschinenbau und in der Elektrotechnik spricht man sogar von einem drohenden Mangel an Ingenieuren.

Von seiner hohen und möglicherweise noch wachsenden Bedeutung scheint der Ingenieurberuf nicht durchweg zu profitieren. In der Allensbacher Berufsprestige-Skala von 2001 hatten die Ingenieure in der Achtung der Bevölkerung sogar einen Tiefststand erreicht. Die Aussage, „dieser Beruf gehört zu denjenigen, vor denen ich am meisten Achtung habe", unterstützten im Jahr 1966 immerhin noch 41 Prozent. Vermutlich aufgrund der Sensibilisierung der Bevölkerung für ökologische Probleme und für Technikfolgen erlebten die Ingenieure am Ende der 1970er Jahre einen ersten Rückgang in ihrem Berufsprestige. Nach einer zwischenzeitlichen Verbesserung in den 1980er Jahren folgte ein erneuter Rückgang bis auf 22 Prozent im Jahr 2001. In den Jahren 2003 und 2004 konnten sich die Werte erholen; vor allem liegt die Wertschätzung der Ingenieure in den neuen Bundesländern deutlich höher. Betrachtet man jedoch 1966 als Ausnahmejahr und lässt größere Schwankungsbreiten zu, kann man die Zahlen auch etwas weniger dramatisch lesen: Demnach machen sich bei einem grundsätzlich angesehenen Beruf zunehmend konjunktu-

relle Einflüsse und Individualisierungstendenzen in der Gesellschaft bemerkbar. Die Folgen einer solchen zurückhaltenden und schwankenden Einschätzung des Ingenieurberufs, die den negativen Signalen aus konjunkturellen Abschwüngen folgen, zeigen sich allerdings in den Schwierigkeiten der Hochschulen, geeignete Studierende in den ingenieurwissenschaftlichen Fächern zu bekommen, sowie im beginnenden Arbeitskräftemangel in den Unternehmen.

Jedenfalls spiegelt sich das bescheidene gesellschaftliche Renommee der Ingenieure auch in einer starken Reserviertheit der Feuilletons gegenüber technischen Fragen und berufsständischen Problemen der Ingenieure. Möglicherweise leiden die Ingenieure unter der eigenen zurückhaltenden Bestimmung ihres Ranges in Politik und Gesellschaft. Zwei empirische, soziologische Untersuchungen um 1970 betonten diesen grundlegenden Sachverhalt, nämlich Gerd Hortleders bereits genanntes Buch „Das Gesellschaftsbild des Ingenieurs. Zum politischen Verhalten der Technischen Intelligenz in Deutschland" und Eugen Kogons auf Erhebungen von 1970/71 beruhendes Werk „Die Stunde der Ingenieure. Technologische Intelligenz und Politik". Zwei Drittel der Ingenieure stimmten 1970/71 der provokanten Rhetorik in Eugen Kogons Fragebogen zu: „Die Techniker sind die Kamele, auf denen die Politiker und die Kaufleute reiten." Dabei waren die Ingenieure durchaus offen für Veränderungen, natürlich mit Blick auf ihr ureigenstes Metier, den technischen Fortschritt, aber auch beim Erwerb von Qualifikationen, die über das technische Fachwissen hinausgehen. Während jedoch Gerd Hortleder die Ingenieure mit Blick auf ihre politische Haltung in eine eher konservative, gewerkschaftsferne Ecke rückte und ihnen „Abstinenz gegenüber allen politischen Fragen", die „wesentlich vom Standpunkt der Industrie abweichen", unterstellte, glaubte Eugen Kogon durchaus liberale, allerdings zur Mitte tendierende, pro-europäische, Kommunismus und außerparlamentarische Opposition klar ablehnende politische Grundüberzeugungen bei den Ingenieuren zu erkennen. Trotzdem mündete Eugen Kogons Buch in den kritischen Appell, das „Schicksal der industriewirtschaftlichen Zivilisation" hänge von der „Qualität der technischen Intelligenz" ab, deshalb müssten die Ingenieure „in jedem ihrer Tätigkeitsfelder gesellschaftspolitisch denken und handeln lernen". Möglicherweise sind die Ingenieure die eigentlichen Opfer des bleibenden Gegensatzes zwischen den beiden Kulturen: der Naturwissenschaften und der Geisteswissenschaften. Umgekehrt legt dies die Prognose nahe, dass in dem Maße, in dem der Ingenieurberuf seinen Charakter des technischen Spezialistentums ablegt und das Berufsbild durch vielseitiges technisches und wirtschaftswissenschaftliches Wissen sowie Sozialkompetenz farbiger gestaltet wird, sein gesellschaftliches Prestige steigen wird. Vielleicht könnte dies auch die Berufszufriedenheit der Ingenieure verbessern, die trotz hoher Identifikation mit der Arbeit nur im Mittelfeld liegt.

Technikbewertung und Technikfolgenabschätzung

Schon seit Mitte der 1960er Jahre hatte sich in den USA eine zum Teil äußerst kritische Haltung gegenüber der Technik durchgesetzt. So hatte der junge Rechtsanwalt Ralph Nader Öffentlichkeit und Automobilindustrie drastisch auf die inhärenten Sicherheitsprobleme von Automobilen hingewiesen. Als Folge der heftigen Kontroversen um Ralph Nader kam es in den USA rasch zu gesetzlichen Regelungen, die sich in den 1967 erarbeiteten und ab 1968 gültigen Federal Motor Vehicle Safety Standards äußerten. Außerdem fällt in diese Zeit die verschärfte Gesetzgebung zur Luftreinhaltung in den USA. Diese neue technikkritische Stimmung strahlte insbesondere auch in die Kerntechnik aus: Nach einer Welle von Kraftwerksbauten in der zweiten Hälfte der 1960er Jahre setzte seit Ende der 1970er Jahre in den USA ein eher abwägender Umgang mit der Kernenergie ein. Die aufstrebende Molekularbiologie agierte von vornherein außerordentlich selbstkritisch: Kurz nachdem die ersten gentechnischen Veränderungen von Bakterien gelungen waren, kam es bereits 1973/74 zu Debatten unter den Wissenschaftlern um Paul Berg und zu einem Aufruf zum Forschungsstopp. Im Februar 1975 diskutierten im Konferenzzentrum von Asilomar in Monterey in Kalifornien 140 Molekularbiologen aus 17 Ländern Sicherheitsmaßnahmen für die Genforschung bis hin zur Einstellung bestimmter Versuche. Es ist insofern nicht verwunderlich, dass parallel zu diesem Stimmungsumschwung in den USA das – latent seit den 1930er Jahren vorhandene – Konzept des „Technology Assessment", der „kritischen Technikbewertung", entwickelt wurde und durch die Gründung des „Office of Technology Assessment" beim amerikanischen Kongress im Jahr 1972 einen geeigneten institutionellen Rahmen erhielt.

In der Bundesrepublik wurde die entsprechende Debatte 1973 durch einen Antrag der CDU/CSU-Fraktion, beim Deutschen Bundestag ein „Amt zur Bewertung technologischer Entwicklungen" einzurichten, auf die politische Ebene gehoben. Nachdem der Antrag in veränderten Fassungen eine Reihe von Neuauflagen erlebt hatte, schien die Aktivität in den 1980er Jahren auf dem bundespolitischen Terrain zu versanden. Seit 1990 betreibt jedoch das Karlsruher Institut für Technikfolgenabschätzung und Systemanalyse (ITAS) in Bonn (seit 1999 in Berlin) als selbständige organisatorische Einheit das Büro für Technikfolgen-Abschätzung beim Deutschen Bundestag (TAB). Sein Ziel ist es, Beiträge zur Verbesserung der Informationsgrundlagen forschungs- und technologiebezogener parlamentarischer Beratungsprozesse zu leisten. Das Institut für Technikfolgenabschätzung und Systemanalyse entwickelte sich im Übrigen schrittweise aus dem Institut für angewandte Systemanalyse und Reaktorphysik am Kernforschungszentrum Karlsruhe (seit 1995 „Forschungszentrum Karlsruhe"). 1991 gründete das Land Baden-Württemberg eine eigene Akademie für Technikfolgenabschätzung als Stiftung des öffentlichen Rechts. Gemäß ihrer Satzung hatte sie die Aufgabe, Technikfolgen zu erforschen, diese Folgen zu bewerten und den gesellschaftlichen Diskurs über die Technikfolgenabschätzung zu initiieren und zu koordinieren. Die Arbeiten der Akademie sollten dem Ziel dienen, Chancen und Risiken der Entwicklung und des Einsatzes von Techniken aufzuzeigen und Entscheidungsoptionen im gesellschaftlichen Diskurs zu verdeutlichen. Die Akademie wurde jedoch bereits Ende 2003 wieder geschlossen. Allenfalls der neugegründete Nachhaltigkeitsbeirat Baden-Württemberg kann als Folgeeinrichtung angesehen werden; gleichzeitig spiegelt er eine Akzentverschiebung in der Technikforschung in Richtung Technikethik und „Nachhaltigkeit".

Um die Darstellung dieser Welle der Aktivitäten auf dem Gebiet der Technikfolgenabschätzung abzurunden, sei darauf hingewiesen, dass der VDI bereits 1976 im Rahmen der 1973 geschaffenen und interdisziplinär arbeitenden – auch Technikgeschichte einschließenden – Hauptgruppe „Der Ingenieur in Beruf und Gesellschaft" einen eigenen Bereich „Technikbewertung" gründete. Zum Kontext dieser Entscheidung gehörten die genannten Bemühungen des VDI, seine Präsenz auf der politischen Bühne deutlich zu stärken und die Akzeptanz des Ingenieurberufs günstig zu beeinflussen. Allerdings wurde erst 1991, also zur Zeit der größten Publizität der Technikfolgenabschätzung, die VDI-Richtlinie 3780 „Technikbewertung – Begriffe und Grundlagen" veröffentlicht. Im Hintergrund stand nach wie vor das Interesse des VDI, den Ingenieuren, den Unternehmen und den politischen Akteuren Entscheidungsgrundlagen anzubieten und somit im Spannungsfeld von möglichen Risiken, fraglicher Akzeptanz und notwendigen Innovationen zu vermitteln. Das Ziel war also, über akzeptierte Bewertungsverfahren einen gesellschaftlichen Konsens in der Haltung gegenüber der Technik herzustellen.

Zudem hat die Diskussion des in der VDI-Hauptgruppe „Beruf und Gesellschaft" angesiedelten Bereichs „Mensch und Technik" zur Neuformulierung einer modernen Technikethik geführt. Wie eingangs geschildert, wurde zuletzt im Jahr 1950 unter dem Eindruck des Kriegsendes auf der Sondertagung des VDI in Kassel das in sechs ausdrucksvollen Sätzen formulierte „Bekenntnis des Ingenieurs" vorgestellt, er arbeite in „Achtung vor der Würde des menschlichen Lebens" und „beuge" sich nicht dem Missbrauch des Wesens der Technik. Im Jahr 2002 wurden dann die neu erarbeiteten und hoch differenzierten „Ethischen Grundsätze des Ingenieurberufs des VDI" vom Präsidium verabschiedet und publiziert. Demnach tragen Ingenieure und Ingenieurinnen – um nur einige Grundsätze in geraffter Form zu nennen – aufgrund ihrer Kompetenz ein besonders hohes Maß an Verantwortung. Sie sind dem Auftraggeber und der Gesellschaft gegenüber verantwortlich für ihr berufliches Handeln, sie haben sich an ihrer jeweiligen Wirkungsstätte an die Gesetze zu halten, es sei denn, diese widersprechen universellen moralischen Grundsätzen. Ingenieure und Ingenieurinnen sehen es als ihre Pflicht an, unter Beachtung von Qualität, Zuverlässigkeit und Sicherheit, technischen Innovationen zum Durchbruch zu verhelfen. Ferner orientieren sich Ingenieure und Ingenieurinnen an der Einbettung technischer Systeme in gesellschaftliche, ökonomische und ökologische Zusammenhänge, nicht zuletzt mit Blick auf die Lebensbedingungen und das Offenhalten der Entscheidungsfreiheit künftiger Generationen. Ingenieure und Ingenieurinnen halten sich an allgemeine moralische Grundsätze, insbesondere arbeiten sie nicht an einer Technik, die international geächtet ist oder ein unkontrollierbares Risikopotential enthält.

Ein Beruf im Umbruch: Wachstum und Internationalisierung

Wandel des Berufsbilds

Bis heute ist es schwierig, quantitative Aussagen zur Berufsgruppe der Ingenieure in der Bundesrepublik zu machen. Beschränkt man sich auf eine grobe Orientierung, so wird man 1950 von rund 200.000 Ingenieuren ausgehen können. Im Zuge einer starken Ausweitung des Arbeitsmarkts für Ingenieure war ihre Zahl 1960 bereits auf etwa 300.000 gewachsen. Nach einer auf Konjunkturschwäche und Rationalisierungsdruck zurückzuführenden Stagnation in den 1970er Jahren arbeiteten um 1980 auf Arbeitsplätzen, die als Ingenieurarbeitsplätze ausgewiesen waren, etwa 370.000 Ingenieure; bezogen auf Erwerbstätige, die unter der Berufsgruppe der Ingenieure statistisch erfasst wurden, lag die Zahl bei etwa 470.000. Bis heute stieg allein die Zahl der sozialversicherungspflichtig arbeitenden Ingenieure in der Bundesrepublik auf etwa 650.000 an, wobei die Gesamtzahl bei über einer Million liegen dürfte. Konjunkturell bedingt schwächte sich der Zuwachs ab 1995 wieder ab. Mit Blick auf Verlagerungen von Ingenieurleistungen ins Ausland könnten hier auch strukturelle Gründe eine Rolle spielen.

Der Frauenanteil in den klassischen Ingenieurberufen des Maschinenbaus und der Elektrotechnik liegt vielfach noch in der Größenordnung weniger Prozent. Ein Bericht aus dem Frauenreferat der damaligen Bundesanstalt für Arbeit von 1999 zeigt, dass in Deutschland 1998 insgesamt etwa 100.000 erwerbstätige Ingenieurinnen arbeiteten, was etwa zehn Prozent der erwerbstätigen Ingenieure entsprach. Während sich der Frauenanteil in den alten Bundesländern seit 1985 immerhin vervierfacht hat und damit erheblich über der durchschnittlichen Zunahme der Frauenbeschäftigung lag, ist er in den neuen Bundesländern in den letzten Jahren – bei insgesamt deutlich höherem Niveau – zurückgegangen. Dabei werden heute mit Blick auf „Diversity" Ingenieurinnen besonders umworben, da ihnen innovatives, unkonventionelles Denken und ein anderes Herangehen an Probleme zugeschrieben werden.

Unter den Studierenden der Ingenieurwissenschaften ist der Frauenanteil vor allem im Bauingenieurwesen – und noch deutlicher in der Architektur – seit den 1970er Jahren angestiegen. Nachdem die beiden Fächer 1972 noch Frauenanteile

von zwei Prozent und 17 Prozent aufwiesen, werden inzwischen bei den Studienanfängern 20 Prozent beziehungsweise 50 Prozent erreicht. Auch in Studienrichtungen mit gesellschaftlichem oder ökologischem Bezug kann man höhere Frauenanteile feststellen. In der ursprünglich stärker an der Mathematik orientierten Informatik, die anfänglich einen Frauenanteil von etwa 20 Prozent besaß, ist dagegen der Anteil zwischenzeitlich stark gesunken; er hat auch das Ausgangsniveau noch nicht wieder erreicht. Definiert man einen ingenieurwissenschaftlichen Kernbereich aus Maschinenbau, Elektrotechnik und Informatik, so waren die Frauenanteile unter den Studienanfängern hier besonders gering, haben sich aber in den letzten Jahren etwas nach oben bewegt. Wird zum Beispiel in elektrotechnischen Fakultäten der Anteil der Informatik deutlicher sichtbar, steigen die Frauenanteile an. Der Anteil der Studentinnen in den genannten ingenieurwissenschaftlichen Kernbereichen blieb aber – gemessen an der Zahl der Studienanfängerinnen – praktisch konstant. Es ist also nicht gelungen, zentrale ingenieurwissenschaftliche Studiengänge für Frauen attraktiver zu machen. Die deutlich höheren Frauenanteile der ehemaligen DDR haben sich nach der Wende innerhalb von zehn Jahren nahezu denen der alten Bundesländer angenähert. Die Bundesrepublik gehört damit zusammen mit der Schweiz, Österreich, Luxemburg und Irland europaweit zu den Ländern mit den geringsten Frauenanteilen unter den Studierenden der Ingenieurfächer.

Was den Wandel der Tätigkeitsfelder der Ingenieure in der Industrie angeht, so wird man auch hier wegen der Unschärfe in den Begriffen und der problematischen Vergleichbarkeit der Zahlen nur Tendenzen und Größenordnungen angeben können. Ende der 1960er Jahre waren etwa 50 Prozent der Ingenieure in Forschung, Entwicklung, Konstruktion und Versuch beschäftigt, etwa 20 Prozent in produktionsnahen Tätigkeitsfeldern. Bis 1990 blieb diese grobe Einteilung erhalten, wobei das zentrale Tätigkeitsfeld der Ingenieure nun meist knapper als Forschung und Entwicklung (F&E) umschrieben wurde.

Erst in den letzten Jahren sank der Anteil von Forschung und Entwicklung auf etwa 40 Prozent, die produktionsnahen Tätigkeitsfelder gingen mit etwa zehn Prozent ebenfalls zurück. Umgekehrt nahmen die Aufgaben im Vertrieb deutlich zu. Seit mindestens einem Jahrzehnt wird bei der Diskussion der Tätigkeitsfelder der Ingenieure von einer zunehmenden Bedeutung der Dienstleistungen gesprochen. Das explizite Anbieten von Ingenieurdienstleistungen, die Internationalisierung der Unternehmen, die Verringerung der Fertigungstiefen und der gegenläufige Prozess des Outsourcings sollten sich auch in einem entsprechenden Wandel im Spektrum der Tätigkeiten des Ingenieurs niederschlagen. Die verfügbaren Zahlen sind jedoch gänzlich uneinheitlich. Offenbar arbeitet aber immer noch fast die Hälfte der Ingenieure im Maschinenbau in Forschung und Entwicklung und ist damit Teil der gesamten Wertschöpfungskette im Unternehmen. Hingegen bewegt sich der Anteil von Dienstleistungen trotz steigender Tendenz noch im Bereich weniger Prozent. Ähnliche Verhältnisse wurden für die Elektroingenieure festgestellt: immer noch relativ hohe Anteile im Bereich F&E (bei fallender Tendenz), ein relativ stabiler Anteil in der Produktion, ein wachsender Anteil von Ingenieuren im Vertrieb und ein etwas höherer, aber ebenfalls konstanter Anteil im Bereich Dienstleistungen. Anzunehmen ist jedoch, dass latent bereits Anteile von Vertrieb und Dienstleistung – etwa in Gestalt eines frühen Austauschs mit Kunden oder in einer partiellen Verlagerung der Wertschöpfung vom Hersteller zum Zulieferer – in das klassische Feld von Forschung und Entwicklung eingedrungen sind. Als sehr grobe Tendenz lässt sich deshalb eine leichte Abschwächung des Bereichs F&E, eine Zunahme bei Vertriebsaufgaben und Dienstleistungen und ein konstanter Anteil in der Produktion festhalten – ein Verlauf, der jedenfalls nicht einen dramatischen Wandel des Ingenieurberufs in Richtung Dienstleistung erkennen lässt.

Während der Wandel des Berufsbilds sich nur sehr unzulänglich in Zahlen fassen lässt, sind die inhaltlichen Änderungen umso deutlicher. Spätestens nach der ersten schweren Konjunkturkrise der Bundesrepublik im Jahr 1966 standen das überkommene Berufsbild und die Ausbildung auf dem Prüfstand. Nicht nur waren – wie in den 1960er Jahren geschehen – die Lehrinhalte den Entwicklungen in der Technik anzupassen, insbesondere in Mikroelektronik und Rechnernutzung. Da die veränderten Arbeitsstrukturen vermehrt die Übernahme von Planungs-, Steuerungs- und Überwachungsaufgaben erforderten, musste zudem technisches Wissen massiv durch nicht-technisches Wissen ergänzt werden, insbesondere war in Aus- und Weiterbildung wirtschaftswissenschaftliches und soziologisches Wissen zu integrieren. Konkret sahen sich die Ingenieure der Aufgabe gegenüber, Personal zu führen, möglichst hohe Motivation bei den Mitarbeitern zu erzeugen, Teamarbeit im Unternehmen anzuleiten und sich selbst in internationale Kooperationen und Gremien einzubringen. Der Übergang zur Erbringung von Dienstleistungen erforderte eine Anpassung an die nun sehr direkten Kundenbeziehungen.

Vor allem die wachsende Bedeutung internationaler Märkte forderte eine Neuausrichtung von Ausbildung und Berufsausübung. Exportorientierung war allerdings für deutsche Techniker und Ingenieure kein neues Thema. Denkt man etwa an die von den Brüdern William und Werner Siemens initiierte indoeuropäische Telegraphenlinie von 1871, so hatten sich große internationale Projekte längst abgezeichnet, samt der Herausforderung, in ungewohnter kultureller Umgebung – wie hier in Persien – zu bestehen. Auch der Aufbau eines weltumspannenden Funknetzes durch Telefunken in den Jahren nach 1906 zählt hierzu – mit der zeittypischen kolonialen Missachtung der Integrität und Würde der einheimischen Arbeiter beim Aufbau der Großfunkstation Kamina in Togo im Jahr 1914. Stark exportorientiert hatten sich bereits vor dem Ersten Weltkrieg die deutsche Stahlindustrie, die Elektrotechnik sowie die synthetische Herstellung von Farbstoffen und Arzneimitteln entwickelt. Umso härter wurde die deutsche Industrie durch den Krieg getroffen. Wie nach dem

Ersten Weltkrieg stand man nach 1945 erneut vor der Aufgabe, die verlorenen ausländischen Märkte wiederzugewinnen. Fast zwangsläufig mussten deshalb deutsche Ingenieure verstärkt im Ausland tätig werden: Schon Anfang der 1970er Jahre konnte Eugen Kogon feststellen, dass 20 Prozent der deutschen Ingenieure Auslandsaufenthalte von bis zu einem Jahr absolviert hatten, zehn Prozent sogar von mehr als einem Jahr.

Ingenieure sahen sich also neuen und vielfältigen Anforderungen an Wissenserwerb und Sozialkompetenz gegenüber. Diese Mehrdimensionalität des Wissens wurde in dem Maß zur existentiellen Voraussetzung des Ingenieurberufs, in dem Unternehmen und Institutionen nicht nur exportierten, sondern global handelten oder sich in globalen Netzwerken verbanden. Spätestens seit den 1970er Jahren war es nicht mehr nur das Umfeld der nationalen Industrie, mit dem die deutschen Unternehmen im Austausch standen. Da man aufgrund einer eher anwendungsorientierten Forschung und auch wegen der am Ende doch beschränkten Kapazitäten nicht in der Lage war, einen ausreichenden Wissensvorrat selbst zu schaffen, musste der Zufluss von Wissen im nationalen und zunehmend auch internationalen Rahmen geschehen. Konsortien, Kooperationen, Joint Ventures und Firmenübernahmen hatten deshalb neben legitimem Streben nach Marktanteilen vielfach die Verbrei-

terung der Technologiebasis zum Ziel. Schwächen am Markt und bei der Technologiebasis führten umgekehrt vielfach zum Verlust der Selbständigkeit in deutschen Unternehmen. In den zunehmend global agierenden Unternehmen, die ungeachtet des Firmensitzes einen internationalen Fertigungsverbund aufgebaut haben, müssen Ingenieure folglich auch im Verbund weltweit Forschung und Entwicklung betreiben. Jedenfalls sind Internationalität, Mobilität und die Fähigkeit, sich in andere Kulturkreise einzufühlen, unabdingbare Voraussetzungen für Ingenieure geworden.

Bauen im internationalen Raum

In der Bautechnik wurden seit etwa 1970 Großprojekte durchgeführt, die an Kosten und relativer Bedeutung für die Auftraggeber, die beteiligten Firmen und ihre Mitarbeiter Neuland bedeuteten. Hierher gehörten zum Beispiel große Brücken-, Hochbau- und Staudammprojekte. Diese Bauvorhaben veränderten das Berufsbild der deutschen Ingenieure erheblich.

Eine bedeutende Rolle für das neue materialeffektive, ästhetische Bauen und auch die zugehörige Ausbildung einer neuen Generation von Bauingenieuren spielte Fritz Leonhardt. Seit 1958 war er ordentlicher Professor und Inhaber des Lehrstuhls für Massivbau an der TH Stutt-

Kölner Severinsbrücke, Schrägkabelbrücke von 1956, erbaut von Fritz Leonhardt

Der von Fritz Leonhardt und Erwin Heinle erbaute und 1956 eröffnete Stuttgarter Fernsehturm, Vorbild zahlreicher schlanker Stahlbetontürme auf der ganzen Welt

Zeltdach des Münchener Olympiageländes von 1972, verantwortlich u. a. Günther Behnisch, Frei Otto, Fritz Leonhardt, Jörg Schlaich

gart (später Universität Stuttgart). Signalwirkung hatte die 1956 von Leonhardt gebaute und als Schrägkabelbrücke ausgeführte Severinsbrücke über den Rhein bei Köln. Ebenso große Ausstrahlung entwickelte der zusammen mit Erwin Heinle errichtete Stuttgarter Fernsehturm vom selben Jahr, der als erster schlanker Stahlbetonturm zum Vorbild für eine Vielzahl ähnlicher Türme in der ganzen Welt wurde. Mit Frei Otto und Rolf Gutbrod entwarf Fritz Leonhardt auch den deutschen Pavillon für die Weltausstellung 1967 in Montreal. Außerdem war er am Bau des berühmten Zeltdachs für das Olympiagelände in München beteiligt. Aus dem Jahr 1967 stammt zudem ein „Europäisches Traumprojekt", nämlich Mitarbeit am Entwurf der „Gruppo Lambertini" für eine – damals nicht realisierte und heute erneut in Angriff genommene – Schrägkabelbrücke über den Golf von Messina. Die „fehlende" große Brücke verwirklichte Fritz Leonhardt dann 1992 mit seinem Büro in Gestalt der Galata-Brücke über das Goldene Horn in Istanbul.

Leonhardts internationale Tätigkeit hatte eine wichtige Rückwirkung auf das Studium im Bauingenieurwesen: Da er auf den Baustellen beobachtete, wie wenig junge Ingenieure mit ihren Fremdsprachenkenntnissen und mit ihrem kulturellen Wissen auf internationale Arbeitsplätze vorbereitet waren, regte er

an der Stuttgarter Hochschule an, sie durch ein „begleitendes Studium" und durch ein „Aufbaustudium" mit soziologischen und sprachwissenschaftlichen Elementen gezielt auf eine Tätigkeit in anderen Ländern vorzubereiten. Obwohl die Reformbestrebungen Fritz Leonhards durch neue Reformpläne verdrängt wurden, schärfte er damit doch das Bewusstsein für die unabdingbar notwendige internationale Orientierung und Sozialkompetenz der Ingenieure. Der seit 1974 als Nachfolger Fritz Leonhardts in Stuttgart tätige Jörg Schlaich war nicht nur am Bau des Zeltdachs des Olympiageländes in München beteiligt, sondern baute imposante Schrägkabelbrücken, wie die über 1.000 Meter lange Ting Kau-Brücke in Hongkong (Bauzeit 1995–1998) und die mit hohem „Local Content" versehene zweite Hooghly-Brücke in Kalkutta (Bauzeit 1978–1993). Mit einer großen Zahl einheimischer Arbeitskräfte, unter Nutzung des lokal verfügbaren Stahls und des daran angepassten Nietverfahrens sowie durch Verwendung im Land gefertigter Seile wurde die Brücke schrittweise aufgebaut. Wichtig war Schlaich beim Planen und Umsetzen großer Bauwerke, zumal im internationalen Raum, dass das eher technisch geprägte Entwerfen und Konstruieren, die ästhetische Gestaltung und das Einbeziehen ökologischer, regionaler und sozialer Gesichtspunkte eine Einheit bildeten. Allerdings konnte die angestrebte Einheit mit ihrem interdisziplinären Ansatz auch zu erheblichen Zielkonflikten im Spannungsfeld von Architektur und Bautechnik führen. Schon beim Bau des Dachs des Münchener Olympiastadions, für das im Wesentlichen Günter Behnisch, Frei Otto und Fritz Leonhardt verantwortlich zeichneten, hatten Dimensionierungsprobleme bei der Realisierung des leichten Flächentragwerks anhaltende Auseinandersetzungen zwischen Architekten, Bauingenieuren und Baubehörden zur Folge gehabt. An der außerordentlich langen Bauzeit der Hooghly-Brücke lässt sich der Preis erkennen, der aus betriebswirtschaftlicher Sicht für die Einbeziehung regionaler technischer Möglichkeiten zu bezahlen ist.

Große Wasserkraftprojekte

Typisch für große internationale Projekte samt den vielfältigen neuen Anforderungen an den Ingenieurberuf waren nicht zuletzt die von internationalen Firmenkonsortien gebauten riesigen Wasserkraftwerke in Afrika und Südamerika, wie etwa der mit sowjetischer Hilfe errichtete und 1970 eingeweihte Assuan-Hochdamm am Nil mit einer installierten Leistung von 2.100 Megawatt. Politisch umstritten war aber vor allem der unter Beteiligung des Baukonzerns Hochtief und des Turbinenherstellers Voith 1976 fertig gestellte Cabora Bassa-Damm am Sambesi in Moçambique mit einer installierten Kraftwerksleistung von 2.125 Megawatt. Herausragend war das Projekt in technischer Hinsicht, weil die Arbeitsgemeinschaft Hochspannungs-Gleichstromübertragung, gebildet von AEG-Telefunken, Brown Boveri und Cie. sowie Siemens, mit einem auf Leistungshalbleitern aufgebauten Thyristor-Stromrichtersystem eine wegweisende Übertragungstechnik installieren konnte. Diese HGÜ-Technik nutzt auch das 1982 in Betrieb genommene und zurzeit weltweit größte Kraftwerk Itaipú am Rio Paraná an der Grenze zwischen Brasilien und Paraguay mit einer installierten Leistung von zunächst 12.600 Megawatt, wobei neun Generatoren von Siemens geliefert wurden, die restlichen neun Generatoren aber bereits nach BBC-Technik in Brasilien hergestellt wurden. Voith zeichnete für die Gesamtkonstruktion verantwortlich und war an der Lieferung von zwölf der 18 Francisturbinen nach Brasilien beteiligt. 1994 wurde mit dem Bau des Dreischluchtendamms am Jangtsekiang (chin. Yangzi Jiang) begonnen. An der Ausstattung des Kraftwerks waren Alstom und Siemens beteiligt. 2004 erhielt ABB den Auftrag, eine 1.100 Kilometer lange HGÜ-Strecke nach Shanghai zu bauen; 2009 soll das Kraftwerk eine Leistung von 18.200 Megawatt erreichen.

Die Erschließung von Wasserkräften außerhalb der Industrieländer dient nicht nur der sicheren und umweltfreundlichen Versorgung mit elektrischer Energie. Eine mit der Stromerzeugung in Wasserkraftwerken gekoppelte industrielle Entwicklung könnte die wohl kaum mehr beliebig lange tolerierbaren weltweiten Ungleichgewichte im Lebensstandard und insbesondere auch im Energieverbrauch abmildern helfen. In diesem Sinn brachten bereits die Kraftwerksbauten mit ihrem wachsenden „Local Content" einen Transfer von Technologie und eine Verbesserung der Wirtschaftskraft von weniger industrialisierten Ländern. Das Problem war freilich, dass mit solchen Großprojekten den Empfängerländern des Transfers ein Industrialisierungsmuster aufgeprägt wurde, bei dem man sich nicht sicher sein konnte, dass es mit den ethnischen, geographischen, wirtschaftlichen und politischen Bedingungen der Empfängerländer kompatibel ist. Im Fall von Moçambique vollzog sich der Bau des Cabora Bassa-Damms während des

Zweite Hooghly-Brücke, Kalkutta, gebaut von Jörg Schlaich 1978–1993

Der politisch umstrittene Cabora Bassa-Damm am Sambesi, gebaut 1968–1976

Siemens-Generatoren für das Wasserkraftwerk Itaipú am Rio Paraná (hier Einfahren eines Rotors in den Stator), Kraftwerkbetrieb seit 1984

Kampfs der linksgerichteten Freiheitsbewegung FRELIMO gegen die Kolonialmacht Portugal, die sich 1974 aus ihrer „Überseeprovinz" zurückzog. Außerdem sollten Kraftwerk und Hochspannungs-Gleichstromübertragung vorwiegend die Republik Südafrika mit ihrem damaligen Apartheidregime mit elektrischer Energie versorgen. Allerdings gab lediglich der schwedische Elektrokonzern ASEA dem politischen Druck nach und beendete sein Engagement beim Cabora Bassa-Projekt. Trotzdem wurde deutlich, dass es zur unabdingbaren Kompetenz der Ingenieure gehört, über die Berechnung von Staudämmen, Turbinen, Generatoren und Übertragungssystemen hinaus regionale Chancen und Risiken, mögliche Technikfolgen sowie ökonomische und politische Aspekte ins Auge zu fassen.

Zwar waren die deutschen Ingenieure und ihre Verbände nach dem Zweiten Weltkrieg wieder in internationalen Gremien tätig geworden. Dies war aber bis 1970 wohl eher unter dem Aspekt des Neuaufbaus, des Wiederaufschließens zum internationalen Stand der Technik und dem Gewinnen von Marktanteilen geschehen. Spätestens um 1980 verbreitete sich unter den deutschen Ingenieuren die Erkenntnis, dass zum Erhalt der Wirtschaftskraft des eigenen Landes der planvolle und faire Transfer von angepasstem technischem Wissen in die weniger entwickelten Länder gehört. In diesem Zusammenhang ist auch die Tätigkeit der 1975 gegründeten Deutschen Gesellschaft für technische Zusammenarbeit (GTZ) zu sehen, in der unter anderen auch Ingenieure daran arbeiten, die Lebensbedingungen in Entwicklungs- und Transformationsländern nachhaltig zu verbessern.

Deutsche und europäische Luftfahrttechnik

Besondere Anforderungen an die Teamfähigkeit der Ingenieure und an die internationale Kooperationsbereitschaft der Unternehmen gingen von der Entwicklung der deutschen und europäischen Luftfahrtindustrie in der Zeit nach 1945 aus, vor allem durch den Einstieg in die Technik der Strahlflugzeuge. Obwohl noch während des Krieges erste militärische Düsenflugzeuge in Deutschland und England zum Einsatz kamen und mit Geschwindigkeiten von über 800 Kilometern pro Stunde bereits überlegene Leistungen aufwiesen, hatten sie für den Ausgang des Krieges keine Bedeutung. In der Nachkriegszeit verdrängte der Strahlantrieb bei Militärflugzeugen den konventionellen Kolbenmotor-Propeller-Antrieb jedoch rasch und vollständig. Die bundesdeutsche Luftfahrtindustrie fand ab Mitte der 1950er Jahre mit den in grenzüberschreitenden Kooperationen organisierten Nachbauprogrammen des Starfighters (Lockheed F-104G) und des leichten Kampfflugzeuges Fiat G.91 Anschluss an den internationalen Fertigungsstandard. Mit einer Phasenverschiebung von zehn Jahren setzte sich das Strahltriebwerk auch bei zivilen Verkehrsflugzeugen durch, wobei im Westen vor allem die US-amerikanische Firma Boeing in eine führende Position gelangte. Da Boeing mit dem Langstreckenjet B 707, mit dem „Eurojet" B 727 und mit dem sehr stark von der Lufthansa inspirierten Kurzstreckenflugzeug B 737 Stückzahlen von mehreren Tausend erreichte, war es für die Konkurrenten zunächst schwierig, sich auch nur am Markt zu behaupten. Verschiedene europäische Hersteller konnten sich mit staatlichen Subventionen in der Marktnische kleinerer Kurz- und Mittelstreckenjets einrichten.

Trotz der schwierigen Ausgangslage hat sich das erst 1970 nach französischem Recht gegründete europäische Konsortium „Airbus Industrie" nach der Vorstellung des zweistrahligen Großraumflugzeugs Airbus A 300 im Jahr 1972 innerhalb von drei Jahrzehnten, ähnlich hoch subventioniert wie die Europa-Rakete Ariane in der kommerziellen Raumfahrt, fest am Markt der Passagiermaschinen etabliert. Bereits die Größenordnung des Mittelstreckenflugzeugs A300 zwang die hoch fragmentierte europäische Luftfahrtindustrie zu enger Zusammenarbeit. Aufgeteilt nach Baugruppen entwickelten und fertigten damals sechs europäische Unternehmen die neue Maschine: Aérospatiale und Messier aus Frankreich, die British Aerospace, die spanische Construcciones Aeronauticas SA (CASA), die niederländische Firma Fokker und die 1969 fusionierte Messerschmitt-Bölkow-Blohm (MBB) aus der Bundesrepublik. Die Triebwerke wurden noch von den führenden US-amerikanischen Herstellern General Electric und Pratt & Whitney geliefert. Am seit 1987 produzierten Airbus A320 waren nach wie vor British Aerospace, Aérospatiale und CASA beteiligt sowie als deutscher Partner die Deutsche Aerospace (DASA), in der 1989 die deutschen Luft- und Raumfahrtaktivitäten sowie die Verteidigungselektronik gebündelt wurden. Seit 1995 fungiert als deutsche Beteiligungsgesellschaft die DASA-Tochter Daimler-Benz Aerospace Airbus. Als Motoren wurden nun Triebwerke der CFM International eingesetzt, einem Gemeinschaftsunternehmen der amerikanischen General Electric und der französischen Snecma Moteurs.

Technisch innovative Flugzeuge, wie der Airbus A310 mit seinem die Treibstoffökonomie verbessernden „superkritischen" Flügel, vor allem aber der genannte Airbus A320 mit seiner „Fly by Wire"-Steuerung, standen bald für den Erfolg der in europäischer Gemeinschaftsproduktion hergestellten Airbus-Typen. Auch mit den Typen A330, der vierstrahligen A340 und der neuen A380, also bei der Ausdehnung der Aktivitäten auf den Markt der großen Langstreckenflugzeuge, hat sich Airbus gegenüber der Konkurrenz von McDonnell-Douglas mit der MD-11 und von Boeing mit dem „Jumbojet" B747 erfolgreich positioniert. Neben der technologischen Konzeption der Flugzeuge gilt vor allem die gelungene Entwicklung einer grenzüberschreitenden Matrix-Projektorganisation, mit der unterschiedliche Projekte und

Unternehmensleitungen verflochten wurden, als entscheidender Wettbewerbsfaktor. Die Zusammenarbeit zwischen den nationalen Flugzeugindustrien erlaubte den Partnerfirmen eine Konzentration auf Teilaufgaben und die Bündelung des europäischen luftfahrttechnischen Know-how. Dadurch konnte Airbus Industrie den späten Markteintritt und die Wechselkosten bei den potentiellen Kunden kompensieren. Seit 2000 wurden im Übrigen die wichtigsten europäischen Luftfahrt- und Raumfahrtaktivitäten in die European Aeronautic Defence and Space Company (EADS) überführt.

Länderübergreifende Zusammenarbeit mit ähnlich hohen Anforderungen an die Ingenieure verlangten auch die umfangreichen militärischen Großprojekte, wie das 1959 begonnene deutsch-französische Transportflugzeug-Projekt „Transall", das zehn Jahre später begonnene multinationale Programm MRCA (Multi Role Combat Aircraft), also das Mehrzweckkampfflugzeug „Tornado", sowie der Jäger 90, der heutige „Eurofighter". Entscheidend für die Abwicklung dieser multinationalen Projekte waren neben der Entwicklung möglichst reibungsarmer gemeinsamer Managementstrukturen, die Festlegung einer gemeinsamen Sprache, eines einheitlichen Vertragsrechts, die Entwicklung einer gemeinsamen technischen Dokumentation sowie ein vernetztes Computersystem, insbesondere zur Ersatzteilbeschaffung, für das Rechnungswesen sowie zur Programmkontrolle. Letztere wurde allerdings durch die stark gestiegenen Kosten der beiden Kampfflugzeuge deutlich in ihrem Wert relativiert.

Diese Details der außerordentlich komplexen unternehmensgeschichtlichen und in-

Windkanalmodell der ersten Version des Verkehrsflugzeugs Airbus A300, Deutsche Forschungs- und Versuchsanstalt für Luft- und Raumfahrt e.V. (DFVLR), Göttingen, 1972

Airbus A320, CFM-56 Triebwerke der CFM International, Oktober 2001

Airbus A380 bei seinem Jungfernflug am 27. April 2005 über den Pyrenäen

dustriepolitischen Bewegungen in der Luft- und Raumfahrttechnik sollen darauf hinweisen, dass hier eine große Zahl hochwertiger Arbeitsplätze geschaffen wurde und sich für die dort tätigen Menschen beachtliche berufliche Möglichkeiten eröffneten, wegen der Konzentrationsprozesse oft aber auch erhebliche Unsicherheiten und familiäre Belastungen entstanden. Die begrenzte Laufzeit der Projekte und die – wie im Fall des Jäger 90 – typischerweise 2.000 bis 3.000 Ingenieure und Techniker umfassenden Entwicklungsarbeiten schufen ebenfalls Probleme für den Arbeitsmarkt und für die Menschen. Dies wurde noch dadurch verschärft, dass neben der industriepolitischen Unruhe im eigentlichen Luft- und Raumfahrtsektor auch in den angrenzenden Sektoren der Kommunikations- und Informationstechnik zeitweise massiv Stellen für Ingenieure abgebaut wurden. Besonders die Verteidigungselektronik, etwa in der militärischen Radar- und Funktechnik, erlebte tiefe Einbrüche in Forschung und Entwicklung. Nach dem Ende des Kalten Kriegs beschleunigte sich diese Abwärtsbewegung erneut.

Ingenieure und internationale Standardisierung

Ein lange etabliertes Element hochrangiger technischer Arbeit war die Sicherstellung der Kompatibilität wichtiger Komponenten in komplexen technischen Artefakten und Systemen, also das Schaffen von Normen und Standards. Ein regelrechter Schub bei genormten Werkzeugen und Werkstücken setzte mit der Industrialisierung ein, insbesondere aufgrund der Verfügbarkeit fortgeschrittener, stabiler Werkzeugmaschinen. So erlaubte zum Beispiel die Entwicklung von Leitspindel-Drehmaschinen prinzipiell die reproduzierbare Fertigung von Gewinden. Sie schuf damit eine wesentliche Voraussetzung für das erste von Joseph Whitworth eingeführte System einer Normung von Schrauben. In Deutschland waren es vor allem VDE und VDI, die sich einer großen Zahl von Normierungsaufgaben widmeten. Auftakt für die Schaffung einer

wachsenden Zahl nationaler wie internationaler Standards war 1875 der Abschluss der Pariser Meterkonvention und die darauf aufbauende Festlegung eines einheitlichen Maßsystems. Seit 1900 wurde eine Vielzahl nationaler und internationaler Normungsausschüsse und Standardisierungsorganisationen gegründet: 1901 das British Engineering Standards Committee und ebenfalls 1901 das National Bureau of Standards in den USA sowie 1917 der Normenausschuß der deutschen Industrie, der 1926 in Deutscher Normenausschuß und 1975 in DIN Deutsches Institut für Normung e. V. umbenannt beziehungsweise überführt wurde. Die nationalen Normungsausschüsse und Standardisierungsorganisationen schlossen sich 1928 zur International Federation of the National Standardizing Associations (ISA) zusammen. Als Nachfolgeorganisation der ISA wurde 1946 innerhalb der Vereinten Nationen die International Organization for Standardization (ISO) mit Sitz in Genf gegründet.

Vorbereitet durch die Festlegung von elektrischen Einheiten und die Einführung von Standards in der Starkstromtechnik seit Ende des 19. Jahrhunderts sowie durch die Vereinheitlichung des Betriebs in der frühen drahtlosen Telegraphie am Beginn des 20. Jahrhunderts zeichnete sich die Bedeutung von Normen in der Elektrotechnik früh ab. Vor allem im Bereich der modernen Kommunikations- und Informationstechniken zeigt sich nach 1945 die zentrale Rolle von Standards, seien sie durch die Industrie oder durch unabhängige und internationale Standardisierungsgremien etabliert. Nur noch selten ließen sich jedoch proprietäre Standards, geknüpft an realisierte Artefakte, Verfahren oder Systeme, im Alleingang durchsetzen. Schon im Fall der Übertragungssysteme des Farbfernsehens hatte der Versuch, proprietäre und/oder nationale Standards durchzusetzen, zu regional unterschiedlichen Standards und auch zum anfänglichen Auseinanderfallen der Märkte geführt. Angetrieben von Walter Bruch gewann AEG-Telefunken zwar mit dem PAL-System in einer großen Zahl von Staaten die Oberhand. Massiv unterstützt von der eigenen Regierung errang das französische SECAM-System jedoch mehr als einen wirtschaftlichen Achtungserfolg. In der Regel konnten auch nur noch strategische Partnerschaften unter – je nach anteiligem Patentportfolio – mehr oder minder ausgeprägtem Verzicht auf Lizenzeinnahmen und Marktmacht solche industriellen Standards durchsetzen. Bei sehr komplexen technischen Systemen dominieren im Spannungsfeld der Interessen von Erfindern, Unternehmen, Kunden und einer staatlichen Deregulierungspolitik zunehmend die unabhängigen internationalen Standardisierungsorganisationen. Ein Beispiel aus jüngster Zeit ist der paneuropäische Mobilfunkstandard GSM.

In einer bemerkenswerten Verkehrung der Entwicklung der Farbfernsehstandards blieb in den USA im Bereich des Mobilfunks eine Einigung aus, während es in Europa glückte, den einheitlichen Mobilfunkstandard GSM zu begründen. Das Akronym GSM rührte historisch von der Groupe Spécial Mobile her; ihr gelang es 1982 bis 1992 den zunächst paneuropäischen, heute nahezu weltweit verbreiteten und insofern heute als „Global System for Mobile Communication" interpretierten Standard GSM zu erarbeiten. Mit GSM ist gleichzeitig ein Gebiet angesprochen, auf dem, eingebettet in die europäischen Standardisierungsgremien und in multinationale Firmen und Konsortien, auch deutsche Ingenieure wesentliche Beiträge leisteten. Beteiligt waren von deutscher Seite, zum großen Teil allerdings eingebunden in europäische Entwicklungskonsortien, die Standard Elektrik Lorenz (SEL) mit ihrem hochwertigen, aber teuren Breitbandsystem, die damalige Bosch-Tochter ANT mit einem Prototyp auf der Basis eines Schmalbandverfahrens sowie die Philips Kommunikations Industrie AG (PKI) in Nürnberg mit ihren Arbeiten zur Sprachkodierung.

Den jüngsten bedeutenden Beitrag zur Standardisierung in den Informations- und Kommunikationstechniken leisteten deutsche Ingenieure bei der Entwicklung des MP3-Standards. Er beruht auf einer Kompressionstechnik, mit der digitale Audiodaten durch Entfernen nicht hörbarer Signalanteile ohne merklichen Qualitätsverlust bis auf ein Zwölftel ihres Umfangs

reduziert werden. Seit 1982 arbeitete Karlheinz Brandenburg bei Dieter Seitzer, dem Inhaber des Lehrstuhls für Technische Elektronik an der Universität Erlangen-Nürnberg, an den Grundlagen für Sprach- und Musikcodierverfahren. 1987 gelang es dann am Erlanger Fraunhofer-Institut für Integrierte Schaltungen (IIS) im Bereich „Angewandte Elektronik", Stereosignale in Echtzeit zu codieren und das Verfahren im Rahmen des innerhalb der europäischen Forschungsinitiative EUREKA durchgeführten Forschungsvorhabens „EU-147-DAB" einzusetzen und damit für das digitale Rundfunksystem „Digital Audio Broadcasting" verfügbar zu machen. Das kontinuierlich verbesserte Audiocodierverfahren wurde 1992 von der Audiogruppe der Moving Picture Expert Group, einem Komitee der internationalen Standardisierungsorganisation ISO, als „MPEG Layer-3" standardisiert. Als das Erlanger IIS der Thomson Multimedia SA eine Lizenz auf den MP3-Codec erteilte und damit eine geregelte Verwertung seiner Patente einleitete, erlebte der Standard unter der Abkürzung MP3 seinen weltweiten Durchbruch. Dies führte zu einer enormen Stimulation des MP3-Gerätemarkts, zur massiven Nutzung des Internets beim Herunterladen von Musik und zur teilweisen Abkehr von den geläufigen Tonträgern – aber auch zu einer Strukturkrise der klassischen Musikindustrie.

Ingenieure und neue technische Herausforderungen

Energietechnik und Umwelt

Eine besondere Herausforderung in der Energietechnik stellte vor allem die seit 1955 entstehende Kerntechnik dar – angeschoben durch die intensive Grundlagenforschung in der deutschen Kernphysik im Zweiten Weltkrieg und die massive staatliche Förderung in der Bundesrepublik. Der rasche Aufstieg der Kerntechnik in der

Stator eines Generators von ABB für eine 1.300-MW-Dampfturbogruppe in Kernkraftwerken, 1978

Einbau des 10,5 Meter hohen und 425 Tonnen schweren Reaktor-druckbehälter-Unterteils im 1.200-MW-Kernkraftwerk Biblis A, in Betrieb seit 1974

Montage einer Hauptkühlmittel-pumpe für einen Druckwasserreaktor, um 1980

Kernkraftwerk Biblis, Blöcke A und B (1.200 und 1.300 MW), weltweit größte Kernkraftwerkblöcke zur Zeit ihrer Inbetriebnahme 1974 und 1976

254

Bundesrepublik hatte aber nicht zuletzt mit ihrer Anschlussfähigkeit an das Potential der deutschen Industrie zu tun. So beherrschten die deutschen Elektrokonzerne den Bau großer Turbogeneratoren, und der deutsche Schwermaschinenbau hatte die Fähigkeit, größte Komponenten wie Reaktorkessel, Dampferzeuger und Kühlmittelpumpen zu fertigen. Damit wird nachvollziehbar, warum die deutsche Kerntechnik mit den beiden Blöcken des Kernkraftwerks Biblis – mit ihren einwelligen Turbogeneratoren und Leistungen von 1.200 Megawatt und 1.300 Megawatt – bereits Anfang der 1970er Jahre eine weltweit führende Position erreichte.

Die eigentliche Leistung der Ingenieure – die genau dort von den technikintern argumentierenden Kritikern attackiert wurde – lag insbesondere in der technischen Beherrschung der Sicherheitsprobleme nuklearer Anlagen. Bereits Ende der 1960er Jahre waren innerhalb der Reaktortechnik Überlegungen zur Sicherheit vorangetrieben worden. Inhärente Sicherheit eines Reaktors, also etwa Leistungsrückgang bei Verlust des Kühlmittels, war nur noch ein Aspekt der Sicherheit. Hinzu kam eine „Sicherheitsphilosophie", die, inhärente Sicherheit ergänzend, durch ein System hintereinander gestufter und redundanter technischer Sicherheitsmaßnahmen Störfälle bis hin zum „größten anzunehmenden Unfall" (GAU) zu beherrschen suchte. Als größter anzunehmender Unfall wurde in der Regel bei Leichtwasserreaktoren der Bruch einer Hauptkühlmittelleitung angesehen. Charakteristisch für die Entwicklung der Ingenieurwissenschaften im Sinne eigenständiger Disziplinen waren hier die Entwicklung von komplexeren theoretischen Modellen und die Simulation des Verhaltens von Leichtwasserreaktoren bei schweren Störfällen, wie dem Bruch einer Hauptkühlmittelleitung oder dem Ausfall der Netzstromversorgung. Auch für katastrophale Folgeentwicklungen, nämlich für den Fall der Zerstörung von Druckbehälter und Beton-Containment durch die extrem hohen Temperaturen (von 2.500 Grad) in einem niedergeschmolzenen Reaktorkern, wurden – und werden bis

heute! – theoretische Modelle und entsprechende Vorhersagemethoden entwickelt. Hinzu kamen breite Untersuchungen der gesamten Reaktorsicherheit in so genannten Risikostudien, wie etwa im amerikanischen Rassmussen-Report von 1975 oder in der Deutschen Risikostudie von 1979 – wobei im Licht des Unfalls von Harrisburg und der Katastrophe von Tschernobyl die in den Risikostudien errechneten sehr niedrigen Eintrittswahrscheinlichkeiten kerntechnischer Unfälle jedoch drastisch an Glaubwürdigkeit eingebüßt haben.

Die Sicherheitsprobleme der nuklearen Energietechnik gaben Anlass, sich um Alternativen zu bemühen. Hinzu kamen die aus der Ölkrise Mitte der 1970er Jahre gezogenen Schlüsse bezüglich der begrenzten Ressourcen bei fossilen Brennstoffen, verstärkt noch durch die darauf folgende Klimadebatte. Da aber in der Klimadebatte eine ganze Reihe von energietechnisch und ökologisch relevanten Technikbereichen zusammenfloss, lag es umgekehrt nahe, eine stärker kohärente Umwelttechnik ins Auge zu fassen. Nachdem die Umwelttechnik seit Gründung der Partei der Grünen politisch gefördert wurde und seit einigen Jahren durchaus den Rang eines Wirtschaftsfaktors erreicht hat, tritt sie auch in der Ingenieurausbildung immer stärker in Erscheinung. Neben „schwachen" Formen, wie Ringvorlesungen zum Thema der regenerativen Energien, hat im Umkreis der Fächer Biologie, Chemie, Verfahrenstechnik und Maschinenbau auch die Institutionalisierung in Gestalt eigener Studiengänge begonnen, wobei ähnlich wie im Wirtschaftsingenieurwesen die Fachhochschulen besonders aktiv waren. Trotz rascher Reaktion auf die Bedürfnisse des Marktes können die Hochschulen zurzeit Ingenieure für das Gebiet der

Wirtschaftsfaktor Umwelttechnik: 2002 vor der dänischen Nordseeküste in Betrieb gegangener Windpark mit 80 Anlagen und 160 MW installierter Leistung, Getriebe von Bosch Rexroth

Wirtschaftsfaktor Umwelttechnik: Azimut-Getriebe für Windkraftanlagen von Bosch Rexroth, 2002

Der von Claus Luthe gezeichnete und mit
Wankelmotor ausgestattete NSU Ro 80
als Designobjekt in der Münchener Pinakothek
der Moderne, vorgestellt 1967 auf der Internationalen Automobilausstellung

Funktionsprüfung am Hydroaggregat
eines Antiblockiersystems im Bosch-Werk
Immenstadt, 1989

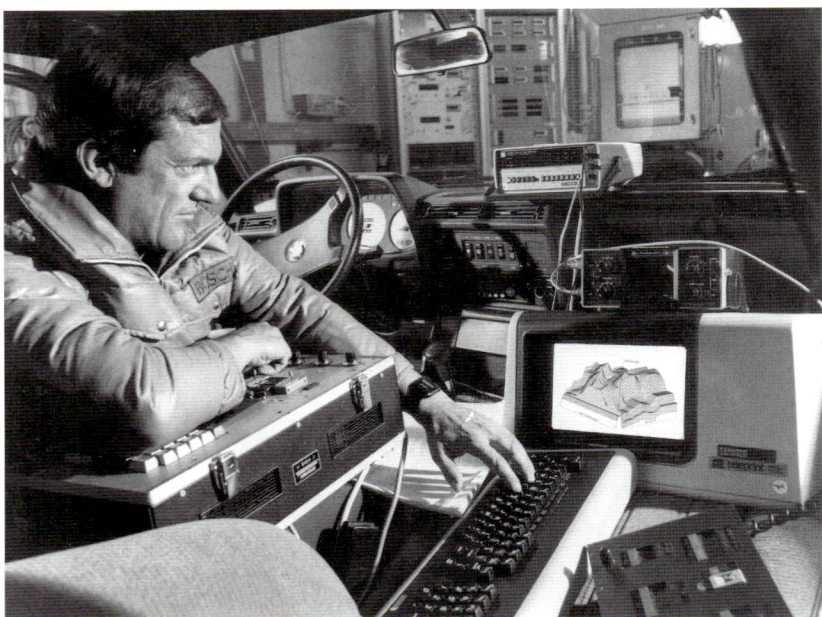

Erprobung/Applikation der mikroprozessorbasierten Motorsteuerung Motronic
im Technischen Zentrum Schwieberdingen von Bosch, 1984

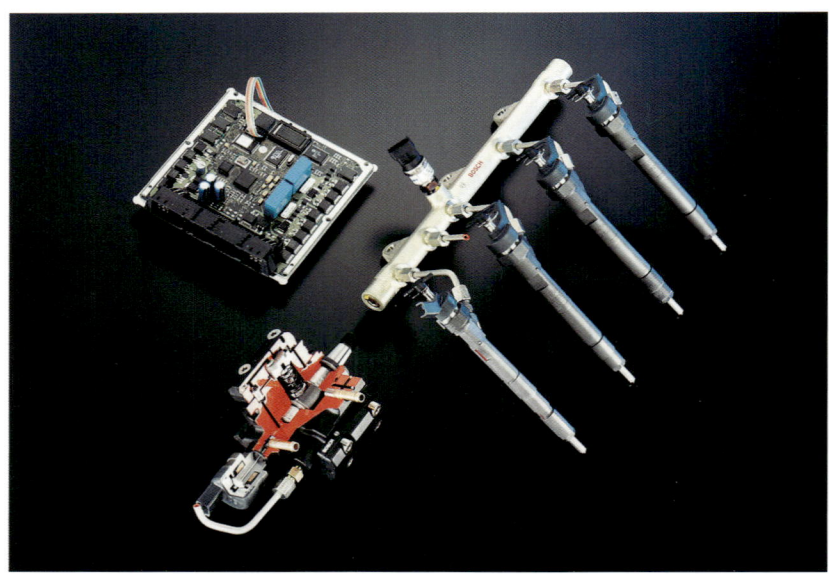

Common Rail, Hochdruck-Diesel-Direkteinspritzsystem von Bosch (1997),
bestehend aus Speicherleitung, Magnetventilen, Hochdruckpumpe und elektro-
nischem Steuergerät

Bis Anfang der 1980er Jahre wurden ICs
(auch Mikroprozessoren) durch konventionelle
Schaltungen aus diskreten elektronischen
Bauteilen überprüft; im Bild simuliert
die so genannte Breadboard-Schaltung den
ABS-IC „Bayreuth" von Bosch, 1983

erneuerbaren Energien aber noch nicht in ausreichender Zahl ausbilden. Vor allem die hohen Zuwachsraten bei der Windenergie haben eine starke Nachfrage nach Fachkräften erzeugt.

Automobiltechnik und Mikroelektronik

Die wechselseitige Durchdringung der Tätigkeitsbereiche von Maschinenbauingenieuren, Elektrotechnikern und Informatikern, wie sie in der modernen Energietechnik erkennbar wird, findet sich unter anderen Vorzeichen auch in der Automobiltechnik. Trotz der auf den ersten Blick seit den 1930er Jahren gesättigten Technik des Kraftfahrzeugs zählte gerade die Automobiltechnik zu den besonderen Herausforderungen der deutschen Ingenieure in der Nachkriegszeit, zumal nach Einsetzen der politisch-ökologisch dominierten Reglementierungs- und Limitierungsphase ab 1970. Ungeachtet des allzu vertrauten Erscheinungsbildes des Automobils hat die Fahrzeugtechnik bei vielen Komponenten, in ihrer Produktionsweise und in der Bedienung das Niveau der übrigen, mit dem Begriff „High Tech" belegten Technikbereiche längst erreicht. Selbst der Blick in den Motorraum gibt kaum einen realistischen Eindruck von dem Wandel, der sich etwa in der Autoelektrik, der Motorentechnik und bei den Bremssystemen vollzogen hat – und von dem Ausmaß, in dem sich die Wertschöpfung in Richtung elektronischer Systeme und Software verschoben hat. Schon das erste komplexe elektronische System, nämlich die elektronische Benzineinspritzung, bedeutete gerade in dieser Hinsicht Neuland. Im Zentrum stand eine aus diskreten Halbleiterbauelementen oder integrierten Schaltkreisen aufgebaute elektronische Steuerung, die Signale von einer ganzen Anzahl unterschiedlicher Sensoren empfing und sie entsprechend der auf dem Motorprüfstand ermittelten Kennfelder verarbeitete. Damit wurden dann Stellglieder, wie etwa Einspritzventile, angesteuert. Wegen des Systemcharakters der elektronischen Benzineinspritzung mussten die Ingenieure regelrecht lernen, auf welche Weise man in Entwicklung, Applikation und Fertigung mit dieser komplexen Technik umzugehen hat. Wie bei der Dieseleinspritzung, bei der die Einspritztechnik auf das engste mit der motorischen Verbrennung verbunden ist, mussten die Entwickler der elektronischen Benzineinspritzung zudem genau die Schnittstelle zur Entwicklung der Motoren im Auge haben, da nur so Zielkonflikte bezüglich Leistung, Verbrauch und Emission zu lösen waren. Umgekehrt ist genau hier die Ursache für das Scheitern des an sich hoch innovativen Kreiskolbenmotors von Felix Wankel zu sehen.

Die Innovationswelle in der deutschen Kraftfahrzeugtechnik seit 1970, mit der auf einem Mikroprozessor beruhenden Motorsteuerung „Motronic", mit geregeltem Dreiwegekatalysator und Lambdasonde, mit elektronischen Antiblockiersystemen (ABS), Antriebsschlupfregelungen (ASR), Fahrdynamikregelungen (ESP), Hochdruck-Direkteinspritz-Dieselsystemen (zum Beispiel „Common Rail"), Navigationssystemen sowie neuen Gasentladungs-Beleuchtungssystemen zeigen vollends den wachsenden Druck, unter dem die Fahrzeugingenieure standen, ihre Systemfähigkeit zu verbessern. Die Einführung des Controller Area Network-Datenbus (CAN) illustriert schließlich die Tatsache, dass man glaubte, nur noch mit ausgefeilter Informationsverarbeitung der Flut der im Fahrzeug zu verarbeitenden Daten Herr zu werden. Fahrzeugingenieure sind heute also vielfach zu technischen Informatikern mutiert. Für die Serienreife und den Erfolg der gesamten neuen Systeme der Fahrzeugelektronik gilt, dass sie an den doppelten Paradigmenwechsel in Elektrotechnik und Informationstechnik gebunden waren: nämlich Ersatz der diskreten Bauelemente durch integrierte Schaltkreise und Übergang von der Analogtechnik zur Digitaltechnik. Umgekehrt haben die Vielzahl mikroelektronischer Systeme und die Problematik der zugehörigen Software gerade in der für den deutschen Automobilbau bedeutsamen Oberklasse zu beachtlichen Qualitätsproblemen geführt.

Der Rechner als neues Werkzeug

Seit der Mitte der 1950er Jahre erlebte der Computer bei Banken und Versicherungen sowie bei Fluglinien und Versandhäusern bereits eine Verwendung bei der Automatisierung von Buchungs- und Verwaltungsvorgängen. Auch bei der Organisation großer Ersatzteillager und in der Prozessleittechnik wurden in der Industrie früh Computer eingesetzt. Mindestens genauso bedeutend war aber die Nutzung des Rechners als Werkzeug für die Lösung wissenschaftlich-technischer Aufgaben, die durch Wiederholungen und komplexe Folgen von Rechenschritten gekennzeichnet waren. Anfang der 1960er Jahre erlangte der Rechner deshalb zunehmende Bedeutung für den Beruf des Ingenieurs und für seine Ausbildung. Dabei darf aber unter dem Begriff „Rechner" nicht stillschweigend „Digitalrechner" verstanden werden. In Wirklichkeit musste sich der Digitalrechner in einem historischen – teilweise gegen die Mentalität der Ingenieure gerichteten – Prozess in den Ingenieurwissenschaften und den Forschungs- und Entwicklungsabteilungen der Industrie durchsetzen.

Zwar spielte schon in der Pionierzeit der Computertechnik das Konzept des digitalen Rechners eine bedeutende Rolle, so zuerst beim deutschen Computerpionier Konrad Zuse mit seinem 1941 fertig gestellten und aus elektromechanischen Elementen aufgebauten Rechner Z3. Auch der erste, noch vollständig mit elektromechanischen Bauteilen ausgerüstete Computer in den USA, der von der Harvard-Universität entwickelte und

Konrad Zuses erster elektromechanischer programmgesteuerter Digital-Rechner Z3 von 1941

Repetierender elektronischer Analogrechner Telefunken RA 463/2, um 1958; Computer Museum Aachen, Detail

1939 bis 1944 gebaute „Automatic Sequence Controlled Calculator" (ASCC) war bereits ein digitaler, programmgesteuerter Rechner. Die Automatisierung der personalintensiven und zeitraubenden Berechnungen von Zieltabellen für Artillerie und Bombenkrieg war das Ziel einer Rechnerentwicklung, die von der Moore School of Electrical Engineering der Universität von Pennsylvania in Philadelphia ausging. John Mauchly und J. Presper Eckert entwickelten dort den riesigen Röhrenrechner „Electronic Numerical Integrator and Computer" (ENIAC). Besonders einflussreich war John von Neumanns Computerprojekt am „Institute for Advanced Study" (IAS) in Princeton. Da das Konzept des speicherprogrammierbaren, auf dem dualen Zahlensystem aufbauenden IAS-Rechners in vielen Publikationen bekannt gemacht wurde, verbreitete es sich rasch an amerikanischen Universitäten und Großforschungseinrichtungen. Von großer Bedeutung für die entstehende Datentechnik – und zugleich ein erneuter Hinweis auf die tiefreichenden militärischen Wurzeln – war der am Massachusetts Institute of Technology (MIT) entwickelte Digitalrechner Whirlwind.

Trotz dieses beachtlichen Vorlaufs an digitaler Rechentechnik setzten sich für ein bis zwei Jahrzehnte in der numerischen Mathematik, in techniknahen Gebieten der Naturwissenschaften und in der Technik Analogrechner durch. In puncto realisierter Technik und vor allem für das Realisieren von Technik war zunächst der Analogrechner absolut gleichrangig oder – was den zweiten Punkt angeht – sogar von größerer Bedeutung. Anwendungen seit 1960 waren zentrale Probleme der Schlüsseltechnologien der Zeit: Echtzeitsimulation von Reaktionsabläufen in der chemischen Industrie, Simulations- oder Rechenaufgaben in der eben in die heiße Phase eingetretenen Reaktortechnik, Simulationen im Flugzeugbau und in der entstehenden Automobilelektronik, Aufgaben der Rüstungstechnik im Zusammenhang mit dem Aufbau der Bundeswehr, komplexe Rechenaufgaben der Netzsteuerung bei den Energieversorgungsunternehmen.

Mitte der 1960er Jahre schien es für kurze Zeit nicht einmal mehr eine „Rivalität" beider Rechnertypen zu geben, sondern Koexistenz: Der Digitalrechner schien seine Domäne dort zu haben, wo es auf größte (theoretisch beliebig große) Genauigkeit ankam, wie in der mathematisch-naturwissenschaftlichen Grundlagenforschung oder in besonders rechenintensiven Technikbereichen wie in der Luftfahrttechnik. Allerdings mussten die sehr hohen Kosten in Kauf genommen werden. Für die noch kleine Bölkow Entwicklungen KG, die 1959 den ersten – nicht von der DFG finanzierten – Digitalrechner Siemens 2002 kaufte, bedeutete der Preis von etwa 1,5 Millionen DM eine enorme und risikoreiche Investition. Der elektronische Analogrechner schien indessen sein ureigenes Feld im ingenieurwissenschaftlichen Alltagsgeschäft zu haben – also dort, wo die Ausgangsgrößen bereits mit solchen Fehlern behaftet sind, dass die vom Rechner verursachte Ungenauigkeit von einem Prozent kein zusätzliches Problem darstellt.

Außerdem war für Ingenieure die „Programmierung" des elektronischen Analogrechners trotz des Aufwands durchaus vertraut: Entsprechend der Rechenvorschrift der zu lösenden Aufgabe mussten die Rechnerkomponenten – zum Beispiel Multiplizierer, Integrierer und Funktionserzeuger – manuell zu einer fest verdrahteten Rechenschaltung zusammengefügt und gegebenenfalls wieder manuell geändert werden. Dagegen schienen die Verfahren der Programmierung digitaler Rechner – mit den sich herausbildenden Ebenen von Maschinensprache, Assembler, Hochsprache und Anwendungssoftware – eher kryptisch. Für technische und wissenschaftliche Problemstellungen, bei deren Lösung es auf Anschaulichkeit und Geschwindigkeit ankam, waren Analogrechner sogar überlegen. Ideal schien aus der Sicht der Ingenieure der repetierende Analogrechner bei dynamischen Problemen der Regelungstechnik, weil hier ein Drehen an den Parametern beziehungsweise den Variablen des Systems bei wiederholten Rechenabläufen auf dem Schirm eines

Erster serienmäßig volltransistorisierter Digitalrechner „Siemens 2002", gezeigt auf der Hannover Messe 1959 und – finanziert von der Deutschen Forschungsgemeinschaft (DFG) – anschließend an die RWTH Aachen übergeben

(Kathodenstrahl-)Oszillographen in seinen Auswirkungen direkt zu beobachten war, und zwar in „Echtzeit" oder in stark beschleunigtem Ablauf.

Ohne Zweifel wurde die Blüte der Analogrechner durch die sich parallel entwickelnden programmgesteuerten Digitalrechner wieder beendet. Ein letztes Aufbäumen der Analogrechentechnik in Gestalt des Hybridrechners, bei dem ein Analogrechner mit einem speicherprogrammierbaren Digitalrechner kombiniert ist, der Programme in binärer Form elektronisch speichern kann, vermochte das Ende des Analogrechners nicht mehr aufzuhalten. So hatten sich zum Beispiel auf dem Gebiet der Prozessrechner, ursprünglich einer Domäne der Analogrechner, spätestens Anfang der 1970er Jahre ebenfalls Digitalrechner durchgesetzt.

Von der Analogtechnik zur Digitaltechnik

In vielen Technikbereichen, die mit Steuern, Regeln und mit Informationsverarbeitung im weitesten Sinn zu tun hatten, vollzog sich in den 1970er Jahren ein Übergang von der Analogtechnik zur Digitaltechnik. Dabei waren allerdings tiefsitzende Widerstände zu überwinden. Die

Digitaltechnik widersprach zunächst vollkommen der Forderung der Ingenieure nach einer sparsamen und effizienten Nutzung der eingesetzten Mittel. Immerhin konnte bei bestimmten Aufgaben beim Übergang von der analogen zu digitalen Informationsverarbeitung die Zahl der elektrischen Bauelemente, die für die entsprechenden Schaltungen erforderlich waren, um das Zehn- bis Hundertfache ansteigen. Außerdem war unklar, ob die Digitaltechnik den grundlegenden Vorteil der Analogtechnik, nämlich Schnelligkeit und Eignung für Echtzeitanwendungen, würde überspielen können. Die Stärken der Digitaltechnik musste man zu dieser Zeit noch offensiv vertreten. Zunehmende Wirtschaftlichkeit durch Schaltkreis-Großintegration (Large Scale Integration, LSI), dadurch erhöhte Zuverlässigkeit und Lebensdauer, „wählbar" hohe Rechengenauigkeit, Realisierung komplexer Funktionen sowie Flexibilität durch Speicherung von Parametern und Programmen in Halbleiterspeichern waren wichtige Argumente für die Digitaltechnik – wenngleich sie noch keinesfalls zum Allgemeingut der Technik zählten. Zur Verbreiterung des Wissensstandes mussten die Ingenieure firmeninterne Fortbildungsmaßnahmen zum Thema Digitaltechnik absolvieren oder das Weiterbildungsangebot der Ingenieurverbände

Digitales Vermittlungssystem Siemens EWSD, erste Anlage in Hamburg, 1980

nutzen, etwa die vom VDI zum Medienverbundkurs Digitaltechnik der Fernsehanstalten angebotenen Begleitseminare in fast 50 Städten der Bundesrepublik.

Digitaltechnik bedeutete aber in der Nachkriegszeit zunächst vor allem digitale Übertragung und Vermittlung. Was sich schon bei den Versuchsstrecken der Deutschen Reichspost mit Breitbandkabeln um 1935 abgezeichnet hatte, wurde dann nach 1945, besonders aber seit Ende der 1970er Jahre, zum beherrschenden Thema: nämlich die Schaffung eines einheitlichen digitalen Übertragungsnetzes für die unterschiedlichen nachrichtentechnischen Dienste. Nach militärischen Vorläufersystemen im geheimen Weitverkehr im Zweiten Weltkrieg schufen die Bell Laboratories im Jahr 1962 eine wichtige technische Voraussetzung für ein modernes diensteintegrierendes und digitales Netz im zivilen Bereich, nämlich die Übertragungstechnik nach dem so genannten Pulscodemodulations-Zeitmultiplex-Verfahren. Die Verbindung von Pulscodemodulation und Multiplexen vermindert als fehlerarme digitale Übertragungstechnik zum einen die Anfälligkeit gegenüber Rauschen, zum anderen erlaubt sie deutlich höhere Übertragungsgeschwindigkeiten als bei analoger Übertragung.

Der kritische Punkt in den großen Telephonnetzen blieb die Vermittlung, das heißt die Verknüpfung von rufendem und angerufenem Teilnehmer mit Hilfe von Schaltelementen. Aufgrund der digitalen Übertragung war es aber nicht mehr möglich, hierbei den eingehenden und den ausgehenden Übertragungskanal „galvanisch" fest zu verbinden. Man musste deshalb versuchen, die digitale Lücke in der Vermittlungstechnik zu schließen. Da im Pulscodemodulations-Zeitmultiplex-Verfahren im eingehenden Kanal und im ausgehenden Kanal jeweils eine zeitliche Folge kleiner Informationsblöcke übertragen wird, mussten die eingehenden Informationsblöcke mit Hilfe von Vermittlungsrechnern gespeichert und in freie Plätze (Zeitschlitze) im ausgehenden Kanal eingefügt werden. Erst 1979 setzte die Deutsche Bundespost entsprechend dem internationalen Trend voll auf diese digitale Vermittlung.

Auch in der Konsumelektronik kam es keineswegs zu einer einfachen Ablösung „alter" durch „neue" Technik. Es bestand vielmehr eine längere Phase der Koexistenz und Verschränkung von analogem und digitalem Prinzip. Bis in die jüngste Vergangenheit basierten unsere Übertragungsstandards und unsere Wiedergabetechnik in Rundfunk, Fernsehen und die damit verknüpfte Videotechnik noch weitgehend auf analoger Technik; bezieht man die Digitalisierung der Studiotechnik ein, so lag allenfalls ein technisch wenig eleganter Mix vor. Lediglich in der Compact Disc setzte sich 1982/83 ein digitales System früh und abrupt durch.

Computer-Aided Design

Zu den tiefgreifenden Wandlungsprozessen im Berufsbild der Ingenieure der Nachkriegszeit gehörte die Einführung rechnergestützter Entwurfsverfahren, vor allem bei unübersichtlichen geometrischen Formen und komplizierten Funktionen, das Computer-Aided Design (CAD). Grundsätzlich bedeutet CAD, dass mit Hilfe von grafikfähigen Rechnern und Bildschirmen, ergonomisch günstigen Eingabetechniken und geeigneter Software geometrische Daten so verarbeitet werden, dass – ohne Nutzung des überkommenen Zeichenbretts – eine technische Zeichnung ausgegeben beziehungsweise ausgedruckt werden kann. Ähnlich lassen sich mit Hilfe des Rechners aus einfachen Schaltungselementen zum Beispiel Entwürfe für hoch integrierte elektrische Schaltkreise erstellen. Nachdem Ivan Sutherland Anfang der 1960er Jahre am Massachusetts Institute of Technology (MIT) mit dem interaktiven Graphikprogramm Sketchpad einen wichtigen Anstoß für die Entwicklung des Computer-Aided Design gegeben hatte, zog man in der Bundesrepublik Mitte der 1960er Jahre nach, etwa am Aachener Laboratorium für Werkzeugmaschinen und Betriebslehre (WZL) und am Berliner Institut für Werkzeugmaschinen und Fertigungstechnik.

Ein erstes Anwendungsbeispiel sei aus der Automobiltechnik genommen: Zur „Vereinfachung" der Variantenfertigung in der feinmechanischen Massenfertigung im Bau von Dieseleinspritzausrüstung bei der Robert Bosch GmbH wurden zwar um 1970 bereits erste Verfahren des Computer-Aided Design genutzt. Hemmend wirkte zunächst die begrenzte Leistungsfähigkeit von Rechenanlagen und Programmen. Außerdem ließ man sich durch die hohen Preise davon abschrecken, zu ergonomisch fortgeschrittenen Lösungen zu greifen, also zu CAD-Techniken, die etwa Bildschirmeinheiten und Eingabe mit Lichtgriffel umfassten. Bestärkt wurde man in dieser Entscheidung für eine eher puritanische EDV zum Beispiel durch die am Aachener WZL erzielten Forschungsergebnisse. In Wirklichkeit hatten die Konstrukteure dann spürbare Probleme bei der Einführung von CAD-Verfahren, so dass der Zeitaufwand vorübergehend sogar anstieg.

Ein zweites Beispiel der CAD-Entwicklung bietet der Kraftwerksbau bei der BBC: Nach ersten Ansätzen zur Nutzung der EDV bei der Berechnung von Wellen und Schaufeln in der Turbinenkonstruktion Mitte der 1960er Jahre erfolgte die breite Einführung im Unternehmen um das Jahr 1980: Ausgangspunkt der Überlegung zur Einführung von CAD-Verfahren im Bau von Turbogeneratoren bei BBC waren offenbar – abgesehen von der sonstigen organisatorischen Verwendung der EDV – die wachsenden Anforderungen, die hinsichtlich von Größe, Qualität, Termindruck, Komplexität und daraus resultierenden Montageproblemen an die Konstrukteure von Turbosätzen und Rohrleitungssystemen gestellt wurden. Bei Turbinen machte vor allem die

Konstruieren von Scheibenwischeranlagen am CAD-Arbeitsplatz bei Bosch in Bühlertal, um 1990

Chipdesign am Bildschirm, um 1990

261

Realisierung von Teilen, die mit dem IBM-CAD-System „CATIA" entworfen wurden, in einem rechnergesteuerten Bearbeitungszentrum, 1993

einheitliche Berechnung von Strömungsgrößen, Thermodynamik, mechanischer Festigkeit und Schwingungsverhalten die Nutzung des Rechners unabdingbar. Organisatorisch bedeutete der Übergang zu den rechnergestützten Konstruktionsverfahren eine Abkehr von Konstruktionszeichnungen und vom Modellbau. Zu den sozialen Folgen gehörten die Verdrängung hochqualifizierter Facharbeiter aus der Ebene der Detailplanung von Kraftwerken, insbesondere aus dem Bereich der Rohrleitungsplanung, und die Übernahme solcher Planungsaufgaben durch Techniker und Konstrukteure mit Ingenieurausbildung und Computerkenntnissen.

Generell mangelte es lange an einer Verbindung von CAD und Produktion, also an der direkten Verknüpfung des rechnergestützten Entwurfs mit der Fertigung auf den seit den 1960er Jahren eingeführten numerisch gesteuerten Werkzeugmaschinen. Schon die NC-Maschinen (von Numerical Control) waren in der Bundesrepublik jedoch nur sehr zögerlich eingeführt worden. Erst die von der Deutschen Forschungsgemeinschaft (DFG) und der Industrie geförderte Entwicklung des Programmiersystems EXAPT (Extended Subset of Automatically Programmed Tools) bahnte einer breiteren Nutzung von NC-Maschinen den Weg. Die Ingenieure mussten also in Konstruktion und Fertigung mit kräftigen Umbrüchen fertig werden und zudem beide Innovationen im Sinne des Computer-Aided Manufacturing (CAM) miteinander verbinden. Begünstigt waren hier Artefakte, bei denen bei der Programmierung der NC-Maschine die einfacher zu verarbeitenden geometrischen Formen und Freiformflächen – gegenüber den komplizierten technologischen Parametern wie Werkzeug-, Werkstoff- und Maschinendaten – im Vordergrund stehen. Allerdings konnten sich mit Blick auf geometrische Formen und Freiformflä-

chen rasch auch ganze CAD-Hierarchien entwickeln: Daimler-Benz begann zum Beispiel 1979, Karosserien mit Hilfe des Rechners zu entwerfen. Bosch konnte insofern als Zulieferer nicht umhin, sich bei der Entwicklung seiner Scheinwerfer und Scheibenwischer an das Karosserie-CAD des Automobilherstellers anzuschließen. In global forschenden und entwickelnden Unternehmen, wie etwa der Ford Motor Company, arbeiteten seit den frühen 1990er Jahren Ingenieure in den USA, Australien, Japan, Großbritannien, Italien und der Bundesrepublik auf der Basis von Rechnernetzen und einheitlichen CAD-Verfahren simultan an gemeinsamen Projekten. Etwa gleichzeitig zeichnete sich bei Computerherstellern, Softwarefirmen und in der verarbeitenden Industrie eine Entwicklung zur Integration aller Arbeitsschritte ab: Konstruktion, Entwicklung, Arbeitsvorbereitung, Fertigung, aber auch Auftragsverwaltung, Vermarktung und Service wurden mit Hilfe von Rechnern und aufgrund von Datenbanken mit technischen und betrieblichen Inhalten als Computer-Integrated Manufacturing (CIM) zusammengeführt. Hier besteht jedoch bis heute eine Diskrepanz zwischen den technischen Möglichkeiten und der tatsächlichen betrieblichen Nutzung.

Mit dem Eindringen des Rechners in alle Bereiche der Entwicklung und Fertigung nahm die Bedeutung der Software stetig zu. Die Erweiterung der Rechnernutzung bedeutete dann nicht nur Vergrößerung der Rechnerkapazität und Vermehrung etwa der Zahl der CAD-Arbeitsplätze, sondern auch Erweiterung der Bibliothek der Entwurfs-, Simulations- und Prüfprogramme. Seit Ende der 1980er Jahre wurden zudem wissensbasierte Systeme für Aufgaben der Produktion herangezogen. Indem Wissen über Erzeugnisstrukturen und Fertigungstechnologien „intelligent" verknüpft wurde, konnte man zum Beispiel Arbeitspläne für Erzeugnisvarianten automatisch generieren. Die zunehmende Bedeutung der Software hinterließ auch in der Patentbilanz der Unternehmen ihre Spuren. So zeigten die Patentstatistiken zum Beispiel bei der Robert Bosch GmbH und der Siemens AG bei der Anmeldung deutscher wie europäischer Patente für die 1980er Jahre einen zunächst unerklärlich erscheinenden Rückgang oder eine Stagnation. Die vermeintliche Schwächephase erwies sich jedoch als Folge des wachsenden Zeitdrucks, der den Entwicklungsingenieuren kaum mehr Freiraum für die zeitraubende Formulierung von Erfindungsmeldungen und Patentanträgen ließ. Sie war aber auch Ausweis des technologischen Wandels, nämlich ein Reflex der zunehmenden Bedeutung der Software in der Wertschöpfungskette der Unternehmen.

Eine neue Welle der Verwissenschaftlichung

Die Leistung der Ingenieure liegt zwar nach wie vor in der apparativen Einzelerfindung, in der Schaffung neuer Verfahren und Prozesse sowie im Entwickeln und Betreiben komplexer Systeme, wie in den Netzen der Nachrichtentechnik oder der Energieversorgung. Eine notwendige, wenngleich nicht hinreichende Bedingung ist seit langem die Nutzung von Grundlagenwissen aus Mathematik, Physik und Chemie. Der ingenieurwissenschaftliche Part bestand dabei in der Entwicklung immer ausgefeilterer Verfahren, die es erlaubten, aus komplexen naturwissenschaftlich-technisch zu beschreibenden Sachverhalten einfachere, auf das Problem zugeschnittene Modelle herauszupräparieren, um dann durch geeignete Rechenverfahren besser auf die Ebene realisierter Technik zu gelangen. Da die exakte analytische (formelmäßige) Berechnung ingenieurwissenschaftlicher Probleme, etwa durch die Lösung umfangreicher Differentialgleichungssysteme, vielfach nicht gelingt, musste man zu näherungsweise vorgehenden numerischen Verfahren greifen. Als ideal auf den zunehmend leistungsfähigen Digitalrechner zugeschnittenes numerisches Verfahren sollte sich die Finite-Elemente-Methode erweisen. Grundlage ist die Aufteilung von Flächen oder – im zweiten Schritt – von Raumgebieten durch Gitternetze, an deren Knoten so genannte Ansatzfunktionen (zum Beispiel für mechanische Spannungen oder das Vektorpotential der Elektrodynamik) formuliert wurden. Dadurch entsteht ein umfangreiches Gleichungssystem, das sich – unter Berücksichtigung von Randbedingungen – mit Hilfe des Rechners lösen lässt. Die Generierung von Gitternetzen aus Tetraedern zur Bearbeitung komplexer dreidimensionaler Probleme konnte wegen des begrenzten räumlichen Vorstellungsvermögens praktisch nur noch mit den genannten CAD-Programmen durchgeführt werden.

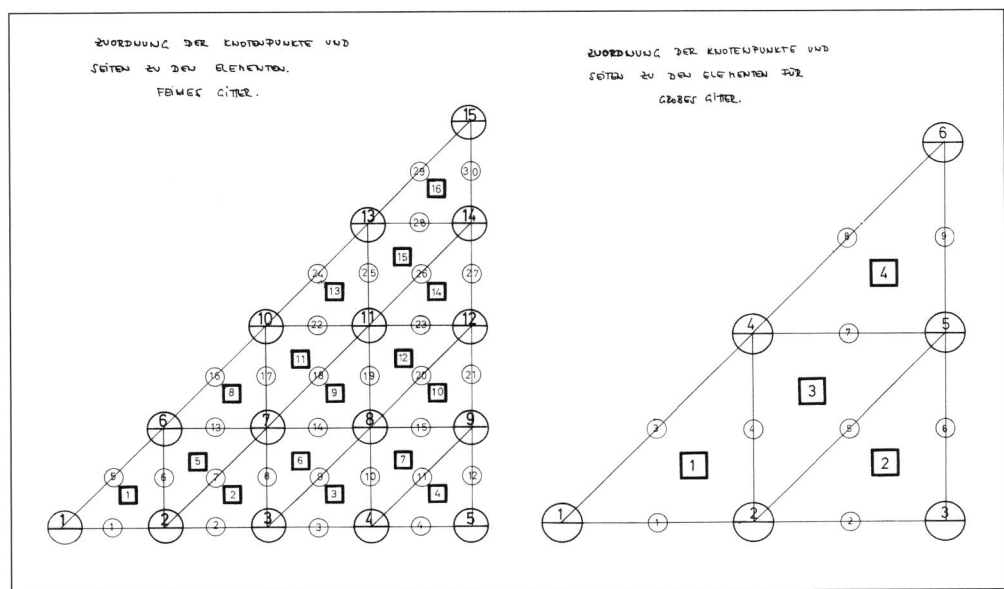

Berechnung der Biegung von Platten mit der Methode der Finiten Elemente, Erstellung des Gitternetzes; aus einer Diplomarbeit am Lehrstuhl für Baustatik der Universität Stuttgart, 1969

```
+80**  28.62.,
       #END#.,
       OUTPUT(S,#(##)#).,
       OUTPUT(S,#(#///15B#(#DURCHBIEGUNG W DER PLATTE IN CM#)#//#)#).,
       #FOR#I.=1#STEP#1#UNTIL#NK#DO#
       #BEGIN#
       W(/I/).=100*PHG(/I+NS/).,
       OUTPUT(S,#(#//15B#(#W(#)#2ZD.#(#) =#)#-2ZD.6D#)#,I,W(/I/)).,
       #END#.,
       OUTPUT(S,#(##)#).,
+90**  OUTPUT(S,#(#//#(#BIEGEMOMENTE MN IN MPM#)# 7B#(#DRILLMOMENTE MNS IN
       MPM#)#//#)#).,
       #FOR#I.=1#STEP#1#UNTIL#NS#DO#
       OUTPUT(S,#(#//#(#MN(#)#2ZD,#(#) =#)#-2ZD.4D,11B#(#MNS(#)#2ZD,#(#) =#)#
       -2ZD.4D#)#,I,MN(/I/),I,MNS(/I/)).,
       OUTPUT(S,#(##)#).,
       OUTPUT(S,#(#//#4B#(#BIEGE UND DRILLMOMENTE IN MPM IM XY KOORDINATENSY
       STEM#)#//#)#).,
       OUTPUT(S,#(#18B#(#MX#)#14B#(#MY#)#14B#(#MXY#)#/#)#).,
       #FOR#I.=1#STEP#1#UNTIL#NE#DO#
+00**  OUTPUT(S,#(#//#4B#(#EL#)#2ZD4B,3(-3ZD.6D4B)#)#,I,
       MXEL(/I.1,1/),MXEL(/I.2,1/),MXEL(/I.3,1/)).,
       OUTPUT(S,#(##)#).,
       OUTPUT(S,#(#//#oB#(#HAUPTMOMENTE M1 (MPM) UND M2(MPM) UND#)##)#).,
       OUTPUT(S,#(#/9B#(#HAUPTMOMENTENRICHTUNG ALPHA (ALTGRAD)#)#//#)#).,
       OUTPUT(S,#(#17B#(#M1#)#14B#(#M2#)#14B#(#ALPHA#)#/#)#).,
       #FOR#I.=1#STEP#1#UNTIL#NE#DO#
       OUTPUT(S,#(#//#4B#(#EL#)#2ZD4B,-3ZD.6D4B,-3ZD.6D7B,-ZD.D4B#)#,I,
       M1EL(/I/),M2EL(/I/),ALPH(/I/)).,
       OUTPUT(S,#(##)#).,
+10**  #END#AUSGABE.,
       #ARRAY#MN(/1.,NS/),MNS(/1.,NS/),W(/1.,NK/),
       M1EL(/1..NE/),M2EL(/1.,NE/),ALPH(/1..NE/),MXEL(/1..NE,1..3,1..1/).,
       MVEGRO(PHR,PHG,A0,N,NAO).,
       AUSGABE(NELE,NE,NK,NS,PHG,FQ,B,MN,W,MNS,MXEL,M1EL,M2EL,ALPH).,
       #END#.,
       #END#.,
       ENDE..#END#.,
              FINIS GEN.BY EOR-CARD
```

*Berechnung der Biegung
von Platten mit der Methode
der Finiten Elemente,
Ergebnisausdruck; aus einer
Diplomarbeit am Lehrstuhl
für Baustatik der Universität
Stuttgart, 1969*

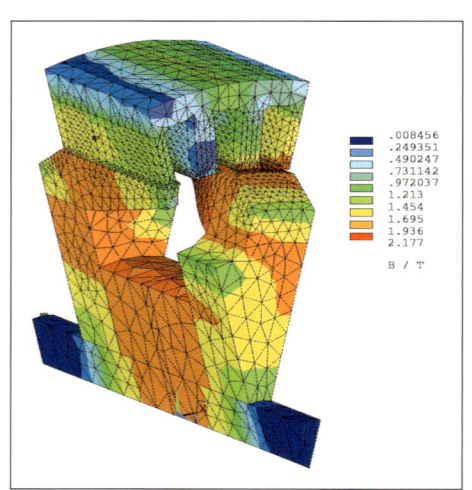

*Numerische Feldberechnung: Verteilung des
Magnetfelds in einem Klauenpolgenerator,
um 1995*

Wichtige mathematische Grundlagen legte bereits 1943 der Mathematiker Richard Courant. Mitte der 1950er Jahre wurde die Methode der Finiten Elemente von mit Strukturproblemen befassten Luftfahrtingenieuren in den USA und Großbritannien erarbeitet und für das praktische Rechnen auf Computern weiterentwickelt. Für die Bundesrepublik sollte der in Athen und München zum Bauingenieur ausgebildete John Argyris besondere Bedeutung bekommen. Als er 1959 vom Imperial College in London an die damalige Technische Hochschule Stuttgart berufen wurde, erhielt er die Möglichkeit, auf Großrechnern wie der UNIVAC 1107 mit der Methode der Finiten Elemente Festigkeitsberechnungen von Tragflächen und Flugzeugrümpfen durchzuführen. Das Stuttgarter Institut für Statik und Dynamik der Luft- und Raumfahrtkonstruktionen wuchs dann zu einem der Zentren der Entwicklung und An-

wendung der Finite-Elemente-Methode heran. Grundlage war lange Zeit der 1968 im Rechenzentrum der Universität Stuttgart installierte Supercomputer des Typs CD 6600 der Control Data Corporation. Moderne Flugzeuge, wie der seit 1987 produzierte Airbus A 320 oder der 1991 vorgestellte Airbus A 340, wurden typischerweise mit der Methode der Finiten Elemente berechnet, wobei kritische Stellen mit starker Änderung der Kräfte, wie die Flügelwurzeln und die Aufhängungen der Triebwerksgondeln, besonders fein aufgeteilt wurden. Belastungsversuche konnten (und können) dadurch nicht gänzlich ersetzt, aber doch deutlich reduziert werden.

Seit Mitte der 1960er Jahre existierten zum Beispiel auch Programme, mit deren Hilfe man auf der Grundlage der Finiten-Elemente-Methode die Festigkeit von Fahrzeugkarosserien berechnen konnte. Allerdings dauerte die erste Festigkeitsberechnung einer Karosserie bei Daimler-Benz 1966 noch eine ganze Nacht; 20 Jahre später war die Rechenzeit auf wenige Minuten geschrumpft. Heute lässt sich bei Fahrzeugen auch die Beanspruchung von Bauteilen und sogar von ganzen Karosserien im Fahrbetrieb mit dem Rechner simulieren. Das Ziel ist es, Festigkeit und Schwingungsverhalten zu überprüfen, Vorhersagen für den Fall eines Aufpralls zu machen und Unterbeziehungsweise Überdimensionierung von Teilen zu vermeiden. Allerdings muss die Simulation nach dem Vorliegen realer Teile oder nach der Fahrerprobung weiterhin durch die hieraus gewonnenen experimentellen Daten unterstützt werden.

Mit der Finite-Elemente-Methode lassen sich eine Vielzahl von Größen, wie etwa die genannten mechanischen Kräfte, aber auch hydrodynamische und aerodynamische Strömungsgrößen, elektromagnetische Feldgrößen sowie thermodynamische Parameter in komplizierten geometrischen Strukturen berechnen. Zunehmend versuchte man, solche unterschiedlichen Größen miteinander zu verknüpfen. Zwangsläufig nahm deshalb die Arbeit der Ingenieure in der Tiefe immer stärker interdisziplinären Charakter an. Bei elektrischen Maschinen begann man Anfang der 1970er Jahre an den Hochschulen, mit diesen neuen Methoden Felder numerisch zu berechnen. Nach einer beachtlichen Durststrecke bei der Anwendung in der industriellen Entwicklungsarbeit gelang es seit Beginn der 1990er Jahre mit verbesserter Software, schnellen Arbeitsplatzrechnern und grafischen Benutzungsoberflächen die wichtigen elektrischen und mechanischen Größen zu bestimmen. Man konnte nun auch den Betrieb der Maschine bis hin zur Geräuschentwicklung mit dem Rechner simulieren, ohne sich etwa um die komplizierten Randbedingungen bei der Integration der grundlegenden Maxwell'schen Feldgleichungen kümmern zu müssen. Im Schiffbau leitete man seit Mitte der 1990er Jahre aus der hydrodynamischen Druckverteilung und der Geometrie von Schrauben die strukturmechanischen Kräfte, den Schub und den Wirkungsgrad ab. In einem aktuellen Forschungsvorhaben zur Reaktorsicherheit konnten mit Hilfe der Methode der Finiten Elemente die Temperatur- und Strömungsverhältnisse einer Modellschmelze, die daraus folgende Temperaturverteilung in einer Stahlwand und mögliche Maßnahmen zur Verzögerung des mechanischen Versagens eines Reaktordruckbehälters ermittelt werden.

Ein typisches Beispiel für den Rang der Theorie in den Ingenieurwissenschaften bietet auch der ingenieurwissenschaftlich komplexe Entwurf von ASICs (Application Specific Integrated Circuits) für die Kommunikationstechnik, zum Beispiel für den Mobilfunk. In einer ersten Stufe müssen Simulationsmodelle erstellt werden, die unter idealisierenden Annahmen über physikalisch-topographische Bedingungen die Nachbildung eines Funkkanals auf einem Rechner gestatten. Trotz der denkbar engen Verknüpfung mathematischer Algorithmen, also von Rechenvorschriften zur Verarbeitung von Informationen, und deren Realisierung auf einem Chip – Theorie und Praxis scheinen hier geradezu zu verschmelzen –, bleibt das typische Problem, kom-

plexe Wirklichkeit in einem reduzierten Modell wiederzugeben und die Übersetzung in funktionierende Technik vorzunehmen. Bei der Modellierung des Funkkanals stehen zum Beispiel die auf Messungen beruhenden empirischen (beziehungsweise „stochastischen") Modelle und „deterministische" Modelle, wie die auf der Optik basierenden Strahlverfolgungsverfahren (Ray Tracing), in Konkurrenz. Die außerordentlich rechenintensive direkte Lösung der Maxwell-Gleichungen mit Hilfe der Methode der Finiten Differenzen oder Finiten Elemente spielt hier noch keine Rolle.

Unverkennbar ist in vielen solchen Simulationen, dass die simulierte Welt fast unmerklich zum Ersatz der wirklichen Welt wird. So werden bewertende Vergleiche oft nur noch innerhalb ganzer Hierarchien von physikalisch unterschiedlich genau modellierenden Simulationen durchgeführt – und gelegentlich entfernt sich das Simulationsmodell auch sehr weit von einer physikalischen Beschreibung. In den heutigen Ingenieurwissenschaften sind solche Simulationen mit Hilfe von Modellen jedoch unverzichtbar,

Verformung der 6.Ordnung unter Last, bei n = 3000 1/min

Berechnung der mechanischen Verformung eines Klauenpolgenerators mit FEM in einer „Momentaufnahme", Grundlage für die Simulation der Geräuschentwicklung, um 2000

Automatisierungstechnik – eine Stärke der Bundesrepublik, Inbetriebnahme einer Anlage der Festo AG, 2004

weil Experimente – wie bei der Untersuchung elektrischer Netze – aus Sicherheitsgründen praktisch kaum durchführbar sind. Daneben bietet die Simulation oft die einzige Chance für die Hochschulen, mit den an Ausstattung überlegenen Forschungsabteilungen der Industrie mitzuhalten oder in Industrieprojekten als Partner auftreten zu können. Unabdingbar sind sie nicht zuletzt deshalb, weil technische Systeme innerhalb eines vorgegebenen zeitlichen Rahmens nicht mehr anders zu realisieren sind. Modernes Simultaneous Engineering, also die möglichst starke zeitliche Überlappung von Forschung und Entwicklung, Prototyp-Herstellung und Übergang in die Fertigungsphase des Produkts, wäre ohne solche Simulationstechniken undenkbar.

Literatur

Acker, Renate: Der Ingenieurberuf der Zukunft. Köln 1999

Beckenbach, Niels: Gesellschaftliche Stellung und Bewußtsein des Ingenieurs. In: Albrecht, Helmuth/Schönbeck, Charlotte (Hrsg.): Technik u. Gesellschaft; zugleich Bd. 10 von Technik und Kultur, hrsg. von Armin Hermann und Wilhelm Dettmering im Auftrag der Georg Agricola-Gesellschaft – Düsseldorf 1993, S. 350–372

Detzer, Kurt A. (Hrsg.): Wie organisieren wir Verantwortung? Risikominderung in Technik und Umwelt. VDI Report 33, VDI Düsseldorf 2002, hier: Ethische Grundsätze des Ingenieurberufs des VDI Verein Deutscher Ingenieure, a. a. O. S. 25–30

DIHK (Hrsg.): Fachkräfte-/Arbeitskräftemangel in der Industrie. Ergebnisse einer Unternehmensbefragung. DIHK – Deutscher Industrie- und Handelskammertag, DIHK Berlin, Dezember 2001

Grünewald, Heinrich: Die neuen Ingenieurgesetze der Länder der Bundesrepublik Deutschland. Düsseldorf 1971

Habetha, Klaus (Hrsg.): Wissenschaft zwischen technischer und gesellschaftlicher Herausforderung. Die Rheinisch-Westfälische Technische Hochschule Aachen 1970 bis 1995 (Festschrift zum 125jährigen Bestehen der RWTH Aachen). Aachen 1995

Hortleder, Gerd: Das Gesellschaftsbild des Ingenieurs. Zum politischen Verhalten der Technischen Intelligenz in Deutschland. Frankfurt am Main 1970

Hortleder, Gerd: Ingenieure in der Industriegesellschaft. Zur Soziologie der Technik und der naturwissenschaftlich-technischen Intelligenz im öffentlichen Dienst. Frankfurt am Main 1973

Kogon, Eugen: Die Stunde der Ingenieure. Technologische Intelligenz und Politik. Düsseldorf 1976

Leonhardt, Fritz: Der Bauingenieur und seine Aufgaben. Stuttgart 1981

Ludwig, Karl-Heinz: Technik und Ingenieure im Dritten Reich. Düsseldorf 1974

Ludwig, Karl-Heinz/König, Wolfgang (Hrsg., im Auftrag des VDI): Technik, Ingenieure und Gesellschaft. Geschichte des Vereins Deutscher Ingenieure 1856–1981. Düsseldorf 1981

Lundgreen, Peter/Grelon, André (Hrsg.): Ingenieure in Deutschland 1770–1990. Frankfurt am Main/New York 1994

Neef, Wolfgang: Ingenieure. Entwicklung und Funktion einer Berufsgruppe. Köln 1982

Pastohr, Mandy/Wolter, Andrä: Die Zukunft des Humankapitals in Sachsen. Die Entwicklung der Studiennachfrage in den Ingenieurwissenschaften. Eine vergleichende Analyse der Entwicklungstrends beim Ingenieurnachwuchs im Freistaat Sachsen und in Deutschland. Dresdner Studien zur Bildungs- und Hochschulplanung 5. TU Dresden, Dresden 2004

Rürup, Reinhard (Hrsg.): Wissenschaft und Gesellschaft. Beiträge zur Geschichte der Technischen Universität Berlin 1879–1979, Bd. I–II, Berlin/Heidelberg/New York 1979

Spur, Günter: Vom Faustkeil zum digitalen Produkt. Ein kulturgeschichtlicher Beitrag zur Entwicklung der Berliner Produktionswissenschaft. München/Wien 2004

VDI (Hrsg.): 100 Jahre VDI. Verein Deutscher
Ingenieure 1856–1956. In: VDI Zeitschrift,
Bd. 98, Nr. 14 (1956), S. 631–828

Vom Industrie- zum Staatsangestellten: Die Ingenieure in der SBZ/DDR 1945–1989

Karin Zachmann

In den 1980er Jahren arbeiteten in der DDR fast 500.000 Ingenieure und Ingenieurinnen. Sie bildeten die bei weitem größte Gruppe unter den akademischen Berufen. Diese enorme Ausdehnung des Ingenieurberufs ergab sich ganz maßgeblich aus dem Anspruch der Politik, mit Hilfe der Verfügbarkeit über technisches Wissen als Sieger aus der Systemkonkurrenz des Kalten Krieges hervorzugehen. Die staatliche Technikförderung war in der DDR mit weitreichenden politischen Interventionen in den Ingenieurberuf verbunden. Alle Formen einer berufsbezogenen Interessenpolitik wurden staatlicher Kontrolle unterworfen. Der sozialistische Staat machte Vorgaben zum Zugang in den Beruf. Er nahm über Ausbildungsreformen Einfluss auf die Auswahl der Wissensbestände, die die Basis für das berufliche Selbstverständnis und den von den Ingenieuren beanspruchten Handlungsraum in der Gesellschaft bildeten. Über Gesetze und Verordnungen zum Recht auf selbständige Berufsausübung, zur Besteuerung selbständiger Ingenieure, zur Altersversorgung und zum Gehaltssystem in der verstaatlichten Wirtschaft definierte der Staat den Platz der Ingenieure im sozialen Verteilungssystem. Seine Auflagen zur strukturellen Gestaltung des Innovationssystems veränderten schließlich auch den institutionellen Rahmen der Ingenieurarbeit.

Dieser Strukturumbau lässt sich prägnant als Verstaatlichung des Ingenieurberufs bezeichnen. Der Begriff des „Staatsingenieurs" sagt in der DDR also nichts über den konkreten Tätigkeitsbereich aus. Hier blieb nach wie vor die große Mehrheit im industriellen Sektor beschäftigt. Aber der sozialistische Staat kontrollierte erfolgreich alle Bereiche der Ingenieurtätigkeit, so dass Formen einer autonomen Berufsausübung und -politik weitgehend unterbunden wurden.

Im folgenden Kapitel werden einige Grundlinien der Geschichte der Ingenieure in der DDR dargestellt. Es

Ingenieure beim Einbau mikroelektronischer Bauteile in Geräte zur Automatisierungstechnik im Kombinat Elektroapparatewerk Berlin, 1977

Vorlesung zur Informationstechnik von Prof. Dr. Klaus Lunze an der TU Dresden, 1970

Bild links: Importierte schwerindustrielle Spitzentechnik: Konverter für das 1984 von VOEST-Alpine errichtete Konverterstahlwerk in Eisenhüttenstadt

wird analysiert, wie die politische Elite der DDR ihren Anspruch auf das Wissen technischer Experten geltend machte, welche Auswirkungen das auf deren Entscheidungsspielräume hatte und wie sich das in ihrem professionellen Selbstverständnis niederschlug. Dabei wird nach grundlegenden Veränderungen, aber auch nach Beharrungskräften und Kontinuitäten im System der Ingenieurausbildung, bei den Bedingungen der Berufsausübung und der Entwicklung technischer Aufgabenfelder sowie im Bereich beruflicher Interessenpolitik zu fragen sein.

Die Ausbildung: Schulen für eine „neue" technische Intelligenz

Ein erster Überblick zur Geschichte der Ingenieure in der DDR lässt sich über die Bildungsstatistik gewinnen. Nach den zwei großen Erweiterungswellen in der deutschen technischen Bildung im Kaiserreich und der Weimarer Republik fand in der DDR eine dritte mächtige Bildungsexpansion statt. Sie vollzog sich in zwei Schüben. Ein erster erfolgte in den 1950er Jahren. Ein zweiter vollzog sich zwischen 1968 und 1972. Die Studentenzahlen erreichten am Beginn der 1970er Jahre die in der Geschichte der DDR-Ingenieurausbildung mit Abstand höchsten Werte.

Im Zuge der technischen Bildungsexpansion wuchs die Anzahl höherer technischer Schulen von zwei auf 20. Zwischen 1952 und 1954 wurden acht neue Hochschulen gegründet und 1969 erfolgte die Aufwertung von zehn Ingenieurschulen zu Ingenieurhochschulen. Damit blieb auch in der DDR die in der deutschen Bildungstradition verankerte Trennung zwischen den traditionellen Universitäten und den Technischen Hochschulen bestimmend. Es richteten zwar drei Universitäten (Rostock 1951 und Berlin und Jena 1969) Studiengänge für die Ausbildung von Diplomingenieuren ein. Diese Ausbildungskapazitäten blieben jedoch gegenüber denen der Technischen, Spezial- und Ingenieurhochschulen quantitativ zweitrangig. Letztere wiederum beschränkten ihr Ausbildungsprofil auf die Technik- und Naturwissenschaften, die Ingenieurökonomie und die Arbeitswissenschaften sowie die Ausbildung von Berufsschullehrern. Geistes- und kulturwissenschaftliche Studiengänge fanden keinen Platz in den Institutionen der höheren technischen Bildung.

Infolge des zweiten Wachstumsschubes veränderten sich die fachlichen Strukturen in der Ingenieurausbildung. Innerhalb der traditionellen Kernbereiche des Ingenieurwesens erhöhte sich der Anteil der Studierenden im Bereich Elektrotechnik/ Elektronik und im Bauwesen, während

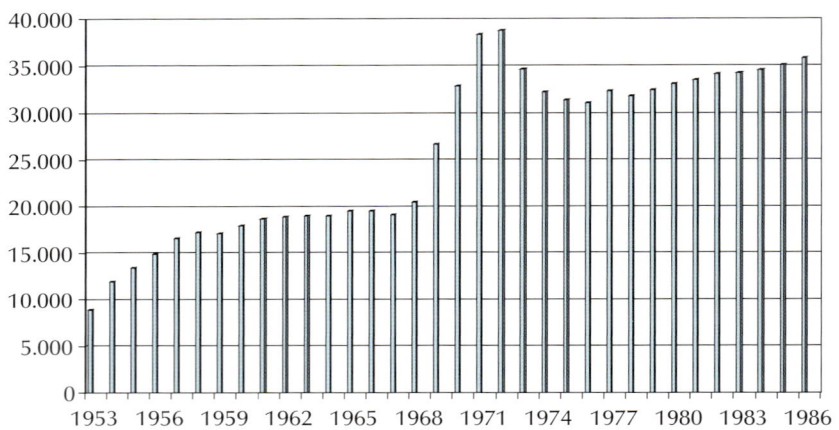

Studierende im Direktstudium in den Technischen Wissenschaften 1953 bis 1986

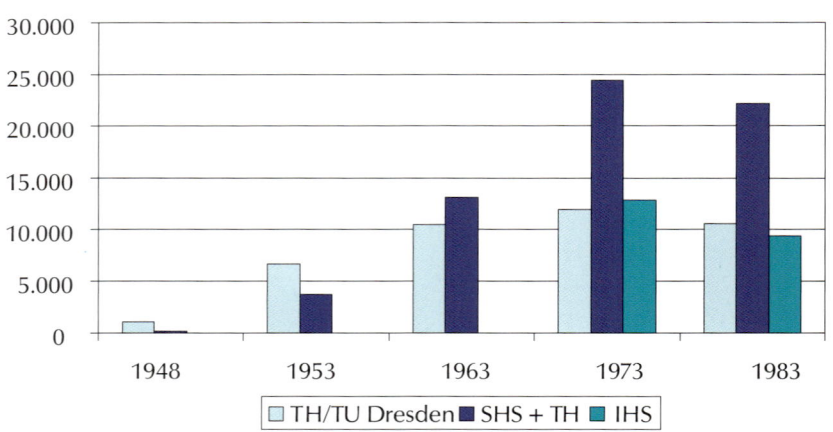

Studierende im Direktstudium an Technischen Hochschulen (TH), Spezialhochschulen (SHS) und Ingenieurhochschulen (IHS) in ausgewählten Jahren (1948, 1953, 1963, 1973 und 1983)

270

das Studium im Maschinenwesen relativ an Gewicht verlor. Gleichzeitig erlangten eine Reihe neuer Studienrichtungen wie Informationstechnik und -verarbeitung, Verfahrenstechnik oder Verarbeitungstechnik wachsende Bedeutung.

Die Frauen waren an den beiden Wachstumsschüben der akademischen Ingenieurausbildung in sehr unterschiedlichem Maße beteiligt. Obwohl die Anzahl der Studentinnen in den technischen Wissenschaften bis 1974 jedes Jahr anstieg, erhöhte sich der Frauenanteil im Ingenieurstudium erst seit Mitte der 1960er Jahre deutlich. Er erreichte 1974 mit 34 Prozent seinen Höhepunkt, um sich dann bis zum Ende der DDR bei knapp 30 Prozent einzupegeln.

Allerdings differierte der Frauenanteil in den verschiedenen Studiengängen sehr stark. Während die Bereiche Elektrotechnik/Elektronik, Verkehrswesen und Maschinenwesen Männerdomänen blieben, stieg die Frauenquote im Bauwesen bis auf 40 Prozent an. In Fachrichtungen wie Werkstoffkunde, Verfahrenstechnik, Verarbeitungstechnik, Architektur oder Informationsverarbeitung studierten schließlich deutlich mehr Frauen als Männer.

Ausgehend von diesen ersten Einsichten über den Verlauf und einige Ergebnisse der enormen technischen Bildungsexpansion in der DDR wird in den folgenden Abschnitten nach den grundlegenden inhaltlichen Veränderungen und dem Verhältnis von Bildungspolitik und Ingenieurwissenschaftlern in der Neugestaltung der Ingenieurausbildung gefragt.

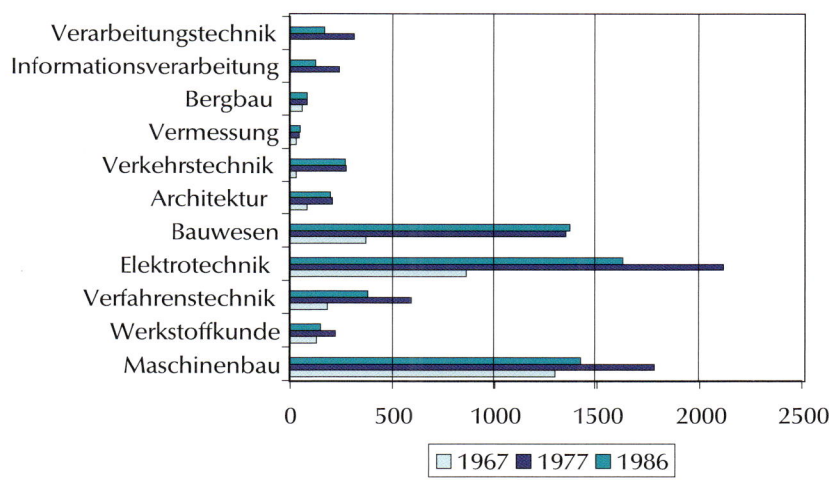

Verteilung der Absolventen des Direktstudiums in den Technikwissenschaften in den Jahren 1967, 1977 und 1986 auf Fachrichtungen

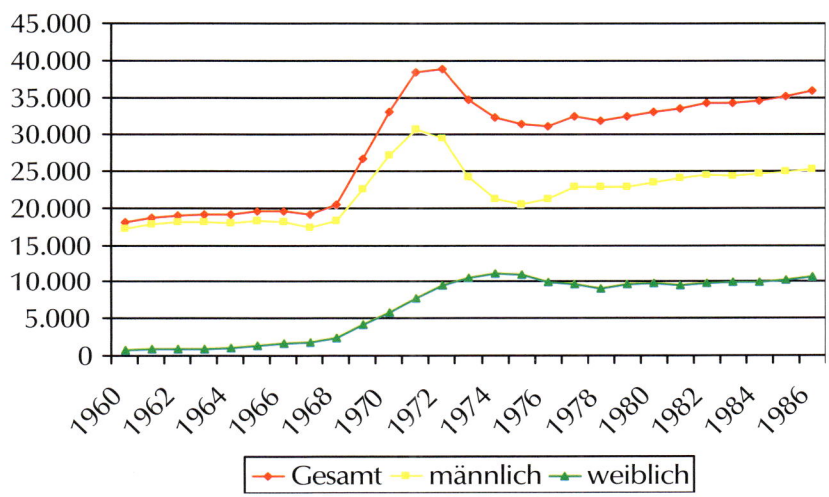

Männliche und weibliche Direktstudenten in den Technischen Wissenschaften in der DDR 1960 bis 1986

Bildungspolitik als Strategie zur Vergangenheitsbearbeitung

Die Wiederaufnahme der Ingenieurausbildung nach dem Zweiten Weltkrieg begann mit einer heftigen Debatte über den Bildungsauftrag der Hochschulen und Studienreformen. In dieser Diskussion ging es der Wissenselite des Berufes aber nicht so sehr um die künftigen Anforderungen an die neuen Studenten, sondern vielmehr um die Bearbeitung der eigenen Identitätskrise, die der Zusammenbruch des Nationalsozialismus ausgelöst hatte. Bevor Besatzungsmacht und SED-Führung im Frühjahr 1948 die Entnazifizierungsprozesse abschlossen und damit den gerade erst in Gang kommenden Prozess der Vergangenheitsbearbeitung abrupt beendeten, the-

Maschinenlaboratorium der TH Dresden nach der Bombardierung im Februar 1945

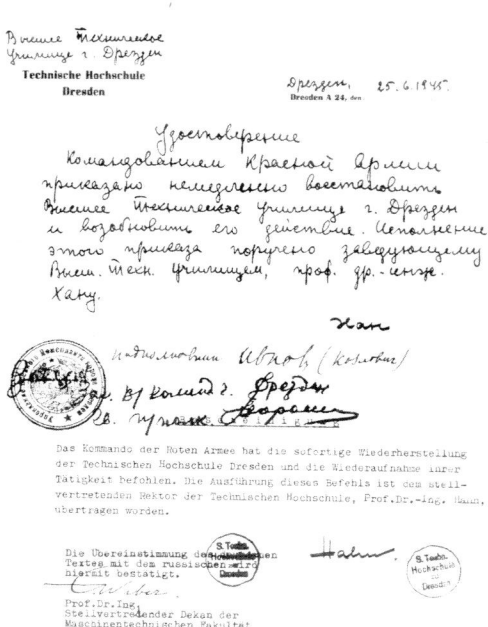

Befehl der sowjetischen Militäradministration zur Wiedereröffnung der TH Dresden vom 25. Juni 1946

Enno Heidebroek (1876–1955)

DIE TECHNIK

HERAUSGEBER: KAMMER DER TECHNIK

Bd. 3   BERLIN, JANUAR 1948   Nr. 1

Problematik der Ingenieurarbeit und -erziehung

Von Professor Dr.-Ing. E. HEIDEBROEK, Dresden

„Die Technik" als Forum der Auseinandersetzungen um die Ingenieurausbildung – der Standpunkt Heidebroeks, 1948

matisierten einige Ingenieurwissenschaftler die Frage nach dem Verhältnis der Ingenieure zum „Dritten Reich" und nach ihrer Verantwortung für den Krieg und die Verbrechen des Nationalsozialismus. Das Forum dafür bildeten Reden zur Wiedereröffnung Technischer Hochschulen und Diskussionen zur Ingenieurausbildung, die zuerst in der seit Juli 1946 erscheinenden Zeitschrift „Die Technik" veröffentlicht wurden.

Als die Technische Hochschule Dresden am 18. September 1946 ihren Lehrbetrieb wieder aufnahm, hielt der Maschinenbauprofessor Enno Heidebroek die Eröffnungsrede. Die Besatzungsbehörden hatten den damals 70-jährigen, dessen Karriere als Ingenieurwissenschaftler schon im Kaiserreich begann, der zur ingenieurwissenschaftlichen Elite der Weimarer Republik gehörte und im Dritten Reich wohl der NSDAP fernblieb, aber in die Rüstungsforschung integriert war, zum ersten Rektor der Nachkriegszeit bestellt. Heidebroek beschrieb in seiner Eröffnungsrede den in der Zerstörung der Technischen Hochschule und der Stadt Dresden unmittelbar erlebten Zusammenbruch des „Dritten Reiches" als Ende einer Epoche in der deutschen Kulturgeschichte der Technik. Das war aber eine Epoche, die er maßgeblich mitgestaltet hatte und aus der er deshalb „das wertvolle Gut der Vergangenheit … bergen" wollte, um es in die neue Zeit einzubringen. Er versuchte also, über den Systemzusammenbruch hinweg Kontinuitäten und Traditionen zu konstruieren, um sein Lebenswerk zu retten.

Das aber setzte die Klärung der Frage nach der Verantwortung der Technik und ihrer Akteure für die deutsche Katastrophe voraus. Heidebroek antwortete darauf mit seiner Definition vom Wesen der Technik, die er schon in der Weimarer Zeit entwickelt hatte. Technik war demnach Resultat eines Naturtriebes und entwickelte sich mit der Kraft einer Naturgewalt unabhängig vom menschlichen Wollen. Daraus aber musste folgen, dass die Ingenieure als Akteure der Technik nur Vollstrecker dieses Naturtriebes und demnach für die technische Entwicklung nicht verantwortlich waren. Aufgabe des Technikers sei es, ein möglichst vollkommenes Werkzeug zu liefern. Und die Gesellschaft sei dann dafür verantwortlich, es richtig anzuwenden. Mithin sei es töricht, durch Änderung der Ingenieurerziehung die Gesellschaft verbessern zu wollen. Denn das käme einer Schuldzuweisung an die Ingenieure gleich, die Heidebroek aber vehement ablehnte. Er behauptete hingegen, allein qualifizierte Facharbeit sei gefragt. „Aus alledem, was vorher gesagt wurde, bin ich der festen Überzeugung, dass wir dem menschlichen Fortschritt im Allgemeinen und der Pflicht zur Wiedergutmachung, zu der wir uns bekennen, im Besonderen am besten dienen, wenn wir unsere Studierenden in erster Linie zu Fachleuten von hervorragender Qualität erziehen. Dem dient … in erster Linie eine bewusste Konzentration auf die naturwissenschaftlich-technischen Grundgebiete: Physik, Chemie, Mathematik, Mechanik und Festigkeitslehre, Thermodynamik usw." In der Distanzierung vom konkreten Anwendungsbezug des Wissens vollzog Heidebroek jenen Prozess der Selbstreinigung, der im raschen Rückzug der Natur- und Technikwissenschaften auf die Grundlagenforschung in der Nachkriegszeit weit verbreitet war.

Heidebroeks Rezept zur unausweichlichen Auseinandersetzung mit den Folgen der nationalsozialistischen Diktatur und zur Rettung seines Lebenswerkes bestand also aus zwei Komponenten. Erstens ging es um den Freispruch der Ingenieure von der Verantwortung für Krieg und Holocaust und zweitens ging es um die Konstruktion einer Tradition unpolitischer technischer Facharbeit, an der anzuknüpfen und die fortzusetzen sei.

Heidebroeks Positionen blieben jedoch nicht unwidersprochen. Seine Entschuldungsstrategie stand in einem diametralen Gegensatz zur Auffassung jener Vertreter der technischen Elite, die, wenn auch in durchaus unterschiedlichem Maße, bereit waren, Mitverantwortung für die deutsche Nazivergangenheit zu übernehmen. Eine große Gruppe sah in der engen fachlichen Spezialisierung der Ingenieurausbildung den Hauptgrund für die unkritische Selbstmobilisierung der Ingenieure für das verbrecherische politische System und forderte deshalb eine humanistische Erweiterung des Ingenieurstudiums. In der Beschwörung des Bildungshumanismus traf sich diese Gruppe der Studienreformer mit anderen Vertretern aus den Geistes- und Naturwissenschaften, die das Humboldt'sche Ideal als rhetorische Strategie zur Entsorgung der nationalsozialistischen Vergangenheit einsetzten. Ein Wortführer dieser bildungshumanistischen Fraktion war der Chemiker und damalige Dekan der Fakultät für Allgemeine Wissenschaften an der Technischen Universität Berlin Heinrich Franck. Er war einer der maßgeblichen Promotoren für die Einrichtung des „humanistischen Studiums" an der TU Berlin. Nachdem er jedoch 1948 in die SED eingetreten war und 1949 das Präsidentenamt der ostdeutschen Ingenieurorganisation Kammer der Technik übernommen hatte, entband ihn der Westberliner Senat von seinem Lehramt an der TU Berlin. Er erhielt daraufhin eine Professur an der Ostberliner Humboldtuniversität und wurde Direktor des Instituts für angewandte Silikatforschung an der Deutschen Akademie der Wissenschaften.

Franck argumentierte 1948, dass die Zweckorientierung und die Ausrichtung auf das Material und tote Stoffe den Ingenieur vom Menschlichen entfernen. Der Techniker würde nicht zum politischen Menschen erzogen, weil er „mit toten Stoffen der anorganischen Natur ... seine technische Welt aufbaut". Infolgedessen

entwickle er nicht die Fähigkeit zur Reflexivität. „Dieses Überwiegen und Betonen materialistischer Mechanismen, dieses Experimentieren ohne Geist und Gewissen, ohne ständige Selbstkontrolle der Fragesteller in Bezug auf den Menschen führte – bei erstaunlichen technischen Leistungen – über eine lange, aber eindeutige Stufenleiter zu den Vergasungsöfen und medizinischen Experimenten an Häftlingen der Konzentrationslager." Im Unterschied zur Mehrzahl der Beteiligten an der Studienreformdebatte sprach Franck in konkreter Form über die Verbrechen des Nationalsozialismus. Das war ihm offensichtlich deshalb möglich, weil er sich als Naturwissenschaftler und Sozialdemokrat in eine Distanz sowohl zu den Technikern als auch zum Nationalsozialismus begab. Die Schuld an diesen Verbrechen suchte er nicht mit der Formel vom Missbrauch der Technik an ein untergegangenes politisches System zu delegieren, wie Heidebroek das tat, sondern er behauptete, dass die geistige Enge der Techniker die Ursache sei. Er wollte diesen „Mangel an Humanität" bei den „Nur-Technikern" durch die „humanisierende Wirkung" der Kulturwissenschaften überwinden.

Die mit dem Ziel geführten Studienreformdebatten, sich über die Verantwortung für die Verbrechen des Nationalsozialismus zu verständigen und daraus Schlussfolgerungen für die Ingenieurausbildung zu ziehen, blieben aber letztlich ergebnislos. Es fand weder eine bis zum Kern der Schuldfrage vordringende Kritik an der Vorstellung von Technik als wertneutralem Werkzeug statt, noch gelang es, sozialwissenschaftliche Fächer im Ingenieurstudium inhaltlich so zu verankern, dass sie diese Kritik entwickeln konnten. Das in der DDR zu Beginn der 1950er Jahre als Pflichtfach für alle Studiengänge eingeführte marxistisch-leninistische Grundstudium konnte die-

Heinrich Franck (1888–1961)

„Die Technik" als Forum der Auseinandersetzungen um die Ingenieurausbildung – der Standpunkt Francks, 1948

DIE TECHNIK

HERAUSGEBER: KAMMER DER TECHNIK

Bd. 3   BERLIN, FEBRUAR 1948   Nr. 2

Die Neugestaltung der Technischen Universität in ihren allgemeinbildenden Fächern
Vom Prof. Dr. H. HEINRICH FRANCK, Dekan der Fakultät für Allgemeine Wissenschaften
an der Technischen Universität Berlin-Charlottenburg

Arbeitseinsatz der Dresdener TH-Studenten zur Enttrümmerung, 1946

Ansprache von Parteichef Ulbricht zur Eröffnung der Arbeiter- und Bauernfakultät an der TH Dresden, 1949

schullehrer in den Technikwissenschaften ehemalige NSDAP-Mitglieder waren. Einen höheren Anteil wiesen nur noch die Mediziner auf. Dass die Wissenselite der Ingenieure den Bruch mit dem Nationalsozialismus so halbherzig vollzog, war zum einen Resultat ihrer eigenen Überlebensstrategien, die sich auf das Konzept von Technik als wertneutralem Werkzeug stützten, zum anderen aber auch dem Pragmatismus der politischen Elite geschuldet, die davon ausging, dass sie die Kompetenz der technischen Funktionseliten nicht entbehren könne. Langfristig sollte sich die Halbherzigkeit dieses Bruchs als schwere Hypothek für die Innovationskultur erweisen. Dass an der Vorstellung von Technik als wertneutralem Werkzeug festgehalten wurde, perpetuierte die traditionelle Fach- und Berufskultur und behinderte die Entwicklung synthetisierender Ansätze und Perspektiven gegen die immer tiefere Spezialisierung technischen Wissens und die strikte Trennung zwischen der technischen und der sozialen Welt. Das aber verstärkte die Produktionszentriertheit des ostdeutschen Innovationssystems, dessen Funktionäre nicht die Mannigfaltigkeit der Verwendung, sondern die Optimierung der Herstellung von Technik in den Mittelpunkt stellten.

Vom polytechnischen zum monotechnischen Studium

In den seit dem Kriegsende geführten Debatten um Studienreformen verlagerte sich seit dem Abbruch der Entnazifizierung der inhaltliche Schwerpunkt. Jetzt rückte die Frage, ob und wie die Ausbildungskapazitäten für Ingenieure erweitert werden sollten, in das Zentrum der Diskussion. Während die politische Elite im Interesse der Verfügbarkeit über technisches Wissen für eine rasche Steigerung der Produktion technischer Wissensträger durch Gründung neuer Hochschulen und neuer Wege zum Studium plädierte, die besonders den Kindern von Arbeitern und Bauern den Weg zum Studium öffnen sollte, befürchteten führende Ingenieurwissenschaftler eine „Bildungsinflation" und eine damit

se Lücke erst recht nicht schließen. Mit der Vorstellung von der Gesetzmäßigkeit der gesellschaftlichen Entwicklung und des technischen Fortschritts blendete der Marxismus eine kritische Perspektive auf Technikentwicklung von vornherein aus.

Ebenso wie für die Ausbildung blieb die Auseinandersetzung um die nationalsozialistische Erbschaft auch für die Zusammensetzung des Lehrkörpers weitgehend folgenlos. Zwar setzten sowjetische Besatzungsmacht und Landesverwaltungen zunächst die Entlassung ehemaliger Nationalsozialisten unter den Hochschulangehörigen durch. An der TH Dresden wurden im Oktober und November 1945 immerhin 35 Professoren entlassen. Aber viele der Entlassenen kehrten relativ schnell an die Hochschulen zurück. Sie wurden zunächst gerufen, um für Forschungsaufträge der Besatzungsmacht zu arbeiten, konnten recht bald aber auch wieder ihre Arbeit in der Lehre aufnehmen. Auf seiner Rede zur Eröffnung der Arbeiter- und Bauernfakultät an der TH Dresden erklärte Parteichef Ulbricht im Oktober 1949 ganz unmissverständlich, dass niemand mehr danach gefragt würde, ob er früher ein Nazi gewesen sei, wenn er sich am Aufbau der neuen Ordnung beteilige.

Eine von der Abteilung Wissenschaften im Zentralkomitee der SED veranlasste Untersuchung ergab im Jahre 1954, dass zu diesem Zeitpunkt 41,9 Prozent aller Hoch-

verknüpfte Entwertung des Ingenieurdiploms. Sie setzten sich vielmehr für eine Beibehaltung der traditionellen Strukturen technischer Bildung mit den nach Vorbildung und Ausbildungsdauer abgestuften Abschlüssen des Technikers, des Ingenieurs und des Diplomingenieurs ein. Und sie insistierten darauf, dass akademische technische Bildung nur in einem polytechnischen Kontext möglich sei, der allein an einer Technischen Hochschule vorhanden wäre. Aber gegen die Positionen der Ingenieurwissenschaftler setzte die politische Elite seit Beginn der 1950er Jahre eine schnelle Erweiterung der akademischen Ausbildungskapazitäten für Ingenieure durch Neugründungen und die Vergrößerung bestehender Einrichtungen durch. Als erste Neugründung wurde 1950 die schiffbautechnische Fakultät an der Universität Rostock geschaffen und damit zum ersten Mal die in der deutschen Bildungskultur verankerte Ausgrenzung der Ingenieurwissenschaften aus der Universität überwunden. 1952 folgte die Neugründung der Hochschule für Verkehrswissenschaften in Dresden.

1953 wurde die Hochschule für Bildende Künste und Baukunst in Weimar umgegründet zur Hochschule für Architektur und Bauwesen. Im gleichen Jahr entstanden weitere sechs monotechnische Spezialhochschulen. Obwohl in den ursprünglichen Konzepten ein noch weiter gehender Ausbau mit mehr Hochschulen für weitere Branchen und eine insgesamt weit höhere Studienplatzkapazität vorge-

Feierliche Grundsteinlegung für die Hochschule für Verkehrswesen durch DDR-Verkehrsminister Reingruber, 1952

sehen waren, veränderten die realisierten Einrichtungen die Ingenieurausbildung erheblich. Mit der Gründung der Spezialhochschulen wurde die deutsche technische Bildungstradition, die ausgehend von den Polytechnika des 19. Jahrhunderts mit einer möglichst breit angelegten Ausbildung um die Anerkennung des Ingenieurs in der Welt der Gebildeten gerungen hatte, unterbrochen. Das neue Bildungskonzept trug eher die Züge einer gehobenen Berufsausbildung.

Vorbild für die Gründung der Spezialhochschulen war das sowjetische Konzept der Spezialistenausbildung, das in der Phase des ersten Fünfjahrplanes (1928–1932) eingeführt und danach zwar etwas korrigiert, aber in seinen Grundzügen beibehalten wurde. Im sowjetischen System lag die höhere technische Bildung

Hochschule für Verkehrswesen Dresden

Hochschule für Architektur und Bauwesen Weimar

Hochschule für Schwermaschinenbau Magdeburg

Hochschule für Allgemeinen Maschinenbau Karl-Marx-Stadt

Hochschule für Elektrotechnik Ilmenau

Hochschule für Bauwesen Leipzig

Hochschule für Bauwesen Cottbus

Technische Hochschule für Chemie Leuna-Merseburg

Erster Erweiterungsschub der akademischen Ingenieurausbildung: Die technischen Spezialhochschulen

Feierliche Übergabe eines Turbinenstrahltriebwerkes für das Passagierflugzeug 152 im Jahre 1958, an dessen Entwicklung Professoren der Fakultät für Luftfahrt der TH Dresden maßgeblich mitgewirkt hatten

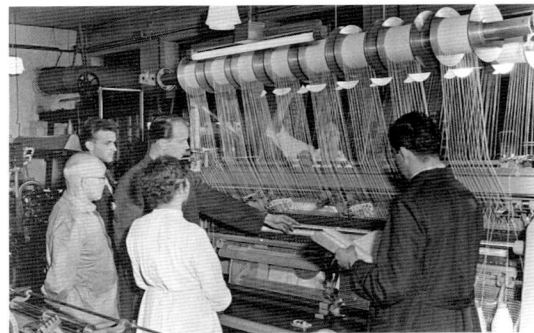

Ausbildung in der Fachrichtung für Textiltechnik an der Fakultät für Technologie der TH Dresden, 1958

Immatrikulation von Fernstudenten an der TH Dresden am 25. August 1958

in der Verantwortung der entsprechenden Industrieministerien. Ziel war es, eng an den unmittelbaren Bedürfnissen der Industrie ausgebildete Spezialisten heranzuziehen. Das bedeutete de facto eine Umwandlung polytechnischer Hochschulen in Branchenhochschulen. Analog dazu wurden in der DDR die Spezialhochschulen, aber auch die traditionellen Einrichtungen der akademischen Ingenieurausbildung, den entsprechenden Fachministerien unterstellt, die dafür Hauptabteilungen für Hoch- und Fachschulen bildeten.

Die Reaktion auf die Gründung der Spezialhochschulen war ambivalent. In der etablierten ingenieurwissenschaftlichen Community begegnete man ihnen skeptisch bis ablehnend. Die übertriebene Spezialisierung, ver-

bunden mit Umverteilungsprozessen aufgrund knapper Ressourcen, vor allem der Abzug von Assistenten, stießen auf Kritik. Versuche der Dresdner Ingenieurwissenschaftler, in der Aufbaukrise der neuen Hochschulen im Frühjahr 1957 eine Auflösung einiger und eine Zusammenlegung anderer Schulen durchzusetzen, blieben jedoch erfolglos. Die Spezialhochschulen ihrerseits versuchten sich gegenüber den älteren Hochschulen und Universitäten dadurch aufzuwerten, dass sie den theoretischen und Grundlagenfächern sowie der Forschung eine hohe Priorität einräumten, um dadurch der Stigmatisierung als Spezialschule zu entgehen. Gleichzeitig taten die Professoren der neuen Schulen ihren Anspruch auf Gleichwertigkeit mit den älteren Technischen Hochschulen dadurch kund, dass sie die Rituale und Symbole der alten Universitätskultur benutzten und bei offiziellen Anlässen zum Beispiel Talare trugen.

Aber auch an den älteren Technischen Hochschulen wurden strukturelle Veränderungen durchgesetzt. Im Zusammenhang mit wirtschaftspolitischen Strukturentscheidungen für den Aufbau einer eigenen Flugzeugindustrie, den Bau von Kernkraftwerken sowie als Folge neuer technikpolitischer Schwerpunktsetzungen zugunsten der verfahrenstechnischen und ökonomischen Optimierung von Produktionsprozessen entstanden neue und stärker spezialisierte Fakultäten wie Luftfahrtwesen, Kerntechnik, Technologie oder Ingenieurökonomie und mit ihnen neue Spezialisierungsrichtungen in der Ingenieurausbildung. Das in den 1950er Jahren durchgesetzte Konzept der Spezialausbildung folgte dem Ansatz einer engen, artefakt- und prozessbezogenen horizontalen Gliederung der Ingenieurtätigkeit nach Industriebranchen. Es führte dazu, dass sich aus Instituten kleine Subfakultäten entwickelten, die alle für die Spezialrichtung relevanten Grundlagenfächer integrierten und diese dann nur noch in enger Anwendung auf das Spezialfach bearbeiteten und lehrten, zum Beispiel als Thermodynamik der Werkzeugmaschine, Strömungsmechanik für Strahltriebwerke usw.

Parallel zur stärkeren Spezialisierung in der Ingenieurausbildung führte die Bildungspolitik in den 1950er Jahren ein berufsbegleitendes Fern- und Abendstudium ein. Diese aus der deutschen Meister- und Technikerausbildung bekannte Form des Abendunterrichts wurde nach sowjetischem Vorbild zu einer neuen Form des Fach- und Hochschulstudiums erweitert. Dafür richteten die Hoch- und Fachschulen Außenstellen in größeren Städten und Industrieregionen ein. Das Selbststudium von Lehrbriefen, Konsultationen und Praktika am Ort der nächstgelegenen Außenstelle unter Anleitung von Mentoren aus der Industrie und von den Lehrkräften durchgeführte mehrwöchige Seminarkurse sowie Prüfungen in der immatrikulierenden Hoch- oder Fachschule führten die erwerbstätigen Studierenden in sieben Jahren zum Hoch- oder fünf Jahren zum Fachschulabschluss.

Das Fernstudium wurde durch Arbeitszeitvergünstigungen und finanzielle Zuschüsse vom Staat gefördert. Ziel war es, dadurch den Rekrutierungspool für Studierende zu erweitern, vor allem den Bildungsaufstieg von Facharbeitern zu erleichtern und damit langfristig die aus bürgerlichen Schichten kommende technische Elite zurückzudrängen. Mit der politisch forcierten Ausdehnung des Fern- und Abendstudiums war eine Aufwertung der Praxisorientierung in der Ingenieurausbildung verbunden, weil hier im Vergleich zum Direktstudium viel mehr

Lehrende aus der Praxis unterrichteten. Aber im Unterschied zur Sowjetunion, wo etwa die Hälfte aller Ingenieurstudenten ein Fern- oder Abendstudium absolvierte, gelang es in der DDR nicht, diese Studienform zu einer dem akademischen Direktstudium quantitativ gleichrangigen Studienvariante zu entwickeln. Bis zum Beginn der 1970er Jahre stieg der Anteil der Fernstudenten in den technischen Diplomstudiengängen bis auf 20 Prozent an, um danach aber wieder abzufallen. Die ingenieurwissenschaftliche Elite setzte also gegen ambitionierte Bildungspolitiker das Vollzeitstudium an der Hochschule als Hauptweg in den Ingenieurberuf durch.

Studierende des Fern- und Abendstudiums an der TH Dresden, 1958

Aufwertung der TH Dresden zur Universität am 5. Oktober 1961

*Konsultation am Institut für
maschinelle Rechentechnik
der TU Dresden*

Studienreformen zwischen Anwendungswissen und Grundlagenorientierung

Am Beginn der 1960er Jahre wurde offenkundig, dass der in den 1950er Jahren durchgesetzte Ansatz einer engen fachlichen Spezialisierung der Ingenieurausbildung gescheitert war. Zum einen sahen sich die Bildungspolitiker nach wirtschaftspolitischen Kurswechseln veranlasst, Fachrichtungen zu schließen und Fakultäten aufzulösen, die zuvor in zu enger Ausrichtung auf neue industrielle Projekte wie den Flugzeugbau und die Kernenergie errichtet worden waren. Zum anderen setzten die Spezialhochschulen eine Ausdehnung der Grundlagenausbildung und Verstärkung der Theorieorientierung in ihrer Ausbildung durch. Die Bildungspolitik akzeptierte diese Neuausrichtung, indem sie einigen Hochschulen einen höheren Status verlieh. Im Jahr des Mauerbaus wurden die Technische Hochschule Dresden zur Technischen Universität und die Hochschule für Schwermaschinenbau Magdeburg zur Technischen Hochschule aufgewertet. Zwei Jahre später erhielten auch die Hochschulen in Ilmenau und Karl-Marx-Stadt den Rang einer Technischen Hochschule.

Die Abkehr vom Konzept der engen fachlichen Spezialausbildung löste Diskussionen um eine Neugestaltung der Ingenieurausbildung aus. Das Staatssekretariat für Hoch- und Fachschulwesen schlug jetzt vor, technische Studiengänge für breiter geschnittene Technikbereiche nach dem Modell des Innovationsprozesses zu strukturieren. Ausgebildet werden sollten drei Typen von Ingenieuren: erstens Forschungsingenieure für den Forschungsvorlauf in der Technik, zweitens Entwicklungsingenieure für den eigentlichen Erfindungsprozess und die erste Phase der Überleitung in der Produktionsvorbereitung und drittens Produktionsingenieure für den Fertigungsprozess und die Überleitung und Diffusion technischer Neuentwicklungen. Nach den Plänen des Staatssekretariats waren die meisten Studenten als Produktionsingenieure in einem im Vergleich zu den anderen Hauptrichtungen kürzeren und theoretisch weniger anspruchsvollen Studiengang auszubilden.

Dieser Vorschlag stieß auf heftige Kritik der Ingenieurwissenschaftler. Sie sahen im Konzept des Produktionsingenieurs „die Gefahr, dass sich diese Richtung zu einem Fachschulstudium in Universitätsräumen entwickelt". Stattdessen beharrten sie darauf, die theoretische Grundlagenausbildung aller Ingenieure auszubauen.

Und sie dachten über neue Fächerkombinationen und Grundlagenfächer nach. Ein wichtiger Anlass dafür war, dass sich die Ingenieurwissenschaften unter dem Einfluss der modernen Rechentechnik rasch veränderten. Mit ihrer Hilfe hatte der mathematische Zugriff auf technische Probleme eine neue Dimension erreicht. Daraus ergaben sich neue Möglichkeiten für eine analytische Behandlung technischer Zusammenhänge und für die Verknüpfung bisher getrennter Bereiche spezialisierten Wissens.

Die verschiedenen Überlegungen zur Neugestaltung des Ingenieurstudiums mündeten in eine weitere Studienreform. Sie wurde auf Druck der Bildungspolitik im Kontext eines umfassenden Umbaus des Hochschulsystems 1968 durchgesetzt, der als „Dritte Hochschulreform" in die ostdeutsche Bildungsgeschichte eingegangen ist. Kernstück der Hochschulreform war die Auflösung von Instituten und Fakultäten zugunsten von Sektionen. Das führte erstens zu neuen Leitungsstrukturen, indem die für die akademische Selbstverwaltung konstitutive kollegiale Leitung der Fakultäten von einer Einzelleitung der Sektionen durch einen weisungsberechtigten Sektionsdirektor abgelöst wurde. Zweitens war damit ein grundlegender Umbau der fachlichen Strukturen in der technischen Forschung und Lehre verbunden. An der TU Dresden wurden zum Beispiel aus acht Fakultäten 22 Sektionen gegründet. Gleichzeitig entstanden viele neue Studiengänge und vorhandene Studienrichtungen wurden reformiert. So begann in den 1960er Jahren die Ausbildung in der Informationstechnik, der Informationsverarbeitung, im Fachgebiet Elektronische Bauelemente, in der Verarbeitungstechnik sowie der Verfahrenstechnik, um nur einige der neuen Hauptrichtungen zu nennen. Drittens schließlich zielten die Sektionsgründungen darauf ab, die Forschungskooperation zwischen Hochschulen und Industrie zu intensivieren. Geplant waren der Austausch von Wissenschaftlern, die gemeinsame Nutzung von Geräten und Anlagen und eine dauerhafte Zusammenarbeit in gemeinsamen Forschungsprojekten. In den am Ende der Ulbricht-Ära eingerichteten Großfor-

schungszentren erreichte die Verknüpfung der Hochschulforschung mit industriellen Projekten ihren vorläufigen Höhepunkt. Diese enge Kopplung wurde von der Regierung Honecker zwar zurückgenommen und die Großforschungszentren wurden aufgelöst, aber das bedeutete keine Abkehr vom Grundsatz einer langfristigen Zusammenarbeit der Hochschulen mit industriellen Partnern.

Der strukturelle Hochschulumbau war von einer zweiten Bildungsexpansion begleitet, die zwischen 1968 und 1972 fast zu einer Verdopplung der Studentenzahlen in den technischen Wissenschaften führte. Allerdings wurde die zweite, von Partei- und Staatschef Ulbricht maßgeblich forcierte

Vierte Hochschulkonferenz am 04. Oktober 1968 in Berlin, hier wurde die Dritte Hochschulreform verkündet

IHS Berlin-Wartenberg (Landtechnik)

IHS Wismar (Bauwesen und Maschinenbau)

IHS Warnemünde (Seefahrt)

IHS Cottbus (Bauwesen)

IHS Köthen (Chemieanlagenbau)

IHS Zittau (Elektrotechnik)

IHS Dresden (Elektronik und Datenverarbeitung)

IHS Leipzig (Automatisierungstechnik und Polygraphie)

IHS Mittweida (Informationstechnik)

IHS Zwickau (Maschinenbau und Elektrotechnik)

Zweiter Erweiterungsschub der akademischen Ingenieurausbildung: die Ingenieurhochschulen

279

Erweiterung der Ingenieurausbildung abgebrochen, noch bevor ihre Zielwerte ganz erreicht waren. Ulbrichts Nachfolger Honecker veranlasste diesen Kurswechsel, weil er Ulbrichts Hoffnung nicht teilte, durch eine beschleunigte Entwicklung völlig neuer Technologien den Systemwettstreit gewinnen zu können. Diese Hoffnung hatte dem technikpolitischen Projekt „Überholen, ohne einzuholen" wie auch der zweiten Bildungsexpansion zugrunde gelegen. Die Honecker-Regierung fuhr die Zulassungszahlen zum Hochschulstudium wieder etwas zurück, beließ aber jenen neuen Einrichtungen das Recht Diplomingenieure auszubilden, das ihnen noch in der späten Ulbricht-Ära verliehen worden war. Das betraf zum einen die Universitäten in Berlin und Jena, an denen technische Sektionen gegründet worden waren. Zum anderen waren das zehn Ingenieurschulen, die den Status von Hochschulen erhalten hatten. Während die Universitäten Forschungs- und Entwicklungsingenieure für Schlüsseltechnologien, wie Feingerätetechnik und Mikroelektronik, ausbilden sollten, bekamen die Ingenieurhochschulen den Auftrag, die Ausbildung von Produktionsingenieuren zu übernehmen. Damit unterliefen die Bildungspolitiker die Weigerung der Ingenieurwissenschaftler, spezialisierte Produktionsingenieure im akademischen Kontext der Technischen Hochschulen auszubilden. Voraussetzungen für die Zulassung zum Studium an Ingenieurhochschulen waren die Hochschulreife und eine abgeschlossene Berufsausbildung. Nach einem dreieinhalbjährigen Studium – davon waren drei Jahre an der Hochschule und ein halbes Jahr in der industriellen Praxis zu absolvieren – erhielten die Absolventen den Hochschulabschluss. Sie konnten nach ein- bis eineinhalbjähriger Tätigkeit in einem Betrieb durch Anfertigung einer Diplomarbeit und Teilnahme an der marxistisch-leninistischen Weiterbildung den Grad eines Diplomingenieurs erwerben. Damit hatte die Bildungspolitik die Zugänge in den Ingenieurberuf um einen neuen Weg erweitert und gleichzeitig die Heterogenität der Profession verstärkt. Allerdings setzte sich auch an den Ingenieurhochschulen der Trend zur akade-

mischen Aufwertung durch, den schon die Spezialhochschulen seit Ende der 1950er Jahre durchlaufen hatten. In den 1980er Jahren wurden einige Ingenieurhochschulen zu Technischen Hochschulen aufgewertet. Das Diplom wurde zum üblichen Abschluss.

Die Gründung der Ingenieurhochschulen führte langfristig zu einem relativen Bedeutungsverlust der Ingenieurschulen, deren Studienplatzkapazität in den 1970er Jahren auf das Niveau der 1950er Jahre zurückfiel. Während sie an der ersten Bildungsexpansion maßgeblich beteiligt waren, wurden die Ingenieurschulen zu Verlierern der zweiten Erweiterungswelle der Ingenieurausbildung. Zwar stellte die Akademisierung die traditionelle Zweistufigkeit der deutschen Ingenieurausbildung noch nicht prinzipiell in Frage. Aber die Bildungspolitiker der DDR verabschiedeten bereits 1983 ein neues Reformkonzept, mit dem die institutionell verankerte Zweigliedrigkeit der Ingenieurausbildung aufgelöst und durch eine inhaltliche Trennung in zwei Grundprofile ersetzt werden sollte. Demnach hätte nicht mehr die Institution – Hoch- oder Fachschule –, sondern das gewählte Profil, das sich entweder auf Forschung und Entwicklung oder auf Ingenieurtätigkeiten in der Produktion orientierte, über die Wertigkeit des Abschlusses bestimmt. Dieser Ansatz, der im Zuge der Europäisierung des Hochschulwesens heute mit der Einrichtung von Bachelor- und Masterstudiengängen für alle Fachrichtungen durchgesetzt wird, konnte in der sich in den 1980er Jahren bereits in wirtschaftlicher Agonie befindlichen DDR nicht mehr verwirklicht werden. Die institutionelle Zweistufigkeit blieb erhalten und bis zum Ende der DDR wurden mehr Ingenieure an Fach- als an Hochschulen ausgebildet.

Die Mobilisierung der Frauen für den Systemwettbewerb an der technischen Bildungsfront

Die Technischen Hochschulen des Kaiserreiches hatten vor dem Ersten Weltkrieg die Frauen zum Studium zugelassen. Aber bis zum Zweiten Weltkrieg schrieben sich nur wenige Frauen für ein Ingenieurstudium ein. Erst unter den Ausnahmebedingungen des Zweiten Weltkrieges erhöhte sich die Zahl der Ingenieurstudentinnen. Aber in der Nachkriegszeit setzte sich dieser Trend nicht fort. Vielmehr besetzten jetzt vor allem ehemalige Kriegsteilnehmer die zudem noch knappen Studienplätze. Die Besatzungsmacht bemühte sich jedoch, wenn auch mit geringem Erfolg, eine Verdrängung der Frauen dadurch zu verhindern, dass sie die Tätigkeit der Zulassungskommissionen kontrollierte. In den 1950er Jahren konzentrierte sich die Frauenpolitik darauf, die rechtlichen und sozialen Voraussetzungen für die Teilnahme der Frauen an der Erwerbsarbeit insgesamt zu verbessern. Demgegenüber kümmerten sich die Hochschulen bis zum Ende der 1950er Jahre kaum um die Frauenförderung, obwohl Parteichef Ulbricht wiederholt eine deutliche Erhöhung des Studentinnenanteils gefordert hatte. Erst in den 1960er Jahren begann die Bildungspolitik mit umfangreichen Interventionen, Frauen in die akademische Ingenieurausbildung zu lenken. Nachdem der Erfolg des sowjetischen Satelliten Sputnik Zweifel an der technologischen Überlegenheit des Westens geweckt hatte, wurde die Anzahl der Ingenieure zu einem Gegenstand der Systemkonkurrenz. Jetzt entdeckten die Bildungspolitiker auf beiden Seiten des Eisernen Vorhangs die Frauen als ein unausgeschöpftes Bildungspotential.

Das Staatssekretariat für Hoch- und Fachschulwesen entwickelte drei Strategien, um die Frauenquote in der Ingenieurausbildung zu erhöhen. Die erste Strategie setzte bei der Vorbildung an. Es wurde vereinbart, dass alle Abiturienten der Erweiterten Oberschulen eine verkürzte Berufsausbildung zu durchlaufen haben und dass besonders Mädchen für technische Berufe zu gewinnen seien. Eine zweite Strategie wirkte über die Zulassungspolitik. Die Hochschulen wurden aufgefordert, für bestimmte Fachrichtungen bevorzugt Mädchen zuzulassen. Diese Maßnahmen waren der Auftakt für einen rigiden Dirigismus des Staatssekretariats in der Zulas-

sungspolitik, der nicht nur die Kontrolle der technischen Wissenselite über den Berufszugang beschränkte, sondern auch die Lebensentwürfe jener Abiturientinnen betraf, die ihren Studienwunsch zugunsten der von der Bildungspolitik festgelegten „Schwerpunktfachrichtungen" aufgeben mussten oder gar nicht studieren konnten. Dieser Dirigismus gipfelte in der Einführung von fachrichtungsspezifischen Frauenquoten, die ab 1965 in den Zulassungskontingenten vorgegeben wurden. Die dritte Strategie betraf das Fern- und Abendstudium. Um den Frauenanteil in dieser Studienform zu erhöhen, entwickelte die Bildungspolitik die Institution der Frauensonderklassen.

Das Frauensonderstudium war in erster Linie zur Weiterbildung von Facharbeiterinnen zu Fachschulabsolventinnen gedacht. Sie waren von ihrem Betrieb zu delegieren und hatten einen Anspruch auf ein Stipendium in Höhe von 80 Prozent ihres Nettolohnes. Nur Frauen, die im Haushalt lebende Kinder oder pflegebedürftige Personen zu versorgen hatten, erhielten das Recht auf ein Frauensonderstudium zugesprochen. Am Ende der Ulbricht-Ära wurde das Projekt der Frauensonderklassen auch auf die Hochschulen ausgedehnt, um Fachschulabsolventinnen mit langjähriger Berufspraxis zum Diplom zu führen. Die ersten Frauenklassen für ein Hochschulstudium richteten 1969 die Ingenieurhochschule Dresden für die Fachrichtungen Systemtechnik und Datenverarbeitung

Prof. Dr. Lieselott Herforth, Kernphysikerin und Rektorin der TU Dresden von 1965 bis 1969

Frauensonderklasse im Braunkohlewerk Cottbus, 1972/73

Studentenehepaar mit Kind an der TU Dresden 1972

und die Hochschule für Verkehrswesen in Dresden für die Fachrichtung Verkehrs- und Betriebswirtschaft des Transport- und Nachrichtenwesens ein. Im Unterschied zum Fachschulstudium wurde das Frauensonderstudium an Hochschulen für die Hälfte aller Studentinnen im Direktstudium durchgeführt. Aber es kam über Anfänge kaum hinaus. Nach dem mit Honeckers Machtantritt verfügten Stopp der Bildungsexpansion verlor das Frauensonderstudium seine Bedeutung. Die ihm zugedachte Funktion, Studierende aus dem geringer ausgeschöpften weiblichen Bildungspotential zu rekrutieren, war obsolet geworden und es wurde allmählich abgeschafft.

Der eigentliche Feminisierungsschub in der Ingenieurausbildung setzte mit der Dritten Hochschulreform und der zweiten Bildungsexpansion ein. Zwischen 1967 und 1975 erhöhte sich der Frauenanteil an den Direktstudenten in den technischen Wissenschaften von neun auf 34 Prozent. In der zweiten Hälfte der 1970er Jahre ging er wieder etwas zurück und lag dann bis zum Ende der DDR bei knapp 30 Prozent.

Entscheidende Faktoren für diese nachhaltige Verschiebung der Geschlechterverhältnisse in der akademischen Ingenieurausbildung waren zum einen die Zentralisierung von Entscheidungskompetenzen im Gefolge des ab 1968 durchgesetzten Hochschulumbaus und zum anderen die fachliche Neuordnung der Studiengänge und Ausbildungsproportionen. Sie führten zu einer verstärkten politischen Regulierung des Studienzugangs. Diese Regulierungen erfolgten über eine Verschiebung im Angebot an Studienplätzen zugunsten der mathematisch-naturwissenschaftlichen und technischen Fachrichtungen sowie über die Umlenkung von Studienbewerber/innen. Die Bildungspolitiker planten, den Anteil der Absolventen der Technikwissenschaften an allen Absolventen des Hochschuldirektstudiums von 25 Prozent im Jahre 1968 auf 38 Prozent im Jahre 1975 zu steigern. Im Unterschied dazu sollte im gleichen Zeitraum der Anteil der Absolventen in den Geistes- und Sozialwissenschaften, allerdings ohne pädagogische und wirtschaftswissenschaftliche

Fachrichtungen, von 33 auf 16 Prozent fallen. Dementsprechend wurden die Fächerproportionen bei den Neuzulassungen verschoben. Viele Studienbewerber/innen wurden in eine der politisch favorisierten Fachrichtungen umgelenkt.

Schließlich bewirkte die bildungspolitische Kursänderung beim Machtwechsel von Ulbricht zu Honecker einen zusätzlichen Feminisierungseffekt. Der von Honecker verfügte Stopp der Bildungsexpansion führte zuerst zu einer Einschränkung der Neuzulassung von männlichen Studienbewerbern, die jetzt vor dem Studium ihren Armeedienst abzuleisten hatten. Das bewirkte in den Jahren von 1972 bis 1974 einen sprunghaft steigenden Frauenanteil. 1974 waren 44 Prozent aller Studienanfänger im Ingenieurbereich weiblich. Dieser hohe Anteil ging ab 1975 wieder etwas zurück, fiel aber nicht mehr unter das bis 1971 erreichte Niveau.

Honecker erntete schließlich die Früchte von Ulbrichts Bemühungen um den Ausbau des Innovationspotentials durch die Mobilisierung technischer Experten über Geschlechtergrenzen hinweg. Allerdings gelang es ihm nicht, das um die Frauen erweiterte Innovationspotential auch in eine Steigerung der gesamtwirtschaftlichen Leistungskraft umzusetzen. Die Produktivitätslücke der DDR-Wirtschaft im Vergleich zur Bundesrepublik hat sich in der Honecker-Ära nicht verringert, sondern vergrößert. Grundlegende Innovationsblockaden hat allerdings nicht erst die Wirtschafts- und Technikpolitik der Honecker-Regierung, sondern bereits der unmittelbar nach Kriegsende einsetzende Berufsumbau errichtet.

Die Berufssituation: Bedingungen und Formen der Anwendung technischen Wissens

Die Berufszählung von 1964, in der die Ingenieurberufe ausführlicher als in späteren Volks- und Berufszählungen der

DDR erfasst wurden, ermöglicht einen ersten Zugang zur Frage, ob und wie der staatssozialistische Gesellschaftsumbau die Bedingungen und Formen der Anwendung technischen Wissens verändert hat. Sie erlaubt Aussagen über die Struktur der Einsatzbereiche, fachliche Tätigkeitsfelder, das Qualifikationsniveau und den Frauenanteil in der Berufsgruppe der Ingenieure für einen 15 Jahre nach der deutschen Teilung liegenden Zeitpunkt.

1964 waren 160.000 Ingenieure in der DDR beschäftigt, fast 55.000 mehr als 1950. Trotz der bis zum Mauerbau beträchtlichen Abwanderungen hatte sich der Ingenieurbestand deutlich erhöht. Das war auch gegenüber der Vorkriegszeit in den 1930er Jahren eine enorme Steigerung, als im gesamten Deutschen Reich mit seinem viel größeren Gebiet etwa 200.000 Ingenieure beschäftigt waren. Bis zum Untergang der DDR erhöhte sich die Anzahl der Ingenieure nochmals ganz exorbitant. Die Angaben in soziologischen Studien vom Ende der 1980er Jahre differieren zwischen 490.000 und 520.000 berufstätigen Ingenieuren.

Nach der Berufszählung von 1964 waren mehr als 90 Prozent aller Ingenieure in folgenden vier Bereichen tätig: in der Industrie, im Staatsdienst (Verwaltung und außerakademische Forschung), im Bausektor und im technischen Infrastrukturbereich. Die Industrie blieb nach wie vor der mit Abstand wichtigste Arbeitgeber. 99.000 Ingenieure, das waren 62 Prozent der gesamten Berufsgruppe, arbeiteten im industriellen Sektor.

24.000 Ingenieure (15 Prozent) waren im Staatsdienst angestellt, davon 5.000 im reinen Verwaltungsapparat, also in Ministerien, Ämtern, Gerichten, Botschaften, Kontroll- und Prüfbehörden usw., und 19.000 in staatlichen Forschungs- und Entwicklungseinrichtungen sowie in Behörden, die auch Forschungsaufgaben hatten, aber nicht zum Hochschulbereich gehörten. Der drittgrößte Beschäftigungssektor für Ingenieure war das Bauwesen, in dem 14.000 Ingenieure tätig waren. Im staatlichen Infrastrukturbereich, dem Verkehrs-, Post- und Fernmeldewesen, arbeiteten 10.000 Ingenieure. Diese struk-

turelle Verteilung der Ingenieure auf wirtschaftliche und staatliche Einsatzbereiche entsprach dem Muster moderner Industriegesellschaften und lässt noch keine Rückschlüsse auf einen systemspezifischen Strukturwandel zu. Der kommt aber in den Blick, wenn man die Verteilung der Ingenieure auf Industriebranchen betrachtet.

Innerhalb der Industrie arbeiteten 28 Prozent aller Ingenieure, also mindestens jeder vierte Ingenieur, im Bereich der Grundstoff- und Schwerindustrie (Bergbau, Metallurgie, Schwermaschinenbau, Schiffbau). Das war eine Folge der wirtschaftspolitischen Entscheidung für den schwerindustriellen Wachstumspfad im ersten Fünfjahrplan. Daneben behielten aber die Ingenieure in den technologieintensiven Branchen des allgemeinen Maschinen- und des Fahrzeugbaus sowie der Feinmechanik/Optik, die in Mitteldeutschland traditionell stark vertreten waren, eine zahlenmäßig starke Position. Die relativ hohe Zahl von Ingenieuren in der Elektro- und in der Chemieindustrie war eine Folge des wissensbasierten Charakters beider Branchen. Darüber hinaus aber hatte die Chemieindustrie seit Beginn der 1960er Jahre neue Fachkräfte für die Investitionsprojekte des 1959 verabschiedeten Chemieprogramms eingestellt, mit dem der Einstieg in die Petrochemie erfolgte, ohne die Kohlechemie allerdings aufzugeben. Die Textilindustrie und die Nahrungs- und Genussmittelindustrie, die vor allem in anderen Bereichen entwickelte Technik anwendeten, beschäftigten relativ wenige Ingenieure. Das war einerseits branchentypisch, andererseits aber auch eine Folge der Schwerindustria-

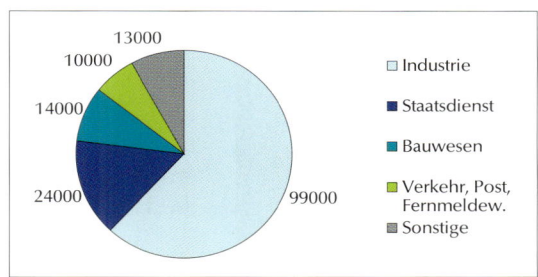

Haupttätigkeitsbereiche von Ingenieuren in der DDR 1964 (gerundete Werte)

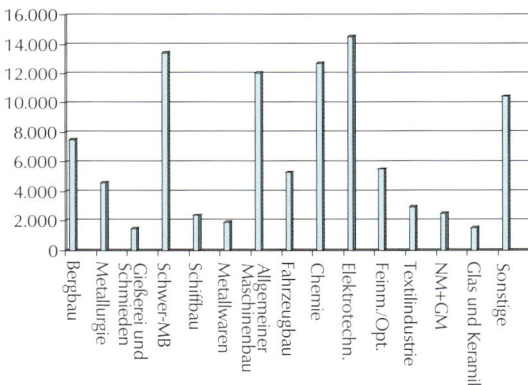

Verteilung der Ingenieure auf Industriebranchen 1964

283

Konstrukteure und „Technologen" (Fertigungsingenieure) bei einer Arbeitsbesprechung im VEB Wälzlagerfabrik Berlin, 1959

lisierung. Dadurch fehlten Investitionsmittel für diese beiden Zweige, in denen viele technisch veraltete Betriebe produzierten.

Die Analyse der fachlichen Tätigkeitsfelder von Ingenieuren ergibt, dass jeder zweite Ingenieur als Konstruktions- und Fertigungsingenieur beschäftigt war. Dazu gehörten Bauingenieure und Architekten, Maschinen-, Schiffbau- und Fahrzeugbauingenieure, Ingenieure für Feinmechanik und Optik, Elektroingenieure und Ingenieure des Konstruktionswesens. Das waren traditionelle Kernbereiche des Ingenieurberufs. Bemerkenswert ist eher die mit einem Anteil von 15 Prozent zweitgrößte Gruppe der Kontroll-, Normen- und Wirtschaftsingenieure. Sie umfasste Güteingenieure, Ingenieure für Attestierung und Normung, Ingenieurtechnologen und Wirtschaftsingenieure. Die waren für die Wirtschaftlichkeit der Technikentwicklung verantwortlich, der die Politik eine große Bedeutung zumaß.

Die Berufszählung von 1964 ermöglicht Aussagen zum Verhältnis von Praxis- und Schulkultur. 13 Prozent der auf Ingenieurstellen beschäftigten Personen hatten ein Hochschuldiplom, 67 Prozent verfügten über einen Ingenieurschulabschluss und 20 Prozent waren Berufsaufsteiger aus der Praxis. Damit blieb auch in der DDR die für das deutsche Ingenieurwesen typische Schulkultur bestimmend. Die besten Berufschancen hatten Praktiker ohne Ingenieurschulabschluss in der Nahrungs- und Genussmittelindustrie (43 Prozent Ingenieure ohne Fach- oder Hochschulabschluss) und im allgemeinen Maschinenbau (37 Prozent) sowie in der Textilindustrie (32 Prozent). Die quantitative Proportion zwischen berufstätigen Hoch- und Fachschulingenieuren betrug eins zu fünf und hatte sich damit gegenüber dem Beginn des Jahrhunderts noch nicht geändert. Dieses Verhältnis verschob sich infolge des Trends zur Akademisierung der Ingenieurausbildung in den 1970er und 1980er Jahren zugunsten der Diplomingenieure. Mitte der 1980er

Konstrukteure eines Dieselmotors im VEB Schwermaschinenbau „Karl Liebknecht" Magdeburg, 1958

Jahre standen einem Diplomingenieur drei Fachschulingenieure gegenüber.

Der Anteil der Frauen blieb in der Ingenieurberufsgruppe 1964 noch relativ niedrig, lag aber bereits deutlich über dem in der Bundesrepublik. 7,5 Prozent aller berufstätigen Ingenieure waren Frauen. In der Industrie lag der Anteil etwas höher bei acht Prozent. Sektoren mit einer deutlich über dem Industriedurchschnitt liegenden Frauenquote waren die Textilindustrie (19 Prozent), die Chemieindustrie (elf Prozent) und der Bereich Feinmechanik/Optik (9,5 Prozent). Die geringsten Frauenquoten wiesen hingegen der Bergbau (vier Prozent) und die Nahrungs- und Genussmittelindustrie (sechs Prozent) auf. Außerhalb der Industrie arbeiteten die meisten Ingenieurinnen (1.813) in der außerakademischen staatlichen Forschung. Die Frauenquote lag hier bei 9,5 Prozent. Der eigentliche Feminisierungsschub im Ingenieurbereich aber stand noch bevor.

Aus der Berufsstatistik von 1964 lassen sich folgende Einsichten zur Berufssituation ostdeutscher Ingenieure nach 15 Jahren deutscher Teilung gewinnen. Erstens hatte sich das Wachstum der gesamten Berufsgruppe mit hoher Geschwindigkeit fortgesetzt. Zweitens aber blieben wichtige Merkmale des Ingenieurberufs gegenüber der Vorkriegszeit unverändert. Das waren vor allem seine Haupteinsatzfelder in der Industrie, im Staatsdienst und im Bauwesen, das nach wie vor große Gewicht der Konstruktions- und Fertigungsingenieure und die anhaltende Bedeutung der Schulkultur. Drittens schlugen sich aber auch einige systemspezifische Veränderungen der Berufssituation in der Statistik nieder. Die politische Entscheidung für den schwerindustriellen Wachstumspfad hatte viele Ingenieurarbeitsstellen im Bereich der Grundstoff- und Schwerindustrie geschaffen. Die Vorstellung der Politik, dass Technisierung in erster Linie ein Weg zur Effizienzsteigerung sei, hatte zum Bedeutungszuwachs der Kontroll-, Normen- und Wirtschaftsingenieure geführt. Und die stark gewachsene Frauenerwerbstätigkeit hatte auch im Ingenieurberuf einen Anstieg der Frauenquote bewirkt.

Von der Selbständigkeit bis zum Zwangseinsatz: Berufsbedingungen in der Besatzungszeit

Bereits in der unmittelbaren Nachkriegszeit zeichneten sich grundlegende Veränderungen in der Berufssituation der Ingenieure ab. Zunächst hatten die Zerstörungen des Krieges, die Demontagen von Forschungs- und Industrieanlagen seitens der Besatzungsmacht und die Forschungs- und Produktionsverbote der Alliierten auf dem Gebiet der Rüstung und in rüstungsrelevanten Hochtechnologiefeldern die Arbeitsmöglichkeiten für Ingenieure drastisch reduziert. Die erste Volks- und Berufszählung in der sowjetischen Besatzungszone wies im Oktober 1946 in der Gruppe der Ingenieure und Techniker eine Arbeitslosigkeit von sechs Prozent aus. Dieser aus heutiger Perspektive erstaunlich niedrige Anteil resultiert daraus, dass viele Ingenieure, um überhaupt Arbeit zu haben, Tätigkeiten unterhalb ihrer Qualifikation annahmen. Andere Ingenieure versuchten, der Arbeitslosigkeit durch den Übergang in die Freiberuflichkeit zu entgehen. Nach der Volkszählung von 1946 waren in der Sowjetischen Besatzungszone (ohne Berlin) 12.403 Ingenieure, und damit jeder Fünfte aller gezählten Ingenieure, selbständig. Dazu gehörten 5.880 Architekten und 52 Architektinnen, die wie schon vor dem Krieg die größte Gruppe unter den selbständigen Ingenieuren bildeten, aber auch 2.153 Männer und 14 Frauen, die als Maschinenbauingenieure sowie 1.913 Männer und acht Frauen, die als Elektroingenieure freiberuflich tätig waren.

Als einer der wichtigsten Arbeitgeber für Ingenieure erwies sich in der Nachkriegszeit die sowjetische Besatzungsmacht. Sie beschäftigte deutsche Ingenieure unter ganz verschiedenen Bedingungen. Eine Form war die Vergabe von Forschungs- und Entwicklungsaufträgen für sowjetische Auftraggeber. Die Besatzungsbehörden gründeten dafür wissenschaftlich-technische Büros, die diese Arbeiten organisierten und kontrollierten, und experimentelle Konstruktionsbüros, die einen Teil der Aufträge übernahmen. Ende 1948 arbeiteten 6.014 deutsche Wissenschaftler und Ingenieure unter der Aufsicht von 611 sowjetischen Fachleuten für 36 wissenschaftlich-technologische

Sowjetische Aktiengesellschaft „Awtowelo"

Büros. Zwischen 1946 und 1948 wurden 7.069 Projekte für sowjetische Auftraggeber vollendet. Auf diesem Wege lernte die Besatzungsmacht von deutschen Fachleuten hochoktanige Brennstoffe herzustellen, Kohle zu hydrieren, Turbinen zu bauen, die mit Flüssigbrennstoffen angetrieben wurden, Perlon und synthetischen Kautschuk zu fabrizieren, die Technologie der deutschen Kohlebrikettindustrie unter sowjetischen Bedingungen anzuwenden, neue Verfahren der Filmentwicklung zu übernehmen, die Herstellung von Keramik zu modernisieren oder die Metallendbearbeitung zu verbessern und vieles mehr. Als die sowjetischen Behörden in Vorbereitung auf das Ende der Besatzungszeit begannen, die wissenschaftlich-technischen Büros zu schließen, bildete die inzwischen gegründete Deutsche Wirtschaftskommission aus vielen deutschen Teams dieser Büros staatliche Forschungs- und Entwicklungsstellen. In diesem Transformationsprozess wurden sowjetische Strukturen einer zentralisierten und relativ produktionsfernen technischen Entwicklungsarbeit in den deutschen Kontext übertragen und eine beträchtliche Anzahl von Ingenieuren arbeitete nun als Angestellte des Staates. Das war ein Ausdruck für die beginnende Verstaatlichung des Ingenieurberufs.

Weitere Beschäftigungsmöglichkeiten fanden Ingenieure in der ersten Nachkriegszeit in Betrieben, die aufgrund ihrer strategischen Bedeutung für Rüstungs- oder Wiederaufbauprojekte der Besatzungsmacht als sowjetische Aktiengesellschaften in sowjetisches Eigentum überführt worden waren. Sowjetische Aktiengesellschaften umfassten am Ende des Jahres 1946 zirka ein Drittel der ostdeutschen Produktionskapazität. Sie wurden bevorzugt mit Rohstoffen und Lebensmitteln für ihre Beschäftigten versorgt und Entnazifizierungsprozesse fanden hier nicht statt. Als sowjetische Aktiengesellschaften geführte Betriebe unterstanden der Leitung der neuen Eigentümer und übernahmen damit sowjetische Methoden der Organisation technischer Arbeit, die nach Übertragung der Betriebe in staatliches Eigentum der DDR beibehalten wurden. Dazu gehörte die Gründung spezieller Abteilungen für Technologie, die Tätigkeiten der Produktionsvorbereitung zur Ingenieurarbeit aufwerteten und damit neue Beschäftigungsmöglichkeiten für Ingenieure schufen.

Die spektakulärste Form der Beschäftigung von deutschen Ingenieuren durch die Besatzungsmacht aber war der Spezialisteneinsatz in der Sowjetunion. Er war spektakulär in seinen Dimensionen und seinen langfristigen Auswirkungen auf die Technikpolitik der DDR. Die Sowjetunion zwang tausende technische Experten mit ihren Familien, vier bis zwölf Jahre in der Sowjetunion zu verbringen. Sie wurden hier in der Atombombenentwicklung, der Raketenforschung, im Flugzeugbau, zur Weiterentwicklung der U-Boot-Technologie, in der Nachrichtentechnik sowie für Projekte aus der Chemie, dem Maschinenbau und der Feinmechanik/Optik eingesetzt. Über die Hälfte der deutschen Experten arbeitete für die sowjetische Raketen- und Luftfahrtforschung.

Freilich haben alle Siegermächte des Zweiten Weltkrieges Technologietransfer über die Akquirierung von Wissensträgern zur Abschöpfung deutschen Know-hows in der Rüstungstechnik und in zivilen Technikbereichen betrieben. Aber die Sowjetunion ist dabei besonders rigoros vorgegangen. Sie hat die bei weitem größte Zahl von Wissensträgern akquiriert. Neu-

Deutsche Raketen-spezialisten auf der Wolgainsel Gorodomlija

ere Forschungen schätzen ihre Anzahl auf etwa 3.000. Im Unterschied dazu haben die USA mit über 500 deutschen Experten deutlich weniger Wissensträger ins Land geholt. Während Amerikaner, Briten und Franzosen vor allem Spitzenkräfte akquirierten, transferierten die Sowjets nicht nur Wissenschaftler und Ingenieure, sondern ganze Arbeitsgruppen einschließlich des wissenschaftlich-technischen Hilfspersonals und der Facharbeiter. Der Spezialisteneinsatz in der Sowjetunion unterschied sich aber nicht nur in seinem Ausmaß, sondern auch in seinen Formen von den Arbeitsbedingungen deutscher Experten bei den westlichen Siegermächten. Während die Ingenieure und Wissenschaftler dort mit einheimischen Experten zusammenarbeiteten und in vorhandene Arbeitsgruppen integriert wurden, so dass die Mehrzahl von ihnen schließlich nicht nach Deutschland zurückkehrte, organisierten die sowjetischen Behörden den Technologietransfer grundsätzlich anders. Sie ließen deutsche und sowjetische Gruppen gleichzeitig, aber getrennt an der gleichen Aufgabe arbeiten. Wenn die sowjetischen Fachleute sich auf den Stand des Wissens der deutschen Spezialisten gebracht hatten, arbeiteten sie allein weiter. Die Deutschen kehrten nach einer „Abkühlungsphase", auf deren Dau-

er sie jedoch keinen Einfluss hatten, in ihre Heimat zurück. Allerdings wies die Art und Weise der Integration und Ausnutzung der deutschen Experten in den einzelnen Technologiebereichen durchaus Unterschiede auf. So waren die Atomexperten weit intensiver in die sowjetischen Forschungs- und Entwicklungsarbeiten integriert als die Raketen- und die Flugzeugexperten, die in ihren Arbeitszusammenhängen weitgehend isoliert blieben und mit ihren sowjetischen Kollegen um Ressourcen und Projekte konkurrierten. Dabei waren sie allerdings von vornherein in einer unterlegenen Position, weil die ihnen von den Sowjets zugewiesene Aufgabe in der Bereitstellung der deutschen Wissensbestände, nicht aber in deren Weiterentwicklung bestand. Konflikte ergaben sich auch aus dem Aufeinandertreffen unterschiedlicher Wissenschafts- und Technikkulturen. So arbeiteten die Deutschen sehr viel stärker experimentell orientiert auf der Grundlage von Versuchsmustern und mit Hilfe von Näherungswerten. Ihre sowjetischen Kollegen begannen hingegen erst dann Versuchsmuster anzufertigen, wenn ein Projekt vollständig berechnet und theoretisch durchdrungen war.

Die Aufenthaltsdauer in der Sowjetunion war sehr unterschiedlich. Während die ersten Gruppen im Sommer 1949 zurückkamen, verließen die letzten Fachleute im Februar 1958 die Sowjetunion. Die Entscheidung, in welchen Teil Deutschlands sie zurückkehren wollten, war den Spezialisten freigestellt. Die SED-Spitze machte den führenden Fachleuten attraktive Arbeits- und Gehaltsangebote, um sie zu einer Rückkehr in die DDR zu bewegen. Diese Politik hatte ambivalente Auswirkungen auf die Technikentwicklung. Einerseits trug das Werben um die Experten maßgeblich zu zwei gravierenden technikpolitischen Fehlentscheidungen der 1950er Jahre bei, den Beschlüssen zum Aufbau einer eigenen Flugzeugindustrie und zur Entwicklung des Kernkraftsektors. Beide Projekte mussten mit hohen Verlusten gänzlich aufgegeben oder drastisch zurückgefahren werden. Andererseits rekrutierte sich aus den SU-Rückkehrern der Kern einer privilegierten technischen Elite in der DDR. Sie hatte einen hohen Anteil am Zustandekommen von Spitzenleistungen und ihre Vertreter nahmen Schlüsselpositionen in der wissenschaftlich-technischen Funktionselite ein. Dazu gehörten der Chefkonstrukteur der DDR-Luftfahrtindustrie Brunolf Baade, der Kernphysiker und Nobelpreisträger Gustav Hertz, Spitzenwissenschaftler aus der Atomforschung wie Max Steenbeck oder Max Volmer, der Manager der ostdeutschen Kernforschung Heinz Barwich, führende Wegbereiter der DDR-Mikroelektronik wie Werner Hartmann

und Matthias Falter, Pioniere des DDR-Computerbaus wie Herbert Kortum und Wilhelm Kämmerer, der Mentor der Laserentwicklung in der DDR Paul Görlich, Vertreter der ingenieurwissenschaftlichen Elite der DDR wie der Aerodynamiker Werner Albring oder der Energietechniker und Wärmewirtschaftler Walther Pauer, der Elektrophysiker und Erfinder Manfred von Ardenne, der Elektrochemiker und erste Vorsitzende des Forschungsrates der DDR Peter Adolf Thießen und viele andere mehr.

Ingenieure im Spannungsfeld wechselnder technischer Schwerpunktsetzungen

Als die Parteiführung der DDR 1951 beschloss, die DDR aus einem Land der Leichtindustrie in ein Land der Schwerindustrie zu entwickeln, entstanden Arbeitsplätze für viele Ingenieure auf einem Gebiet, das schon seit dem Beginn des 20. Jahrhunderts nicht mehr an der vordersten Front des technischen Fortschritts stand. Im schwerindustriellen Bereich, dazu gehörten Bergbau und Hüttenwesen, Kohlen- und Energieindustrie sowie der Schwermaschinen- und Schiffbau, waren Mitte der 1950er Jahre mit fast 65.000 Personen mehr als 40 Prozent des wissenschaftlich-technischen Personals der gesamten Industrie der DDR tätig. Darunter befanden sich viele Ingenieure, die zuvor in technologischen Schlüsselbranchen gearbeitet hatten.

So beschäftigten die im Norden der DDR neu aufgebauten vier Großwerften wissenschaftlich-technisches Fachpersonal aus den Flugzeugwerken in Warnemünde, Wismar und Rostock, die als Betriebe der nationalsozialistischen Rüstungsindustrie mit Produktionsverbot belegt und von den Sowjets ganz oder teilweise demontiert worden waren. In der Schwerindustrie war ein Großteil von Ingenieuren vor allem mit der Anwendung vorhandenen technischen Wissens und bekannter Verfahren beschäftigt. Es gab kaum Herausforderungen zu technischen Spitzenleistungen. Wenn doch,

Ingenieur bei der Unterweisung von Lehrlingen im Stahl- und Walzwerk Brandenburg/Havel, 1954

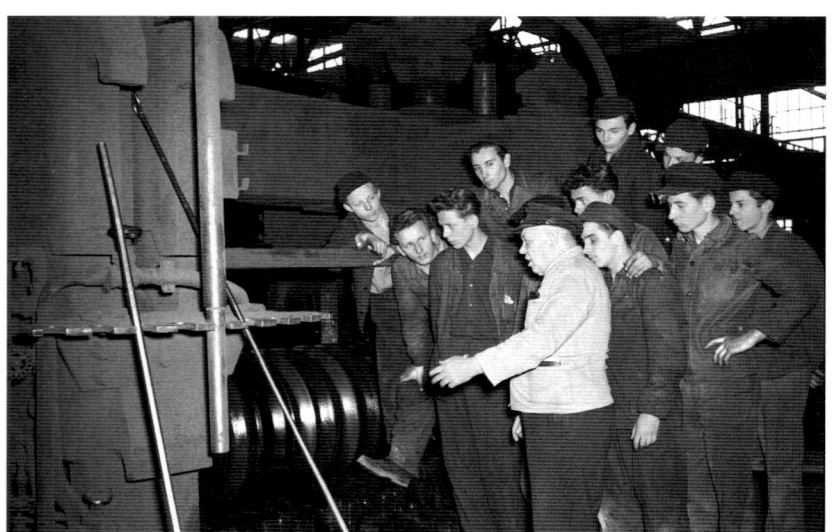

dann erwuchsen sie hier vor allem aus dem Zwang zur Kompensation von Engpässen, die sich aus spezifischen lokalen Bedingungen der Technikanwendung ergaben. Das bekannteste Beispiel dafür war der Braunkohlenhochtemperaturkoks, den die Freiberger Brennstofftechniker Georg Bilkenroth und Erich Rammler entwickelten. Dieser Koks wurde ab 1951 zur Verhüttung einheimischen Roheisens im Niederschachtofenwerk Calbe eingesetzt.

Im Zusammenhang mit der Rückkehr der deutschen Spezialisten aus der Sowjetunion kam es noch während des ersten Fünfjahrplanes zu technikpolitischen Kurskorrekturen. Im Bestreben, die Rückkehrer mit anspruchsvollen Arbeitsmöglichkeiten an die DDR zu binden, beschloss die politische Elite, eine eigene Flugzeugindustrie und Kernkraftwerke aufzubauen. Beide Hochtechnologiebranchen hatten für die Politik überdies eine große Bedeutung als Projektionsfläche für den Anspruch auf staatliche Souveränität.

Der Flugzeugbau wurde zum teuersten industriellen Innovationsprojekt der 1950er Jahre. Bis 1960 gaben die Wirtschaftsplaner dafür mehr als 1,6 Milliarden DM-Ost aus. Ein erstes Programm zum Bau von Militärflugzeugen an den alten Rüstungsstandorten des mitteldeutschen Raumes musste zwar schon nach einem Jahr auf Druck der Sowjetunion nach dem Arbeiteraufstand vom 17. Juni 1953 eingestellt werden. Aber noch im gleichen Jahr starteten technische Experten und Vertreter der Planungselite Vorbereitungen für ein ziviles Luftfahrtprogramm. Dessen Realisierung begann 1955 im sächsischen Raum – und damit im Unterschied zum ersten Projekt an für die Flugzeugherstellung neuen Standorten. Im Zentrum des Programms stand die Eigenentwicklung eines strahlgetriebenen Mittelstrecken-Verkehrsflugzeuges. Die „152" war noch in der Sowjetunion von einer deutschen Spezialistengruppe unter Leitung des früheren Junkers-Konstrukteurs Brunolf Baade entworfen worden. Baade übernahm in der DDR als Generalkonstrukteur die technische Leitung der Luftfahrtindustrie.

Vorführung eines Strahltriebwerkes für das Passagierflugzeug 152 auf der Leipziger Frühjahrsmesse, 1958

1958 wurde die Vereinigung Volkseigener Betriebe des Flugzeugbaus gegründet, die insgesamt 25.000 Mitarbeiter und darunter etwa 7.000 Ingenieure und Wissenschaftler beschäftigte. Allein in der Flugzeugwerft Dresden arbeiteten 8.000 Menschen. Darunter waren auch viele Fachkräfte, die schon für Hitlers Luftrüstung gearbeitet hatten, nach dem Krieg aber in andere Branchen wechseln mussten. Als das ambitionierte Projekt des zivilen Verkehrsflugzeugbaus im Jahr des Mauerbaus offiziell aufgegeben wurde, stand für die Fachkräfte und Ingenieure ein erneuter Tätigkeitswechsel an.

Das Scheitern der DDR-Flugzeugindustrie hatte mehrere Gründe. Verfehlte Marktprognosen, technisches Wunschdenken und planwirtschaftliche Ressourcenengpässe trugen maßgeblich dazu bei. Eine wesentliche Ursache des Misserfolgs lag ferner darin, dass die Konzentration auf die Entwicklung ziviler Verkehrsflugzeuge nicht nur den Absatz einengte, sondern auch die Beteiligung des Militärs an den hohen Forschungs- und Entwicklungsausgaben verhinderte. Die Planungselite der DDR gab die Flugzeugindustrie gegen Baades Vorschlag, wenigstens Teile davon für die Herstellung von Agrarflugzeugen weiterzuführen, völlig auf. Der Untergang des Flugzeugbaus veranlasste technische Spitzenkräfte, wie zum Beispiel Fritz Freytag, der als Leiter der Triebwerksentwicklung nach Brunolf Baade die

Ingenieur am Kernreaktor des Zentralinstituts für Kernforschung Rossendorf, 1959

Nummer zwei der Flugzeugindustrie war, die DDR zu verlassen. In der bundesdeutschen Luftfahrtbranche fanden diese Spitzenkräfte mühelos Beschäftigung. Für die Institutionen und Fachkräfte in der DDR aber mussten Arbeitsmöglichkeiten in neuen Bereichen bereitgestellt werden. Die Fakultät für Luftfahrt der TU Dresden wurde aufgelöst, die Professoren auf andere Gebiete verteilt, die Studierenden in andere Fachrichtungen umgelenkt. Die Forschungs- und Entwicklungskapazitäten wurden auf mehrere Objekte aufgeteilt, ein Institut für Leichtbau, ein Zentralinstitut für Automatisierungstechnik und verschiedene Forschungs- und Entwicklungsabteilungen in der Industrie. Weitere Fachkräfte des Flugzeugbaus wechselten in den Bau von Sondermaschinen, Transportausrüstungen, Chemie- und Klimaanlagen sowie Kraftwerksausrüstungen.

Das zweite Hochtechnologieprojekt, das die DDR in den 1950er Jahren in Angriff nahm, war die Entwicklung der Kernkraft. Es weist viele Parallelitäten zur Geschichte der Luftfahrtindustrie auf. Die Kernkraftentwicklung begann ebenso als elitäres Arbeitsbeschaffungsprogramm für zurückkehrende Atomforscher, aber auch als politisches Prestige- und Souveränitätsprojekt. Im Jahre 1955 wurde mit dem Amt für Kernforschung und Kerntechnik die staatliche Leitung für den Sektor geschaffen und sowohl die Forschungsinfrastruktur als auch die akademische Ausbildung etabliert. Ein Jahr später fasste der Ministerrat den Beschluss zum Aufbau eines Atomkraftwerkes bei Rheinsberg. Grundlage dafür war ein Abkommen mit der Sowjetunion zur Gewährung technischer Hilfe beim Aufbau von Atomkraftwerken.

1957 begann die Planungsarbeit für Rheinsberg und im Dezember desselben Jahres ging der von der Sowjetunion gelieferte Forschungsreaktor am Zentralinstitut für Kernforschung in Rossendorf in Betrieb. 1958 gründete das Zentralamt für Kernforschung und Kerntechnik das wissenschaftlich-technische Büro für den Reaktorbau unter Leitung von Max Steenbeck. Es signalisierte damit, dass die DDR sich im Unterschied zu ursprünglichen Planungen nicht auf den Import von Kernreaktoren aus der Sowjetunion beschränken wollte, sondern langfristig auf eigene Entwicklungen setzte. Aber schon am Ende der 1950er Jahre zeigten sich Schwierigkeiten in der Zusammenarbeit mit der Sowjetunion und es kamen Zweifel an den ambitionierten Planungen auf. 1962 veranlasste die staatliche Plankommission schließlich die Abkehr von der bevorzugten Förderung der Kerntechnik und Kernforschung, die sie mit energiepolitischen Argumenten begründete. Bis dahin hatte sie 250 Millionen DM-Ost in den Bereich der Kernenergietechnik investiert, in dem inzwischen 3.500 Menschen beschäftigt waren.

Anders als die Flugzeugindustrie wurde die Kernforschung nicht völlig aufgegeben. Aber man nahm endgültig von einer Eigenentwicklung von Kernreaktoren Abstand und löste die Dresdner Fakultät für Kerntechnik auf. Einige Forschungs- und Überleitungseinrichtungen mussten sich neue Aufgaben suchen. Als dann ab Mitte der 1960er Jahre der Aufbau von Kernkraftwerken erneut als energiepolitisch unverzichtbar galt, gründete man die neuen Projekte auf den schlüsselfertigen Import sowjetischer Kernkraftwerke. Das beschränkte den Handlungsspielraum technischer Experten auf die Anwendung einer Schlüsseltechnologie, was schwerwiegende Folgeprobleme mit sich brachte. Mit den sowjetischen Kraftwerken impor-

Kransteuerkabine des Atomkraftwerkes Rheinsberg, 1966

tierte die DDR auch die sowjetische nukleare Sicherheitsphilosophie. Diese legte den Schwerpunkt auf betriebstechnische Vermeidung statt auf sicherheitstechnische Beherrschung von Störfällen und delegierte damit die Verantwortung für die Beherrschung der Gefahren eines komplexen großtechnischen Systems unmittelbar an das Betriebspersonal der Kraftwerke. Eine höhere Qualifikation des Personals und eine stärkere Disziplinierung, die auch zu verstärkter Überwachung durch das Ministerium für Staatssicherheit führte, waren daraus abgeleitete Schlüsselelemente der kerntechnischen Sicherheitspolitik. Das aber absorbierte einen erheblichen Teil ingenieurtechnischer Kreativität für die Kompensation technischer Probleme. Die noch verbliebenen kerntechnischen Forschungsressourcen mussten immer häufiger zur Lösung von betriebstechnischen Routineaufgaben eingesetzt werden.

Allerdings setzte die am Beginn der 1960er Jahre verfügte Drosselung der Entwicklung von Kerntechnik kreatives Potential für andere Bereiche frei. Sie wurde zum Beispiel für den Festkörperphysiker Werner Hartmann zum Anlass, sich auf die Entwicklung der Mikroelektronik zu konzentrieren. Andere Spitzenkräfte der Kerntechnik, wie der Direktor des Zentralinstituts für Kernforschung in Rossendorf Heinz Barwich, erlebten die Kürzungsbeschlüsse als Entwertung ihres Lebenswerkes und verließen die DDR.

Zwischen Plan- und Produktivitätsvorgaben: Ingenieuralltag in der Staatswirtschaft

Während wirtschafts- und technikpolitische Schwerpunktsetzungen und Kurskorrekturen in erster Linie die Berufskarrieren von Ingenieuren beeinflussten, veränderten politische Entscheidungen zur Leitung und Organisation technischer Arbeit den Berufsalltag der Ingenieure. Im Zuge der Verstaatlichung der Wirtschaft und der Zentralisierung der Wirtschaftsleitung intervenierte die Politik in die alltägliche Berufspraxis zunächst einmal dadurch, dass sie alle Formen der Ingenieurtätigkeit in den staatlichen Planungsprozess einbezog.

Bereits in der Besatzungszeit wurde ein erster Versuch unternommen, Forschung und Entwicklung in der Industrie über einen Plan zu koordinieren. Die Deutsche Wirtschaftskommission gründete dafür eine Hauptabteilung für Wissenschaft und Technik. Der erste, für 1949 aufgestellte Forschungsplan war aber nicht mehr als eine Bestandsaufnahme. Er listete alle der Hauptabteilung bekannt gewordenen Forschungsvorhaben und Termine mit den dafür zuständigen Forschungsstellen auf. 1950 wurde die Hauptabteilung in das Zentralamt für Forschung und Technik bei der Staatlichen Plankommission umgewandelt. Aber auch das Zentralamt blieb in seinen Planungsbemühungen recht erfolglos. Wissenschaftler und Ingenieure widersetzten sich der Forderung, Kreativität in ein Planungskorsett einzuschnüren. Sie vertraten ganz offensiv ihre Auffassung, dass Ideen wichtiger als Pläne seien. Enno Heidebroek erklärte dazu vor der Sächsischen Akademie der Wissenschaften 1954: „Der technische Fortschritt ist auch in weitem Umfang autark und nicht auf geplante Vorschläge angewiesen. Man muss eine Idee erst einmal haben. Vorher kann man ihre Verwertung nicht planen." Aber in der verstaatlichten Wirtschaft war der Plan das zentrale Instrument der Wirtschaftsleitung. Mit dem Anspruch auf umfassende Kontrolle versuchte die politische Elite, alle Bereiche einer minuziösen Planung zu unterwerfen. Nach mehreren stecken gebliebenen Ansätzen wurde 1960 eine detaillierte Planung der technischen Entwicklung eingeführt. Der Plan „Neue Technik" erfasste alle Stufen des Innovationsprozesses vom Forschungsbeginn bis zur Produktionseinführung, war von den Betrieben auszuarbeiten und wurde ihnen nach Korrektur und Genehmigung durch die übergeordneten Wirtschaftsleitungen als Direktive auferlegt. Die konkreten Planungsprozeduren änderten sich in der Folgezeit mehrfach. So wurde die Position der Betriebe im Planungsprozess in der Wirtschaftsreform der 1960er Jahre

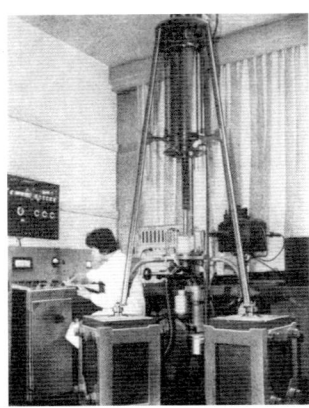

Werkstoffforschung am Dresdener Forschungsinstitut für metallische Spezialwerkstoffe der Deutschen Akademie der Wissenschaften Berlin

gestärkt und die Anzahl konkreter Vorgaben im Plan „Neue Technik" von zwölf auf zwei verringert. Doch in der Honecker-Ära nahm der Plandirigismus drastisch zu. Am Anspruch einer detaillierten Planung der Technikentwicklung hielt die politische Elite grundsätzlich fest. Das führte nicht nur zu einer zunehmenden Bürokratisierung von Ingenieurarbeit, zu der nun die Erstellung und Abrechnung von Planunterlagen hinzukamen, sondern auch zu einer Eindämmung von Kreativität. Das Wesen des Planes bestand in der Vorgabe von Entwicklungswegen, während die Erfindung von Neuem häufig gerade auf plötzlichen Richtungswechseln des Denkens beruhte.

Aber die Interventionen der Politik in die technische Berufspraxis beschränkten sich nicht auf Planvorgaben. Parallel dazu versuchte die politische Elite, eine effizientere Steuerung der Technikentwicklung über eine grundlegende Reorganisation und Umbewertung der Tätigkeiten im Bereich des geistigen Entwurfs und der fertigungstechnischen Umsetzung technischer Projekte durchzusetzen. Ein erster Ansatz dazu war die Zentralisierung der Entwurfsarbeit. Dahinter stand die Erwartung, dass Zentralisierung deren Effizienz steigert, Mehrfachentwicklungen vermeidet und die verfügbaren Kräfte rationeller zum Einsatz bringt. Die politische Elite errichtete nach diesem Leitbild neue Industrieforschungsinstitute und zentralisierte Entwicklungs- und Konstruktionsbüros, die für ganze Industriezweige zuständig waren.

Die Gründung von Industrieforschungsinstituten setzte einen schon seit Beginn des 20. Jahrhunderts wirksamen Trend zur produktionsfernen Organisation technischer Entwicklungsarbeit fort. Hingegen folgte die Zentralisierung von Entwicklung und Konstruktion für ganze Industriezweige dem Vorbild sowjetischer Organisationsstrukturen, denen ein lineares Modell des Innovationsprozesses zugrunde lag. Ab 1951 begannen die Industrieministerien in ihren Verantwortungsbereichen mit dem Aufbau zentraler Entwicklungs- und Konstruktionsbüros und der Auflösung bestehender betrieblicher Konstruktionsbüros. Recht bald aber häuften sich Klagen über die Entfremdung dieser zentralen Konstruktionsbüros von der Produktion. Das veranlasste die politische Elite, den Zentralisierungstrend aufzuhalten und Büros für Forschung, Entwicklung und Konstruktion wieder in den Betrieben anzusiedeln. Allerdings erwies es sich mittlerweile als schwierig, Forschungs-, Entwicklungs- und Konstruktionsabteilungen in die verstaatlichten Betriebe einzufügen. Probleme traten nicht nur bei der Rekrutierung von Fachpersonal auf, sondern auch bei der Einbindung der neuen Abteilungen in das inzwischen eingeführte betriebliche Planungs- und Abrechnungssystem. Das 1952 verordnete Statut für alle volkseigenen Betriebe hatte Forschung und Entwicklung als Aufgabe der verstaatlichten Betriebe nicht vorgesehen. Letztlich entstand eine dualistische Struktur. Es wurden einerseits wieder betriebliche Einrichtungen für Forschung, Entwicklung und Konstruktion eingerichtet. Andererseits aber bestanden auch die zentralen Entwicklungs- und Konstruktionsbetriebe fort, meistens unter einem anderen Namen und mit teilweise modifizierten Aufgaben. Dass der Zentralisierungsansatz zwar relativiert, aber nicht aufgegeben wurde, erweiterte das Angebot an Arbeitsplätzen im technischen Forschungs- und Entwurfsbereich. In den fortbestehenden zentralen Einrichtungen konnten, wie das folgende Beispiel zeigt, größere kreative Freiräume für Innovationsleistungen entstehen.

Das 1956 etablierte Institut für Werkzeugmaschinenbau, das zum Vorreiter in der Entwicklung numerischer Steuerungen für Werkzeugmaschinen wurde, war eine solche Einrichtung. Es entstand aus der Transformation des 1953 gegründeten Zentralen Entwicklungs- und Konstruktionsbüros für Werkzeugmaschinenbau, das neue Aufgabenfelder suchte, als seit 1955 in der Branche wieder betriebliche Konstruktionsbüros errichtet wurden. In dieser Situation setzte eine Gruppe junger Ingenieure um Armin Rußig die Aufnahme eines Forschungsprojektes zu NC-Steuerungen durch. Die Anregung zu diesem Projekt kam über die Forschungsliteratur aus den USA, wo 1952 die erste numerisch gesteuerte Fräsmaschine gebaut worden war. Die Befürwortung des Forschungsprojekts durch den Chefkonstrukteur des DDR-Flugzeugbaus Brunolf Baade beförderte seine Genehmigung. 1959 lag das erste Funktionsmuster für eine zweidimensionale Bahnsteuerung auf der Grundlage elektromechanischer Bauteile vor. 1964 wurden auf der Leipziger Frühjahrsmesse die ersten drei numerisch gesteuerten Fräs- und Bohrmaschinen vorgeführt. Wenig später begann die Serienfertigung. Damit hatte der Werkzeugmaschinenbau der DDR auf dem Gebiet numerischer Steuerungen einen, wenn auch kleinen Vorsprung gegenüber der Bundesrepublik, wo Siemens in Anbetracht des geringen Marktinteresses an NC-Steuerungen deren Entwicklung verhaltener betrieben hatte. Dieser Vorsprung ging jedoch mit dem Übergang von der NC- zur CNC-Technik verloren. Der Rückstand auf dem Gebiet der Mikroelektronik und das Technologieembargo durch das Coordinating Committee for Multilateral Export Control (Cocom) verhinderten einen raschen Wechsel in die CNC-Technik. Das wuchs sich zu einem gravierenden Nachteil für den Werkzeugmaschinenbau aus, wo sich numerische Steuerungen erst auf der Basis der CNC-Technik durchsetzten. Das aber entwertete den Erfolg der Forschungsingenieure, die in der systemspezifischen Reorganisation technischer Entwurfstätigkeiten Freiräume für Kreativität entdeckt und offensiv für Innovationsleistungen ausgenutzt hatten, die sie zunächst an die vorderste Front des technischen Fortschritts führten.

Eine bemerkenswerte systemspezifische Modifikation des Ingenieurberufs ergab sich aus der politischen Aufwertung der fertigungstechnischen Vorbereitung der Produktion. Sie führte in der DDR zu einer die Konstruktionstechnik überwuchernden und übermäßig spezialisierten Produktions- und Fertigungstechnik. Ihre Vorgeschichte fiel in die Zeit der Hochindustrialisierung, als der Übergang zur großindustriellen Massenproduktion neue Anforderungen an die Fertigungstechnik und -organisation stellte. Der in den öf-fentlichen Debatten und schließlich auch im historischen Bewusstsein mit dem Namen Taylor verknüpfte Prozess der Verwissenschaftlichung der Betriebsorganisation schuf mit der Zentralisierung des Produktionswissens in der fabrikatorischen und arbeitsmäßigen Produktionsvorbereitung ein neues Tätigkeitsfeld für Ingenieure in den Fabrikationsbüros und der Arbeitsvorbereitung.

Die Zentralisierung des Produktionswissens fand in der zentralisierten Wirtschaftsordnung des Staatssozialismus seine Fortsetzung. Lenin pries 1918 das Taylor-System als ein Mittel zur Disziplinierung der aus dem bäuerlichen Milieu kommenden Arbeiter für das Industrialisierungsprogramm der Sowjetmacht. Er betrachtete also das Taylor-System als ein erfolgversprechendes Mittel, die im russischen Kontext fehlende industrielle Erfahrung der Arbeiter durch die Kompetenz der Ingenieure in der Produktionsvorbereitung und -organisation zu ersetzen. Das führte zur Aufwertung der Fabrikations- und Arbeitsvorbereitung in den sowjetischen Betrieben, die neben selbständigen Abteilungen für Arbeit zur Arbeitsnormung und Arbeitsvorbereitung solche für Technologie einrichteten. Sie sollten die Planung der technologischen Entwicklung des Betriebes und die unmit-

Bearbeitungszentrum des NC Maschinensystems Prisma 2 zur Bearbeitung nichtrunder Teile, Hersteller: VEB Maschinenbaukombinat Fritz Heckert

*Technologe und Werkzeug-
maschinenschlosser an einer
Mechaniker-Drehbank
im Funkwerk Köpenick, 1955*

telbare Fertigungsvorbe-
reitung sowie die Kon-
trolle des Fertigungspro-
zesses und die Konstruk-
tion und den Bau von
Betriebsmitteln über-
nehmen.

Diese Struktur wur-
de zuerst auf die als
sowjetische Aktienge-
sellschaften geführten
Betriebe in der Sowje-
tischen Besatzungszone
übertragen. Schließlich
erhielten alle volkseige-
nen Betriebe die Auf-
lage, Abteilungen für
Technologie einzurich-
ten. Aber es gab Widerstand gegen das
Überstülpen einer sowjetischen Struktur
auf deutsche Betriebe. Dieser erwuchs
aus den Unterschieden zwischen den
deutschen und den russischen industriellen ebenso wie professionellen Traditionen. Zum einen ließ sich das in einer
langen industriellen Tradition akkumulierte Produktionswissen der deutschen
Arbeiterschaft nicht problemlos in die
Produktionsvorbereitung und in die Ver-
fügungsgewalt der Ingenieure verlagern.
Zum anderen betrachteten die Konstrukteure die Technologen mit Argwohn, weil
sie deren Aufgabe, Konstruktionen auf rationelle fertigungstechnische Umsetzbarkeit zu prüfen, als Kritik an den eigenen
Entwürfen begriffen: Technologen würden
nur nachvollziehen, was Konstrukteure
schon mitbedacht hätten, denn niemand
käme auf die Idee, Dinge zu konstruieren,
die man nicht fertigen könne.

Die Partei- und Wirtschaftsfunktionäre
hingegen betrachteten die Effizienzsteigerung der Produktion als ein Hauptziel der
technischen Entwicklung und versuchten
deshalb, die Technologen aufzuwerten.
Dafür gab es nicht nur ideologische, sondern auch rationale Gründe. Da die Res-
sourcenallokation nicht über den Markt,
sondern über den Plan mit dem darin
eingebauten Knappheitsregime erfolgte,
erforderte die fertigungstechnische Vorbereitung der Produktion einen weit größeren Aufwand. Die Politik drängte darauf,

mehr Produktionsingenieure auszubilden
und einzusetzen. 70 Prozent der Absolventen des Ingenieurstudiums sollten als
Produktionsingenieure eingesetzt werden,
20 bis 25 Prozent in der Entwicklung und
Konstruktion und fünf bis zehn Prozent
in der Forschung. Dafür wurden spezielle
technologische Fachrichtungen eingeführt und große Studienplatzkontingente
für Technologen bereitgestellt. Nicht zuletzt begründete man die Aufwertung von
zehn Ingenieurschulen zu Ingenieurhochschulen in der zweiten Erweiterungswelle der Ingenieurausbildung am Ende der
1960er Jahre ausdrücklich damit, dass diese Schulen vor allem Ausbildungsstätten
für Technologen seien. Aber es gab stets
Schwierigkeiten, alle Studienplätze in den
technologischen Fachrichtungen zu beset-
zen. Viele Studenten mit anderen Studien-
wünschen wurden in diese Fachrichtungen
umgelenkt. Darunter waren viele Frauen.
Alle technologisch orientierten Studiengänge hatten einen überdurchschnittlich
hohen Frauenanteil. Nach dem Studium
versuchten die meisten Absolventen in
Forschungs- und Entwicklungsabteilungen
oder in der Konstruktion unterzukom-
men, aber nicht in der Technologie. Ein
ostdeutscher Professor der Verfahrenstechnik resümierte seine diesbezüglichen
Erfahrungen nach dem Zusammenbruch
der DDR mit der Feststellung: „Für den
klassischen deutschen Maschinenbauer
war die Konstruktion das Ziel der Ingenieurarbeit, die Technologie nicht der universitären Lehre wert."

In der geringen Attraktivität der Studiengänge und der Arbeitsplätze in der Technologie spiegelte sich sowohl die Langle-
bigkeit von Berufstraditionen als auch die
politische Überschätzung der Fertigungs-
und Verfahrenstechnik. Die politische
Klasse überforderte die Technologen, als
sie versuchte, ihnen die Hauptverantwor-
tung für die Effizienz des Wirtschaftssystems zuzuweisen. Denn mit technischem
Wissen und ingenieurmäßigen Methoden
allein waren die in die ökonomischen
Strukturen des Systems eingelassenen
Innovationsblockaden nicht aufzulösen.
Das aber machte den Berufsalltag für
viele Technologen zu einer frustrierenden

*Jungingenieur als Technologe
in einem Quedlinburger
Betrieb, 1958*

Erfahrung, weil sie ihre Kreativität für die Erfüllung einer unlösbaren Aufgabe verschwendeten. Das geringe Prestige der Technologentätigkeit war Resultat dieser Berufserfahrung. Nach dem Zusammenbruch der DDR waren die Technologen innerhalb der Ingenieurberufe am stärksten von Entlassungen betroffen.

Fachleute statt Unternehmer: Die Unterbindung freiberuflicher Ingenieurtätigkeit

Ein für die Verstaatlichung des Ingenieurberufs sehr charakteristischer Prozess war die Zurückdrängung freiberuflicher Ingenieurtätigkeit. Nachdem im ersten Nachkriegsjahr über 12.000 Ingenieure in der Sowjetischen Besatzungszone freiberuflich tätig waren – das entsprach einem Anteil von 20 Prozent –, gab es 1966 in der DDR nur noch 960 in selbständiger Stellung arbeitende Ingenieure. Das war nicht nur eine Folge des Wiederaufbaus, mit dem Selbständigkeit als Notlösung – vor allem für Maschinenbau- und für Elektroingenieure – auf einem überfüllten Arbeitsmarkt verschwand. Vielmehr war das auch ein Ergebnis politischer Interventionen. Die Politik sah freiberufliche Ingenieure als einen Störfaktor in der verstaatlichten Wirtschaft, weil sie sich der direkten staatlichen Kontrolle und Planung entzogen.

Aber das Streben nach selbständiger Berufsausübung blieb besonders bei Architekten stark, die traditionell die größte Gruppe der Freiberufler im Ingenieurbereich stellten. Solange der private Sektor in der Bauwirtschaft aufgrund des handwerklichen Charakters des Bauens größer blieb als in der Industrie, waren private Architekten für diese privaten Betriebe interessante Kooperationspartner und fanden Arbeitsmöglichkeiten. Aber die im Verhältnis zum volkseigenen Sektor sehr viel höheren Einkommen der Privatingenieure waren der Politik ein Dorn im Auge. Die Knappheit an Projektierungskapazitäten veranlasste nicht nur private, sondern auch staatliche Auftraggeber, an Freiberufler das Fünf- bis Zehnfache für

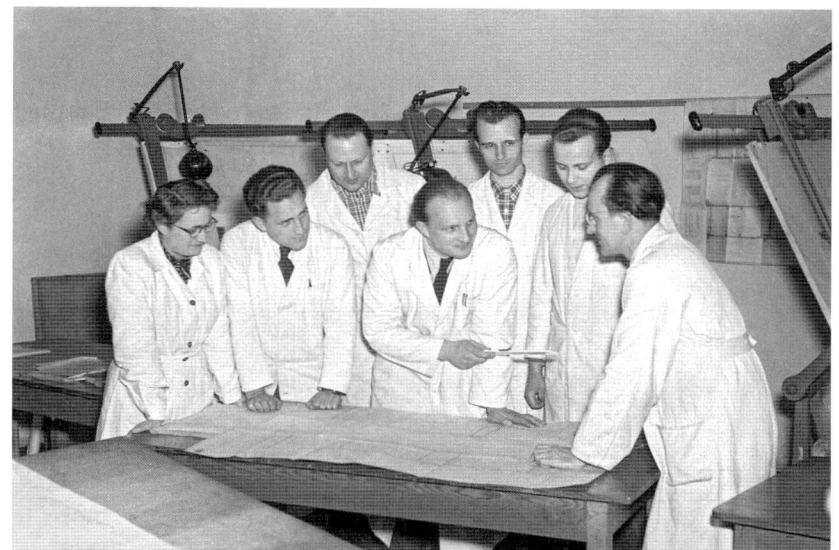

eine Leistung zu bezahlen, auf die sie im Rahmen der geplanten Bilanzen keinen Zugriff hatten. Überdies eröffnete die Auslagerung von Arbeitsaufgaben an Private den staatlichen Betrieben größere Flexibilität innerhalb der geplanten Wirtschaft.

Um freiberufliche Ingenieurtätigkeit zu unterbinden, wurden die Steuersätze erhöht und die Zulassungsbedingungen für eine freiberufliche Tätigkeit immer weiter verschärft. Ab 1964 war eine zehnjährige Berufspraxis im privaten Projektierungs-

Entwurfskollektiv im Zentralen Projektierungsbüro für Industriebau Berlin, 1955

Anordnung über die Zulassung privater Ingenieure und Architekten vom 1. Oktober 1964

GESETZBLATT
der Deutschen Demokratischen Republik

| 1964 | Berlin, den 3. Oktober 1964 | Teil II Nr. 92 |

| Tag | Inhalt | Seite |
| 1.10.64 | Anordnung über die Zulassung privater Ingenieure und Architekten | 763 |

Anordnung
über die Zulassung privater Ingenieure und Architekten.

Vom 1. Oktober 1964

Zur Durchsetzung des wissenschaftlich-technischen Höchststandes, der Industrialisierung des Bauens und des Investitionsbauwesens ist es notwendig, durch eine Neuzulassung der privaten Ingenieure und Architekten eine einheitliche Ordnung herzustellen. Durch eine engere Verbindung der privaten Projektanten mit den volkseigenen Projektierungsbetrieben werden alle Kräfte auf die Lösung der volkswirtschaftlichen Aufgaben konzentriert. Im Einvernehmen mit den Leitern der zuständigen zentralen staatlichen Organe wird folgendes angeordnet:

§ 1

Diese Anordnung gilt für private Ingenieure und Architekten.

§ 3

(1) Bei den Räten der Bezirke sind zur Erteilung bzw. zum Entzug von Zulassungen privater Ingenieure und Architekten Zulassungskommissionen zu bilden.

(2) Die Mitglieder der Zulassungskommission sind vom Bezirksbaudirektor in Abstimmung mit dem Vorsitzenden der Bezirksplankommission und dem Vorsitzenden des Wirtschaftsrates des Bezirkes zu berufen.

(3) Der Zulassungskommission gehören als Mitglieder bzw. Beisitzer an:
der Bezirksbaudirektor,
der Vorsitzende des Wirtschaftsrates des Bezirkes,
ein Mitarbeiter eines VEB Industrieprojektierung,
ein Mitarbeiter eines VEB Hochbauprojektierung,
ein Mitarbeiter eines technologischen volkseigenen Projektierungsbetriebes,
ein Mitarbeiter der Deutschen Investitionsbank –

*Manfred Baron von Ardenne
(1907–1997)*

sektor, die nicht durch eine Angestellten-
tätigkeit in staatlichen Entwurfsbetrieben
unterbrochen sein durfte, Voraussetzung
für selbständige Tätigkeit. Ab 1972 wurden gar keine Zulassungen mehr erteilt.
Allerdings konnten in den 1980er Jahren
angestellte Architekten und Bauingenieure
nebenberufliche Projektierungsleistungen
im staatlich geförderten Eigenheimbau er-
bringen.

Zwischen Privilegierung und Nivellierung: Verortung der Ingenieure im sozialistischen Sozialsystem

Neben wirtschafts- und technikpolitischen
Richtungsentscheidungen und politischen
Interventionen in die Leitung und Organisation technischer Arbeit in staatlichen
Betrieben hatten politische Festlegungen
zur Vergütung von Ingenieurarbeit einen
maßgeblichen Einfluss auf die soziale und
berufliche Situation von Ingenieuren.
Bereits in der Besatzungszeit erfolgten
hierzu zwei grundlegende Weichenstel-
lungen. Das war erstens die Privilegierung
einer technischen Elite und zweitens die
nach Branchen unterschiedliche Entgel-
tung von Ingenieurarbeit. Um deutsches
Know-how für Schlüsselbereiche des militärischen Wettrüstens, aber auch für die
zivile Technikentwicklung abzuschöpfen,
gewährte die Besatzungsmacht den für sie
interessanten Experten Sonderrationen in
der Lebensmittel- und Warenversorgung.
Der Zugang zu dieser Sonderversorgung,
das so genannte Pajok-System, formierte
eine technische Elite. Diese Form der
Privilegierung wurde für die deutschen
Spezialisten in der Sowjetunion fortgesetzt. Obwohl nach dem Krieg die Wirtschaftslage sehr schlecht war, erhielten sie
dort eine sehr gute Versorgung und nicht
selten Spitzengehälter, sodass sie sich als
Gefangene in einem goldenen Käfig betrachteten. Für Manfred von Ardenne zum
Beispiel schufen die in der Sowjetunion
akkumulierten Gehälter und Preisgelder
für Auszeichnungen mit dem Staats- und
den Stalinpreis die finanzielle Basis zur

Gründung seines privaten Forschungsinstituts in Dresden.

Die branchenspezifische Differenzierung der sozialen und ökonomischen Situation der Experten leitete ein Befehl der
sowjetischen Militäradministration vom
9. Oktober 1947 ein. Er legte eine bessere Versorgung mit Lebensmitteln und
Industriewaren für Arbeiter, Techniker
und Ingenieure in Industriezweigen fest,
die für sowjetische Reparationsleistungen
arbeiteten. Hier begann eine nicht über
spontane Marktmechanismen, sondern
über technologiepolitische Schwerpunktsetzungen durch die politische Elite vermittelte soziale Differenzierung der Ingenieure nach Einsatzbereichen.

Die politische Elite der DDR führte
sowohl die Privilegierungs- als auch die
Differenzierungspolitik fort. Mit besonderen Vergünstigungen für technische
Experten in der verstaatlichten Wirtschaft
versuchten die Funktionäre die Abwanderung von Ingenieuren in den Westen oder
in den privaten Sektor zu verhindern. Das
mit dem Ende der Entnazifizierung unter-
breitete Angebot zur politischen Integration der technischen Experten fand in den
Bemühungen zur sozialen Privilegierung
einer technischen Elite seine sozialökono-
mische Ergänzung. Ein wichtiges Element
der Privilegierungspolitik war die 1950
eingeführte zusätzliche Altersversorgung
für die in volkseigenen und Staatsbetrieben tätige technische Intelligenz. Sie gewährte den technischen Experten einen
Anspruch auf eine Rente in Höhe von 60
bis 80 Prozent des im letzten Jahr vor Eintritt in das Rentenalter bezogenen durchschnittlichen monatlichen Bruttogehaltes.
Bezugsberechtigt waren „Ingenieure, Chemiker und Techniker, die konstruktiv und
schöpferisch in einem Produktionsbetrieb
verantwortlich tätig sind und hervorragenden Einfluss auf die Herstellungsvor-
gänge nehmen, sowie konstruktiv und
schöpferisch tätige Baumeister und Architekten".

Ein weiteres Instrument waren die
„Einzelverträge", in denen ein außerta-
rifliches Gehalt, die Verpflichtung des
Betriebes zur Bereitstellung geeigneten
Wohnraumes, der Anspruch der Kinder

des Vertragsinhabers auf einen Studienplatz nach eigener Wahl, die Gewährung der zusätzlichen Altersversorgung für die technische Intelligenz und das Anrecht auf weitere materielle Vergünstigungen für die Intelligenz festgelegt waren. Zu den Inhabern von Einzelverträgen gehörten alle aus der Sowjetunion zurückgekehrten Spezialisten, die eine Kerngruppe der technischen Elite bildeten, Professoren an technischen Hochschulen, Wissenschaftler in Instituten der staatlichen und der Industrieforschung, Führungskräfte und Spezialisten in den Entwurfs- und Projektierungsbetrieben des Bauwesens und in den Entwicklungs- und Konstruktionsbüros der staatlichen Industrie sowie leitendes Personal in den Industriebetrieben, den Industriezweigleitungen und den Ministerien. Die Anzahl der Einzelverträge war kontingentiert und die Kontingente wurden vom Ministerrat festgelegt. Die Empfänger bezogen Gehälter, die für den größeren Teil der Einzelvertragsinhaber zwischen 1.000 und 4.000 Mark lagen und für einen Teil der aus der UdSSR zurückkommenden Spezialisten Größenordnungen zwischen 4.000 und 15.000 Mark erreichten.

Die von der Besatzungsmacht eingeführte branchenspezifische Differenzierung der Ingenieurgehälter setzte die politische Elite der DDR mit der Verordnung über die Erhöhung der Gehälter für Wissenschaftler, Ingenieure und Techniker vom 28. Juni 1952 fort. Darin kodifizierten die Ministerien für Arbeit und für Finanzen für 37 Zweige der Industrie und des Verkehrswesens ein gestaffeltes Gehaltssystem für Wissenschaftler, Ingenieure und Techniker. Das höchste Gehaltsniveau wiesen die Branchen Bergbau, Metallurgie, Schwermaschinenbau und Grundstoffchemie auf, während in der Konsumgüter- und der Lebensmittelindustrie die niedrigsten Gehälter gezahlt wurden. Dieses Gehaltssystem sollte die wirtschaftspolitischen Schwerpunktsetzungen des ersten Fünfjahrplanes durch entsprechende Allokationsanreize für Fachpersonal unterstützen, nachdem die Arbeitskräftebewirtschaftung über die Arbeitsämter abgeschafft worden war.

Zusätzlich zur branchenspezifischen Differenzierung wurden Ingenieurtätigkeiten nach Qualifikation und Funktion unterschiedlich bewertet. Kriterien für diese interne Hierarchie des Ingenieurberufs legte das Zentralamt für Forschung und Technik fest. Es unterschied Techniker, Fachschulingenieure, Hochschulingenieure, Spezialisten und Spitzenkräfte. Während für die Techniker Aufgaben technischer Sacharbeit als Zeichner, Teilkonstrukteur, Laborant, Arbeitsvorbereiter, Normensachbearbeiter, Betriebstechnologe, Bearbeiter technisch-wirtschaftlicher Kennziffern und Mitarbeiter der Produktionsleitung vorgesehen waren, sollten sowohl Fach- als auch Hochschulingenieure Leitungs- oder zumindest Ausbildungsfunktionen für Techniker oder Facharbeiter wahrnehmen. Als Spezialisten eingruppiert wurden „wissenschaftlich ausgebildete Fachkräfte mit umfangreichen Kenntnissen über den Stand der Technik auf einem Fachgebiet", die „verantwortliche Aufgaben an Schwerpunkten der Entwicklung und Technologie" zu lösen hatten. Spitzenkräfte waren „wissenschaftlich-technische Fachkräfte mit umfassenden theoretischen und praktischen Kenntnissen auf einem größeren Fachgebiet". Sie mussten außerdem als „Leiter bedeutender Forschungs- und Entwicklungsstellen" oder „technische Leiter von Großbetrieben" tätig sein. Das Zentralamt für Forschung und Technik definierte Ingenieurarbeit also ausdrücklich als Leitungstätigkeit und es konstruierte eine idealtypische Berufskarriere des Ingenieurs über die Kumulation von Qualifikation, Berufserfahrung und den Umfang der Leitungsverantwortung.

Allerdings gab es bereits in den 1950er Jahren Schwierigkeiten, diese Hierarchien durchzusetzen. In der Phase des Aufbaus der organisatorisch neuen Strukturen technischer Handlungsräume besetzten die Wirtschaftsfunktionäre viele Stellen mit Personen, die nicht über die erforderlichen Abschlüsse verfügten. Wiewohl eine Nachqualifikation von unterqualifizierten Stelleninhabern auf dem Weg des Fernstudiums möglich war, führten die in den 1950er Jahren zugelassenen Kompromisse

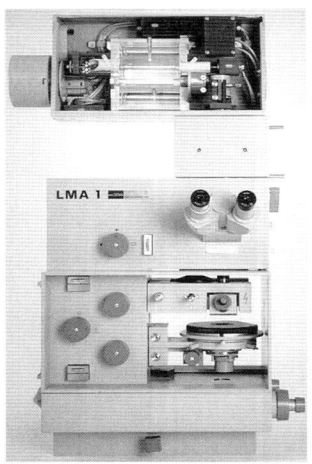

LMA 1 des VEB Carl Zeiss Jena

in der Stellenbesetzung langfristig dazu, dass die Hierarchien zwischen Fach- und Hochschulingenieuren in der betrieblichen Praxis eingeebnet wurden. Der wirtschafts- und technikpolitische Kurswechsel beim Regierungsantritt Honeckers trug ebenfalls dazu bei. Der mit dem Kurswechsel verbundene Abbruch technischer Entwicklungsprojekte und der Stopp großer Investitionsvorhaben hatten dazu geführt, dass weniger Ingenieure gebraucht wurden als ausgebildet worden waren. Um den Absolventenüberschuss unterzubringen, wurden Diplomingenieure auf Stellen von Fachschulingenieuren eingestellt.

Zwischen Innovation und Imitation: Fachliche Herausforderungen für Ingenieure von Spitzenprodukten und Nachentwicklungen

Dass sich durch den sozialistischen Gesellschaftsumbau die gesellschaftlichen Rahmenbedingungen für die Anwendung technischen Wissens grundlegend veränderten, schloss erfolgreiche Innovationsprozesse nicht von vornherein und nicht grundsätzlich aus. Technische Spitzenleistungen waren in der DDR vor allem dort möglich, wo es gelang, an vorhandene industrielle Traditionen anzuknüpfen und systemspezifische Strukturen, vor allem den politischen Zentralisierungs- und Steuerungsanspruch, für die Ressourcenmobilisierung und Konzentration auf Schwerpunktprojekte auszunutzen. In einer solchen Konstellation fanden Ingenieure anspruchsvolle Arbeitssituationen, die sie zur Entwicklung technischer Spitzenprodukte herausforderten.

Ein Beispiel dafür war die Entwicklung der Lasertechnik, die seit den 1960er Jahren zu einer Schlüsseltechnologie avancierte und die grundlegende Folgeinnovationen in vielen Technikbereichen wie der Medizintechnik, der Nachrichtentechnik, der Materialbearbeitung oder der Unterhaltungselektronik ausgelöst hat. 1960 wurden in den USA zum ersten Mal La-

sereffekte erzeugt. Gleich nachdem die amerikanischen Forschungsergebnisse publik wurden, griffen Forscher in beiden Teilen Deutschlands das Thema Laser auf. In der DDR wurde Jena zum wichtigsten und erfolgreichsten Zentrum der Laserforschung. Hier arbeiteten zwei Universitätsinstitute mit Unterstützung der Forschungsabteilung des VEB Carl Zeiss Jena, dem traditionsreichen und führenden Unternehmen der DDR auf dem Gebiet des wissenschaftlichen Gerätebaus, zu allen bekannten Lasertypen. Dass der Zeiss-Forschungsdirektor Paul Görlich seine Unterstützung an die Forderung band, die Hochschulforschung zum Laser ganz gezielt auf industrielle Anwendungsmöglichkeiten auszurichten, führte zunächst zu Konflikten zwischen der Hochschul- und der Industrieforschung. Regierungschef Ulbricht kümmerte sich persönlich um die Beilegung der Konflikte und signalisierte damit, dass die politische Führung den Laser frühzeitig als eine Schlüsseltechnologie bewertete und sich um seine Förderung bemühte. 1963 wurde schließlich eine Zusammenarbeit zwischen dem physikalischen Institut der Universität und dem VEB Carl Zeiss Jena vereinbart. Sie sah vor, dass Zeiss das physikalische Institut materiell und finanziell unterstützte und die hier in der Laserforschung arbeitenden Mitarbeiter nach ihrer Qualifikationsphase übernahm, während sich das Institut verpflichtete, sich an Forschungs- und Entwicklungsarbeiten für kommerzielle Laserprodukte bei Zeiss zu beteiligen. Die Zusammenarbeit war außerordentlich erfolgreich. 1964 wurden die ersten DDR-Laser auf der Leipziger Frühjahrsmesse präsentiert; 1965 brachte Zeiss dann den Laser-Mikrospektralanalysator LMA 1 auf den Markt. Das war ein optisch-physikalisches Messgerät, dessen Einsatzmöglichkeiten von der Mineralogie und Metallographie über die Archäologie und Biologie bis hin zur Medizin reichten.

Dass es Zeiss gelang, in Zusammenarbeit mit den Universitätsforschern das neue physikalische Phänomen Laser in einem bewährten Erzeugnis aus seinem Produktionsprogramm zum Einsatz zu bringen, stellte eine erstrangige Produktinnovation dar. Obwohl die Idee der Laseranwendung in der Spektralanalyse zuerst in den USA realisiert wurde und die dort entwickelten Geräte den westlichen Markt beherrschten, war das Zeiss-Gerät mehr als eine bloße Nachentwicklung. Sie konnte nur gelingen, weil Zeiss die in seiner traditionellen Geräteentwicklung akkumulierten Innovationspotentiale mit den Ergebnissen aus der Hochschulforschung verbinden konnte und weil die staatliche Technikpolitik das Laserprojekt frühzeitig als Schlüsseltechnologie bewertete und die Hochschul- und Industrieforschung über die staatliche Plankommission und die Kommission Laser im Forschungsrat koordinierte und konzentrierte. Die Zusammenarbeit zwischen Zeiss und Universität wurde intensiviert, als im Zuge der Dritten Hochschulreform die Sektion Physik für wissenschaftlichen Gerätebau an der Universität Jena gegründet wurde, die Diplomingenieure für den wissenschaftlichen Gerätebau ausbildete und Forschungsthemen für Zeiss bearbeitete. Allerdings verkehrten sich einige Erfolgsfaktoren des Laserprojekts später in Nachteile. Durch die gezielte Ausrichtung auf industrielle Bedürfnisse verlor die Laserforschung der DDR in den 1970er Jahren den Anschluss an die internationale Entwicklung.

Eine andere Erfolgsgeschichte war die Entwicklung der Bogenoffsetmaschine. Der Druckmaschinenbau gehört zu den ältesten und international erfolgreichsten Branchen des deutschen Maschinenbaus. In Sachsen entwickelte sich im 19. Jahrhundert eines seiner Zentren mit Unternehmen in Leipzig, Plauen und Radebeul. Alle sächsischen Unternehmen setzten nach dem Zweiten Weltkrieg als volkseigene Betriebe die Herstellung von Druckmaschinen fort. 1950 gründete die Branchenleitung ein zentrales Entwicklungs- und Konstruktionsbüro in Radebeul, das aber, nachdem die staatliche Wirtschaftsführung die Beschlüsse zur Zentralisierung von Entwicklung und Konstruktion zurückgenommen hatte, aufgelöst und in ein Institut für polygraphischen Maschinenbau in Leipzig überführt wurde. Nach Gründung des Kombinates Polygraph im

Jahre 1970 bildete das Institut die Forschungs- und Entwicklungsabteilung der Kombinatsleitung. Konstrukteure für den Druckmaschinenbau bildete vor allem die Technische Hochschule in Karl-Marx-Stadt aus.

Eine wichtige Ausgangsbedingung für die hohe technische Leistungsfähigkeit des Druckmaschinenbaus der DDR war die Durchsetzung des Offsetdrucks als dominantes Druckverfahren in den 1960er Jahren. Erfunden worden war das chemische

Ingenieur Pieper und Chefkonstrukteur Schöne (v. l. n. r.) bei Entwicklungsarbeiten der Bogenoffsetdruckmaschine Planeta Variant, 1970

Bogenoffsetmaschine Planeta Variant

Druckverfahren fast 100 Jahre früher in den USA. In Deutschland wurde die Vorläuferfirma von Planeta Radebeul in den 1920er Jahren zum größten Hersteller von Offsetmaschinen. Auf der Grundlage von staatlichen Auflagen zur Spezialisierung konzentrierte sich Planeta ab 1956 auf die Produktion von Bogenoffsetmaschinen. Als in den 1960er Jahren der Durchbruch im Offsetbereich kam, hatte Planeta also das optimale Produktionsprofil und einen gewaltigen Erfahrungsvorsprung. Den setzten die Konstrukteure sofort in eine grundlegende Produktinnovation um. Federführend beteiligt war daran der spätere Chefkonstrukteur Helmut Schöne. 1963 begann die Entwicklung des neuen Maschinentyps Planeta Variant. Der Prototyp wurde 1965 auf der Leipziger Messe ausgestellt. Grundlage war eine völlig neue Maschinenkonzeption. Sie beruhte auf der Aggregatbauweise. Ein Aggregat war ein Druckwerk; durch das Hintereinanderschalten mehrerer Aggregate konnten unterschiedlich lange Druckmaschinen von der Einfarbenmaschine mit einem Druckwerk bis zur Sechsfarbenmaschine mit sechs Druckwerken gebaut werden. Die Aggregatbauweise bedingte auch Neuerungen am Druckwerk, das jetzt aus drei und nicht mehr fünf Zylindern bestand und eine Optimierung des Bogenlaufs durch doppelt große Gegendruckzylinder und Übergabetrommeln realisierte. Vorteile der neuen Maschinen waren eine große Flexibilität in der Maschinenkonfiguration in Abhängigkeit von

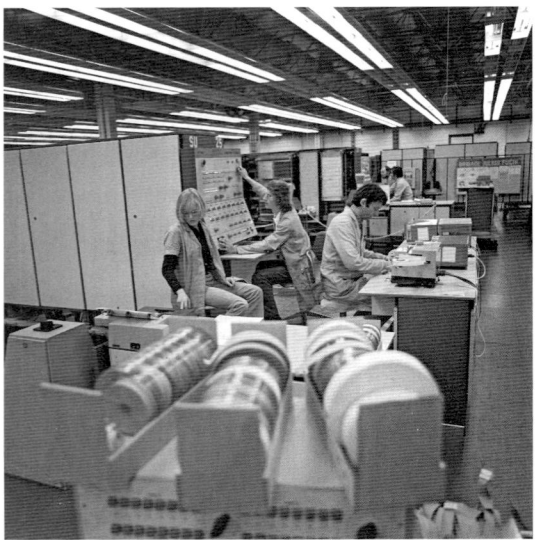

Elektronischer Rechenautomat D1, entwickelt von N. J. Lehmann an der TU Dresden, 1956

Prüffeldingenieure an der Rechneranlage R 40 im VEB Robotron Elektronik Dresden, 1974

Kundenwünschen bei gleichzeitiger Standardisierung der Bauteile und Massenfertigung. Planeta produzierte zu 90 Prozent für den Export und setzte die Hälfte seiner Exportmaschinen auf westlichen Märkten ab. Seit Mitte der 1980er Jahre begannen die führenden bundesdeutschen Druckmaschinenhersteller das Maschinenkonzept von Planeta zu imitieren. Erst der Vormarsch der Mikroelektronik verschlechterte die technische Position von Planeta im Druckmaschinenbau. Aber das Unternehmen fand aufgrund seiner wirtschaftlichen Sonderstellung einen Weg, um seine Maschinen mit mikroelektronischen Steuerungen auszurüsten. Die Steuerungen wurden von einem saarländischen Zulieferer produziert und beim Kunden eingebaut. So war es möglich, die Cocom-Bestimmungen zu umgehen.

Sowohl Carl Zeiss Jena als auch Planeta Radebeul haben nach der Anpassung an neue Eigentumsstrukturen mit ihren Entwicklungs- und Konstruktionsingenieuren und deren Produkten den Untergang der DDR überlebt und bilden heute wichtige technische und industrielle Kerne in ihren Regionen.

Das Zusammenspiel erfolgreicher industrieller Traditionen mit spezifischen Bedingungen des Innovationssystems konnte aber genauso gut Spitzenleistungen verhindern. So gelang es nicht, die reichen Traditionen des ostdeutschen Büromaschinenbaus rechtzeitig mit den vorhandenen Ansätzen zur Elektronikentwicklung und zum Rechnerbau zusammenzuführen und daraus eine erfolgreiche Computerindustrie zu entwickeln. Der exportintensive Büromaschinenbau hielt zu lange an der traditionellen mechanischen und elektromechanischen Rechentechnik fest. Die Entwicklung von mikroelektronischen Bauelementen, Halbleitern und integrierten Schaltkreisen wurde zunächst nur halbherzig gefördert. Sie war zwar in den 1960er Jahren von Matthias Falter und Werner Hartmann, zwei nach ihrem Zwangseinsatz in der Sowjetunion in die DDR zurückgekehrten technischen Physikern, aufgebaut worden. Aber mit dem wirtschaftspolitischen Kurswechsel bei Honeckers Regierungsantritt wurden die

Investitionen für den Bereich Elektrotechnik/Elektronik so erheblich gekürzt, dass sich die bereits vorhandene technologische Lücke auf dem Gebiet der Mikroelektronik rasch vergrößerte.

Im Bereich der elektronischen Rechentechnik wiederum hatte es seit Mitte der 1950er Jahre sowohl an der TU Dresden als auch bei Carl Zeiss Jena erfolgreiche Rechnerentwicklungen gegeben.

Aber das 1964 vom Ministerrat beschlossene Datenverarbeitungsprogramm konzentrierte sich einseitig auf die Anwendungen der Rechentechnik für die Leitung, Planung und Verwaltung der Volkswirtschaft. Auf der Basis dieses engen Einsatzkonzepts kam die bevorstehende Computerisierung von Wirtschaft und Gesellschaft mit ihren neuen Anforderungen an die Computertechnik zu spät in den Blick der Funktionäre.

Als die Partei- und Staatsführung mit den Beschlüssen zur Mikroelektronik (1977/78) und zur Reorganisation des Computerbaus (1978) versuchte, diese Entwicklung zu korrigieren, war einerseits der Abstand zum technischen Spitzenniveau gewachsen und andererseits das westliche Technologieembargo viel schärfer geworden.

Unter einem enormen Einsatz an materiellen und intellektuellen Ressourcen begannen Wissenschaftler und Ingenieure der Kombinate Carl Zeiss Jena, Mikroelektronik Erfurt und Robotron Dresden sowie die mit den Kombinaten verbundenen Forschungseinrichtungen Produkte und Technologien der mikroelektronischen und Computertechnik nachzuerfinden, die auf westlichen Märkten bereits fest eingeführt waren. Aufgrund der vorhandenen wissenschaftlich-technischen Traditionen, die als kodifiziertes Wissen und kulturelle Erfahrung weitergetragen wurden, konnten die gut ausgebildeten Ingenieure westliche Spitzenprodukte imitieren. Aber die technologische Lücke konnten sie damit nicht mehr schließen.

Der entscheidende Grund für Nachentwicklungen war das Technologieembargo, das Importe von Schlüsseltechnologien aus westlichen Ländern behinderte. Zwar konnte die Partei- und Staatsführung 1984 die österreichische VOEST-Alpine AG zur

Errichtung eines Konverterstahlwerkes in Eisenhüttenstadt verpflichten, um damit die Schwerindustrie zu modernisieren. Aber in technologischen Kernbereichen stieß der Technologietransfer auf unüberwindliche Grenzen. So zog sich die japanische Firma Toshiba 1987 auf Intervention der USA aus der Zusammenarbeit mit dem Kombinat für Mikroelektronik zurück.

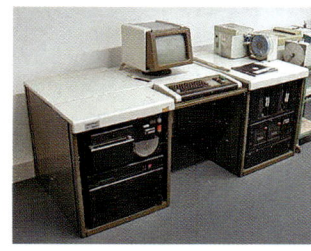

Kleinrechner K 1520, entwickelt Ende der 1970er Jahre im Kombinat Robotron

Darüber hinaus wurden in den 1980er Jahren weitere Ressourcen für Investitionsprojekte zur Importablösung gebunden, bei denen es nicht um Embargokompensation, sondern um Deviseneinsparung ging. Sie spielten in der Textilindustrie eine große Rolle. Gegen den internationalen Trend zur Abwanderung der Textilindustrie nach Asien beschloss der Ministerrat 1983, Spinnereien neu zu bauen und vorhandene zu erweitern. Den Ingenieuren wurde damit die Aufgabe zugewiesen, moderne Technik in einer alten Branche zum Einsatz zu bringen, um Devisen einzusparen.

Die Nachentwicklungen und Importsubstitutionen hatten einen hohen Preis. Sie waren extrem aufwendig und wurden realisiert, indem Ressourcen aus anderen Branchen abgezogen wurden. Das führte in den betroffenen Bereichen zu einem rapiden Substanzabbau. Die Ingenieure dieser Zweige kämpften nicht mehr um die Schließung von technologischen Lücken, sondern gegen einen nicht mehr aufzuhaltenden Verfall. Ingenieurarbeit war in den

Robotron EC 1834, 16-Bit-Rechner, hergestellt in Sömmerda

Feierliche Grundsteinlegung für die Spinnerei Bernstadt im VEB Oberlausitzer Textilbetriebe, 1983

301

Ingenieur Max Günther (1888–1963), langjähriger Vizepräsident der Kammer der Technik

Organigramm der Kammer der Technik, 1947

vielen, nicht im Zentrum der staatlichen Technologieförderung stehenden Branchen zur Kesselflickerei geworden, um Produktionsprozesse unter schlechter werdenden Bedingungen überhaupt aufrechtzuerhalten. Das hatte Auswirkungen auf die Berufszufriedenheit der Ingenieure. Berufssoziologische Untersuchungen aus der Mitte der 1980er Jahre ergaben, dass ein beträchtlicher Teil von Ingenieuren der Meinung war, über eine höhere Qualifikation zu verfügen, als für ihre Arbeitsaufgaben notwendig war.

Zwischen Massenorganisation und Fachverband: Die Kammer der Technik

Die Berufsorganisation hat entscheidenden Einfluss darauf, wie sich die Ingenieure in der Gesellschaft positionieren. Deshalb war gleich nach dem Krieg

die Entscheidung, welche Organisation die berufspolitischen Interessen der Ingenieure vertritt, von großer politischer Bedeutung. Vor der nationalsozialistischen Gleichschaltung aller wissenschaftlich-technischen und Berufsvereine hatte es viele Ingenieurvereine gegeben, die sich entweder als Standesvertretung, als Angestellten- bzw. Arbeitnehmerorganisation oder als Fachverband definierten.

Nachdem die sowjetische Besatzungsmacht die Tätigkeit von antifaschistischen Parteien und Gewerkschaften im Sommer 1945 zugelassen hatte, ergriffen ehemalige Funktionäre des Bundes technischer Angestellter und Beamter die Initiative zur Gründung der Kammer der Technik als Unterorganisation der ostdeutschen Einheitsgewerkschaft FDGB. Einer der wichtigsten Träger dieser Initiative war der Maschinenbauingenieur und spätere Vizepräsident der Kammer der Technik Max Günther, der in der Weimarer Republik der SPD angehört hatte und vor 1933 hauptamtlicher Geschäftsführer des Bundes technischer Angestellter und Beamter für die Bezirke Berlin, Brandenburg und Pommern gewesen war.

Die Funktionäre des Bundes technischer Angestellter und Beamter stützten sich auf die Befehle der Sowjetischen Militäradministration vom 29. September 1945 und des Alliierten Kontrollrates vom 10. Oktober 1945 zum Verbot aller faschistischen Organisationen, zu denen auch der NS-Bund Deutscher Technik als Dachorganisation aller wissenschaftlich-technischen Vereine im Nationalsozialismus gehörte. Ihr Ziel war es, alle Initiativen zur Reorganisation des Vereins Deutscher Ingenieure in der Sowjetischen Besatzungszone zu unterbinden und seine Ablösung durch die Kammer der Technik durchzusetzen. Die Sowjetische Militäradministration genehmigte im Mai 1946 den Antrag des FDGB auf Gründung der Kammer der Technik und der Zeitschrift „Die Technik" als deren Verbandsorgan. Schon im Juli 1946 wurde das erste Heft veröffentlicht, während die Zeitschrift des Vereins Deutscher Ingenieure erst ab Januar 1948 wieder erschien. Diese Eile signalisierte den Anspruch der Initia-

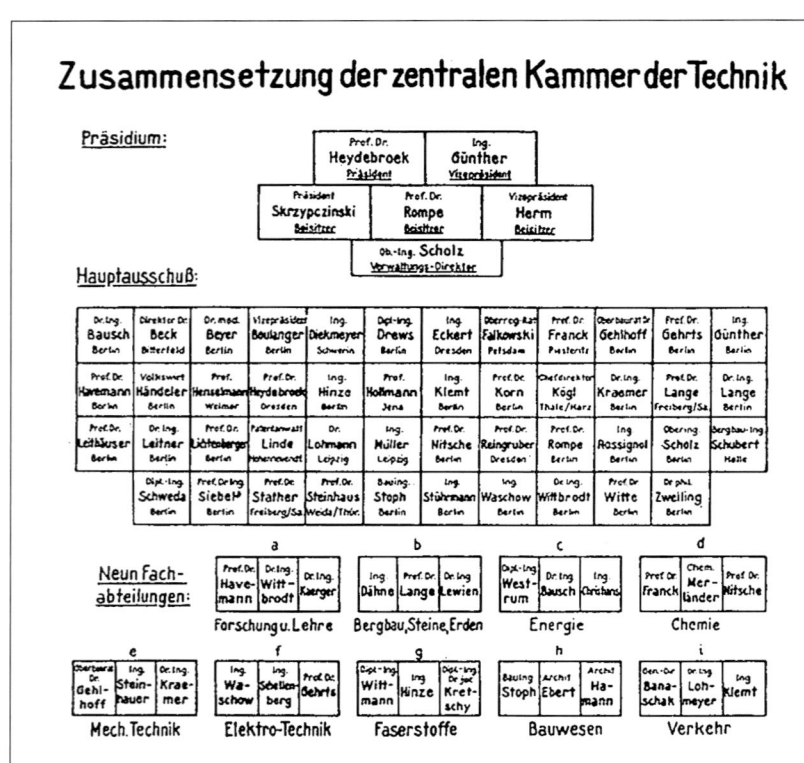

toren, die Kammer der Technik als neue gesamtdeutsche Ingenieurorganisation zu positionieren. Im Januar 1947 genehmigte der Oberkommandierende der sowjetischen Besatzungstruppen die vom FDGB beantragte Auflösung des Vereins Deutscher Ingenieure in der Sowjetischen Besatzungszone und im sowjetischen Sektor von Berlin und die Übertragung des Vermögens an die Kammer der Technik. Im März 1947 übernahm die Kammer der Technik die Berliner Gebäude des Vereins Deutscher Ingenieure.

Die Kammer der Technik gliederte sich in Fachabteilungen und Sonderausschüsse sowie Landeskammern, Bezirks- und Ortsausschüsse. Es gab Fachabteilungen für Forschung und Lehre, Bergbau, Steine, Erden, Energie, Technische Chemie, Mechanische Technik, Elektrotechnik, Faserstoffe, Bauwesen und Verkehr. Sonderausschüsse wurden gegründet für Erfindungs- und Patentwesen, für freie technische Berufe, für Normung und Typisierung und für arbeitswissenschaftliche Fragen.

Zu den Förderern der Kammer der Technik gehörten auch Angehörige der traditionellen ingenieurwissenschaftlichen Elite. Der damalige Rektor der TH Dresden Enno Heidebroek, der in der Weimarer Republik Mitglied im Hauptvorstand des Vereins Deutscher Ingenieure gewesen war, ließ sich für das Amt des Präsidenten der Kammer der Technik aufstellen und wurde im Juni 1947 vom Hauptausschuss gewählt. Sein Anliegen war es, die Organisation nach dem Muster des Vereins Deutscher Ingenieure aufzubauen und zu lenken. Aber recht bald wurde deutlich, dass die hauptamtlichen Funktionäre den Ingenieurverein als ein Instrument zur Verstaatlichung der Wirtschaft einsetzten. Zum einen wurde die Kammer in die Planwirtschaft einbezogen und für Tätigkeiten in Ausschüssen für Wirtschaftsplankontrolle, in Kommissionen für Verbesserungsvorschläge oder in der Aktivistenbewegung mobilisiert. Zum anderen setzten sich in den Sonderausschüssen jene Kräfte durch, die im Interesse der staatlichen Wirtschaft agierten.

Der Ausschuss für Erfindungs- und Patentwesen der Kammer der Technik arbeitete seit 1947 am Entwurf für ein neues Patentgesetz, das die Grundprinzipien des sowjetischen Patenrechts übernahm und 1950 rechtskräftig wurde. Das Gesetz sicherte dem Erfinder eine Vergütung zu, aber es zwang ihn gleichzeitig, das Recht auf Verwertung der Erfindung an den Staat abzutreten. Die Erfinder verloren damit die Kontrolle über die Ergebnisse ihrer Erfindungstätigkeit.

Der Ausschuss für Arbeitsstudien kam in Konflikte, als er versuchte, an das in den 1920er Jahren vom Reichsausschuss für Arbeitszeitermittlung eingeführte System des Arbeitsstudiums (Refa-System) anzuknüpfen. Die Gewerkschaft machte als Träger der Ingenieurorganisation geltend, dass das Refa-System ein Ausbeutersystem sei. Es könne nicht darum gehen, die Einstellung der Arbeiter gegenüber Refa zu ändern, sondern darum, das System ganz abzuschaffen. Aber Leistungssteigerungen auf der Grundlage von Leistungslöhnen waren essentiell für die politische Stabilisierung. Wirtschaftsfunktionäre warnten, dass in Sachsen erst ein Drittel der Industriearbeiter nach Leistungslöhnen arbeitete, während es in der Kriegswirtschaft 80 Prozent gewesen seien. Letztlich wurde das Refa-System unter neuem Namen als TAN-Bewegung wieder eingeführt. TAN, das heißt technische Arbeitsnormen, waren durch TAN-Bearbeiter zu erstellen, deren Ausbildung von der Kammer der Technik übernommen wurde.

Beratung zur Festlegung von „technisch begründeten Arbeitsnormen TAN" im Fräsmaschinenwerk „Fritz Heckert" Chemnitz, 1953

Als sich besonders seit 1948 die Instrumentalisierung der Ingenieurorganisation für den sozialistischen Gesellschaftsumbau immer klarer abzeichnete, forderte Heidebroek, die Kammer aus ihrer Abhängigkeit von der Gewerkschaft zu lösen und aus ihrer Verpflichtung auf die Ziele der SED und der staatlichen Wirtschaftsleitung zu entlassen. In einer Denkschrift über den künftigen Ausbau der Kammer der Technik erklärte Heidebroek im November 1948: „Wenn die Kammer der Technik wirklich das werden soll, was uns vorschwebt: die Zusammenfassung der gesamten Kräfte der Technik in Wissenschaft und Praxis, kann sie im Hinblick auf die Bedeutung der Technik für den Fortschritt nicht als Anhängsel irgendeiner anderen Organisation existieren und gedeihen, sondern nur als selbständiger Organismus, aus ihren eigenen Kräften getragen. Der technische Fortschritt kann nicht von bürokratischen Verwaltungsorganen gesteuert werden, sondern muss dem freien Spiel der Kräfte in der Forschung wie in der Werkstatt überlassen bleiben. Die besten Köpfe aus den Fachkreisen müssen ihn führen und entwickeln." Heidebroeks Forderung nach einer überparteilichen Berufsorganisation war für die SED-Genossen im Hauptausschuss der Kammer der Technik aber nicht akzeptierbar. Sie veranlassten Heidebroek, als Präsident zurückzutreten.

Zu seinem Nachfolger wurde im Februar 1949 der Chemiker Heinrich Franck gewählt. In den kommenden zehn Jahren profilierte sich die Ingenieurorganisation unter seiner Führung nicht als unabhängiger Ingenieurverein, sondern als systemkonforme Massenorganisation der technischen Intelligenz, die ihre Mitglieder für die Technikpolitik der SED zu mobilisieren versuchte. Ein entscheidender Schritt in diese Richtung war die Gründung von Betriebssektionen. Die Spitze des Ingenieurvereins fasste im Juni 1951 den Beschluss, Ortssektionen und Bezirksausschüsse zugunsten von Betriebssektionen aufzulösen. Das war ein Schlag gegen die freiberuflichen Ingenieure, denen dadurch die Möglichkeit zur Mitwirkung in der Kammer der Technik genommen wurde. Gerade sie aber waren auf die Kommunikation in einem Berufsverband angewiesen. Viele Mitglieder, die in den Ortssektionen, aber auch auf anderen Gebieten aktiv waren, protestierten gegen diesen Beschluss. Der zum naturwissenschaftlich-technischen Establishment der DDR gehörende Chemiker Kurt Schwabe, damals Professor an der TH Dresden und Inhaber eines privaten Forschungsinstituts in Meinsberg/Sachsen, warnte vor einem Geist des Betriebspartikularismus und einer Schwächung der Kammer der Technik. Die müsste eintreten, weil viele

Tagung der Kammer der Technik an der TH Dresden am 28. November 1958

selbständige Ingenieure oder solche aus der Privatwirtschaft als Leiter oder Mitglieder in den Ortssektionen aktiv sein, die man dann verlieren würde. Genau das war aber das Ziel der Spitzenfunktionäre des Ingenieurvereins.

Der Abschließung gegenüber den Privatingenieuren stand eine Öffnung für andere Berufsgruppen gegenüber. In den 1950er Jahren konnten auch Meister aus der Industrie und Facharbeiter, die als Aktivisten ausgezeichnet worden waren, in den Ingenieurverband aufgenommen werden. Allerdings blieb die Beteiligung von Arbeitern begrenzt. Nach einer internen Mitgliederstatistik betrug der Anteil der Hoch- und Fachschulkader 1958 77 Prozent. Seit Anfang der 1960er Jahre versuchte die Kammer der Technik, auch die ökonomisch ausgebildeten Hoch- und Fachschulkader in der Industrie als Mitglieder zu gewinnen.

Im Zusammenhang mit ihrer ersten technikpolitischen Wende – weg vom Kurs der Schwerindustrialisierung hin zur Förderung von Schlüsseltechnologien und der Beschleunigung des wissenschaftlich-technischen Fortschritts – vollzog die politische Elite im Jahr 1955 eine grundlegende Reorganisation der Kammer der Technik. Jetzt wurde ihre Unterordnung unter die Gewerkschaft beseitigt, die Bindung an den FDGB völlig gelöst und der Ingenieurverein als eigenständige juristische Person gesetzlich anerkannt. Die mit dem technikpolitischen Kurswechsel verbundene Aufwertung der Ingenieure veranlasste die SED-Führung also, die plakative Unterordnung der Ingenieure unter die Arbeiter aufzugeben. Allerdings führte die Reorganisation der Kammer zunächst durchaus nicht zu einer wachsenden Attraktivität des Ingenieurvereins. Vielmehr sanken die Mitgliederzahlen 1955 von 100.000 auf 35.000. Viele Betriebssektionen zerfielen daraufhin, weil sie keine Mitglieder mehr hatten. Erst 1961 erreichte die Kammer der Technik wieder einen Mitgliederstand von mehr als 100.000. Nach der Trennung vom FDGB profilierte sich der Ingenieurverein zum Fachverband, über den berufspolitische Interessen nur noch auf der Ebene der fachlichen Kommunikation und Weiterbildung artikuliert werden konnten. Auf dem dritten Vereinskongress im Jahre 1962 erhob der Vorstand die fachliche Weiterbildung der technischen Intelligenz zur Hauptaufgabe der Kammer der Technik.

Dass sie über die Etablierung fachlicher Netzwerke in Form von Arbeitsgruppen und Fachausschüssen die Pflege der beruflichen, institutionsübergreifenden Kommunikation erlaubte, machte eine Mitgliedschaft im Ingenieurverein allmählich wieder interessant. Seit Ende 1955 gab es in der Kammer auch eine zentrale Arbeitsgemeinschaft zur Geschichte der Technik. Sie beschäftigte sich unter anderem mit Plänen, in der DDR als Pendant zum Deutschen Museum in München polytechnische Museen zu errichten.

Unter Mitwirkung der zentralen Arbeitsgemeinschaft für Ingenieurwesen der Kammer der Technik bereitete das Staatssekretariat für das Hoch- und Fachschulwesen nach dem Mauerbau eine „Verordnung über die Führung der Berufsbezeichnung ‚Ingenieur‘ “ vor, die der Ministerrat zum 1. Juni 1962 in Kraft setzte. Nach dieser Verordnung war ein Ingenieurstudium an einer technischen Mittel-, Fach- oder Hochschule Voraussetzung, um die Berufsbezeichnung Ingenieur zu führen. Personen ohne eine ingenieurtechnische Ausbildung konnten die Zuerkennung dieser Berufsbezeichnung beantragen, wenn sie älter als 50 Jahre waren und mindestens 15 Jahre als Ingenieur gearbeitet hatten. Damit bekräftigte diese Verordnung die deutsche Tradition der Schulkultur. Die Funktionäre und Ideologen der Kammer der Technik betonten, dass sie damit den rechtlichen Schutz des Ingenieurtitels durchsetzten, während in der Bundesrepublik entsprechende Gesetzesinitiativen bislang gescheitert seien. Aber dieser Rechtsschutz hatte in der DDR einen eher deklamatorischen Wert, da ein freier Markt für die Tätigkeit selbständiger Ingenieure, die über den Titel ihre Position auf dem Markt definierten, nur noch ganz rudimentär existierte. In den Stellenplänen der Staatsbetriebe hingegen waren Qualifikation, Aufgaben und Ansprüche der Ingenieure ohnehin festgeschrieben.

Unter den in der DDR neu ausgebildeten Ingenieuren erlangte die Kammer seit den 1960er Jahren wieder eine größere Akzeptanz. Das zeigen die steigenden Mitgliederzahlen. Mitte der 1970er Jahre hatte sie über 220.000 Mitglieder und bis 1988 wuchs die Zahl auf über 290.000. Der Anteil von Mitgliedern ohne Hoch- oder Fachschulabschluss war bei durchschnittlich 20 Prozent relativ gering. Die Kammer der Technik war also in der Tat eine Organisation der technischen Intelligenz. Die Frauenquote in der Mitgliedschaft blieb jedoch moderat. Sie stieg zwischen 1976 und 1988 von zehn auf 16 Prozent an. Seit 1963 war im Präsidium des Ingenieurvereins stets mindestens eine Frau präsent. 1987 übernahm die Silikattechnikerin und Professorin an der TH Ilmenau Dagmar Hülsenberg als erste Frau das Präsidentenamt, das sie bis zur Auflösung der Kammer der Technik im Jahre 1992 innehatte.

Die Geschichte der Ingenieure und Ingenieurinnen in der DDR erweist sich also als durchaus ambivalent. In Hinblick auf die Akkumulation technischen Wissens, das heißt die Erweiterung technischer Wissensbestände und die Produktion technischer Wissensträger, war die DDR überaus erfolgreich. Fast alle in der DDR erweiterten oder neu gegründeten Institutionen der akademischen Ingenieurausbildung haben den Untergang der DDR überlebt. Die Technikwissenschaften wurden fast durchweg positiv evaluiert und das von ihnen produzierte Wissen als nützlich und bewahrenswert befunden. Bei der Materialisierung dieses Wissens aber stießen die Ingenieure der DDR auf vielfältige Schwierigkeiten. Diese ergaben sich sowohl aus systemimmanenten Innovationsblockaden als auch aus der Dynamik des Kalten Krieges, die zum Beispiel in der Verschärfung des westlichen Technologieembargos ihren Ausdruck fand. Es ist der politischen Elite der DDR letztlich nicht gelungen, die enorme Akkumulation technischer Kompetenz, die im Wachstum der Berufsgruppe sichtbar wurde, zur Erweiterung der gesamtwirtschaftlichen Leistungsfähigkeit einzusetzen. Wissenschaftlich-technischen Spitzenleistungen auf einigen Gebieten wie dem Bau von Bogenoffsetmaschinen oder der Laserforschung stand eine wachsende Rückständigkeit in vielen anderen Bereichen gegenüber. Bemühungen, diese Rückständigkeit durch einen gewaltigen Kraftakt wie das am Ende der Ulbricht-Ära verkündete Projekt vom „Überholen ohne einzuholen" oder das 1977 aufgelegte Programm zur forcierten Entwicklung der Mikroelektronik zu überwinden, erreichten ihre Ziele nicht und beschleunigten schließlich den Untergang des Systems.

Literatur

Abele, Johannes: Kernkraft in der DDR. Zwischen nationaler Industriepolitik und sozialistischer Zusammenarbeit 1963–1990. Dresden 2000

Abele, Johannes/Barkleit, Gerhard/Hänseroth, Thomas (Hrsg.): Innovationskulturen und Fortschrittserwartungen im geteilten Deutschland. Köln 2001

Albring, Werner: Gorodomlia: Deutsche Raketenforscher in Russland. Hamburg/ Zürich 1991

Augustine, Dolores L.: Werner Hartmann und der Aufbau der Mikroelektronikindustrie in der DDR. In: Dresdener Beiträge zur Geschichte der Technikwissenschaften (2003), S. 3–32

Barkleit, Gerhard: Mikroelektronik in der DDR. SED, Staatsapparat und Staatssicherheit im Wettstreit der Systeme. Dresden 2000

Baar, Lothar/Petzina, Dietmar (Hrsg.): Deutsch-Deutsche Wirtschaft 1945 bis 1990. Strukturveränderungen, Innovationen und regionaler Wandel. Ein Vergleich. St. Katharinen 1999

Bähr, Johannes/Petzina, Dietmar (Hrsg.): Innovationsverhalten und Entscheidungskulturen. Vergleichende Studien zur wirtschaftlichen Entwicklung im geteilten Deutschland 1945–1990. Berlin 1996

Heidebroek, Enno: Die neue Hochschule. In: Die Technik 1 (1946), S. 257–260

Heidebroek, Enno: Die Verantwortlichkeit des Ingenieurs. Vortrag, gehalten bei der

125-Jahrfeier der Technischen Hochschule Dresden am 4.6.1953. In: Berichte über die Verhandlungen der Sächsischen Akademie der Wissenschaften zu Leipzig, Mathematisch-Naturwissenschaftliche Klasse 101 (1954), S. 3–22

Heidebroek, Enno: Problematik der Ingenieurarbeit und -erziehung. In: Die Technik 3 (1948), S. 1–3

Hoffmann, Dieter/Macrakis, Kristie (Hrsg.): Naturwissenschaft und Technik in der DDR. Berlin 1998

Jessen, Ralph: Professoren im Sozialismus. Aspekte des Strukturwandels der Hochschullehrerschaft in der Ulbricht-Ära. In: Kaelble, Hartmut/Zwahr, Hartmut/Kocka, Jürgen (Hrsg.): Sozialgeschichte der DDR. Stuttgart 1994, S. 217–253

Judt, Matthias: Zur Geschichte des Büro- und Datenverarbeitungsmaschinenbaus in der SBZ/DDR. In: Plumpe, Werner/Kleinschmidt, Christian (Hrsg.): Unternehmen zwischen Markt und Macht: Aspekte deutscher Unternehmens- und Industriegeschichte im 20. Jahrhundert. Essen 1992, S. 137–153

Judt, Matthias/Ciesla, Burghard (Hrsg.): Technology Transfer out of Germany after 1945. Amsterdam 1996

Mick, Christoph: Forschen für Stalin. Deutsche Fachleute in der Sowjetischen Rüstungsindustrie 1945–1958. München/Wien 2000

Mühlfriedel, Wolfgang/Hellmuth, Edith: Carl Zeiss in Jena 1945–1990. Köln 2004

Mühlfriedel, Wolfgang/Wießner, Klaus: Die Geschichte der Industrie der DDR. Berlin 1989

Naumann, Friedrich: Computer in Ost und West: Wurzeln, Konzepte und Industrien zwischen 1945 und 1990. In: Technikgeschichte 64 (1997), S. 125–144

Petzold, Hartmut: Zur Gründung des Instituts für Maschinelle Rechentechnik. In: Hänseroth, Thomas (Hrsg.): Wissenschaft und Technik. Studien zur Geschichte der TU Dresden. Köln 2003, S. 189–211

Reichert, Mike: Kernenergiewirtschaft in der DDR. Entwicklungsbedingungen, konzeptioneller Anspruch und Realisierungsgrad (1955–1990). St. Katharinen 1999

Sonnemann, Rolf et al. (Hrsg.): Geschichte der Technischen Universität Dresden 1828–1978. Berlin 1978

Steiner, André: Die DDR-Wirtschaftsreform der sechziger Jahre. Konflikt zwischen Effizienz und Machtkalkül. Berlin 1999

Stelzner, Egon: Die Herausbildung und Entwicklung der Kammer der Technik 1945/46–1955. Diss. B. Bergakademie Freiberg 1985

Stokes, Raymond G.: Constructing Socialism: Technology and Change in East Germany 1945–1990. Baltimore 2000

Tandler, Agnes Charlotte: Geplante Zukunft: Wissenschaftler und Wissenschaftspolitik in der DDR 1955–1971. Freiberg 2000

Weisbrod, Bernd (Hrsg.): Akademische Vergangenheitspolitik. Beiträge zur Wissenschaftskultur der Nachkriegszeit. Göttingen 2002

Wolter, Werner: Wissenschaftlich-technische Bildung und personelles Forschungspotential in der DDR. In: Meyer, Hansgünter (Hrsg.): Intelligenz, Wissenschaft und Forschung in der DDR. Berlin/New York 1990, S. 85–96

Zachmann, Karin: Mobilisierung der Frauen. Technik, Geschlecht und Kalter Krieg in der DDR. Frankfurt a. M. 2004

Als deutscher Ingenieur im Ausland

Helmut Winkler

Die Beiträge dieser „Geschichte des Ingenieurs" haben bislang die Länder und Kulturen in den Blick genommen, die zeitweilig das globale technische Entwicklungsniveau anführten. Daneben gab und gibt es zahlreiche Nationen und Regionen, in denen die Techniker und Ingenieure vor anderen – teilweise technisch und wissenschaftlich weniger anspruchsvollen, dafür aber kulturell besonders schwierigen – Herausforderungen standen. In der Zeit des internationalen Warenaustausches und der Globalisierung begegnen und vermischen sich die globalen Ingenieurkulturen – bei fortbestehenden Unterschieden – auf vielfältige Weise. Zum Abschluss dieses Buches soll diese Buntheit des globalen Ingenieurwesens an Beispielen gezeigt werden. Dies erfolgt aus der persönlichen Perspektive meiner Auslandsaufenthalte als Ingenieur, Ingenieurprofessor und Bildungsforscher in etwa einem Dutzend Ländern. Die mitgeteilten Erlebnisse und Erfahrungen sind individuell; der Leser wird aufgefordert, sie an seinen eigenen zu überprüfen. Jedenfalls wird der Blick auf den Globalisierungsprozess gelenkt, in dem aus Fremdem und Eigenem Neues entsteht.

Ingenieurtätigkeit in hochindustrialisierten Ländern

Bild links: Die Generalität kommt zur Graduierungsfeier an der TTG, Kaduna/ Nigeria 1990

Als Laboringenieur in Frankreich

Als ich im Jahr 1963 meinen Abschluss als graduierter Maschinenbauingenieur an der Staatlichen Ingenieurschule Essen erwarb, war die Arbeitsmarktlage für Ingenieure des Maschinenbaus im Ruhrgebiet nicht besonders günstig. Daher ergriff ich gerne die Gelegenheit, als mir eine interessante und relativ gut dotierte Stelle im Ausland angeboten wurde, und nahm eine Tätigkeit als Laboringenieur am deutsch-französischen Forschungsinstitut im linksrheinischen St. Louis (ISL) an. Das heute noch existierende, jedoch wenig bekannte Institut beschäftigte sich vor allem mit militärtechnischer Grundlagenforschung. In einem Team von fünf Personen entwickelten wir zusammen mit einem sehr erfahrenen Fachschulelektroingenieur Versuchsaufbauten im Labor, mit denen wir zwei verschiedenen Fragestellungen nachgehen wollten. Bei der von der deutschen Seite – namentlich von Dipl.-Ing. W. Struth betriebenen – Forschungslinie ging es um die Fortentwicklung panzerbrechender Munition. Die französische Seite hingegen widmete sich unter der Federführung eines Absolventen der Pariser École Polytechnique grundlegenden Untersuchungen von Verbrennungsvorgängen bei hohen Machzahlen – für Insider: Es ging um Ma > 7.

Bei beiden Forschungen mussten Vorgänge, die im Bereich von Millisekunden abliefen, photografphisch festgehalten werden. Hierzu bediente man sich der in der Ultrakurzzeitphysik bekannten und erprobten Funkenzeitkamera nach Cranz-Schardin. Sie nutzt den zeitlichen Abstand

Forscher des ISL: Munitions-
experte Dipl.-Ing. W. Struth
und Aerodynamiker
Dipl.-Phys. R. Ramshorn

Einschuss einer Makrolon-
kugel in ein brennbares Luft-
Benzol-Gemisch mit Mach 7

elektrisch erzeugter Funken beim Durchlaufen von Spulen mit unterschiedlichen
Wicklungszahlen, um mit einem entsprechenden optischen System eine Folge von
zwölf bis 24 Bildern zu erzeugen. Später
wurden auch moderne Röntgenblitzkame-
ras eingesetzt.

Hier sollen nicht die – damals streng geheimen – Arbeitsresultate geschildert werden, sondern zwei Aspekte meiner Beschäftigungssituation am ISL, die von allgemeinerer Bedeutung waren. Erstens handelte
es sich beim ISL um eine Nachfolgeorganisation einer Arbeitsgruppe deutscher Naturwissenschaftler und Ingenieure, die vor

und während des Zweiten Weltkriegs an
der Luftkriegsakademie in Berlin-Gatow
gearbeitet hatten. Als diese Gruppe auf der
Flucht vor den russischen Besatzern einen
Zwischenstopp in Biberach an der Riss ein-
legte, wurden die deutschen Wissenschaftler und Ingenieure von der französischen
Besatzungsmacht zwangsverpflichtet. Damit begann die Geschichte des ISL.

Die von den Einwohnern des kleinen
rechtsrheinischen Städtchens Weil am
Rhein – dort lebten die meisten der deutschen Mitarbeiter des ISL – liebevoll, aber
verständnislos „Atompreußen" genannten
Wissenschaftler und Ingenieure wurden
täglich mit einem tarnfarbenen Instituts-
bus mit Benutzung der Fähre über den
Rhein zwischen Weil und St. Louis zum
ISL gebracht. Niemand von ihnen durfte
über seine Arbeit sprechen, da alle Tätigkeiten als geheim eingestuft waren – im
Falle der Munitionsentwicklung galt sogar
die NATO-Geheimhaltungsstufe Cosmic
– daher wussten die Anwohner nicht, was
die Wissenschaftler und Ingenieure am
ISL machten und vermuteten eben „irgen-
detwas mit Atom". Tatsächlich waren die
„Atompreußen" aber Waffenspezialisten.
Sie besaßen alle Erfahrungen in der Waf-
fen- und Sprengstoffentwicklung. Unter
anderem sei hier die von dem deutschen
Ingenieur Geßner schon an der Luftkriegsakademie entwickelte Panzerfaust
genannt. Das bei ihr verwendete Prinzip
der Hohlladung findet heute noch Anwendung. Ähnliches gilt für die Entwicklung
panzerbrechender unterkalibriger Treib-
spiegel-Munition, die später in der kommerziellen Wehrtechnik weiterentwickelt
wurde und heute als Standardmunition
für Glattrohrkanonen verwendet wird.

Nach der Ratifizierung des von Ade-
nauer und de Gaulle ausgehandelten
deutsch-französischen Freundschaftsver-
trages wurde die endgültige Rechtsform
des ISL festgelegt: Als paritätisch verwal-
tetes bilaterales Forschungsinstitut war es
jeweils den nationalen Verteidigungsmi-
nisterien zugeordnet. Damit mündete die
französische Variante des sich Aneignens
deutscher technologischer Kompetenz
nach dem Zweiten Weltkrieg – vergleichbar der Aktion *Paperclip*, in deren Rahmen

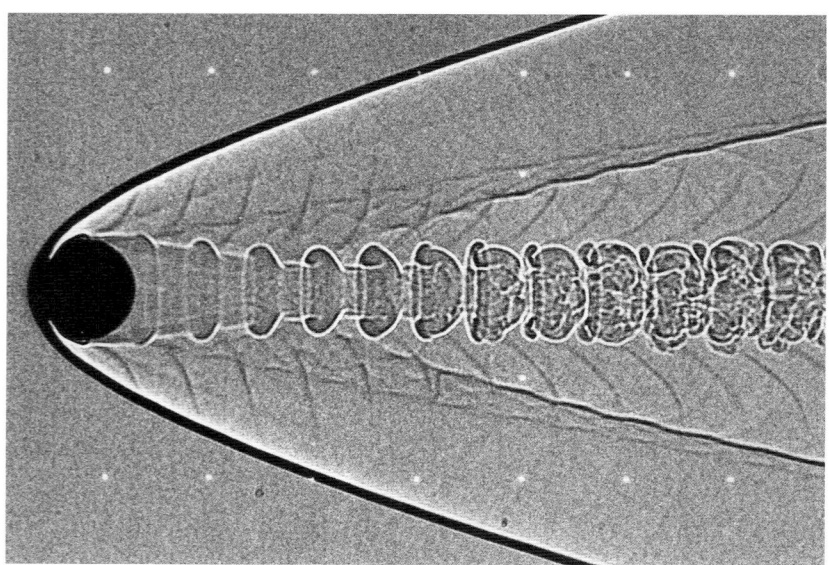

Wernher von Braun mit seinen Peenemünder Raketenexperten in die USA geholt wurde, und der russischen Strategie der Konzentration deutscher Luft- und Raumfahrtexperten auf der einsamen Insel *Gorodomlia* – in eine internationale Zusammenarbeit. Eine Episode illustriert die danach vorherrschende Systemkonkurrenz zwischen West und Ost: Als ich seinerzeit meine Kollegen nach ihrer berufsethischen Haltung zu der militärtechnischen Grundlagenforschung fragte, war die Antwort, dass schließlich irgendwo in der Sowjetunion ebenfalls Forscher an solchen Fragen arbeiteten.

Die zweite Thematik von allgemeinerer Bedeutung betraf meine Situation als Ingenieur. Denn die Beschäftigungsverhältnisse des Personals am ISL waren am System des öffentlichen Dienstes Frankreichs ausgerichtet. Die Besonderheit meiner Beschäftigungssituation lag in der Problematik der unterschiedlichen Einstellungs- und Vergütungsrichtlinien, die auf Absolventen deutscher Ingenieurschulen und französischer Polytechnika angewandt wurden. Ich war als „Laboringenieur" eingestellt worden, wurde jedoch nach der französischen Gehaltsskala und Rangordnung als „technicien supérieur" bezahlt (das entspricht BAT IV) und eingeordnet, meine französischen Kollegen, die Absol-

venten der so genannten „Grandes Écoles", jedoch als „jeunes chercheurs" (vergleichbar BAT IIa). Das hatte Folgen für meine spätere berufliche Biographie und das ISL. Nach einem Jahr verließ ich das Institut zusammen mit acht anderen graduierten Ingenieuren. Dadurch verlor ich jedoch meine „u.k."-Stellung (unabkömmlich) und musste meinen Wehrdienst antreten. Die letzten sechs Monate meiner zweijährigen Wehrpflichtzeit war ich als Fachlehrstabsassistent an der Technischen Akademie der Luftwaffe in Neubiberg (TAkLW) tätig. Danach nahm ich ein Studium der Luft- und Raumfahrttechnik an der TU München auf und schloss es im Jahr 1970 als Diplomingenieur ab. Nun war die Arbeitsmarktlage für Ingenieure wieder recht gut und ich konnte unter drei angebotenen Stellen wählen. Über Verbindungen des aus den USA an die TU München berufenen Professors für Raumfahrttechnik Harry O. Ruppe hatte man mir eine Stelle als Doktorand am Goddard Space Flight Centre in Huntsville/Alabama angeboten. Als zweite Option hätte ich als Referendar im technischen Vorbereitungsdienst des Freistaates Bayern anfangen können – mit der Aussicht, später als Referent im Innenministerium für die technische Ausstattung der bayerischen Kliniken zuständig zu sein. Schließlich bot sich eine Stelle als Studiengangsplaner für Ingenieure an der neu gegründeten Gesamthochschule Kassel, die ich annahm. Nach Abschluss einer Dissertation zum Thema Gesamthochschule entwickelte sich aus meiner Planungstätigkeit dort eine akademische Laufbahn am 1978 neu gegründeten Wissenschaftlichen Zentrum für Berufs- und Hochschulforschung. Heute bin ich dort als außerplanmäßiger Professor und stellvertretender Geschäftsführender Direktor tätig. Meine Hauptarbeitsgebiete waren und sind Beruf und Qualifikation von Ingenieuren mit Schwerpunkt auf ihrer Ausbildung in und für Entwicklungsländer. Diese Forschungsthemen führten später zu Aufenthalten in relativ vielen Ländern der Welt.

Als Fulbright-Stipendiat in den USA

Eine Idee des „Ambassador to Industry" – Herman Schneider: College on the Hilltop – Industry in the Bottoms

"COLLEGE ON THE HILLTOP"

INDUSTRY IN "THE BOTTOMS"

Bald nach der Gründung des Wissenschaftlichen Zentrums für Berufs- und Hochschulforschung an der Universität Kassel – von Januar bis März 1980 – führte mich eine erste Studienreise als Stipendiat der Fulbright-Stiftung im Programm „Bildungsexperten" in die USA. Das Thema der Analyse war die „Praxisorientierung" der US-amerikanischen Ingenieurausbildung. Ich besuchte 21 Ingenieur-Hochschulen in den USA, darunter vor allem jene, die in ihrem Programm „Co-operative Education" anboten. Die Analyse ergab ein sehr differenziertes Bild, bei dem mir vor allem die Unterschiede zum deutschen System der Ingenieurausbildung deutlich wurden. Die Ergebnisse der Studienreise lassen sich trotz ihrer Differenzierung und Komplexität kurz zusammenfassen.

Praxisorientierung als Differenzierungsmerkmal zwischen zwei Sorten von Ingenieuren – wie wir es in Deutschland mit den beiden institutionellen Säulen Fachhochschule und TH/TU kennen – gibt es in den USA nicht. Das gestufte Modell von Bachelor, Master und PhD reicht offensichtlich aus, um dem unterschiedlichen Qualifikationsbedarf der amerikanischen Industrie gerecht zu werden. Das von dem deutschstämmigen Dekan Herman Schneider erstmals an der Ingenieurhochschule in Cincinnati/Ohio entwickelte Modell der „Co-operative Education", einer an wechselnden Lernorten in Hochschule und Betrieb durchgeführten Sandwich-Ausbildung, löst viele Probleme der praktischen Ausbildung von Ingenieuren. Es bietet zudem den Vorteil, dass finanziell schlechter gestellte Studierende mittels ihrer Einkünfte während der praktischen Semester ihr Studium finanzieren können. Das Modell mit seinem typisch amerikanischen Pragmatismus war so erfolgreich, dass inzwischen mehr als die Hälfte der etwa 3.000 amerikanischen Hochschulen solche „Co-operative Education"-Programme anbieten. Gelegentlich tauchen diese auch unter dem Begriff des „Experiential Learning" auf.

Einige Besonderheiten der amerikanischen Ingenieurausbildung – verglichen mit der deutschen – sollen jedoch noch erwähnt werden. Die Rangfolge der verschiedenen Forschungshochschulen in den USA, die Ingenieure ausbilden, weist eine größere Spreizung auf, als wir sie kennen. Die unteren Ränge belegen hier kleinere Colleges des Mittleren Westens, die oberen nehmen die Topausbildungsstätten wie das MIT in Cambridge/Massachusetts oder das California Institute of Technology in Pasadena/Kalifornien ein.

Die Studenten sind im Durchschnitt wesentlich jünger als unsere Studierenden und sie schließen ihre ersten Examina auch in wesentlich geringerem Alter ab, wofür es einige Gründe gibt. Es gibt nur zwölf Jahre High-School-Ausbildung vor Beginn des Studiums. Ein Pflichtpraktikum vor dem Studium wird nicht vorgeschrieben. Und schließlich besteht keine allgemeine Wehrpflicht. Für den

Studentenaustausch zwischen Deutschland und den USA ergeben sich aus diesen Unterschieden kleinere Probleme bei der Ein- und Zuordnung in die jeweiligen Studienprogramme. Meist werden deutsche Studenten jedoch in die ihnen entsprechenden Undergraduate-Programme aufgenommen, für Fachhochschulabsolventen gilt in der Regel die Anerkennung ihres Abschlusses als „Bachelor".

Ingenieurtätigkeit in EU-Beitritts-, Schwellen- und Entwicklungsländern

Als Lang- und Kurzzeitexperte der GTZ in Südkorea

Von Dezember 1980 bis September 1982 war ich für die Deutsche Gesellschaft für Technische Zusammenarbeit (GTZ) als Langzeitexperte und Dozent an der Chungnam National University in Taejon/Süd-Korea tätig. Meine Hochschule hat mich für diesen Auslandseinsatz beurlaubt. Zum damaligen Zeitpunkt stellte die Universität in Taejon eine Besonderheit für die Republik Korea dar. Die Ingenieurfakultät der Universität war im Jahr 1954 als *College of Engineering* geplant und eingerichtet worden. Die an sie berufenen Hochschullehrer hatten ihre Ausbildung zumeist in Korea oder Japan sowie den USA und Kanada abgeschlossen. Später, im Jahr 1977, wandelte das für Hochschulen zuständige Ministerium die Ingenieurfakultät in ein *College of Industrial Education* um und gab diesem ein besonderes Programm, genannt *Double Major Approach*. Die Absolventen der Ingenieurdisziplinen sollten danach neben dem *Master of Engineering* zugleich eine Lehrbefähigung als Techniklehrer für die *Vocational Schools* in Korea – vergleichbar einer Vollzeitberufsschule – erwerben. Hierzu studierten sie berufspädagogische Fächer und Technikdidaktik, die mangels

einschlägig qualifizierter einheimischer Lehrpersonen von Fachwissenschaftlern aus Deutschland angeboten wurden, die über ein GTZ-Projekt nach Korea kamen. Meine Lehrfächer waren Fertigungstechnik und Technikdidaktik. Neben unserer Lehrtätigkeit assistierten wir deutschen Langzeitexperten auch bei den Planungen für den Ausbau der neuen Ingenieurfakultät. Vor allem die notwendige Praxisorientierung einer solchen Hochschulausbildung hatte die koreanische Seite bewogen, sich der deutschen Entwicklungszusammenarbeit zu bedienen. Das deutsche System der dualen beruflichen Ausbildung genießt weltweit den Ruf, eines der besten seiner Art zu sein, weil es den technischen Kompetenzerwerb durch eine Verbindung schulischer und praktischer Ausbildung im Betrieb ermöglicht. Dem koreanischen beruflichen Ausbildungssystem – das mein Kollege Prof. Dr. Eberhardt Schoenfeldt aus der Berufspädagogik einmal als „ein Berufsbildungssystem ohne Beruf, Bildung und System" bezeichnet hat – mangelte es an beruflich-praktischer Ausbildung. Man hatte sich in Korea am amerikanischen Muster des *„one-man-one-job-training"* orientiert – und dabei offenbar die jahrhundertealte koreanische Tradition des qualifizierten Handwerkers vergessen.

Dieser Mangel an Praxisorientierung war schon ersichtlich, wenn man den koreanischen Studenten bei ihren Labor- und Werkstattpraktika zusah: Zum Schutz der Hände trugen sie weiße Baumwollhandschuhe, die auch im Alltagsleben der Koreaner eine große Rolle spielen – fast jeder Bus- oder Taxifahrer trägt sie. Auf meine Nachfrage nach dem Sinn dieser Sitte erhielt ich die Antwort, dass es unter der menschlichen Würde sei, direkt mit Maschinen in Berührung zu kommen: *Der Edle ist kein Instrument*. Das war freilich keine gute Startbedingung für eine technische Ausbildung.

Nicht nur das. Es gab auch Beispiele für unangepassten und damit missglückten Technologietransfer, wie etwa bei fehlerhafter Montage von aus Deutschland eingeführter Maschinerie oder beim Verbleib von 100 für das Labor des Fachbe-

reichs Verfahrenstechnik aus Deutschland gelieferter Bunsenbrenner. Diese lagen unausgepackt im Lager und wurden in den Labors nicht benutzt – stattdessen kochten die koreanischen Studenten des Studienfaches Chemieverfahrenstechnik ihre Analysen auf Elektrokochern. Als Grund

Chungnam National University

dafür führte der zuständige koreanische Hochschullehrer die Finanznot der Hochschule an. Denn die Kassenlage erlaube keinen regelmäßigen Ankauf von Gasflaschen. Strom werde jedoch auch dann bereitgestellt, wenn die Hochschule als staatliche Einrichtung ihre Stromrechnung beim staatlichen Stromversorger nicht be-

Graduierungszeremonie im 30. Jubiläumsjahr

zahlt habe. Mit solchen Umständen kamen wir deutsche Experten damals noch nicht gut zurecht.

Um den koreanischen Kollegen des Lehrkörpers der Ingenieurfakultät einen Einblick in die Bedeutung bestimmter beruflicher Qualifikationen für die berufliche Praxis eines Ingenieurs oder Berufsschullehrers zu geben, führten wir ein gemeinsames kooperatives Forschungsvorhaben zum „Qualifikationsbedarf der koreanischen Industrie" durch. Beide Seiten lernten dabei eine Menge. Die koreanische Industrie arbeitete damals nach dem Prinzip, moderne japanische oder westliche Produktionsanlagen zu importieren und koreanische Arbeiter mit sehr geringen Löhnen und langen Arbeitszeiten daran arbeiten zu lassen. Dies führte zu international sehr konkurrenzfähigen Preisen – die vom Ausland gelegentlich als Dumping-Preise empfunden wurden – für koreanische Produkte. Diese waren von hoher Qualität und brachten Korea aus den Exportüberschüssen jene Mittel ein, die für eine weitere rasche Industrialisierung nötig waren. Inzwischen ist Korea vom Schwellenland zum Industrieland geworden und stellt in vielen Bereichen auch für Deutschland eine Konkurrenz dar, insbesondere im Schiffbau (Hyundai), in der Automobilproduktion (Hyundai, Kia, Daewoo) sowie der Elektrotechnik und Elektronik (Sam Sung = drei Sterne). Das Produktionskonzept koreanischer Industrieunternehmen verbindet Elemente amerikanischer Produktionsweisen mit japanischen. Es gelang uns deutschen Experten kaum, bei den Betriebsbesichtigungen im Rahmen des Forschungsprojekts Beispiele für praxisbezogene Qualifizierungskonzepte des Facharbeiters und des produktionsnah tätigen Ingenieurs zu finden. Es ergaben sich eher Qualifikationsanforderungen, die mit dem bestehenden koreanischen „Berufsbildungssystem" zu befriedigen waren. Nach einer schulischen Grundausbildung an *Vocational Schools* wird ein koreanischer Arbeiter für seine Tätigkeit kurz angelernt – alles Weitere ergibt sich im Beruf. Die Ingenieure bereiten die Arbeit und die Produktionsanlagen so weit vor, dass die Produktion von der Belegschaft unter der Leitung erfahrener Vorarbeiter nahezu ohne Produktionsaufsicht durch Fertigungsingenieure erfolgen kann. In der Folge wurde das Element des Praxisbezuges in der Ingenieurausbildung an der Chungnam-Universität aufgegeben. Nach dem Abzug der deutschen GTZ-Experten sank es zur Bedeutungslosigkeit herab und die Ausbildung zum Berufsschullehrer an dieser Hochschule wurde ganz eingestellt. Diese übernahm das Korean Institute of Technical Education (KITE), das vom Ministry of Labour Affairs eigens dafür eingerichtet wurde. Die dort erzielten Erfolge belegen, dass durch den Wechsel der Zuständigkeit vom Wissenschafts- zum Arbeitsministerium der Praxisbezug zumindest in der Berufsschullehrerausbildung erhalten werden konnte.

In der Nachbarschaft der Chungnam National University liegt die *Daeduk Science Town*, eine konzentrierte Forschungslandschaft, in der fast alle bedeutenden staatlichen koreanischen Forschungsinstitute ihren Sitz haben. Vom Tabakforschungszentrum bis zum nukleartechnischen Forschungsinstitut findet man hier – aus strategischen Gründen tief im Hinterland und damit weit von der Demarkationslinie zu Nordkorea am 38. Breitengrad entfernt – ein wissenschaftliches Zentrum, das nach langen und schwierigen Aufbaujahren inzwischen Wissenschaftler aus Korea und der Welt anzieht. Heute arbeiten hier etwa 250 ausländische Wissenschaftler aus vielen Ländern.

Aus den gemeinsamen Arbeitszusammenhängen hatte sich ein freundschaftliches Verhältnis zwischen den deutschen Experten und einigen koreanischen Kollegen entwickelt, das einige Jahre später Anlass zu einem weiteren Aufenthalt des Autors in Korea gab. Einer der jüngeren Assistenten an der Ingenieurfakultät der Chungnam-Universität hatte nämlich an der Universität Kassel promoviert und war als Professor an das vom koreanischen Arbeitsministerium neu gegründete Korean Institute for Technical Education (KITE) in Chonan berufen worden. Außerdem war mein bereits genannter Kollege Eberhardt Schoenfeldt, der zunächst als Kurzzeitdo-

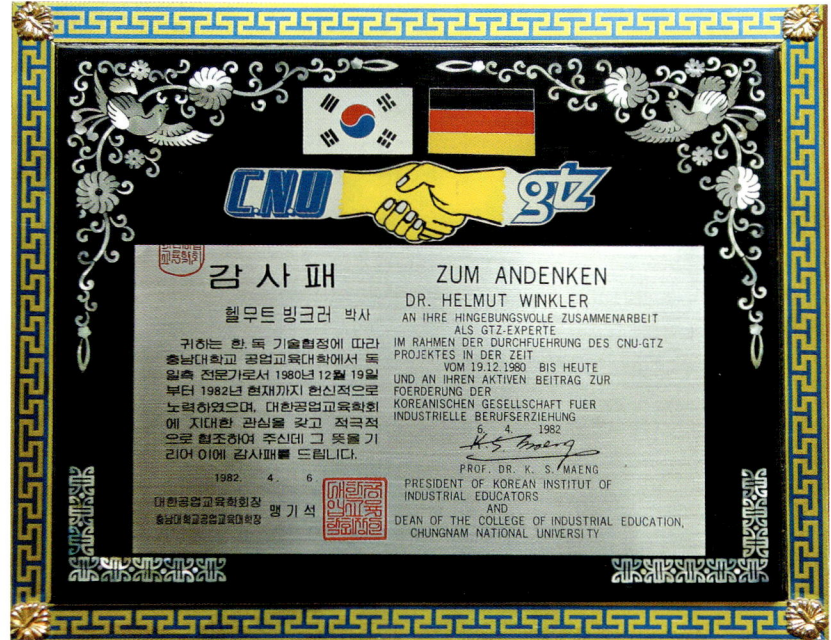

zent an der CNU tätig war, für zwei Jahre als Regierungsberater für Berufsschulfragen an das Arbeitsministerium berufen worden.

Prof. Hans Dehlinger, ein Kollege aus dem Industrial Design, und ich wurden als Gastprofessoren eingeladen, zum Thema „Praxisorientierung" Lehrveranstaltungen am KITE zu halten. Dem für das KITE zuständigen Arbeitsministerium MoL lag eine stärkere Praxisorientierung bei der technischen Bildung offenbar mehr am

Gam Sa Pae = Würdigungsplakette für treue Dienste

Korean Institute for Technical Education

315

Profs. Schoenfeldt und Dehlinger in einer der unterirdischen Einkaufspassagen in Seoul bei der Auswahl einer Kamera

Herzen als dem für die Universitäten zuständigen Wissenschaftsministerium MoE in Seoul. Die am KITE durchgeführte praktische Ausbildung in den Werkstätten und Labors hat sich inzwischen gut entwickelt und vermittelt den Studenten brauchbare Qualifikationen für ihren späteren Beruf als technische Lehrkräfte an *Vocational Schools* und in betrieblichen Aus- und Weiterbildungsabteilungen großer koreanischer Unternehmen.

Als Gutachter bei der Evaluierung der Ingenieurfakultät der Universität Dar es Salaam in Tansania

Afrikanisierung: Titelblatt des Gutachtens

Haupteingang der FoE

Im Jahre 1985 war ich dann im Auftrag des Bundesministeriums für wirtschaftliche Zusammenarbeit (BMZ) als Mitglied eines dreiköpfigen Evaluierungsteams (zusammen mit Prof. Dr.-Ing. Bernd E. Hirsch von der Universität Bremen und Regierungsdirektor H. Kern vom BMZ) in Tansania tätig. Unser Auftrag war die Evaluierung des deutschen Beitrags beim Auf- und Ausbau der Ingenieurfakultät (Faculty of Engineering, FoE) an der Universität in Dar es Salaam, den die GTZ koordiniert und durchgeführt hatte. Diese Förderung des Auf- und Ausbaus der FoE war damals neben der Förderung des Institute of Technology in Madras/Indien und der technischen Fakultät der Universität Heluan/Ägypten eines der größeren entwicklungspolitischen Projekte der deutschen Bundesregierung. Grundlage des Projektes war ein von den deutschen Experten Bieger, Goldschmidt und Kreuser erarbeitetes Gutachten, das eine der Grund-

lagen für die Evaluierung des erreichten Planungsstandes bildete.

Die Bundesrepublik Deutschland hatte für das Projekt bis zu diesem Zeitpunkt einen Betrag von immerhin 75 Millionen DM aufgebracht. Unsere Aufgabe war es, zu prüfen, wie lange und in welchem Umfang eine weitere deutsche Förderung notwendig sein würde. Nach einer eingehenden Begutachtung der Einrichtungen, Programme und Leistungen der Faculty of Engineering führten wir auch Interviews mit tansanischen Fachleuten aus Industrie, Politik und Verwaltung, die einen Einblick in die bisherigen Erfolge der Fakultät gaben. Zur Diskussion stand das Konzept der „Afrikanisierung" der Faculty of Engineering, entsprechend dem damals in der Entwicklungspolitik dominierenden Indigenisierungsansatz. Dieses Konzept sah vor, die Schlüsselpositionen in der Fakultät allmählich von den deutschen Experten auf die inzwischen hochqualifizierten tansanischen Professoren zu übertragen.

Allerdings hatte die Afrikanisierung bis dato Schwierigkeiten bereitet, weil viele der mit einem Staatsstipendium im Ausland ausgebildeten tansanischen Fachkräfte nicht ins arme Tansania zurückkamen – ein klassisches Beispiel für unerwünschten *Brain Drain*.

Die politische Absicht der sozialistischen Einheitspartei Tansanias (TANU) unter ihrem Anführer und großem „Mwalimu" (Lehrer) Julius Nyerere war die Übernahme aller Aufgaben, die bis dahin von – teuren – Auslandsexperten wahrgenommen wurden. Die von Nyerere angeregte *Ujamaa*-Bewegung (Unser-Dorf-Bewegung) begriff die Universität als ein Dorf, das im Sinne des Nutzens für alle Bürger zu entwickeln sei. Das führte auch zu zusätzlichen Dienstleistungsaufgaben der Hochschule, die weit über das übliche Maß der in Lehre und Forschung zu erbringenden Leistungen einer Universität hinausgingen. Ein parallel von der GTZ am gleichen Standort betriebenes Projekt zur Errichtung und zum Betrieb eines *Institute for Production Innovation* (IPI) sollte die Faculty of Engineering unterstützen. Inzwischen plant die Universität, die gewachsene ehemalige Fakultät zu einem selbständigen eigenen College of Engineering mit vier verschiedenen Ingenieurfakultäten umzugründen.

Im gleichen Sinn wurde auch die landwirtschaftliche Fakultät der Universität Dar es Salaam ins Landinnere nach Sokoine verlegt. Im Zuge der Verbreiterung der Hochschulausbildung im Lande wurde sie inzwischen zur Universität ausgebaut. Auch auf der Insel Sansibar wurde eine weitere Hochschule errichtet.

In Tansania, einem der ärmsten Länder der Welt, betrug damals die Beteiligungsquote an Hochschulbildung nur 1,2 Prozent des entsprechenden Altersjahrgangs; ein tansanischer Studierwilliger hatte nur sehr geringe Chancen, einen Studienplatz im Lande zu bekommen. (In Deutschland waren es demgegenüber etwa 25 Prozent eines Altersjahrgangs, die eine Hochschule besuchen konnten.)

Bedingt durch den Wettstreit der Systeme herrschte in Tansania eine Konkurrenz unter den Geberländern. Viele sozialistische Länder, allen voran China und die UdSSR, betrieben ebenfalls Entwicklungshilfeprojekte in diesem Land. Besonders die Volksrepublik China engagierte sich massiv und baute eine Eisenbahnstrecke nach Sambia. Dabei orientierte sich China an dem von den sozialistischen Ländern bevorzugten „Turn-Key"-Modell. China brachte das gesamte Baumaterial, die Maschinen und auch die Arbeiter ins Land und überließ nach der Einweihung die Eisenbahn den tansanischen Freunden – ohne einen weiteren chinesischen Fachmann dort zu belassen. Nach demselben Muster liefen die von der DDR betriebenen Projekte zum Krankenhausbau im benachbarten Mosambik.

Das Gutachten des Evaluierungsteams konstatierte Erfolge des Projektes im Bereich der Ausbildung berufsfähiger Ingenieure. Es stellte aber auch einige Mängel fest, insbesondere im Bereich der Nachwuchsförderung für den Lehrkörper. Abschließend formulierte das Gutachten die Empfehlung, die deutsche Unterstützung für die FoE stufenweise abzubauen und die Schlüsselfunktionen an die heimischen Lehrkräfte zu übertragen. Eine gewisse Nachbetreuung sollte aber bestehen bleiben, vor allem für den Bereich der Wartung und der Lieferung von Ersatzteilen für die aus Deutschland oder anderen Industrieländern gekauften Maschinen und Geräte.

Während der Evaluierung war uns aufgefallen, dass an der Faculty of Engineering eine kleine Arbeitsgruppe an einer Studie zur Erhebung des Qualifikationsbedarfs der tansanischen Industrie an Ingenieuren gearbeitet hatte. Beim Auswerten der dazu versandten Fragebogen ergaben sich für das tansanische Team methodische Schwierigkeiten, die sowohl durch die Anlage der Untersuchung selbst, aber auch durch die erschwerten Feldbedingungen in Tansania verursacht waren. Das Wissenschaftliche Zentrum für Berufs- und Hochschulforschung (WZ I) der Universität Kassel bot hier Unterstützung bei einer Sekundäranalyse der gewonnenen Daten und bei der Konzipierung einer methodisch verbesserten Nachfolgestudie an. Beide Vor-

Praxistätigkeiten an der FoE

Entwicklung der Zahlen der Absolventen und Dozenten sowie der Einnahmen aus Consulting-Tätigkeiten

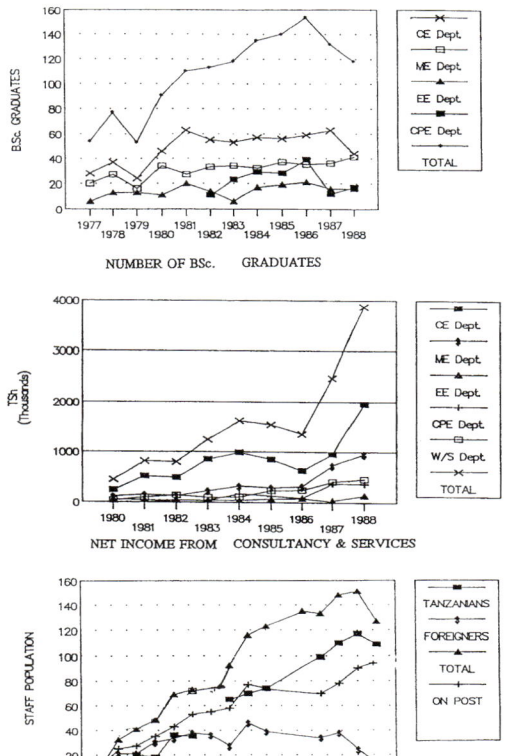

317

Eingangstor der Universität Zanzibar

Senior Lecturer Dr. Ladislaus Lwambuka

Now Made in Tanzania

schläge wurden von der GTZ als Kleinprojekte akzeptiert und gefördert. Sie brachten interessante Ergebnisse, die vor allem für die Gestaltung der Curricula an der Faculty of Engineering nutzbar gemacht werden konnten.

Zusätzlich wurde die Methode der Absolventen- und Arbeitgeberbefragung dabei so weit standardisiert, dass die GTZ diese Methode auch in anderen Projekten vergleichbarer Art in der ganzen Welt einsetzen konnte. Zudem bot die Durchführung der zweiten Erhebung die Möglichkeit der Weiterqualifizierung eines tansanischen Dozenten in Deutschland. Ladislaus Lwambuka vom Fachbereich Bauwesen der Faculty of Engineering, der sein Erststudium im Bauingenieurwesen an der TU Dresden abgeschlossen hatte, promovierte mit dieser Untersuchung an der Universität Kassel und stieg nach seiner Rückkehr an die Fakultät als *Senior Lecturer* im Bauingenieurwesen zur Schlüsselperson für die Planung der dortigen Curricula auf.

Bei der Durchführung der Absolventen- und Arbeitgeberbefragung in Tansania zum Qualifikationsangebot und zum Bedarf der tansanischen Industrie an Ingenieuren fiel zunächst auf, dass es für den Erfolg industrieller Unternehmen in Tansania sowohl gute als auch schlechte Beispiele gab. Als gutes Beispiel kann die Kühlerfabrik *AFRO COOLING* der indischstämmigen Familie Patel gelten, die vor 25 Jahren mit indischer Technologie und zwölf ausländischen Experten begann, 1982 jedoch schon auf diese Unterstützung verzichten konnte. Inzwischen kann die Firma die Hälfte ihrer Produktion exportieren. Weniger erfolgreich war dagegen die *Morogoro Shoe Company*, die 1980 mit einem Kredit der World Bank zu einer der größten Schuhfabriken der Welt ausgebaut werden sollte. Die Fabrik war schlecht geplant, die Auslastung erreichte nur vier Prozent der Produktionskapazität und es gelang nicht, auch nur ein Paar Schuhe zu exportieren. Die Fabrik blieb eine Investitionsruine. Gleiches galt für das Projekt einer Fahrradfabrik. Weil man nicht bedachte, dass es nicht möglich war, im Lande selbst Ersatzteile aus gehärtetem Stahl (Kugeln für Kugellager, Kettenglieder etc.) herzustellen, mussten sämtliche Zubehörteile importiert werden. So war eine Produktion zu Weltmarktpreisen und damit ein Export unmöglich. Immerhin fing die tansanische Industrie damals an, eigene Produkte nach dem Konzept der „Importsubstitution" für den heimischen Bedarf herzustellen.

Deutsche Stipendien für technische Fachkräfte aus Kamerun

Im Jahre 1988 erhielt ich den Auftrag der Carl-Duisberg-Gesellschaft (CDG) zu einer Projektvorprüfung zur Vergabe deutscher Stipendien an Fachhochschulstudenten in Kamerun/Westafrika. Für die CDG war es immer ein wichtiges Ziel, das Ingenieurstudium an Ingenieurschulen und Fachhochschulen zu fördern. Zum Programm der CDG gehörte daher die Vergabe von Stipendien an ausländische Studenten. Im Laufe der Jahre hatte sich jedoch herausgestellt, dass es häufig Probleme bei der formellen Anerkennung der Abschlusszeugnisse – und damit der Reintegration – ausländischer Stipendiaten in ihren Heimatländern gab. Zum einen wurde der Abschluss an einer deutschen Hochschule nicht überall als Voraussetzung für einen Masterstudiengang an einer heimischen Universität anerkannt. Zum anderen gab es beim Wunsch nach einem Eintritt in den öffentlichen Dienst Probleme bei der Anerkennung des Fachhochschulabschlusses (Ing. grad. beziehungsweise Fachhochschuldiplom). Auch Informationsveranstaltungen für die bereits in Deutschland weilenden CDG-Stipendiaten hatten nur wenig Erfolg gezeigt, da die Bewerber diese Informationen zu spät erhielten. Die genannten Probleme tauchten vor allem in Ländern auf, die früher zu den französischen Kolonien gehört und daher das französische

Bildungs- und Hochschulsystem adaptiert hatten.

Die CDG wünschte, dass ein Expertenteam, das aus mir, einem landes- und sprachkundigen Kollegen aus dem benachbarten Tschad (Dr.-Ing. agr. Pierre N'Gakoutou) und einem kundigen Berufsschullehrer (Jan Klevinghaus) aus Deutschland bestand, vor Ort in Kamerun untersuchte, wie die Anerkennung der Abschlüsse eines Fachhochschulstudiums geregelt war. Die Untersuchungen stellten sich als sehr mühsam heraus, da die Zuständigkeit der beteiligten Ministerien unklar blieb und der schließlich als zuständig identifizierte Ministerialbeamte nur ein einziges Mal kurz zu sprechen war, aber ebenfalls keine eindeutige Auskunft geben konnte.

Das Ergebnis der Untersuchung lässt sich deshalb ganz knapp zusammenfassen: Da die Frage der Klärung der Anerkennung von Fachhochschulingenieuren in Kamerun nicht geklärt werden konnte, mussten wir von einer Ausschreibung von CDG-Stipendien für kamerunische Studenten an deutschen Fachhochschulen abraten. Inzwischen ist dies obsolet geworden, weil sowohl die CDG wie die Deutsche Stiftung für Entwicklung (DSE) in einer neu gegründeten privaten Gesellschaft namens InWent aufgegangen sind, die diese Programme nicht fortführt.

Unser Team hatte zudem die Gelegenheit, die beiden in der Hauptstadt Yaoundé ansässigen Hochschulen zu besichtigen. So konnten wir uns an Ort und Stelle einen Eindruck von den Studienmöglichkeiten in Kamerun verschaffen. Die École Polytechnique in Yaoundé war mit ihrem vierjährigen Ingenieurausbildungsprogramm nach französischem Muster aufgebaut. An der Universität Yaoundé selbst wurden keine Ingenieurstudiengänge angeboten. Inzwischen ist in der sehr viel größeren und wirtschaftlich bedeutenderen Hafenstadt Douala eine technische Hochschule nach angloamerikanischem Muster errichtet worden, an der einer Anerkennung eines deutschen Bachelorabschlusses, der nach der abzusehenden Entwicklung ja als Regelabschluss an Fachhochschulen eingeführt werden wird, heute kaum mehr etwas im Wege stehen dürfte.

Das Team: Jan Klevinghaus, der Autor, Ortskraft Rose, Dr. Pierre N'Gakoutou

Verbleibsuntersuchung von Absolventen des Asian Institute of Technology Bangkok in Thailand

Im Jahre 1988 erhielt das Wissenschaftliche Zentrum für Berufs- und Hochschulforschung den Auftrag des Deutschen Akademischen Austauschdienstes (DAAD), eine Absolventen-Untersuchung am *Asian Institute of Technology* (AIT) in Bangkok/Thailand durchzuführen. Das AIT ist eine internationale Graduierten-Hochschule für Ingenieurstudenten aus allen Mitgliedsländern der ASEAN-Organisation (südostasiatisches Wirtschaftsbündnis) und wird von vielen Ländern – unter anderem auch Deutschland – unterstützt. Das AIT ist aus einer Militärschule der SEATO (ein südostasiatisches Verteidigungsbündnis vergleichbar der NATO) hervorgegangen und ist heute zivil organisiert.

Der auftraggebende DAAD, der bereits viele Stipendien an Studenten des AIT vergeben hatte, war vor allem interessiert, etwas über den Verbleib der Absolventen, ihre Qualifikationsverwendung, ihren Karriereverlauf, ihre berufliche Zufriedenheit, die erreichte Stellung und ihren Einfluss auf die Entwicklung des Heimatlandes zu erfahren.

Die Untersuchung wurde in Kooperation mit dem AIT in den beteiligten

319

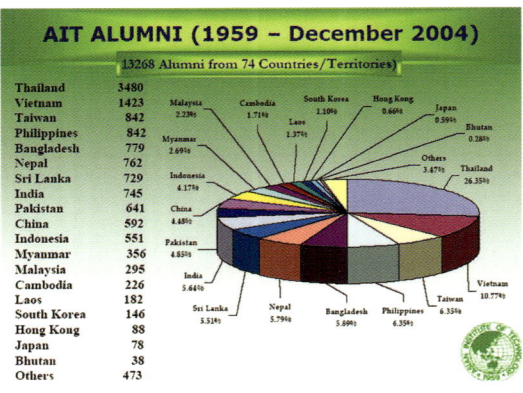

Herkunftsländer der
AIT-Alumni

Ländern in Form einer schriftlichen Befragung der Absolventen, ergänzt durch Einzelinterviews und Gruppendiskussionen vor Ort durchgeführt. Dabei konnte eine große Menge wichtiger und bis dato unbekannter Informationen erhoben werden. Das war nicht selbstverständlich, weil das AIT selbst bereits regelmäßige Alumni-Befragungen durchgeführt hatte.

Ein überraschender Befund war, dass nicht alle Stipendienempfänger wussten, aus welchem Förderland die Mittel für ihr Stipendium kamen. Indirekt konnten sie jedoch über die ihnen zur Verfügung stehenden Informationen, zum Beispiel über die dem Auswahlverfahren zugrunde liegende Länderquote, eine Beziehung zum DAAD als Stipendiengeber herstellen sowie ein positives Deutschlandbild entwickeln.

Die Mehrheit unter ihnen verfügte bereits über eine gute Stelle, sehr häufig in einer staatlichen oder halbstaatlichen Institution, und war von diesen Dienststellen für den Studienaufenthalt am AIT beurlaubt. Bei der Rückkehr erwartete sie unter anderem eine Beförderung in eine höhere und einflussreichere Position. Die Mehrzahl der Befragten war tatsächlich an entwicklungsbedeutsamen Projekten in ihren Ländern beteiligt.

Inhalte und Niveau des Studienprogramms des AIT bewerteten die Befragten überwiegend positiv, regten aber auch Ergänzungen des Programms an, die vor allem die Bereiche EDV, neue Technologien und die Umwelttechnologie betrafen. Auch äußerten sie leise Kritik an der hochschuldidaktischen Kompetenz der Lehrenden und an dem fehlenden Praxisbezug der Ausbildung. Die Höhe des Stipendiums nach Abzug der Studiengebühren empfanden manche Befragte als zu gering.

Abschließend kamen wir zu dem Urteil, dass das AIT wegen seiner gemischten Stipendiatenstruktur seiner im Niveau differenzierten Studienangebote zwar nicht den absoluten Anspruch eines *Centres of Excellency* für Südostasien erheben könne, jedoch sehr viel zur Verbesserung der Qualifikation der im Bereich staatlicher und halbstaatlicher Institutionen tätigen Ingenieure beitrage. Für das Stipendienprogramm des DAAD empfahlen wir eine Fortführung, regten gleichzeitig aber an, einmal den Abzug von Studiengebühren von den Stipendien daraufhin zu überprüfen, ob nicht der von der GTZ erbrachte Beitrag zum Aufbau des AIT stärker berücksichtigt werden könne.

Seit seinem Bestehen hat das AIT mehr als 13.200 Absolventen hervorgebracht, von denen viele über eine rührige *Alumni Association* Kontakt zum Institut halten. Durch regelmäßige Alumni-Befragungen ist das AIT über den Verbleib und die Tätigkeitsschwerpunkte seiner Absolventen gut informiert.

„Vinculacion" als mexikanische Variante deutschen Praxisbezuges

In den Jahren 1987 bis 1990 hielt sich der mexikanische Professor Giacomo Gould Bei vom neu errichteten *Vocational College* mit zwei Standorten in Tijuana und Ensenada/Mexiko mehrfach in Kassel auf. Er wollte überprüfen, ob die Erfahrungen mit dem praxisorientierten Studium in Deutschland auf das stark expandierende mexikanische Hochschulsystem übertragbar wären. Im Rahmen dieser Untersuchungen wurde ich zu einem mehrwöchigen Aufenthalt mit Feldstudien, einer Konferenz und verschiedenen Hochschulbesuchen im Nachbarstaat Kalifornien eingeladen. Nicht zuletzt sollte ich über die deutschen Erfahrungen berichten. Dieser Besuch zeigte, dass sich *Baja California*, die nördlichste Provinz Mexikos, auf die von der NAFTA vorgegebene Arbeitsteilung zwischen Mexiko, den USA und Kanada eingestellt hat. Für die USA und insbesondere für den inzwischen bevölkerungsreichsten Bundesstaat Kalifornien ist die *Baja California* zu einem wichtigen

Standort für die Ansiedlung von Zulieferindustrien – im Sinne „verlängerter Werkbänke" – und von Dienstleistungsgewerbe im Touristikbereich geworden. Hinzu kommen die Zweitwohnsitze und Sommerresidenzen, die *Los Angelinos* und Einwohner des *Orange County* im Billiglohnland Mexiko unterhalten. Auch der – illegale – Zustrom von Saisonarbeitern aus Mexiko, die als Erntehelfer bei der Weinlese und beim Erdbeerpflücken in Kalifornien beschäftigt werden, wird von den USA nur halbherzig unterbunden – in der Erntezeit kommen die mexikanischen Saisonarbeiter nahezu ungehindert ins Land. Nur dann, wenn sie nicht gebraucht werden, hindert man sie nachdrücklich an der Einreise oder schickt sie wieder zurück.

Giacomo Gould Bei hat sich in verschiedenen Veröffentlichungen mit dem deutschen Modell der Praxisorientierung beschäftigt. Er bezeichnete es mit dem Begriff „Vinculacion" = „Verhakung", der die notwendige Zusammenarbeit der beiden Lernorte Industrie und Hochschule anspricht. Es gelang ihm, dem bislang sehr unterbetonten Gedanken einer beruflichen Qualifizierung im Studium an einer Hochschule in Mexiko größeren Rückhalt zu verleihen. Für seine Verdienste um die Einführung von Praxisanteilen ins Hochschulstudium wurde ihm der Professorentitel verliehen. Vor allem die Modelle der Industriesemester im Ingenieurstudium an Fach- und Gesamthochschulen hatten ihn angeregt, sich mit praktischen Defiziten im mexikanischen System zu beschäftigen. Auch ich hatte von einem früheren Besuch der Universität Oaxacha in der Provinz Chihuahua den Eindruck mitgenommen, dass die mexikanische Universitätsausbildung in dieser Hinsicht starken Reformbedarf aufwies. Anlässlich einer Konferenz in Ensenada zu diesem Thema konnte Kollege Giacomo Gould Bei unter Beweis stellen, dass das Konzept der Vinculacion aufgeht – und zwar mit einer ebenso praktischen wie ansprechenden Demonstration, nämlich den Mittag- und Abendessen in benachbarten Hotels und Restaurants. Denn dort absolvierten Studenten des Bereichs Tourismus-Management seiner Hochschule ihr Praktikum

und wir konnten feststellen, dass das Essen und die Bedienung von hervorragender Qualität waren.

Als „Training Manager" an der technischen Akademie der nigerianischen Luftwaffe TTG

In den Jahren 1990 bis 1991 nahm ich – wiederum von meiner Hochschule dafür beurlaubt und ein letztes Mal tatsächlich als Ingenieur tätig – eine Position als „Training Manager" und Lehrkraft für Aerodynamik und Flugmechanik bei der Technical Training Group (TTG) der nigerianischen Luftwaffe an. Diese Einrichtung ist der Technischen Akademie der deutschen Luftwaffe (TAkLW) in Neubiberg vergleichbar, die inzwischen zur zweiten Universität der Bundeswehr neben der in Hamburg aufgestiegen ist. Ihr Ursprung liegt in einer Kooperationsvereinbarung zwischen Deutschland und Nigeria zum Aufbau der dortigen Luftwaffe. Der erste *Air-Marshal* in Nigeria war ein deutscher Luftwaffengeneral, zum Zeitpunkt meines Einsatzes war der nigerianische Vice Air-Marshal Alfa in diesem Amt. Mein *Counterpart* an der TTG war ein nigerianischer *Colonel*, die Leitung der TTG lag in den Händen von *Group Captain* Ohadomere.

Auch die meisten Provinzgouverneure Nigerias waren damals – es war die Zeit kurz vor den ersten freien Wahlen – meist in diesem Rang. Trotz der britischen Ränge glichen die Offiziere mehr deutschen Soldaten, denn die Uniform war eine direkte Kopie jener der Bundeswehr.

Der Einsatzort war ein militärisches Flughafengelände in Kaduna/Nigeria, einer von den Briten während ihrer Zeit als Kolonialmacht als Hauptstadt ausersehenen Provinzmetropole im Nordosten Nigerias. Noch heu-

GP CAPT CC OHADOMERE FSS psc
COMMANDER
TECHNICAL TRAINING GROUP

Group Captain Ohadomere

Graduierungszeremonie, Ankunft der Generalität

Meine Crew der Aero-Mechaniker

Eingescannt: Aufnäher „Learn to Serve"

bei Prüfungen endgültig durchfallen. Die den Studierenden zur Verfügung gestellten Lehrmaterialien fußten zumeist auf internationalem Schrifttum.

Parallel zur Ausbildung der technischen Offiziere wurden am gleichen Standort ebenfalls unter deutscher Leitung Piloten auf britischen zweisitzigen *Bulldogs* und deutschen zweistrahligen *Alpha Jets* ausgebildet.

Die Tätigkeit als Training Manager bot ein breites Spektrum an Möglichkeiten, barg aber auch zahlreiche Probleme, von denen einige für den Ingenieureinsatz in Entwicklungsländern typisch sind. Es mangelte beim technischen Personal an Praxisorientierung und Wartungsbewusstsein. Nicht zuletzt herrschte auch Korruption in Wirtschaft, Verwaltung und Politik. Festzustellen war auch eine geringe Zukunftsorientierung und Mangel an nachhaltigen Konzepten, ersichtlich zum Beispiel an dem hohen Schuldenstand der Luftwaffe gegenüber der Firma Dornier sowie der nachlassenden Bereitschaft der Regierung, den Unterhalt der Anlagen und den weiteren Ausbau der TTG zu finanzieren. Damals war in dieser Angelegenheit die Anreise des damaligen Leiters der DASA-Firmengruppe und langjährigen Vorstandsvorsitzenden der DaimlerChrysler AG Schrempp notwendig.

Die allgemeine Sicherheitslage im Nordosten Nigerias galt als sehr problematisch. Überfälle auf Kollegen in ihren Häusern waren keine Seltenheit, ebenso wie Straßensperren bei Reisen über Land, so genannte *Road Blocks*, die in der Absicht des Kfz-Diebstahls errichtet wurden. Deshalb waren unsere Wohngebäude mit Alarmanlagen und anderen Sicherheitseinrichtungen ausgestattet, Nachtwächter, nächtliche Patrouillen durch Sicherheitskräfte der Firma Dornier sorgten für die Sicherheit; die Bewaffnung im Haus war üblich.

Die Beschäftigungssituation wies ebenfalls einige für den Einsatz in Entwicklungsländern spezifische Besonderheiten auf. Die Anwerbung und Beschäftigung erfolgte nicht durch die Firma Dornier selbst, sondern durch eine Personalvermittlungsfirma (PASIT). Damit wurde der

te wird die Lugard Hall, das von ihnen errichtete Parlamentsgebäude, als Versammlungs- und Ausstellungshalle genutzt. Die heutige Hauptstadt, die Neugründung Abudja, hatte zu diesem Zeitpunkt nur etwa 15.000 Einwohner, wogegen die tatsächliche wirtschaftliche Haupt- und Hafenstadt Lagos nahezu zehn Millionen Einwohner besitzt.

Meine Tätigkeit als Training Manager erfolgte im Auftrag der Firma Dornier, die später in die DASA integriert wurde. Neben der Unterstützung der nigerianischen *Counterparts* beim weiteren Ausbau der Einrichtungen der TTG, zum Beispiel der Einrichtung eines Windkanals, war es meine Aufgabe, eine international zusammengesetzte Arbeitsgruppe von neun Technikern und Ingenieuren zu leiten. Sie alle nahmen Lehr- und Ausbildungstätigkeiten wahr, meine Lehrtätigkeit umfasste die beiden Fachgebiete Flugmechanik und Aerodynamik. Die Studierenden standen im Rang von *Lieutenants* beziehungsweise *Flight-Lieutenants* und sollten später als technische Offiziere in der Luftwaffe eingesetzt werden. Die Qualität ihrer Ausbildung sollte dem Standard der TAkLW in Neubiberg, ihrem deutschen Pendant, entsprechen. Allerdings gab es ein Problem für unsere Lehrtätigkeit: Denn schon zu Beginn stand fest, dass alle Studierenden bestehen mussten – niemand durfte

Anspruch auf eine spätere Übernahme durch die Firma Dornier in Deutschland nach der Rückkehr vom Einsatz in Nigeria vermieden. Der Arbeitsvertrag war so gestaltet, dass eine erste Beförderung mit Gehaltserhöhung nach drei Monaten Bewährung erfolgte. Gemeint war, dass ich mein neunköpfiges Team innerhalb dieser Frist um zwei Personen verkleinern sollte: Dies ließ sich sozialverträglich regeln. Die Bezahlung war attraktiv, da das gezahlte übliche Ingenieurgehalt wegen des mit Nigeria abgeschlossenen Doppelbesteuerungsabkommens nicht versteuert werden musste. Hinzu kamen zahlreiche *fringe benefits* wie eine zusätzliche Auslandsvergütung in der Landeswährung Naira, die ausreichte, um die Lebenshaltungskosten zu bestreiten und Steward und Gärtner zu bezahlen. Hinzu kamen ein Dienstwagen mit Fahrer sowie kostenfreies Wohnen im firmeneigenen Haus. Auch als meine Frau zu einem kurzzeitigen Besuch anreiste, war die Unterstützung durch die Firma bei der Beschaffung von Visa und Flugkarte großzügig. Allerdings waren die Freizeitaktivitäten sehr eingeschränkt, da aus Deutschland gewohnte kulturelle und soziale Angebote wie Kino, Theater, Restaurants oder Museen kaum vorhanden waren. Wie viele meiner Kollegen hatte ich mir deshalb ein Offroadfahrzeug angeschafft, um Ausflugsfahrten in die benachbarte Savanne zu unternehmen.

Während der Tätigkeit als Training Manager erhielt ich eine Anfrage zur Mitarbeit bei der Firma AIEP in Kaduna/Nigeria, deren Chef einer meiner Vorgänger in der Position des *Training Managers* war. Er hatte sich mit den während seiner Tätigkeit erworbenen Mitteln selbständig gemacht, die nigerianische Staatsangehörigkeit erworben und die private Flugzeugfirma AIEP gegründet. Nach der Liberalisierung des Luftfahrzeugbaus in Nigeria wollte er auf der Basis eines amerikanischen Selbstbausatzes ein zweisitziges, einmotoriges Kleinflugzeug mit dem Namen *Air Beetle* bauen. Tatsächlich gelang es ihm damals, einen Prototyp zum Fliegen zu bringen. Die nigerianische Luftwaffe sollte – da viele der bislang dafür verwendeten Flugzeuge nicht mehr einsatzbereit waren – diesen Flug-

Gebäude der TTG

zeugtyp als Trainingsmaschine kaufen. Die Luftwaffe war zu diesem Zeitpunkt finanziell kaum mehr in der Lage, ihren umfangreichen Bestand an Flugzeugen zu warten und in flugfähigem Zustand zu halten: Die englischen *Bulldogs* waren veraltet, für die russischen MIGs gab es keine Ersatzteile mehr, die Hauptlast an Flugstunden trugen die deutschen Flugzeugtypen DO 228 und Alpha Jet. Tatsächlich wurden bis heute vom Flugzeugtyp des „Air Beetle" in Nigeria 60 Maschinen gebaut und verkauft.

Zwei Erkenntnisse lassen sich resümieren. Erstens kann die nigerianische Luftwaffe zunehmend auf eine – noch kleine – einheimische Flugzeugindustrie bauen. Zweitens: Der Aufbau entsprechender Kompetenz erfolgte über die technische Qualifikation und das unternehmerische Engagement eines deutschen Training Manager – der inzwischen nigerianischer Staatsangehöriger geworden ist.

Mein Haus, meine Frau, mein Motorrad in Kaduna/Nigeria

Qualifikationsbedarf bei Ingenieuren der Kautschuk- und Kunststoffindustrie Kolumbiens

Im Jahre 1995 führte ich im Auftrag der GTZ eine Analyse zum Bedarf der kolumbianischen Kunststoff und Kautschuk verarbeitenden Industrie nach wissenschaftlicher Weiterbildung für Ingenieure durch. Dabei ging es vor allem um eine

Eine DO 228 der Firma Aiep mit dem Autor im Vordergrund

323

ICIPC in Medellín

Posgrado-Kurs im ICIPC

cion y Financa (EAFIT) in Medellín angeboten.

Die Beobachtungen, die ich auf meinen Reisen zu den Kunstoff- und Kautschuk verarbeitenden Betrieben in Kolumbien machen konnte, waren im Hinblick auf die Frage der Internationalisierung sehr interessant. Zunächst war es bemerkenswert, dass ein großer Teil der meist mittelständisch organisierten Gummi- beziehungsweise Kunststoffunternehmen von deutschstämmigen Unternehmern geleitet wird, was zu einem sehr deutschfreundlichen Wirtschaftsklima in Kolumbien beiträgt. Das Produktionskonzept der meisten besuchten Betriebe war einfach, aber wirkungsvoll. In der Produktion wurden vor allem weltweit gekaufte Maschinen und Anlagen auf international neuestem technologischen Niveau eingesetzt: Extruder, Blasformmaschinen, Spritzgussmaschinen, Knetmaschinen, Faserspinnmaschinen und andere mehr stammten häufig aus Japan, den USA, Italien und natürlich Deutschland. Verbunden mit dem geringen Lohnniveau in Kolumbien konnten so qualitativ hochwertige Kunststoffprodukte wie Kugelschreiber, Plastikkugeln für Deodorantstifte, Kunststoffbesen, Eimer sowie aus Naturgummi gefertigte Waren wie Matten, Faserüberzüge, Kondome etc. zu auf dem Weltmarkt konkurrenzfähigen Preisen hergestellt werden.

Der Qualifizierungsbedarf für die in der kolumbianischen Kautschuk- und Kunststoffindustrie arbeitenden Ingenieure war hoch, da an keiner Hochschule des Landes diese Spezialisierungsrichtung angeboten wurde, auch nicht in der Hauptstadt Bogotá. Meine Empfehlung lautete daher, den Auf- und Ausbau des noch kleinen ICIPC weiter zu unterstützen und zusätzlich einzelne Ausbildungsmodule an einer Hochschule in Bogotá anzubieten.

Ein besonderes Problem bei diesen Besuchsreisen war auch hier die prekäre Sicherheitslage. Bereits bei der Anfahrt von dem hoch auf den Anden gelegenen Flughafen nach Medellín war unser Taxi – ich war in Begleitung meiner Dolmetscherin Isabelle, einer Studentin der Universität Kassel, die aus dem Nachbarland Venezuela stammt – in den Hinterhalt einer

Evaluierung einer mit Mitteln der technischen Zusammenarbeit aus Deutschland geförderten Forschungseinrichtung an einer privaten technischen Universität in Medellín, Kolumbien. Der Aufbau des Forschungsinstituts für Kautschuk- und Gummitechnologie (ICIPC) war zuvor im Umfang von etwa vier Millionen DM sowie mit Expertise der GTZ (auch unter Mitwirkung des Instituts für Kunststofftechnologie der Universität Stuttgart) unterstützt worden. In einem nächsten Schritt sollten nun die inzwischen am Institut erworbenen Forschungserkenntnisse und praktischen Erfahrungen aus der Zusammenarbeit mit der kolumbianischen Gummi- und Kautschukindustrie in einem weiterbildenden Studiengang an bereits in der Praxis tätige Ingenieure vermittelt werden.

Ich besuchte zahlreiche kolumbianische Unternehmen, wo ich die eingesetzten Produktionstechnologien und die hergestellten Produkte in Augenschein nahm und die Personalverantwortlichen zum Qualifikationsbedarf für Ingenieure befragte. Auf dieser Grundlage erarbeitete ich unter Berücksichtigung der dem ICIPC zur Verfügung stehenden materiellen und personellen Ressourcen einen Studienplan, der auch europäischen Standards genügt. Dieses *Posgrado*-Programm wird inzwischen in modularisierter Form auch als Masterstudiengang für die benachbarte private Universität *Escuela de Administra-*

Gruppe bewaffneter Kidnapper geraten, nur durch das beherzte Gasgeben des Taxifahrers war unser Entkommen möglich. In der Folge unternahmen wir die Fahrten ins Land nur noch mit einem Funktaxi mit stündlicher Positionsmeldung an die Zentrale; aus Sicherheitsgründen durfte ich mein Hotel nach Einbruch der Dunkelheit nicht mehr verlassen.

Gegenstand der Untersuchungen am ICIPC war auch die Problematik des Kokaanbaus in Kolumbien. Dazu wurde ein interessanter Projektvorschlag zur Substitution des Kokaanbaus als Konversionsprojekt der kolumbianischen Forstwirtschaft entwickelt. Die zur Gewinnung von Naturkautschuk notwendige Anpflanzung von Heveabäumen hat nämlich den Nachteil, dass von der Pflanzung der Bäume bis zum ersten Anzapfen der Rinde bis zu sieben Jahre vergehen – eine Wartezeit, in der die Investitionen keine Rendite abwerfen. Danach kann nur etwa 30 Jahre lang Latex aus den Heveabäumen gewonnen werden, danach sind die Bäume wertlos. Das macht den Anbau der schnellwüchsigen Kokasträucher samt den aus dem Verkauf von Kokablättern zu erzielenden hohen Gewinnen für die arme Landbevölkerung – und natürlich auch für die Drogenbarone in Medellín – attraktiv. Hier sollte die Projektidee hilfreich sein, das Holz des Heveabaums als nachwachsenden Rohstoff an Industrieländer zu verkaufen. Tatsächlich hat das Projekt gute Realisierungschancen, denn hierzulande wird das Holz des Heveabaums wegen seiner beträchtlichen Härte inzwischen bereits für preiswertere Parkettböden verwendet.

Qualifikationsbedarf bei thailändischen Ingenieuren und Entwicklung eines „Master-Plans" zum Aufbau einer Technischen Hochschule in Thailand

Im Jahre 1996 war ich als Kurzzeitexperte der Firma GOPA im Auftrag der GTZ im Königreich Thailand tätig. Es ging um die

Durchführung von Analysen zum Bedarf der thailändischen Industrie an Ingenieuren und einen darauf aufbauenden so genannten *Master-Plan* für die Errichtung einer *Thai Technical University*. Hierzu war ein interdisziplinäres Team dreier deutscher Experten zusammengestellt worden (Dr. Klaus Schnitzer von der HIS GmbH/ Hannover, Prof. Dr.-Ing. Hans Wagner von der FH Karlsruhe und ich), das dem zuständigen thailändischen *Ministry of Higher Education* zuarbeiten sollte. Parallel arbeitete ein australisches Team zum gleichen Themenkreis für die thailändische Regierung. Dies wurde dem deutschen Team zwar nicht offiziell bekannt gege-

Meine Dolmetscherin Isabelle aus Caracas im Nachbarland Venezuela begutachtet das Kugelloch in der Karosserie des beschossenen Taxis (ihr Kommentar: „Bei uns ist das auch nicht anders")

Stahlbaufirma in Thailand

Besuch der Chip-Produktionsfirma Alpha zus. mit Prof. Wagner

Die Personalchefin (Ms. Pannapat, Ingenieurin) eines thailändischen Unternehmens der Grobkeramik (Fliesenhersteller) mit ihren Mitarbeitern mit uns beim Essen

Eingang zum Fachbereich Maschinenbau der UMM in Krakau

Textil(faser)industrie – mehrheitlich auf Produkte konzentriert, die der Importsubstitution dienen, und zielt zunächst (noch) nicht auf den Export. Betriebe der Grobkeramik und Glasverarbeitung, des Stahlbaus, der Kraftfahrzeugproduktion (in Lizenz für den japanischen Großkonzern Toyota), ein Produktionsbetrieb, der datenverarbeitende Geräte oder Komponenten herstellt, sowie ein Chip-Hersteller gehörten zum Besuchsprogramm.

Auch in Thailand ist durch die Kombination von international gekaufter moderner Produktionstechnologie mit dem relativ niedrigen Lohnniveau eine Fertigung zu Weltmarktpreisen möglich. Im Ingenieurbereich fiel die noch immer hohe Abhängigkeit von ausländischer Expertise auf. Viele leitende und beratende Ingenieurtätigkeiten in Thailand wurden noch von ausländischen Experten erbracht.

Die besuchten Hochschulen, unter ihnen auch die ehrwürdige und berühmte Chulalongkorn-Universität in Bangkok, boten noch keine voll ausgebauten Ausbildungsprogramme für Ingenieure an. Aus diesem Grunde stieß die Idee der thailändischen Regierung, dem thailändischen Ingenieurmangel durch die Errichtung einer eigenen Technischen Hochschule zu begegnen, auf die Zustimmung unseres Expertenteams. Für deren Errichtung wurde ein Master-Plan erstellt und in einem Hearing einer breiteren Öffentlichkeit vorgestellt. Das Gesamtvolumen des Vorhabens wurde damals mit rund 140 Millionen US-Dollar beziffert. Leider brach kurz darauf – von Thailand ausgehend – eine asiatische Wirtschaftskrise aus, so dass der Plan aus finanziellen Gründen nicht verwirklicht werden konnte.

Inzwischen hat sich in Thailand mit deutscher Beteiligung und Förderung – beteiligt sind das Ministerium für Wissenschaft und Forschung in Nordrhein-Westfalen, der DAAD, die GTZ, die Firmen Siemens, Bayer und ABB in Thailand – das Projekt einer *Thai-German Graduate School of Engineering* (TGGS) etabliert, das maßgeblich von Prof. Dr.-Ing. Rolf H. Jansen, dem Lehrstuhlinhaber für elektromagnetische Theorie an der RWTH

ben, war jedoch ein offenes Geheimnis, da die australische Gruppe ebenfalls ein Büro im Ministerium belegte. Ein solches Verfahren beim Einholen von Experten ist in Asien nicht untypisch: man ist dort gegenüber Fremdem zunächst skeptisch und ehe man Fehler bei der Implementation neuer Maßnahmen macht, holt man lieber den Rat mehrerer Experten verschiedener Länder ein.

Mir fiel die Aufgabe zu, eine Teilstudie zum Qualifikationsbedarf der thailändischen Industrie bei Ingenieuren zu erstellen. Auch für diese Studie unternahm ich zahlreiche Besichtigungsreisen zu einschlägigen Industriebetrieben im industriellen Ballungsraum Bangkok sowie in einem neu errichteten Industriepark in der Nähe der Hafenstadt Rayong.

Im Anschluss daran besuchte ich zahlreiche Hochschulen im Land, um das existierende Lehrangebot für angehende thailändische Ingenieure auf seine Potentiale und auf etwaige Mängel hin zu analysieren. Die ebenfalls meist noch mittelständisch organisierte Industrie Thailands ist – abgesehen von der florierenden

Aachen, entwickelt wurde. Im Zusammenwirken mit zwei thailändischen Hochschulen, dem Rajamangala Institute of Technology und dem King Mongkuts Institute Northern Bangkok, sowie mit weiteren deutschen und thailändischen Industrieunternehmen werden inzwischen fünf Masterkurse für thailändische Ingenieure angeboten: Elektrische Energieerzeugung, Fertigungstechnik, computergestützter Maschinenbau, Nachrichtentechnik, Kraftfahrzeugtechnik; sechs weitere Studienfachrichtungen sind in Planung. Das Projekt kann erheblich dazu beitragen, die (teuren) ausländischen Ingenieure für die thailändische Industrie entbehrlich zu machen.

Entwicklung der polnischen Ingenieurausbildung

In den Jahren 2000 bis 2001 führte ich in Zusammenarbeit mit dem polnischen Kollegen Prof. Janusz Szpytko von der University of Mining and Metallurgy (UMM) in Krakau/Polen ein Forschungsprojekt zur Entwicklung der polnischen Ingenieurausbildung durch. Dieses Projekt wurde im Rahmen des Programms zur „Transformationsforschung" der Volkswagen-Stiftung gefördert. Es hatte das Ziel, die Entwicklung der polnischen Ingenieurausbildung im Hinblick auf ihre Potentiale und Beiträge vor dem Beitritt in die Europäische Gemeinschaft zu analysieren. Es wurden alle polnischen Hochschulen, an denen Ingenieure ausgebildet wurden, einbezogen. Ein Vertreter jeder Hochschule wurde zu verschiedenen Seminaren in Krakau, Kassel und Zakopane eingeladen, um dort die von der Hochschule betriebenen Studiengänge vorzustellen.

Das technische Hochschulwesen Polens war dem traditionellen deutschen System mit Technischen Hochschulen und polytechnischen Schulen sehr ähnlich und befand sich in dieser Zeit in einer Phase rascher Umgestaltung. Der früher übliche Abschluss des Licensiats sollte allmählich abgeschafft werden, stattdessen wollte man Bachelor- und Masterstudiengänge nach westlichem Muster einführen.

Es wurden vor allem solche Studienangebote relativ rasch umgestellt, in denen der Einsatz neuer informationsverarbeitender Technologien eine Rolle spielte. In anderen, besonders laborintensiven Bereichen geht dieser Umstrukturierungsprozess heute noch weiter. Insgesamt kann sich die neue polnische Ingenieurausbildung nach Substanz und Niveau durchaus an westlichen Standards messen lassen. Hinderlich für die Hochschulreform sind jedoch fehlende Mittel und das geringe Gehaltsniveau des Hochschulpersonals. Professoren sind zum Beispiel gezwungen, Unterricht in von Berufstätigen besuchten und bezahlten Abendkursen an ihren polytechnischen Universitäten zu geben, um mit den Einkünften aus dieser Nebentä-

Forschungsseminar in Krakau

Altersstruktur des Lehrkörpers an einer polnischen Ingenieurausbildungsstätte (UMM)

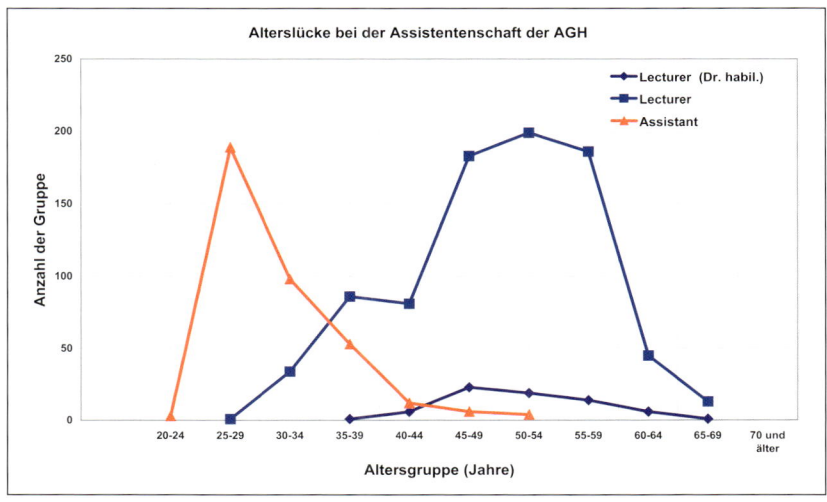

Stillliegende Textilfabriken in Lodz

Ein syrischer Kollege im EvQa-MEDA-Projekt, Prof. Dr. Wael Mualla vor dem Tagungsort in Amman/Jordanien

Die einzige größere Industrieanlage in Jordanien, die Potash Cie. am Toten Meer

tigkeit ihr schmales Salär aufzubessern. Die geringe Attraktivität des Hochschullehrerberufs in Polen hat auch zur Folge, dass es eine sehr ungünstige Altersstruktur des Lehrkörpers gibt: Jüngere Jahrgänge sind fast gar nicht vertreten. Viele der älteren Professoren sprechen kaum Englisch, was die internationale Kommunikation nachhaltig behindert.

Die polnische Industrie ist besonders durch die Schwerindustrie und den Montanbereich mit seinen großen staatlichen Kombinaten wie der Nova Huta (Neue Hütte) gekennzeichnet, aber auch durch das Sterben ganzer Industriezweige, wie etwa der Textilindustrie, die in Lodz einen Schwerpunkt hatte. Hier liegt inzwischen die Arbeitslosenquote bei über 30 Prozent.

Der Produktivitätsfortschritt in der polnischen Industrie hält sich aufgrund des schlechten Zustands der Infrastruktur in engen Grenzen: Eisenbahnen und Fernstraßen bedürfen dringend der Erneuerung oder des weiteren Ausbaus.

Evaluierung und Qualitätssicherung der Ingenieurausbildung in sieben mediterranen Anrainerstaaten

Von 2002 bis 2004 war ich Koordinator der Länderberichterstattung in einem von der EU geförderten Projekt zur Einführung von Evaluierung und Qualitätssicherung in der Ingenieurausbildung in sieben Anrainerstaaten des Mittelmeerraumes (EvQa-MEDA). Einbezogen waren die Länder Algerien, Tunesien, Marokko, Ägypten, Jordanien, Libanon und Syrien. Diese Staaten bereiten sich auf eine Assoziierung mit der EU vor und versuchen, ihre technischen Studienangebote auf westliche Modelle umzustellen. Die Vielfalt der in diesen Ländern existierenden nationalen Studienmodelle ist jedoch nach Inhalten, Formen und Dauer immens und weist viele Inkompatibilitäten mit vergleichbaren westlichen Ausbildungsgängen auf. Auch die „Kultur" der Qualitätssicherung von Studiengängen mittels erprobter Methoden der Evaluierung ist noch sehr unvollkommen entwickelt, so dass für die Weiterarbeit noch viele Probleme zu lösen sind. So konnte der Erwartung der beteiligten Länder, dass durch das Projekt auch eine Akkreditierung ihrer Hochschuleinrichtungen möglich werden könnte, bislang nicht entsprochen werden. Zudem hat die EU für die anvisierte zweite Phase des Projektes keine Mittel mehr bewilligt, so dass auf eigene oder andere Finanzierungsquellen zurückgegriffen werden muss – was eine schlechte Prognose für die Zukunft des Projektes bedeutet.

Auf einer Konferenz in Amman/Jordanien, an der Vertreter aller beteiligten technischen Hochschuleinrichtungen teilnahmen, wurde im Herbst 2004 eine erste Bilanz gezogen. Danach sind die Probleme deutlicher zu Tage getreten, aber auch die Ziele klarer geworden, die es einzulösen gilt. Insbesondere das Gastland Jordanien bot am Tagungsort mit der Universität in Amman ein Modell für die anderen arabisch sprechenden MEDA-Länder. Jordanien bildet nämlich inzwischen mehr Ingenieure aus, als der inländische Arbeitsmarkt aufnehmen kann. So gehen sehr viele jordanische Ingenieure in arabisch sprechende Nachbarländer.

Als Gastprofessor an der Venda University of Science and Technology in Südafrika

Im Jahre 2002 fand am *Peninsula Technikon* in der Provinz *Western Cape* in Südafrika eine mehrheitlich von britischen Hochschulen (ehemalige Polytechnika) unterstützte TABEISA-Konferenz (*Technical and Business Education Initiative in South Africa*) zum Thema „Kooperationsbeziehungen von Hochschulen und Industrie" statt. Die deutsche GTZ führt in Südafrika zusammen mit der Steinbeis-Stiftung ein Projekt durch, bei dem an den Technika kleine Inkubator-Einheiten eingerichtet wurden, die es deren Absolventen erleichtern sollen, sich selbständig zu machen und eigene Kleinunternehmen zu gründen. Neben zwei Kollegen von der Steinbeis-Stiftung (Dr. Jan Bandera und Prof. Dr.-Ing. Schekulin) lud mich die GTZ zu einem Referat über die Beziehungen von Hochschule und Industrie ein.

Zusätzlich war ich gebeten worden, das Technikon in Port Elizabeth in Fragen der Gesamthochschulentwicklung zu beraten. Südafrika befindet sich nach dem Ende der Apartheid in einem großen gesellschaftlichen Umbruch, der nunmehr auch das Hochschulwesen erfasst hat. Fast alle Universitäten und Technika des Landes werden per Gesetz zu Gesamthochschulen und einige kleinere Hochschulen zu Reformuniversitäten mit besonderem Bildungsauftrag umgeformt. Der *Vice-Chancellor* des dortigen *Technikons* in Port Elizabeth, Prof. Hennie Snyman, rief zu diesem

Der Autor, Dr. Bandera und Prof. Dr.-Ing. Schekulin von der Steinbeis-Stiftung auf dem Wege von der TABEISA-Konferenz im Peninsula Technikon nach Port Elizabeth

Gruppenfoto mit der südafrikanischen Delegation von VCs beim Besuch der Universität Kassel

329

Der Autor vor dem Eingangstor zur Universität Venda

Vortrag kurzfristig alle verfügbaren Lehrkräfte zusammen. Offenbar konnte ich durch meine Planungstätigkeit an einer deutschen Gesamthochschule Erfahrungen beitragen, die für die Südafrikaner wertvoll waren. Daher schloss sich an meinen Besuch in Südafrika ein Gegenbesuch einer Delegation südafrikanischer Hochschulleiter im Oktober 2003 an. Ich betreute diese 15-köpfige Gruppe von Leitungspersonen (zumeist Vice-Chancellors) südafrikanischer Hochschulen im Auftrag des Deutschen Akademischen Austauschdienstes (DAAD) und der deutschen Hochschulrektorenkonferenz (HRK) bei ihrer Informationsreise zum Thema Gesamthochschule durch Deutschland.

Die Thematik Gesamthochschule ist nicht neu und führt besonders im Bereich der Ingenieurausbildung zu dem bekannten Problem des richtigen Verhältnisses von Praxis und Theorie, zur internationalen Vergleichbarkeit der Abschlüsse, zur Vereinheitlichung des Lehrkörpers, zum Promotionsrecht und der Eröffnung von Forschungsmöglichkeiten an den Technika. In all diesen Fragen haben die sechs deutschen Gesamthochschulen, die sich inzwischen alle in Universitäten umbenannt haben, zahlreiche Erfahrungen gesammelt,

die bei der Delegation auf großes Interesse stießen. Unter den Besuchern befand sich auch der stellvertretende *Vice-Principal* Professor Ramogale von der kleinen südafrikanischen Universität Venda, der mich nach dem Deutschlandbesuch zusammen mit *Vice-Chancellor* Prof. Makurane der Technischen Universität Bulavajo in Zimbabwe zu einer Gastprofessur im Frühjahr 2004 einlud. Die Universität Venda liegt im Norden Südafrikas in der Provinz Limpopo in der Nähe von Tohoyandou, einem größeren Marktflecken inmitten des ehemaligen *Homelands* des Volkes der Venda.

Sie gilt nach einer noch aus der Zeit der Apartheid stammenden Rangordnung als *„schwarz und benachteiligt"*, soll jedoch im Zuge der Umstrukturierung des südafrikanischen Hochschulwesens jetzt zu einer *University of Science and Technology* ausgebaut werden, ein fürwahr nicht einfaches Unterfangen. Wir sollten bei der Planung eines Ingenieurausbildungskonzeptes mitwirken. Ich empfahl der Universität, zunächst „klein" mit technologieverknüpften Studiengängen wie Umwelt- und Lebensmitteltechnologie sowie der Ausbildung von Lehrern beruflicher Fächer im Technikbereich zu beginnen und erst später mit zunehmender Kompetenz die Basisfächer für die klassischen Ingenieurfächer Bauwesen, Maschinenbau und Elektrotechnik/Informatik aufzubauen.

Einige generalisierende und strukturierende Schlussbemerkungen

Obwohl die voranstehenden Schilderungen ausschließlich meine eigenen sehr individuellen und spezifischen beruflichen Erfahrungen als Ingenieur im Ausland wiedergeben, möchte ich einige generalisierende Schlussbemerkungen anfügen. Zum einen tue ich dies, weil ich neben meinen Ingenieurtätigkeiten auch andere Forschungsthemen der Berufs- und Hochschulforschung im Ausland bearbeitet habe. Diese waren unter anderem „Staff Development" in einem Projekt der Deut-

Beratung über die Zukunft der Universität Venda mit VC Prof. Nkondo und Vice-Principal Prof. Ramogale

schen Stiftung für Internationale Entwicklung (DSE) für süd- und ostafrikanische Länder (Kenia, Äthiopien, Malawi, Tansania, Zimbabwe); „Quality Assurance"-Aktivitäten für verschiedene Auftraggeber in Malaysia, Brasilien und Kenia sowie Evaluierung eines Programms der deutschen Kreditanstalt für Wiederaufbau (KfW) zur Förderung von Existenzgründungen in Albanien. Zum Zweiten habe ich mich intensiv mit Arbeitsmarktfragen für Ingenieure in Lehre und Forschung auseinander gesetzt.

Bei jedem Auslandsaufenthalt entdeckt man als Fremder zunächst große Unterschiede zwischen den Lebens- und Arbeitsbedingungen im Einsatzland und in Deutschland – und beginnt unwillkürlich, Vergleiche zu ziehen. Deshalb seien hier einige wenige methodische Ausführungen zum Vorgehen bei internationalen Vergleichen im Bildungs- und Beschäftigungssystem gemacht. Erstens sollte man sich wegen der Unterschiedlichkeit der Lebens- und Arbeitsbedingungen weder zur Überheblichkeit oder zur Unterwürfigkeit noch zu krassen Werturteilen – wie zum Beispiel besser oder schlechter als bei uns zu Hause – verleiten lassen, sondern sich von den erprobten Vorgehensweisen der Ethnologie leiten. Man versuche im Ausland zunächst, Antworten auf die folgenden drei Fragen zu finden, bevor man vergleichende Beurteilungen wagt:

➤ Macht die beobachtete Vorgehensweise einen Sinn?
➤ Zu welchen Erfolgen beziehungsweise Resultaten führt die beobachtete Vorgehensweise?
➤ Gibt es landesspezifische Besonderheiten, Umstände, Tatsachen, Bedingungen, die es nahe legen, diese Vorgehensweise zu wählen?

Wenn man diesen Fragen ein wenig nachgegangen ist, wird man sich meist viel weniger wundern, aufregen oder staunen. Vielmehr entwickelt man ein besseres Verständnis für die jeweils landesspezifische Kultur. Auch in der Hochschulforschung wird komparatives Vorgehen häufig mit seinem hohen heuristischen Nutzen begründet. Nebenbei darf bemerkt werden, dass manche Modernisierungstheoretiker

davon ausgehen, dass ein solcher Ansatz zur Herausbildung eines multikulturellen Verständnisses zu Weltfrieden und gemeinsamer Entwicklung positiv beitragen kann.

Die Größe des internationalen Arbeitsmarktes für deutsche Ingenieure wird zumeist überschätzt. Trotz schlechter statistischer Datenlage mit großen Dunkelziffern kann davon ausgegangen werden, dass der Anteil von Auslandsarbeitsplätzen für Ingenieure nicht mehr als zehn Prozent aller Ingenieurarbeitsplätze beträgt. Auch ist die Bereitschaft der Ingenieure zur Mobilität noch nicht in dem Maße ausgeprägt, wie es Personalverantwortliche bei *Global Playern* erwarten. Auslandstätigkeiten von Ingenieuren scheinen somit eher die Ausnahme als der Normalfall zu sein. Internationale Arbeitsmigration und Mobilität von Ingenieuren werden dabei hauptsächlich durch zwei Faktorenbündel bestimmt: Erstens gibt es so genannte *Push*-Faktoren, wozu schlechte Arbeitsmarktsituation im Heimatland, eine schlechte Wirtschaftslage und politische Verfolgung gezählt werden können. Zum Zweiten wirken die attraktiveren Tätigkeitsbedingungen, Verdienstmöglichkeiten sowie Aufstiegschancen im Ausland als *Pull*-Faktoren; zu nennen sind auch Fernweh, der Reiz der Exotik sowie der Wunsch nach Freiheit und Demokratie. Anwerbung oder Zwangsrekrutierung sind dagegen eher selten.

Im Hinblick auf diese Faktoren sind generell mehrere Typen von Auslandstätigkeiten möglich und zu beobachten. Der Normalfall scheint die Entsendung entweder durch die eigene Firma oder eine andere – zum Beispiel staatliche – Institution im Status eines Experten, Entsandten oder Beauftragten zu sein. Daneben beobachtet man auch selbst gewünschte zeitweise Auslandstätigkeiten, aber auch dauerhafte wie Emigration und Auswanderung. Gelegentlich spielt der Zufall oder besondere Ereignisse eine Rolle für die Wahl einer Auslandstätigkeit, wie zum Beispiel das Finden eines Partners, die Erfüllung eines lang gehegten Traums oder die Entdeckung der Schönheiten eines fremden Landes anlässlich einer Urlaubsreise. Den prekärsten Fall stellen demgegenüber die – seltenen, aber dramatischen – forcierten Auslandstätigkeiten als Zwangs- oder Gastarbeiter dar. Dazu zählen auch die von mir erwähnten Arbeitsverhältnisse von zwangsverpflichteten Wissenschaftlern und Experten in den USA im Rahmen der Aktion „Paperclip", in Russland auf der Insel Gorodomlia, oder in Frankreich mit dem ISL.

Diese Typologisierung sagt auch etwas aus über die mögliche Karrierewirksamkeit von Auslandsaufenthalten. Am ehesten karrierefördernd wirkt sich eine Entsendung durch die eigene Firma oder Institution aus: Dann besteht eine dauernde Rückbindung inklusive einer Würdigung der erbrachten Leistungen, meist gibt es auch eine Rückkehrgarantie. Schließlich ist mit der Rückkehr nach Bewährung im Ausland häufig auch eine Beförderung verbunden. Selbst gesuchte Auslandstätigkeiten haben dagegen nur selten eine solche Wirkung, eher geben sie Personalverantwortlichen manchmal Anlass zu Zweifeln bezüglich der Zuverlässigkeit und Firmentreue der betreffenden Mitarbeiter.

Auslandseinsätze sind vertragsmäßig meist lukrativ und attraktiv gestaltet: Das Gehalt muss aufgrund von Doppelbesteuerungsabkommen meist nicht versteuert werden, die Auslandszulage reicht aus, um die Lebenshaltungskosten zu bestreiten; und weitere „fringe benefits" treten hinzu: Dienstwagen, Haus oder Wohnung, Hauspersonal und Ähnliches. Gleichwohl gibt es Bedingungen, die das Leben im Ausland problematisch machen (können). So ist die mehrfach erwähnte Sicherheitslage in allen Ländern prekär, in denen der Unterschied zwischen Arm und Reich besonders ausgeprägt ist. Auch können die kulturellen und sozialen Lebensbedingungen in der Freizeit sehr eingeschränkt sein. Auch die Sprachbarriere kann zu sozialer und kultureller Isolation führen.

Bei internationaler Mobilität kann man mehrere Dimensionen in Bezug auf die Qualifikation unterscheiden. Kompetenz wird sowohl eingesetzt als auch erworben, das heißt, man ist als Ingenieur im Ausland sehr häufig Lehrender und Lernender zugleich. In der vertikalen Dimension gedacht, bedeutet das, dass man „auf Augenhöhe" mit den Counterparts bleiben sollte, selbst wenn man als so genannter Experte ja eigentlich alles besser wissen sollte.

In der horizontalen Denkweise ist der Erwerb von Zusatzkompetenzen wie Sprache und interkulturelle Toleranz notwendige Vorbedingung für erfolgversprechende Auslandstätigkeiten. Auch nach der Rückkehr können die erworbenen Spezial-, Landes- und Zusatzkenntnisse sowie kommunikative Kompetenzen gut eingesetzt werden. In zeitlicher Perspektive spielt es auch eine Rolle, in welchem Lebensalter ein Auslandsaufenthalt am günstigsten ist. Wenn es um die Wirksamkeit geht, ist viel Lebenserfahrung sicher nützlich. Wenn es bei der Auslandstätigkeit dagegen eher um hohe Belastbarkeit, Kreativität, Durchhaltevermögen und Stressbewältigung geht, ist man in jungen Jahren sicher besser dafür gerüstet.

Qualifikationserwerb und -weitergabe können auch als personenbezogene Form des internationalen Technologietransfers gesehen werden. Ingenieure überschreiten nationale Grenzen und transferieren damit Wissen innerhalb der bestehenden Weltmarktkonkurrenz. Technologietransfer – vor allem die Übertragung von angepasster Technologie in Entwicklungsländer – bildete eine Grundlage für viele entwicklungspolitische Aktivitäten sowohl der Bundesrepublik wie auch der DDR. Insbesondere die sehr großen Projekte, wie zum Beispiel der Sambesi-Staudamm „Kabora Bassa", der wegen des dortigen Bürgerkriegs jahrelang keinen Strom liefern konnte, haben aber Schwierigkeiten beim Transfer aufgezeigt. Manche dieser Großprojekte wurden als „weiße Elefanten" des Technologietransfers in Entwicklungsländer bezeichnet. Auch der gescheiterte Versuch der UdSSR, im indischen Rourkela ein Riesenkombinat der Montanindustrie aufzubauen, der Assuan-Staudamm in Ägypten, die schlecht geplante Schuhfabrik und die Fahrradfabrik in Tansania, eine schwimmende Chemie-Plattform vor der nordmexikanischen Küste und anderes mehr sind keine guten Beispiele für solche Konzepte der Entwicklungszusammenarbeit. Inzwischen agiert man in der internationalen Entwicklungszusammenarbeit sehr viel kleinteiliger – und erfolgreicher. Denn man hat aus den Erfahrungen gelernt.

Die prekäre Sicherheitslage – in Kolumbien wird zum Beispiel alle vier Stunden eine Person entführt und nur nach Zahlung hoher Lösegelder wieder freigelassen – ist in vielen Entwicklungsländern aus verschiedenen Gründen ein Alltagsphänomen. Als Langzeitexperte im Ausland tätige Ingenieure müssen sich auf dieses Risiko durch besondere Schutz- und Sicherheitsmaßnahmen wie Alarmanlagen, Funkanlagen zur Firmenzentrale, Nachtwächter, Panzerung und Bewaffnung für das bewohnte Haus und das benutzte Fahrzeug einstellen.

Bei der Rückkehr ins Heimatland können sich gewisse Probleme bei der Reintegration ergeben, die allerdings bewältigt werden können, wenn der Auslandsaufenthalt kurz und geplant war. Hierzu gehört etwa die Anerkennung im Ausland erbrachter Leistungen, die Wahrung von Aufstiegs- und Beförderungschancen in der entsendenden Firma sowie die Wiedereingliederung in die soziale Struktur des Heimatlandes. Bei längeren Auslandsaufenthalten kann es hingegen größere Probleme des Sich-wieder-Einfindens geben, die zu einer Reintegrationsphase von bis zu fünf Jahren führen können. Manchen Auslandsexperten gefällt auch ihre Situation im Ausland – gutes Einkommen, bedeutende Stellung, exotischer Reiz des Einsatzortes – so gut, dass sie am liebsten dort bleiben würden. Falls eine Verlängerung des Einsatzes nicht möglich ist, nehmen manche selbst den Verlust der sozialen und einflussreichen Stellung und einen Verbleib unter weniger lukrativen Bedingungen in Kauf. Man nennt dies in erfahrenen Kreisen auch spöttisch „Verbuschung", ein Prozess, der vor allem bei Langzeitexperten nach über zwölf Jahren Tätigkeit im Ausland zu beobachten ist.

Der Verlust geistiger Kapazitäten oder technologischer Kompetenz durch den dauerhaften Verbleib von Experten im Ausland wird im Allgemeinen als „Brain Drain" für das entsendende Land gedeutet. Es fällt nicht leicht, dies als eine in Zukunft immer „normaler" werdende internationale Arbeitsmigration zu sehen. Im Zeitalter der Globalisierung führt aber wohl kein Weg daran vorbei, den individuellen und vom Markt her gerechtfertigten internationalen Austausch von Arbeitskräften nicht mehr verhindern zu wollen, sondern als Normalität zu begreifen.

Aus den von mir präsentierten beruflichen Beobachtungen bei Auslandstätigkeiten als Ingenieur lässt sich ablesen, dass es große nationale Unterschiede gibt. Auf einer transatlantischen Konferenz *Engineers in the Global Economy* im Jahre 1998 in Santa Barbara wurden hierzu interessante Befunde vorgestellt, vor allem Erkenntnisse zu den Unterschieden zwischen englischsprachigen und deutschen Ingenieuren. Danach seien deutsche Ingenieure für ihr pragmatisches Vorgehen bekannt, weniger für ihre Teamfähigkeit. Demgegenüber harmonierten kanadische Ingenieure besser. Auch käme ein gewisses *Over-Engineering* bei deutschen Ingenieuren vor. Sprachkompetenz fehle dagegen eher den Amerikanern. Bei solch unvollständigen Befunden wären weiter gehende Untersuchungen zur internationalen Kooperation von Ingenieuren nötig. Dabei wären vor allem auch solche Orte interessant, an denen Ingenieure verschiedener Nationalitäten zusammenarbeiten, zum Beispiel bei der Endmontage des Airbus in Toulouse. Dort könnte man solche nationalen Differenzen sicher hervorragend beobachten.

Schließlich liegt die Schlussfolgerung nahe, dass ein interkulturelles Verständnis für unterschiedliche Ingenieurkulturen die Kooperationsfähigkeit in international zusammengesetzten Teams erhöht, was auch für die zukünftige Gestaltung von Ingenieurstudiengängen dienlich sein kann. So ist zum Beispiel in den Richtlinien der Kultusministerkonferenz (KMK) zur Einrichtung von Bachelor- und Masterstudiengängen in Deutschland vorgesehen, dass überfachlichen Kompetenzen ein besonderer Platz eingeräumt werden muss.

Die Erfahrungen bei meinen geschilderten Auslandstätigkeiten weisen auf einen Vorteil deutscher Ingenieurausbildung und -kompetenz hin: Ein deutscher Ingenieur verbindet durch die Breite seiner Qualifikation und den betonten Praxisbezug seiner Ausbildung eine hohe Problemlösungskompetenz mit der Funktionalität der von ihm geplanten Produkte. Viele der beobachteten nationalen Unterschiede in der Ingenieurarbeit beruhen auf einer anderen Tradition in Organisation und Zusammensetzung des „Humankapitals" in den Betrieben. Die deutsche „Meister-Kultur" weist zum Beispiel gegenüber der angloamerikanischen *shop floor mentality* gewisse Vorteile auf und führt zu berechtigtem oder unberechtigtem Stolz auf das *German engineering*. Solche Unterschiede resultieren schließlich in Unterschieden beim Design und der Qualität der Produkte.

Eine der plausibelsten Annahmen hinsichtlich der zukünftigen Entwicklung ist, dass auch die Globalisierung eine totale „Verfremdung" des Ingenieurs nicht erzwingen wird. Es gibt zudem die Hoffnung, dass nationale Berufsidentitäten auch jenseits der fortschreitenden Versuche zur Angleichung von Ausbildungswegen und -inhalten bestehen bleiben werden, wofür die fehlgeschlagenen Bemühungen der EU um totale Harmonisierung in manchen Bereichen des Alltagslebens ein Beispiel sind.

Internationalisierung und Globalisierung können von Ingenieuren sehr positiv empfunden werden, wenn die mit dem Auslandsaufenthalt verbundenen Gratifikationen den Vergleich mit den heimischen Bedingungen aushalten. Aber am Ende muss man immer wieder „nach Hause kommen" dürfen.

Literatur

Bieger, K. W./Goldschmidt, D./Kreuser, W.: The Establishment of a Faculty of Engineering at the University of Dar es Salaam in Co-operation with the Federal Republic of Germany. Hannover/Berlin/Köln 1970

BMB+F (Hrsg.): Neue Ansätze für Ausbildung und Qualifikation von Ingenieuren – Herausforderungen und Lösungen aus transatlantischer Perspektive. Bonn 1999

BMZ (Hrsg.): Elfter Bericht zur Entwicklungspolitik der Bundesregierung. Bonn 2001

Covell, Jon Carter: Korea's Cultural Roots. Salt Lake City/Seoul 1981

DAAD/GTZ/DSE (Hrsg.): Hochschule, Wissenschaft und Entwicklung in Afrika, zusammengestellt von Hartmut Glimm und Wolfgang Küper. Bonn 1980

Gould Bei, Giacomo: Vinculación Universidad-Sector Productivo. Mexicali 1997

Goldschmidt, Dietrich: Die gesellschaftliche Herausforderung der Universität. Weinheim 1991

GTZ (Hrsg.): Bildung und Wissenschaft in der Technischen Zusammenarbeit mit Entwicklungsländern – Afrika südlich der Sahara. Eschborn 1988

GTZ (Hrsg.): Erreicht die Technische Zusammenarbeit die gesetzten Ziele?. Eschborn 1998

GTZ (Hrsg.): University of Dar es Salaam – Faculty of Engineering. Dar es Salaam 1979

Füßl, Karl-Heinz: Die Umerziehung der Deutschen. Paderborn/München/Wien/Zürich 1994

Kim Kee Zung et al.: Staff Development by Cooperation, College of Industrial Education. Chungnam National University, Daeduk Science Town 1981

Küper, Wolfgang (Hrsg.): Hochschulkooperation und Wissenstransfer. Frankfurt 1989

Kuklinski, Antoni (Hrsg.): Production of Knowledge and the Dignity of Science. Warschau 1996

Michler, Walter: Weißbuch Afrika. Bonn 1991

Ministry of University Affairs Thailand (Hrsg.): Thai Higher Education in Brief. Bangkok 1998

Ministry of Economic Affairs and Planning Kamerun: The Fifth Five-Year Economic, Social and Cultural Development Plan 1981–1986. Yaoundé 1982

Morgan, Robert M./Chadwick, Clifton B.: Systems Analysis for Educational Change: The Republic of Korea. Tallahassee 1971

Neumann, Gerhard: China, Jeep und Jetmotoren – Vom Autolehrling zum Topmager. Die Abenteuer-Story von „Herman the German", eines ungewöhnlichen Deutschen, der in den USA Karriere machte. Planegg 1989

Salmi, Jamil/Verspoor, Adriaa M.: Revitalizing Higher Education. Oxford 1994

Schoenfeldt, Eberhard: Der Edle ist kein Instrument – Bildung und Ausbildung in Korea (Republik). Studien zu einem Land zwischen China und Japan. Kassel 1996

Schomburg, Harald/Winkler, Helmut/Teichler, Ulrich: Studium und Beruf von Empfängern deutscher Stipendien am Asian Institute of Technology. Kassel 1991

Schomburg, Harald: Standard Instrument for Graduate and Employer Surveys. Eschborn/Kassel 1995

Sorensen, Karen: Polish Higher Education en Route to the Market, Institutional Change and Autonomy at two Economics Academies. Stockholm 1997

Statistisches Bundesamt Wiesbaden (Hrsg.): Länderbericht Kamerun 1987. Stuttgart/Mainz 1987

Ders.: Länderbericht Tansania 1984. Stuttgart/Mainz 1984

Teichler, Ulrich/Winkler Helmut: Der Berufsstart von Hochschulabsolventen. Bonn 1990

Teichler, Ulrich/Winkler, Helmut: Praxisbezug des Studiums. Frankfurt/New York 1979

VDI-N: „L'amour difficile: Woran deutsch-französische Geschäfte scheitern", Artikel in den VDI-Nachrichten vom 6. Februar 2004

Winkler, Helmut: Praxisorientiertes Technikstudium in den USA. Alsbach/Bergstr. 1984

Winkler, Helmut/Hartmann, Klaus/Schomburg, Harald: Engineers in Tanzania – A Secondary Analysis – Graduate and Employer Survey 1985. Dar es Salaam/Eschborn 1992

Bild- und Copyrightnachweise

Technische Experten in frühen Hochkulturen: Der Alte Orient

Bagg, A.M. (*7, 16, 17*)

Bagg, A.M.; Cancik-Kirschbaum, E.; Kartograph Szydlak, R. (*6, 7*)

Editorial Office Humanities (*14, 19*)

George, A.: Babylonian Topographical Texts. Peeters 1992 (*11*)

Haller, A./Andrae, W: Die Heiligtümer des Gottes Assur und der Sin-Schamasch-Tempel in Assur. Berlin 1955 (WVDOG 67), Taf. 42, b. (*18*)

Hirmer (*10*)

Jacobsen, Th.; Lloyd, S.: Sennacherib's Aqueduct at Jerwan. Oriental Institute Publications 24. Chicago 1935 (*16*)

Luckenbill, D.D.: The Annals of Sennacherib. Oriental Institute Publications 2. Chicago 1924 (*15*)

Musée du Louvre (*13, 21*)

Nassif, R.E. (*26*)

Paterson, A.: Assyrian Sculptures: Palace of Sinacherib. Den Haag 1915 (*22, 23, 24, 27*)

Réunion des Musées Nationaux, Paris (*12*)

Thiem, E.; Lotus Film (*10, 12, 25, 29*)

Trustees of The British Museum (*4, 13, 14, 19, 23, 28*)

Vorderasiatisches Museum, Berlin (*20*)

Die Techniker der Antike

Archaeological Museum of Mykonos. Foto: P. Hatzidakis (*34*)

Cichorius, C.: Die Reliefs der Traianssäule. Berlin 1896 (*47*)

Drachmann, A. G.: Grosse griechische Erfinder, Zürich 1967 (*46*)

Garbrecht, G. (*61*)

Grewe, K. Licht am Ende des Tunnels. Planung und Trassierung im antiken Tunnelbau, Mainz 1998 (*41, 62*)

Hirmer (*36*)

Höpfner, W.: Der Koloß von Rhodos und die Bauten des Helios. Neue Forschungen zu einem der Sieben Weltwunder. Mainz 2003 (*48, 51*)

Keller, Die spätrömischen Grabfunde in Südbayern, München 1971 (*32*)

König, Wolfgang (Hrsg.): Propyläen Technikgeschichte Band 1, Berlin 1991 (*37, 38, 39, 44, 50, 55, 57, 58, 59, 60 64, 66, 67*)

Lilienthal, H. (*63*)

Photothek Deutsches Archäologisches Institut Athen (*40*)

Schefold, K.: Die Sagen von den Argonauten, von Theben und Troia in der klassischen und hellenistischen Kunst, München 1989 (*35*)

Schmidt, W. (Hrsg): Heronis Alexandrini Opera quae supersunt omnia, vol. I. Leipzig 1899, ND Stuttgart 1976 (*52, 53*)

Schneider, H.: Einführung in die antike Technikgeschichte. Darmstadt 1991 (*59, 65*)

Trustees of The British Museum (*49*)

Ward-Perkins, J. B.: Architektur der Römer, Stuttgart 1975 (*33*)

Unsichere Karrieren: Ingenieure in Mittelalter und Früher Neuzeit 500–1750

akg-images (*88, 106*)

Bach, H. und Rieb, J.-P.: Die drei Astronomischen Uhren des Strassburger Münsters,
Straßburg 1992 (83)

Max-Planck-Institut für Wissenschaftsgeschichte (Projekt: ECHO-European Cultural
Heritage Online), Foto: Paolo Bacherini (79)

Bennett, J./Johnston, S.: The geometry of war
1500–1750, Oxford 1996 (112)

Biblioteca comunale Teresiana, Manua (91)

Bibliothek des Max-Planck-Instituts für
Wissenschaftsgeschichte, Berlin (89, 95, 100)

Burgerbibliothek Bern (80)

The Burndy Library, Cambridge, Massachus-
setts (101)

Cabinet des Estampes, Paris (93)

Collection of historical maps of China,
Volume 7 (86)

Evers; B. (Hg.): Architekturmodelle der
Renaissance. Die Harmonie des Bauens von
Alberti bis Michelangelo, München/New York
1995 (79)

Flemming, H.F.: Der vollkommene Teutsche
Soldat, Leipzig 1726 (123)

Gabinetto Disegni e Stampe der Uffizien in
Florenz (108)

Germanisches Nationalmuseum: „Wasserwerk
der Stadt Nürnberg" (82)

Hauptstaatsarchiv Stuttgart: Signatur N220 B
14 (90), Signatur N220 T 182 (110), Signatur N220 T 193 (111), Signatur N220 T 186
(112)

Haus-, Hof- und Staatsarchiv Wien. Nachweis: Reichshofrat, Gewerbe-, Handels- und
Fabriksprivilegien Fasz. 3, fol. 848. (103)

Herzog August Bibliothek Wolfenbüttel:
Signatur 21.2 Bell. 2° (89), Signatur 8.3 Bell
2° (91), Signatur Ge. 4° 55 (92), Cod. Guelf.
45.5 Aug. 2° (94)

Kummu, M.: The Natural Environment and
Historical Water Management of Angkor,
Cambodia (87)

Kummu, Matti: Angkor Photos – Temples (87)

Kurpfälzisches Museum der Stadt Heidelberg
(99)

Kyeser, K.: Bellifortis, fol. 29v/30r (75)

Landesbergamt Clausthal, Foto: Deutsches
Bergbau-Museum Bochum. (98)

Leonardo da Vinci: Codex Atlanticus (106),
Codex Madrid (107)

Lindqvist, Svante: Technology on Trial. Upp-
sala 1984 (121)

Merian, M.: Topographia Alsatiae, Nachdruck
1964, Klapptafel zu „Colmar" (92)

Milger, P.: Die Kreuzzüge, München 1988
(73)

Mögling, D.; Monte, G.d.: Mechanischer
Kunst-Kammer erster Teil, Frankfurt 1629
(119)

Muccini, U.: Le stanze del principe in Palazzo
Vecchio, Florenz 1991 (70, 89)

Museum of Fine Arts, Boston (85)

Payne-Gallwey, R.: A summary of the History,
Construction and Effects in Warfare, London
1907 (74)

Pepysian Library, Magdalene College, Cambridge (110)

Ponting, K.: Leonardo da Vinci. Drawings of
Textile Machines, Wiltshire 1979 (105)

Rijksmuseum, Amsterdam (121)

Rossi, P.A.: Le cupole di Brunelleschi,
Bologna 1982 (79)

Skelton, R.A./Harvey, P.D.A.: Local Plans and
Maps from Medieval England, Oxford 1986,
Tafel 1B (80)

Staatsarchiv Basel, Brunnenakten A5/AS (109)

Stadtarchiv Amberg (95)

Städtisches Museum Göttingen (Foto: Georg
Behre) (113)

Strada, I.d: Kunstliche Abriß/allerhand Was-
ser- Wind- Roß- und Handmühlen, Frankfurt
1617 (116)

Taccola, M.: L'art de la guerre: machines et stratagèmes de Taccola, ingénieur de la renaissance. Knobloch, E. (Hg.) Paris 1992 (83)

Tekniska Museet, Stockholm (122)

Van Dam, P.: Harnessing the Wind. The History of Windmills in Holland, 1300–1600, in: Galetti/Racine (Hg.): I mulini nell' Europa medievale, Bologna 2003, S. 34–54, hier S. 52 (97)

Vigevano, G.: Le macchine del Re. Il texaurus regis Francie di Guido da Vigevano, Vigevano 1993, Tafel XIII (74)

S. 72: Vorlage: Viollet-le-Duc, M.: Dictionnaire raisonné de l'Architecture Francaise du XI au XVI siècle, Bd. 1, 1854 (Artikel: Architecture militaire), S. 363 (72, 73)

Württembergische Landesbibliothek Stuttgart, Signatur Cod. hist. fol. 562, 19v-20r. (90), Signatur Cod. hist. qt. 148 a, 25v/26r (102)

Zonca, V.: Novo teatro di machine et edificii, Reprint ca. 1985, fol. 94v/95r (115)

Der gefesselte Prometheus: Die Ingenieure in Großbritannien und in den Vereinigten Staaten 1750–1945

Adams, E. D.: Niagara Power: History of the Niagara Falls Power Company 1886–1918. Niagara Falls, NY 1927 (169)

Alumni Association of Stevens Institute of Technology. 75th anniversary. Hoboken 1945 (166)

Armytage, W.H.G., A Social History of Engineering, Cambridge, MA 1961 (130, 146, 149, 163, 167)

Beckett, Derrick: Stephensons' Britain. Newton Abbot 1984 (140, 141, 142)

S. 130 unten: Billington, David: The Innovators: The Engineering Pioneers Who Made America Modern. New York 1996 (130, 132, 133, 136, 142, 158)

Blair County Tourist Bureau. Blair County Chamber of Commerce. Altoona, PA (158)

Brunel University (147, 148)

Buchanan, R. A. Brunel: The Life and Times of Isambard Kingdom Brunel. London and New York 2002, illustration no. 4. (144), no. 8 (144)

Buchanan, R.A. (148)

Crackel, Th.J.: West Point: A Bicentennial History, Lawrence, KA 2002, S. 76 (154)

Davis, Th.R. (1840–1898), Skizze für Harper's Weekly, Ausgabe 4. Juli 1868 (155)

Farey, J.: A Treatise on the Steam Engine: Historical, Practical and Descriptive (1827), Vol. 1. (128, 134)

Forrester, J.D. (138)

Free Library of Philadelphia. (157, 159, 161)

Glasgow University Archives (148)

Hagley Museum (171)

Hart, I. B.: James Watt and the History of Steam Power. New York 1949 (133)

Horsley, J.C. (144)

Hughes, Th.P.: American Genesis: A Century of Invention and Technological Enthusiasm, New York: Penguin Books, 1989 (168, 169, 173, 174, 175)

The Illustrated London News. London 29 October 1859 (147)

The IRONBRIDGE GORGE MUSEUM/ Elton Collection (143, 145)

Jacob, M.C.; Stewart, L.: Practical Matter, Science in the Service of Industry and Empire; Cambridge, London 2004 (131, 132)

Mark Jarzombek, Designing MIT: Bosworth's New Tech, Boston, 2004 (167)

McMahon, Making of a Profession, S. 201 (168)

Memorial Art Gallery of the University of Rochester (154)

National Maritime Museum, Greenwich (145)

New York State Library (153)

The New York State Canal Corporation (153)

Oldenziel, Ruth: mit freundlicher Genehmigung zitiert aus: Making Technology Masculine (170, 171, 174)

Pugh, F. (150)

Rensselaer Polytechnic Institute, Institute Archives & Special Collections, Troy, New York (155, 163)

Reynolds, Terry S.: The Engineer in America: A Historical Anthology from Technology and Culture. Chicago, London 1991 (160, 167)

Science and Society Picture Library (127, 136, 140, 143, 146)

Sheeler, Ch. (1883–1965), Rolling Power, oil on canvas, 1939 (126); Aerial view of Ford's River Rouge Plant outside Detroit, 1947 (163); American Landscape (Ford's River Rouge plant), 1930 (168), Conversation – Sky and Earth, 1940 (174)

Sinclair, B.: Philadelphia's Philosopher Mechanics: A History of the Franklin Institute 1826–1865. Baltimore, London 1974 (156, 157, 161)

Smith, W. G.: Practical Descriptive Geometry. 4th ed. New York 1936 (166)

Smithsonian Photographic Services (165, 172, 173)

Sutherland, J. (135)

Telford, Th., Rickman, J.: Life of Thomas Telford Civil Engineer. London 1838 (135)

Trombley, K. E.: The Life and Times of a Happy Liberal: A Biography of Morris Llewellyn Cooke. New York 1954 (173)

Walker, D.: The Great Engineers: The Art of British Engineers 1837–1987. London, New York 1987 (218)

Derek Walker Associates (137)

Ward, James A. Mit freundlicher Genehmigung der Greenwood Publishing Group, Inc., Westport, CT (159)

Watson, J.G.: The Institution of Civil Engi-
neers: A Short History (London: Thomas Telford Ltd for the Institute of Civil Engineers, 1982), S. 9 (135)

Weaver, H.: First Trains. London 1977 (141, 143, 148)

Vom Staatsdiener zum Industrieangestellten: Die Ingenieure in Frankreich und Deutschland 1750–1945

Bachmann, P. und Zeisler, K.: Der deutsche Militarismus 1917–1945. Berlin 1971 (219)

BASF-Archiv, Ludwigshafen (198)

Beckmann, J.: Anleitung zur Technologie, oder zur Kentniß der Handwerke, Fabriken und Manufacturen, vornehmlich derer, die mit der Landwirthschaft, Polizey und Cameralwissenschaft in nächster Verbindung stehn. Göttingen 1777 (187)

Bewag-Archiv (205)

Bibliothèque du Conservatoire Nationale des Arts et Métiers, Paris (213, 215)

Bibliothèque Nationale de France, Paris (214)

Bildarchiv Preußischer Kulturbesitz (179, 193, 218, 219, 229, 225)

Blanchard, A.: Les ingénieurs du „Roy" de Louis XIV a Louis XVI. Étude du Corps des Fortifications. Centre d'histoire militaire et d'études de défense nationale de Montpellier. Montpellier 1979 (181)

Borst, O.: Schule des Schwabenlands. Geschichte der Universität Stuttgart. Stuttgart 1979 (182, 192, 203)

Bundesarchiv Koblenz, Bild Nr. 146-1980-122-26 (220)

Caron, F. und Cardot, F. (Hrsg.): Histoire de l'Électricité en France 1881–1918. Paris 1991 (212)

Der Civilingenieur. Freiberg 1856 (207)

DaimlerChrysler Konzernarchiv (200)

Deutsches Museum, Krauss Maffei Archiv, München (190)

Deutsches Museum, München (*191*)

Deutsches Technikmuseum, AEG-Sammlung, Berlin (*199*)

Diderots Enzyklopädie 1762–1777. 3. Band Die Bildtafeln. Nachdruck. München 1977 (*180*)

Dülmen, R.v. und Rauschenbach, S. (Hrsg.): Macht des Wissens. Die Entstehung der modernen Wissensgesellschaft. Weimar 2004 (*185*)

Gaber, B.: Die Entwicklung des Berufsstandes der freischaffenden Architekten. Essen 1966 (*210*)

Hänseroth, T. (Hrsg.): Wissenschaft und Technik. Studien zur Geschichte der TU Dresden. Köln 2003 (*202*)

Historisches Archiv Krupp (*205*)

Kertz, W. (Hrsg.): Technische Universität Braunschweig. Vom Collegium Carolinum zur Technischen Universität 1745–1995. Hildesheim 1995 (*224*)

König, Wolfgang (*180, 191, 192, 203*)

König, W. (Hrsg.): Propyläen Technikgeschichte, Bd. 3. Berlin 1991 (*183, 188, 190*)

König, W. (Hrsg.): Propyläen Technikgeschichte, Bd. 4. Berlin 1990 (*208, 209, 216*)

König, W. (Hrsg.): Propyläen Technikgeschichte, Bd. 5. Berlin 1992 (*216*)

Märkisches Museum, Berlin (*185*)

Lemoine, B.: Gustave Eiffel. F. Hazan, Paris 1984 (*216*)

Ludwig, K.-H., König, W. (Hrsg.): Technik, Ingenieure und Gesellschaft. Geschichte des Vereins Deutscher Ingenieure 1856–1981. Düsseldorf 1981 (*218, 225*)

Martin, E.: Pont du Cubzac. Dessins et description des piliers en forte de fer. 1841 (*196*)

Michel, Eduard: Wie macht man Zeitstudien? Berlin 1920 (*221*)

N.N.: Histoire de Peugeot, o.O., o.J. (*222*)

N.N.: Technokratie. Berlin 1934 (*223*)

N.N.: Technik voran. Berlin 1923 (*224*)

Navier: Rapport à M. Becquey et mémoire sur les ponts suspendus. Paris 1830 (*197*)

Österreichische Nationalbibliothek, Wien (*187*)

Perdonnet, A.: Traité élémentaire des chemins de fer 1855–1856. Paris 1858 (*197*)

Picon, A.: Architectes et Ingénieurs au siècle des lumières. Marseille 1988 (*183, 184*)

S. 213 oben: Photothèque des Musées de la Ville de Paris (*213*)

Reihlen, H.: Christian Peter Wilhelm Beuth. Eine geschichtliche Betrachtung zum 125. Todestag. Berlin 1979 (*194*)

Technische Hochschule in Danzig. Festschrift zur Eröffnung 6. Oktober 1904. Danzig 1904 (*202*)

Technische Universität Berlin, Plansammlung der TU, Berlin (*195*)

Sammlung Spur, Berlin (*226*)

Siemens-Archiv (*199, 200, 204*)

Sittauer, H.-L. (*201*)

Sonnemann, R.; Wächtler, E. (Hrsg.): Johann Friedrich Böttger. Die Erfindung des europäischen Porzellans. Leipzig, o.J. (*186*)

Thyssen-Krupp Konzernarchiv (*178, 204*)

ullstein bild – Granger Collection. (*212*)

Volkswagen AG (*226*)

Zeitschrift des Vereins Deutscher Ingenieure. Berlin 1857 (*194*)

Zeitschrift des Bayerischen Dampfkessel-Revisions-Vereins. 3 (1899) (*210*)

Zeitschrift des Verbandes deutscher Diplom-Ingenieure, Berlin 1910 (*211*)

Ingenieure in der Bundesrepublik Deutschland

ABB Kraftwerke AG, Mannheim (*253*)

Airbus S.A.S. (2005) Foto H. Goussé (*251*)

Alexander, C., mit freundlicher Genehmigung der Harry S. Truman Library (234)

Robert Bosch GmbH, Historische Kommunikation (233, 239, 255, 256, 261)

Bretz, A.: Aktuelles an der FH Koblenz 2001, Nr. 58/PG; Fachhochschule Koblenz (239)

Columbia University Law School, Telford Taylor Papers, Arthur W. Diamond Law Library, New York, N.Y.: TTP-CLS: 15-2-2-123 (234)

Deutschen Museums, München. Foto: Kaiser, Walter. 2004 (251)

Fachhochschule Esslingen – Hochschule für Technik – Archiv (238)

Faridi, A. (247)

Halbe, R. (249)

Festo AG, Werkfoto 2004 (265)

IBM Deutschland, Bildarchiv (258, 261, 262)

Kaiser, Walter (232, 237, 256, 258, 263, 264)

Landesmedienzentrum Baden-Württemberg – Luftbildarchiv Brugger (254)

Fritz Leonhardt, Der Bauingenieur und seine Aufgaben, Stuttgart 1981, S. 137 (248)

N.N.: Olympia 72. Band 2: Alles über die Olympischen Spiele. Kemnat 1972 (248)

Neuer Umschau Buchverlag GmbH /Pfeil Insolvenzverwaltung (249)

Rheinisch-Westfälische Technische Hochschule, Institut für elektrische Maschinen der RWTH Aachen, vormals Prof. Henneberger (264, 265)

Siemens Archiv (250, 254, 259, 260)

Spur, Günter: Vom Wandel der industriellen Welt durch Werkzeugmaschinen. Eine kulturgeschichtliche Betrachtung der Fertigungstechnik, Herausgegeben vom Verein Deutscher Werkzeugmaschinenfabriken e.V. zu seinem 100jährigen Bestehen. München und Wien 1991 (235)

VDI-Zeitschrift, Bd. 98, Nr. 14: 100 Jahre VDI. Verein Deutscher Ingenieure 1856 – 1956 (234, 235, 236)

Winandy, Peter (240)

Vom Industrie- zum Staatsangestellten: Die Ingenieure in der SBZ/DDR 1945 – 1989

Bundesarchiv Koblenz SO623/13N (269), 61 518/ 3 N (284), 58 996/2 N (284), 27 429/10 N (288), 53 500/ 185 N (289), 67 538/5 N (290), E 0506/04/3 N (290), 33 638/ 1 N (294), 59 394/ 1 N (294), 28 372/1 N (295), N 1004/5N (300), 19 361/6N (303)

Canel, Oldenziel, Zachmann: Crossing boundaries, building bridges, Amsterdam o.J. (281, 282)

EKO Stahl GmbH: Einblicke – 50 Jahre EKO Stahl. Eisenhüttenstadt 2000, S. 197 (268)

Deutsches Museum, Bonn (298)

Frauen von Lübeck e.V. (281)

Gesetzblatt der DDR Teil II, Berlin 1964 (295)

Privatarchiv (299, 301)

Sonnemann, Rolf (Hg.): Geschichte der Technik. Leipzig 1978 (269, 293)

Staatliche Zentralverwaltung für Statistik (Hg.): Schriftenreihe der Volks- und Berufszählung am 31. Dezember 1964. Band 10/11 Wirtschaftlich Tätige nach Berufen und Hoch- bzw. Fachschulabschluss. Berlin 1967 (283)

Stadtarchiv Eisenach (285)

Die Technik 2, 1947 (302)

Die Technik 3, 1948 (272, 273)

Die Technik 5, 1962 (292)

Die Technische Gemeinschaft, 3, 1955 (273, 302)

Technische Universität Dresden, Universitätsarchiv, Fotoarchiv (271, 272, 274, 275, 276, 277, 278, 279, 287, 300, 301, 304)

Uhl, Matthias: Stalins V-2. Band 14 Wehrtechnik und wissenschaftliche Waffenkunde. Bonn 2001 (286)

Von Ardenne Institut für Angewandte Medizinische Forschung GmbH (296)

Zachmann, Karin: Mobilisierung der Frauen. Technik, Geschlecht und Kalter Krieg in der DDR. Frankfurt, New York 2004 (270, 271)

Zachmann, Karin: Übersichten (275, 279)

Als deutscher Ingenieur im Ausland

Park, Clyde W.: Ambassador to industry. The Idea and Life of Herman Schneider. Indianapolis/New York 1943 (312)

www.ait.ac.th (320)

www.daad.de (318)

www.zanvarsity.ac.tz (318)

Personenregister

Sachregister

Die Autoren

Ariel M. Bagg ist Bauingenieur und Wissenschaftlicher Assistent am Institut für Altorientalistik der Freien Universität Berlin. Er leitet dort das 2004 gegründete Zentrum für Technikgeschichte des Alten Orients. Seine Arbeitsschwerpunkte sind die Altorientalische Technikgeschichte sowie die Historische Geographie des Alten Orients.

Eva Cancik-Kirschbaum lehrt Altorientalische Philologie und Geschichte an der Freien Universität Berlin. Ein Schwerpunkt ihrer Arbeit besteht in der Entzifferung und Edition von Keilschrifttexten zur Wirtschafts- und Sozialgeschichte Assyriens. Diese Perspektive erweitern Arbeiten zur Organisation politischer Herrschaft. Ein zweites Arbeitsgebiet betrifft die Rolle und Entwicklung der Kulturtechniken im Rahmen der Wissens- und Technikgeschichte des Alten Orients.

Kees Gispen lehrt als Professor für Europäische Zeitgeschichte an der University of Mississippi. Er hat Bücher über die Geschichte der Deutschen Ingenieure und den Erfindungsschutz in Deutschland verfasst.

Walter Kaiser war als Oberkonservator am Landesmuseum für Technik und Arbeit in Mannheim tätig, ehe er 1987 auf die Professur für Geschichte der Technik an der RWTH Aachen berufen wurde. Seit 2002 ist er Vorsitzender des Bereichs Technikgeschichte beim Verein Deutscher Ingenieure. Seine Forschungen beziehen sich vor allem auf die Zeitgeschichte der Technik.

Wolfgang König hat die Professur für Technikgeschichte an der Technischen Universität Berlin inne. Seine Publikationen befassen sich mit der Technikgeschichte des 19. und 20. Jahrhunderts, insbesondere mit der Elektrotechnik und dem Maschinenbau, dem Ingenieur in Ausbildung und Beruf sowie der Geschichte des Konsums.

Marcus Popplow ist Wissenschaftlicher Mitarbeiter am Lehrstuhl Technikgeschichte der Brandenburgischen Technischen Universität Cottbus. Schwerpunkte seiner Arbeiten sind die Technik-, Umwelt- und Wissenschaftsgeschichte der Frühen Neuzeit.

Helmuth Schneider lehrt seit 1991 als Professur für Alte Geschichte an der Universität Kassel. Unter anderem hat er zur Wirtschafts- und Technikgeschichte der Antike publiziert. Er ist einer der Herausgeber des „Neuen Pauly, Enzyklopädie der Antike".

Helmut Winkler ist promovierter Ingenieur. Nach Tätigkeiten in der technischen Forschung und Lehre hat er sich der Berufs- und Hochschulforschung zugewandt. Zur Zeit arbeitet er als Stellvertretender Geschäftsführender Direktor am Wissenschaftlichen Zentrum für Berufs- und Hochschulforschung der Universität Kassel.

Karin Zachmann ist Professorin für Geschichte der Technik an der Technischen Universität München. Sie hat zur Industriegeschichte vom 18. bis zum 20. Jahrhundert, zur Geschichte der deutschen Ingenieurausbildung im 20. Jahrhundert und zur Entwicklung der geschlechtsspezifischen Arbeitsteilung publiziert.